高等学校电子信息类教材

计算机网络原理与技术
（第 3 版）

Computer Networking:
Principles and Technologies, Third Edition

刘化君　编著

U0209403

电子工业出版社·

Publishing House of Electronics Industry

北京·BEIJING

内 容 简 介

本书系统地介绍了计算机网络工作原理、协议及其实现技术。全书由 10 章组成，在概述计算机网络基本概念、基本理论问题的基础上，主要讨论了数据通信基础、数据链路控制、局域网、网络互连及其协议、路由技术、网络传输服务、网络应用及其协议、多媒体通信网、网络性能分析与评价等内容，反映了当前计算机网络领域的新技术和理论成果。为帮助读者掌握基础理论知识，每章附有小结及思考与练习题。

本书具有理论性、创新性和应用性等鲜明特色，内容新颖而全面，适用范围广，既可以作为计算机、电子信息、自动化、电气等专业教材，也可作为相关专业的研究生教材或教学参考书，同时可供从事网络工程的科技人员和网络爱好者参考使用。

图书在版编目（CIP）数据

计算机网络原理与技术 / 刘化君编著. —3 版. —北京：电子工业出版社，2017.5

高等学校电子信息类教材

ISBN 978-7-121-31390-5

Ⅰ. ①计… Ⅱ. ①刘… Ⅲ. ①计算机网络—高等学校—教材 Ⅳ. ①TP393

中国版本图书馆 CIP 数据核字（2017）第 078283 号

责任编辑：张来盛

印　　刷：三河市良远印务有限公司

装　　订：三河市良远印务有限公司

出版发行：电子工业出版社

　　　　　北京市海淀区万寿路 173 信箱　邮编 100036

开　　本：787×1 092　1/16　印张：29.25　字数：748.8 千字

版　　次：2005 年 7 月第 1 版
　　　　　2017 年 5 月第 3 版

印　　次：2017 年 5 月第 1 次印刷

定　　价：69.80 元

前　　言

随着计算机网络技术的不断发展，互联网已成为一种多学科的应用领域，已从一个以科研为主的网络演变为全球规模的信息基础设施。《计算机网络原理与技术》自 2005 年 7 月第 1 版、2012 年 6 月第 2 版出行以来，受到广大读者的青睐。为更好地适应"计算机网络"课程教学的需要，跟踪计算机网络的发展态势，决定遵循本书的编写原则，在第 2 版的基础上进行全面修订，彰显理论性、创新性和应用性特色。

考虑到当代计算机网络技术的发展变化，本书在保持第 1 版和第 2 版体系结构及编写特色的基础上，对其内容进行了增补、调整和修改，重新绘制了部分图表。本次修订工作以"交换"、"路由"为主线，讨论计算机网络的工作原理，通过实例阐述计算机网络的技术实现。其修订内容主要为：改写了第 1 章绪论中现代网络发展趋势，增添网络新形态等内容，涉及物联网、互联网+、软件定义网络、第 5 代移动通信网以及量子通信网络等概念；调整了第 3 章数据链路控制的内容，给出了数据链路协议实例，并新增无线链路等内容；在局域网一章，删除了不常用的局域网技术，增添了交换机及配置、虚拟局域网的实现以及 WLAN 组网等技术；在第 6 章路由技术中，详细介绍了路由器及其配置，并增添了与路由优化相关的技术与策略；为突出多媒体通信网络的应用，在第 9 章围绕多媒体通信协议侧重讨论了视频会议系统的工作原理和组成；针对目前网络性能分析与评价的研究情况，在第 10 章更新了网络性能的测量与评价的具体技术方法。

第 3 版继续保持了本书理论性、创新性和应用性等特色，内容新颖而全面，适用范围广，既可以作为计算机、电子信息、自动化、电气等专业教材，也可作为相关专业的研究生教材或教学参考书，同时可供从事网络工程的科技人员和网络爱好者参考使用。

本书由刘化君编著，参与第 3 版编写工作的还有刘枫、解玉洁、陈杰等。自出版发行以来，一直得到众多同行的支持和广大读者的厚爱，他们提出了许多修订建议，在此一并表示衷心感谢！

计算机网络仍在继续迅速发展，应用领域不断拓宽，囿于编著者理论水平和实践经验，书中可能仍存在不妥或疏漏之处，恳请广大读者批评斧正。

编 著 者
2016 年 10 月

目　　录

第1章 绪　　论

　　自 20 世纪 70 年代世界上出现第一个远程计算机网络开始，到 80 年代的局域网，90 年代的综合业务数字网……计算机网络得到了异常迅猛的发展。计算机网络的规模不断扩大，功能也不断增强，今天已经形成了覆盖全球的互联网，并向着全球智能信息网发展。计算机网络技术的发展促进了信息技术革命"第三次浪潮"的到来，把人类社会从工业化时代推向了信息化时代。在 20 世纪末，接触、应用网络的人还很少；现在，计算机网络已成为社会结构的一个基本组成部分。网络的出现，改变了人们使用计算机的方式；而互联网的出现，又改变了人们使用网络的方式。互联网使计算机用户不再被局限于分散的计算机上，同时也脱离了特定网络的约束，计算机网络已遍布社会各个领域。任何人只要进入了互联网，就可以利用网络中丰富的资源。从某种意义上讲，计算机网络的发展水平不仅反映了一个国家计算机科学和通信技术的水平，同时也是衡量其国力及现代化程度的重要标志之一。

　　计算机网络涉及的内容比较广泛，已成为迅速发展并在信息社会中得到广泛应用的一门综合性学科。本章在简单介绍计算机网络诞生及发展过程的基础上，介绍计算机网络的定义、功能、计算机网络系统的组成、计算机网络体系结构等基本概念，讨论计算机网络研究的理论问题，给出全书的内容知识架构。

1.1　计算机网络的诞生与发展

　　计算机技术与通信技术（Computer and Communication，C&C）的紧密结合，形成了现代计算机网络技术。计算机网络的发展过程是计算机技术与通信技术的融合过程。20 世纪 60 年代，计算机网络技术萌芽；70 年代兴起，以试验网络为主，出现了计算机局域网；80 年代，国际标准化组织（ISO）制定了计算机网络的开放型互联参考模型，学术网络得到了飞速发展；90 年代以商业网络为主，Internet 空前普及推广，Web 技术在 Internet/Intranet 中得到广泛应用。现在，计算机网络已发展成为信息社会的重要基础设施。

1.1.1　计算机网络的诞生

　　自从 1946 年冯·诺依曼发明第一台存储程序电子计算机以来，计算机技术的研究和应用取得了迅猛异常的发展，计算机的应用渗透到了各技术领域和社会的各个方面。社会的信息化、数据的分布处理和各种计算机资源共享等种种应用需求，推动了计算机技术和通信技术的紧密结合。计算机网络技术就是这种结合的结果。早在 1951 年，美国麻省理工学院林肯实验室就开始为美国空军设计称为 SAGE 的半自动化地面防空系统，该系统于 1963 年建成，可以看作计算机技术与通信技术的首次结合。SAGE 系统是一个专用网，整个系统分为 17 个防区，每个防区指挥中心配置 2 台 IBM 公司当时的 AN/FSQ-7 计算机（每台计算机有 58 000 只电子管，耗电 1 500 kW）。由小型计算机构成的前置通信处理机（FEP），通过通信线路连接防区内各雷达观测站、机场、防空导弹和高炮阵地，形成终端联机计算机系统。

计算机通信技术应用于民用系统的最早范例，是由美国航空公司与 IBM 公司在 20 世纪 50 年代初期开始联合研制、60 年代投入使用的联机飞机票预订系统 SABRE-I。它通过通信线路，将一台中央计算机 CABRE-I 与全美范围内 2 000 多台终端连接起来，进行实时事务处理。可以认为 SABRE-I 是计算机技术与通信技术结合的典范。另一个典型范例是在 1968 年投入运行的美国通用电器公司的信息服务网络（GE Information Services）。这是 20 世纪 60 年代出现的面向终端分布的最大分时商用数据处理系统，各终端连接 75 个远程集中器，这些远程集中器再连接 16 个中央集中器，其地理范围从美国本土延伸到加拿大、欧洲、日本和澳大利亚，分布在世界上的 23 个地点。

20 世纪 60 年代初，世界正处于冷战时期，美国国防部高级研究计划局（Defense Advanced Research Project Agency，DARPA）组织研究了一种受到攻击仍能有效实施控制和指挥的计算机系统。在 1964 年研究小组提交的研究报告中指出，这样的网络必须是分布式的，能够连接不同类型的计算机；各网络结点（Node）平等独立，每个结点上的计算机都能生成、接收和发送信息；在网络上传输信息应分解成小包，从源结点沿不同路线传送到目的结点后重新组装。1969 年 DARPA 建成了这个计算机网络，并按该组织名称命名为 ARPANet。ARPANet 采用了崭新的"存储转发分组交换"原理及传输控制协议/网际互联协议，即著名的 TCP/IP（Transmission Control Protocol/Internet Protocol），成功地连接了 4 台计算机系统。在 ARPANet 中提出的一些概念和术语至今仍被引用，为计算机网络的发展奠定了基础。因此，它有分组交换网之父的殊誉，而分组交换网的出现则被公认为现代电信时代的开始。ARPANet 的开通，标志着计算机网络的正式形成，是计算机技术与通信技术全面深入结合的里程碑。此后，许多大学、研究中心、企业集团，以及一些工业国家纷纷开始研制和建立专用的计算机网和公用交换数据网。

20 世纪 70 年代中期，随着计算机技术、通信技术的发展和应用领域的扩大，计算机网络技术一直在迅速发展。为了在更大范围内实现计算机资源的共享，人们将众多的局域网（Local Area Network，LAN）、广域网（Wide Area Network，WAN）互联起来，形成了规模更大的、开放的互联网络，即常说的因特网（Internet）。

1.1.2　计算机网络发展历程

计算机网络的发展已经有了几十年的历史，到今天，最大的也是大家最熟悉的计算机网络就是因特网。实际上，在 20 世纪 80 年代，没有人敢设想计算机网络能够发展得这样快，应用得这么广泛。目前，网络就是计算机，这已是计算机领域人人皆知的格言。纵观计算机网络的发展，经历了由简单到复杂、从低级到高级的历程，这一历程大致可分为面向终端的通信网络、分组交换网络、体系结构标准化网络及高速互联网络四个阶段。

1. 面向终端的通信网络（第一代）

面向终端分布的联机系统是计算机技术与通信技术结合的前驱，它由一台大型计算机和若干台远程终端设备通过通信线路连接起来，构成面向终端的通信网络，解决远程信息的收集、计算和处理。根据信息处理方式的不同，它们可分为实时处理联机系统、成批处理联机系统和分时处理联机系统。较为典型的是 1963 年美国空军建立的 SAGE，其结构如图 1.1 所示。在这种联机系统中，终端 T（键盘和显示器）分布在各地，并独占一条通信线路，主计算机是网络的中心和控制者，通过线路复用控制器（MCU）和各终端相连。

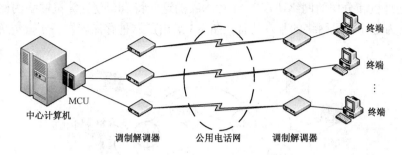

图 1.1　采用 MCU 的远程终端联机系统

20 世纪 60 年代初期，随着远程终端数目的增加，为减轻主计算机的负载，在通信线路和计算机之间设置了一个前端处理机（Front End Processor，FEP）或通信控制处理机（Communication Control Processor，CCP），专门负责与终端之间的通信控制，使数据处理和通信控制分工，形成了以单个计算机为中心的远程联机系统，如图 1.2 所示。其典型应用是由一台计算机和全美范围内 2000 多个终端组成的美国飞机订票系统。

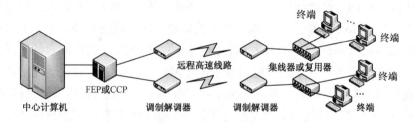

图 1.2　以单计算机为中心的远程联机系统

面向终端的通信网络虽然还不能称为计算机网络，但它提供了计算机通信的技术基础，而这种系统本身也成为此后计算机网络的组成部分。因此，面向终端分布的联机系统称为面向终端的分布式计算机通信网，也称为第一代计算机网络。当时，人们把计算机网络定义为"以传输信息为目的而连接起来，实现远程信息处理或进一步达到资源共享的系统"。

2．分组交换网络（第二代）

20 世纪 60 年代中期，出现了多台计算机互联的系统，开创了"计算机—计算机"的通信网络时代。

在面向终端的通信网络中，终端和计算机之间的数据通信是通过线路进行的。人们很快认识到这种传统的电路交换技术不适合计算机数据的传输，因为计算机中的数据通常是突发式、间歇性地出现在传输线路上，在整个占线期间，真正传送数据的时间往往不到 10%甚至只有 1%。在绝大多数时间内，线路往往是空闲的。另外，呼叫过程相对传送数据来说也太长。显然需要寻找一种新的交换方式来改变电路交换，以适应计算机通信的要求。在这种背景下，1964 年 8 月巴兰（Baran）在德国兰德公司（Rand）讨论分布式通信时提出了分组交换（Packet Switching）的概念。在此前后，即 1962 年至 1965 年，美国国防部高级研究计划局（DARPA）和英国国家物理实验室（NPL）对新型计算机通信网也进行了研究。1969 年 12 月，美国的分组交换网络 ARPANet 投入正式运行，从此计算机网络的发展进入了一个新纪元。ARPANet 的主要特点是资源共享、分散控制、存储转发（Store and Forward）、分组交换以及采用专门的通信控制处理机和分层的网络协议。ARPANet 的这些特点，使计算机网络的概念发生了根本变化，被认为是计算机网络的基本特征。图 1.3 给出了这种存储转发、分组交换计算机网络的示意图。

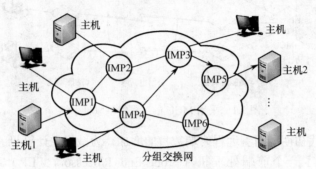

图 1.3　分组交换计算机网络示意图

在逻辑上，可以把 ARPANet 看成一种由资源子网（Resource Subnet）和通信子网（Communication Subnet）两级结构组成的计算机网络。ARPANet 中互联的运行用户应用程序的计算机称为主机（Host）。但主机之间并不是直接通过通信线路互联，而是由接口报文处理机（Interface Message Processor，IMP）和它们之间的通信线路一起构成通信子网，实现数据传输与交换。由与通信子网互联的主机组成资源子网，负责信息处理、运行用户应用程序和向网络用户提供可共享的软硬件资源。当某主机（如主机 1）要与远程另一主机（如主机 2）通信时，主机 1 首先将信息送至本地直接与其相连的 IMP1 暂存，然后通过通信线路沿着适当的路径（按一定原则静态或动态地予以选择）转发至下一 IMP4 暂存，依次经过中间的 IMP3 中转，最终传输至目的 IMP5，并送入与之直接相连的目的主机 2。如此，由 IMP 组成的通信子网完成了数据在通信双方各 IMP 之间的存储和转发任务。采用这种方式，使通信线路不为某对通信双方所独占，大大提高了通信线路的利用率。ARPANet 中存储转发的信息基本单元是分组（Packet），它将整个要交换的信息报文（Message）分成若干信息分组，对每个分组按存储转发的方式在通信子网上传输。因此把这种以存储转发方式传输分组的通信子网，又称为分组交换数据网（PSDN）。

目前，世界上运行的远程通信网多数采用分组交换数据网。由于这类通信子网大多数由政府部门或某个电信公司负责建设、运行，并向社会公众开放数据通信任务，如同公众交换电话网一样，故这类网也称为公用数据网（Public Data Network，PDN）或公用分组交换数据网（PSDN）。ARPANet 中的 IMP，在 PSDN 中也被称为分组交换结点（Packet Switch Node）。IMP 或分组交换结点通常是用小型计算机或微型计算机实现的，为了与资源子网中的主机相区别，也称为结点机。

ARPANet 的影响之所以深远，不仅在于它开创了第二代计算机网络，还在于由它发展成为了今天在世界范围内广泛应用的 Internet。

20 世纪 70 年代的计算机网络以试验网络为主，主要体现为由各国电信部门建设和运行的 X.25 分组交换网以及 Internet 的前身 ARPANet。

3. 体系结构标准化网络（第三代）

第二代计算机网络的出现，有力地促进了计算机网络技术的应用和发展。这个时期的网络多是由研究单位、大学、应用部门或计算机公司各自研制开发的，没有统一的网络体系结构；其网络产品也是相对独立的，没有统一的标准。如果要在更大范围内，把这些网络互联起来，实现信息交换和资源共享，存在很大困难。显然客观需要计算机网络体系结构由封闭式走向开放式。由于相对独立的网络产品难以实现互联，国际标准化组织（International Standards Organization，ISO）及下属的计算机与信息处理标准化技术委员会（TC97）经过多年卓有成效的努力，于 1984 年正式颁布了一个称为"开放系统互连基本参考模型"（Open System Interconnection Basic Reference Model）的国际标准 ISO/OSI 7498，即著名的 OSI 七层模型。自此，计算机网络开始走向国际标准化，网络具有了统一的体系结构，网络产品也有了统一的标准。通常把体系结构标准化的网络称为第三代网络。

20 世纪 70 年代中期，由于微电子和微处理机技术的发展，以及在短距离局部地理范围内计算机间进行高速通信要求的增长，计算机局域网技术应运而生。1980 年，美国电气电子工程师学会（IEEE）成立了 IEEE 802 局域网标准化委员会。经过几年的研究，IEEE 制定了 IEEE 802 系列标准，使局域网一开始就走上了标准化的轨道，所以说局域网是典型的第三代网络。进入 20 世纪 80 年代，随着办公自动化（OA）、管理信息系统（MIS）和计算机辅助设计（CAD）等各种应用需求的扩大，LAN 获得蓬勃发展。典型的 LAN 产品有较早的总线网 Ethernet，继之有 3COM 网、IBM 的令牌环网（Token Ring），以及新一代光纤局域网即光纤分布式数据接口（FDDI）等。这一阶段典型的标准化网络结构如图 1.4 所示，其通信子网的交换设备主要是路由器和交换机。

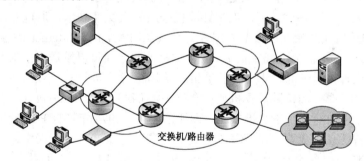

交换机/路由器

图 1.4　标准化网络结构示意图

20 世纪 80 年代的计算机网络以学术网络为主，主要体现在标准化计算机网络体系结构和局域网络技术的空前发展。

4. 高速互联网络（第四代）

随着局域网、城域网（Metropolitan Area Network，MAN）和广域网的迅速发展和应用，如何将它们连接起来，以便达到扩大网络规模和实现更大范围的资源共享成为人们关心的课题，Internet 恰好解决了这个问题。Internet 称为因特网或互联网，是全球规模最大、覆盖面最广的公共互联网。目前，全球以 Internet 为核心的高速互联网已经形成，并成为人类最重要的和最大的知识宝库。网络互联和高速计算机网络被称为第四代计算机网络。Internet 的一般框架结构如图 1.5 所示。

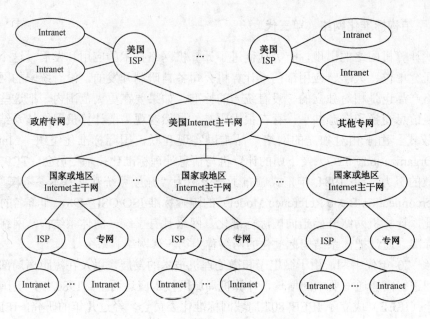

图 1.5　Internet 的基本框架结构

通过追溯 Internet 的起源与发展过程，可以进一步从宏观上理解 Internet 的体系结构。

1）研究试验网阶段

Internet 的研究试验网阶段从 1969 年开始，结束于 1983 年主干网的形成，以 DARPA 建立的 ARPANet 网络为标志。当时建设这个网络的目的只是为了将美国的几个军事及研究用计算机主机连接起来，位于各个结点的大型计算机采用分组交换技术，通过专门的通信交换机（IMP）和专门的通信线路相互连接。人们普遍认为 ARPANet 是 Internet 的雏形。1972 年，ARPANet 网上的主机数量达到 40 台，这 40 台主机彼此之间可以发送电子邮件和利用文件传输协议发送文本文件，同时也设计实现了 Telnet。同年，全世界计算机业和通信业的专家学者在美国华盛顿举行了第一届国际计算机通信会议。会议决定成立 Internet 工作组，负责建立一种能保证计算机之间进行通信的标准规范，即通信协议。1974 年，TCP/IP 问世，随后美国国防部决定向全世界无条件免费提供 TCP/IP，即向世界公布解决计算机网络之间通信的核心技术。TCP/IP 模型核心技术的公开导致了 Internet 的大发展。1980 年，世界上有使用 TCP/IP 模型的美国军方的 ARPANet，也有很多使用其他通信协议的各种网络。为了将这些网络连接起来，美国人 Vinton Cerf 提出了一个想法：在每个网络内部各自使用自己的通信协议，在与其他网络通信时使用 TCP/IP。这个思想催生了 Internet，并确立了 TCP/IP 模型在网络互联方面不可动摇的地位。1983 年初，ARPANet 上所有主机完成了向 TCP/IP 的转换，并使 TCP/IP 成为美国的军用标准，同时 Sun 公司也将它正式引入商业领域，以致形成了今天覆盖全球的 Internet。发展 Internet 时沿用了 ARPANet 的技术和协议，而且在 Internet 正式形成之前，已经建立了以 ARPANet 为主的国际网，这种网络之间的连接模式，也是随后 Internet 所采用的模式。

2）推广普及网阶段

1983 年至 1989 年是 Internet 在教育、科研领域发展和普及使用的阶段，核心是美国国家科学基金会（National Science Foundation，NSF）建设形成的主干网 NSFNet。1986 年，NSF

开始规划建立了 5 个超级计算中心及国家教育科研网，并以此为基础实现同其他网络的连接。NSFNet 是 Internet 上用于科研和教育的一个主干网，其传输速率从 T1（1.544 Mbps）发展到 T3（45 Mbps），并且连接 13 个骨干结点，从此代替了 ARPANet 的骨干地位。NSFNet 的分层体系结构如图 1.6 所示。

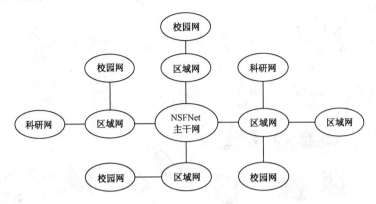

图 1.6　NSFNet 的分层体系结构

1989 年 MILNet（由 ARPANet 分离出来）实现了和 NSFNet 的连接，并开始采用 Internet 这个名称。自此，其他部门的计算机网相继并入 Internet，ARPANet 宣告解散。更为重要的是，1989 年日内瓦欧洲粒子物理实验室开发成功万维网（World Wide Web，WWW），为在 Internet 存储、发布和交换超文本图文信息提供了强有力的工具。WWW 技术给 Internet 带来了生机和活力，Internet 进入高速发展应用期。

1986 年至 1989 年，Internet 的用户主要集中在大学和有关研究机构。这一时期，Internet 处于推广应用时期。

3）商用发展网阶段

从 20 世纪 90 年代初开始，商业机构开始进入 Internet，开始了 Internet 商业化进程。1991 年，NSFNet 设立 ANS 公司（Advanced Network & Service Inc），推出了 Internet 商业化的股份公司。1991 年年底，NSFNet 的全部主干网点同 ANS 公司提供的 T3 主干网 ANSNet 连通。1992 年，Internet 学会成立，该学会把 Internet 定义为"组织松散的、独立的国际合作互联网络"，"通过自主遵守计算机协议和过程支持主机对主机的通信"。1993 年，美国伊利诺斯大学国家超级计算中心成功开发了网上浏览工具 Mosaic（后来发展成为 Netscape），使得各种信息都可以方便地在网上浏览。浏览工具的实现引发了 Internet 发展和普及应用的高潮。1994 年，NSF 宣布停止对 NSFNet 的支持，由 MCI、Sprint 等公司运营维护，由此 Internet 进入了商业化时代。

与此同时，很多国家相继建立了本国的 Internet 主干网，并接入 Internet，成为 Internet 的组成部分。例如，中国的 CHINANet、加拿大的 CANet、欧洲的 EGBONE 和 NORDUNET、英国的 PIPEX 等。随着微型计算机的广泛应用，大量的微型计算机通过局域网连入城域网。局域网、城域网、广域网之间通过路由器实现互联互通。用户计算机可以通过局域网方式，也可以选择公共电话交换网（PSTN）、有线电视（CATV）网、无线城域网或无线局域网方式接入作为地区主干网的城域网。城域网又通过路由器和光纤，接入作为国家或国际区域主干网的广域网。多个广域网互联形成覆盖全球的 Internet 网络系统。Internet 主干网基本结构示意图如图 1.7 所示。

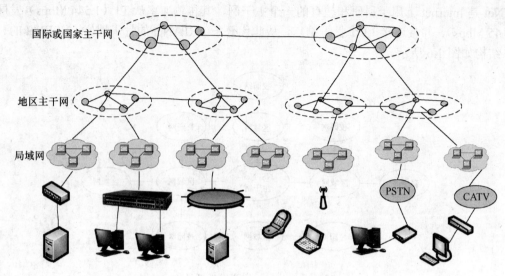

图 1.7　Internet 的基本结构示意图

　　随着商业网络和大量商业公司进入 Internet，计算机网络的商业应用得到了高速发展，同时也使 Internet 能为用户提供更多的服务，使得 Internet 迅速发展和普及。E-mail、FTP 和新闻组等网络应用越来越受到人们的欢迎。TCP/IP 在 UNIX 系统中的实现进一步推动了 Internet 的普及应用，使之成为一个名副其实的"全球互联网"。

　　20 世纪 90 年代后期，Internet 的发展速度更为惊人，连入 Internet 的主机数量、上网人数、信息流量每年都在成倍增长。特别是多媒体计算机技术的应用，实现了文字、数据、图形、图像、音频、视频的再现和传输，使 Internet 把世界联成一体，形成"信息高速公路"，令人真正有了"天涯咫尺"的感觉。基于 Internet 的应用包括电子邮件、远程登录、文件传输、视频会议、远程医疗和远程教育等。Internet 商业化后，给现代通信、信息检索与服务等提供了巨大的发展潜力。各种商业机构、企业、机关团体、军事、政府部门和个人开始大量进入 Internet，并在 Internet 上大做主页广告，进行电子商务活动，形成了一个网络上的虚拟空间（Cyberspace）。可以说，20 世纪 90 年代的计算机网络以商业网络为主，Internet 得到空前发展，Web 技术在 Internet/Intranet 得到了广泛应用。

　　4）Internet 在中国的应用发展

　　Internet 经过几十年的发展，取得了意想不到的成功，它已成为世界上覆盖面最广、规模最大、信息资源最丰富的计算机网络。随着全球信息高速公路的建设，中国政府也开始推进中国信息基础设施（China Information Infrastructure，CII）的建设，连接 Internet 成为最关注的热点之一。回顾中国 Internet 的发展，可以分为以下两个阶段。

　　第一阶段是与 Internet 的 E-mail 连通。1987 年 9 月 20 日，钱天白教授从中国学术网络（China Academic Network，CANet），通过意大利公用分组交换网（ITAPAC）向世界发出第一封 E-mail "越过长城，通向世界"，与德国卡尔斯鲁厄（Karlruhe）大学进行了通信，揭开了中国人使用 Internet 的序幕，标志着中国接入了 Internet。中国学术网是中国第一个与外国合作的网络，使用 X.25 技术，通过德国（Karlruhe）大学的一个网络接口与 Internet 交换

E-mail。中国数十个教育和研究机构加入了中国学术网。1990年10月，中国学术网在InterNic中注册登记了中国国家顶级域名"cn"，并且从此开通了使用中国顶级域名cn的国际电子邮件服务。

第二阶段是与Internet实现全功能的TCP/IP连接。1989年9月，中国国家计划委员会和世界银行开始支持"国家计算设施（National Computing Facilities of China，NCFC）"项目。该项目包括1个超级计算中心和在3所院校间建设高速互联网络，即中国科学院网络（CASNet）、清华大学校园网（TUNet）和北京大学校园网（PUNet），被称为中关村地区教育与科研示范网络。1992年，NCFC工程的院校网全部完成建设。1993年3月2日，中国高能物理研究所租用AT&T公司的国际卫星信道接入美国Stanford大学线性加速器中心（SLAC）的64 kbps专线正式开通。专线开通后，美国政府以Internet上有许多科技信息和其他资源为由不让接入，只允许这条专线进入美国能源网而不能连接到其他地方。尽管如此，这条专线仍是我国部分连入Internet的第一条专线。1993年12月，NCFC主干网工程完工，采用高速光缆和路由器将3所院校网互联。1994年4月20日，NCFC工程通过美国Sprint公司连入Internet的64 kbps国际专线开通，实现了与Internet的全功能连接。从此，我国被国际上正式承认为有Internet的国家。实现这些全功能的连接，标志着我国正式联入了Internet。

1994年5月15日，中国科学院高能物理研究所设立了国内第一个Web服务器，推出了中国的第一套网页，内容除介绍我国高科技发展外，还有一个栏目叫"Tour in China"。1994年5月21日，在钱天白教授和德国卡尔斯鲁厄大学的协助下，中国科学院计算机网络信息中心完成了中国国家顶级域名（cn）服务器的设置，结束了中国的顶级域名（cn）服务器一直放在国外的历史。

到1996年年底，中国的Internet网已形成了四大主流网络体系，分别归属于国家指定的4个部级互联网管理单位：中国科学院、国家教育部、邮电部和电子工业部。其中，中科院科技网（CSTNet）和中国教育和科研网（CERNet）主要以科研和教育为目的，从事非经营性活动；邮电部的中国公用计算机网（ChinaNet）和电子工业部吉通公司的金桥信息网（ChinaGBNet）属于商业性Internet网，以经营手段接纳用户入网，提供Internet服务。这些网络的建成，为计算机网络的应用和普及起到了积极的推动作用。

Internet进入我国之后，得到了迅速发展，在网络规模、技术水平、用户数量和应用领域等方面都令世人刮目相看。Internet已经改变并还在继续改变着人们工作、学习和生活的方式，而且还在以超出人们想象的深度和广度影响着经济社会的发展。

5. 下一代网络（NGN）

随着计算机网络的普及应用和互联网用户的爆炸式增长，电子商务/政务、多媒体业务、电视电话等公众服务项目的增多以及网络信息量的猛增，人们对数据通信的需求也日益膨胀。现在的互联网是建立在IPv4基础上的，经过多年的发展，逐渐显露出当初设计中存在的一些缺陷，其中最大的问题就是地址空间短缺。另外，网络拥塞、网络黑客、网络病毒等也严重威胁着网络安全，全球传统网络的演进已势不可当。怎样处理网络拥塞，怎样增加通信带宽，怎样保证传输质量，怎样实现多类终端的综合接入，等等，都成为通信网络所要解决的重要问题。为此，从20世纪末开始，通信网络开始讨论下一代网络（Next Generation Network，

NGN）问题。

20 世纪 90 年代初，人们开始讨论新的互联网协议。IETF 的 IPng 工作组在 1994 年 9 月提出了一个正式草案 "The Recommendation for the IP Next Generation Protocol"，1995 年年底确立了 IPng 规范，称为 IPv6。尽管设计 IPv6 最初的目的主要是解决地址空间紧张问题，但是人们还是希望它能够同时解决 IPv4 难以解决的其他问题，如网络安全、服务质量（Quality of Service，QoS）和移动计算等。

ITU 为适应电信技术发展的需要，在 2002 年 ITU-T SG13 年会上的相关文件中引入了 NGN 的概念。2004 年 2 月 3～12 日，ITU-T SG13 2001～2004 研究期第六次会议，初步完成了 NGN 的定义。其基本内容包括 NGN 是基于分组技术的网络，能够提供包括电信业务在内的多种业务；在业务相关功能与下层传送相关功能分离的基础上，能够利用多种带宽、有 QoS 支持能力的传输技术，能够为用户提供多个运营商的无限接入；能够支持普遍的移动性，确保用户的一致的、普遍的业务提供能力。到目前为止，虽然对 NGN 还尚未有统一认可的确切定义，但各国都展开了轰轰烈烈的有关 NGN 的研究热潮。2004 年，美国 NLR（National Lambda Rail）联盟开通了传输速率达 10 Gbps 的光纤网络，在相距 6 000 英里（1 英里=1.6093 km）的圣选哥大学与芝加哥大学之间建立了本地以太网连接，开展 Internet2 的研究工作。2004 年 9 月，欧盟宣布开通了 GéANT，建成了所有欧盟国家的学术网并用于研究下一代互联网技术。

我国关于 NGN 的研究也走在了该领域的前头。2004 年 3 月，我国的 IPv6 主干网 CERNet2 试验网开通，与日本和韩国的 IPv6 主干网形成了亚太地区的 APAN（Asia Pacific Advanced Network）。CERNet2 不仅是我国下一代互联网示范工程 CNGI（China Next Generation Internet）的核心网和全国性学术网，也是世界上规模最大的采用纯 IPv6 技术的下一代互联网的主干网。

1.1.3　现代网络发展趋势

网络应用的需求是推动网络技术发展的源动力。21 世纪是一个计算机与网络的时代。在这个时代，信息及信息的获取、传输和应用将成为个人与社会发展、经济增长与社会进步的基本要素，并将进一步推动计算机网络技术的迅速发展。传统的网络框架定制了传统的网络应用，即以共享以太网和低速链路接入广域网，如 64 kbps 的 DDN 或更低的 PSTN 链路，就可以满足应用的要求。随着互联网日益成为信息社会的主要信息载体，特别是物联网的普及应用，传统的网络框架已不适宜，多媒体宽带网络、智能化信息网络以及第 5 代移动通信网络将成为信息网络的基本性能特征，光通信网以及崭露头角的量子通信网将成为信息通信的主要网络通信技术。

1．多媒体宽带网络

未来的网络将是承载数据、语音、视频等多种业务的多媒体信息宽带网络，而且还要提供有效的服务质量（QoS）保障。自 1984 年起，德国、英国、法国、美国和日本先后建立了 ISDN 实验网，并于 1988 年开始逐步商用化后，以异步传输模式 ATM、同步数字系列 SDH/同步光纤网 SONET 为核心技术的宽带 ISDN（B-TSDN）迅速发展，其传输速率从每秒几兆（Mbps）到每秒几千兆（Gbps）。目前，多媒体宽带网络的还在继续发展，其所要实现的目标如下：

（1）多媒体通信网络必须具有足够的高带宽，这是多媒体通信海量数据的要求。另外，也只有高带宽才能确保实现用户与网络之间交互的实时性。按照一般估计，通过多媒体网络传输压缩的数字图像信号要求具有 $2\sim15$ Mbps 以上的传输速率（MPEG1/2），传输 CD 音质的声音信号要求具有 1 Mbps 以上的传输速率。因为多媒体信息包含多种不同类型的数据，数据传输速率在 100 Mbps（理论上最多 50 个 MPEG1 视频流）以上才能充分满足各类媒体通信应用的需要。

（2）网络必须满足多媒体通信的实时性和可靠性要求，以保证服务质量。为了获得真实的现场感，语音和图像的延时都要求小于 0.25 s，静止的图像要求延时小于 1 s，对于共享数据要求没有误码。

（3）网络必须满足媒体同步要求，包括媒体间同步和媒体内同步。因为传输的多媒体信息在时空上都是相互约束、相互关联的，多媒体通信系统必须正确反映它们之间的这种约束关系，如保证声音与图像的同步。

目前广泛使用的几种通信网络，如电信网络、计算机网络和广播电视网络，虽然都可以用来传输多媒体信息，但都存在不同程度的缺陷，如电视网络的单向性、计算机网络（IP）的无服务质量保证，以及电信网络的复杂和高开销等。多媒体宽带网络是目前为止最适合多媒体信息传输的网络。为了适应多媒体网络的发展需要，新业务不断涌现，旧业务不断融合，作为载体的各类网络也将不断融合，以使目前广泛使用的三类网络逐渐向单一、统一的 IP 网络发展，即所谓的"三网合一"。"三网合一"是网络发展的一个重要趋势。

2. 智能化信息网络

尽管计算机网络在过去的几十年中迈出了惊人的步伐，从局域网到广域网，再到现在的集成化数据、语音和视频通信，以及无线和移动通信网络技术，但仍然缺乏一个基础平台和一个标准架构。智能化信息网络（Intelligent Network，IN）概念就是在通信网多种新业务不断发展的情况下，要求运用计算机技术对通信网进行智能化自动管理的形势下产生的。智能网的概念是由美国贝尔通信技术公司在 1984 年提出的，1992 年由 CCITT 予以标准化。其实，智能化网络很难用一个明确的方程式加以定义，它包含很多参数，当这些参数组合在一起时，可以在整个网络中实现特定的网络功能。

智能化信息网络应该是一个能够快速、方便、灵活、有效地生成和实现各种新型业务的系统，目标是为所有的通信网，包括公用电话网、分组交换网以及移动通信网等服务。但是，在网络层协议方面，随着互联网规模的不断扩大，地址资源面临枯竭，目前被广泛接受的观点是用 IPv6 取代 IPv4 而成为核心协议，但这将经历一个漫长的过渡期。IPv6 与 IPv4 相比，除了地址空间从 32 位增加到了 128 位，还增强了安全功能并为服务质量保障提供了便利条件。

今天，人们正在为智能化信息网络的发展奠定基础和建立架构，如积极推进"互联网+"，发展物联网，旨在通过各种信息传感设备及系统（传感网、射频识别、红外感应器、激光扫描器等）、条码与二维码、全球定位系统，按约定的通信协议，将物与物、人与物连接起来，通过各种接入网、互联网进行信息交换，以实现智能化识别、定位、跟踪、监控和管理，最终形成物联网。

3．第 5 代移动通信网络

自 20 世纪 80 年代起，随着模拟蜂窝技术的发展，移动通信技术一直跨越式进步，至今已经经历了 4 个时代，第 4 代移动通信网络（4G）已成为"全面、随时、随地"信息的有效传输平台。与此同时，包括 ZigBee、WiFi 在内的许多短距离无线通信网技术也纷纷涌现。

第 5 代移动通信系统（5G）是继 4G 之后，为了满足智能终端的快速普及和移动互联网的高速发展，所要研发的新一代移动通信系统。5G 的基本特征是：①数据流量增长 1 000 倍，单位面积吞吐量可达到 100 Gbps/km^2 以上；②联网设备数目是 4G 的 100 倍，特殊应用时，单位面积内设备数目将达到 100 万台/km^2；③峰值速率达到 100 Gbps 以上；④用户获得速率为 10～100 Mbps；⑤时延短，是 4G 的五分之一到十分之一。5G 网络的主要目标是让终端用户始终处于联网状态，能够灵活支持各种不同的智能设备，不仅支持智能手机、平板电脑，还支持穿戴式智能设备，例如智能手表、健身跟踪器、智能家庭设备如鸟巢式室内恒温器等。

据英国媒体报道，英国萨里大学的科学家于 2015 年 2 月已对其研发的最新 5G 网络技术，成功在实验室条件下完成了覆盖 100 m 范围内的数据传输测试，速度达到 125 Gbps，比 4G 网络快 6.5 万倍，是目前无线数据传输技术的最高速度。在理论状态下，以这样的速度一秒钟能下载 30 部电影。5G 技术不仅可以用于下载电影，还可以让智能手机用户之间实时进行大型互动游戏，减少金融交易时间误差等。英国萨里大学的 5G 创新研究团队计划于 2018 年开始进行公共测试并在 2020 年推出使用。

4．光纤通信网

20 世纪 90 年代初期，面向未来 IP 业务的光网络研究已经成为各国和跨国研究计划的重点。例如，欧洲的 ACT 计划、美国的 GII 计划和加拿大的 Canet3 国家光互连计划；日本和澳大利亚等国的科研机构和大学也开始了致力于下一代光网络的研究；同时，包括 ITU-T、ANSI、T1X1.5 协会、光互联网论坛（Optical Internetworking Forum，OIF）和 IETF 在内的标准化组织也都积极致力于对可重构光网络的研究。光网络是由光通路将波长路由器和端结点相互连接而构成的。新一代光网络所具有的特性为：开放、支持多业务；灵活和易于升级；具有高效的保护与恢复策略；更简单、更有效的网络控制和管理功能。

在传输技术方面，密集波分复用（DWDM）技术已得到了蓬勃发展。目前，基于 DWDM 技术的光传输系统带宽已达到 1.6 Tbps，并将达到 10 Tbps 数量级。其复用的波段由常规波段（C 波段）扩展到长波段（L 波段）和短波段（S 波段）。最新的技术进展已经将石英光纤在 1.3～1.6 μm 的两个损耗窗口打通并连成一个区域。未来的 DWDM 将在 1.3 μm 的全波段窗口中工作。目前，100 个波长通道的传输设备已经商用化，不少实验室正致力于开发 200～100 个波长通道的传输系统。而单波长光通过的传输速率也正在进一步从 2.5 Gbps 和 10 Gbps 提高至 40 Gbps。DWDM 技术为光网络的发展提供了几乎取之不尽的资源。光传送网（Optical Transport Network，OTN）就是以波分复用技术为基础、在光层组织网络的传输网。OTN 跨越了传统的电域（数字传送）和光域（模拟传送），成为管理电域和光域的统一标准。OTN 处理的基本对象是波长级业务，将传送网推进到真正的多波长光网络阶段。OTN 网络主要用于骨干和汇聚层之间的大颗粒调度，完成光路延伸。

带宽的迅速增长将对网络的体系结构、核心路由器、服务质量保障机制和网络应用的发展产生深远的影响。一方面，核心路由器的接口速率越来越快，目前已经达到了 10 Gbps，40 Gbps

的接口也已面世，另一方面，随着接口速率的提高，传统的"电"路由器已经快要达到性能的极限，基于光的交换技术已经取得系列研究成果。然而，由于光存储交换技术还不成熟，导致光分组交换目前还难以实用。如果光分组交换能够实用，那么，光交换机就将取代目前的核心路由器。

5. 量子通信网络

量子通信网络（Quantum Communication Network）是一种采用量子通信系统的网络。量子通信网络由众多分离的结点组成，量子信息就存储在这些结点中。在结点处，代表量子信息的单元——量子比特可以被局域地操纵。这些结点将量子信息通道连接起来，形成量子通信网络。在网络内部，信息的交换可以通过传递量子比特来实现。在实际的物理系统中，实现量子通信网络，需要被束缚的离子或原子作为结点，而量子信息、通道则由光纤或者类似的光子"线路"来实现。量子通信网络具有安全性高、多端分布计算、通信复杂性降低等优点。

量子通信作为新一代通信技术，是指利用量子纠缠效应进行信息传递的一种新型通信方式，主要涉及量子密码通信、量子远程传态和量子密集编码等。量子通信基于量子力学的基本原理具有高效率和绝对安全等特点，并因此成为量子物理和信息科学的研究热点。

量子通信经过近 20 年的研究发展，已逐步从理论走向实验，并向实用化发展。量子通信系统的基本部件包括量子态发生器、量子通道和量子测量装置。按其所传输的信息是经典信息还是量子信息，量子通信系统分为两类，前者主要用于量子密钥的传输，后者可用于量子隐形传送和量子纠缠的分发。所谓隐形传送指的是脱离实物的一种"完全"的信息传送。1993年，C. H. Bennett 提出了量子通信的概念。同年，6 位来自不同国家的科学家，提出了利用经典与量子相结合的方法实现量子隐形传送的方案：将某个粒子的未知量子态传送到另一个地方，把另一个粒子制备到该量子态上，而原来的粒子仍留在原处。其基本思想是：将原物的信息分成经典信息和量子信息两部分，它们分别经由经典通道和量子通道传送给接收者。经典信息是发送者对原物进行某种测量而获得的，量子信息是发送者在测量中未提取的其余信息，接收者在获得这两种信息后，就可以制备出原物量子态的完全复制品。该过程中传送的仅仅是原物的量子态，而不是原物本身。发送者甚至可以对这个量子态一无所知，而接收者是使别的粒子处于原物的量子态上。在这个方案中，纠缠态的非定域性起着至关重要的作用。量子隐形传态不仅在物理学领域对人们认识与揭示自然界的神秘规律具有重要意义，还可以用量子态作为信息载体，通过量子态的传送完成大容量信息的传输，实现原则上不可破译的量子保密通信。

1997 年，在奥地利留学的中国青年学者潘建伟与荷兰学者波密斯特等人合作，首次实现了未知量子态的远程传输。这是国际上首次在实验上成功地将一个量子态从甲地的光子传送到乙地的光子上。实验中传输的只是表达量子信息的"状态"，作为信息载体的光子本身并不被传输。此后，潘建伟不断深入扩展量子通信研究，取得了一系列研究成果。2016 年 8 月 16日 1 时 40 分，我国在酒泉卫星发射中心用长征二号丁运载火箭成功地将世界首颗量子科学实验卫星"墨子号"（简称"量子卫星"）发射升空。8 月 17 日 11 时 56 分 24 秒，中科院遥感与数字地球研究所所属的中国遥感卫星地面站密云站在第 23 圈次成功跟踪、接收到我国首颗量子科学实验卫星"墨子号"的首轨数据。8 月 21 日凌晨，中科院国家天文台兴隆基地 1 m 望远镜首次利用星载宽信标光成功跟踪捕获了"墨子号"，"墨子号"直接进入量子终端精视场，跟踪稳定。8 月 26 日凌晨，星载开启窄信标光（能量更高、发散角更小），兴隆地面站成功实现了天地实时对接，并接收到 850 nm 的通信信号。量子科学实验卫星任务计划包括发射入轨、在轨测试和开展实验三部分。如果首颗量子卫星实验成功，将会继续发射，以创建一个连接全世界的量子通信网络。

1.2 计算机网络的基本概念

通过计算机网络的发展史可知，早期制造的计算机，一台机器由一人使用，这种使用方式效率非常低，因此很快被"计算中心"模式取代。在计算中心模式下，一台计算机同时供许多用户使用，以共享计算机系统资源，这是计算机技术应用方式的一次飞跃。但是，计算中心仍然把用户限制在一个地方和一台机器上。为解决这个问题，诞生了计算机网络技术，它把许多计算机或计算中心连接起来，其中每一台计算机都可以通过网络为任何其他一台计算机上的用户提供服务。计算机网络使用户脱离了地域的分隔和局限，在网络达到的范围内实现了资源共享。究竟什么是计算机网络呢？本节通过对计算机网络定义、功能、分类及其组成的讨论，以加深对其基本概念的理解。

1.2.1 计算机网络的定义

什么是计算机网络？多年来对这个问题的定义并没有一个完全统一的描述，所定义的内容随着计算机网络的发展阶段和观点不同而有所不同。在 ARPANet 建成之后，有人将计算机网络定义为"以相互共享资源（硬件、软件和数据）方式而连接起来，且各自具有独立功能的计算机系统的集合"。这个定义强调了网络建设的目的，但没有给出物理结构。计算机网络发展到第二代后，为了与第一代网络相区别，又有人将其定义为"在网络协议控制下，由多台主计算机、若干台终端和数据传输设备所组成的计算机复合系统"。这个定义过于强调了网络的组成，没有给出网络的本质。计算机网络界权威人士特南鲍姆（Andrew S. Tanenbaum）的定义（1996 年）是：计算机网络是一些独立自治的计算机互连起来的集合体。若有两台计算机通过通信线路（包括无线通信）相互交换信息，就认为是互连的。而独立自治或功能独立的计算机是指网络中的一台计算机不受任何其他计算机的控制（如启动或停止）。

近年来，随着计算机网络的不断深入研究，按照计算机网络所具有的特性，人们普遍公认的定义如下：计算机网络是利用通信设备和线路将分布在地理位置不同的、具有独立功能的多个计算机系统连接起来，在功能完善的网络软件（网络通信协议及网络操作系统等）的控制下，进行数据通信，实现资源共享、互操作和协同工作的系统。

简单地说，计算机网络是由"计算机集合"加"通信设施"组成的系统。由上述定义可以看出，建造网络的目的是资源共享，而手段是计算机通信。这是一个广义的定义，在理解时应注意以下 5 个特征：

（1）计算机系统是一互连的计算机系统的群体。这些计算机系统在地理上是分布的，可能在一个房间内，在一个单位的楼群里，在一个或几个城市里，甚至在全国乃至全球的任何地方。

（2）计算机网络中的计算机是功能独立的，或称之为"自主（Autonomous）"的，即每台计算机是独立的，在网络协议控制下协同工作，没有明显的主从关系。也就是说，自主的计算机系统由硬件和软件两部分构成，能完整地实现计算机的各种功能，如图 1.8 所示。

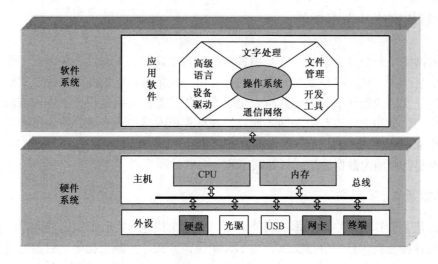

图 1.8　具有自主功能的计算机系统

（3）系统互连（interconnected）要通过通信设施（网）来实现。通信设施一般由通信信道、相关的传输和交换设备等组成，如图 1.9 所示。

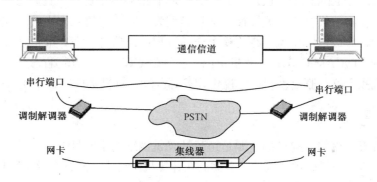

图 1.9　计算机之间实现相互通信的通信设施

（4）系统通过通信设施进行数据传输、数据交换、资源共享、互操作和协同处理，实现各种应用要求。互操作（Interoperation 或 Interoperability）和协同处理（Interworking）是计算机网络应用中更高层次的要求，它需要有一种机制能支持互联网络环境下异种计算机系统之间的进程通信和互操作，实现协同工作和应用集成。

（5）集合体（Collection）是指所有用通信信道及互连设备连接起来的自主计算机系统的集合，如图 1.10 所示。

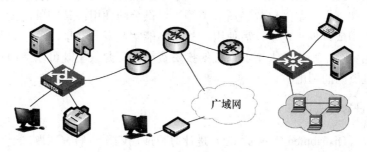

图 1.10　集合体的含义

1.2.2 计算机网络的主要功能

计算机网络是一个复合系统，它是由各自具有自主功能而又通过各种通信手段连接起来以便进行信息交换、资源共享或协同工作的计算机系统集合体。由此可知，建立计算机网络的基本目的是实现数据通信和资源共享。由于不同的计算机网络是根据不同的需求设计组建的，所提供的服务和功能也有所不同。而且，在计算机网络中含有各具特色的计算机系统，随着计算机应用范围的不断扩展，计算机网络的功能和提供的服务也在不断增加，很难全面综述，一般将其归纳为数据通信、资源共享和分布式处理等。

1. 数据通信

数据通信是计算机网络最基本的功能之一。它用来快速传输计算机与终端、计算机与计算机之间的各种数据信息，包括文本、图形、图像、音频、视频数据等。目前，计算机网络的数据通信功能主要有：①信息查询与检索，如 WWW、Gopher 等；②文件传输与交换（FTP）、电子邮件（E-mail）等；③远程登录与事务处理，如 Telnet 等；④新闻服务（News）、电子公告牌（BBS）、信息广播等；⑤办公自动化（OA）、管理信息系统（MIS）等；⑥电子数据交换（Electronic Data Interchange，EDI），EDI 是一种新型的电子贸易工具，通过计算机网络可将贸易、运输、保险、银行和海关等行业信息表现为国际公信的标准格式，实现公司之间的数据交换和处理，完成以贸易为中心的整个交易过程；⑦信息点播、虚拟现实，如视频点播（VOD）等；⑧CAD/CAM/CAE、计算机协同工作（CSCW）等；⑨远程教育、远程医疗、网络计算、网络视频会议、监视控制、可视化计算等；⑩计算机集成制造系统（CIMS）。

2. 资源共享

充分利用计算机网络中提供的资源是组建计算机网络的主要目的。所谓"资源"是指构成系统的所有要素，包括硬件、软件和数据。在计算机网络中，网络资源主要包括以下 4 类。①数据。这里的数据通常指保存在数据库、磁存储介质、光盘中的原始数据。②信息。信息是指与能量、物质相提并论的战略资源，是网络中最重要的财富。信息来源于对数据的处理。③软件。网络，特别是大型网络，包含有大量共享应用软件，允许网络上的多个用户同时使用，不必担心侵犯版权和数据的完整性，从而可节省大量的软件投资。④硬件。网络共享的硬件，通常是指那些价值比较昂贵的设备，如超级大型计算机、UNIX 超级工作站、海量存储器、高速激光打印机、大型绘图仪及一些特殊的外设等。

计算机的许多资源是十分昂贵的，由于受经济和其他因素的制约，不可能为每个用户所拥有。"共享"指的就是网络中的用户都能够部分或全部地享受这些资源。例如，某些地区或单位的数据库（如飞机机票网、数字图书馆等）可供全网使用；某些单位设计的软件可供需要的地方有偿调用或办理一定手续后使用。如果不能实现资源共享，各用户都需要有完整的软、硬件及数据资源，则将大大增加系统的投资费用。资源共享既可以使用户减少投资，又可以提高计算机资源的利用率。

3. 分布式计算及云计算

分布式计算（Distributed Computing）是计算机应用的重点研究课题之一。分布式计算是指，当某台计算机负担过重时，或该计算机正在处理某项工作时，网络可将新任务转交给空闲的计算机来完成。分布式计算能均衡各计算机的负载，提高处理问题的实时性。对于大型综合性问题，可将任务分散到网络中不同的计算机上进行处理，扩大计算机的处理能力，即增强实用性。对解决复杂问题来讲，多台计算机联合并构成高性能的计算机体系协同工作、并行处理，要比单独购置高性能的大型计算机便宜得多。

面对越来越复杂的计算机网络应用需求，云计算技术悄然兴起。云计算（Cloud Computing）是指一种基于互联网，按使用量付费的商业计算模式。这种模式提供可用的、便捷的、按需的网络访问，使用户进入可配置的计算资源共享池（资源包括网络、服务器、存储、应用软件及服务等），用户只需投入很少的管理工作或与服务供应商进行很少的交互，资源池就能快速提供相应的计算资源服务。云计算是分布式计算、并行计算（Parallel Computing）、效用计算（Utility Computing）、网络存储（Network Storage Technologies）、虚拟化（Virtualization）、负载均衡（Load Balance）、热备份冗余（High Available）等传统计算机和网络技术发展融合的产物。目前，各种云计算的应用服务力正日渐增强，影响力无可估量。

计算机网络的功能远不止以上所述。例如，借助冗余和备份手段提高系统的可靠性，也是计算机网络的另一个重要功能。在一些用计算机进行实时控制和要求高可靠性的场合，通过计算机网络实现备份技术可以提高系统的可靠性。当某一台计算机出现故障时，可立即由计算机网络中的另一台计算机来代替其完成所承担的任务。例如，空中交通管理、工业自动化生产线、军事防御系统和电力供应系统等都可以通过计算机网络设置备用的计算机系统，以保证实时性管理，提高不间断运行系统的安全性和可靠性。

另外，多媒体通信也已经成为计算机网络的显著特征之一，这主要表现在：①数据库的多媒体化，如 Oracle 等；②Web 的多媒体化，如利用 VRML 创建虚拟的 Web 世界等；③网络应用的多媒体化，如多媒体办公自动化系统和多媒体会议系统等；④电子商务的多媒体化，如虚拟商场和虚拟企业等。

1.2.3　计算机网络的分类

计算机网络种类繁多、性能各异，很难用单一的标准进行统一分类。对于一个计算机网络可以从不同的角度对其进行不同的分类，既可以从地理覆盖范围、拓扑结构、传输介质、数据传输交换方式或协议等角度进行分类，也可以按照网络组建属性或用途等加以分类。下面介绍几种从不同侧面对计算机网络进行分类的方法，以助于进一步理解计算机网络。

1. 按地理覆盖范围分类

按照计算机系统之间的互连距离和分布范围，可将计算机网络分成局域网（LAN）、城域网（MAN）、广域网（WAN）和互联网。网络覆盖的地理范围是网络的一个重要度量参数，因为不同规模的网络需要采用不同的网络技术。

1）局域网

局域网是指地理覆盖范围在几米到十千米以内的由各种通信设备相互连接起来的计算机通信网络。这里所指的通信设备是广义的，包括计算机和各种外围设备。一般情况下，局域网络建立在某个机构所属的一个建筑群内，或大学的校园内，也可以是办公室内或实验室内。局域网连接这些用户的微型计算机及其作为资源共享的设备（如打印机等）进行数据交换。局域网有别于其他类型网络的典型技术特征如下。

（1）局域网的覆盖范围较小，一般的覆盖距离为 0.5 m～10 km。

（2）信道带宽大，数据传输率高（一般为 10～1 000 Mbps）；数据传输延迟小（几十微秒）、误码率低（10^{-11}～10^{-8}）。另外，局域网易于安装，便于维护。

（3）局域网的拓扑结构简单，一般采用广播式信道的总线结构、星状结构和环状结构，容易实现；常用双绞线、同轴电缆和光纤作为传输介质。采用无线传输介质的无线局域网（Wireless Local Area Networks，WLAN）也已得到迅速发展和应用。

随着各种短距离无线通信技术的发展，人们提出了个人区域网（Personal Area Network，PAN）的概念。所谓 PAN，是指利用短距离、低功率无线通信技术（如 WiFi、Bluetooth、IrDA、Home RF、ZigBee 等）实现个人信息终端智能化互联的信息网络。从计算机网络的角度来看，PAN 是覆盖范围在 10 m 之内的局域网；从电信网络的角度来看，PAN 是一个接入网，因此有时把 PAN 称为电信网络"最后 1 m"的解决方案。

2）城域网

城域网（MAN）是在一个城市范围内建立的计算机通信网。MAN 具有 LAN 的特性，采用与 LAN 类似的技术，但规模比 LAN 大，地理分布覆盖范围可以从几十千米至数百千米，介于局域网和广域网之间，一般覆盖一个城市或地区。MAN 的实现标准主要为分布式队列双总线（Distributed Queue Dual Bus，DQDB），其传输介质主要采用光纤光缆，传输速率在 100 Mbps 以上。

一般来说，通常将 MAN 分为核心层、汇聚层和接入层 3 个层次：①核心层主要提供高带宽的业务承载和传输，完成和现有网络（如 ATM、FR、DDN、IP 网络）的互联互通，其特征为宽带传输和高速调度；②汇聚层的主要功能是给业务接入结点提供用户业务数据的汇聚和分发处理，同时要实现业务的服务等级分类；③接入层利用多种接入技术，进行带宽和业务分配，实现用户的接入，接入结点设备完成多业务的复用和传输。

MAN 的典型应用为宽带城域网。通过它将位于同一城市内不同地点的主机、数据库，以及 LAN 等互相连接起来。通常，城域网由政府或大型企业集团、公司组建，如城市信息港等。目前，随着信息化技术的进步，很多城市已规划和建设了自己的城市信息高速公路。对于某些大型企业或集团公司，为了连接市内分公司或分厂局域网，所建设的覆盖较大范围的企业 Intranet 网络，也是城域网的一种常见应用形式。

3）广域网

广域网（WAN）的地理覆盖范围在 100 km 以上，往往遍布一个国家甚至世界，规模十分庞大而复杂。广域网传输速率比较低，一般为 64 kbps～2 Mbps，最高可达到 45 Mbps；但随着通信技术的发展，传输速率还在不断提高。目前通过光纤媒体，其传输速率达到了 155 Mbps，甚至 2.5 Gbps。广域网的这些特点决定它具有不同于 LAN 和 WAN 的特性。广域网包含很多用来运行用户应用程序的主机，把这些主机连接在一起就构成了通信子网。在大多数广域网中，通信子网一般包括传输信道和转接设备两部分。传输信道用于在主机之间传输数据；转接设备也叫作接口报文处理机（IMP），由专用计算机担任，用来连接两条或多条传输线。在广域网模式中，通信子网中包含大量租用线路或专用线路，每一条线路连着一对 IMP；而每一台主机都至少连接着一台 IMP，所有出入该主机的报文都必须经过与该主机相连的 IMP。除了使用卫星的广域网，几乎所有的广域网都采用存储转发方式。最初，广域网只是为了使物理上广泛分布的计算机能够进行简单的数据传输，主要用于计算机之间的文件或批处理作业传输及电子邮件传输等。

广域网的拓扑结构比较复杂，因此组建广域网的重要问题是 IMP 互连的拓扑结构设计，可能的几种网络拓扑结构为星状、树状、环状和全互连型。广域网的另外一种组建方式是卫星或无线网络。每个中间转接点都通过天线接收和发送数据。所有的中间站点都能接收来自卫星的信息，并能同时监听其相邻站点发往卫星的信息。可见，单独建造一个广域网是极其昂贵和不现实的，所以人们常常借助于传统的公共传输网来实现。

提到广域网，人们自然会想到公用电话网（PSTN）、中国分组交换网（CHINAPAC）、中国数字数据网（CHINADDN）、中国帧中继网（CHINAFRN）和综合业务数字网（ISDN）等。确实这些网络都是广域网，但并不是计算机广域网，然而可以通过使用这些公用广域网提供的通信线路来组建计算机广域网。例如，CHINANet 就是借助于 CHINADDN 提供的高速中继线路，使用超高速路由器组成的覆盖中国内地各省市并连通 Internet 的计算机广域网。

4）互联网

目前世界上有许多网络，而不同网络的物理结构、协议和所采用的标准是各不相同的。如果连接到不同网络的用户需要进行相互通信，就需要将这些不兼容的网络通过称为路由器的设备连接起来，并由路由器完成相应的路由转发功能。多个网络相互连接构成的集合称为互联网，也称为 Internet。互联网的最常见形式是多个局域网通过广域网连接起来。如何判断一个网络是广域网还是通信子网取决于网络中是否含有主机。如果一个网络中只含有中间转接结点，即 IMP，则该网络仅仅是一个通信子网；反之，如果一个网络中既包含 IMP，又包含用户可以运行作业的主机，则该网络就是一个广域网。

通常，通信子网、计算机网络和互联网这三个概念经常混淆。通信子网作为广域网的一个重要组成部分，通常由 IMP 和通信线路组成。例如，电话系统包括用高速线路连接的局间交换机和连到用户端的低速线路，这些线路和设备就构成了电话系统的通信子网。通信子网和主机相结合构成计算机网络；对于局域网而言，是由传输介质（如电缆、光纤）和主机构成的，没有通信子网。而互联网一般是异构计算机网络的互相连接，如局域网和广域网的连接，两个局域网的互相连接或多个局域网通过广域网的连接等。

2. 按传输介质分类

按传输介质的不同，计算机网络可以划分为两种：有线网和无线网。

1）有线网

采用同轴电缆、双绞线和光纤等物理传输介质来连接的计算机网络称为有线网。

同轴电缆网是较为常见的一种连网方式。它比较经济，安装较为便利，传输速率和抗干扰能力一般，传输距离较短。

双绞线网是目前最常用的一种连网方式。它价格便宜，安装方便，但易受干扰，传输速率较低，传输距离比同轴电缆要短一些。

光网络采用光导纤维作为传输介质。光纤传输距离长，传输速率高，可达数千兆比特每秒，抗干扰能力强，不会受到电子监听设备的监听，是高安全性网络的一种理想选择。

2）无线网

采用微波、红外线和无线电短波作为传输介质建设的计算机网络称为无线网络。对无线网络又有多种不同的分类方式。为简单明晰起见，通常将无线网络按照通信距离划分为无线个域网（WPAN）、无线局域网（WLAN）、无线城域网（WMAN）和无线广域网（WWAN）。蜂窝移动通信属于无线广域网（WWAN），IEEE 802 标准系列涵盖了 WPAN、WLAN、WMAN 和 WWAN 几个方面。

（1）IEEE 802.15.4 标准为无线个域网（WPAN）技术标准，覆盖距离一般在半径 10 m 以内。WPAN 是基于计算机通信的专用网，是在个人操作环境下由需要相互通信的装置构成的一个网络。它无须采用任何中心管理装置，就能在电子设备之间提供方便、快速的数据传输。

（2）IEEE 802.11 标准为无线局域网（WLAN）技术标准，覆盖距离通常在 10～300 m 之间，主要解决"最后一百米"接入问题。

（3）IEEE 802.16 标准为无线城域网（WMAN）技术标准，提供了比 WLAN 更宽广的地域范围，覆盖距离可高达 50 km，是一种可与 xDSL 竞争的"最后一公里"无线宽带接入解决方案。

（4）IEEE 802.20 标准为移动宽带无线接入（MBWA）技术标准，也被称为 MobileFi，主要是弥补了 IEEE802.1x 协议体系在移动性方面的缺陷。MBWA 在高达 250 km/h 的移动速度下，可实现 1 Mbps 以上的移动通信能力，非视距环境下单小区覆盖半径为 15 km。

无线网络特别是无线局域网具有很多优点，如易于安装和使用，用户可以在任何时间、任何地点接入计算机网络，因而具有广阔的应用前景。目前已有许多基于无线网络的产品，但无线局域网也有许多不足之处，如数据传输速率远低于有线局域网。另外，无线局域网的误码率也比较高，而且结点之间存在相互干扰。无线网的发展依赖于无线通信技术的支持。

3．按数据传输交换方式分类

根据数据在网络内的传输交换方式，计算机网络可分为电路交换网络和存储转发交换网络，其中后者又可分为报文交换和分组交换（数据报和虚电路）。

4．按网络组建属性分类

根据计算机网络的组建、经营和管理方式，特别是数据传输和交换系统的拥有性，计算机网络可以分为公用计算机网络和专用计算机网络两类。

公用计算机网络是为公众提供商业性、公益性通信和信息服务的通用计算机网络，如 Internet。公用计算机网络由国家电信部门组建、经营和管理，向公众提供服务。任何单位和部门，甚至个人的计算机和终端都可以接入公用网，利用所提供的数据通信服务设施来实现单位、部门和个人的业务。

专用计算机网络指为政府、企业、行业和社会发展等部门提供具有部门特点、特定应用服务功能的计算机网络，如 Intranet。专用计算机网络往往由一个政府部门或一个公司等组建经营，未经许可，其他部门和单位不得使用；其组网方式可以利用公用网提供的"虚拟网"或自行架设的通信线路实现。

1.3　计算机网络的组成

与计算机系统一样，也可将计算机网络系统划分为硬件系统与软件系统两部分：网络硬件及其连接形式对网络的性能起着决定性作用，是网络运行的主体；网络软件则是支持网络运行、提高效益和开发网络资源的工具。

1.3.1 计算机网络的组成结构

计算机网络的早期只是联机系统，随着 APPANet 的研究与发展产生了分组交换网，可以说，分组交换网才能称为真正的计算机网络。由于计算机和通信技术的进步，计算机网络也在不断变化，但所采用的交换方式仍然以分组交换为主。

按照分组交换计算机网络所具有的数据通信和数据处理功能，可以将其划分为通信子网和资源子网两部分，其基本组成结构如图 1.11 所示。

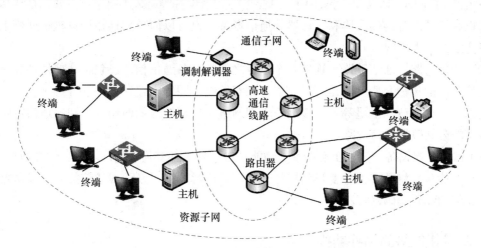

图 1.11　一个典型的计算机网络组成结构

1．资源子网

资源子网主要是对数据信息进行收集、加工和处理，面向用户提供入网途径、各种网络资源与网络服务。它包括访问网络和处理数据的硬软件设施，主要有主计算机系统（主机）、终端控制器和端系统、计算机外设、有关软件与可共享数据（如公共数据库）等。

（1）主计算机系统。主计算机系统可以是大型计算机、小型计算机或局域网中的微型计算机，它们是网络中的主要资源，也是数据和软件资源的拥有者，一般都是通过高速线路将它们和通信子网的结点相连。

（2）终端控制器和端系统。终端控制器连接一组端系统，并与主计算机系统相通信，或直接作为网络结点，在局域网中它相当于集线器（Hub）。端系统是直接面向用户的交互设备，可以是由键盘和显示器组成的简单终端，也可以是微型计算机系统，以及一些非常规终端，如个人数字助理（PDA）、TV 和移动电话等。

（3）计算机外设。计算机外设主要是网络中的一些共享设备，如超大容量的硬盘、高速打印机和绘图仪等。

2．通信子网

通信子网主要负责计算机网络内部信息流的传输、交换和控制，以及信号的变换和通信中的相关处理，间接地服务于用户。它主要包括网络结点及连接这些结点的通信链路等软硬件设施。

（1）网络结点。网络结点的作用主要有两个：一是作为通信子网与资源子网的接口，负责管理和收发本地主机和网络所交换的信息，相当于通信控制处理机（CCP）。在 APPANet 中，网络结点称为接口信息处理机（IMP-Interface Message Processor），在 Internet 中则称为网关，也可称为路由器。二是作为发送、接收、交换和转发数据的通信设备，负责接收其他分组交换结点传送来的数据，并选择一条合适的链路发送出去，完成数据的交换和转发。网络结点可以分为交换结点和访问结点两种：①交换结点主要包括交换机（Switch）、用于网络互联的路由器（Router）以及负责网络中信息交换的其他设备等；②访问结点主要包括连接用户主计算机和终端设备的接收器和发送器等通信设备，也可以简单到插在计算机扩展槽上的一块网络适配器（也称网卡）。

（2）通信链路。通信链路是连接两个结点之间的一条通信信道，包括通信线路和有关设备。通信链路的传输介质可以是有线介质，如双绞线、同轴电缆和光导纤维等，也可以是无线传输介质，如微波、卫星等。一般用于大型网络和相距较远的两结点之间的通信链路，都利用现有的公共数据通信线路。

（3）信号变换设备。信号变换设备的功能是对信号进行变换以适应不同传输介质的要求。这些设备一般包括将数字信号变换为模拟信号的调制解调器以及无线通信接收和发送器、用于光纤通信的编码解码器等。

1.3.2　计算机网络的拓扑结构

为了便于分析组成计算机网络的各组成部分之间彼此互连的形状与其性能的关系，常采用拓扑学（Topology）中研究与大小形状无关的点、线特性的方法，讨论网络中的通信结点和通信线路或信道的连接所构成的各种几何构成形式，用以反映网络的整体结构。计算机网络拓扑结构就是指计算机网络结点和通信链路所组成的几何形状。

计算机网络拓扑结构有逻辑拓扑结构和物理拓扑结构两层含义，要注意它们之间的不同：①逻辑拓扑结构是指各组成部分的逻辑关系，即信息如何流动；②物理拓扑结构是指各组成部分的物理关系，即物理连接方式。实际中，考虑较多的是通信子网的拓扑结构问题。

网络拓扑结构对于计算机网络的可靠性、稳定性和扩展性等都有较大的影响。计算机网络有多种拓扑结构，最常用的网络拓扑结构有星状、总线和环状，如图 1.12 所示。此外，还有树状、网状及混合型结构等。

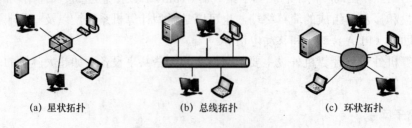

(a) 星状拓扑　　　　　　(b) 总线拓扑　　　　　　(c) 环状拓扑

图 1.12　计算机网络拓扑结构

1. 星状拓扑结构

星状拓扑结构的每个结点都由一条点对点的链路与中心结点（也称公用中心交换设备，如交换机、集线器等）相连，如图1.12（a）所示。星状网络中的一个结点如果向另一个结点发送数据，首先将数据发送到中心结点，然后由中心结点将数据发送到目的结点。数据的传输是通过中心结点的存储转发技术实现的，并且只能通过中心结点与其他结点通信。星状拓扑结构是局域网中最常用的一种拓扑结构。

星状拓扑结构网络通常采用集中式介质访问控制方法，具有如下特点。

（1）优点：①星状拓扑网络结构简单，容易实现，便于管理和维护；②故障诊断和隔离容易；③易于实现综合布线，易扩充和升级。

（2）缺点：①采用通信电缆，电缆较长，安装工作量较大；②中心结点负载较重，是全网可靠性的瓶径，易形成数据传输瓶颈，如果中心结点一旦出现故障，会导致全网瘫痪；③各结点的分布式处理能力较低。

2. 总线拓扑结构

总线拓扑结构采用一条单根的通信线路（总线）作为公共的传输信道，所有的结点都通过相应的接口直接连接到总线上，并通过总线进行数据传输，如图1.12（b）所示。由于单根通信线路仅支持一条信道，因此连接在这条线路上的计算机与其他设备共享线路的所有带宽。连接在总线上的设备越多，网络发送和接收数据就越慢。

总线拓扑网一般采用分布式介质访问控制方法，具有如下特点。

（1）优点：①总线拓扑结构简单、灵活，易于扩展；②共享能力强，便于广播式传输数据；③网络响应速度快；④易于安装，费用较低。

（2）缺点：①传输距离有限，通信范围受限制；②故障诊断和隔离困难，如果总线出现故障，将会影响整个网络；③结点必须是智能的，要有媒体访问控制功能。

3. 环状拓扑结构

环状拓扑结构网络中的各个结点通过环接口连在一条首尾相接的闭合环状通信线路中，如图1.12（c）所示。每个结点只能与它相邻的一个或两个结点直接通信；如果要与网络中的其他结点通信，数据需要依次经过两个通信结点之间的每个结点。最典型的环状拓扑网是令牌环网，常称为令牌环（Token Ring）。环状网络既可以是单向的，也可以是双向的。单向环状网络的数据绕着环向一个方向发送，到达环中的每个结点后将被接收下来，经再生放大后将其转发出去，直到数据到达目的结点为止。双向环状网络中的数据能在两个方向上进行传输，因此结点可以与两个邻近结点直接通信。如果一个方向的环中断了，数据可以向相反的方向在环中传输，最后到达目的结点。

环状拓扑结构有单环和双环结构之分，令牌环是单环结构的典型实例，光纤分布式数据接口（FDDI）是双环结构的典型实例。环状拓扑结构具有如下特点。

（1）优点：①在环状网络中，各结点无主从关系，结构简单，数据流在网络中沿环单向传递，时延固定，实时性较好；②在两个结点之间仅有唯一的路径，路径选择简单。

（2）缺点：①可靠性较差，任何一个结点故障都有可能引起全网故障，故障检测困难；②媒体访问控制协议均采用令牌传递方式，当负载很轻时，信道利用率较低。

4. 树状拓扑结构

树状拓扑结构也称为星状总线拓扑结构，是从总线拓扑和星状拓扑演变过来的。树状拓扑结构像一棵倒置的树，顶端是树根，树根以下带分支结点，每个分支结点还可带子分支结点。树根结点接收各分支结点发送的数据，然后再广播发送到全网。

树状拓扑结构的优点是易于扩展，故障隔离较容易；缺点是结点对根的依赖性太大，若根结点发生故障，则全网不能正常工作。

5. 网状及混合型拓扑结构

网状拓扑是指将各网络结点与通信线路连接成不规则的形状，每个结点至少与其他两个结点相连，或者说每个结点至少有两条链路与其他结点相连。大型互联网一般都采用网状拓扑结构。例如，我国的教育科研网（CERNET）、Internet 的主干网采用的都是网状拓扑结构。

网状拓扑结构主要特点是：①可靠性高不受瓶颈问题和失效问题的影响，但线路成本高，一般用于大型广域网；②网络协议较为复杂，不易管理和维护。

混合型拓扑结构是由以上几种拓扑结构混合而形成的网络拓扑结构，如总线拓扑结构与星状拓扑结构相混合等。

网络的拓扑结构对其性能有很大的影响。选择网络拓扑结构，首先要考虑采用何种传输介质访问控制方法，因为特定的传输介质访问控制方法一般仅适用于特定的网络拓扑结构；其次要考虑性能、可靠性、成本、扩充灵活性、实现的难易程度及传输介质的长度等因素。

1.3.3　计算机网络系统的组成

计算机网络系统由网络硬件系统和网络软件系统两部分组成。

1. 计算机网络硬件系统的组成

网络硬件系统是组成计算机网络系统的物质基础。构成一个计算机网络系统，首先要将计算机及其附属硬件设备与网络中的其他计算机系统连接起来，实现物理连接。网络硬件系统由计算机系统设备与通信系统设备组成，不同的计算机网络系统在硬件及其连接方面是有差别的。

随着计算机技术和网络技术的发展，网络硬件日趋多样化，且功能更强，结构更复杂。常见的网络硬件有：计算机（分为服务器和工作站两类）、网络接口卡、传输介质、通信设备以及各种网络互连设备等。计算机网络的常见组成形式如下。

1）局域网的基本组成

局域网是 20 世纪 70 年代后迅速发展起来的计算机网络。它在较小的区域内将许多数据通信设备互相连接起来，使用户共享计算机资源。局域网硬件的基本组成包括服务器（Server）、客户机（Clients，又称工作站）以及网络设备和传输介质等。一个典型的局域网组成如图 1.13 所示。

在实际中，单一网络是无法满足各种用户的多种需求的。因此经常需要把计算机网络互联起来，图 1.14 所示是两个相同类型的局域网互联示意图，图 1.15 所示是两个不同类型的局域网互联示意图。

图 1.13 典型的局域网组成

图 1.14 两个相同类型的局域网互联

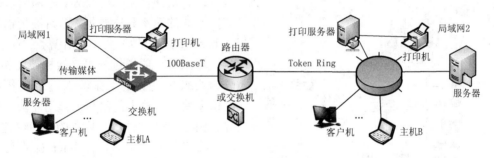

图 1.15 两个不同类型的局域网互联

2）广域网的基本构成

广域网的地理覆盖范围较大，主要由通信子网和资源子网两部分组成。大多数通信子网是由传输线路和交换结点构成的主干网；交换结点通常指一台专用计算机，用于连接多条传输线路，包含路由器和交换机等。资源子网是指运行用户程序的计算机系统的集合，即由主机构成的局域网。一个典型的广域网组成如图 1.16 所示。

3）Internet 的基本构成

Internet 是一个世界范围的广域计算机网络，也就是说，它是一个互连了遍及全世界数以百万计的计算机系统的网络。这些设备多数是个人桌面计算机、基于 UNIX 的工作站以及所谓的服务器。然而，越来越多的非传统的 Internet 端系统，如个人数字助理（PDA）、TV、移动电话以及家用电器等也正在与 Internet 相连接。一个典型的 Internet 的基本构成如图 1.17 所示。

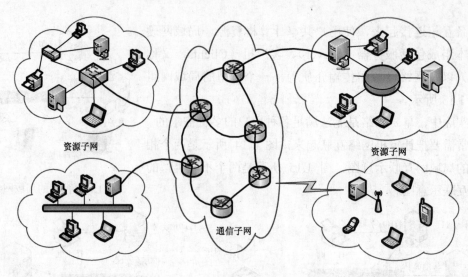

图 1.16　典型的广域网组成

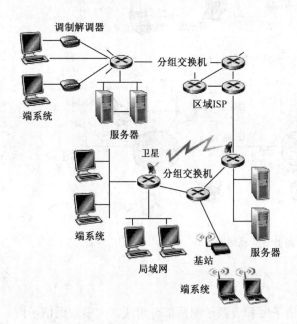

图 1.17　典型的 Internet 的基本构成示意

从图 1.17 中可以看到,端系统通过通信链路连接到一起。这些通信链路是由各种不同的物理传输介质组成的,包括同轴电缆、双绞线、光纤和无线电波等。不同的链路能够以不同的速率传输数据。链路的传输速率以 bps(比特每秒)为单位计算。

端系统一般通过分组交换机彼此相连。分组交换机从它的一条输入链路接收到达的信息块,从输出链路转发该信息块。在计算机网络中把这种信息块称为分组或包。分组交换机的类型很多,在 Internet 中目前主要有路由器和链路层交换机两种类型的分组交换机。

从发送端系统到接收端系统,一个分组所经历的一系列通信链路和分组交换机称为通过该网络的路径(Route 或 Path)。Internet 并不在通信的端系统之间提供一条专用的路径,而是采用分组交换技术传输数据分组。分组交换技术允许多个通信端系统同时共享一条路径或路径的一部分。

端系统通过 Internet 服务提供商(Internet Service Provider,ISP)接入 Internet。每个 ISP 是一个由多个分组交换机和多段通信链路组成的网络。不同的 ISP 为端系统提供不同类型的网络接入,包括 56 kbps 拨号调制解调器接入、ADSL 宽带接入、高速局域网接入和无线接入等。ISP 也对内容提供者提供 Internet 接入服务,将 Web 站点直接接入 Internet。为了允许 Internet 用户之间相互通信,允许访问世界范围的 Internet 内容,区域 ISP 通过国家、国际的高层 ISP 互连起来。高层 ISP 主要由通过高速光纤链路互连的高速路由器组成。无论是高层 ISP 网络还是区域 ISP 网络,都是独立管理的,运行 IP,遵从一定的域名命名、地址编址规定。端系统、分组交换机和其他一些 Internet 构件，都要运行接收和发送信息的一系列协议。其中传输控制协议（TCP）和网际互连协议（IP）是 Internet 中两个最重要的协议，因此，把 Internet 中的协议统称为 TCP/IP 栈。

2．计算机网络软件系统的组成

利用计算机网络进行通信时，需要控制信息传送的协议以及其他相应的网络软件。计算机网络软件是实现计算机网络功能所不可缺少的软环境。这是因为，仅仅使用硬件进行通信就像用 0 和 1 进行二进制编程那样难以实现。因此，大多数应用程序依靠网络软件进行通信，而并不直接与网络硬件打交道。计算机网络软件通常由网络操作系统和网络协议通信软件等组成。

1）网络操作系统

网络操作系统（Network Operation System，NOS）是网络的心脏和灵魂，是向网络中的计算机提供数据通信和资源共享功能的操作系统。网络操作系统运行在网络硬件之上，为网络用户提供共享资源管理服务、基本通信服务、网络系统安全服务及其他网络服务。其他应用软件系统需要在网络操作系统的支持下才能运行。

网络操作系统与运行在工作站上的单用户操作系统（如 Windows 等）或多用户操作系统因所提供的服务类型不同而有所差别。一般情况下，计算机操作系统，如 DOS 和 OS/2 等，目的是让用户与系统及在此操作系统上运行的各种应用之间的交互作用最佳。而网络操作系统以使网络相关特性最佳为目的，如共享数据文件和应用软件以及共享硬盘、打印机、调制解调器、扫描仪和传真机等。

目前，有三大主流的计算机网络操作系统，即 Windows、UNIX 和 Linux。

（1）Windows 类。微软公司的 Windows 系统不仅在个人操作系统中占有绝对优势，它在网络操作系统中也具有非常强劲的优势。这类操作系统配置局域网时最为常见，但由于对服务器的硬件要求较高，且稳定性能不是很高，所以微软的网络操作系统一般只用在中低档服务器中，高端服务器通常采用 UNIX、Linux 或 Solaris 等操作系统。

（2）UNIX 系统。UNIX 网络操作系统历史悠久，拥有丰富的应用软件支持，功能强大，其良好的网络管理功能已为广大网络用户所接受。UNIX 采用一种集中式分时多用户体系结构，稳定性和安全性能非常好。由于它是针对小型计算机主机环境开发的操作系统，多数以命令方式进行操作，不容易掌握，特别是初级用户。因此，UNIX 一般用于大型网站或大型企事业单位的局域网，小型局域网基本不使用。

（3）Linux。Linux 是一种自由和开放源码的类 UNIX 操作系统。目前存在着许多不同的Linux，但它们都使用了 Linux 内核。Linux 的最大特点是源代码开放，可以免费得到许多应用程序。目前也有中文版本的 Linux，如 REDHAT（红帽子）、红旗 Linux 等。在安全性和稳定性方面，Linux 得到了用户充分肯定。目前，Linux 操作系统仍主要应用于中、高档服务器。其中，Ubuntu 是一个以桌面应用为主的 Linux 操作系统，旨在创建一个可以为桌面和服务器提供一个最新且一贯的 Linux 系统。

总之，对特定计算机环境的支持使得每一个网络操作系统都有适合于自己的工作场合，这就是系统对特定计算机环境的支持。例如，Windows 适用于桌面计算机，Linux 目前较适用于小型网络，而 UNIX 则适用于大型服务器应用程序。因此，对于不同的网络应用，需要有目的地选择合适的网络操作系统。

2）网络协议通信软件

为了在各网络单元之间进行数据通信，通信的双方必须遵守一套能够彼此理解、全网一致遵守的网络协议，而且网络协议要靠具体协议软件的运行支持才能工作。因此，凡是连入计算机网络的服务器和主机都必须运行相应的网络协议通信软件。例如，Internet 是一个异构计算机网络的集合，用 TCP/IP 把各种类型的网络互联起来才能进行数据通信。其中 IP 用来给各种不同的通信子网或局域网提供一个统一的互联平台，TCP 则用来为应用程序提供端到端的数据传输服务。

综上所述，可以对计算机网络进一步加深认识：计算机网络是运行在传输主干网之上，由用户资源子网和通信传输子网组成的一类业务网，它承载着数据交换和资源共享的任务，是国家信息基础设施中重要的组成部分。

1.3.4 网络新形态

自计算机网络诞生以来，一直异彩纷呈、形态多样。目前，物联网、"互联网+"和软件定义网络（SDN）等集中体现了网络的新形态。

1. 物联网

物联网（Internet of Things，IoT）作为一种新兴的信息网络技术，被认为是超越智能化与互联网的、虚拟世界与实体世界深度融合的全新体系，是第三次信息产业浪潮、第四次工业革命的核心支撑。

物联网较早的定义是由 MIT Auto ID Center 在 1999 年提出的：在现有计算机互联网的基础上，利用 RFID、无限数据通信等技术，构造一个以实现物品自动识别和信息互联共享功能，并且能够覆盖世界万事万物的未来超级网络。目前，通常表述为：物联网是通过各种信息感知设施，按约定的通信协议将智能物件互联起来，通过各种通信网络进行信息传输与交换，以实现决策与控制的一种信息网络。顾名思义，物联网就是物物相连的互联网，但与互联网具有本质的区别和联系。

（1）物联网是超越智能化的。智能化是把系统比作一个人，信息采集（五官）、传输（神经）到处理（大脑）；物联网则是把系统类比成多个人、团队，有协同、有分工、有组织、有纪律的自主体系，物联网的终端是智能化的，但物联网系统是团队、具有社会属性。如果把信息感知设施（如传感器）比作人的五官，是"仿生"的话，那么智能化是"仿人"，物联网则是"仿团队"。计算机的智能化与物联网的社会化在方法论上具有根本差别，物联网将信息化体系从智能化的架构变革到社会化的架构。

（2）物联网是超越互联网的。互联网面向虚拟世界，解决的是信息不对称的问题，其核心是信息共享，提供的是信息内容的服务。互联网关注数据，推动大数据的服务，它是对大量历史数据的统计分析、数据挖掘，给出未来的趋势判断。物联网关心的是事件，事件是数据物理属性（如环境、目标、任务等信息）的封装。物联网将"大数据服务"推到"大事件服务"。

（3）物联网是面向实体世界的感知互动系统，实现实体物理世界的主动、有组织的管理，是超越智能化的团队、社会属性的架构，让实体世界的管理产生了重大变革。

然而，物联网与智能化、网络化又是密切相关的。物联网的团队属性，要求团队成员必须智能化，即物联网的终端是智能化的。同时，物联网团队成员之间还必须网络化，能够进行信息交流，即物联网的终端之间必须有与之相适应的网络。没有计算机、没有移动通信、没有互联网就不会有物联网。所以，可以认为物联网是计算机网络发展的一种新形态。

2．互联网+

"互联网+"是知识社会创新 2.0 推动下的互联网形态演进。通俗地说，"互联网+"就是"互联网+各个传统行业"，但并不是两者简单的相加，而是利用信息通信技术和互联网平台，让互联网与传统行业深度融合，提升全社会的创新力和生产力，形成更广泛的以互联网为基础设施及实现工具的经济发展新形态。

"互联网+"概念的中心词是互联网，它是"互联网+"计划的出发点。"互联网+"计划具体可分为两个层次的内容来表述：①将"互联网+"概念中的文字"互联网"与符号"+"分开理解。符号"+"意为加号，即代表着添加与联合。这表明了"互联网+"计划的应用范围为互联网与其他传统产业，是针对不同产业之间联合、融合发展的一项新计划。②将"互联网+"作为一个整体概念理解，其含义是利用互联网的开放、平等、互动等网络特性，通过大数据分析与整合，在厘清供求关系的基础上，改造传统产业的生产方式、产业结构，提升效益，从而促进经济社会健康有序发展。

例如，"互联网+工业"就是指传统制造业采用移动互联网、云计算、大数据、物联网等信息通信技术，改造原有产品及研发生产方式。

（1）"移动互联网+工业"的含义是：借助移动互联网技术，在汽车、家电、配饰等工业产品上增加网络软硬件模块，实现用户远程操控、数据自动采集分析等功能。例如，智能血压计、智能体重仪、智能手环等健康设备对用户的健康指标可以实现实时监测、自动分析并给出建议。

（2）"云计算+工业"的含义是：基于云计算技术构造统一的智能产品软件服务平台，为不同厂商生产的智能硬件设备提供统一的软件服务和技术支持，优化用户的使用体验，并实现各产品的互联互通，产生协同价值。

（3）"物联网+工业"的含义是：运用物联网技术将机械设备等生产设施接入互联网，构建网络化物理设备系统，进而使各生产设备能够自动交换信息、触发动作和实施控制。

随着"互联网+"的实施，其在"互联网+医疗"、"互联网+交通"、"互联网+公共服务"、"互联网+教育"等领域具有广阔的应用空间。

3．软件定义网络

随着计算机网络应用发展，互联网上运营的服务种类层出不穷，特别是云计算的推广应用，对互联网提出了适应动态业务量需求、对各类业务流提供区分服务质量等要求。云计算的核心价值之一在于大数据的集中处理，数据中心网络已经成为制约云计算应用发展的瓶颈所在。设计新型的数据中心网络拓扑结构和传输协议，成为提高云计算性能和用户体验、推动云计算发展的关键。针对基于现有互联网数据中心因无连接、尽力而为、边缘智能等特性带来的弊端，人们开展了对未来网络的研究，以期解决网络安全、服务质量、扩展性、移动性、可管理性等方面的问题。在所提出的多种新型网络中，软件定义网络（Software Defined

Network，SDN）以及网络虚拟化技术尤其受到关注。

SDN 是一种新型的网络架构，设计理念是将网络的控制平面与数据转发平面进行分离，并实现可编程化控制。SDN 把网络分为应用层、控制层、基础设施层 3 层。最上层为应用层，包括各种不同的业务和应用；控制层主要负责处理数据平面资源的编排，维护网络拓扑、状态信息等；基础设施层负责基于流表的数据处理、转发和状态收集。

SDN 的主要思路是将控制部分独立出来。控制层可以根据应用层提出的要求，灵活、合理地分配基础设施层的资源。控制层可通过软件编程，实现网络的自动控制、运行新策略等，把网络资源向业务开放、向用户开放，实现对网络资源的灵活调度。为了使网络资源（包括异构网络）便于调度，可采用网络虚拟化技术，即把物理资源映射为虚拟化的逻辑资源。

SDN 本质上是一个开放的生态系统，其核心是将网络软件化。在 SDN 方案中，网络设备是通用的，支持特定业务和应用的网络能力不再需要新型网络协议的支持，业务人员只要具备通用的知识就可以编程，并可以通过已经标准化了的相关 SDN 协议（如 OpenFlow），针对不同业务定制所需的路由、安全、策略、QoS、流量工程等实时下发到网络中，从而实现网络能力对业务和应用的快速适配。

1.4 计算机网络的体系结构

一个计算机网络必须为连入的所有计算机提供通用、高效、公平和坚固的连通性。但似乎这还不够，因为网络不是一成不变的，必须适应技术和应用需求的不断变化。设计一个满足这些需求的网络并非易事。为此，网络设计者制定了层次型的网络体系结构（Architecture），用以指导计算机网络的设计与实现。

1.4.1 网络体系结构的分层

为了降低网络协议设计的复杂性，网络设计者并不是设计一个单一、复杂的协议来实现所有形式的通信，而是把复杂的通信问题划分为许多子问题，然后为每个子问题设计一个单独的协议，以便使得每个协议的设计、分析、编码和测试都比较容易。

1. 网络协议

计算机网络是由多个互联的结点组成的，结点之间需要不断地交换数据信息。要做到有条不紊地交换数据，每个结点都必须遵守一些事先约定好的规则。协议就是一组控制数据通信的规则。网络协议是由标准化组织和相关厂商参与制定的，计算机执行的协议则是用某种程序设计语言编写的程序代码。所以，可以概括地说，协议是实现某种功能的算法或程序，具体包括语义、语法和时序 3 个要素。

（1）语义。语义是指对构成协议的协议元素含义的解释，亦即"讲什么"。不同类型的协议元素规定了通信双方所要表达的不同内容（含义）。例如，在基本数据链路控制协议中规定，协议元素 SOH 的语义表示所传输报文的报头开始，而协议元素 ETX 的语义则表示正文结束。

（2）语法。语法用于规定网络中所传输的数据和控制信息的结构组成或格式，如数据报文的格式，即对所表达内容的数据结构形式的一种规定，亦即"怎么讲"。例如，在传输一份报文时，可采用适当的协议元素和数据，如按 IBM 公司提出的二进制同步通信 BSC 协议格式来表达：

SYN	SYN	SOH	报头	STX	正文	ETX	BCC

其中 SYN 是同步字符，SOH 是报头开始，STX 是正文开始，ETX 是正文结束，BCC 是块校验码。

（3）时序。时序是对事件执行顺序的详细说明。例如，在双方通信时，首先，由源结点发送一份数据报文，如果目的结点收到的是正确的报文，就应遵守协议规则，利用协议元素 ACK 来回答对方，以使源结点知道所发报文已被正确接收。如果目的结点收到的是一份错误报文，便按规则用 NAK 做出回答，以要求源结点重传刚刚所发过的报文。

综上所述，网络协议实质上是实体之间通信所预先制定的一整套双方相互了解和共同遵守的格式或约定，它是计算机网络不可或缺的组成部分。

2. 网络体系结构的分层模型

人类的思维能力不是无限的，如果面临的因素太多，就不可能做出精确的思维判断。处理复杂问题的一个有效方法就是用抽象和层次的方法去构造和分析。同样，对于计算机网络这类复杂的大系统，亦是如此。为了减少计算机网络设计的复杂性，往往按功能将计算机网络划分为多个不同的功能层。图 1.18 所示就是将计算机网络抽象为五层结构的一种模型，它清楚地描述了应用进程之间如何进行通信的情况。

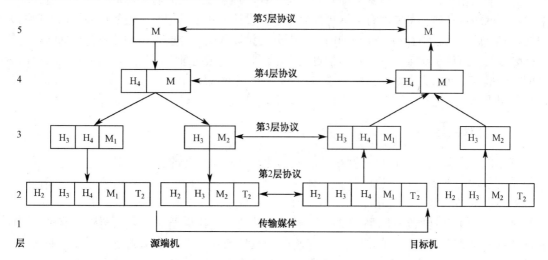

图 1.18　计算机网络的分层模型

在本质上，这个分层模型描述了把通信问题分为几个子问题（称为层次）的方法，每个子问题对应于特定的层，以便于研究和处理。例如，在第 5 层运行的某应用进程产生了消息 M，并把它交给第 4 层进行发送。第 4 层在消息 M 前加上一个信息头（Header），信息头主要包括控制信息（如序号），以便目标主机上的第 4 层在低层不能保持消息顺序时把乱序的消息按原序装配好。在有些层中，信息头还包括长度、时间和其他控制字段。在许多网络中，第 4 层对接收的消息长度没有限制，但在第 3 层通常存在一个限制。因此，第 3 层必须将接收的消息分成较小的单元，如报文分组（Packet），并在每个报文分组前加上一个报头。在本例中，消息 M 被分成 M_1 和 M_2 两部分。第 3 层确定使用哪一条输出线路，并将报文传给第 2 层。第 2 层不仅给每段消息加上头部信息，而且还要加上尾部（Tail）信息，构成新的数据单元，通常称之为帧（Frame），然后将其传给第 1 层进行物理传输。在接收端，报文每向上递交一层，该层的报头就被剥掉，绝不允许出现带有 N 层以下报头的报文交给接收端第 N 层实体的情况。

深刻理解图 1.18 中的通信过程，关键是要弄清楚虚拟通信与物理通信之间的关系，以及协议与接口之间的区别。网络中对等层之间的通信规则就是该层使用的协议，例如，有关第 N 层的通信规则的集合，就是第 N 层的协议。而同一计算机的相邻功能层之间通过接口（服务访问点）进行信息传递的通信规则称为接口（Interface），在第 N 层和第 N+1 层之间的接口称为 N/(N+1)层接口。总之，协议是不同机器对等层之间的通信约定，而接口是同一机器相邻层之间的通信约定。不同的网络，分层数量、各层的名称和功能以及协议都各不相同。然而，在所有的网络中，每一层的目的都是向它的上一层提供一定的服务。例如，第 4 层的对等进程，在概念上认为它们的通信是水平方向地应用第 4 层协议。每一方都好像有一个称为"发送到另一方去"的进程和一个称为"从另一方接收"的进程，尽管实际上这些进程是跨过第 3 层/第 4 层接口与下层通信而不是直接同另一方通信。

协议层次化不同于程序设计中的模块化概念。在程序设计中，各模块可以相互独立，任意拼装或者并行，而层次则一定有上下之分，它是根据数据流的流动而产生的。

在研究开放系统通信时，常用实体（Entity）来表示发送或接收信息的硬件或软件进程。每一层都可看成由若干实体组成。位于不同计算机网络对等层的交互实体称为对等实体。对等实体不一定非是相同的程序，但其功能必须完全一致，且采用相同的协议。抽象出对等进程这一概念，对网络设计非常重要。有了这种抽象技术，设计者就可以把网络通信这种难以处理的大问题，划分成几个较小且易于处理的问题，即分别设计各层。分层设计方法将整个网络的通信功能划分为垂直的层次集合后，在通信过程中下层将向上层隐蔽下层的实现细节。但层次的划分应首先确定层次的集合及每层应完成的任务。划分时应按逻辑组合功能，并具有足够的层次，以使每层小到易于处理。同时，层次也不能太多，以免产生难以负担的处理开销。

3. 网络体系结构

网络的体系结构是指计算机网络各层的功能、协议和接口的集合。上层是下层的用户，下层是上层的服务提供者。也就是说，计算机网络的体系结构就是计算机网络及其部件所应完成的功能的精确定义，是建立和使用通信硬件和软件的一套规则和规范。需要强调的是，网络体系结构本身是抽象的，而它的实现则是具体的，是在遵循这种体系结构的前提下用何种硬件或软件完成这些功能的问题。不能将一个具体的计算机网络说成是一个抽象的网络体系结构。从面向对象的角度看，体系结构是对象的类型，具体的网络则是对象的一个实例。

世界上最早出现的分层体系结构，是美国 IBM 公司于 1974 年提出的系统网络体系结构（SNA）。此后，许多公司都纷纷制定了自己的网络体系结构。这些体系结构大同小异，各有特点，但都采用了层次型的模型。例如，Digital 公司提出的适合本公司计算机组网的数字网络体系结构（DNA）。层次型网络体系结构的出现，推进了计算机网络的迅速发展。随着全球网络应用的不断普及，不同网络体系结构的用户之间也需要进行网络互连和信息交换。为此，国际标准化组织（ISO）在 1977 年推出了著名的开放系统互连参考模型（OSI-RM）。ISO 试图让所有计算机网络都遵循这一标准，但是由于许多大的网络设备制造公司及软件供应商已经各自形成了相对成功的体系结构和商业产品，特别是 Internet 的迅猛发展，这个良好的愿望并没有实现。在 Internet 中得到广泛应用的 TCP/IP 及其相应的体系结构反而成为了事实上得到广泛接受的网络体系结构。

1.4.2 OSI 参考模型（OSI–RM）

在网络发展的初期，许多研究机构、计算机厂商和公司都大力发展计算机网络。自ARPANet 出现之后，相继推出了许多商品化的网络系统。这些自行发展的网络，在网络体系结构上差异很大，以至于互不兼容，难于相互连接以构成更大的网络系统。为此，国际标准化机构积极开展了网络体系结构标准化方面的工作，其中最为著名的就是 ISO 提出的OSI-RM。

1. OSI-RM 的 7 层结构

OSI-RM 是一个开放体系结构，它规定将计算机网络分为 7 层，如图 1.19 所示。从最底层开始，分别是物理层（Physical Layer）、数据链路层（Data Link Layer）、网络层（Network Layer）、传输层（Transport Layer）、会话层（Session Layer）、表示层（Presentation Layer）和应用层（Application Layer）。所谓开放式互连，就是可在多个厂家的环境中支持互连。

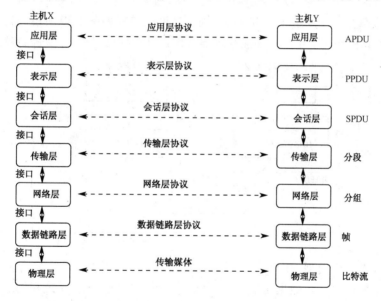

图 1.19　OSI-RM 7 层结构

OSI-RM 为计算机间开放式通信所需要定义的功能层次建立了统一标准。当 OSI-RM 在 20 多年前被开发出来时，被认为是非常激进的。因为，当时的计算机产业将用户锁定在专利私有产品的单一厂家体系结构中，从生产制造商的角度看，是不期望竞争的，因此，所有的功能都被尽可能紧密地结合在一起。功能模块或者层次概念似乎不符合制造商的需求。OSI-RM 对这种闭关自守观念给予了沉重打击，早先的专利极端集成方式逐步消失。

值得注意的是，OSI-RM 本身不是网络体系结构的全部内容，这是因为它并未确切地描述用于各层的协议及实现的方法，而仅仅告诉人们每一层应该完成的功能。不过，OSI-RM 已经为各层制定了相应的标准，但这些标准并不是模型的一部分，而是作为独立的国际标准发布的。在 OSI-RM 中，有服务、接口和协议三个基本概念。OSI-RM 是在其协议开发之前设计出来的。这意味着它不是基于某个特定的协议集而设计的，因而更具有通用性。另外，这也意味着它在协议实现方面存在某些不足。实际上，OSI-RM 协议过于复杂，这也是它从未真正流行的原因所在。虽然 OSI-RM 并未获得巨大成功，但是在计算机网络发展过程中仍然起到了非常重要的指导作用；作为一种参考模型，它对计算机网络的标准化发展仍具有指导意义。

2. OSI-RM 各层的主要功能

OSI-RM 将通信会话需要的各种进程划分成 7 个相对独立的功能层次，每一层均有自己的特定功能集，并与紧邻的上层和下层交互作用。在顶层，应用层与用户使用的软件（如字处理程序或电子表格程序）进行交互。在 OSI-RM 的底层是携带信号的网络电缆和连接器。总的来说，在顶层与底层之间的每一层均能确保数据以一种可读、无错、排序正确的格式予以传送。

1）物理层

物理层是 OSI-RM 的最低层或第一层，该层在由物理通信信道连接的任一对结点之间提供一个传送比特流（比特序列）的虚拟比特管道。物理信道包括双绞线、同轴电缆、光纤、无线电信道等。物理层与传输介质和数据链路层之间的关系如图 1.20 所示。物理层的设计主要涉及物理层接口的机械、电气、功能和过程特性，以及物理层接口连接的传输介质等问题。

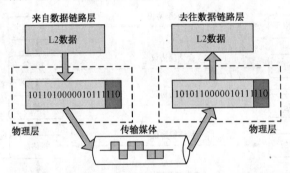

图 1.20　物理层与传输介质和数据链路层之间的关系

物理层协议关心的典型问题是比特的表示，即使用什么样的物理信号来表示数据 1 和 0；一个比特持续的时间多长；数据传输是否可同时在两个方向上进行；最初的连接如何建立，通信结束后连接如何终止；物理接口（插头和插座）有多少针以及各针的用途。

物理层的机械特性规定线缆与网络接口卡的连接头的形状、几何尺寸、引脚线数、引线排列方式、锁定装置等一系列外形特征；电气特性规定了在传输过程中多少伏的电压代表 1，多少伏的电压代表 0；功能特性规定了连接双方每个连接线的作用，如用于传输数据的数据线、用于传输控制信息的控制线、用于协调通信的定时线以及用于接地的地线；过程特性则具体规定了通信双方的通信步骤。

2）数据链路层

数据链路层是 OSI-RM 的第二层，它控制网络层与物理层之间的通信。数据链路层与网络层和物理层的之间的关系如图 1.21 所示。

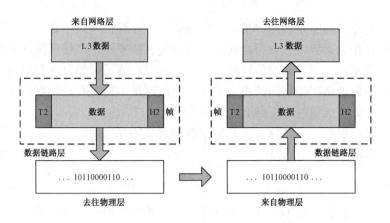

图 1.21　数据链路层与网络层和物理层之间的关系

　　数据链路层负责在两个相邻结点间的线路上，无差错地把帧从一个跳（结点）传送到另一跳（结点），即在不可靠的物理线路上保证数据帧的可靠传输。数据链路层的一个重要功能是把来自网络层的数据包划分成可以处理的数据单元，即组帧。帧是用来转移数据的结构包，它不仅包括原始（未加工）数据，或称"有效载荷"，还包括发送端和接收端的网络地址以及纠错和控制信息。其中的地址确定了帧将发送到何处，而纠错和控制信息则确保帧能无差错地到达。与物理层相似，数据链路层还要负责建立、维持和释放数据链路的连接。在传送数据时，如果接收端检测到所传数据中有差错，要通知发送端重传这一帧。然而，相同帧的多次传送也可能使接收端收到重复帧。例如，接收端给发送端的确认帧被破坏后，发送端也会重传上一帧，此时接收端可能会接收到重复帧。数据链路层必须解决由于帧的损坏、丢失和重复所带来的问题。数据链路层要解决的另一个问题，是防止高速发送端的数据把低速接收端"淹没"，因此需要某种信息流量控制机制使发送端得知接收端当前还有多少缓存空间。为了方便控制，流量控制常常和差错处理一同实现。

　　3）网络层

　　网络层即 OSI-RM 的第三层，其主要功能是在开放系统之间的网络环境中提供网络对等层对等实体建立、维持、终止网络连接的手段，并在网络连接上交换网络层协议数据单元（分组）。网络层与数据链路层、传输层之间的关系如图 1.22 所示。

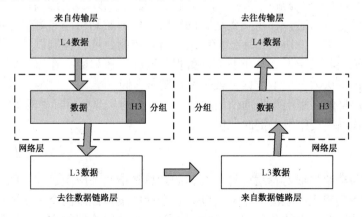

图 1.22　网络层与数据链路层、传输层之间的关系

网络层的一个重要功能是网络寻址。一般来说，在计算机网络中进行通信的主机之间可能要经过许多结点和数据链路，也可能还要经过多个通信子网，网络层的任务就是选择合适的网间路由和交换结点，使发送端的网络协议数据单元，能正确地到达自己的目的结点的网络层。网络层将数据链路层提供的帧组成数据报，数据报中封装有网络层报头，报头中含有逻辑地址信息，即源结点和目的结点地址的网络地址。

事实上，网络层中的一些协议主要是解决异构网络的互连问题。网络层负责在源结点和目的结点之间建立它们所使用的路由。

4）传输层

传输层也称为运输层，是 OSI-RM 的第四层。在通信子网中没有传输层，传输层只存在于端开放系统中，即主机中。传输层提供类似于数据链路层所提供的服务，确保数据在端到端之间可靠、顺序、无差错地传输。传输层与网络层和会话层之间的关系如图 1.23 所示。

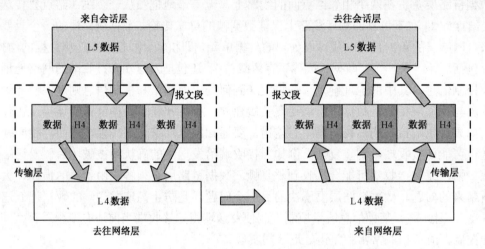

图 1.23　传输层与网络层和会话层之间的关系

传输层的一个主要功能是服务点编址。计算机往往在同一时间运行多个应用进程，因此，从源端点到目的端点的数据传送并不仅仅是从某个计算机交付到另一个计算机，同时还需要明确指出从某个计算机的特定进程交付到另一个计算机上的特定进程。因此，传输层的报头必须包括服务点地址（亦称为端口地址）。传输层还要把一个报文划分为若干可传输的报文段，每个报文段包括序号等信息。在报文到达目的端时，传输层利用序号等信息再把它们重装起来，提交给上层。传输层的协议还应该能够进行流量控制、连接控制以及差错控制。如果数据传输有错，传输层将请求发送端重新发送数据。同样，假如数据在给定时间内未被应答，发送端的传输层也将认为发生了数据丢失而重新发送它们。

传输层向高层屏蔽了下层数据通信的细节，是真正的从源到目标"端到端"的层。因此，它是计算机网络体系结构中很关键的一层。

5）会话层

会话层也称为会晤层或对话层。这里会话的意思是指两个应用进程之间为交换面向进程的信息而按一定规则建立起来的一个暂时联系。会话层负责控制两个系统的应用程序之间的通信，其基本功能是为两个协作的应用程序提供建立和使用连接的方法。这种表示层之间的连接就叫作会话（Session）。会话层与传输层和表示层之间的关系如图 1.24 所示。

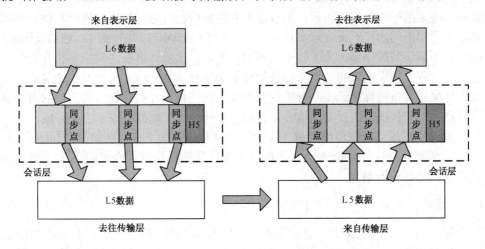

图 1.24　会话层与传输层和表示层之间的关系

会话层负责会话的控制和同步。会话层所提供的会话服务可分为两类：一类是把两个表示实体结合在一起，或者把它们分开，这称为会话管理服务；另一类是控制两个表示实体间的数据交换过程。在半双工情况下，会话层提供一种数据权标来控制某一方何时有权发送数据。会话层还提供在数据流中插入同步点的机制，使得数据传输因网络故障而中断后，可以不必从头开始而仅重传最近一个同步点以后的数据。

6）表示层

表示层主要解决两个系统所交换信息的语法和语义问题，负责转换、压缩和加密。表示层与会话层和应用层之间的关系如图 1.25 所示。

表示层将欲交换的数据从适合于某一用户的抽象语法转换为适合于 OSI 系统内部使用的传送语法，即提供格式化的表示和转换数据服务。值得注意的是，表示层以下各层只关心从源端结点到目的结点可靠地比特传送，而表示层关心的是所传送信息的语法。

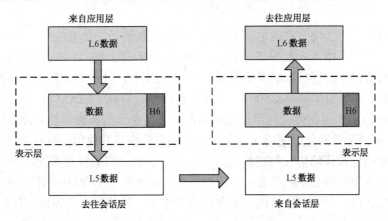

图 1.25　表示层与会话层和应用层之间的关系

表示层服务的一个典型例子，是用一种大家一致选定的标准方法对数据进行编码。大多数用户程序之间并非交换随机的比特，而是交换诸如人名、日期、货币数量之类的信息。这些信息对象用字符串、整型数、浮点数的形式，以及由几种简单类型组成的数据结构来表示。网络上的计算机可能采用不同的数据表示，所以需要在数据传输时进行数据格式的转换。例如，在不同的机器上常用不同的代码来表示字符串（ASCII 和 EBCDIC）、整型数（二进制反码或补码）以及机器字的不同字节顺序等。为了使采用不同数据表示法的计算机之间能够相互通信并交换数据，在通信过程中使用抽象的数据结构（如抽象语法表示 ASN.1）来表示传送的数据，而在机器内部仍然采用各自的标准编码。管理这些抽象数据结构，并在发送端将机器的内部编码转换为适合网络传输的传送语法以及在接收端做相反的转换等工作都由表示层来完成。

另外，表示层还涉及数据压缩和解压、数据加密和解密等工作。例如，在 Internet 上查询银行账户，就需要使用一种安全连接。账户数据在发送前被加密；在网络的另一端，表示层再对所接收到的数据进行解密。

7）应用层

应用层是 OSI-RM 的最高层，直接向用户（即应用进程）提供服务，负责用户信息的语义表示，并提供网络与应用软件（程序）之间的接口服务。应用层是用户使用 OSI 环境的唯一窗口。应用层与表示层和用户之间的关系如图 1.26 所示。

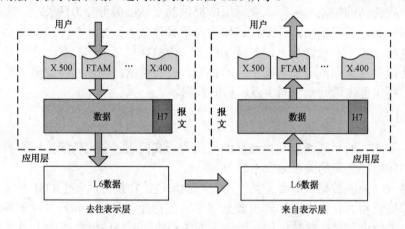

图 1.26　应用层与表示层和用户之间的关系

应用层是面向用户的层，它确定应用进程之间通信的性质，负责信息的语义表示。注意，术语"应用层"并不是指运行在网络上的某个特定应用程序，如 Microsoft Word，而是提供用户应用进程的接口，进行信息的语义表示。在图 1.26 中，只画出了多种应用服务中的报文处理服务（X.400）、名录服务（X.500）、文件传输和存取管理（FTAM）3 种。

在 OSI-RM 的 7 个层次中，应用层是最复杂的，包含人们普遍需要的许多协议。例如，PC 用户使用仿真终端软件通过网络仿真某个远程主机的终端并使用该远程主机的资源。这个仿真终端程序使用虚拟终端协议将键盘输入的数据传送到主机的操作系统，并接收显示于屏幕的数据。由于每个应用有不同的要求，应用层的协议集在 OSI-RM 中并没有定义，但是有些确定的应用层协议，包括虚拟终端、文件传输和电子邮件等都可作为标准化的候选。

1.4.3　TCP/IP 模型

TCP/IP 体系结构常简称为 TCP/IP，也称为 TCP/IP 模型，它是一个计算机网络工业标准，在计算机网络体系结构中具有非常重要的地位。TCP/IP 正在支撑着 Internet（互联网）的正常运转。

1. TCP/IP 模型结构

正如介绍 OSI-RM 时所述，协议分层模型包括层次结构和各层功能描述两个部分。与 OSI-RM 不同的是，TCP/IP 模型是从早期的分组交换网络（ARPANet）发展而来，没有正式的协议模型。然而，根据已经开发的协议标准，可以将 TCP/IP 模型归纳成一个相对独立的四层模型，如图 1.27 所示。由该图可以看出 TCP/IP 的模型结构和它与 OSI-RM 的对应关系，以及 TCP/IP 模型对应的物理网络和协议。

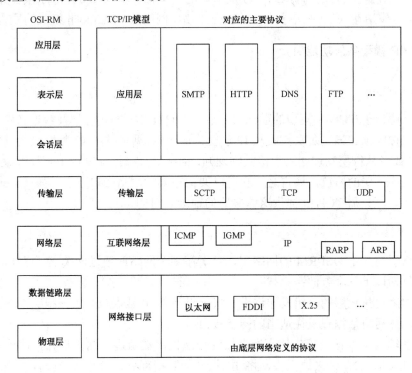

图 1.27　OSI-RM 和 TCP/IP 模型的对比

由图 1.27 可知，TCP/IP 模型是由一些交互性模块组成的分层次的协议体系结构，其中的每个模块都提供特定的功能。术语"分层次的协议"是指每一个上层协议由一个或多个下层协议支持。在网络接口层有多种由底层网络定义的协议，如以太网、FDDI、X.25 等，这些协议由硬件（如网络适配器）和软件（如网络设备驱动程序）共同实现。在互联网络层有一个核心协议（IP），这个协议支持多种网络技术互连为一个逻辑网络；这一层还有一些其他的支撑数据传输的协议。在传输层定义了 3 个协议：传输控制协议（TCP）、用户数据报协议（UDP）和流控制传输协议（Stream Control Transmission Protocol, SCTP）；其中，TCP 和 UDP 为应用程序提供可选逻辑信道：TCP 提供可靠的字节流信道，UDP 提供不可靠的数据报传送信道；SCTP 是一个对新应用（如 IP 电话）提供支持的新协议，它综合了 UDP 和 TCP 协议的优点。在应用层定义了许多协议，可以认为它组合了 OSI-RM 的应用层和表示层，并包括 OSI-RM 会话层的部分功能。

与 OSI-RM 相比，TCP/IP 模型主要有以下三大优点：

（1）TCP/IP 模型的层次观念并不严格，在 TCP/IP 中（N）实体可以越过（$N-1$）实体而调用（$N-2$）实体，使（$N-2$）实体直接提供服务。例如，应用层可以直接运行在互联网络层之上。

（2）TCP/IP 模型的顶层和低层的协议丰富，而中间两层的协议较少。IP 作为体系结构的焦点，它定义一种在各种网络中交换分组的共同方法。在 IP 层之上可以有 TCP、UDP 等传输协议，每个协议为应用程序提供一种不同的信道抽象。在 IP 层之下，这个模型结构允许很多不同的网络技术，从以太网、FDDI 到 ATM 以及单一的点到点链路都是允许的。

（3）TCP/IP 使跨平台或异构网络互联成为可能。例如，一个 Windows 网络可以支持 UNIX 和 Macintosh 工作站互联，也可以支持 UNIX 工作站，网络或 Macintosh 组成的异构网络互联。

2．TCP/IP 模型各层功能简介

1）网络接口层

网络接口层位于 TCP/IP 模型的最低层，相当于 OSI-RM 的物理层及数据链路层，在这一层传送的数据称为帧。该层负责接收从 IP 层交来的 IP 数据报并将 IP 数据报通过低层物理网络发送出去，或者从低层物理网络上接收物理帧，抽出 IP 数据报，交给 IP 层。事实上，TCP/IP 模型并未定义这一层的协议，换言之，它可以架构在多种网络接口之上，如 Ethernet、Token Ring 和 FDDI 等，只需 TCP/IP 提供这些接口的地址映射即可。

2）互联网络层

互联网络层对应于 OSI-RM 的网络层，负责在多个网络间通过网关/路由器传输信息。它的主要功能包括以下三个方面：

（1）处理来自传输层的分组发送请求，将分组装入 IP 数据报，填充报头，选择去往目的结点的路径，然后将数据报发往适当的网络接口。

（2）处理输入数据报。首先检查数据报的合法性，然后进行路由选择，假如该数据报已到达目的结点（本机），则去掉报头，将 IP 报文的数据部分交给相应的传输层协议；假如该数据报尚未到达目的结点，则转发该数据报。

（3）处理 ICMP 报文，即处理网络的路由选择、流量控制和拥塞控制等问题。

互联网络层的主要协议包括网际互联协议（IP）、Internet 控制报文协议（Internet Control Message Protocol，ICMP）、地址解析协议（Address Resolution Protocol，ARP）和逆向地址解析协议（Reverse Address Resolution Protocol，RARP）。

3）传输层

TCP/IP 模型中传输层的作用与 OSI-RM 中传输层的作用一样，即在源结点和目的结点的两个进程实体之间提供可靠的端到端的数据传输。为保证数据传输的可靠性，传输层协议规定接收端必须发回确认；若分组丢失，必须重新发送。另外，传输层还要解决不同应用进程的标识以及校验等问题。传输层以上各层不再关心信息传输问题，所以传输层是 TCP/IP 中最重要的一层。

TCP/IP 传输层提供两种基本类型的服务：第一种服务是传输控制协议（TCP），它为字节流提供面向连接的可靠传输；第二种是用户数据报协议（UDP），这是一个不可靠的、无连接

的传输层协议，它可为各个数据报提供尽力而为的无连接传输服务。UDP常用于那些对可靠性要求不高，但要求网络延迟较小的场合，如语音和视频数据的传送。

随着计算机网络和电信网络的融合，必然需要在计算机网络上传送电话信令。现今的计算机网络大部分业务是通过 TCP 或 UDP 来传输的，但都无法满足在计算机网络中传输电话信令的要求。为实现计算机网络与电信网络的互通，IETF 设计并制定了流控制传输协议（SCTP）。SCTP 处于 SCTP 用户应用层与网络层之间，主要用于在计算机网络中传输 PSTN 的信令消息，同时也可以用于其他信息在计算机网络中的传输。SCTP运用"关联"（Association）定义交换信息的两个对等 SCTP 用户间的协议状态。

4）应用层

应用层是 TCP/IP 模型中的最高层，确定进程之间通信的性质以满足用户需要，直接为用户的应用进程提供服务。应用层包括所有的高层协议。早期的应用层有远程登录协议（Telnet）、文件传输协议（File Transfer Protocol，FTP）和简单邮件传输协议（Simple Mail Transfer Protocol，SMTP）等。远程登录协议允许用户登录到远程系统并访问远程系统的资源。文件传输协议提供在两台机器之间进行有效的数据传送手段。简单邮件传输协议最初只是文件传输的一种类型，后来慢慢发展成为一种特定的应用协议。近年来出现了很多新的应用层协议：如用于将网络中的主机名字地址映射成网络地址的域名服务 DNS；用于传输网络新闻的 NNTP（Network News Transfer Protocol）和用于从万维网（WWW）上读取页面信息的超文本传输协议（Hyper Text Transfer Protocol，HTTP）等。

TCP/IP 模型的应用层涵盖了 OSI-RM 的应用层、表示层和会话层功能，事实上 TCP/IP 并未定义表示层及会话层的相关协议，相关功能由应用程序自行处理。

TCP/IP 的一个重要思想是：任何一个能传输数据报文的通信系统，均可以看作一个独立的物理网络，这些通信系统均受到网络互联协议的平等对待。大到 WAN 小到 LAN，甚至两台机器之间的点到点专线以及拨号电话线路都可以认为是网络，这就是互联网的网络对等性。网络对等性为协议设计者提供了极大方便，简化了对异构网的处理。可见，TCP/IP 完全撇开了底层物理网络的特性，是一个高度抽象的概念。正是这一抽象的概念，为 TCP/IP 赋予了巨大的灵活性和通用性。

1.4.4 基于 OSI 的实用参考模型

TCP/IP 与 OSI-RM 有许多相似之处。例如，两者都包含能提供可靠的端到端传输服务的传输层，而在传输层之上是面向用户应用的传输服务。尽管两种体系结构基本类似，但是它们还是有许多不同之处。

1. OSI-RM 与 TCP/IP 模型的异同

在 ISO/OSI-RM 中有 3 个基本概念：服务、接口和协议。每一层都为其上层提供服务，服务的概念描述了该层所做的工作，但并不涉及服务的实现以及上层实体如何访问的问题。层间接口描述了高层实体如何访问低层实体提供的服务。接口定义了服务访问所需的参数和期望的结果。接口也不涉及某层实体的内部机制，而只有不同机器同层实体使用的对等进程才涉及层实体的实现问题。只要能够完成它必须提供的功能,对等层之间可以采用任何协议。如果愿意,对等层实体可以任意更换协议而不影响高层软件。这种思想也非常符合面向对象的程序设计思想。

TCP/IP 模型并不十分清晰地区分服务、接口和协议等概念。相比于 TCP/IP,OSI-RM 中的协议具有更好的隐蔽性且更容易被替换。OSI-RM 是在其协议被开发之前设计出来的,这意味着 OSI-RM 并不是基于某个特定的协议集而设计的,因而它更具有通用性。但从另一个角度来看,这也意味着 OSI-RM 在协议实现方面存在某些不足。而 TCP/IP 模型恰好相反,先有协议,后有模型,模型只是对现有协议的描述,因而协议与模型非常吻合。但 TCP/IP 模型不适合其他协议栈,因此在描述其他非 TCP/IP 网络时用处不大。

在具体表现形式上,显而易见的差异是两种模型的层数不一样:OSI-RM 有 7 层,而 TCP/IP 模型只有 4 层。二者都有网络层、传输层和应用层,但其他层是不同的。二者的另外一个区别是服务类型。OSI-RM 的网络层提供面向连接和无连接两种服务,而传输层只提供面向连接服务。TCP/IP 模型在网络层只提供无连接服务,但在传输层却提供面向连接和无连接两种服务。使用 OSI-RM 可以很好地讨论计算机网络,但是 OSI 协议并未流行。而 TCP/IP 模型则正好相反,其模型本身实际上并不存在,只是对现存协议的一个归纳和总结。然而,TCP/IP 却被广泛使用,原因是 TCP/IP 注重实效。另外,TCP/IP 与流行的 UNIX 操作系统密切结合,这也是 TCP/IP 取得巨大成功的原因。

2. 五层实用参考模型

鉴于 OSI-RM 与 TCP/IP 各自的优点和不足,为便于阐明计算机网络原理,往往采取折中的办法,即综合 OSI-RM 和 TCP/IP 的优点,采用一种实用的五层参考模型,如图 1.28 所示。这个模型也是 Andrew S.Tanenbaum 最早建议的一种层次型参考模型。

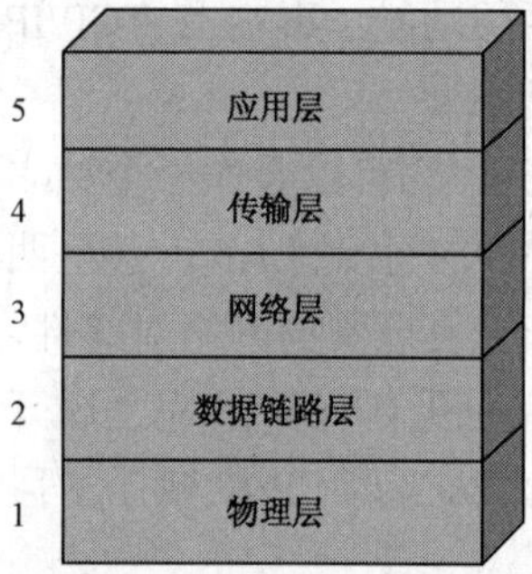

5	应用层
4	传输层
3	网络层
2	数据链路层
1	物理层

图 1.28 实用参考模型

显然,图 1.30 所示的实用参考模型是 OSI-RM 与 TCP/IP 的混合产物,也可看成 OSI-RM 的修正模型。考虑到 TCP/IP 的实用性,本书将使用这个模型作为网络体系框架,讨论计算机网络的原理与技术,并侧重讨论 TCP/IP。

3. 五层实用参考模型的数据传输过程

垂直方向的结构层次是当今普遍认可的数据处理流程,每一层都有与其相邻的层间接口。为了通信,两个系统必须在各层之间传递数据、指令和地址等信息。虽然通信流程垂直通过各层,但每一层都在逻辑上能够直接与通信对端计算机系统的相应层直接通信。为创建这种层间逻辑连接,发送端的每一层协议都要在数据报文前增加报文头。该报文头只能被其他计算机的相应层识别和使用。接收端的协议层删去报文头,每一层都删去该层负责的报文头,最后将数据传向应用层。如图 1.31 所示,描述了层次型五层结构模型中数据的实际传输过程。在图 1.29 中,L5 数据指第五层(应用层)的数据,L4 数据指第四层(传输层)的数据,依此类推,并在此后相关章节内容中均表示该含义。发送进程送给接收进程的数据,实际上是经过发送端各层从上到下传递到传输介质。整个过程从第五层(应用层)开始,然后一层一层地向下移动。

在发送端的从上到下逐层传递的过程中,每层都要加上适当的控制信息,即图 1.31 中称为报头的 H4、H3 和 H2。在第二层同时还要加上一个尾部信息 T2。当格式化的数据单元经过物理层(第一层)时,成为由 0 和 1 组成的数据比特流,然后再转换为电信号在物理传输介质上传输至接收端。

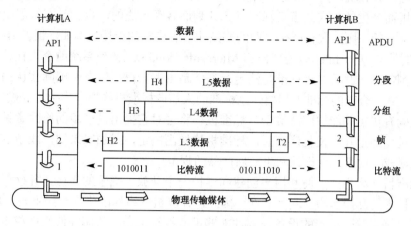

图 1.29　数据的实际传输过程

接收端在向上传递时过程恰好相反，要逐层剥去发送端相应层加上的控制信息。信号到达目的地后，传入第一层并被重新转换成比特形式。然后，数据单元就从下到上逐层传递，最后到达接收进程。因接收端的某一层不会收到底下各层的控制信息，而高层的控制信息对于它来说又只是透明的数据，所以它只阅读和去除本层的控制信息，并进行相应的协议操作。发送端和接收端的对等实体看到的信息是相同的，就好像这些信息通过虚通信直接传给了对方一样。当数据到达第五层时，报文又回到应用层的格式，并可以为接收者使用。

1.4.5　计算机网络标准及 RFC 文档

计算机网络的标准化是发展计算机网络的一项关键措施，除了网络通信协议标准，还有许多其他标准，如应用系统编程接口标准、数据库接口标准、计算机操作系统接口标准以及用户接口标准等。若没有一套全球共同遵守的标准，计算机网络将无法实现。实际上，计算机网络的发展就是伴随着标准化工作而发展的。计算机网络的标准化在其发展中起到了非常重要的推动作用。

1. 网络标准

网络标准对于通信系统极为重要，因为通信网络的价值很大程度上取决于它所能影响的用户群。早在 20 世纪 70 年代后期，计算机网络的发展就曾出现过危机，原因就在于当时的网络体系结构和协议标准不统一，限制了计算机网络自身的发展、普及和应用。这也逐渐促使世界著名的标准化组织与大公司、大企业达成共识：网络体系结构与网络协议必须走国际标准化的道路。网络标准是由标准化组织、论坛及政府管理机构共同制定的。为了规范通信技术的各个不同方面，出现了数以百计的网络标准。

所谓标准是指一组规定的规则、条件或要求，如名词术语的定义、部件的分类，以及材料、性能或操作规范和规程的描述等。这里所说的标准是指网络产品的制造者和服务者应遵循的一组技术规范。标准是最基本的协定，其作用范围可以是整个行业、一个国家，也可以是世界范围的，它允许不同厂商制造的网络设备可以实现互操作。标准提供了框架，用以指导与网络发展相关的各种商业、工业和政府组织的各种活动。

目前，可把计算机网络标准划分为两种类型。第一种称为事实标准（De Facto Standard），即被广泛使用而产生的标准。事实标准是无计划而客观形成的，也就是在发展交流中逐渐成为人们共同遵守的法则，只有遵循它们的产品才会有广阔的市场。例如，很多 IBM 的产品就已成了事实标准，基于 Intel 微处理器和 Microsoft Windows 操作系统的个人计算机也是基于事实标准的例证之一。第二种标准是法定标准，是由那些得到国家或国际公认的权威标准化机构制定的正式、合法的标准。想要建立标准的人需向标准机构提交申请，等候考察。通常，如果其建议确有优点并能被广泛接受，标准机构将会对它提出进一步的修改意见，并送返申请人加以改进。经过几轮反复磋商后，标准机构做出决定，或加以采纳，或予以拒绝。一经通过，标准就成为约束厂商设计和生产新产品的规范。

网络标准旨在为生产厂商和用户创建和维护一个开放、竞争的环境，并确保计算机网络和数据通信技术的互操作和互联互通性。因此，计算机网络标准化具有如下两大优点：

（1）可以确保符合标准的设备与部件能够迅速占领市场，从而降低生产成本，提高产品质量，使用户受益。

（2）标准化允许不同厂商生产的产品能够相互通用，使用户对设备的选择有更人的自由度。

2．RFC 文档

Internet 标准是以称为请求评注 （Request for Comment，RFC）的文档形式发布的。RFC 最初是关于解决与 Internet 相关的特定问题的书面评注（http://www.ietf.org）。在发布一个 RFC 之前，它首先应成为 Internet 草案，在被正式作为 RFC 公布之前，使 Internet 团体可以阅读和评论这个已提议的 Internet 相关文档。Internet 草案被认为是临时的文档，只有 6 个月的保存期限，因此它们并不存档。为了促进传播过程以及维护开放性的精髓，RFC Internet 草案可以在网址为 http://www.rfc-editor.org 的网站上在线获得。一个 RFC 文件在成为官方标准之前一般至少要经历如下四个阶段[RFC2026]：

（1）Internet 草案（Internet Draft），此时还不是 RFC 文档；

（2）建议标准（Proposed Standard），是可供正式发布的正式 RFC 文档；

（3）草案标准（Draft Standard）；

（4）Internet 标准（Internet Standard）。

除了上述几种 RFC 文档，还有历史的、实验的和提供信息的三种 RFC 文档。

1.5 计算机网络的基本理论问题

计算机网络是一个复杂的系统，涉及诸多理论问题，从不同的角度观察，会有不同的问题需要研究和解决。

1．用户角度

从用户的角度观察一个网络，主要是如何将消息从一端传输到另一端，实现数据通信和资源共享。因此，在一个由多种类型的计算机网络互联构成的互联网络中，对每个用户而言，所关心的问题主要是如何将消息快速而准确地传递到对方。用户的消息通常要跨越多个局域网、城域网等网络。因此不仅要关心两个相邻结点之间链路传输的可靠性和有效性，而且还要关心同一种物理传输介质网络（或不同种类的物理传输介质网络）任意两个结点之间传输的可靠性和有效性问题。这些问题最终可归结为端到端的传输问题，涉及数据传输过程中的错误检测、自动请求重传协议和组帧等技术。

2．网络设计角度

若从网络设计的角度观察网络，所要解决的主要问题如下：

（1）网络拓扑结构和网络覆盖问题，即如何设置接入点和网络结点，以使众多的用户能够比较方便地接入网络，经济地共享高速、大容量的骨干链路和网络资源。

（2）服务时延问题，即采用什么样的传输机制和交换机制，为用户提供最佳的服务，使之具有最短的服务时延。

（3）多址问题，即如何让众多的用户共享一个物理传输介质，主要涉及共享传输介质网络（如局域网、无线局域网）的随机多址访问、冲突解决的方法及性能改进的方法等。

（4）路由问题，即如何为用户的消息或报文分组选择最佳的传输路径，使得用户的消息或报文分组在一个子网内或跨越多个子网时能够快速、可靠地传送给对方，主要涉及最短路由算法、路由信息的广播等。

（5）流量控制问题，即如何避免网络中的某条链路、某个子网或整个信息网络发生拥挤或阻塞，以及如何对用户接入网络的业务流量、网络内部的流量进行管理和控制。这主要涉及用户接入允许控制、窗口流量控制和闭环流量控制等，以保证网络稳定运行。除了这些问题，还有网络的管理问题，包括安全管理、计费管理、故障管理、配置管理和性能管理等。

3．本书的主要内容

综合上述对计算机网络基本理论问题的讨论，本书的主要内容如下：

（1）什么是计算机网络？（第 1 章绪论）

（2）实现网络数据传输的通信系统是如何工作的？（第 2 章数据通信基础）

（3）如何保证网络中结点之间数据传输的正确性、可靠性和有效性？（第 3 章数据链路控制）

（4）用户经常使用的局域网是如何工作的？如何构建一个局域网？（第 4 章局域网）

（5）支持互联网工作的核心技术是什么？如何为用户的消息或报文分组选择最佳的传输路径，包括支持结点的移动性？（第 5 章网络互连及其协议和第 6 章路由技术基础）

（6）如何实现网络中计算机之间的分布式进程通信？（第 7 章网络传输服务）

（7）如何实现互联网的各种应用，并不断扩展网络的应用领域？（第 8 章网络应用及其协议和第 9 章多媒体通信网）

（8）如何分析网络的性能，如何进行性能测量评价？评价的依据什么？（第 10 章网络性能分析与评价）

本书力求通过对上述各章内容的讨论和介绍，使读者能够比较深入、全面地掌握计算机网络的基本理论与技术，为网络工程的设计和应用奠定基础。

本章小结

计算机网络知识涉及计算机网络的理论、技术与应用。学习知识要知其然，更要知其所以然，所以需要了解计算机网络的发展历史，计算机网络发展过程中有哪些重要的里程碑事件。这是本章首先所做的工作，重要的是掌握计算机网络的定义、功能、组成、结构与类型。

本章的另一个重点内容是计算机网络的组成涉及哪些网络硬件和网络软件，有哪些结构形式和描述方法，涉及哪些技术术语，这些术语又怎样理解；尤其是关于 OSI-RM 和 TCP/IP 的描述。学习本章的重要性在于：建立计算机网络协议栈结构的概念，对各层协议有一个大致的了解；比较重要的是协议、接口和服务的概念。TCP/IP 为运行在不同机器上和交换信息的终端提供了通信服务。

总之，本章内容为所有后续各章节内容的学习奠定概念基础，勾画出了计算机网络的知识结构。

思考与练习

1．计算机网络的发展经历了哪几个阶段？试举出几个比较典型的网络系统，说明每个阶段各有什么特点？

2．简述计算机网络的定义。

3．简述计算机网络的主要功能。请举例说明。

4．计算机网络在逻辑上分为哪几个部分？它们各自是由哪些硬软件组成的？各有什么特点？

5．计算机网络可以从哪些方面进行分类？LAN 具有哪些主要特征？

6．什么是计算机网络拓扑结构？局域网常采用哪几种拓扑结构？各有何特点？

7．简述计算机网络的组成。

8．计算机网络体系结构为什么要采用分层结构？

9．网络协议的三个要素是什么？各有什么含义？

10．什么是 OSI-RM？简述 OSI-RM 中每一层的主要功能。

11．描述 OSI-RM 中的数据传输基本过程，并解释物理层、数据链路层、网络层和传输层的数据传送单元分别是什么？

12．简述 TCP/IP 及各层的主要功能。

13．简述五层实用参考模型的要点。

14．简述 Internet 的诞生与发展过程。Internet 在我国内地的发展经历了哪几个主要阶段？

15．计算机网络研究的基本理论问题有哪些？

第 2 章 数据通信基础

计算机网络采用数据通信方式传输数据。数据传输是通过某种传输介质在发送设备和接收设备之间进行的。数据通信与电话网络中的语音通信不同，也与无线电广播通信不同，有它自身的规律和特点。本章主要讨论二进制数据传输、交换和处理的理论、方法以及实现技术，简单介绍数据通信的基础理论，包括数据的调制编码技术、多路复用技术、数据传输与交换方式等；同时，针对计算机网络体系结构中物理层的功能特性，介绍常见的传输介质、物理层接口特性及标准、物理层质量参数（如信道极限容量等），并给出与数据传输相关的公式。

2.1 数据通信的理论基础

数据通信技术是发展网络技术的重要基础，它主要研究在不同的计算机系统之间传输表示字母、数字和符号的二进制代码 0、1 比特序列的模拟或数字信号的过程。在早期的通信领域中主要采用的是模拟通信技术。随着计算机技术与数字设备的不断发展，数据通信技术在通信领域中发挥了越来越重要的作用。

2.1.1 数据通信的基本概念

数据通信是指通过数据通信系统，将携带信息的数据以某种信号方式从信源（发送端）安全、可靠地传输到信宿（接收端）。数据通信包括数据传输和数据在传输前后的处理，涉及以下几个基本概念。

1．数据通信系统

数据通信系统是指以计算机系统为中心，用通信线路连接分布在不同地理位置的数据终端设备进行数据通信的系统。实际上数据通信系统的组成因用途不同而异，图 2.1 所示是一个基本的数据通信系统模型，说它是计算机网络也可以。在这里使用数据通信系统这个名词，主要是为了从通信的角度来介绍通信系统中的一些要素。

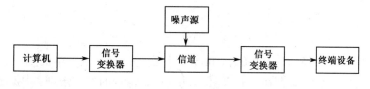

图 2.1 数据通信系统

1）信源和信宿

信息的传递过程称为通信。在通信中产生和发送信息的一端称为信源，信源就是数据源，是发出待传数据的设备。例如，文本输入到 PC，产生输出的数字比特流。接收信息的一端叫信宿，信宿就是数据宿，是从变换器获取传送来的信息，并将其转换为数据的设备。信源和信宿设备，大多数是计算机系统或数据终端设备。

2）信号变换器

发送端的信号变换器包括编码器和调制器，接收端的信号变换器包括译码器和解调器。编码器的功能是在输入数字序列中加入多余码元，以便接收端能够正确识别信号；译码器在接收端完成编码的逆过程。编码器、译码器的主要作用是降低误码率。调制器是把信源或编码器输出的二进制脉冲信号变换（调制）为模拟信号，以便在模拟信道上进行远距离传输；解调器的作用是反调制，即把模拟信号还原为二进制脉冲信号。因为在网络中信息都是双向传输的，所以信源也是信宿；编码器也可作为译码器，译码器也可作为编码器，故通常合称为编码/译码器；调制器也可作为解调器，解调器也可作为调制器，故合称为调制解调器。

3）信道

信源和信宿之间要有通信线路才能互相通信。按通信领域的专业术语来说，通信线路称为信道，所以信源和信宿之间的信息交换是通过信道进行的。

信道就是传送信息的通道，包括通信设备和传输介质。按照传输介质的类型，信道可分为有线信道和无线信道。有线信道采用导向媒体作为传输介质，如双绞线、同轴电缆和光纤等。有线信道性能稳定，受外界干扰小，保密性强，维护方便。无线信道利用空间传播的各种形式的电磁波作为传输介质，如微波、红外线、卫星通信等。若是无线信道，则信道是发射机、接收机、中继器及非导向传输介质（电磁波）的总称。无线信道不需要敷设线缆，通信成本低，建立灵活，可移动性大，但易遭受天气、环境的影响，保密性较差。

按照传输信号的类型，数据通信网中的信道也可分为数字信道和模拟信道两种。模拟信道用于传输连续变化的信号或二进制数据经调制后得到的模拟信号，具有通频带为 $300 \sim 3\,400$ Hz 的长途载波电话通路或有线通路。模拟信道的性能用信号在传输过程中的失真和输出信噪比来衡量。数字信道主要用于直接传输二进制数字信号或经过编码的二进制数据数字信号，具有 64 kbps 或较高速率的同步数字信号的传输通路。

4）噪声源

一个数据通信系统客观上不可避免地存在着噪声干扰，而这些干扰分布在数据传输过程中的各个部分。为了方便分析，通常把它们等效为一个作用于信道上的噪声源。

2. 数据通信的常用术语

1）信息

数据通信的目的是交换信息（Information）。什么是信息？从哲学的观点看，信息是一种带普遍性的关系属性，是物质存在方式及其运动规律、特点的外在表现。从通信的角度考虑，可以认为是生物体或具有一定功能的机器通过感觉器官或相应设备同外界交换的内容的总称。信息的含义是信息科学、情报学等学科中广泛讨论的问题。一般认为，信息是客观世界内同物质、能源并列的三大基本要素之一，信息是对客观事物的特征和运动状态的描述，可以定义为用来消除不确定性的东西。信息量可以定量地研究通信系统的运行状况，客观地评价各种通信方式的优缺点。信息量的计算公式为：

$$I = \log_2 \frac{1}{p} \qquad\qquad (2\text{-}1)$$

式中：I 表明一个消息所承载的信息量，等于它所表示的事件发生的概率 p 的倒数的对数。

若一个消息为必然事件，即该事件发生的概率为 1，则该消息所传递的信息量为零；不可能发生的事件，其信息量为无穷大。信息总是与一定的形式相联系，这种形式可以是语音、图像、文字等；信息是人们通过通信系统要传输的内容。

2）数据

数据（Data）是传递信息的实体，是任何描述物体、概念、形态的事实、数字、符号和字母。数据是事物的形式，信息是数据的内容或解释。数据有模拟数据和数字数据两种形式。模拟数据是指描述连续变化量的数据，如声音、视频图像、温度和压力等。数字数据是指描述不连续变化量（离散值）的数据，如文本信息、整数数列等。

目前，常见的数据编码形式主要有 3 种：①ITU 的国际 5 单位字符编码；②扩充的二/十进制交换码（EBCDIC 码）；③美国信息交换标准编码（ASCII 码）。EBCDIC 是 IBM 公司为自己的产品所设计的一种标准编码，用 8 位二进制码代表了 256 个字符。美国信息交换标准编码 ASCII 码本来是一个信息交换编码的国家标准，后被国际标准化组织（ISO）接受，成为国际标准 ISO 646，又称为国际 5 号码，被用于计算机内码，也是数据通信中的一种编码标准。

3）信号

在传输过程中，数据的电编码、电磁编码或光编码的表现形式就是信号（Signal），它是传递数据的载体。根据两种不同的数据类型，若表示成时间的函数，信号可以是连续的，也可以是离散的，相应有模拟信号和数字信号两种。模拟信号是指表示信息的信号及其振幅、频率、相位等参数随着信息连续变化，幅度必须是连续的，但在时间上可以是连续的或离散的。连续变化的信号，它的取值可以是无限多个。用数学方法可定义为：如果 $\lim_{t \to a} S(t) = S(a)$，$t$ 对于所有的 a 都成立，那么信号 $S(t)$ 可以被看成是连续的，如语音信号和目前的电视信号等。数字信号是指离散的一系列电脉冲，它的取值是有限的几个离散数值，其强度在某个时间周期内维持一个常量级，然后改变到另一个常量级。例如，计算机所用的二进制代码 1 和 0 表示的信号。图 2.2 给出了采用波形描述的模拟信号和数字信号的特征。

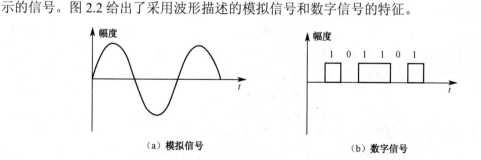

（a）模拟信号 　　　　　　　　　　（b）数字信号

图 2.2　模拟信号与数字信号的波形描述

根据在信道上传输信号的方式，信号又可分为基带信号和宽带信号。基带信号是指用两种不同的电压来直接表示数字信号 1 和 0，再将该数字信号送到信道上进行传输。宽带信号是指将基带信号进行调制后形成的频分复用模拟信号。基带信号经过调制后，其频谱搬移到较高的频率处。由于每路基带信号的频谱被搬移到不同的频段，所以合成在一起后不会相互干扰，实现了在一条线路中同时传输多路信号，提高了线路利用率。

数据涉及的是事物的形式，而信息涉及的则是数据的内容和解释。信息的载体可以是数字、文字、语音和图形等，可以用数据表示。数据在信道中进行传输的形式可以用信号表示。计算机及其外围设备产生和交换的信息都是二进制代码信息，表现为一系列脉冲信号。正确地掌握信息、数据和信号这三个术语的含义，才能理解数据通信系统的实质问题。

4）码元、帧和分组

数据以不同的形式在网络结构的不同层上进行传输。物理层传输信息的单位定义为码元，码元是表达信息的基本信号单元，一个单位脉冲就表示一个码元。数据链路层传输信息的单位定义为帧，它接收物理层传送来的码元信息，并按照一定的格式形成某种格式的帧；它也可以接收来自网络层的分组，并将其加工形成某种格式的帧。根据数据内容的不同可分为数据帧、命令帧和响应帧等。网络层进行数据传输的信息单位定义为分组，在与高层报文进行交换时，根据需要可进行分段和重组。

3．衡量数据通信网络性能的主要指标

性能指标是指与网络性能和可靠性相关的量的详细定义。因此可以从不同的方面度量数据通信网络系统的性能。常用的性能指标主要有以下几种。

1）数据传输速率与信号传输速率

（1）数据传输速率：数据传输速率简称数据率，是指数字信道传输数字信号的速率，即每秒传输二进制信息的位数，单位为位/秒，记作 bps 或 bit/s。数据传输速率的计算公式为：

$$S =(1/T)*\log_2 N(\text{bps}) \tag{2-2}$$

式中：T 为一个数字脉冲信号的宽度（全宽码）或重复周期（归零码），单位为秒（s）；N 为一个码元所取的离散值个数。

通常，$N=2^K$，K 为二进制信息的位数，$K=\log_2 N$。$N=2$ 时，$S=1/T$，表示数据传输速率等于码元脉冲的重复频率。

（2）信号传输速率：单位时间内通过信道传输的码元数，单位为波特（Baud）。信号传输速率的计算公式为：

$$B=1/T(\text{Baud}) \tag{2-3}$$

式中：T 为信号码元的宽度，单位为秒（s）。

信号传输速率也称为码元速率、调制速率或波特率。由式（2-2）和式（2-3）式可得：

$$S=B\log_2 N（\text{bps}） \tag{2-4}$$

或
$$B=S/\log_2 N（\text{Baud}） \tag{2-5}$$

【例2.1】采用四相调制方式，即 $N=4$，且 $T=833\times10^{-6}$，则：

$$S=(1/T)\log_2 N=[1/(833\times10^{-6})\times\log_2 4= 2\,400（\text{bps}）$$
$$B=1/T=1/(833\times10^{-6})=1\,200（\text{Baud}）$$

2）带宽

带宽（Bandwidth），原意是指某个信号具有的频带宽度。由于一个特定的信号往往由许多不同的频率成分组成，因此一个信号的带宽是指该信号的各种不同频率成分所占据的频率

范围。在过去相当长的一段时间内，通信主干线都是用来传输模拟信号的，因而就把通信线路允许通过的信号频带范围称为线路的带宽。由于电信号以光速 300 000 km/s 传播，对于一条物理信道来说，如果所传输的信号足够窄（即 δ 冲激信号），每秒内将传输无数个比特信号；若所传输的方波信号非常宽，如达到 300 000 km，则信道每秒只能传输一个比特信号。假定信道内不存在噪声和干扰，即发送端所发送的信号都能到达接收端，则可将带宽定义为：信道两端的发送和接收设备能够传送比特信号的最大速率，用 Hz 来表示。例如，某信道的带宽是 4 000 Hz，即表示该信道最多可以以每秒 4 000 次的速率发送信号。

当通信线路用来传送数字信号时，数据传输速率应当成为数字信道的重要指标，但习惯上仍将"带宽"作为数字信道的"数据传输速率（或比特率）"来理解。比特是计算机中数据的最小单元，也是信息量的度量单位，这样，网络或信道带宽的单位就是比特每秒（b/s），以 bps 表示，常用的带宽单位是 kbps 和 Mbps。

与带宽相关的一个术语是宽带（Broadband）。宽带即宽的带宽，在通信技术中，宽带解释为宽的频带。在计算机网络技术中，宽带则解释为高的数据传输速率。人们常说的宽带 IP 网，就是指以 IP 为核心协议的支持宽带业务的高速计算机网络。宽带业务是指包含文本、语音、图像、视频等多媒体信息的各种传输业务，如 Web 信息浏览、远程教学、远程医疗和视频点播等。

3）吞吐量

吞吐量（Throughput）表示在单位时间内通过某个网络（或信道、接口）的数据量，常用于对网络进行实际测量，以便知道到底有多少数据量能够通过网络。显然，吞吐量受网络带宽或网络额定速率的限制。例如，对于一个 100 Mbps 的以太网，其额定速率是 100 Mbps，那么这个数值也是以太网吞吐量的绝对上限值。因此，对于 100 Mbps 的以太网，其典型的吞吐量可能只有 60 Mbps。有时，吞吐量也可以用每秒传送的字节数或帧数来表示。

4）时延

时延（Delay）是指数据（或一个报文、分组或比特）从网络（或链路）的一端传送到另一端所需的时间。需要注意的是，信道的带宽由硬件设备改变电信号时跳变的响应时间决定。但由于发送和接收设备存在响应时间，特别是计算机网络系统中的通信子网还存在中间转发等待时间，以及计算机系统的发送和接收处理时间，因此，时延由传输时延、传播时延、处理时延和排队时延 4 个部分构成。

（1）传输时延。传输时延是指结点在发送数据时使数据帧从结点进入到传输介质所需的时间，即从发送数据帧的第一个比特开始算起到该数据帧的最后一个比特发送完毕所需的时间，因此也称为发送时延。其计算公式为：

$$传输时延=数据帧长度/信道带宽 \qquad (2\text{-}6)$$

（2）传播时延。传播时延是指电磁波在信道中传播一定距离所花费的时间，其计算公式为：

$$传播时延=信道长度/电磁波在信道中的传播速率 \qquad (2\text{-}7)$$

电磁波在自由空间中的传播速率为光速，即 3.0×10^5 km/s。它在网络信道中的传播速率则视采用的传输介质而异，在铜线电缆中的传播速率为 2.3×10^5 km/s，在光缆中的传播速率约为 2.0×10^5 km/s。1 000 km 长的光纤线路产生的传播时延约为 5 ms。

（3）处理时延。处理时延是指主机或网络结点（结点交换机或路由器）处理分组所花费的时间，包括对分组首部的分析、从分组提取数据部分、进行差错检验和查找路由等。在计算机网络系统中，由于不同的通信子网和不同的网络体系结构采用不同的转发控制方式，因此在通信子网中，处理时延的长短需依据网络状态而定。

（4）排队时延。排队时延是指分组进入网络结点后，需要在输入队列中等待处理，以及处理完毕后在输出队列中等待转发的时间。排队时延是处理时延的重要组成部分。排队时延的长短与网络的通信量有关。当网络的通信量很大时，可能产生队列溢出，致使分组丢失，这相当于处理时延为无穷大。

综上所述，数据在网络中的总时延是上述 4 种时延之和，即：

$$总时延=传输时延+传播时延+处理时延+排队时延 \tag{2-8}$$

时延是计算机网络的一项重要指标，各种时延都会影响到网络参数的设计。

5）时延带宽积

时延带宽积是传播时延和带宽的乘积，即：

$$时延带宽积=传播时延\times带宽 \tag{2-9}$$

时延带宽积的单位是比特（bit）。

例如，某一链路的传播时延为 500 μs，带宽为 100 Mbps，则时延带宽积为 50 000 bit。这意味着，当发送端发送的第一个比特到达终点时，发送端已经发出了 50 000 bit，这 50 000 bit 充满了整个链路，正在链路上传输。对于一条传输链路，当代表链路的通道在传输过程中充满比特流时，链路才能得到充分利用。因此，时延带宽积又称为比特长度，即以比特为单位的链路长度。

6）往返时延

往返时延（Round Trip Time，RTT）是与时延相关的一个概念，也是一个重要的网络性能指标。RTT 表示发送方从发送数据开始，到收到来自接收方的确认（接收方收到数据后便立即发送确认）之间的时间，即 TCP 连接上的报文段往返所经历的总时间。在互联网中，RTT 还包括各中间结点的处理时延、排队时延以及转发数据时的发送时延。显然，RTT 与所发送的分组长度有关。

2.1.2 傅里叶分析与有限带宽信号

信号是数据的具体表现形式。数据通信系统中所使用的信号指的是电信号，传输的主体也是电信号，即随时间变化的电压或电流。因而了解信号特性是十分必要的。正弦波是基本的连续信号，可以用振幅（A）、频率（f）和相位（ϕ）三个参数表示。振幅是信号随时间变化的峰值或强度，用伏特度量。频率是信号重复的速率（每秒周期数或者赫兹）；一个等效的参数是信号周期（T），即重复一次所用的时间，因此，$T=1/f$。相位是对单个信号周期内相对位置的度量。因此，正弦波可以写成 $s(t)=A\sin(2\pi ft+\phi)$。

早在 19 世纪初叶，按照傅里叶分析（Fourier analysis）理论可知：任何正常的周期为 T 的函数 $g(t)$ 满足狄历特里条件，即每个周期的积分和不连续点的数目都为有限时，可以由无限个正弦函数和余弦函数合成，即

$$g(t) = \frac{1}{2}c + \sum_{n=1}^{\infty} a_n \sin(2\pi nft) + \sum_{n=1}^{\infty} b_n \cos(2\pi nft) \qquad (2\text{-}10)$$

式中：$f = 1/T$ 是周期信号的基频，a_n 和 b_n 分别是正弦函数和余弦函数 n 次谐波的振幅。这种分解叫作傅里叶级数分析，等式右边的级数称为傅里叶级数。通过傅里叶级数可以重新合成原始函数，即，已知周期 T 和振幅 a、b，通过对式（2-10）求和能够得到时间的原始函数 $g(t)$。

对于一个持续时间有限的数据信号可以想象成它一遍又一遍地无限重复整个模式，即假定 $T\sim 2T$ 的区间模式等同于区间 $0\sim T$，$2T\sim 3T$ 的区间模式又等同于区间 $T\sim 2T$，依此类推，无限重复。

因为：

$$\int_0^T \sin(2\pi kft)\sin(2\pi nft)\mathrm{d}t = \begin{cases} 0 & k \neq 0 \\ \dfrac{T}{2} & k = 0 \end{cases}$$

$$\int_0^T \cos(2\pi kft)\sin(2\pi nft)\mathrm{d}t = \begin{cases} 0 & k \neq 0 \\ 0 & k = 0 \end{cases}$$

成立，将式（2-10）两边同乘以 $\sin(2\pi kft)$，然后从 $0\sim T$ 积分，b_n 被消掉，就可得振幅 a_n；同样，对式（2-10）两边同乘以 $\cos(2\pi kft)$，然后从 $0\sim T$ 积分，a_n 被消掉，可得振幅 b_n。另外，若直接对式（2-10）两边从 $0\sim T$ 积分，即可得到 c。执行这些运算后可得到如下结果：

$$a_n = \frac{2}{T}\int_0^T g(t)\sin(2\pi nft)\mathrm{d}t$$

$$b_n = \frac{2}{T}\int_0^T g(t)\cos(2\pi nft)\mathrm{d}t$$

$$c = \frac{2}{T}\int_0^T g(t)\mathrm{d}t$$

任何实际的模拟信道所能传输的信号频率都有一定的范围，这个范围就是信道带宽。信道的带宽是由传输介质和有关附加设备与电路的频率特性综合决定的。例如，一条双绞线的可用带宽是 100 kHz，而一路电话音频线路的带宽通常为 300～3 400 Hz。那么，若数字信号不经调制直接放到模拟信道上进行传输，所有的传输设备对不同的傅里叶分量的衰减程度是不同的，在带宽范围内的信号衰减得很少，超过带宽频率的信号就会大大衰减，并且会引起信号的严重失真。下面通过实例进一步分析和研究傅里叶级数与数据通信之间的关系。

假设需要传输一个 8 位数据 01100010，图 2.3（a）表示计算机发送该字符时输出的电压特性，对此信号进行傅里叶变换可求得系数 a_n、b_n 和 c，即：

$$a_n = \frac{1}{\pi n}\left[\cos(\frac{\pi n}{4}) - \cos(\frac{3\pi n}{4}) + \cos(\frac{6\pi n}{4}) - \cos(\frac{7\pi n}{4})\right]$$

$$b_n = \frac{1}{\pi n}\left[\sin(\frac{3\pi n}{4}) - \sin(\frac{\pi n}{4}) + \sin(\frac{7\pi n}{4}) - \sin(\frac{6\pi n}{4})\right]$$

$$c = \frac{3}{8}。$$

式中：a_n 和 b_n 是 n 次正弦波和余弦波的振幅值，谐波次数越高，则其频率越高。

$\sqrt{a_n^2 + b_n^2}$ 为 n 次谐波的均方根振幅，它与 n 次谐波的能量成正比，如图 2.3（a）所示；图中的 1 次谐波振幅的均方根值 $\sqrt{a_2^2 + b_2^2} = 0.244$，2 次谐波振幅的均方根值 $\sqrt{a_2^2 + b_2^2} = 0.503$，3～8

次谐波振幅的均方根值分别为 0.197、0.160、0.118、0.168、0.035 和 0。当该信号通过某信道传输时，如果该信道的带宽很窄，则只有低频率的谐波才能通过，并被接收端收到；如果该信道的带宽很宽，能通过的谐波的次数就高，接收端恢复的波形也就更接近于原发送端的波形。图 2.3（b）显示了信道能通过 1 次谐波时接收端恢复的波形，图 2.3（c）、（d）、（e）分别显示信道能通过 2 次、4 次、8 次谐波时接收端恢复的波形。通过比较可以看出，图 2.3（b）和图 2.3（e）接收端恢复的波形，相差很大，而图 2.3（e）的失真更小一些。因此可以看出，信道的带宽越宽，则它传输数字信号时失真越小；换言之，若信道的带宽是固定的，则它直接传输数字信号的数据速率越高，失真越大。

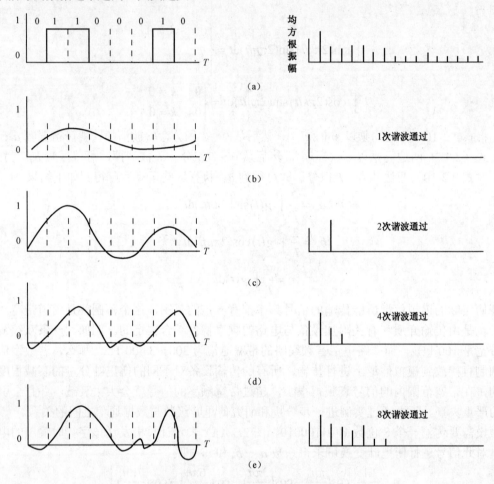

图 2.3　信道带宽和数字信号失真的关系

2.2　数据编码技术

通常，计算机网络中的模拟信道支持模拟信号的传输，数字信道支持数字信号的传输。为了实现模拟信号的数字传输和数字信号的模拟传输，必须研究数据在信号传输过程中如何进行编码（变换）的问题。本节主要讨论以下几种数据编码技术：模拟数据和数字数据的模拟编码技术；模拟数据和数字数据的数字编码技术。

2.2.1 模拟信号传输模拟数据

模拟数据的模拟编码是将输入的模拟数据与频率为 f 的载波相结合，产生带宽中心在 f 处的信号 $S(t)$ 的过程。具体方法是对信号的幅度、频率和相位三个基本特征分别进行调制，即幅度调制（AM）、频率调制（FM）和相位调制（PM）。幅度调制是使载波的幅度随模拟数据的幅度变化，而载波的频率不变，经过幅度调制后的波形如图 2.4（a）所示；频率调制是使载波的频率随模拟数据的幅度变化，而载波的幅度不变，图 2.4（b）所示为频率调制波；相位调制是使载波的相位随模拟数据的幅度变化，而载波的幅度不变，图 2.4（c）所示为相位调制波。

经过编码调制后，克服了模拟数据直接进行基带传输的局限，而改换为频带传输的方式在传输介质中进行有效的传送。

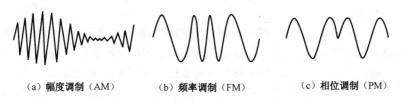

（a）幅度调制（AM）　　　（b）频率调制（FM）　　　（c）相位调制（PM）

图 2.4　信号的幅度调制、频率调制和相位调制

2.2.2 模拟信号传输数字数据

当两台计算机通过公共电话网进行数据传输时，发送端需要经过调制器完成数模转换，将数字数据编码后形成适合在模拟信道上传输的模拟信号；接收端经过解调器将模拟信号恢复为计算机能识别的数据信息。因为数据通信是双向的，通信双方都需要具备调制和解调的功能，完成两种信号变换功能的设备就是调制解调器（Modem）。模拟信号传输的基础是载波，载波具有幅度、频率和相位三大要素，数字数据可以针对载波的不同要素或它们的组合进行调制。因此，将数字数据转换为模拟信号的调制方法有移幅键控法（ASK）和移频键控法（FSK）、移相键控法（PSK）三种基本形式，如图 2.5 所示。

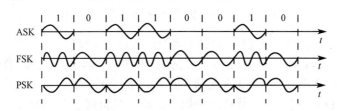

图 2.5　移幅键控（ASK）、移频键控（FSK）和移相键控（PSK）

移幅键控法（ASK）是通过改变载波信号的振幅来表示数字信号 1、0。例如，用载波幅度为 1 表示数字 1，用载波幅度为 0 表示数字 0。移幅键控 ASK 信号实现容易，技术简单，但抗干扰能力较差。

移频键控法（FSK）是通过改变载波信号的角频率来表示数字信号 1、0。例如，用角频率 ω_1 表示数字 1，用角频率 ω_2 表示数字 0。移频键控 FSK 信号实现容易，技术简单，抗干扰能力较强，是目前最常用的调制方法之一。

移相键控法（PSK）是通过改变载波信号的相位值来表示数字信号 1、0。如果用相位的绝对值表示数字信号1、0，如相位0°表示0，相位180°表示1，即为绝对调相。如果用相位的相对偏移值表示数字信号1、0，如载波不产生相移表示0，载波产生相移表示1，则称为相对调相。

在实际应用中，移相键控方法经常采用多相调制方法。例如，四相调制方式是将两位数字信号组合为4种，即00、01、10、11，并用4个不同的相位值来表示。在移相信号的传输过程中，相位每改变一次，传送两个二进制比特。同理，八相调制是将发送的数据每3个比特形成一个码元组，共有8种组合，相应地采用8种不同的相位值表示。采用多相调制方法可以达到高速传输的目的。

为了进一步提高数据的传输速率，可以采用在技术上较为复杂的振幅相位混合调制方法，如正交幅度调制（Quadrature Amplitude Modulation，QAM）方法。QAM是移相键控方法与振幅调制方法的组合，它同时利用载波的幅度和相位来传递数据信息，因而抗干扰能力强，但实现技术较为复杂。

多年来，大多数用户是通过模拟语音调制解调器从居家访问因特网的。这种调制解调器在模拟本地回路上传输数据。该回路的带宽为3 kHz。如图2.6所示，用户端调制解调器把二进制数据转换成模拟信号。在本地电话局，该模拟信号被采样，并被编码成64 kbps的数字信号。这种模拟转换（ADC）引入量化噪声，并把二进制数据速率限制为大约30 kbps。在本地电话局产生的64 kbps的数字信号通过电话网络发送，再转换成模拟信号，在另一个本地回路上发送，被服务器端调制解调器接收，原先的二进制数据流被恢复。AD转换把速率限制在30 kbps（这种调制解调器的ITU标准称为V.34），这种对称配置意味着在服务器至电话局的AD转换也限制下行流量（从服务器到用户），因此下行流量也被限制在30 kbps。

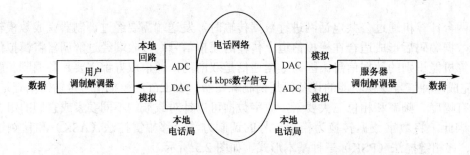

图2.6　用户通过调制解调器和电话网访问因特网

目前，因特网服务提供商（ISP）的服务器旁路了这种AD转换，它们使用数字适配器可产生64 kbps的数字信号，这些数字信号被送到用户的电话局。数模转换（DAC）是无损耗的，因此用户可以在下行方向接收64 kbps的流量，尽管上行速率依然是30 kbps。实际上，在用户的本地电话局由DAC引入的非线性噪声把下行速率限制到了56 kbps。该标准的一个特征是依赖用户的调制解调器和本地回路是否支持这样的速率协议，如果不支持，服务器的适配器就回到V.34调制解调器。

2.2.3　数字信号传输数字数据

在数据通信中，频带传输是指利用模拟信道通过调制解调器传输模拟信号的方法；而基带传输是指在基本不改变数字数据信号频带（即波形）的情况下，直接传输数字信号的方式。所谓基带即基本频带，指传输变换前所占用的频带，是原始信号所固有的频带。基带传输是一种最简单、最基本的传输方式，一般用低电平表示"0"，高电平表示"1"。数字数据编码技术是指在数据比特和信号码元之间建立一一对应的关系，编码后的二进制数据采用基带传输在传输介质中传送。数字数据编码的方法主要有以下几种。

1．非归零码

非归零码（Non-Return to Zero，NRZ）的波形如图 2.7（a）所示。NRZ 码可以用低电平表示逻辑 0，用高电平表示逻辑 1，同步时钟的上升沿作为采样时刻，判决门限采用幅度电平的一半（0.5 V）。当采样时刻的信号值在 0.5～1.0 V 之间，就判定为 1；若信号值在 0～0.5 V 之间，就判定为 0。这种编码技术是最容易实现的，但 NRZ 编码的缺点是难以判断一个比特的开始与另一个比特的结束，收发双方不能保持同步，需要在发送 NRZ 码的同时，用另一个信道同时传送同步信号。若信号中 0 或 1 连续出现，信号直流分量将累加。另外，如果信号中 1 与 0 的个数不相等时，存在直流分量，因此在数据通信中不采用 NRZ 编码的数字信号。

2．曼彻斯特编码

为了使接收方和发送方的时钟保持同步，可以采用曼彻斯特编码（Manchester）方式。典型的曼彻斯特编码波形如图 2.7（b）所示。它采用自同步方法，任一跳变既可以作为时钟信号，又可以作为数字信号。该编码的规则是：每一码元中间都有一个跳变，由高电平跳到低电平表示为 1；由低电平跳到高电平表示为 0。若出现连续的 1 或 0 码时，码元之间也存在跳变。曼彻斯特编码的优点是：克服了 NRZ 码的不足，电平跳变可以产生收发双方的同步信号，无须另发同步信号，且曼彻斯特编码信号中不含直流分量。

3．差分曼彻斯特编码

差分曼彻斯特（Difference Manchester）编码是对曼彻斯特编码的改进，典型的差分曼彻斯特编码波形如图 2.7（c）所示。在差分曼彻斯特编码中，每一码元的中间虽然存在跳变，但它仅用于时钟，而不表示数据的取值。数据的取值是利用每个码元开始时是否有跳变来决定为 1 或 0 的。例如，可以设定在码元开始边界处有跳变表示二进制 0，不存在跳变则表示二进制 1。

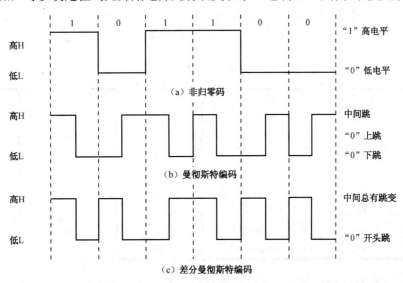

图 2.7 三种数字数据信号的波形

曼彻斯特编码与差分曼彻斯特编码是数据通信中最常用的数字数据信号编码方式。其优点是信号内部均含有定时时钟，且不含有直流分量；缺点是编码效率较低，编码的时钟信号频率是发送信号频率的两倍。例如，需要发送信号速率为 100 Mbps，那么发送时钟就要求达到 200 MHz。因此，在研究高速网络时，又提出了其他的数字数据编码方法，如 mB/nB 编码。

4．mB/nB 编码

在 mB/nB 编码技术中，将 m 位数据进行编码，然后转换成所对应的 n（$n>m$）位编码比特，选择的编码比特可为定时恢复提供足够的脉冲，并且能限制相同电脉冲的数量。例如，在 4B/5B 编码技术中，将每 4 位数据进行编码，然后转换成所对应的 5 位编码，如图 2.8 所示。

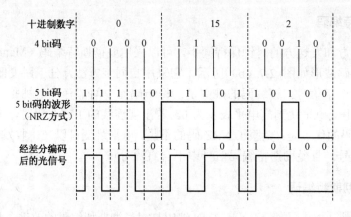

图 2.8　4B/5B 编码的波形

在 5B 编码的 32 种组合中，实际只使用了 24 种，其中 16 种用于数据符号，剩余的 8 种用于控制符号。在表 2-1 中，16 种数据符号中仅有 5 个不以 1 开头，这 5 个数据符号的第 2 位也都是 1，只有 2 个末位的编码为 0，因此线路上不可能连续出现 4 个 0，保证接收端得到足够的同步信息。光纤分布式数据接口（FDDI）使用的就是 4B/5B 编码。

表 2-1　二进制数与 4B/5B 编码对照表

符号	4 位二进制数	4B/5B 编码	符号	4 位二进制数	4B/5B 编码
0	0000	11110	8	1000	10010
1	0001	01001	9	1001	10011
2	0010	10100	10	1010	10110
3	0011	10101	11	1011	10111
4	0100	01010	12	1100	11010
5	0101	01001	13	1101	11011
6	0110	01110	14	1110	11100
7	0111	01111	15	1111	11101

如果将曼彻斯特编码看作用 2 个脉冲跳变来表示每个二进制位，即二进制 1 映射为 10，对应地发送 2 bit 的极性编码，0 则映射为 01，则曼彻斯特编码是 mB/nB 编码的特例，其中

m=1，n=2。

mB/nB 编码后一般不能直接放到物理线路上传输，还要进行一次线路编码，以变成媒体中传输的电信号或光信号，即两级编码，前一级的 mB/nB 编码称为块编码。例如，100 Base TX 以太网采用 4B/5B-MLT3 编码方式，100 Base FX 和 FDDI 使用 4B/5B-NRZI 编码方式。

在光纤通信中使用 5B/6B 编码。它是将每 5 位数据进行编码，然后转换成所对应的 6 位符号，以避免多个 0 码或多个 1 码在光纤信道中连续出现。目前，在光纤信道和所有的千兆位以太网中，使用的均是 8B/10B 编码方式，而 10 Gbase W 则采用 64B/66B 编码。8B/10B 编码方式采用 4B/5B 和 5B/6B 编码思想，在任何情况下都以每 8 位数据进行编码，然后转换成所对应的 10 位符号。

mB/nB 编码技术的目的是使发送端与接收端的信号代码间保持同步，减少信息传输的丢失与差错。在传输特性和差错检测能力方面，mB/nB 编码技术均优于前两种编码技术。

2.2.4 数字信号传输模拟数据

数字信号具有传输失真小、误码率低、数据传输速率高等特点，因而，在网络中除了计算机直接产生的数字信号，语音、图像信息等模拟数据都需要转换为数字信号进行传输。在发送端将模拟数据通过编码器转换为数字信号，然后在数字信道中进行传输，在接收端再通过译码器转换为原模拟数据。这种编码方法利用了数字信道的带宽范围宽、失真小的优点，可以使模拟数据在数据传输中做到既快又准确。

将模拟数据编码转换为数字信号最常采用的技术是脉冲编码调制（Pulse Code Modulation，PCM）技术，简称脉码调制。脉码调制以采样定理为基础，对连续变化的模拟信号进行周期性采样，利用大于或等于有效信号最高频率或其带宽 2 倍的采样频率，通过低通滤波器从这些采样中重新构造出原始信号。模拟信号数字化的变化过程包括采样、量化和编码三个步骤。

1. 采样

采样是模拟信号数字化的第一步。采样的频率决定了恢复后的模拟信号的质量。根据奈奎斯特采样定理，以大于或等于通信信道带宽 B 两倍的速率定时对信号进行采样，其样本可以包含足以重构原模拟信号的所有信息，即

$$F_s \geq 2B \text{ 或 } f=1/T \geq 2f_{max} \tag{2-11}$$

式中：f 为采样频率，T 为采样周期，f_{max} 为信号的最高频率。

人耳对 25～22 000 Hz 的声音有反应。在谈话时，大部分有用信息的能量分布在 200～3 500 Hz 之间。因此，电话线路使用的带通滤波器的带宽为 3 kHz（即 300～3 300 Hz）。根据奈奎斯特采样定理，最小采样频率应为 6 600 Hz，CCITT 规定的对语音的采样频率为 8 kHz。

PCM 工作原理示意图如图 2.9 所示。语音模拟信号经过采样后，形成了 PAM 脉冲信号。采样时每间隔一定的时间，将模拟信号的电平幅度值取出来作为样本，用它来表示被采样的信号。采样后得到的样本取连续值，这些样本必须通过四舍五入量化为离散值，离散值的个数决定了量化的精度。

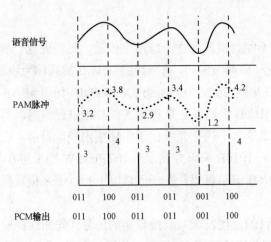

图 2.9　PCM 工作原理示意图

2．量化

量化是将采样样本的幅度按量化级别决定取值的过程。量化之前要规定将信号分为若干量化级，如可以分为 8 级或 16 级，以及更多的量化级，这需要根据精度来确定；同时，要规定好每一级对应的幅度范围；然后，将采样所得样本幅值与量化级幅值进行比较定级。经过量化后的样本幅度由原来的连续值转换为离散的量级值，波形是一系列离散的脉冲信号。

3．编码

编码是用相应位数的二进制代码表示量化后的采样样本的量化级，形成 PCM 数字信号。如果有 K 个量化级，则二进制的位数为 $\log_2 K$。例如，量化级有 16 个，就需要 4 位编码。

在发送端经过上述三个步骤，就可将原始模拟信号转换为二进制数码脉冲序列，然后经过信道传输到接收端。接收端再将二进制数码转换成相应幅度的量化脉冲，然后将其输入一个低通滤波器，即可恢复原来的模拟信号。

【例 2.2】目前，在常用的语音数字化系统中，T1 系统采用 128 个量化级，需要 7 位二进制编码表示。在采样速率为 8 000 样本/秒的情况下，在数字信道上传输这种数字化语音信号数据的传输速率可达到 7×8 000 bps=56 kbps。在 E1 系统中采用 256 级量化，每个样本用 8 位二进制数字表示，传输速率为 64 kbps。

2.3　数据传输方式

传输方式不但定义了比特流从一个端点传输到另一个端点的方式，还定义了比特是同时在两个方向上传输还是轮流发送和接收。

2.3.1　数据通信方式

1．串行通信与并行通信

在数据通信中，若按照传输数据的时空顺序分类，数据通信的传输方式可以分为串行通信（Serial Transmission）与并行通信（Paralle Transmission）两种。在计算机编码中，通常采用8位二进制代码来表示一个字符。按照图2.10（a）所示的方式，将待传输的每个字符的二进制代码在一个信道上按由低位到高位的顺序依次逐位串序传输的方式称为串行通信。串行传输数据时，数据是一位一位地在信道上传输的。在并行通信中，多个数据位同时在两个端点之间传输。例如，将表示一个字符的8位二进制代码同时通过8条并行的信道传输，每次可以传输一个字符代码，如图2.10（b）所示。发送端将这些数据位通过对应的数据线传送给接收端时，还可附加一位数据校验位。接收端可同时接收这些数据，不需要做任何变换就可直接使用。并行通信方式主要用于近距离通信，计算机内的总线结构就是并行通信的例子。并行通信方式的优点是传输速率高，处理简单。

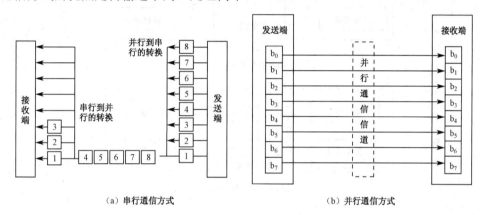

（a）串行通信方式　　　　　　　　　（b）并行通信方式

图 2.10　串行通信与并行通信

由上述分析可知，串行通信只需要在收发双方之间建立一条信道，而并行通信则需要在收发双方之间建立并行的多条信道。对于远程通信来说，在同样传输速率的情况下，图 2.10 所示的并行通信在单位时间内所传送的码元数是串行通信的 8 倍，但需要建立 8 个信道，成本较高。因此，在远程通信中，一般采用经济、实用的串行通信方式。

2．单工、半双工与全双工通信

按照数据信号在信道上的传输方向与时间的关系，数据通信方式可分为单工、半双工和全双工三种通信方式，如图2.11所示。

在单工通信方式中，信号只能沿一个方向传输，任何时候都不能改变信号的传输方向。常用的无线电广播、有线电广播或电视广播通信等都属于这种类型。

在半双工通信方式中，信号可以双向传输，但必须交替进行。在任意给定的时间，传输只能沿一个方向进行。对讲机就是采用半双工通信方式，轮流使用信道进行语音数据的传输的。

全双工通信是指信号可以同时双向传输的方式。它相当于把两个传输方向不同的半双工通信方式结合起来了。由于全双工通信可更好地提高传输速率，所以目前所使用的调制解调器采用的就是全双工通信方式。

通常情况下，一条物理链路上只能进行单工通信或半双工通信，当进行全双工通信时，通常需要两条物理链路。由于电信号在有线传输时要求形成回路，所以一条传输链路一般由 2 条电线组成，故称为二线制线路。这样，全双工通信就需要 4 条电线组成两条物理链路，故称为四线制线路。

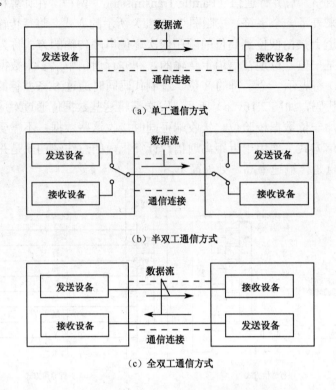

（a）单工通信方式

（b）半双工通信方式

（c）全双工通信方式

图 2.11　单工、半双工和全双工通信

2.3.2　数据同步方式

在串行传输时，每一个字符都是按位串行传送的。为使接收端能准确地接收到所传输的数据信息，接收端必须知道：①每一位的时间宽度，即传输的比特率；②每一个字符或字节的起始和结束；③每一个完整的信息块（或帧）的起始和结束。这三个要求分别称为比特（位或时钟）同步、字符同步和块（或帧）同步。同步是指接收端要按发送端所发送的每个码元的重复频率以及起止时间来接收数据。在通信时，接收端要校准自己的时间和重复频率，以便和发送端取得一致，这一过程称为同步过程。目前，数据传输的同步方式有异步式和同步式两种。

1. 异步式

异步式（Asynchronous）又称为起止同步方式，它把各个字符分开传输，并在字符之间插入同步信息。具体做法是，在要传输的字符前设置启动用的起始位，预告字符的信息代码即将开始传输，在信息代码和校验位（一般总共为 8 比特）结束以后，再设置 1～2 比特的终止位，表示该字符已结束。终止位也反映了平时不进行通信时的状态，即处于"传号"状态。字母"A"的代码（1000001）在异步式时的代码结构如图 2.12 所示。各字符之间的间隔是任意的、不同步的，但在一个字符时间之内，收发双方各数据位必须同步，所以这种通信方式又称为起止同步方式。

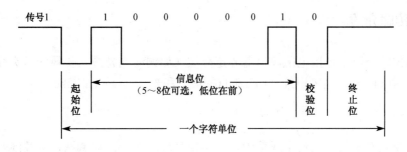

图 2.12　异步式代码结构

异步式数据传输实现起来简单、容易，频率的漂移不会积累，每个字符都为该字符的位同步提供了时间基准，对线路和收发器要求较低。其缺点是线路效率低，因为每个字符需多占用 2～3 位的开销。异步式数据传输在低速终端信道上获得了广泛的应用。

2. 同步式

同步式（Synchronous）不是对每个字符单独进行同步，而是对一组字符组成的数据块进行同步。同步的方法不是加一位停止位，而是在数据块前面加特殊模式的位组合（如01111110）或同步字符（SYN），并且通过位填充或字符填充技术保证数据块中的数据不会与同步字符混淆。

通常，接收端是从接收的信号中提取同步信号的，因为在接收信号码元 1 和 0 的极性变化中包含了同步信息。图 2.13 所示为同步传送的代码结构。当不传送信息代码时，在线路上传送的全是 1 或其他特定代码；在传输开始时用同步字符 SYN（编码为 0010110）使收发双方进入同步。当搜索到两个以上 SYN 同步字符时，接收端开始接收信息，此后就从传输数据中检测同步信息。在两个连续的报文之间，应插入两个以上的 SYN 同步字符。一般在高速数据传输系统中采用同步式数据传输方式。

图 2.13　同步式代码结构

2.4　传输介质

传输介质是指在物理层提供数据传输的介质，也称为传输媒体或传输媒介，是指网络中连接收发两端的物理通路，也是通信中实际传送信息的载体。用于计算机连网的传输线路可以由用户自己铺设，也可以利用通信公司提供的公用通信网络。一般说来，单位建立局域网时通常是自己铺设通信线路，而远程的计算机联网则需要由通信公司提供专用传输介质。

计算机网络中可以使用各种传输介质来组成物理信道。常用的传输介质可以分为导向传输介质和非导向传输介质两大类。不同的传输介质具有不同的传输特性，而传输介质的特性将影响数据的传输质量。

2.4.1 导向传输介质

所谓导向传输介质，是指电磁波沿着固定介质（如铜线或光纤）传播的一类介质，主要有双绞线（Twised Pair）、同轴电缆（Coaxial Cable）和光纤（Optical Fiber）。

1. 双绞线

无论是在模拟通信还是在数字通信中，也不论是广域网还是局域网，双绞线是最常用的传输介质。双绞线一般由 2 根、4 根或 8 根 22~26 号绝缘铜导线相互缠绕而成。线对在每厘米长度上相互缠绕的次数决定了其抗干扰的能力和通信质量。一对线可以作为一条通信线路，每个线对螺旋扭合的目的是一根导线在传输中辐射的电磁波可被另一根导线上发出的电磁波抵消，使各线对之间的电磁干扰达到最小。线对的扭合程度越高，抗干扰能力越强。

局域网中所使用的双绞线分为非屏蔽双绞线（UTP）与屏蔽双绞线（STP）两类。

（1）非屏蔽双绞线。非屏蔽双绞线就是普通的电话线，由外部保护层与多对双绞线组成。非屏蔽双绞线分为第 3 类、第 4 类、第 5 类和增强型 5 类、6 类等形式，通常简称为 3 类线、5 类线等。在典型的以太网中，3 类线的最大带宽为 16 MHz，适用于语音及 10 Mbps 以下的数据传输；5 类线的最大带宽为 100 MHz，适用于语音及 100 Mbps 的高速数据传输，并支持 155 Mbps 的 ATM 数据传输。随着千兆以太网的出现，高性能双绞线标准不断推出，如增强型 5 类线、6 类线，以及使用金属箔的 7 类屏蔽双绞线等。7 类屏蔽双绞线的带宽已经达到 600~1200 MHz。

（2）屏蔽双绞线。屏蔽双绞线（STP）由外部保护层、屏蔽层和多对双绞线组成，外层护套和导线束之间由铝箔包裹，受外界干扰较小，能有效地防止电磁干扰，传输数据可靠。根据它们在计算机网络中的传输特性，屏蔽双绞线可分为第 3 类和第 5 类两种，理论上 100 m 距离内的数据传输速率可达 500 Mbps。实际中使用的传输速率在 155 Mbps 内。STP 的价格相对 UTP 要高一些，它需要带屏蔽功能的特殊连接器及相关的安装技术。

双绞线的线芯一般是铜质的，能提供良好的传导率。从传输特性分析，双绞线既可用于传输模拟信号，也可用于传输数字信号，最常用于语音的模拟传输。采用频分复用技术可实现多路语音信号的传输。从连通性上分析，双绞线普遍用于点对点的连接，也可实现多点连接。双绞线在远距离传输时受到限制，一般作为楼宇内或建筑物之间的传输介质使用。双绞线在低频（30~300 kHz）范围内传输数据时，有较好的抗干扰能力，但当受到高频（3~30 MHz）电磁信号干扰时，抗干扰能力明显下降，所以不适合用于高频范围内的数据传输。

2. 同轴电缆

同轴电缆按同轴的形式构成线对，其特性参数由内导体、外屏蔽层及绝缘层的电参数与机械尺寸决定。同轴电缆的结构使得它具有高带宽和极好的抗干扰性能。相对于双绞线，同轴电缆在中间的导体传递电流，网状金属层作为另一个导体起接地作用，可防止能量的辐射，并保护信号避免外界干扰。

按照同轴电缆的直径可分为粗缆和细缆。粗缆传输距离较远，而细缆由于功率损耗较大，一般只用于 500 m 距离内的数据传输。按照同轴电缆的传输特性可分为基带同轴电缆和宽带同轴电缆。

（1）基带同轴电缆。基带同轴电缆阻的抗为 50 Ω，仅用于数字信号的传输，通常数据传输速率为 10 Mbps。在局域网中，基带同轴电缆一般安装在设备与设备之间，在每一个用户位置上都装有一个连接器，为用户提供接口。

（2）宽带同轴电缆。宽带同轴电缆的阻抗为 75 Ω，常用的 CATV 有线电视电缆就是宽带同轴电缆，宽带同轴电缆可使用的频带高达 500 MHz。

在宽带系统中，可以使用频分多路复用方法传输信号，将同轴电缆的频带分为多个信道，实现电视信号和数据信号在同一条电缆上混合传输。但对于数据信号，需要使用调制解调器将其转换为模拟信号。宽带系统的传输范围可达到几十千米，在传输过程中需要模拟放大器完成周期性的信号放大，因为放大器只能单向传输信号，所以同轴电缆不能实现计算机间数据的双向传输。

3．光纤

光纤是光导纤维的简称，由多种玻璃或塑料外加保护层构成。为了提高机械强度，必须将光纤做成很结实的光缆。光缆的结构是在折射率较高的单根光纤外面，用折射率较低的包层包裹起来，形成一条光纤信道。一根光纤只能单向传送信号，如果要进行双向通信，光缆中至少要有两根独立的芯线，分别用于发送和接收。一根光缆中可以含有 2 根至数百根光纤，同时还要加上缓冲保护层和加强件的保护，并在最外围加上光缆护套。

用光纤传输电信号时，在发送端先将其转换为光信号，在接收端再由光检测器还原成电信号。光波在光纤中是通过内部的全反射来传播一束经过编码的光信号的。光纤工作常用的 3 个频段的中心波长分别为 0.85 μm、1.30 μm 和 1.55 μm，所有 3 个频段的带宽都在 25 000～30 000 GHz 之间，因此光纤的通信容量很大。

根据传输类型，光纤分为单模光纤和多模光纤两类。单模光纤（SMF）是指光纤中的光信号仅与光纤轴成单个可分辨角度的单光线传输；多模光纤（MMF）是指光纤中的光信号与光纤轴成多个可分辨角度的多光线传输。光纤类型由所采用的材料及纤芯尺寸决定。单模光纤的纤芯很细，传输速率较高，单模光纤的性能优于多模光纤。

光纤的传输特性主要用损耗和色散来衡量。损耗是指光信号在光纤中传播时的单位长度的衰减，直接影响光纤的传输距离。色散是指光信号到达接收端的时延差，即脉冲展宽，色散会影响传输速率。研究表明，单模光纤在光波长为 1.30 μm 和 1.55 μm 时，其损耗分别为 0.5 dB/km 和 0.2 dB/km，中继站的距离可达到 50～100 km，码速可增加到 2.4 Gbps，色散接近零。采用光放大器和单光子结合的方法传输后，单模光纤在 13 000 km 距离内的传输速率可达 20 Gbps。

光纤不受外界电磁干扰与噪声的影响，能在长距离、高速率的传输中保持低误码率，而且具有很好的安全性与保密性。总之，光纤具有低损耗、宽频带、高数据传输速率、低误码率、体积小、耐腐蚀与安全保密性好等特点，是一种具有广泛应用范围的传输介质。目前，光纤主要用于路由器、交换机、集线器之间的连接。随着宽带网络的普及和光纤产品价格的不断下降，光纤连接到桌面已成为网络发展的新趋势。当然，光纤也存在一些缺点，在光纤的接续中操作工艺和设备精度的要求都很高，很难从中间随意抽头，只能实现点到点的连接，且光纤接口也比较昂贵。

2.4.2 非导向传输介质

非导向传输介质是指利用自由空间作为传播电磁波的通路，亦称无线传输。也就是说，无线传输是利用在自由空间中传播的电磁波进行数据传输的，不需要架设或铺设电缆或光缆。

在真空中，电磁波的传播速率是恒定的光速 c，大约为 300 000 km/s，即 300 m/μs。电磁波的波长和频率满足关系式：

$$\lambda f = c \qquad (2\text{-}12)$$

式中，f 和 λ 分别是频率和波长。故数据传输速率越高，意味着波长越短。

在铜线和光纤中，电磁波传播的速度大约降到光速的 2/3，并且和频率稍有相关。一般说来，在铜线和光纤中电磁波的传播速度为 1 km/5μs，即 200 m/μs。

电磁波的频谱是按照频率由低到高的次序排列的，不同频率的电磁波可以分为无线电、微波、红外线、可见光、紫外线、X 射线与γ射线等形式。图 2.14 所示为国际电信联盟 ITU 对波段规定的正式名称。LF 波长为 1～10 km（对应频率为 30～300 kHz）。LF、MF 和 HF 分别是低频、中频和高频，更高频段中的 V、U、S、E 和 T 分别对应于甚高频、特高频、超高频、极高频和至高频。在低频 LF 的下面其实还有几个更低的频段，如甚低频 VLF、特低频 ULF、超低频 SLF 和极低频 ELF 等。短波通信主要是靠电离层的反射，但电离层的不稳定性所产生的衰落现象和电离层反射所产生的多径效应，使得短波信道的通信质量较差。因此，当必须使用短波无线电波时，一般为低速传输，即速率为几十至几百比特每秒。只有采用了复杂的调制解调技术后，才能使数据的传输速率达到几千比特每秒。

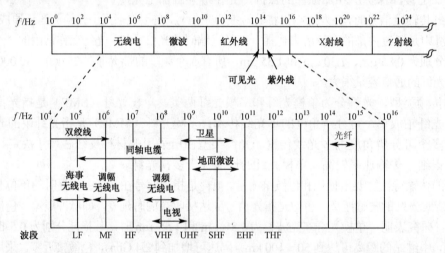

图 2.14　电磁波的频谱及其应用

电磁波可运载的信息量与它的带宽有关。从图 2.14 所示的电磁波谱可以明显看出，为什么光纤备受青睐。例如，光纤用于通信的有关波段是损耗较低的 1.55 μm 窗口（1.55 μm 波长对应 1.94×10^{14} Hz 的频率），若波段宽 0.2 μm，带宽有多大？可以达到多高的信息传输速率？由式（2-12）有：

$$\frac{df}{d\lambda} = -\frac{c}{\lambda^2} \qquad (2\text{-}13)$$

则波段的带宽 Δf 近似为：

$$\Delta f = \frac{c}{\lambda^2} \times \Delta\lambda \qquad (2\text{-}14)$$

由式（2-14）可知，这个波段的带宽有 25 THz。根据奈奎斯特准则，在有关无噪声信道上最高的码元传输速率可高达 50 TBaud。即使每赫兹编码 1 个比特的数据，工作在这个波段的光纤最高也可以达到 50 Tbps 的数据传输速率。

根据无线传输中的信号频谱和传输介质技术的不同，无线传输类型主要有无线电波、微波、卫星微波和红外线等。

1．无线电波传输

无线电波位于电磁波谱的 1 GHz 以下。它易于产生，容易穿过建筑物，传播距离可以很远，因此得到广泛应用。

无线电波的发送和接收通过天线进行。无线电波的传输属于全方向传播，其特性与频率关系很大，在高频段可用于短波通信。无线电波传输是通过地面发射无线电波，经过电离层的多次反射到达接收端的一种通信方式。由于电离层随季节、昼夜以及太阳黑子活动的情况而变化，所以通信很难达到稳定，相邻的传输码元会产生干扰。在甚高频和特高频波段（30～300 MHz）频率范围内的无线电波可穿过电离层趋于直线传播，不会因反射引起干扰，因而这个波段的无线电波可用于数据通信。例如，夏威夷 ALOHA 系统使用的上行频率为 407.35 MHz，下行频率为 413.35 MHz，两个信道的带宽都为 100 kHz，数据传输速率达到 9 600 bps。

用无线电波作为传输介质的网络，不需要在计算机系统之间有直接的物理连接，而是给每台计算机配有一个进行发送和接收无线数据信号的天线，实现无线通信。

2．微波传输

在电磁波谱中，频率在 10^8～10^{10} Hz 之间的信号称为微波信号，它们对应的信号波长为 3 m～30 mm。微波信号只能进行直线传播，所以两个微波信号必须在可视距离的情况下才能正常通信。微波信号的波长短，采用尺寸较小的抛物面天线就可将微波信号能量集中在一个很小的波束内发送出去，进行远距离通信。微波通信可以分为地面微波通信系统和卫星通信系统两种形式。

1）地面微波通信系统

地球上两个微波站之间的微波传输方式定义为地面微波通信系统。由于微波在空间直线传输，并且能穿透电离层进入宇宙空间，而地球表面是个曲面，所以地面微波信号的传输距离受到限制，一般为 50 km 左右。利用天线的高度可以增加传输距离，天线越高则传输距离越远。如果中继站采用 100 m 高的天线塔，则接力距离可延长到 100 km。长途通信时必须在两个终端之间建立若干中继站。中继站把前一站送来的信号经过变频和放大后再送到下一站，这种通信方式称为微波中继通信。微波中继通信可传输电话、图像、数据等信息。微波传输有三个主要特点：一是频率高，频段范围宽，通信信道容量较大；二是由于工业干扰和天线干扰的主要频率比微波频率低，因此，微波传输受到的干扰影响小；三是直线传播，没有绕射功能，传输中间不能有障碍物。

2）卫星通信系统

卫星通信是指以射频（RF）传输为基础，利用位于 36 000 km 高空的，相对地球静止的人造地球卫星作为太空无人值守的微波中继站的一种特殊形式的微波中继通信。卫星通信可以克服地面微波通信的距离限制，应用于远程通信干线。卫星通信通常是由一个大型的地面卫星基站收发信号，然后通过地面有线或无线网络到达用户的通信终端设备。

图 2.15 所示的卫星通信系统是由地球站（发送站、接收站）和一颗通信卫星组成的。卫星上可以有多个转发器，作用是接收、放大与发送信息。目前，一般是 12 个转发器拥有一个

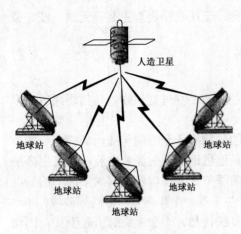

图 2.15　简单的卫星通信系统示意图

36 MHz 带宽的信道，不同的转发器使用不同的频率。地面发送站使用上行链路（Uplink）向通信卫星发射微波信号。卫星起到一个中继器的作用，它接收通过上行链路发送来的微波信号，经过放大后再使用下行链路（Downlink）发送回地面接收站。由于上行链路与下行链路使用的频率不同，因此可以将发送信号与接收信号区分出来。

卫星通信的不足之处是：传输时延较大，空间传播损耗比较严重，可能会和地面其他无线电系统信号发生干扰，保密性差；制造和发射卫星需要复杂的技术和高昂的成本，同时同步轨道资源紧张，而且不能覆盖极区；卫星和用户终端的体积和成本都很大。为了解决这些问题，通常可使用甚小口径终端系统。

3．红外线和激光传输

红外线的发射源可采用红外二极管，以光电二极管作为接收设备。在调制不相干的红外光后，直接在视线距离范围内传输，不需要通过天线。许多便携式计算机内部的接收端和发送端都已安装了红外线通信装置，形成了一条互通的通信链路。

红外线传输具有轻巧便携、保密性好和价格低廉等优势，因此已经成为国际统一标准，在手机、掌上电脑和便携式计算机中广泛使用。

激光传输一般用于室外连接两个楼宇间的局域网。它具有良好的方向性，相邻系统之间不会产生相互干扰，因此数据传输的可靠性很高。

4．移动通信系统

目前，移动电话已成为最为方便的个人通信工具，通过移动电话网访问因特网已是用户的常用选择。移动通信系统已经经历了从第一代（1G）到第四代（4G）的发展历程，第 5 代移动通信系统（5G）也已进入实验应用阶段。1G 至 3G 都是针对语言通信优化设计的，4G 移动通信系统实现了与因特网的无缝集成。4G 采用正交频分复用（Orthogonal Frequency Division Multiplex，OFDM）技术，具有良好的抗噪声性能和抗多信道干扰能力。例如，无线区域环路（WLL）、数字音讯广播（DAB）等，都采用了 OFDM 技术。5G 是面向 2020 年移动通信发展的新一代移动通信系统，具有超高的频谱利用率和超低的功耗，在传输速率、资源利用、无线覆盖性能和用户体验等方面将比 4G 有显著提升。5G 与 4G、3G、2G 不同，5G 并不是一个单一的无线接入技术，而是多种新型无线接入技术和现有无线接入技术演进集成后的解决方案的总称。

2.5　多路复用技术

在数据通信系统中，通常信道所提供的带宽往往要比所传输的某种信号的带宽大得多，所以，在一条信道中只传输一种信号会浪费信道资源。采用多路复用技术（Multiplexing）的目的就是为了充分利用信道容量，以提高信道传输效率。

多路复用技术是指在数据传输系统中，允许两个或两个以上的数据源共享一个公共传输介质，把多个信号组合起来在一条物理信道上进行传输。多路复用技术的实现方法，包括信号的复合、传输和分离三个方面。信道多路复用的原理框图如图 2.16 所示。在发送端，对待发送信号 $S_k(t)$（$k=1$, 2，…, n）进行复用，并送往信道传输，在接收端经分离后变为输出信号 $S_k'(t)$。在理想情况下，$S_k(t)$ 与 $S_k'(t)$ 应该是完全相同的，实际中可能存在一定的误差。

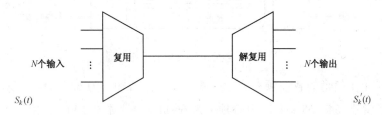

图 2.16　信道多路复用原理

信道多路复用的理论依据是信号分割原理。实现信号分割是基于信号之间的差别，这种差别可以表现在信号的频率、时间参量以及波长结构等方面。表 2-2 给出了信道接入方案及其相应的多路复用方法。在此仅介绍其中的频分多路复用（Frequency Division Multiplexing，FDM）、时分多路复用（Time Division Multiplexing，TDM）和波分多路复用（Wavelength Division Multiplexing，WDM）等基本方法。

表 2-2　信道接入方案及其相应的多路复用方法

多路复用	信道接入方案	应用场景
频分多路复用（FDM）	频分多路接入（FDMA）	1G 蜂窝（移动）电话
时分多路复用（TDM）	时分多路接入（TDMA）	GSM 电话
波分多路复用（WDM）	波分多路接入（WDMA）	光纤
扩频（SS）	码分多路接入（CDMA）	3G 移动电话
直序扩频（DSSS）	直序 CDMA(DS-CDMA)	IEEE 802.11b/g/n
跳频扩频（FHSS）	跳频 CDMA(FH-CDMA)	蓝牙
空间复用（SM）	空分多路接入（SDMA）	802.11n、LTE、WiMAX
时空编码（STC）	时空多路接入（STMA）	802.11n、LTE、WiMAX

2.5.1　频分多路复用

频分多路复用（FDM）的基本工作原理如图 2.17 所示。基于频带传输的方式就是将通信系统信道的带宽划分为多个子信道，每个子信道为一个频段，并将这些频段分配给不同的用户使用，这些频道之间互不交叠。相当于将线路的可用带宽划分成若干较小的带宽，当有多路信号输入时，发送端分别将各路信号调制到各自所分配的频带范围内的载波上，接收时载波被解调恢复成原来信号的波形。为了防止频分复用中两个相邻信号频率交叉重叠形成干扰，在两个相邻信号的频段之间通常设置一个隔离带。当然，这会损失一些带宽资源。

如果某单个信道的带宽为 B，信道隔离带带宽为 ΔB，则信道实际占有的带宽 $B_s=B+\Delta B$。由 N 个信道组成的频分多路复用系统所占用的总带宽 $B=N\times B_s=N\times(B+\Delta B)$。

图 2.17　频分多路复用的工作原理

【例 2.3】 第 1 个信道的载波频率为 60～64 kHz，中心频率为 62 kHz，带宽为 4 kHz；第 2 个信道的载波频率为 64～68 kHz，中心频率为 66 kHz，带宽为 4 kHz；第 3 个信道的载波频率为 68～72 kHz，中心频率为 70 kHz，带宽为 4 kHz，且第 1、2、3 信道的载波频率相互不重叠。假设这条通信线路的可用带宽为 96 kHz，按照每一路信道占用 4 kHz 计算，那么这条通信线路最多可以复用 24 路信号。

频分多路复用以信道的频带作为分割对象，采用为多个信道分配互不重叠的频率范围的方法实现多路复用。因此，频分多路复用技术适用于模拟数据信号的传输。例如，有线电视系统和模拟无线广播等，接收机必须调谐到相应的台站。频分复用所要求的总频率宽度大于各个子信道频率之和，同时为了保证各子信道中所传输的信号互不干扰，需要在各子信道之间设立防卫隔离带，以保证各路信号互不干扰。频分复用技术的特点是所有子信道传输的信号以并行的方式工作，每一路信号传输时可不考虑传输时延，因而频分复用技术取得了非常广泛的应用。

对于频分复用技术，除传统意义上的频分复用外，还有正交频分复用（OFDM）。OFDM 是一种多载波调制方式，通过减小和消除码间串扰的影响来克服信道的频率选择性衰落。OFDM 的基本原理是将信号分割为 N 个子信号，然后用 N 个子信号分别调制 N 个相互正交的子载波。由于子载波的频谱相互重叠，因而可以得到较高的频谱效率。OFDM 的概念早已存在，但直到多媒体业务的发展，才被认识到是一种实现高速双向无线数据通信的良好方法。随着 DSP 芯片技术的发展，傅里叶变换/反变换、高速调制解调器采用的 64/128/256QAM 技术、栅格编码技术、软判决技术、信道自适应技术、插入保护时段、减少均衡计算量等成熟技术的逐步引入，OFDM 开始在无线通信领域得到广泛应用。

2.5.2　时分多路复用

时分多路复用（TDM）是指将信道中用于传输的时间划分为若干时隙，每个用户分得一个时隙；在其占有的时隙内，用户轮流使用通信信道的全部带宽，其工作原理如图 2.18 所示。时隙的大小可以按一次传送一位、一个字节或者一个固定大小的数据块所需要的时间来确定。

时分多路复用以信道传输时间作为分割对象，通过为多个信道分配互不重叠的时隙的方法实现多路复用。因此，时分多路复用适用于数字数据信号的传输。时分多路复用分为同步时分多路复用（STDM）与民步时分多路复用（ATDM）两种类型。

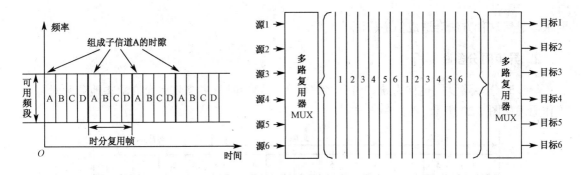

图 2.18　时分多路复用的工作原理

1. 同步时分多路复用

同步时分多路复用是指将时隙预先分配给各个信道，并且时隙固定不变，因此各个信道的发送与接收必须保持严格的同步。同步时分多路复用的工作原理如图 2.19 所示。

图 2.19　同步时分多路复用工作原理

例如，有 K 条信道复用一条通信线路，通信线路的传输时间可分成个 K 时隙。假定 K=10，传输时间周期 T 设定为 1 秒，那么每个时隙为 0.1 秒。在第一个周期内，将第 1 个时隙分配给第 1 路信号，将第 2 个时隙分配给第 2 路信号，……，将第 10 个时隙分配给第 10 路信号，便完成了第一周期的工作。第二个周期开始后，再将第 1 个时隙分配给第 1 路，将第 2 个时隙分配给第 2 路信号，……，按此规律循环工作。在接收端只需要采用严格的时间同步，按照相同的顺序逐一接收，就能够将多路信号实现复原。

同步时分多路复用存在两种不同的制式，即北美的 24 路 T1 载波与欧洲的 32 路 PCM 的 E1 载波。T1 载波系统是将 24 路音频信道复用在一条通信线路上，每帧包含 24 路音频信号共 192 位和附加的 1 位帧起始标志。因为发送一帧需要 125 ms，T1 载波的数据传输速率为 1.544 Mbps。E1 标准是 CCITT 标准，其中 30 路传送语音信息，2 路传送控制信息。每个信道包括 8 位二进制数，这样在一次采样周期 125 ms 中要传送的数据共 256 位，E1 速率为 2.048 Mbps。对 E1 进一步复用还可以构成 E2、E3 和 E4 等级的传输结构和速率。

1988 年，美国国家标准协会（ANSI）通过了最早的两个 SONET 标准，即 ANSI T1.105 与 ANSI T1.106。SONET 标准 ANSI T1.105 为使用光纤传输系统定义了线路速率标准的等级结构，它以 51.840 Mbps 为基础，大致对应于 T3、E3 的速率，称为第 1 级光载波 OC-1（Optical Carrier-1），并定义了 8 个 OC 级速率。ANSI T1.106 定义了光接口标准，以便于实现光接口的标准化。同年，CCITT 接受了 SONET 的概念，并以美国的 SONET 标准为基础，制定了同步数字体系（SDH）的国际标准，这就是 G.707、G.708 与 G.709 三个建议。1992 年又增加了十几个建议，从而出现了国际统一的通信传输体制与速率、接口标准。在很多情况下，人们把 SONET 与 SDH 视为等同。

同步时分多路复用采用将时隙固定分配给各个信道的方法，而不考虑信道中数据发送的要求，显然这种方法会造成信道资源的浪费。

2. 异步时分多路复用

异步时分多路复用也称为统计时分多路复用。异步时分多路复用允许动态地分配时隙，工作原理如图 2.20 所示。

图 2.20　异步时分多路复用工作原理

假设复用的信道数为 m，每个周期 T 分为 n 个时隙。由于考虑到 m 个信道并不总是同时工作，为了提高通信线路的利用率，允许 $m>n$。这样，每个周期内的各个时隙只分配给那些需要发送数据的信道。在第一个周期内，可以将第 1 个时隙分配给第 1 路信号，将第 2 个时隙分配给第 4 路信号，将第 3 个时隙分配给第 5 路信号，…，将第 n 个时隙分配给第 $m-1$ 路信号。在第二个周期到来后，可以将第 1 个时隙分配给第 1 路信号，将第 2 个时隙分配给第 5 路信号，将第 3 个时隙分配给第 7 路信号，……，将第 n 个时隙分配给第 m 路信号，并且继续循环下去。与同步时分多路复用系统相比，如果传输线路的数量相同，异步时分多路复用系统能够支持更多的设备。

在异步时分多路复用中，时隙序号与信道号之间不再存在固定的对应关系，多个用户共享一条通信线路传输数据，有效地提高了通信线路资源的利用率。为了便于接收端的分别接收，在所传输的数据中需附加用户识别标志及目标地址等额外信息，并对所传输的数据单元加以编号，以实现数据的正确接收。

2.5.3　波分多路复用

通常把波长分隔多路复用的方法简称为波分复用（WDM），是一种光信号的频分多路复用技术。波分复用主要用于全光纤组成的计算机网络。为了能在同一时刻进行多路传输，需将光纤信道划分为多个波层（类似于 FDM 中的频段），每一路信号占用一个波层。不同的是，在光学系统中，WDM 是利用衍射光栅来实现多路不同频率光波的合成与分解的。

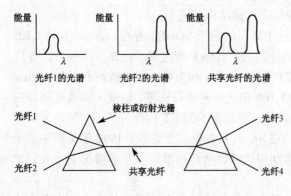

图 2.21　波分多路复用工作原理

波分多路复用的工作原理如图 2.21 所示。在这个波分多路复用系统中，从光纤 1 进入的光波将传送到光纤 3，从光纤 2 进入的光波将传送到光纤 4，而且波分复用系统是固定的，因此从光纤 1 进入的光波不能传送到光纤 4。另外，也可以使用交换式波分复用系统，在典型的交换式波分复用系统中，所有的输入光纤与输出光纤都连接到无源星状中心耦合器。每条输入光纤的光波能量通过中心耦合器分别送到多条输出光纤。一个星状结构的交换式波分复用系统，可以支持数百条光纤信道的多路复用。

波分多路复用（WDM）的主要作用是扩展了现有光纤网络的容量，而不需要铺设更多的光缆。在现有光缆的两端分别安装波分多路复用器就可以实现对原有光纤系统的升级，同时，它需要为每个信道分配一对光纤。通过波分多路复用能够增加单根光纤所能传送的能量。最初，在一根光纤上只能实现两路光载波信号的复用。随着光纤通信技术的发展，可以实现在一根光纤上复用更多路光载波信号，即密集波分复用（Dense WDM，DWDM）。DWDM 是指同一个波段中通道间隔较小的波分复用技术，ITU-T 建议的光波间隔是 0.8 nm。目前采用干涉滤波器技术，将满足 ITU 波长的光信号分开或将不同波长的光信号合成到一根光纤上，可以复用 80 路或更多路的光载波信号。例如，第四代掺铒光放大器的单模光纤信道能够以 10 Gbps 的速率传输数据信息，对于处在全容量的 128 个信道的 DWDM 交换机来说，每对光纤能够达到 1.28 Tbps 的传输带宽，可支持 1 600 万个并发的电话呼叫。目前，这种系统在高速主干网中已经得到了广泛应用。

稀疏波分复用（Coarse WDM，CWDM）是一种低成本的 WDM，光波分布得更稀疏，ITU-T 建议的光波间隔是 20 nm。CWDM 降低了对波长的窗口要求，以比 DWDM 系统宽得多的波长范围（1.26～1.62 μm）进行波分复用，从而降低了对激光器、复用器和解复用器的要求，使系统成本下降。CWDM 可用于 MAN，在 20 km 以下有较高的性价比。

2.6　数据交换技术

在数据通信系统中，实现 n 个终端系统相互通信时，若全部使用专线连接，则需要 $n(n-1)/2$ 条专线，事实上这样做是不现实的。因此，需要通过一个交换网络进行转接以实现它们相互之间的连接。数据交换技术是指在任意拓扑结构的数据通信网络中，通过网络结点的某种转换方式实现任意两点或多个系统之间连接的技术。

目前常用的数据交换技术有电路交换和存储转发交换两大类。存储转发交换又可分为报文交换方式和分组交换方式。由于不同的业务对传输速率、误码率、时延等传输特性的要求各不相同，因此必须采用不同的交换技术以保证获得所需的传输特性。

2.6.1　电路交换

电路交换技术是传统电话网所采取的一种交换技术，属于直接交换。电路交换的特点是：在数据传输之前，首先由源系统发出请求连接呼叫，从而在源系统和目的系统之间建立一个端到端的专用通路，然后进行数据传输。在整个数据传输期间，专用通路一直为两端系统所占有，直到数据传输结束，才释放该通路。如果两个相邻结点间的通信业务量大，这两个相邻结点可以同时支持多个专用通路。典型的电路交换方式的工作原理如图 2.22 所示。电路交换过程包括线路建立、数据传输和线路释放三个阶段。

1. 线路建立阶段

主机 A 要向主机 B 传输数据，首先要通过通信子网在主机 A 与 B 之间建立线路连接，如图 2.23 所示。主机 A 首先向通信子网中结点 1 发送"呼叫请求包"，其中含有需要建立线路连接的源主机地址与目的主机地址。结点 1 根据目的主机地址和路由选择算法，选择下一

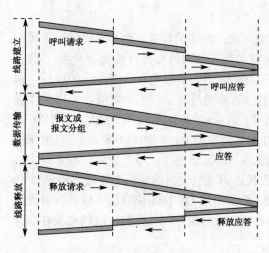

图 2.22　电路交换方式的工作原理

个结点，如结点 2；则向结点 2 发送"呼叫请求包"。结点 2 接到呼叫请求后，同样根据路由选择算法，选择下一个结点，如结点 3；则向结点 3 发送"呼叫请求包"。结点 3 接到呼叫请求后，也要根据路由选择算法，选择下一个结点，如结点 4；则向结点 4 发送"呼叫请求包"。结点 4 接到呼叫请求后，向与其直接连接的主机 B 发送"呼叫请求包"。主机 B 如接受主机 A 的呼叫连接请求，则通过已经建立的物理线路连接 4-3-2-1，向主机 A 发送"呼叫应答包"。至此，从主机 A-1-2-3-4-主机 B 的专用物理线路连接建立完成。该物理连接为此次主机 A 与主机 B 的数据交换服务。

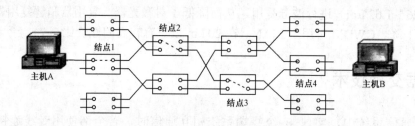

图 2.23　线路建立、传输和释放阶段

2．数据传输阶段

当主机 A 与主机 B 通过通信子网的物理线路建立连接以后，主机 A 与 B 就可以通过该连接实时、双向地传输和交换数据了。

3．线路释放阶段

数据传输完成后，进入线路释放阶段。一般可以由主机 A 向主机 B 发出"释放请求包"，主机 B 同意结束传输并释放线路后，将向结点 4 发送"释放应答包"，然后按照 3-2-1-主机 A 的次序，依次将建立的物理连接释放，此次通信结束。被拆除的线路空闲后，才可被其他通信使用。

电路交换方式的优点是：数据传输可靠，实时性强；在通信过程中，网络对用户是透明的，没有阻塞问题，适用于交互式会话类通信。电路交换方式的缺点是：对突发性通信不适应，系统效率低；不具有存储数据的能力，不能平滑通信量；不具备差错控制能力，无法发现与纠正传输过程中发生的数据差错，限制了网络中各种主机以及终端之间的互连互通。为此，在进行电路交换方式研究的基础上，人们提出了存储转发交换技术。

2.6.2　存储转发交换

与电路交换技术相比，在存储转发交换技术中发送的数据、目的地址、源地址和控制信息按照一定格式组成一个数据单元（报文或报文分组）进入通信子网；通信子网中的交换结点，可以完成数据单元的接收、差错校验、存储、路由选择和转发功能。因此，它在计算机网络中得到了广泛应用。存储转发交换方式的特点主要表现在以下几方面：

（1）线路利用率高。由于交换结点可以存储报文（或报文分组），因此多个报文（或报文分组）可以共享通信信道。

（2）系统效率高。交换结点具有路由选择功能，可以动态地选择报文（或报文分组）经过通信子网的最佳路由，并且平滑通信量。

（3）系统可靠性高。报文（或报文分组）在通过交换结点时，均要进行差错检查与纠错处理，可以大大减少传输错误。

（4）交换结点可以对不同通信速率的线路进行速率转换，对不同的数据代码格式进行变换。

按照信息结构的不同，存储转发交换技术可以分为报文交换与报文分组交换。报文与报文分组的通用信息格式的区别如图 2.24 所示。

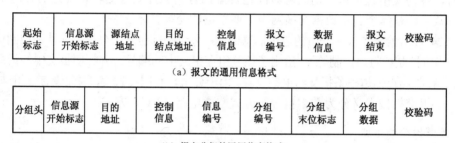

（a）报文的通用信息格式

（b）报文分组的通用信息格式

图 2.24　报文和报文分组格式的区别

1．报文交换

在报文交换中，数据以一份完整的报文为单位，一次传送一个报文，如一个电子邮件。报文的长度不固定，且携带接收结点的地址，每个交换结点必须独立地为每个报文进行路由选择，并传输给下一个结点，直至接收结点。报文交换采用存储转发方式传送数据，因而不需要在各结点之间建立专用通路，没有建立连接和释放连接的过程，每个报文在传输过程中只是一段一段地占用信道，而不是整个通路。

为了使各交换结点完成存储转发功能，要求每一份进入网络的报文必须附加一些报头信息。不同的计算机网络采用的协议不同，因而有不同的报文格式。如在图 2.24（a）所示的报文的通用信息格式中，报头中包含如下信息：①起始标志；②数据的开始标志；③源结点地址；④目的结点地址，包括路由选择信息；⑤控制信息，包括报文的优先权标志，并指出是数据还是应答标志信息；⑥报文编号。

在报文交换过程中，每个交换结点收到报文后，先进行差错检测。若有错，则拒绝存储报文，并产生一个否定应答信号回送至发送结点，要求重传；若无差错，进一步判别是信息还是应答标志或报文信息。如果是报文信息则存储起来，同时向发送结点回传一个肯定应答信号，然后分析它的报头，选择下一个转发结点，直至目的结点。

与电路交换相比，报文交换的传输方式是存储转发，每一条点到点的链路都对报文的可靠性负责，因此具有下列优点：①每条链路的数据传输速率不必相同，因而两端系统可以工作于不同的速率；②差错控制由各条链路负责，简化了两端的系统设备；③任何时刻一份报文只占用一条链路资源，而不是通路上所有的链路资源，提高了传输效率和网络资源的可共享性。在相同的网络资源下，报文交换网络中可容纳的业务要比电路交换网络大得多。

报文交换的缺点是，由于一份报文较长，每一个结点对报文存储转发的时间也相应较长，因而，报文交换不能应用于计算机网络中对实时性要求高的业务。

2. 报文分组交换

报文分组交换也称为分组交换，它是在报文交换的基础上，将一份报文分成若干分组后再进行交换传输，除了改变参与交换数据单元的长度，其他工作机理与报文交换技术完全相同。报文分组交换的数据单元是分组，每个分组的长度相同，包含数据和目的地址。分组的最大长度被限制为 100～1 000 字节，典型长度为 128 字节。由于分组长度较短，当传输中出现差错时，容易检错且重传所需要的时间也较短，有利于提高存储转发结点的存储空间利用率与传输效率，是当今公用数据交换网中主要采用的交换技术。

图 2.24（b）给出了报文分组的通用信息格式，分组头部包含了分组的地址和控制信息（路由选择、流量控制和阻塞控制等），给出了该分组在报文中的编号，并标明报文中的最后一个分组，以便使接收结点知道整条报文结束的位置。由于分组具有固定长度，因此没有分组结束标志。

报文分组交换技术又分为数据报分组方式与虚电路（VC）方式。

1）数据报分组方式

数据报分组是一种面向无连接的分组交换。在数据报分组方式中，每个分组被称为一个数据报，包含源结点和目的结点的地址信息。若干数据报构成一次要传送的报文或数据块。

数据报分组方式对每个分组单独进行处理，就像报文交换中的报文一样。

由于不同时间的网络流量、网络故障等情况各不相同，各数据报所选择的路由就可能不相同，因此不能保证数据报按发送的顺序到达目的结点，有些数据报甚至还可能在途中丢失。接收端必须对已收到的、属于同一报文的数据报重新排序，恢复重装成报文。

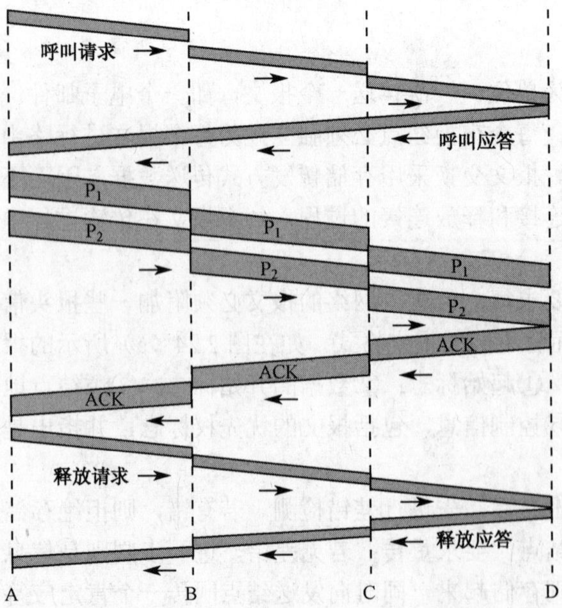

2）虚电路方式

虚电路方式的工作原理如图2.25所示。虚电路方式在分组发送之前，需要在发送方和接收方建立一条逻辑连接的虚电路。虚电路是一种面向连接的分组交换，整个通信过程分为三个阶段，其工作过程类似于电路交换方式。虚电路并不独占线路，在一条物理

图 2.25　虚电路方式的工作原理

线路上可以同时建立多个虚电路，达到资源共享的目的。

（1）虚电路建立阶段。结点 A 启动路由选择算法，选择一个结点（如结点 D），向结点 D 发送"呼叫请求分组"。如果结点 D 同意建立虚电路，则发送"呼叫应答"分组回送到结点 A，至此虚电路建立，可进入数据传输阶段。

（2）数据传输阶段。利用已建立的虚电路，以存储转发方式顺序逐站传输分组。在预先建立的虚电路上，中间结点 B 和 C 都知道这些分组的目的地，分组按顺序到达终点，不需要复杂的路由选择；接收端也不需要对分组重新排序。

（3）虚电路释放阶段。在数据传输结束后，进入虚电路释放阶段，按照 D-C-B-A 的顺序依次释放虚电路。

由虚电路方式的工作原理可知，虚电路方式的特点有：①在每次分组发送之前，必须在发送端与接收端之间建立一条逻辑连接；②所有分组都通过虚电路顺序传输，因此报文分组不必带目的地址、源地址等辅助信息。到达目的结点时，分组不会出现丢失、重复与乱序的现象；③分组通过虚电路上的每个结点时，结点只需做差错检测，而不必做路由选择；④通信子网中每个结点可以与任何结点建立多条虚电路连接。虚电路方式综合了分组交换与电路交换两种方式的优点，因此在计算机网络中得到广泛应用。

2.6.3　光交换

随着通信网传输容量的增加，传输系统已经普遍采用光纤通信技术，自然也就引入了光交换。未来的全光网络可以直接在光域内实现信号的传输、交换、复用、路由、监控以及生存性保护，光交换（Photonic Switching）是其关键技术之一。全光网可以克服电子交换在容量上的瓶颈限制，节省建网成本，提高网络的灵活性和可靠性。

1. 光交换技术简介

所谓光交换是指能有选择地将光纤、集成光路（IOC）或其他光波导中的信号从一个回路或通路转换到另一个回路或通路的交换方式。它可以不经过任何光/电转换，就能将输入端光信号直接交换到任意的光输出端。光交换的优点在于，光信号通过光交换单元时，无须经过光电/电光转换，因此不受监测器和调制器等光电器件响应速度的限制，可以大大提高交换单元的吞吐量。目前，光交换的控制部分主要通过电信号来完成，随着光子技术的发展，未来的光交换必将演变成为光控光交换。

光交换技术是指用光纤来进行网络数据、信号传输的网络交换传输技术。目前，光交换技术可分成光电路交换（Optical Circuit Switching，OCS）和光分组交换（Optical Packet Switching，OPS）两种主要类型。

1）光电路交换

光电路交换（OCS）亦称光路交换，它类似于已有的电路交换技术，采用 OXC、OADM 等光器件设置光通路，在中间结点不需要使用光缓存。目前对 OCS 的研究已经较为成熟。根据交换对象的不同 OCS 又可以分为空分（SD）、时分（TD）、波分/频分（WD/FD）等交换方式。

（1）空分光交换。空分光交换是指在空间域上对光信号进行交换，其基本工作原理是将光交换元件组成开关矩阵，开关矩阵结点可由机械、电或光进行控制，按要求建立物理通道，使输入端任一信道与输出端任一信道相连，完成数据的交换。各种机械、电或光控制的相关器件均可构成空分光交换。构成光矩阵的开关有铌酸锂定向耦合器、微机电系统（MEMS）等。

（2）时分光交换。时分光交换以时分复用为基础，把时间划分为若干互不重叠的时隙，由不同的时隙建立不同的子信道。时分光系统采用光器件或光电器件作为时隙交换器，通过光读写门对光存储器的受控有序读写操作来完成交换动作。因为时分光交换系统能与光传输系统很好地配合构成全光网，所以时分光交换技术的研究开发进展很快，其交换速率几乎每年提高一倍，目前已研制出多种时分光交换系统。20 世纪 80 年代中期就已成功地实现了 256 Mbps（4 路 64 Mbps）彩色图像编码信号的光时分交换系统。它采用 1×4 铌酸锂定向耦合器矩阵开关作为选通器，双稳态激光二极管作为存储器（开关速度为 1 Gbps），组成单级交换模块。20 世纪 90 年代初又推出了 512 Mbps 试验系统。实现光时分交换系统的关键是开发高速光逻辑器件，即光的读写器件和存储器件。

（3）波分/频分光交换。波分/频分光交换是指在网络中不经过光电转换，直接将所携带信息从一个波长/频率转换到另一个波长/频率，即信号通过不同的波长/频率，选择不同的网络通路，由波长/频率开关进行交换。波分/频分光交换网络由波长复用器/去复用器、波长选择空间开关和波长互换器（波长开关）组成。目前已研制开发出了太比特级光波分交换系统，所采用的波分复用数为 128，最大终端数达 2 048，复用级相当于 1.2 Tbps 的交换吞吐量。

2）光分组交换

光分组交换是电分组交换在光域的延伸，交换单位是高速传输的光分组。OPS 沿用电分组交换的"存储-转发"方式，是无连接的，在进行数据传输前不需要建立路由和分配资源。与光路交换相比，OPS 有着很高的资源利用率和较强的适应突发数据的能力。由于目前光逻辑器件的功能还较简单，不能完成控制部分复杂的逻辑处理功能，因此现有的分组光交换单元还要由电信号来控制，即所谓的电控光交换。随着光器件技术的发展，光交换技术的最终发展趋势将是光控光交换。

根据对控制分组头处理及交换粒度的不同，光分组交换系统又可分为光分组交换（OPS）技术、光突发交换（OBS）技术和光标记分组交换（OMPLS）技术。

（1）光分组交换（OPS）技术。OPS 以微秒量级的光分组作为最小交换单位，数据包的格式为固定长度的光分组头、净荷和保护时间三部分。在交换系统的输入接口完成光分组读取和同步功能，同时用光纤分束器将一小部分光功率分出送入控制单元，用于完成如光分组头识别、恢复和净荷定位等功能。光交换矩阵为经过同步的光分组选择路由，并解决输出端口竞争。最后输出接口通过输出同步和再生模块，降低光分组的相位抖动，同时完成光分组头的重写和光分组的再生。

（2）光突发交换（OBS）技术。OBS 技术采用单向资源预留机制，以光突发（Burst）作为交换网络中的基本交换单元。它的特点是数据分组和控制分组独立传送，在时间上和信道上都是分离的。OBS 克服了 OPS 的缺点，对光开关和光缓存的要求降低，并能够很好地支持突发性的分组业务；同时，与 OCS 相比，它又大大提高了资源分配的灵活性和资源的利用率，被认为很有可能在未来互联网中扮演关键角色。

（3）光标记分组交换（OMPLS）技术。OMPLS 技术也称为 GMPLS 或多协议波长交换。

OMPLS 技术是 MPLS 技术与光网络技术的结合。MPLS 是多层交换技术的最新进展，将 MPLS 控制平面贴到光的波长路由交换设备的顶部，就成为具有 MPLS 能力的光结点。由 MPLS 控制平面运行标签分发机制，向下游各结点发送标签，标签对应相应的波长，由各结点的控制平面进行光开关的倒换控制，建立光通道。2001 年 5 月，NTT 开发出了世界上首台全光交换 MPLS 路由器，结合 WDM 技术和 MPLS 技术，实现了全光状态下的 IP 数据分组转发。

2．组成光交换系统的核心器件

数据传输和交换目前正由电光网络向全光网络发展。全光网络以光纤为传输介质，采用光波分复用（WDM）技术提高了网络的传输容量。然而，WDM 技术的进步主要依赖光器件的进步。组成光交换系统的核心器件主要有光开关器件、光缓存器件、光逻辑器件、波长变换器及光调制器等。

（1）光开关器件。光开关是构成 OXC、OADM 的主要器件，目前主要的光开关器件有：阵列波导光栅（AWG）、半导体光放（SOA）开关、LiNbO3 声光开关（AOTS）和电光开关、微电子机械光开关（MEMS）、液晶光开关、喷墨气泡技术光开关和全息光开关等。

（2）光缓存器件。光缓存是光分组交换的关键技术，目前还没有全光的随机存储器，只能通过无源的光纤延时线（FDL）或有源的光纤环路来模拟光缓存功能。常见的光缓存结构有：可编程的并联 FDL 阵列、串联 FDL 阵列以及有源光纤环路。

（3）光逻辑器件。光逻辑器件由光信号控制它的状态，用来完成各类布尔逻辑运算。目前光逻辑器件的功能还较简单，比较成熟的有对称型自电光效应（S-SEED）器件、基于多量子阱 DFB 的光学双稳器件和基于非线性光学的与门等。

（4）波长转换器。全光波长转换器是波分复用光网络及全光交换网络，解决相同波长争同一个端口时信息阻塞的关键部件。理想的全光波长转换器应具备较高的速率（10 Gbps 以上）、较宽的波长转换范围、高的信噪比、高的消光比且与偏振无关。波长转换器有多种结构和机制，目前研究较为成熟的是以半导体光放大器（SOA）为基础的波长转换器，包括交叉增益饱和调制型（XGM SOA）、交叉相位调制型（XPM SOA）以及四波混频型波长转换器（FWM SOA）等。

（5）光调制器。光调制器（Optical Modulator）也称电光调制器，是高速、长距离光通信的关键器件，也是最重要的集成光学器件之一。它是通过电压或电场的变化最终调控输出光的折射率、吸收率、振幅或相位的器件。它所依据的基本理论是各种不同形式的电光效应、声光效应、磁光效应、弗朗兹-凯尔迪什效应（Franz-Keldysh effect）、量子限制斯塔克效应（Quantum-confined Stark effect）和载流子色散效应等。在整体光通信的光发射、传输、接收过程中，光调制器用于控制光的强度，其作用是非常重要的。

2.7 物理层协议及标准

物理层是 OSI-RM 中的最低层，是开放系统互联的物理基础。它的上一层是数据链路层，向下直接与传输介质相连，涉及网络物理设备之间的接口。物理层协议要解决的问题，是计算机等数据终端设备与通信线路上的通信设备之间的接口问题。

2.7.1　物理层接口的四种特性

物理层接口是将数据帧转换为适于某种传输介质传输的比特流的接口。由于物理连接方式很多，如可以是点对点连接，也可以是多点连接或广播连接，因而传输介质的种类非常之多；物理层接口的设计也非常复杂，涉及信号电平、信号宽度、传送方式（半双工或全双工）、物理连接的建立和拆除、接插件引脚的规格和作用等。因此具体的物理层接口特性及协议标准相当繁杂。

1. 数据通信的 DTE/DCE 模型

物理层的概念并不是指连接计算机的具体物理设备，也不是指负责信号传输的具体物理设备，物理层是指在连接开放系统的传输介质上为数据链路层提供传输比特流的一个物理连接，即构造一个传输各种数据比特流的透明通信信道。由于计算机网络可以利用的传输介质与设备种类繁多，各种通信技术存在很大差异，并且各种新的通信技术又在不断发展；所以物理层的作用就是要屏蔽这些差异，使数据链路层不必考虑具体的传输介质和通信设备。数据链路实体通过与物理层的接口将数据传送给物理层，通过物理层按比特流的顺序将信号传输到另一个数据链路实体。

大多数网络体系结构的物理层协议使用 DTE/DCE 模型。如图 2.26 所示，DTE 表示数据终端设备，泛指网络中的信源或信宿设备，即网络中的用户端设备，如主机、终端、各种 I/O 设备等。DCE 表示数据电路设备或数据通信设备，前者为 CCITT 所用，后者为美国电子工业协会 EIA 所用。DCE 是对网络设备的通称，是用户端设备入网的连接点，如调制解调器、多路复用器等。通常所讲的数据通信，实际上就是 DTE 与 DCE 之间的通信。DCE 将 DTE 传送来的数据变换为适合于网络传输的信号，或者反过来，将网络传输的信号变换为 DTE 的数据。例如，将 DTE 并行数据按顺序逐个发往传输线路，即进行并/串转换；或者反过来，将传输线路上串行的比特流全部接收后，再并行交给 DTE，即进行串/并转换。因此，物理层协议就是关于 DTE 和 DCE 或其他通信设备之间接口的一组约定，主要解决网络结点物理链路如何连接的问题。

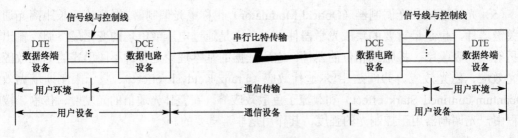

图 2.26　数据通信的 DTE/DCE 模型

DTE 和 DCE 之间的接口连接必须高度协调，所以需要对 DTE 和 DCE 的接口进行标准化。这种接口标准就是所谓的物理层协议，也称为物理层接口标准。

2. DTE/DCE 接口特性

物理层接口是物理层协议标准的具体体现。物理层协议规定了 DTE/DCE 接口的四个特性，即机械特性、电气特性、功能特性和过程特性。根据这些接口特性及标准，不同的计算机和设备制造厂家能够各自独立地制造设备，并且不同厂家的产品都能相互兼容。

1）机械特性

DTE 和 DCE 接口的机械特性是指规定机械上分界的方法，DTE 和 DCE 作为两种不同的设备通常采用连接器实现机械上的互连。为了使不同厂家生产的 DTE 和 DCE 设备便于互连，物理层接口的机械特性对连接器的几何参数，包括连接器的引脚数量、排列方式、几何尺寸等都做出了详细规定。在 ISO 国际标准中，DTE 和 DCE 接口的机械特性标准如下：

（1）ISO-21101 数据通信：引脚数为 25，分 13/12 上下两行排列；适用于音频调制解调器、公用数据网络接口、电报网接口和自动呼叫设备；与 EIA RS-232 和 EIA RS-366-A 标准兼容。

（2）ISO-2593 数据通信：引脚数为 34，分 9/8/9/8 四行排列；适用于 CCITT V.35 建议的宽带调制解调器。

（3）ISO-4902 数据通信：引脚数为 37 或 9，分 19/18 或 5/4 两行排列；适用于音频和宽带调制解调器；与 EIA RS-449 标准兼容。

（4）ISO-4903 数据通信：引脚数为 15，分 8/7 两行排列；适用于 CCITT X.20、CCITT X.21 和 CCITT X.22 建议中的公共数据网接口。

2）电气特性

物理层接口的电气特性是指有关 DTE 和 DCE 接口之间多条信号线的电气连接、相关电路特性和电气参数（包括信号电平的范围和意义、驱动器的输出阻抗和接收器的输入阻抗、最大数据传输速率和传输距离）的详细规定。

3）功能特性

物理层接口的功能特性是指对连接器各芯线的含义、功能以及与各信号之间对应关系的规定。

按功能特性可以将接口信号线分为五类，即数据信号线、控制信号线、定时信号线、接地信号线和次信道信号线。一条信号线可以有一个功能，如 CCITT V.24、EIA RS-232、EIA RS-449 等建议采用的就是这种方法；也可以一条信号线复合多个功能，如 CCITT X.24、CCITT X.21 等建议采用的就是这种方法。一线多功能的方法可以减少接口线的数量，对于简化接口是有利的。接口信号线的命名方法有以下三种：

（1）用阿拉伯数字命名：CCITT V.24 采用此种命名方法，如 104 表示接收数据信号线，126 表示选择发送频率信号线等。

（2）用 2～3 个英文字母命名：EIA RS-232 和 EIA RS-449 采用此种命名方法，如 AB 表示信号地线，BB 表示接收数据信号线。

（3）用英文缩写命名：CCITT X.21 采用此种命名方法。用英文缩写命名，可使接口线的名字和功能之间建立起联系，便于记忆和使用。

4）过程特性

物理层的过程特性是指对接口界面上进行信号传输的控制过程、控制步骤以及维护测试操作的规定。过程特性反映了在数据通信中，通信双方发生的各种可能事件。由于这些事件出现的先后次序不尽相同，而且又有多种组合，过程特性通常比较复杂。不同的接口标准，其过程特性各不相同。

2.7.2 物理层接口标准示例

物理层接口主要涉及各种传输介质或传输设备的接口。由于传输介质和传输设备的种类繁多，因此物理层接口的标准也非常之多。由 CCITT 建议的标准有 V.24、V.25 和 V.54 等 V 系列和 X.20、X.20 bis、X.21 和 X.21 bis 等 X 系列以及 EIA RS-232-C 和 EIA RS-449，它们分别用于各种不同的交换电路中。随着多媒体通信技术的发展，数字家庭网络（连接数字化家用电器的网络）需要数字化的连接方式。在数字化连接方式的接口中，有线接口有通用串行总线（Universal Serial Bus，USB）、IEEE 1394、PCI-Express、数字视频接口（Digital Visual Interface，DVI）和高清晰度多媒体接口（High Definition Multimedia Interface，HDMI）等，无线接口有 UWB（Ultra Wideband）和 WLAN 等。下面简单介绍其中几种常用接口标准。

1. EIA RS-232-C 接口标准

RS-232-C 接口是由美国电子工业协会（EIA）制定的一种串行物理接口标准，故 EIA RS-232-C 接口也是数据通信中最重要的，而且是完全遵循数据通信标准的一种接口。在该标准的标识中，RS 表示 EIA 的一种推荐标准（Recommended Standard），232 为编号，C 是版本号。最初，该标准是为了促进使用公用电话网进行远程数据通信而制定的，目前也定义了 DTE 设备（终端、计算机、文字处理器和多路复用器等）和 DCE 设备（将数字信号转换成模拟信号的调制解调器）之间的近程接口。

1）机械特性

RS-232-C 接口标准并没有对机械接口做出严格规定，一般有 9 针、15 针和 25 针 3 种类型，并对该连接器的尺寸及针或孔芯的排列位置等都做了详细说明。RS-232-C 在 DTE 设备上用作接口时一般采用 DB25M 插头（针式）结构，而在 DCE（如 Modem）设备上用作接口时采用 DB25F 插座（孔式）结构。特别要注意的是，在针式结构和孔式结构的插头和插座中，引脚号的排列顺序（顶视）是不同的，使用时要务必小心。

2）电气特性

RS-232-C 标准规定采用单端发送单端接收、双极性电源供电电路，即采用非平衡驱动、非平衡接收的电路连接方式。接收器输入阻抗为 3～7 kΩ，信号驱动器的输出阻抗≤300 Ω。RS-232-C 接口使用负逻辑，即逻辑"1"用负电平（范围为-5～-15 V）表示，逻辑"0"用正电平（范围为+5～+15 V）表示，-3～+3 V 为过渡区，逻辑状态不确定（实际上这一区域电平在应用中是禁止使用的），如图 2.27 所示。RS-232-C 的噪声容限是 2 V。DTE 和 DCE 都必须用同一个电平表示。其电气特性也规定了利用 RS-232-C 接口所能实现的距离和数据传输率，在传输距离不大于 15 m 时，最大数据传输速率为 19.2 kbps。

根据 RS-232-C 的电气特性可知，RS-232-C 接口电平与 TTL 电平（TTL 电平的逻辑"1"是 2.4 V，逻辑"0"是 0.4 V）不兼容，所以要外加电路实现电平转换。目前可用集成电路电平转换器来进行电平转换。MC1488 发送器输入 TTL 电平，产生 RS-232-C 输出电平，它的电源一般取 12 V，输出为 9 V 左右。MC1489 接收器使用标准 5 V 电源，输入为 RS-232-C 电平，输出为 TTL 电平，该接收器具有 1 V 噪声保护功能。

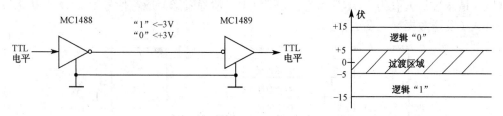

图 2.27　RS-232-C 接口电路及电气特性

3）功能特性

在功能特性方面，RS-232-C 定义了 25 芯标准连接器中的 20 根信号线，其中 2 根地线、4 根数据线、11 根控制线和 3 根定时信号线，剩下的 5 根线作为备用或未定义。表 2-3 给出了其中最常用的 9 根信号线的功能特性。按照 RS-232-C 的术语，接口连线叫作互换线路（Interchange Circuit），简称线路。这 25 个互换线路按功能可分为 5 类，每个互换线路都有一个具体功能。互换线路的命名方法是用两个或三个字母表示一个线路的名字，其中第一个字母表示该线路所在的功能类，第二（和第三）个字母表示线路在其所属类中的序号。

表 2-3　RS-232-C 常用线路功能

针号	线路代号/信号名	功能定义	类型	传输方向
1	AA/GND	保护地	地	
2	BA/TXD	发送数据	数据	DTE→DCE
3	BB/RXD	接收数据	数据	DCE→DTE
4	CA/RTS	请求发送	控制	DTE→DCE
5	CB/CTS	清除待发送	控制	DCE→DTE
6	CC/DSR	DCE 就绪	控制	DCE→DTE
7	AB/GND	信号地	地	
8	CF/DCD	载波检测	控制	DCE→DTE
20	CD/DTR	DTE 就绪	控制	DTE→DCE

RS-232-C 功能特性规定了 25 个引脚的线路连接以及每个信号的含义。图 2.28 中给出了其中 9 个主要引脚。这 9 个引脚经常要使用，而其余的引脚使用不多。其通信过程为：首先是 DTE 和 DCT 加电，"DTE 就绪"和"DCE 就绪"设置为逻辑 1。DTE 要发送数据时，"发送请求"置为有效；DCE 在可以接收 DTE 的数据时，把"允许发送"置为有效；随后，DTE 通过"发送"进行数据发送。

4）过程特性

对于不同的网络，不同的通信设备，不同的通信方式，不同的应用，各有不同的操作过程。对不同的功能子集，有不同的规程。RS-232-C 的过程特性说明就是协议，即事件的合法顺序。RS-232-C 的控制信号之间的相互关系，是根据互连设备的操作特性随时间而变化的。

因此，其工作过程是在各根控制信号线有序的"ON"（逻辑"0"）和"OFF"（逻辑"1"）状态的配合下进行的。在 DTE 到 DCE 连接的情况下，只有 CD（数据终端就绪）和 CC（数据设备就绪）均为"ON"状态时，才具备操作的基本条件。此后，若 DTE 要发送数据，则须先将 CA（请求发送）置为"ON"状态，等待 CB（清除发送）应答信号为"ON"状态后，才能在 BA（发送数据）上发送数据。

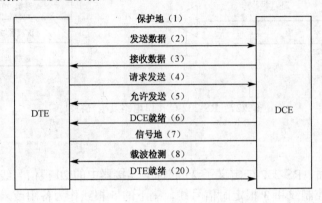

图 2.28 RS-232-C 中的 9 个主要引脚

2. CCITT X.21 接口标准

除了 RS-232 物理层接口，目前在广域网的网络连接中，还常用到许多其他一些物理接口，如 X.21、X.24、X.35、X.36 和 EIA-530 等，其中又以 X.21 接口的应用最为广泛。

1974 年 CCITT 提出了访问分组交换网的标准，即 X.21 建议，后来又进行了多次修订。这个标准分为物理层、数据链路层和分组层三个协议，分别对应于 OSI-RMd 的低三层。X.21 建议是一个用户计算机 DTE 如何与数字化接收设备 DCE 交换信号的数字接口标准，它分为两个部分：一部分是用于公共数据网同步传输的通用 DTE/DCE 接口，这是 X.21 建议的物理层部分，对于电路交换业务或分组交换业务都适用；另一部分是电路交换业务的呼叫控制过程，这一部分内容有些涉及数据链路层和网络层的功能。下面只介绍与建立物理链路有关的四个特性。

1）机械特性

X.21 标准规定机械接口采用 15 引脚连接器，但实际上接口的信号线只用了 8 条，其名称和功能如图 2.29 所示。其中，T 线发送到 DCE，用于传送用户数据和网络控制信息，由 C 线和 I 线的状态而定；R 线发送到 DTE，同 T 线一样，但方向相反；C 线发送到 DCE，类似于电话中的挂机/摘机信号，向 DCE 提供控制信息，如通/断信号；I 线发向 DTE，向 DTE 提供指示符；S 线发向 DTE，提供码元定时信号；B 线发向 DTE，提供字节定时信号。

2）电气特性

X.21 标准采用 X.26 和 X.27 规定的两种接口电路。X.21 建议指定的数据速率有 5 种，即 600 bps、2 400 bps、4 800 bps、9 600 bps 和 48 000 bps。为了在比 RS-232-C 更大的传输距离上达到这样高的数据速率，并同时提供一定的灵活性，X.21 规定在 DCE 一边只能采用 X.27 规定的平衡电气特性；在 DTE 一边，对于 4 种低速率可选用平衡的或不平衡电气特性，对于超过 9 600 bps 的速率只能采用平衡电气特性，以保证通信性能。

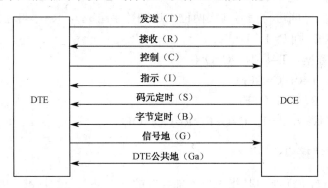

图 2.29　X.21 信号线

3）功能特性

X.21 标准对引脚功能进行了精心的安排，它的引脚功能分配与 RS-232-C 不同，不是把每个功能指定给一个引脚，而是对功能进行编码，在少数电路上传输代表各种功能的字符代码，来建立对公共数据网的连接。这样，X.21 的接口线数比 RS-232-C 大为减少。

（1）信号地 G。G 电路是发送器和接收器的公共回路，提供零电压参考点。如果 DTE 使用 X.26 的差分信号，则 G 电路分成两个电路：其中 Ga 电路是 DTE 的公共回路，在 DTE 一端接地；原来的 G 电路成为 Gb 电路，作为 DCE 的公共回路，并在 DCE 一端接地。

（2）数据传输电路 T/R。DTE 利用电路 T 向 DCE 发送数据，并利用电路 R 接收 DCE 发送来的数据。

（3）控制电路。X.21 有两个控制电路 C 和 I。DTE 利用电路 C 向 DCE 指示接口的状态，在数据传输阶段，数据代码在发送电路上流过时 C 电路保持"ON"状态。类似地，DCE 利用电路 I 向 DTE 指示接口的状态，电路 I 处于"ON"状态时表示编码的信号正通过接收电路流向 DTE。

（4）定时电路。X.21 有两个定时电路：码元定时电路 S 和字节定时电路 B，这两个电路都由 DCE 控制。S 电路上的时钟信号频率与发送/接收电路上的比特速率相同，B 电路上的时钟信号控制字的同步传送。当 8 位字节的前几位传送时 B 电路维持"ON"状态，最后一位传送时 S 电路变"ON"，B 电路变"OFF"，表示一个字节传送完毕。B 电路是任选的，并不经常使用。

特别重要的是，即使 DTE 使用 X.26 的不平衡接口，而 DCE 使用 X.27 的平衡接口时，按照 X.21 赋予引脚的功能，也能使每一互换电路自成回路，这样的互连能提供近似于全部使用 X.27 电气特性时的性能指标。

4）过程特性

一般来说，DTE 通过 X.21 接口在公共数据网上进行数据传输的动态过程如下：

（1）初始状态，DTE 和 DCE 均处于就绪状态，T=1，C=OFF，R=1，I=OFF；

（2）DTE 发出呼叫请求，T=0，C=ON；

（3）DCE 发出拨号音，R=+++（0、1 交替出现）；

（4）DTE 拨号，T=远端 DTE 地址；

（5）DCE 发送回呼叫进行信号（由两位十进制数字组成），R=呼叫进行信号；

（6）若呼叫成功，则 R=1，I=ON；

（7）DTE 发送数据，T=数据，C=ON；

（8）发送结束，T=0，C=OFF；

（9）线路释放，R=0，I=OFF；

（10）恢复初始状态，T=1，C=OFF，R=1，I=OFF。

3. 通用串行总线接口

通用串行总线（USB）接口是指连接外部装置的一个外部总线标准，用于规范 PC 与外部设备的连接与通信。

USB 是 1994 年年底由 Conpaq、DEC、IBM、Intel、Microsoft、NEC 和 Northen Telecom 等公司为简化 PC 与外设之间的互连而共同研究开发的一种免费标准化连接器，自 1996 年 1 月推出 USB 1.0 后，已成功替代串口和并口，并成为当今 PC 和大量智能设备的必配接口之一。USB 版本经历了多年的发展，至 2013 年 12 月发布了 USB 3.1 Gen 2 版本。其中，比较常用的两个版本是 USB 2.0 和 USB 3.0。USB2.0 规范是由 USB 1.1 规范演变而来的。它的传输速率达到了 480 Mbps，折算为 MB 为 60 MB/s，足以满足大多数外设的速率要求。USB 2.0 中的"增强主机控制器接口"（EHCI）定义了一个与 USB 1.1 相兼容的架构，它可以用 USB 2.0 的驱动程序驱动 USB 1.1 设备。也就是说，所有支持 USB 1.1 的设备都可以直接在 USB 2.0 的接口上使用而不必担心兼容性问题，而且像 USB 线、插头等附件也都可以直接使用。USB 3.0 的理论速度为 5.0 Gb/s，被认为是 Super Speed USB。USB 3.0 为与 PC 或音频/高频设备相连接的各种设备提供了一个标准接口，可以在存储器件所限定的存储速率下传输大容量文件（如 HD 电影）。

USB 标准中将 USB 分为 5 个部分：控制器、控制器驱动程序、USB 芯片驱动程序、USB 设备以及针对不同 USB 设备的客户驱动程序。USB 接口有 3 种类型：Type A，一般用于 PC；Type B，一般用于 USB 设备；Mini-USB，一般用于数码相机、数码摄像机、测量仪器以及移动硬盘等。USB 接口的机械特性和电气特性定义了由 4 根针脚组成的连接器，支持设备的即插即用和热插拔功能。通过这个标准插头，采用菊花链形式可以把所有的外设连接起来，最多可串接 127 个设备，并且不会损失带宽。USB 接口的功能特性和过程特性规定，主机采用轮询方式与外围设备通信，操作过程由驱动软件实现。

4. IEEE 1394 接口

IEEE 1394 接口是苹果公司（Apple Computer，Inc.）开发的串行标准，中文译名为火线（Firewire）接口。火线接口标准于 1987 年完成制定，然而一直到 1995 年，才被 IEEE 委员会定为 IEEE 1394-1995 技术规范。其实 1394 并不是与火线的技术有关，而是因为在制定这个串行接口标准之前，IEEE 已经制定了 1393 个标准；因此将 1394 这个序号给了它，全称为 IEEE 1394，简称 1394。

IEEE 1394 标准是一个高速总线串行接口，但它能提供与并联 SCSI 接口一样的服务，而其成本低廉。它的特点是传输速度快，现在确定为 400 Mbps，以后可望提高到 800 Mbps、

1.6 Gbps 和 3.2 Gbps。这样，传送数字图像信号也不会有问题。目前 1394 电缆标准规定了 3 种信号速率，即 90.304 Mbps、196.608 Mbps 和 393.216 Mbps，简称 S100、S200 和 S400。更高的速率正在发展之中。

IEEE 1394 有两种标准接口：6 针标准接口和 4 针小型接口。最早苹果公司开发的 IEEE 1394 接口是 6 针的，后来索尼（Sony）公司将早期的 6 针接口进行改良，重新设计成了 4 针接口，并且命名为 iLINK。在 6 针标准接口中，2 针用于连接外部设备，提供 8～30 V 的电压以及最大 1.5 A 的供电，另外 4 针用于数据信号传输。4 针小型接口中的 4 针都用于数据信号传输，无电源。6 针标准接口多用于台式计算机、外置硬盘以及大型数码摄像机等设备。4 针小型接口多用于便携式计算机和微型数码摄像机等设备。

2.7.3 数据传输质量参数

通常，以信道容量、传输的可靠性和传输损耗等主要指标来衡量物理层的数据传输质量。

1. 信道容量

信道容量是表征信道传输数字信号能力的指标。实际上任何信道都不是理想的，也就是说，信道带宽总是有限的，所能通过的信号频带也是有限的。信道的数据传输速率受信道带宽的限制。奈奎斯特（Nyquist）和香农（Shannon）分别从不同角度描述了这种限制关系，即在一个给定的环境下，信道容量是指在单位时间内信道上所能传输的最大比特数，其单位是（bps）位/秒。

奈奎斯特定理表明：在信道具有理想低通矩形特性和无噪声情况下，有限带宽为 B 的信道，其最大数据传输速率为：

$$C=2B\log_2 N \tag{2-15}$$

式中，N 为给定时刻数字信号可能取的电平状态个数。

奈奎斯特定理描述了有限带宽、无噪声信道的最大数据传输速率与信道带宽的关系。

【例 2.4】若一理想低通信道带宽为 6 kHz，并通过 4 个电平的数字信号，则在无噪声的情况下，信道容量为：

$$C=2×6\text{ kHz}×\log_2 4=24\text{ kbps}$$

香农定理指出：在服从高斯分布的随机噪声干扰的信道上传输数字信号时，其信道容量为：

$$C=B\log_2(1+S/N) \tag{2-16}$$

式中，B 为信道带宽；S 为信号功率，N 为噪声功率，S/N 为信噪比。

香农定理描述了有限带宽并存在随机噪声分布的信道，最大数据传输速率与信道带宽的关系。可以看到，保持一个给定的信道容量可以用减少发送的信号功率并同时增加信号带宽的方法，或减少信号带宽而同时增加信号功率的方法实现。在较低信噪比的情况下，甚至在信号被噪声淹没的情况下，只要相应地增加信号带宽，仍能保持可靠通信。

信道容量与数据传输速率的区别是：前者表示信道的最大数据传输速率，是信道传输数据能力的极限；而后者是实际的数据传输速率。这一点与公路上的最大限速和汽车实际运行速度的关系类似。

【例 2.5】 信噪比为 30 dB、带宽为 4 000 Hz 的随机噪声信道，其最大数据传输速率为：

$$10\lg(S/N)=30，\ 则\ S/N=1\ 000$$

$$C=4000\ \text{Hz}\times\log_2(1+1000)=4\ 000\ \text{Hz}\times\log_2 1001\approx 40\ 000\ \text{bps}$$

即数据传输速率不会超过 40 kbps。

2．误码率和误组率

数据传输的目的是为了在接收端能恢复原来发送的数据信息序列。但在传输过程中，不可避免地会受到噪声和外界的干扰，信道的不理想也会带来信号的畸变，最终导致接收端的信号产生差错。通常采用误码率和误组率作为衡量数据传输可靠性的质量指标。

（1）误码率。误码率 P 是指在某一段时间（ITU 规定测试时间为 15 min）内，接收到出错的比特数 e_1 与总的传输比特数 e_2 之比：

$$P=(e_1/e_2)\times100\% \tag{2-17}$$

这是评估数据传输设备和信道质量的一项基本指标。CCITT G.821 建议，把误码状态分为三种：$P=1\times10^{-6}$ 为正常通信范围；$P=1\times10^{-3}\sim P=1\times10^{-6}$ 为通信质量欠佳范围；$P=1\times10^{-3}$ 为不能通信的范围。

（2）误组率。误组率 P 是指在传输的码组总数 b_2 中，发生差错的码组数 b_1 所占的比例：

$$P=(b_1/b_2)\times100\% \tag{2-18}$$

误组率在一些采用块或帧校验以及重传纠错的应用中能反映重传的概率，也便于从终端设备的输出来比较差错控制的效果。在某些以码组为一个信息单元进行传输的数据通信系统中，采用误组率可以更为直观地衡量系统的可靠运行情况。

3．传输损耗指标

在传输过程中，信道的传输损耗会引起信号质量的下降。影响传输损耗的主要参数有衰减、时延失真和噪声等。

1）衰减

衰减 A 定义为输入信号功率与输出信号功率的比值，并取以 10 为底的对数。在模拟通信系统中，采用放大器等解决传输损耗问题，但会产生噪声的累积，导致传输数据出错；在数据通信系统中，衰减影响了数据的完整性，采用中继器可实现信号的放大整形，且不会产生噪声的累积。

$$A=10\lg(P_1/P_2) \tag{2-19}$$

式中：P_1 为输入信号功率（mW），P_2 为输出信号功率（mW）。

2）时延失真

由于传输介质的相频特性是非线性的，使得不同频率成分的信号到达接收端的相位不同，产生时延失真，通常中心频率附近的信号传输速率较高，频带两侧的信号传输速率较低。时延失真定义为相移对频率的变化率：

$$\tau(f)=\frac{1}{2\pi}\,\text{d}\varPsi(f)/\text{d}\varPsi \tag{2-20}$$

式中：$\Psi(f)$表示相位传输特性，$\tau(f)$为群时延。时延失真对数字数据传输的影响很大，会引起信号内部的相互串扰，限制了最高传输速率。

3）噪声

噪声干扰是影响数据传输的一个重要因素，按其性质和来源可分为随机噪声和脉冲噪声两大类。

（1）随机噪声。随机噪声在时间上分布比较平稳，通常称为白噪声，造成这类噪声干扰的原因有：①噪声，即通信传输介质和电子器件热运动所引入的噪声，它是温度的函数，不可能完全消除；②调制杂音，即系统的非线性因素造成的交调干扰；③串扰，即系统电磁耦合所致，分为近端串扰和远端串扰。

（2）脉冲噪声。脉冲噪声是一种非连续的、不规则的电磁干扰，在模拟数据传输中会造成短暂的劈啪声，在数字数据传输中会导致信号出错。

本章小结

本章首先介绍了数据通信中有关信息、数据和信号的概念，通信系统模型以及通信系统的性能指标。

信道复用是将一种若干彼此无关的信号合并为一个在一个信道上传输的复合信号的方法，在信号的接收端必须可以将复合信号分离出来；主要有频分多路复用、时分多路复用、波分多路复用和码分多路复用。

典型的交换技术有电路交换和存储转发交换两种方式，其中存储转发交换方式又可以分为报文交换和分组交换两种方式。

在计算机网络通信中有并行通信和串行通信两种方式：并行通信一般用于计算机内部各部件之间或近距离设备的数据传输；串行通信常用于计算机之间的通信。

数据编码是实现数据通信最基本的重要工作，除了用模拟信号传输模拟数据时不需要编码，数字数据在模拟信道上传送时需要进行调制编码，数字数据在数字信道上传送时需要进行数字信号编码，模拟数据在数字信道上传送时需要进行采样编码。

本章的另一个重要内容是物理层的概念、各种传输介质的特性以及常用的物理层接口标准。数据可以在导向传输介质上传输，如光纤；或在非导向传输介质上传输，如某些类型的无线链路。由于传输介质和传输设备的种类繁多，因此物理层接口的标准也非常多。

本章介绍得较多的是通信领域的内容，重点是识记一些基本概念：曼彻斯特编码与差分曼彻斯特编码；奈奎斯特定理和香农定理的相关计算；电路交换、报文交换与分组交换的运行机制及相互之间的比较；数据报与虚电路的运行机制及相互之间的比较；带宽、时延、往返时延（RTT）和时延带宽积的概念及其物理意义；波特率与数据传输速率之间的区别；不同传输介质中的数据传输速率。

思考与练习

1. 如何理解信息、数据和信号这几个概念的含义以及它们之间的关系？请举例说明。

2. 什么是数据通信？试说明数据通信系统的基本构成。

3. 多路复用技术主要有哪几种类型？它们各有什么特点？

4. 信道带宽与信道容量的区别是什么？增加信道带宽是否一定能增加信道容量？

5. 简述电路交换、报文交换和分组交换的运行机制，并比较它们各自的优缺点。

6. 简述无线电的频率划分，并简要说明各个波段无线电的应用范围。

7. 若某信道带宽为 6 MHz，假定不考虑热噪声并使用 4 电平的数字信号，那么每秒能发送的比特数是多少？

8. 设信道带宽为 3 kHz，信噪比为 20 dB，若传送二进制信号，则可达到的最大数据速率是多少？

9. 数字脉冲信号如何调制为模拟信号？若有数字脉冲信号 101101110，分别用调幅、调频、调相描述该信号的波形。

10. 画出比特流 0001110101 的曼彻斯特编码的波形图和差分曼彻斯特编码的波形图。

11. 假设单路语音信号的最高频率为 4 kHz，采样频率为 8 kHz。若该信号在 PCM 系统中传输时，试分析：

（1）抽样后按 8 级量化，PCM 系统的最小带宽是多少？

（2）抽样后按 128 级量化，PCM 系统的最小带宽是多少？

12. 设有 4 路模拟信号，带宽分别为 4 kHz；有 16 路数字信号，数据传输速率都为 8 kbps。当采用同步 TDM 方式将 12 路信号复用到一条通信线路上进行数字传输时，对模拟信号进行 PCM 编码，量化级数为 16 级，求复用线路需要的信道容量至少需要多少？

13. 对于带宽为 3 kHz 的信道，若采用 0、$\pi/2$、π、$3\pi/2$ 四种相位，且每种相位又有两种不同的幅度来表示数据，信噪比为 20 dB。试求：按照奈奎斯特定理和香农定理，其最大限制的数据传输速率是多少？

14. 波分复用是采用什么技术来提高光纤传输容量的？解释 DWDM 的含义。

15. 物理层主要实现哪些功能？

16. 物理层接口特性有哪些？试分别给予描述。

17. 光纤传输有哪些优点？单模光纤与多模光纤的主要区别是什么？为什么多模光纤允许的传输距离较短？

18. 误码率、误组率的定义是什么？为何要测试这两项参数？

19. 简述带宽、时延、往返时延（RTT）和时延带宽积的物理意义。

第3章 数据链路控制

数据链路访问和控制的许多概念都是计算机网络的重要内容。通过物理链路从一个结点到另一个结点有效地传输数据需要解决许多问题，例如为可靠传输数据，数据链路层需要合适的错误控制机制。数据链路层协议是为收发对等实体间保持一致而制定的，目的是为了顺利地完成对网络层的服务。

本章在引入数据链路层基本概念的基础上，专注于目前常用的实际数据链路层协议，包括滑动窗口协议等，然后介绍数据链路协议，如因特网中的点到点协议（Point to Point Protocol，PPP）及其一些链路协议实例。为适应移动设备（如便携式计算机、手机等）发展需要，还将简单介绍适用于 IP 的无线链路技术。

3.1 数据链路层的基本概念

物理层为数据链路层提供了一组虚拟的比特管道。那么，在这样的比特管道上如何形成一条可靠的业务通道为上层提供可靠的服务呢？也就是说，为了在 DTE 与网络之间或 DTE 与 DTE 之间有效、可靠地传输数据信息，必须在数据链路层对数据信息的传输进行控制。

3.1.1 数据链路层的功能

在数据链路层为了形成一条可靠的业务通道，需要解决许多问题。首先要解决如何标识高层送下来的数据块（分组）的起止位置，然后要解决如何发现传输中的比特错误，最后要解决当发现错误后，如何消除这些错误。解决这些问题的方法就是数据链路层的基本功能。

1．链路和数据链路

所谓链路（Link）就是一条无源的点到点的物理线路段，中间没有任何其他交换结点。在进行数据通信时，两个计算机之间的通路往往是由许多链路串接而成的，一条链路只是一条通路的一个组成部分。而数据链路则是指从发送端经过通信线路到接收端之间的物理上的传输路径和逻辑上的传输信道的总称。两个端点设备之间可以有一条或多条数据链路。这种描述的含义是指当需要在一条线路上传输数据时，不但必须有一条物理线路，还必须有一些必要的通信协议来控制数据的传输。只有把实现这些协议的硬件和软件加到链路上，才能构成数据链路。现在最常用的方法是使用适配器（网卡）来实现。

2．数据链路层的功能

数据链路层位于 OSI-RM 的第二层，介于物理层和网络层之间，基本功能是在物理层提供服务的基础上，向网络层提供服务。即在物理层提供物理连接和透明传输比特服务的基础上，将物理层提供的不可靠的物理链路变为逻辑上无差错的数据链路，向网络层提供一条透明的数据链路，并透明地传送数据链路层的帧数据单元。数据帧中包括地址信息、控制信息、数据和校验信息几个部分。数据链路层的主要作用是通过数据链路层协议在不太可靠的物理链路上实现可靠的数据传输。为了完成这一任务，数据链路层需要具有以下功能：

（1）帧控制。帧是按照数据链路层协议的要求由比特流装配而成的数据单元结构，由帧头和帧尾标识帧的开始和结束，而且包含校验信息和帧序号，以检测传输中出现的差错和保持帧传输的有序性。当出现差错时，只需要将有差错的帧重传一次即可，避免了将全部数据都进行重传。帧控制也称为帧同步。

（2）透明传输。在传输的数据中，如果出现了与帧开始、帧结束标志字符和控制信息相同的字符序列，需要采取一定的措施改变序列，以形成明显的区别，保证发送数据信息的内容不受限制。

（3）差错控制。数据链路控制规程采用一定的纠错编码技术进行差错检测，对接收正确的帧进行认可，对接收有差错的帧要求发送端重传。编码技术有前向纠错和差错检测两大类。前向纠错是指在接收到有差错的数据帧时，能够自动纠正错误。在差错检测方法中，当检测到有差错的数据帧时，立即将它丢弃，并作两种选择：一种是接收端不做任何处理；另一种是由数据链路层本身的发送端负责重传丢弃的帧。

（4）流量控制。发送端发送的数据必须使接收端来得及接收，当双方的速率存在差异而接收端来不及接收时，数据链路控制协议需要控制发送端的数据发送速率，实现数据流量的控制。

（5）数据链路管理。当链路两端的结点进行通信时，必须首先建立一条数据链路；在数据传输时要维持数据链路；在通信结束后要释放数据链路。

（6）区分数据和控制信息。由于数据和控制信息都是在同一信道中传送的，而且在许多情况下，数据和控制信息处于同一帧中，因此一定要有相应的措施使接收端能够将它们区分开来。

（7）寻址。在一条点到点直达的链路上不存在寻址问题。而在多点连接的情况下，发送端必须保证数据信息能正确地送到接收端，而接收端也应当知道发送端是哪个结点。

3.1.2 数据链路层提供的服务

数据链路层提供的基本服务是在两个用物理线路连接起来的设备之间，将源端网络层的数据传输到宿端的网络层。如图 3.1 所示，在源端计算机（Sender）上有一实体称为进程，它将网络层的比特序列交给数据链路层；数据链路层又将它们传送到目的计算机（Receiver），交给那里的网络层。虽然实际的传输是通过图 3.1 中的传输介质（物理通路）进行的，但两个数据链路层在虚拟路由上使用数据链路协议进行通信的过程更加容易理解。

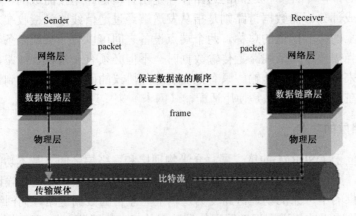

图 3.1　数据链路协议的位置

数据链路层可以提供多种类型的服务，这些服务基本上分为以下 3 种类型。

1. 面向连接确认服务

面向连接确认服务（Acknowledged Connection Oriented Service）存在 3 个阶段，即数据链路的建立阶段、传输阶段和释放阶段。第一阶段，从源到宿建立连接（占用资源）。第二阶段在连接上进行实际的帧传送，对每个被传输的帧进行编号，以确保帧传输的内容与传输顺序的正确性。每帧只接收一次，对每一帧都确认。第三阶段断开连接，释放占用的资源。目前在大多数广域网中，通信子网的数据链路层都采用面向连接确认服务。

2. 无连接确认服务

无连接确认服务（Acknowledged Connectionless Service）与面向连接确认服务的不同之处在于，它不需要在帧传输之前建立数据链路，也不需要在帧传输结束后释放数据链路。但是，源主机数据链路层必须对每个发送的数据帧进行编号，目的主机数据链路层也必须对每个接收的数据帧进行确认。如果源主机的数据链路层在规定时间内未接收到所发送数据帧的确认，那么就需要重传该帧。这类服务主要用于不可靠的传输信道，如无线通信系统。

3. 无连接不确认服务

无连接不确认服务（Unacknowledged Connectionless Service）是指源主机与目的主机的数据链路层在帧传输时不需要建立和释放数据链路，而且目的主机数据链路层也不对接收的数据帧进行确认，即从源到宿发送独立帧，且不确认帧的到达。如果帧传输出现错误，不提供纠错重传服务，由高层进行检查与纠正。因此这类服务适用于大多数误码率低、实时性要求较高的局域网数据传输环境。

3.2 帧与帧同步技术

物理层通常仅负责比特的传输，并不对比特的含义和作用进行区分。在数据链路层，数据以帧为单位进行传输。因此，当数据链路层将网络层的分组连续送到物理层进行传输时，有一个问题需要解决，即如何决定什么时刻是一帧的开始，什么时刻是一帧的结束，哪一段传输的是用于差错校验的比特。这些都是帧同步技术所要解决的问题。

3.2.1 帧的基本格式

数据链路层采用帧作为数据传送逻辑单元，所以，数据链路层协议的核心任务是根据所要实现的数据链路层功能来规定帧的格式。尽管不同的数据链路层协议给出的帧格式存在一定的差异，但它们的基本格式大同小异，如图 3.2 所示。在帧格式中，具有特定意义的部分称为域或字段。

图 3.2　帧的基本格式

在图 3.2 中，帧开始字段和帧结束字段分别用以指示帧或数据流的开始和结束，常称为帧定界符。地址字段给出结点的物理地址信息，物理地址可以是局域网网卡的地址，也可以是广域网中的数据链路标识。地址字段用于设备或机器的物理寻址。长度/类型/控制字段提供有关帧长度或类型的信息，也可能是其他一些控制信息。数据字段承载来自高层即网络层的数据分组。帧检验序列（Frame Check Sequence，FCS）字段提供与差错检测有关的信息。通常把数据字段之前的所有字段统称为帧头 H2，数据字段之后的所有字段称为帧尾 T2。

3.2.2　帧同步方法

在两个结点之间以帧为单位传输信息时，必须将线路上的数据流进行组帧。所谓组帧（Framing），就是把比特流分割成离散的数据单元或块。组帧的前提是物理层必须充分同步，以标识单个比特或字节。根据位同步的不同精确程度，有不同的组帧方法。每种帧类型都有特定的格式和时标序列。在精确性最差时，通常采用 EIA RS-232 标准的串行线路接口进行异步数据传输。在这种情况下，信息不是以固定时隙进行传输的，因此，需要在每个 8 位字符前后分别加上 1 位，以表示该字符的开始和结束，而接收端则利用这些比特进行同步。但在同步传输方式中，数据按照固定时隙进行传输，接收结点需要利用特定电路，如窄带滤波器或锁相环，提取位定时分量，再经脉冲形成电路输出为同步脉冲。

帧同步（Fame Snchronization）指的是接收端应当能从接收到的二进制比特流中区分出帧的起始与结束。常用的帧同步方法有字节计数法、字符填充法、比特填充法和违法编码法。

1.　字节计数法

字节计数法以一个特殊字符表示一帧的开始（如 SOH 控制字符），并用一个专门字段来标明一帧的字节数。接收端可以通过这些字符的识别从比特流中区分出帧的开始，并从专门字段中获知该帧中随后跟随的数据字节数，从而确定帧的终止位置。这种方法不会引起数据信息与其他控制信息的混淆，因而不必采用任何措施就能够实现数据的透明性，可不加限制地传输任何数据。

面向字节计数的同步规程的典型实例是 DEC 公司的数字数据通信报协议（Digital Data Communications Message Protocol，DDCMP）。DDCMP 采用的帧格式如图 3.3 所示。

8	14	2	8	8	8	16	8~131 064	16　（位）
SOH	Count	Flag	Ack	Seg	Addr	CRC1	Data	CRC2

图 3.3　面向字节的 DDCMP 协议的帧结构

在 DDCMP 协议格式中：控制字符 SOH 标志数据帧的起始；Count 字段共有 14 位，用以指示帧中数据段中数据的字节数，数据段最大长度为 8 位×（$2^{14}-1$）=131 064 位，长度必须为字节（即 8 位）的整倍数，DDCMP 协议就是靠这个字节计数来确定帧的终止位置的；DDCMP 帧格式中的 Ack、Seg、Addr 及 Flag 中的第 2 位，它们的功能分别类似于稍后要进一步介绍的 HDLC 中的 N（S）、N（S）、Addr 字段及 P/F 位。CRC1 和 CRC2 分别对标题部分和数据部分进行双重校验。强调标题部分单独校验的原因是，一旦标题部分中的 Count 字段出错,即失去了帧边界划分的依据,将造成灾难性的后果。因此这种方法很少使用。

2．字符填充法

字符填充法使用特定字符来界定一帧的起始与终止。为了使数据信息位中不出现与特定字符相同的字符序列,可在特定字符前填充一个转义控制字符如 DLE(Data Link Escape)以示区别,从而达到数据的透明性。由于这种方法的特定字符依赖于所采用的字符编码集,故兼容性较差。在面向字符的传输中,假设分组包含整数个字节(8 位),典型的帧结构如图 3.4 所示。帧的开始用一个特殊的同步字符 SYN 说明,后面是一个数据链路转义字符 DLE 和一个文本开始 STX(start-of-text)字符,帧的结束用 DLE 说明,后面用一个文本结束字符 ETX (end-of-text),两个字节的 CRC 和一个字节的 SYN 附加在帧的最后。

| SYN | DLE | STX | 头 | 数据 | DLE | ETX | CRC | SYN |

图 3.4　面向字符的协议的帧结构

字符填充法的缺点是依赖于字符集,不通用,也无法扩展。于是促使发展了一种允许任意长字符的组帧技术——比特填充法。

3．比特填充法

比特填充法允许数据包含任意个位,而且也允许每个字符的编码包含任意个位。比特填充法采用统一的帧格式,以特定的位序列进行帧同步和定界。

比特填充法的工作原理,是采用一组特定的比特组合标志一帧的起始与终止。例如,每一帧采用特定比特组合 01111110 作为开始和结束标志字节。当发送端的数据链路层在数据位中连续出现 5 个连续的"1"时,它就自动在其后插入一个"0"到输出比特流中。而接收端则做该过程的逆操作,即每收到连续 5 个"1"时,则自动删去其后所跟的"0",以此恢复原始信息,实现数据传输的透明性。这种方法也称为"0 比特插入与删除法"。比特填充法很容易由硬件来实现,其性能也优于字符填充法。

4．违法编码法

违法编码法是指采用特定的比特编码方法界定帧的起始与终止,一般在物理层实现。例如,曼彻斯特编码方法是将数据比特"1"编码成"高-低"电平对,将数据比特"0"编码成"低-高"电平对。而"高-高"电平对和"低-低"电平对在数据比特中是违法的,可以借用这些违法编码序列来定界帧的起始与终止。这种方法很容易使接收端确定数据流的边界,已成为 IEEE 802 局域网标准的组成部分。违法编码法不需要任何填充技术,便能实现数据的透明性,但它只适用于采用冗余编码的特殊编码环境。

目前,使用较普遍的是比特填充法和违法编码法。在字节计数法中,"字节计数"字段是十分重要的,必须采取措施以保证它不会出错。因为它一旦出错,就会失去帧尾的位置,特别是其错误值变大时不但会影响本帧,而且会影响随后的帧,造成灾难性的后果。字符填充法在实现上具有一定的复杂性和不兼容性,故比特填充法优于字符填充法。违例编码法不需要任何填充技术,但它只适用于采用冗余编码的特殊编码。

3.2.3　通用组帧规程

通用组帧规程（Generic Framing Procedure，GFP）属于 ITU-T G.704 中的一个新组帧标准，它提供的组帧机制支持多种数据流量类型向 SONET/SDH 帧的直接映射，使得类似以太网和光纤通道的协议具有在现有的可靠 SONET/SDH 基础设施上远距离传输的灵活性。GFP 克服了其他组帧方法的一些缺点。例如，对于字节填充，每当帧中出现 0x7E 或 0x7D 时，都要插入一个附加字节，显然无法预测传输的帧长。另外，由于字节填充可以通过向帧中插入大量标志来消耗传输带宽，也给恶意用户提供了可乘之机。

GFP 帧由 3 个主要组件组成：核心头、载荷头和载荷区，如图 3.5 所示。其中，核心头和载荷头构成了 GFP 头，而载荷区表示客户数据服务流量。载荷头提供了所携带内容的载荷类型信息（如以太网、光纤通道等），而核心头携带的是 GFP 帧自身的大小信息，这些组件共同构成 GFP 帧。该帧可被映射到 T-Carrier/PDH 通道，并最终通过 SONET/SDH 网络得以传输。

在图 3.5 中，核心头包含净荷长度指示器（Payload Length Indicator，PLI）和核心报头差错校验（core Header Error Checking，cHEC）的前两个字段，它们用于标识一个帧。其中，2B 的 PLI 指明 GFP 净荷域的长度，从而指示了下一个 GFP 帧的开始；cHEC 可用于纠正一个差错和检测多个差错。

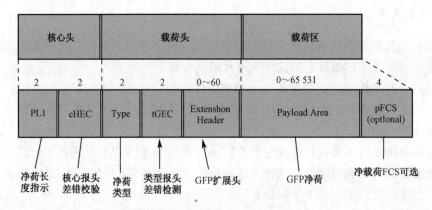

图 3.5　通用组帧规程的帧结构

GFP 结点通过搜索状态、预同步状态和同步状态的进程与 GFP 帧边界进行同步。

（1）接收结点首先处于搜索状态，它每次检测 4 个字节，并且检验前两个字节得到的 CRC 是否与后两个字节的 CRC 相等。如果不相等，接收结点就向前移一个字节（GFP 物理层是字节同步），重复上面的计算，直到它们相等为止。

（2）接收结点进入预同步状态（中间状态）后，用暂定的 PLI 字段确定下一帧的边界位置。如果连续收到 N 个正确的帧校验，接收结点就转移到同步状态。

（3）在同步状态，接收结点用 cHEC 验证每一个帧的 PLI，同时提取帧的净荷，然后继续处理下一个帧。

GFP 用于在字节同步的物理层上进行操作。GFP 的净荷可含有若干字节。GFP 的帧既可以是可变长度也可以是固定长度。在帧映射（Frame Mapped）模式中，GFP 可传送可变长度的净荷，如以太网帧、PPP/IP 分组或 HDLC 帧的 PDU。在透明映射（Transparent Mapped）

模式中，GFP 用固定长度的帧传送低延时的同步信息流，这一点适用于处理计算机存储器产生的流量，所用的标准包括光纤信道、企业系统连接体系结构（Enterprise System Connection Architecture，ESCON）、光纤连接器（Fiber Connector，FICON）和千兆以太网。GFP 是目前一个非常重要的标准，因为它支持在最普通的传输设备 SONET/SDH 上的以太网和 IP 接入。

3.3 差错检测和纠错技术

数据帧在传输过程中不可避免地会出现差错，产生了差错就不能保证数据的正确到达。网络通信系统必须具备发现（即检测）差错的能力，并采取措施纠正之，使差错控制在所能允许的尽可能小的范围内。这就是差错控制过程，也是数据链路层的主要功能之一。

提高数据传输质量的方法有两种。一种方法是，改善通信线路的电性能，使错码出现的概率降低到满足系统要求的程度。但这种方法受经济和技术上的限制，很难达到理想效果。另一种方法是，将传输中出现的某些错码检测出来并纠正检出的错码，以达到提高传输质量的目的。

实现这种方法可以采用两种控制编码：检错码和纠错码。

（1）检错码。检错码是指在发送每一组信息时发送一些附加位，接收端通过这些附加位可以对所接收的数据进行判断，看其是否正确。如果存在错误，它不能直接纠正错误而是通过反馈信道传送一个应答帧，把这个错误的结果告诉发送端，让发送端重新发送该信息，直至接收端收到正确数据为止。常用的检错码为奇偶校验码和循环冗余校验码（Cyclic Redundancy Code，CRC）。对差错码的控制方法可采用前向纠错技术和反馈重传纠错技术。在数据通信中，主要采用自动重传请求（ARQ）纠错技术。ARQ 技术主要分为等-停式 ARQ 和连续 ARQ 两种，后一种又细分为回退 N 式连续 ARQ 和选择重传连续 ARQ。采用差错检测和 ARQ 的结果是，可以把一条不可靠的数据链路转变成可靠的数据链路。

（2）纠错码。纠错码是在数据块后面加入更多的冗余位，使它不仅能判断数据是否出错，而且能够知道出现了什么样的错误，从而由接收端进行纠正。采用这种编码时，传输系统中不需反馈信道就可以实现一个对多个用户的通信，但译码器设备比较复杂。比较常见的纠错码为汉明纠错码。

在计算机网络中，常用的差错校验有奇偶校验、汉明码、循环冗余校验（CRC）及校验和等，它们使用不同的校验码。

3.3.1 奇偶校验

奇偶校验是检验所传输的数据是否被正确接收的一种最简单的方法。它是一种通过增加冗余位使得码字中"1"的个数保持为奇数或偶数的编码方法。奇偶校验的种类很多，在实际使用中常分为垂直奇偶检验、水平奇偶检验和水平垂直奇偶检验等类型。

1．垂直奇偶校验

垂直奇偶校验也称纵向奇偶校验，基本方法是将所要传输的数据进行分组，在每一组的信息位后面增加一位冗余位，使每组检验码中"1"的个数成为奇数或偶数。若为奇数就是奇校验码，若为偶数就是偶校验码。例如，在传输 ASCII 字符时，每个 ASCII 字符用 7 位表示，最后加上一个奇偶位总共成为 8 位。对于偶校验来说，最后加上的奇偶位使整个 8 位中的 1 的个数为偶数。对于奇校验来说，则整个 8 位中的 1 的个数为奇数。例如，发送 ASCII G（1110001），采用奇校验时，奇偶位为 1，即传输 11100011。接收器检查接收到的数据的 1 的个数为奇数，就认为无错误发生。采用偶校验时，若其中两位同时发送错误，则会发生没有检测出错误的情况。因此，对于高数据率或者噪声持续时间较长的情况，由于可能发生多位出错，奇偶校验就不适用了。而且奇偶校验只能检错，不能纠错。偶校验一般用于同步传输，而奇校验一般用于异步传输。

2. 水平奇偶检验

水平奇偶校验也称横向奇偶校验，它的漏错率比垂直奇偶校验要低。其基本方法是将所要传输的数据进行分组，对每组中同一位的数据进行奇偶校验，从而形成一组校验码。水平奇偶检验不但可以检测各组同一位上的奇数位错，而且可以检测出突发长度数据的所有突发错误，而且它的漏检率要比垂直奇偶检验低；但是，水平奇偶检验编码和检测的实现比较复杂。

3. 水平垂直奇偶校验

水平垂直奇偶校验也称纵横奇偶校验或二维奇偶校验，它将若干信息码字按每个码字一行排列成矩阵形式，然后在每一行和每一列的码元后面附加 1 位奇（偶）校验码元。例如，由 4 个 5 位信息码字构成的水平垂直奇偶校验码如图 3.6 所示。

```
1 0 0 1 0 0   最后一列由行
0 1 0 0 0 1   的校验位组成
1 0 0 1 0 0
1 1 0 1 1 0
1 0 0 1 1 1
```
最后一行由每列的校验位组成

图 3.6　由 4 个 5 位信息码字构成的水平垂直奇偶校验码

水平垂直奇偶校验码发送时，可逐行传输也可以逐列传输。如采用逐列传输，则发送的码序列为：

10111 01010 00000 10111 00011 01001

接收端将接收到的码元仍然排成发送时的矩阵形式，然后根据行列的奇偶校验关系来检测是否有错。与简单的奇偶校验码相比，水平垂直奇偶校验码不但能检测出某一行或某一列的所有奇数个错误，有时还能检测出某些偶数个错误。例如，某行的码字中出现了两个错误，虽然本行的校验码不能检测出来，但错码所在的两列的校验码有可能把它们检测出来。

水平垂直奇偶校验早期用于数据链路控制，每列 8 位，其中包括 1 个校验位，而所有的校验位均加在最后。

3.3.2　汉明码

汉明码是在 1950 年由汉明（Hamming）提出来的一种特殊的线性分组码，它可以纠正单个差错码。

汉明码中的码字和码距的含义是：假如一帧数据包括 k 个信息位和 r 个冗余位，那么整个长度 $n=k+r$ 就称为 n 位码字；两个码字不同位的个数称为码距。当两个码字中有 3 位不同时，码距就为 3。

编码有 k 个信息位和 r 个冗余位，要求纠正所有的一位错。在 2^k 个有效数据中，有 $k+r$ 个与该码字距离为 1 的无效码字。依次将该码字中 n 个位一一取反，就可分别得到对应的 n 个无效的码字。因此，在所有 2^n 个数据中，每一种情况都对应有 $n+1$ 个位模式（其中 n 个为无效编码，1 个为正确编码）。因为位模式的总数是 2^k，因此 $(n+1)2^k \leq 2^n$，将 $n=k+r$ 代入不等式，可得到 $k+r+1 \leq 2^r$。因此在给定 k 时，可计算出冗余位 r 的下界。表 3-1 列出了 k 与 r 之间的对应关系。

表 3-1   汉明码中 k 与 r 之间的对应关系

k	1	2~4	5~11	12~26	27~57
r	2	3	4	5	6

下面将 r 个冗余位依次安排在数据的 2^i （$i=0$，1，2，…）位置上，其余的位置是信息位。

【例 3.1】信息位是 k_1、k_2、k_3、k_4，冗余位是 r_0、r_1 和 r_2，那么编码的 1~7 位依次是 r_0、r_1、k_1、r_2、k_2、k_3、k_4，如表 3-2 所示。

设 Q 为一个整数集合，$Q=\{I|b_j(I)=1\}$（$I=1$，2，…，n；$j=1$，2，…，r），其中，b_{jw} 为检验码中各个位置对应的二进制数。然后按照这个整数集合进行分组检验。以例 3.1 的情况分析如下：

当 $b_1(I)=1$ 时，$I=\{r_0, k_1, k_2, k_4\}$；

当 $b_2(I)=1$ 时，$I=\{r_1, k_1, k_3, k_4\}$；

当 $b_3(I)=1$ 时，$I=\{r_2, k_2, k_3, k_4\}$。

由此可见，一个冗余位只能参加一个分组。

采用偶校验时，$G_0=r_0 \oplus k_1 \oplus k_2 \oplus k_4$，$G_1=r_1 \oplus k_1 \oplus k_3 \oplus k_4$，$G_2=r_2 \oplus k_2 \oplus k_3 \oplus k_4$。

汉明码的出错模式如表 3-3 所示，其编码效率为 $R=k/(k+r)$，其中 k 是信息位的位数，r 是冗余位的位数。

表 3-2   信息位和冗余位与二进制数的对应关系

检 验 码	对 应 位 置	二 进 制 数
r_0	1	001
R_1	2	010
k_1	3	011
r_2	4	100
k_2	5	101
k_3	6	110
k_4	7	111

表 3-3   汉明码的出错对照表

$G_2G_1G_0$	检 验 结 果
000	正确
001	第一位出错
010	第二位正确
$G_2G_1G_0$	检 验 结 果
011	第三位正确
100	第四位正确
101	第五位正确
110	第六位正确
111	第七位正确

可见，如果信息位是 4 位，冗余位是 3 位，则汉明码的编码效率为 4/7。如果信息位是 7 位，那么根据表 3-1 的对应关系，冗余位就是 4 位，因此编码效率为 7/11。由此可见，信息位越长，汉明码的编码效率就越高。

汉明码只能纠一位错，当码距为 3 时，汉明码可检测出两位错或者用来检测并纠正一位错。

3.3.3　循环冗余校验

奇偶校验作为一种检错方法虽然简单，但检错能力有限，漏检率较高。在计算机网络和数据通信中用得最广泛的检错码，是一种漏检率低得多也便于实现的循环冗余码（CRC），又称为多项式码。CRC 的工作方法是在发送端产生一个冗余码，附加在信息位后面一起发送到接收端，接收端收到的信息按发送端形成循环冗余码同样的算法进行校验，如果发现错误，则通知发送端重传。

CRC 编码方式是基于将一串二进制比特串看成是系数为 0 或 1 的多项式，一个由 k 位组成的帧可以看成从 x^{k-1} 到 x^0 的 k 次多项式的系数序列，这个多项式的阶数为 $k-1$。最高位是 x^{k-1} 项的系数，次高位是 x^{k-2} 的系数，依次类推。例如，一个 110001 比特串可以看成是多项式 x^5+x^4+1，它的 6 个多项式系数分别是 1、1、0、0、0 和 1。多项式以 2 为模进行运算。按照它的运算规则，加法不进位，减法不借位，加法和减法二者都与异或运算相同。

采用 CRC 编码法，发送端和接收端事先要确定一个生成多项式 $G(x)$，而生成多项式的高位和低位均必须是 1。要计算 m 位的帧 $M(x)$ 的校验和，生成多项式必须比该校验和的多项式短。基本方法是将校验和加在帧的末尾，使这个带校验和的帧的多项式能被 $G(x)$ 除尽。当接收端收到校验和的帧时，用 $G(x)$ 去除它，如果出现余数，则表明传输有错。CRC 校验和的算法如下：

（1）设生成的多项式 $G(x)$ 为 n 阶，在帧的末尾附加 n 个 0，使帧为 $m+n$ 位，相应的多项式是 $X^nM(x)$。

（2）按模 2 除法，用对应于 $G(x)$ 的位串去除对应于 $X^nM(x)$ 的位串，并得到余数。

（3）余数多项式就是校验和，形成的带校验和的帧 $T(x)$ 由数据帧和余数多项式组成。

【例 3.2】假设数据帧是 1101011011，多项式是 x^4+x+1 时，则数据帧的 CRC 校验码计算过程如下：

（1）因为 $r=4$，故多项式是 4 阶的，数据 1101011011 后面加上 4 个 0 变成 11010110110000。

（2）多项式为 x^4+x+1，也就是说 $G(x)=10011$。

（3）用 11010110110000 除以 10011，得到余数为 1110。

（4）将 1110 加到数据帧 1101011011 后面，变成 11010110111110，这就是要传输的带校验和的帧。

具体计算过程及结果如图 3.7 所示。

显然，$T(x)$ 能被 $G(x)$ 除尽，当余数为 0 时表示传输正确，有一位出错时余数就不为 0。进一步研究发现，当有一位码字出错时，用 $G(x)$ 除后得到一个不为 0 的余数，如果对该余数补 0 后继续除，可根据余数进行判断。可见，这种方法除了检测不到 $G(x)$ 的整数倍数据的多项式差错，其他的错误均能捕捉到，它的检错率是非常高的，能检测出所有奇数个错、单比特和双比特的错，以及所有小于或等于校验码长度的突发性错。

采用 CRC 码时所生成的多项式 $G(x)$ 应满足要求：任何一位发生错误都不应使余数为 0；不同位发生错误时，余数的情况各不相同，且应满足余数循环规律。

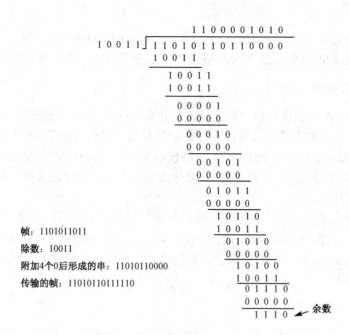

帧：1101011011
除数：10011
附加4个0后形成的串：11010110000
传输的帧：110101101111110

图 3.7　例 3.2 计算过程及结果

生成多项式 $G(x)$ 的选择不是任意的，它必须使得生成的校验序列有很强的检错能力。目前，常用的几个 CRC 生成多项式 $G(x)$ 为：

CRC-12：$G(x)=x^{12}+x^{11}+x^3+x^2+x+1$；

CRC-16：$G(x)=x^{16}+x^{15}+x^2+1$；

CRC-CCITT：$G(x)=x^{16}+x^{12}+x^5+1$；

CRC-32：$G(x)=x^{32}+x^{26}+x^{23}x^{16}+x^{12}+x^{11}+x^{10}+x^8+x^7+x^5+x^4+x^2+x+1$。

其中，CRC-12 产生的校验比特为 12 比特，CRC-16 和 CRC-CCITT 产生的校验比特为 16 比特，CRC-32 产生的校验比特为 32 比特。

如果生成多项式选择得当，CRC 是一种很有效的差错校验方法。理论上可以证明循环冗余校验码的检错能力有以下特点：①可检测出所有奇数个错误；②可检测出所有双比特的错误；③可检测出所有小于或等于校验位长度的连续错误；④以相当大的概率检测出大于校验位长度的连续错误。

3.3.4　校验和

校验和（Checksum）是一种用于互联网协议（如 IP、UDP 和 TCP）的常见错误检测码。其效率对于良好的路由性能至关重要，因为每个数据包需要在网络层分组头部和传输层报文头部中计算校验和。例如，在 UDP 报文头部中的校验和字段既包括 UDP 报文头部和有效载荷的内容，也包括伪报头的额外信息，如源和目的 IP 地址。如果在 TCP/IP 栈中的校验和计算得不到很好的实施，则会在数据包转发过程中消耗相当多的 CPU 周期。

1．校验和的算法

在网络通信中，尤其是远距离通信中，校验和常用来保证数据的完整性和准确性。校验和通常是以十六进制为数制表示的形式，如十六进制串 0102030405060708 的效验和是 24（十六进制）。如果校验和的数值超过十六进制的 FF，也就是 255，就要求其补码作为校验和。

1）发送端校验和的算法

（1）将对所发送的数据进行校验和运算的字符串分成若干 16 位的比特字，每个比特字看成一个二进制数，这里并不管字符串代表什么，是整数、浮点数还是位图也都无关。

（2）将 IP、UDP 或 TCP 的 PDU 报头中的校验和字段置为 0，该字段也参与校验和运算；然后将 IP、UDP 或 TCP 的 PDU 报头按 16 位分成多个单元，如报头长度不是 16 位的倍数，则用 0 填充到 16 位的倍数。

（3）对各个单元采用反码求和运算（即高位溢出位会加到低位，通常的补码运算是直接丢掉溢出的高位），将得到的和的反码填入校验和字段。需要注意：反码求和又称为 1 的补码和（one's complement sum），即带循环进位的加法，最高位有进位时循环到最低位。

（4）发送数据报。

2）接收端校验和的算法

将接收的进行校验和运算的 16 位二进制数按发送端同样的方法进行 1 的补码和运算，包括校验和字段，累加的结果再取反码。如果结果是全 1 或全 0（具体看实现方式，实质上一样），表示传输正确，否则表示数据传输有差错。

2. 校验和算法实现的源代码

校验和计算的数据结构比较简单，它包含一个累积了整个字段和负载的 16 位字 sum 变量，以及一个用来计算还剩下多少 16 位字的 count 变量。在 RFC 1071 中，校验和计算的 C 语言源代码如下。

```
unsigned short csum(unsigned char *addr, int count）
{
/* Compute Internet Checksum for "count" bytes
* beginning at location "addr".
*/
register long sum = 0;
while( count > 1 )
{
    /* This is the inner loop */
sum += * (unsigned short) addr++;
count -= 2;
}
/* Add left-over byte, if any */
if( count > 0 )
    sum += * (unsigned char *) addr;
/* Fold 32-bit sum to 16 bits */
while (sum>>16)
    sum = (sum & 0xffff) + (sum >> 16);
```

```
        return ~sum;
    }
```

在这个源代码中，第一个 while 循环是做普通加法（二进制补码加法），因为 IP 报头和整个 TCP 报文段都比较短（没达到 2^{17} 数量级），所以不可能导致 4 字节的 sum 溢出（unsigned long 一般至少为 4 字节）。紧接着的一个判断语句是为了能处理输入数据是奇数个字节的情况。后一个数据循环实现反码算法（在前面的普通加法得到的数据的基础上），由反码和的高位溢出加到低位的性质，可得到"32 位的数据的高位比特移位 16 位，再加上原来的低 16 位，不影响最终结果"这个等价运算，因为 sum 的最初值（刚开始循环时）可能很大，所以这个等价运算需循环进行，直到 sum 的高位（16 位以上）全为 0。对于 32 位的 sum，事实上这个运算循环至多只有两轮，所以有些程序直接用两条"sum = (sum & 0xffff) + (sum >> 16);"代替整个循环。最后，对和取反返回。

3.4   数据链路控制机制

由位于不同计算机上的应用进程的通信过程可知，发送端的应用进程将数据由应用层逐层往下传送，经数据链路层到物理链路，并通过物理链路传送至另一端主机的物理层，然后再逐层往上传，经由应用层交给接收端的应用进程。在本节的内容中，为了把注意力集中在讨论数据链路层的协议上，不妨采用一个如图 3.8 所示的简单模型，即把数据链路层以上的各层用一个主机来代替，将物理层并入物理链路。那么，发送端向接收端发送一个一个的帧，发送端如何知道发送的帧是否正确到达了接收端，从而保证传输的可靠性呢？

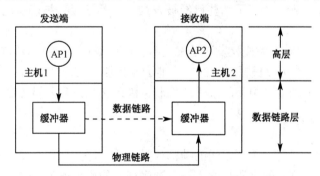

图 3.8   应用进程间通信的简单模型

在图 3.8 中，数据链路层采取了 3 项措施。一是为了解决计算机内部信息的并行传送与物理链路上数据以比特流形式串行传送之间的矛盾，设置了缓冲器，缓冲器的深度视数据传送速率而定；二是为了防止出现帧在传输过程中出现丢失的现象，设置了计时器；三是采取对帧进行编号的方法，以防止帧重复。

在讨论实用数据链路协议时，必须考虑到两大因素：一是数据信息在信道上传输时，可能会出现差错；二是发送端与接收端的操作很难做到准确同步，有可能会造成数据信息的丢失。下面由简单到复杂，介绍滑动窗口机制以及 3 个典型的数据链路协议，即停止等待式 ARQ 协议、后退 N 帧式 ARQ 协议和选择重传式 ARQ 协议。

3.4.1 滑动窗口机制

滑动窗口机制是数据链路控制中的一个重要机制。滑动窗口机制在发送端和接收端分别设置发送窗口和接收窗口。发送窗口和接收窗口在数据传输过程中受控地向前滑动，从而控制数据的传输。

1. 发送窗口和接收窗口

（1）发送窗口。发送窗口是指发送端允许连续发送帧的序列表，即在任何时刻，发送过程保持与允许发送的帧相对应的一组序列号。发送窗口的大小（宽度）规定了发送端在未得到应答的情况下，允许发送的数据单元数。换言之，窗口中能容纳的逻辑数据单元数，就是该窗口的大小。发送窗口用来对发送端进行流量控制。

（2）接收窗口。接收窗口是指接收端允许接收帧的序列表。接收窗口用来控制接收端应该接收哪些数据帧，只有到达的数据帧的序号落在接收窗口之内时才可以被接收，否则将被丢弃。一般，当接收端收到一个有序且无差错的数据帧后，接收窗口向前滑动，准备接收下一帧，并向发送端发出一个确认信息（ACK）。为了提高效率，接收端可以采用累计确认或捎带确认。捎带确认是在双向数据传输的情况下，将确认信息放在自己的数据帧的帧头字段中捎带过去。

当发送端接收到接收端的确认后，发送窗口才能向前滑动，滑动的长度取决于接收端确认的序号。向前滑动后，又有新的帧落入发送窗口，可以被发送，而被确认正确收到的帧落在窗口的后边。发送窗口的序号和接收窗口的序号的上下界不一定相同，甚至大小也可以不同。发送端窗口内的序列号代表了那些已经被发送，但是还没有被确认的帧，或者是那些可以被发送的帧。

可见，接收端的 ACK 作为授权发送端发送数据帧的凭证，接收端通过确认控制发送端发送窗口向前滑动。接收端可以根据自己的接收能力来控制 ACK 的发送，从而实现对传输流量的控制。另外，由于滑动窗口中使用了确认机制，因此它也兼有差错控制的功能。

2. 窗口滑动过程分析

在滑动窗口机制中，每一个要发送的帧都要赋予一个序列号，其范围从 0 到某一个值。如果在帧中用以表达序列号的字段长度为 n，则序列号的最大值为 2^n-1。例如，若帧中序列号为 3，即 $n=3$，则编号可以在 0～7 中进行选择。序列号可以循环使用。若当前帧的序号已达到最大编号（即 2^n-1），则下一个待发送的帧的序列号将重新为 0，此后再依次递增。

在发送端，要维持一个发送窗口。如果发送窗口的大小为 W_s，则表明已经发送出去但仍未得到确认的帧总数不能超过 W_s。在发送窗口内所保持着的一组序列号，对应于允许发送的帧，并形象地称这些帧落在发送窗口内。显然，在初始状态下，发送窗口内允许发送的帧的个数为 W_s，而每发出一个帧，允许发送的帧数就减 1。一般情况下，窗口的下限对应当前已经发送出去但未被确认的最后一帧，一旦这个帧的确认帧到达后，发送窗口的下限和上限各加 1，相当于窗口向前滑动一个位置，同时当前允许发送的帧数加 1。若发送窗口内已经有 W_s 个没有得到确认的帧，则不允许再发送新帧，需要发送的帧必须等待接收端传来的确认帧并使窗口向前滑动，直至其序列号落入发送窗口内才能被发送。

在接收端，则要维持一个接收窗口。在接收窗口中也保持着一组序列号，并对应着允许接收的帧，只有发送序列号落在窗口内的帧才能被接收，落在窗口之外的帧将被丢弃。下面以图 3.9 为例，具体说明滑动窗口机制。

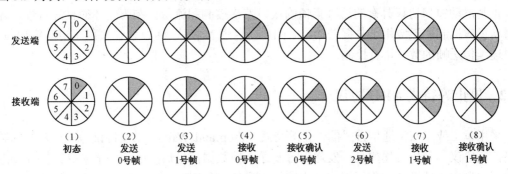

图 3.9　滑动窗口工作过程示意

假设发送序号用 3 位（bit）来编码，即发送序号可有 0～7 这 8 个不同的序号；又假设发送窗口的大小为 2，接收窗口的大小为 1。那么，滑动窗口工作工程如下：

（1）初始状态，发送端没有帧发出，发送窗口前后沿相重合。接收端 0 号窗口打开，等待接收 0 号帧。

（2）发送端打开 0 号窗口，表示已发出 0 帧但尚未收到确认返回信息。此时接收窗口状态不变。

（3）发送端打开 0、1 号窗口，表示 0、1 号帧均在等待确认之列。至此，发送端打开的窗口数已达规定限度，在未收到新的确认返回帧之前，发送端将暂停发送新的数据帧。接收窗口此时状态仍未变。

（4）接收端已收到 0 号帧，0 号窗口关闭，1 号窗口打开，表示准备接收 1 号帧。此时发送窗口状态不变。

（5）发送端收到接收端发来的 0 号帧确认返回信息，关闭 0 号窗口，表示从重传表中删除 0 号帧。此时接收窗口状态仍不变。

（6）发送端继续发送 2 号帧，2 号窗口打开，表示 2 号帧也纳入待确认之列。至此，发送端打开的窗口又已达规定限度，在未收到新的确认返回帧之前，发送端将暂停发送新的数据帧，此时接收窗口状态仍不变。

（7）接收端已收到 1 号帧，1 号窗口关闭，2 号窗口打开，表示准备接收 2 号帧。此时发送窗口状态不变。

（8）发送端收到接收端发来的 1 号帧收毕的确认信息，关闭 1 号窗口，表示从重传表中删除 1 号帧。此时接收窗口状态仍不变。

通过对以上示例的分析可以看出，发送窗口是随接收窗口的滑动而滑动的，只有在接收窗口向前滑动时，发送窗口才有可能向前滑动。接收窗口如果不向前滑动，发送端就不能发送更多的帧（最多只能发送 W_s 个帧）。由于在数据传输过程中收、发窗口在不断滑动，所以称为滑动窗口。

3. 滑动窗口的主要功能

滑动窗口的主要功能如下：

（1）在不可靠链路上可靠地传输帧，这是滑动窗口机制的核心功能；

（2）用于保持帧的传输顺序（缓存错序到达的帧）；

（3）支持流量控制，这是一种由接收端控制发送端使其降低速度的反馈机制。

正是滑动窗口协议具有的这种集帧确认、差错控制和流量控制为一体的良好特性，才使得滑动窗口机制广泛应用于数据链路层。因此，后退 N 帧式 ARQ 协议采用了滑动窗口技术，以对连续传送帧的数量进行控制。

3.4.2 停止等待式 ARQ 协议

采用单工或半双工通信方式的停止等待式（Stop and Wait）ARQ 协议是一种基本的数据链路控制协议，其核心思想是，发送端每发送一帧数据信息后，必须停下来等待接收端返回了确认信息后才能继续操作下去。停止等待式协议就是因操作过程中的停止等待这一特点而得名的。

1. 停止等待式 ARQ 协议的操作方式

停止等待式 ARQ 协议的操作方式是：发送端首先向接收端发送一个数据帧，然后停止发送并等待接收端对这一帧数据的应答；收到正确的确认信息后，接着再发送下一帧数据；如果在超时时间内没有收到应答信息，发送端就会重传此数据帧，并再次停止发送以等待应答。具有简单流量控制的停止等待式控制协议的传输过程如图 3.10 所示。

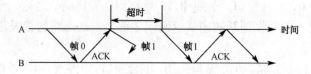

图 3.10　单工停止等待控制方式

图 3.10 描述了单工停止等待控制方式，即当数据帧丢失时，停止等待式协议如何使用确认帧（Acknowledgement，ACK）和超时机制对帧进行重传。所谓确认帧是协议传输给它的对等实体的一个小控制帧，告知对等实体已收到了刚才的帧。发送端收到一个 ACK，表明帧传输成功。如果发送端在合理的一段时间后未收到 ACK，那么它重传（Retransmit）原始帧。

在图 3.10 中，进程 A 向进程 B 传输数据帧。注意：进程 A 在发送数据帧的同时将启动数据帧定时器（I-frame Timer），该定时器将在超时后自动终止；所设定的超时时间要大于 A 收到相应 ACK 帧所需的时间。停止等待式 ARQ 协议的工作过程如下：

（1）进程 A 向进程 B 发送数据帧 0，同时启动定时器，然后停止发送并等待 B 的 ACK。

（2）B 在正确收到数据帧 0 后向进程 A 返回 ACK 帧。

（3）A 收到来自 B 的 ACK，知道 B 已正确接收到数据帧 0。

（4）进程 A 继续发送数据帧 1，同时重新启动定时器。

（5）数据帧 1 在传送过程中出错。这可能是进程 B 对其进行 CRC 校验时发现错误，也可能是数据帧 1 由于不完整而未被接收。总而言之，进程 B 没有收到正确的数据帧 1，因此将不作任何应答。

（6）定时器超时，进程 A 重新发送数据帧 1。

停止等待式 ARQ 协议按照这种方式继续传送数据帧 1，直到数据帧 1 被正确接收，且发送端 A 收到确认 ACK。然后，协议开始传送后续的数据帧。

可见，在停止等待式 ARQ 协议中，接收端可以控制发送端的发送速率。需要说明的是，接收端反馈到发送端的 ACK 帧是一个无任何数据的帧，相当于一段时延标志。

2. 停止等待式 ARQ 协议的讨论

停止等待式 ARQ 协议的优点是控制简单，但也造成了传输过程中吞吐量的降低，导致信道利用率不高。下面讨论可能出现的几种情况，如图 3.11 所示。

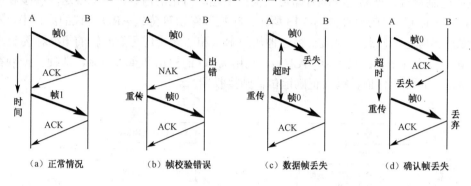

图 3.11 停止等待式 ARQ 协议执行的 4 种情况

（1）正常情况。发送端发送的数据帧顺利地被接收端接收，接收端检验数据帧时没有发现差错，且数据帧的编号与接收端期待的相符，那么接收端就发送 ACK 给发送端，表示允许发送端继续发送下一帧数据信息，发送端顺利接收确认帧后就可发送下一帧数据，如图 3.11（a）所示。

（2）帧校验错误。发送端发送的数据帧被接收端顺利接收，但接收端检验数据帧时发现有错误，那么接收端就发送否认帧（Negative acknowledgement，NAK）给发送端，表示请求发送端重传数据帧。发送端接收到否认帧后，就重新发送刚才的数据帧，直到接收端顺利接收并且返回确认帧后，发送端再发送下一帧数据。为此，发送端必须具有暂时保存已发送的数据帧副本的功能，如图 3.11（b）所示。

（3）数据帧丢失。发送端发送的数据帧在传输过程中丢失了，没有被接收端接收，导致发送端计时器超时，那么这时发送端必须重新发送已发送过的数据帧，直到接收端发送 ACK 给发送端，发送端才能发送下一帧数据，如图 3.11（c）所示。

（4）确认帧丢失。发送端发送的数据帧顺利地被接收端接收，接收端检验数据帧时也没有发现差错，且数据帧的编号与接收端期待的也相符，但是接收端发送给发送端的 ACK 却在传输过程中丢失了，导致发送端定时器超时。因此，发送端也必须重新发送刚才发送过的数据帧，如图 3.11（d）所示。

发送端发送的数据帧顺利地被接收端接收，接收端检验数据帧时也没有发现差错，但接收端却收到了两次帧1，说明 ACK 的丢失导致了数据帧的重复传送，如图 3.12 所示。这可以通过在每个数据帧的报头中加上不同的发送序号来解决数据帧的重复问题。如果接收端收到序号相同的帧 1，那么接收端就可以识别出第二次接收到的帧 1 是一个重复帧，便将初始数据帧丢弃，并重新发送 ACK 给发送端，发送端顺利接收 ACK 后，再发送下一帧数据。

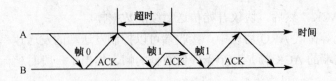

图 3.12 ACK 丢失的情况

　　停止等待式 ARQ 协议规定只有一帧完全发送成功之后，才能发送新的数据帧，因此只要用 1 位二进制数对数据帧进行编号即可。根据上述所讨论的内容，可知发送端和接收端执行停止等待式 ARQ 协议的流程如图 3.13 所示。在执行停止等待式 ARQ 协议的流程中，发送端自动地对出错帧进行重传，故通常将这种使用确认和超时实现可靠传输的策略称为自动重传请求（Automatic Repeat reQuest，ARQ）。利用 ARQ 的检错和重传机制，即使数据帧在传输过程中出错，也能够保证数据帧正确地传输到接收端。

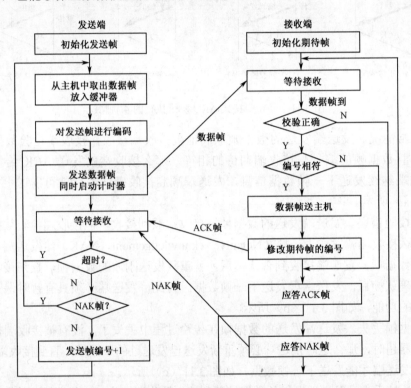

图 3.13 发送端和接收端执行停止等待式 ARQ 协议流程图

　　在上述的停止等待式 ARQ 协议中，假定数据帧是单向传送的，反向路径仅简单地用于传送确认帧。然而，大多数链路可提供全双工通信，两端都既是发送端又是接收端，前者控制发送的数据帧，后者控制接收的数据帧。为了提高链路的传输效率，一些具体协议中利用返回的数据携带相反方向数据帧的 ACK。这时每发送一个数据帧，都包含发送序号和反向数据帧 ACK 的接收序号。这种方法称为捎带确认。

　　但是，如果开始时 A、B 双方同时要求发送数据，会造成另一种特殊情况。图 3.14（a）中给出了协议正常工作的情况，在图 3.14（b）中说明了这一特殊情况。在图 3.12 中，括号内的含义依次表示帧号 seq、捎带确认号 ACK 和报文号；星号（*）表示该数据帧的内容第一次收到，且正确接收。

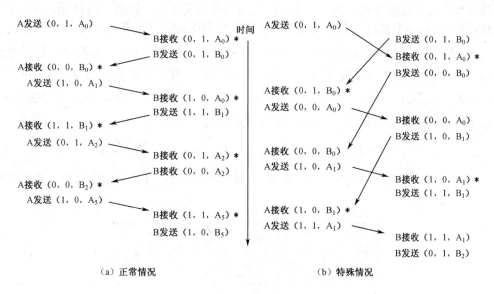

（a）正常情况　　　　　　　　　　　　　（b）特殊情况

图 3.14　停止等待式 ARQ 协议的捎带确认

如果 B 在发送它的一个帧之前，等待 A 的第一个帧，那么次序如图 3.13（a）所示；如果 A 和 B 同时开始通信，它们的第一个帧交叉，就会出现如图 3.13（b）所示的情况。

在图 3.14（a）中，没有出现重复的帧；在图 3.13（b）中，即使网络传输没有差错，其中也有一半的帧是重复的，这个问题是由于第 1 帧未发确认帧而引起的。当计时器设置的超时时间过短时，也会发生类似的情况，严重时甚至会出现数据帧可能发送 3 次或者更多的次数。

3．停止等待式 ARQ 协议的性能分析

虽然停止等待式 ARQ 协议比较简单，但它的信道利用率不高，造成了信道浪费，这通常用信道利用率来衡量。信道（链路）利用率即协议效率。一般情况下，影响协议性能的因素有多种。例如：是固定帧长还是可变帧长；协议是停止等待还是流水线式（流量控制）；信道是半双工还是全双工（信道质量）；以何种方式控制差错等。下面简单讨论停止等待式 ARQ 协议的性能。

在传播延时较低的信道中，停止等待式 ARQ 协议工作良好，而当传播延时比图 3.15 中所示的帧传输时间大很多时，该协议的效率将会变得很低。例如，假设在传输速率为 1.5 Mbps 的信道中传送一个 1 000 bit 长的帧，并且从开始发送帧到收到确认信息所需的时间 RTT=40 ms。在 40 ms 内信道上可以传输的比特数为 $40 \times 10^{-3} \times 1.5 \times 10^{6}=60\ 000$。然而，停止等待式 ARQ 协议在每个 RTT 时间内仅能传输 1 000 bit，显然，传输效率只有 1 000/60 000=1.6%。若定义参数延时带宽乘积（Delay Bandwidth Product）等于带宽（可传输的比特数）乘以往返时间，那

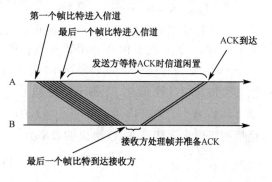

图 3.15　停止等待式 ARQ 协议的效率

么，在该例中，延时带宽乘积为 60 000 bit。

假设所有的数据帧等长，并且发送端持续向接收端发送帧。如图 3.16 所示，在停止等待式 ARQ 协议中的基本延时 t_0 表示从帧送入信道到收到确认消息所需的时间；传播时间 t_{prop} 表示第一个比特从送入信道到输出信道所需的时间；帧尾经过时间 t_f 到达进程 B；进程 B 经过时间 t_{proc} 生成确认帧，并且需要经过时间 t_{ack} 传送确认帧；在一个附加传输延时后，进程 A 收到这个确认帧；最后，进程 A 需要经过时间 t_{proc} 进行 CRC 校验。显然，在无差错的情况下，发送端从开始发送一个帧到收到 ACK 共需要的时间为

$$t_0 = 2t_{prop} + 2t_{proc} + t_f + t_{ack} = 2t_{prop} + 2t_{proc} + \frac{n_f}{R} + \frac{n_a}{R} \tag{3-1}$$

式中：n_f 为每个数据帧的比特数；n_a 是 ACK/NAK 帧的比特数；R 为传输信道的数据传输速率。

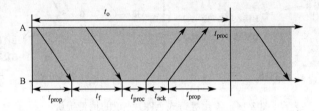

图 3.16　停止等待式 ARQ 的时延示例

在无差错的情况下，若将该协议的有效数据传输速率定义为

$$R_{eff}^0 = \frac{\text{传送到目的端的信息比特数}}{\text{传送这些信息比特所需要的总时间}} = \frac{n_f - n_0}{t_0} \tag{3-2}$$

式中：n_0 表示帧的开销字节，即报头比特和 CRC 校验位的总和。

定义 R_{eff}^0 与 R 之比为停止等待式 ARQ 协议的传输效率 η_0，可得到

$$\eta_0 = \frac{\dfrac{n_f - n_0}{t_0}}{R} = \frac{1 - \dfrac{n_0}{n_f}}{1 + \dfrac{n_a}{n_f} + \dfrac{2(t_{prop} + t_{proc})R}{n_f}} \tag{3-3}$$

由式（3-3）可清楚地获知影响停止等待式 ARQ 协议效率的主要因素：分子上的 n_0/n_f 项表示由于传输报头和 CRC 校验而降低的效率；分母上的 n_a/n_f 项表示因传输确认帧而损失的效率；最后一项 $2(t_{prop} + t_{proc})R$ 是延时带宽乘积值或响应时间，很明显，传播时延的增加会使系统效率降低。

在有传输错误的情况下，一个帧可能要经过多次传输才能成功。假设每次传输或重传都需要 t_0 秒，若 p_f 表示帧传输出错并重传的概率，如果 10 个帧中有 1 个帧正确传输，则 $1 - p_f = 0.1$，即平均一个帧要发送 10 次才可以通过。显然，在帧传输出错概率为 p_f，且不同帧的差错是相互独立的，则每一帧要发送 $1/(1 - p_f)$ 次才可能成功。因此，在停止等待 ARQ 机制下，传输一个帧平均需要时间 $t_{sw} = t_0/(1 - p_f)$。对式（4-3）进行修正，可得到在有传输差错情况下停止等待式 ARQ 协议的效率为

$$\eta_{SW} = \frac{\dfrac{n_f - n_0}{t_{sw}}}{R} = \frac{1 - \dfrac{n_0}{n_f}}{1 + \dfrac{n_a}{n_f} + \dfrac{2(t_{prop} + t_{proc})R}{n_f}}(1 - p_f) = \eta_0(1 - p_f) \tag{3-4}$$

式（3-4）表明：系统效率 η_{SW} 由 $\eta_0(1-p_f)$ 决定，其中 η_0 为无差错时的系统效率。由此可见，传输差错对停止等待式 ARQ 协议的性能有很大影响。

3.4.3 后退 N 帧式 ARQ 协议

为提高停止等待式 ARQ 协议的效率，可以允许发送端发送完一数据帧后，不必停下来等待对方的应答，而是按照帧编号的顺序连续发送若干帧。如果在发送过程中收到接收端发送来的确认帧，仍可以继续发送，因此也把这种控制方式称为连续 ARQ 协议。若发送端收到对其中某一帧的否认帧，或者当发送端发送了 N 个帧后，发现该 N 帧的前一个帧在计时器超时后仍未返回其确认信息，则该帧被判为出错或丢失，此时发送端就不得不重新发送出错帧及其后的 N 帧。这种方法称为后退 N 帧式 ARQ，也是后退 N（Go Back N）帧名称的由来。因为对接收端来说，由于这一帧出错，就不能以正常的序号向它的高层递交数据，对其后发送来的 N 帧也不能接收而必须丢弃。

1. 后退 N 帧式 ARQ 协议的工作过程

后退 N 帧式 ARQ 协议的工作过程如图 3.17 所示。在图 3.14 中，假定发送完 8 号帧后，发现 2 号帧的 ACK2 在计时器超时后还未收到，则发送端只能退回从 2 号帧开始重传。

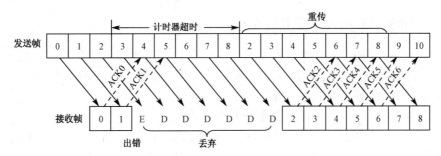

图 3.17　后退 N 帧式 ARQ 协议的工作过程

从后退 N 帧式 ARQ 协议的工作过程可以看出，当某一帧没有正确确认时，该帧以及后面的所有数据帧都要被重传，即一旦出差错，发送端就要后退 N 个帧，然后再开始重传。可见，未被确认帧的数目越多，需要重传的帧也就越多，占用的时间和开销也会增加，数据传输效率也会降低。为了提高传输效率，引入了滑动窗口协议来进行流量控制。

2. 后退 N 帧式 ARQ 协议的性能分析

为了便于分析后退 N 帧式 ARQ 协议的性能，令 t_{GBN} 表示在 $1-p_f=0.1$（也就是 10 帧中的 1 帧被正确传输）时成功传输一帧所需的时间。传输第一帧需要时间 $t_f=n_f/R$，因为第一帧出错的概率为 $p_f=0.9$，所以需要进行额外的重传。在后退 N 帧式 ARQ 协议中，每次重传都要发送 W_S 个帧，每帧需要时间 t_f，平均重传次数为 $1/(1-p_f)$，在本例中就是 10 次。因此，在后退 N 帧式 ARQ 协议中，成功传输一帧需要的总时间为

$$t_{\mathrm{GBN}}=t_f+p_f\frac{W_S t_f}{1-p_f} \qquad\qquad（3-5）$$

代入以上数据，得 $t_{\mathrm{GBN}}=t_f+9W_S t_f$。

将 t_{GBN} 代入式（3-3），就可得到后退 N 帧式 ARQ 协议的效率为

$$\eta_{GBN} = \frac{\dfrac{n_f - n_0}{t_{GBN}}}{R} = \frac{1 - \dfrac{n_0}{n_f}}{1 + (W_S - 1)p_f}(1 - p_f) \tag{3-6}$$

显然，如果信道无差错，即 $p_f = 0$，那么后退 N 帧式 ARQ 协议可获得很好的效率，也就是 $1 - n_0/n_f$。对于有差错的信道，由于需要传输的总帧数为最先传输的一帧加上以后每次后退重传的 W_S 帧，致使后退 N 帧式 ARQ 协议的效率不会比停止等待式 ARQ 有多大的改善。

3.4.4 选择重传式 ARQ 协议

当信道差错率较高时，后退 N 帧式 ARQ 协议会显得效率很低，因为它需要将已经传输到目的端的帧再重传一遍，这显然是一种浪费。为了进一步提高信道利用率并减少重传次数，另一种效率更高的策略是当接收端发现某帧出错后，其后继续送来的正确帧虽然不能立即递交给接收端的高层，但接收端仍可接收下来，暂存在一个缓冲区中，同时要求发送端重新传输出错的那一帧。一旦收到重新传输来的帧以后，就可以与原已存于缓冲区中的其余帧一并按正确的顺序递交高层。这种方法称为选择重传（Selectice Repeat）式 ARQ 协议。

1. 选择重传式 ARQ 协议的工作过程

选择重传式 ARQ 协议的工作过程如图 3.18 所示。在图 3.18 中，2 号帧的否认返回信息 NAK2 要求发送端选择重传式 ARQ 协议 2 号帧。显然，选择重传式 ARQ 协议减少了浪费，但要求接收端要有足够大的缓冲区空间。

选择重传式 ARQ 协议的关键是当某个数据帧出错时，不需要重传后面所有的帧；但需要接收端用一个缓冲区来存放未按顺序正确收到的数据帧。即凡是在一定范围内到达的帧，即使未按顺序收到，也要接收下来。这个范围用接收窗口表示。由于选择重传式 ARQ 协议的接收窗口大于 1，可见后退 N 帧式 ARQ 协议是选择重传式 ARQ 协议接收窗口等于 1 时的特例。

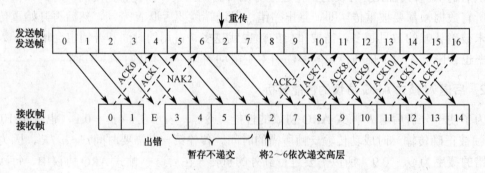

图 3.18 选择重传式 ARQ 示例

对于选择重传式 ARQ 协议，若用 n 位二进制码进行编号，则发送窗口 $W_S \leqslant 2^n - 1$，接收窗口不应该大于发送窗口，因此，$1 < W_R \leqslant 2^n - 1$。表 3-4 中采用滑动窗口的方法对以上 3 种协议进行了比较，其中 n 为帧编号的二进制位数。

表 3-4　停止等待式 ARQ、后退 N 帧式 ARQ 和选择重传式 ARQ 的比较

协 议 类 型	发送窗口 W_S	接收窗口 W_R
停止等待式 ARQ	1	1
后退 N 帧式 ARQ	$2^n-1 \geqslant$ 发送窗口 $W_S > 1$	1
选择重传式 ARQ	$2^n-1 \geqslant$ 发送窗口 $W_S > 1$	> 1

2. 选择重传式 ARQ 协议的性能分析

为了定量分析选择重传式 ARQ 协议的性能，假设任何帧的传输成功概率都是 $1-p_f$，且每个帧的传输都相互独立，则成功传输一帧所需的平均传输次数为 $1/(1-p_f)$，因此平均传输时间为

$$t_{SR} = \frac{t_f}{1-p_f} \tag{3-7}$$

于是由式（3-3）可以得到选择重传式 ARQ 协议的效率简化公式为

$$\eta_{SR} = \frac{\dfrac{n_f - n_0}{t_{SR}}}{R} = \left(1 - \frac{n_0}{n_f}\right)(1-p_f) \tag{3-8}$$

当帧的差错率 p_f 为 0 时，可获得的最佳效率为 $1-n_0/n_f$。需要注意的是，只有当发送窗口尺寸大于延时带宽乘积时，该等式才成立。如果窗口尺寸太小，发送端发送的帧数量就可能超出给定的序号范围，导致系统效率下降。

3. 选择重传式 ARQ 协议、后退 N 帧式 ARQ 协议和停止等待式 ARQ 协议的性能比较

选择重传式 ARQ 协议、后退 N 帧式 ARQ 协议和停止等待式 ARQ 协议，在执行的复杂度和传输的有效性等方面都有所不同。影响传输效率的因素有报头和 CRC 开销、延时带宽乘积以及帧的大小和帧的差错率。当帧较长时，可以忽略报头和 CRC 开销，则这些协议的效率表达式可分别简化为

$$\eta_{SR} = (1-p_f) ; \quad \eta_{GBN} = \frac{(1-p_f)}{1+Lp_f} ; \quad \eta_{SW} = \frac{1-p_f}{1+L} 。 \tag{3-9}$$

在式（3-9）中，$L = 2(t_{prop} + t_{proc})R/n_f$ 是若干帧中的"通信信道"大小，发送窗口尺寸设为 $W_S = L+1$。利用这些简化公式有助于分析影响 ARQ 协议效率的主要因素。

很明显，在各种 ARQ 协议中，选择重传式 ARQ 协议的效率最高，因为在同样情况下，它需要重传的帧数最少。由选择重传式 ARQ 的效率 η_{SR} 表达式可以看出，帧的差错率 p_f 是影响传输效率的主要因素。提高传输效率的唯一途径是减小 p_f，比如通过帧的纠错编码来减小 p_f。式（3-9）还说明，选择重传式 ARQ 协议是后退 N 帧式 ARQ 协议和停止等待式 ARQ 协议的一个基准。后退 N 帧式 ARQ 协议比选择重传式 ARQ 协议的效率要低，这主要表现在因子 $1+Lp_f$ 上。而停止等待式 ARQ 协议比后退 N 帧式 ARQ 协议的效率还低，这主要表现在因子 $1+L$ 上。当 Lp_f 很小时，后退 N 帧 ARQ 协议几乎与选择重传式 ARQ 协议性能相同。当 p_f 接近于 1 时，后退 N 帧式 ARQ 协议的效率就很接近停止等待式 ARQ 协议。另外，停止等待式 ARQ 协议的效率仅是选择重传式 ARQ 协议的 $1/(L+1)$。

3.5　数据链路协议

在数据链路层有许多协议，用户接入因特网也有多种方式，但常用的方法有两种：一种是通过电话线，拨号接入因特网；另一种是使用宽带接入。不管使用哪一种方法，在传送数据时都需要有数据链路层协议。例如，点到点协议（Point-to-Point Protocol，PPP）就是一种源于高级数据链路控制[规程]（HDLC），至今仍被广泛用于拨号上网或非对称用户数字线（ADSL）上网的数据链路层通信协议。虽然局域网被广泛用于在单个建筑物内互连主机，但大多数广域网的基础设施是以点到点方式建设的。因此，本节主要讨论用在点到点链路（Point to Point Link）上的数据链路协议。点到点链路是指一条连接两个结点的链路，链路的每一个端点有一个结点。

3.5.1　点到点协议

点到点协议（PPP）是一种由 IETF 定义的标准协议，它通过点到点链路承载多协议数据包，广泛用于拨号网络和用户租用线路访问因特网。其优点在于简单、具备用户验证能力、可以解决 IP 分配等问题。

1．PPP 协议的组成

用户接入因特网虽然有多种方式，但无论采用何种方式都不能直接连接到因特网上，而是需要通过某一种接入网连接到因特网服务提供者（ISP）才能接入。例如，住宅用户计算机可使用 PPP 协议通过调制解调器拨号连接公共交换电话网（PSTN）进行因特网接入，如图 3.19 所示。在该图中，M 表示调制解调器，R 表示路由器，ISP 表示为远程用户提供接入设备和接入服务的服务商。由此可知，PPP 的常用场合是由路由器点对点连接而成的一些主干网络，路由器之间的链路可以是同步光纤网（SONET）/同步数字系列（SDH）链路等传输系统。为了承载多协议数据包，PPP 协议由以下三部分组成：

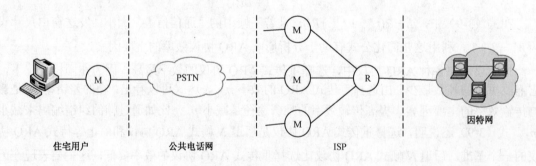

图 3.19　PC 使用 PPP 拨号入网

（1）一种用于将 IP 数据报封装到串行链路的封装方法。该方法既支持异步链路（无奇偶校验的 8 比特字符），也支持面向比特的同步链路，可以毫无歧义地区分出一帧的结束和下一帧的开始。

（2）一种用来处理连接建立、配置和测试数据链路连接的链路控制协议（Link Control Protocol，LCP）。LCP 可用于通信双方启动链路、测试链路、协商一些配置选项，以及当链路不再需要时关闭链路。RFC 1661 定义了 11 种 LCP 帧的类型。

（3）一种用于配置不同网络层选项的网络控制协议（Network Control Protocol，NCP）。NCP 包含多个协议，其中的每一个协议支持不同的网络层协议，如 IP 网络层、OSI 网络层和 Netware 网络层 IPX 等。

2．PPP 的帧格式

PPP 采用如图 3.20 所示的帧格式（RFC 1662）封装点到点链路上的 IP 数据报，它采用的是面向字符的组帧技术，所有的 PPP 帧长为字节的整数倍。

图 3.20　PPP 的帧格式

PPP 的帧格式包含以下字段。

（1）标志字段（F）。对于 PPP 帧，都以标志字节 01111110（0x7E）作为一帧的开始和结束标志。定义控制转换字节为二进制序列 01111101，即 0x7D。若帧的其他字段出现了标志字符或控制转换字符，系统就将它们和 0x20（即 00100000）执行异或运算，并将得到的字节插入到控制转换字符后面，分别得到 0x7D 和 0x5D，用于代替原来的标志字符和控制转换字符。

（2）地址字段（A）。PPP 帧的第二个字段是地址字段，默认值为 11111111（0xFF），因为点到点链路不存在寻址问题。

（3）控制字段（C）。控制字段用来定义帧的类型。默认值为 00000011（Ox03），表示是一个无编号的 PPP 帧，即在默认情况下，PPP 不使用带序号的帧和应答帧来提供可靠的数据传输。也可使用该字段给出帧的编号，以实现可靠的数据传输。

在默认配置的情况下，PPP 的地址域和控制字段均为固定的内容，因此可以用 LCP 给通信双方提供进行选项功能的协商，省掉这两个字段，从而可以少传 2 B。

（4）协议字段。PPP 帧的协议字段为 1～2 B，它告知对方在数据段中的数据报是什么类型的数据。RFC 1700 和 RFC 3232 定义了 PPP 使用的 16 位协议代码。PPP 可同时支持多个网络协议，即可以传输不同网络层协议生成的数据报，这一点与多协议路由器类似。因此，对应于 LCP、NCP、IP、AppleTalk 及其他协议，分别有不同的协议类型值；其值的码字以 0 开始时，表示网络层的协议。常见的几种协议类型为：0021H，TCP/IP；0023H，OSI；0027H，DEC；002BH，Novell；003DH，Multilink（多链路）。当以"1"开始时，用于协商其他协议，包括 LCP、NCP 等。协议字段默认值为 2 B，也可用 LCP 协商而减为 1 B。

（5）信息字段（IP 数据报）。信息字段的长度是可变的，最大值可通过协商来确定。如果在建立链路时未协商这个长度，那么就使用 1 500B 的默认值。如果有必要，可以使用填充以满足帧长度要求。

（6）帧校验字段（FCS）。帧校验字段用于存放校验和，一般为 2 B，也可以通过 LCP 协商使用 4 B。可利用 ITU 16 或 ITU 32 多项式生成器产生 CRC。

3. PPP 链路的控制过程

PPP 是一种具有多协议装帧机制的数据链路层协议，适用于调制解调器线路、SONET 高速线路以及其他物理层连接。为了通过点对点链路进行通信，PPP 链路的每个端结点都必须首先发送链路控制协议（LCP）数据帧，以配置和测试数据链路。当链路建立之后，PPP 发送网络控制协议（NCP）数据帧，以选择和配置网络层协议。一旦网络层协议配置好，来自每个网络层协议的 IP 分组就可以通过 PPP 数据帧相互传输。PPP 帧不仅能够通过拨号在电话线链路上传输，而且还适用于在高速 SONET 光纤链路上传输。图 3.21 所示为 PPP 协议数据链路控制过程的一种简化状态图，它描述了该协议从链路建立到拆除期间进行通信的各个阶段，图中的各个状态分别对应协议对链路进行控制的各个阶段。

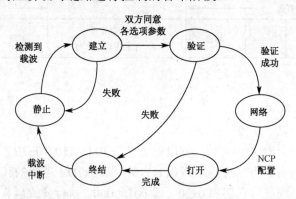

图 3.21　PPP 协议控制过程的状态图

在"静止"（Dead）状态期间，线路上不存在物理层的信号载波，也就是不存在物理层连接。一旦物理连接完成以后，就转入"建立"（Establish）状态，通信双方开始协商 LCP 选项参数。若协商成功，就进入"验证"（Authenticate）状态，双方按要求验证对方的标识符。验证成功后进入"网络"（Network）状态，启用合适的 NCP 来配置网络层。如果配置成功，就进入"打开"（Open）状态，双方可以进行数据传输。当数据传输结束时，转入"终止"（Terminate）状态，待载波中断以后返回到"静止"状态。

在"建立"状态期间，使用 LCP 来协商数据链路协议的选项参数，而 LCP 本身并不涉及选项参数本身，只是完成协商过程。LCP 的作用在于创建一个启动进程和一个响应进程，启动进程提出需要协商的选项参数，响应进程完成对全部或部分选项协商接受的过程。另外，LCP 还为两个进程提供一种手段以测试线路的质量是否允许建立数据链路。最后，也由 LCP 来完成拆除数据链路的过程。

启动方（I）与响应方（R）之间允许使用 4 种 Configure 类型的分组来进行选项协商，LCP 分组中带有待协商的选项表及其值。通过 LCP 可协商的选项包括：数据字段的最大长度、启用验证机制与否、选择所用的协议、是否启用线路质量监视功能以及选择各种标头压缩措施等。

关于 NCP 的作用这里不进行更多的解释，它的主要功能是在每一个链路连接中，指定启用某个网络层协议以及相应的配置请求。

3.5.2 数据链路协议实例

PPP 是一个组帧机制，它可以在多种类型的物理层上承载多种协议的数据包，为在点到点链路上直接相连的两个设备之间提供了一种传送数据报的方法。例如，SONET、ADSL 链路都采用了 PPP，只是在使用方式上有所不同。

1. PoS（Packet over SONET/SDH）协议栈

SONET/SDH 是物理层协议，常用于广域网的光纤线路上。这些光纤线路构成了通信网的骨干网络，其中包括电话系统。SONET 光纤传输系统定义了同步传输的线路速率等级结构，其传输速率以 51.84 Mb/s 为基础，大约对应于 T3/E3 的传输速率，此速率对电信号称为第 1 级同步传送信号，即 STS-1；对光信号则成为第 1 级光载波（Optical Carrier，OC），即 OC-1。现已定义了从 OC-1-51.84 Mbps 一直到 OC-3072-about 160 Gbps 的标准，通常表示为 OC-n，其中最常用的是 2.4 Gbps 的 OC-48 链路。为了在这些线路上承载数据包，IP 路由器利用点到点协议（PPP）实现 IP 数据报到 SONET/SDH 帧有效载荷的映射，即 PoS（Packet over SONET/SDH）协议栈，如图 3.22 所示。

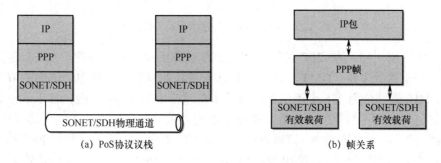

(a) PoS协议议栈　　　　　　　　　　(b) 帧关系

图 3.22　SONET/SDH 之上的数据包

由图 3.22 可知，PoS 是一种利用 SONET/SDH 提供的高速传输通道直接传送 IP 数据业务的技术。PoS 帧封装过程为：①使用链路层点到点协议（PPP）对数据包进行封装；②由 SONET/SDH 通道层的业务适配器把封装后的 IP 数据包映射到 SONET/SDH 同步净荷中；③经过 SONET/SDH 传输层和段层，加上相应的通道开销和段开销，把净荷装入一个 SONET/SDH 帧中；④经过光电转换到达光网络。PoS 接口在数据链路层支持 PPP，在网络层支持 IP。在通过 SONET/SDH 线路发送 PPP 帧之前，必须先建立和配置 PPP 链路。

2. 非对称用户数字线（ADSL）协议栈

在各类接入技术中利用传统电话线路传输数字信号的 xDSL 技术得到了普遍应用，它利用铜双绞线向用户传送大于 6 Mbps 的高速数据，并可传送 640 kbps 的双工中速数据。按照是否支持对称传输来划分，可将 xDSL 分为两大类：一类是不对称传输的，包括 ADSL、VDSL、RADSL、G.LITE；另一类是支持对称传输的，包括 HDSL、SDSL、MDSL、IDSL 以及 G.SHDSL。它们都凭借各自技术优势在相关领域占据了相当重要的地位。

基于 ADSL 的接入网组成及其所使用的协议如图 3.23 所示。由该图可知，ADSL 接入网由三大部分组成：①数字用户线接入复用器（DSL Access Multiplexer，DSLAM）。DSLAM通常包括许多 ADSL 调制解调器，ADSL 调制解调器又称为接入端接单元（ATU）。由于 ADSL 调制解调器必须成对使用，因此常把安装在电话公司端局的记为 ATU-C，在用户家中使用的记为 ATU-R。②本地回路，即现有电话网中的用户线。这是 ADLS 的最大优势。③用户住宅中的一些设施。在 ADSL 链路上传输数据包的过程为：在用户家里，通过 PC机使用以太网链路把 IP 数据包发送到 ADSL 调制解调器。然后，ADSL 调制解调器使用如图 3.23 所示的协议栈通过本地回路把 IP 数据包发送到 DSLAM。在 DSLAM 设备（或连接到它的路由器）上提取出 IP 数据包，并将其注入到 ISP 网络，最终到达因特网上的任何目的地。

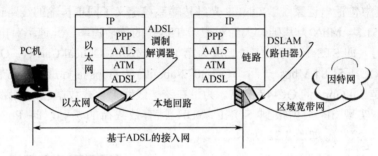

图 3.23　基于 ADSL 的接入网及其协议栈

　　进一步分析图 3.23 可知 PPP 是如何在 ADSL 链路上承载数据包的。ADSL 链路之上的协议底部是基于离散多频（DMT）调制技术的 ADSL 物理层。它将电话网中的双绞线的可用频带（1 MHz）划分为 256 个子信道，每个子信道带宽为 4 kHz，根据各子信道的性能动态分配各信道每字符可携带的比特数，关闭不能携带数据的子信道。在接近协议栈的顶部，位于 IP 网络层正下方的是 PPP。该协议与在 SONET/SDH 上传输数据包的 PPP 相同，并以同样的方式建立和配置链路，运载 IP 数据包。在 ADSL 与 PPP 之间的是异步传输模式（ATM）和 AAL5。

　　ATM 采用面向连接的传输方式，通过虚连接进行交换。为了在 ATM 上发送数据，需要将数据映射为一系列固定长度（53 B）的信元。这个映射由 ATM 适配层完成，映射过程称为分段和重组。针对不同的服务定义了几个适配层，从周期性的声音样本到数据包数据，其中一个主要用于数据包数据的适配层是 ATM 适应层 5（AAL5）。如图 3.24 所示是一个运载 PPP数据的 AAL5 帧结构。

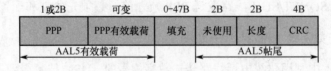

图 3.24　AAL5 帧结构

　　由图 3.24 可知，PPP 及其有效载荷字段作为 AAL5 的有效载荷（帧头）放置在 AAL5 帧中，PPP 字段告诉远端 DSLAM 有效载荷中包含的是一个 IP 数据包，或是另一种协议的数据包（例如 LCP）。AAL5 帧尾给出了帧的长度和用于错误检测的 4 字节的 CRC。除了有效载荷外，AAL5 帧还需要被填充，目的是使得帧的总长度为 48 B 的整数倍，以便帧被均匀分配成多个信元。RFC2364 详细描述了 PPP 和 AAL5 帧是如何工作的。

3.以太网上的 PPP（PPPoE）

随着以太网技术及宽带网络技术的发展应用，用户在家中或者办公室建立以太网局域网已非常普遍。在以太网上的多个用户通过使用同宽带桥接设备访问因特网，需要一种类似于拨号上网的服务，即基于每个用户的计费接入控制，但传统的以太网是不存在用户计费概念的。IETF 依据窄带拨号上网的运营思路，制订了在以太网上传送 PPP 数据包的协议（Point to Point Protocol over Ethernet，PPPoE）。

1）PPPoE 协议栈

PPPoE 是在以太网中传送 PPP 帧信息的技术，它实现了 PPP 帧在以太网上的适配，并提供以太网上的 PPP 连接。RFC2516 定义的以太网上的 PPPoE 协议栈，如图 3.25 所示。

图 3.25　以太网上的 PPPoE 协议栈

PPPoE 通过在以太网接口之上建立一个虚拟接口，使以太网局域网上的每一个独立站点都可以与一个远程 PPPoE 服务器建立一条 PPP 会话，这个服务器位于 ISP 中，又称为访问集中器（AC），通过公共的桥接设备相连。在局域网中的每个用户将 PPP 接口看成与拨号服务一样，但是 PPP 帧被封装在以太网帧中。通过 PPPoE，用户计算机获得一个 IP 地址，ISP 就可以轻松地将 IP 地址和特定的用户名以及密码相关联了。

2）PPPoE 操作

PPPoE 操作分为发现、会话两个阶段。

（1）发现阶段。在发现阶段，用户站点发现访问集中器的 MAC 地址，并建立一个与访问集中器的 PPP 会话，同时给这个会话分配一个唯一的 PPPoE 标识符（session_ID）。一旦会话建立，两个对等方进入 PPP 会话阶段就像 PPP 会话那样工作，即进行 LCP 协商。由于 PPP 是点到点的关系，其发现阶段实际上是一个客户机/服务器的关系，因此，PPPoE 发现阶段分为 4 个步骤进行：①接入因特网的站点广播一个初始化帧，请求远程访问集中器发回它们的地址；②远程访问集中器将其 MAC 地址返回；③最初发起请求的站点选择一个访问集中器，并向被选中的访问集中器发送一个会话请求帧；④访问集中器产生一个 PPPoE 会话标识符，并返回一个带有会话标识符的确认帧。

（2）会话阶段。会话阶段主要是在以太网帧中承载 PPP 帧，其他与普通的 PPP 会话方式一样运作。通信双方一旦知道对方的 MAC 地址和 session_ID，PPPoE 会话就开始。PPP 数据就可以封装在以太帧中进行发送。所有的以太帧都是单播的。以太类型域设为 ox8864，PPPoE 报头中代码域段（code）必须设为 ox00。session_ID 为在发现阶段获得的值，不能改变。PPPoE 数据域为 PPP 帧。该帧头两个字节是 PPP 类型域。PPPoE 会话的 session_ID 一定不能改变，并且必须是发现阶段分配的值。当 LCP 终止一个 PPP 会话时，PPPoE 会话也被拆除。

一个普通的 PPP 终止过程可以终止一个 PPPoE 会话。PPPoE 既允许发起站点也允许访问集中器方式有关显式的终止帧来关闭会话。一旦发送或接收到一个终止帧时，就不允许再传输帧了，即使普通的 PPP 终止帧也是如此（即不允许发送）。

3）PPPoE 数据包结构

PPPoE 数据包结构如图 3.26 所示。其中，各字段的含义如下：

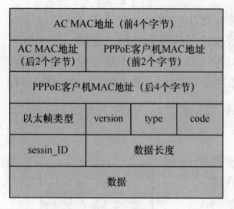

AC MAC地址（前4个字节）			
AC MAC地址（后2个字节）	PPPoE客户机MAC地址（前2个字节）		
PPPoE客户机MAC地址（后4个字节）			
以太帧类型	version	type	code
sessin_ID	数据长度		
数据			

图 3.26　PPPoE 包结构

AC MAC 地址在发现阶段是一个数据链路层的广播地址，在会话阶段是一个单播地址，即 AC 服务器的一个接口 MAC 地址，6 个字节长度。

PPPoE 客户机地址为单播地址，是发送数据包的接口 MAC 地址，6 个字节长度。

以太帧类型有两种，一是 0x8863，表示该阶段处在 PPPOE 发现阶段；另一种类型是 Ox8864,表示该阶段出在 PPPoE 会话阶段，2 个字节长度。

版本号（version），占 4 位，目前，PPPoE 版本号为 ox01。

类型域（type）也占 4 位，其值也设为 ox01。

代码域（code），占 8 位，根据 PPPoE 阶段的不同，其值不同，在同一阶段内部，根据所处的状态不同，其值也不相同。

会话标识符（session_ID），占 16 位。该值在发现阶段获得，在会话阶段保持不变；该 session_ID 及双方的 MAC 地址共同保持一个会话连接。

数据长度，占 16 位。该值表明数据部分的长度，不包括以太帧头和 PPPoE 包头的长度。

数据部分最大长度不能超过 1494（1500-6）字节；在发现阶段封装的是标签值，在会话阶段封装的是 PPP 帧。

PPP 是在对等实体之间构建点到点关系的一种典型解决方案，由于以太网中包含多个站点，PPPoE 提供了在以太网中传送 PPP 帧信息的方法。一种典型的 PPPoE 连接方式如图 3.27 所示。

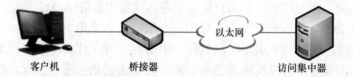

客户机　　　　桥接器　　　　　　　　访问集中器

图 3.27　PPPoE 典型连接示意

3.6　无线链路

无线链路是指以无线电波（RF）、红外线 IR（Infrared）和激光等作为传输介质，由无线通信设备和传输信道组成的数字通信链路。无线链路与有线链路具有不同的功能特点，对协议设计也有着特殊的要求。在此选择 IEEE 802.11（WiFi）、蓝牙和 WiMAX 作为示例简单讨论无线链路。

3.6.1　IEEE 802.11/WiFi

IEEE 802.11 是一个无线局域网标准。通常将基于 IEEE 802.11 标准的无线网络称为 WiFi。

WiFi 在技术上是一个商标，由一个名为 WiFi 联盟的商业组织拥有，确保其产品符合 IEEE 802.11 标准。WiFi 主要用于有限地理范围（家庭、办公室、校园等）内用户与用户终端的无线接入。

1. IEEE 802.11 标准系列

IEEE 802.11 定义了许多不同的物理层标准，其频段不同，提供的数据传输速率也不同。最初的 IEEE 802.11 定义了两个基于无线电的物理层标准，即跳频扩频（FHSS）和直接序列扩频（Direct Sequence Spread Spectrum，DSSS）。两者都提供 2 MHz 的速率，由于在速率和传输距离上不能满足人们的需要，IEEE 随后相继推出了 802.11b 和 802.11a 两个标准。最新标准是 2009 年提出的 IEEE 802.11n，使用 MIMO-OFDM 技术，能够工作在高达 600 Mbps 的速率。表 3-5 总结了几个常用标准的主要特征。

表 3-5　IEEE 802.11 标准系列

标准名称	频率范围/GHz	数据传输速率/ Mbps
IEEE 802.1lb	2.4～2.485	最高为 11
IEEE 802.11a	5.1～5.8	最高为 54
IEEE 802.1lg	2.4～2.485	最高为 54
IEEE802.11n	2.4 和 5	最高为 600

IEEE 802.11 标准系列有许多共同特征：都使用共同的介质访问协议 CSMA/CA（带碰撞避免的载波侦听多址访问），稍后将对其进行讨论；都使用相同的链路层帧格式；都具有降低传输速率以到达更远距离的能力；都允许采用基础设施模式和自组织模式。

IEEE 802.11b WLAN 具有 11 Mbps 的数据传输速率，这对大多数使用宽带线路或者 ADSL Internet 接入的网络而言已足够。IEEE 802.1lb WLAN 工作在不需要许可证的 2.4～2.483 5 GHz 的无线频段上，与 2.4 GHz 电话等争用频段。它定义了 WLAN 的物理层和介质访问控制 MAC 层。与码分多址访问 CDMA 技术类似，物理层使用直接序列扩频（DSSS）技术将每个比特编码为码片的比特模式，使信号的能量可在更宽的频率范围内扩展，这样就增加了接收端恢复数据信号的能力。

IEEE 802.1la WLAN 可以工作在更高的比特率上，但它要在更高的频谱上运行。例如，采用正交频分复用（OFDM）技术，可提供的数据传输速率达 54 Mbps。然而，由于运行的频率更高，IEEE 802.1la WLAN 对于一定的功率级别而言传输距离较短，并且受多路径传播的影响更大。IEEE 802.11g WLAN 与 802.1lb WLAN 工作在同样的较低频段上，然而却具有与 IEEE 802.11a 相同的高数据传输速率，所以能使用户更好地享受网络服务。

除了无线局域网的速度不断增加之外，IEEE 802.11 还增强了其他功能。IEEE 802.11e 为对时间有严格要求的应用定义了一套服务质量（QoS）功能；IEEE 802.11i 为安全指定了增强机制；正在开发中的一些标准如 IEEE 802.11s 定义了在 AD HOC(自组织)模式的设备如何创建一个网格网络；IEEE 802.11k 和 IEEE 802.11r 用于无线漫游，前者提供信息以找到最合适的接入点，后者实现了运动中设备的连接和快速切换。

2. IEEE 802.11 协议栈

所有的 IEEE 802 协议（包括 802.11 和以太网）都有某些结构上的共性。IEEE 802.11 协议栈的组成如图 3.28 所示。客户端和接入点（Access Point，AP）协议栈相同。物理层对应于

OSI 的物理层，但所有 802 协议的数据链路层分为两个或更多个子层。在 IEEE 802.11 中，媒体访问控制（MAC）子层决定如何分配信道，逻辑链路控制（LLC）子层的工作是隐藏 802 系列协议之间的差异，使它们在网络层看来无差别。

图 3.28　IEEE 802.11 协议栈

3.6.2　蓝牙

蓝牙（Bluetooth）技术是为适应移动电话、PDA、便携式计算机以及其他个人或外围设备之间的短距离通信而提出的。例如，蓝牙技术可用于连接移动电话和耳机，便携式计算机和耳机等。在使用蓝牙连接两个终端时，不必提供很大的范围或带宽。蓝牙运行在 2.5 GHz 的免许可频段，其链路典型带宽是 1～3 Mbps，有效范围大约为 10 m。考虑到利用蓝牙通信的设备多属于个人或一个组织，因此，常被归类为个人区域网络（PAN）。蓝牙系统的基本单元是一个微网（Piconet），微网包含一个主节点以及 10 m 之内最多 7 个活跃的从结点。在同一个大房间可以同时存在多个微网，它们甚至可以通过一个桥接结点连接起来。该桥接结点必须加入多个微网。一组相互连接的微网称为一个散网（Scatternet）。

蓝牙标准给出了所支持的专门应用以及每一种应用对应的不同协议栈。目前，蓝牙可以支持 25 种应用程序，并将这些应用通称为轮廓（Profiles）。蓝牙标准包含有许多协议，松散地分成多个层次，如图 3.29 所示。

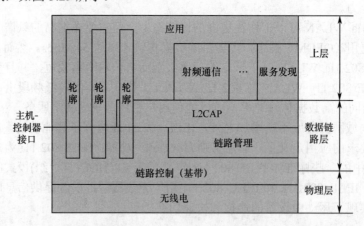

图 3.29　蓝牙协议体系结构

蓝牙协议体系结构的底层是无线电层，对应于 OSI 模型和 IEEE 802 的物理层，它涉及无线传输和调制解调。链路控制（或基带）层类似于 MAC 子层，但是包括物理层的元素，它涉及主结点如何控制时间槽以及如何将这些时槽组成帧。位于主机-控制器接口线下面的链路管理、处理设备之间的逻辑信道建立，包括电源管理、配对和加密以及服务质量。接口线上面是逻辑链路控制适配协议（Logical Link Control Adaptation Protocol，L2CAP），它携带可变长度的消息，如果需要还能提供可靠性。许多协议都要用到 L2CAP，例如图中所示的两个实用程序：①服务发现用于在网络中寻找到可用服务；②射频通信模拟 PC 机上标准串行端口，用于连接键盘、鼠标和调制解调器等其他设备。最上层是应用程序的所在位置。轮廓由竖直的条状块表示，分别定义实现特定目标的协议栈切片。特定的轮廓，例如耳机，通常只包含该应用程序所需要的协议。

3.6.3 宽带无线（WiMAX）

为对宽带无线城域网进行标准化，IEEE 于 2001 年 12 月公布了采用视线（Line of sight）链路传输的第一个 IEEE 802.16 标准。该技术标准也被称为全球微波接入互操作性（Worldwide Interoperability for Microwave Access，WiMAX），常互换使用 IEEE802.16 和 WiMAX 两个术语。2003 年修订成为支持非视线链路传输，随着第 3 代移动通信技术（3G）的应用所带来的高数据率和移动性，经再次修订发布了移动宽带因特网接入标准 IEEE802.16-2009。

1．WiMAX 体系结构

WiMAX 体系结构如图 3.30 所示。基站直接连接到服务提供商（ISP）的骨干网络，该网络再连接到因特网。基站通过无线接口与站通信。网络中并存着两种站：一种是保持在一个固定位置的用户站，例如家庭宽带接入因特网；另一种是可以在移动中接收服务的移动站，例如配备了 WiMAX 装置的一辆汽车。

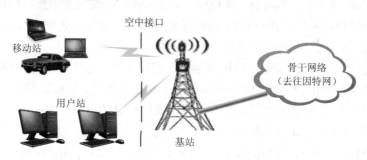

图 3.30　WiMAX 体系结构

2．IEEE 802.16 协议栈

WiMAX 的总体结构与其他的 IEEE 802 网络类似，但具有更多的子层。用于空中接口的 IEEE 802.16 协议栈如图 3.31 所示。其中，最底层主要处理信号传输，作为示例图中只给出了固定和移动 WiMAX，它们都运行在 11 GHz 以下的许可频谱并使用 OFDM，但在方式上有所不同。物理层上面是数据链路层，包含 3 个子层：①安全子层，负责管理加密、解密和密钥管理；②MAC 公共子层，主要作用是信道管理、调度下行链路（基站到用户）的信道，同时管理上行链路（用户到基站）；③特定服务汇聚子层，主要是为网络层提供接口。尽管该标准定义了与诸如以太网等协议的映射，但主要选择还是 IP。由于 IP 是无连接的，而 IEEE802.16 MAC 子层是面向连接的，因此两层之间必须在地址和连接之间进行映射。

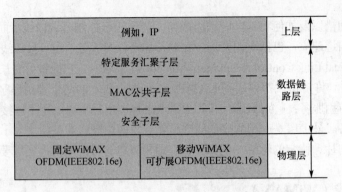

图 3.31　IEEE 802.16 协议栈

关于无线链路，例如 IEEE 802.16 还有许多内容，更多的信息参考 IEEE 802.16-2009 等 RFC 文档。

本章小结

本章重点介绍了数据链路层的基本概念、帧报头中决定协议操作的控制信息以及差错检测和纠错技术，以及重要的数据链路层协议，如停止等待式协议、连续 ARQ 协议、后退 N 帧式 ARQ 协议和选择重传式协议，其中包括滑动窗口的概念。

数据链路层的基本服务是将网络层的数据报从一个结点传送到一个相邻的结点。所有数据链路层协议的操作都在通过链路向相邻结点传输之前，将网络层数据报封装在链路层帧中，即组帧。在计算机网络中，常用的差错校验有奇偶校验、循环冗余校验（CRC）及校验和等，它们使用不同的校验码。检错编码的优势在于简单快速，适用于网络条件好的环境；纠错编码的能力强，适用于网络条件差的环境以减少重传。

数据链路控制机制，即滑动窗口机制是指在有限序列空间中提供序列编号的一种方法。为了使 ARQ 协议能够正确执行，任何时候都只有一部分序列空间可以使用。滑动窗口机制还可以提供流量控制，以此来调节发送端向接收端传送信息的速率。

数据链路协议主要用于解决既可以通过有线也可以通过无线链路直接链接的两个结点之间的连通性问题。作为一种通用的数据链路协议，PPP 可以加强链路监控，具有认证功能，并且可以同时支持多种网络层协议。

本章的重点是数据链路层的组帧、差错控制、流量控制以及可靠传输机制；难点是滑动窗口机制和 3 种停等协议。

思考与练习

1．为什么要定义数据链路层？数据链路层的主要功能有哪些？

2．什么是数据链路？理想的数据链路基于哪两个假设？如果它们不满足这两个假设，需要分别进行什么控制？

3．一个码长 $n=15$ 的汉明码，监督位 r 应为多少？编码效率为多少？

4．设生成多项式 $G(x)=X^4+X^2+1$，试计算信息码 1010110 的 CRC 编码，并判断收到的码字 1011000110 是否正确？

5. 试比较常用的判断数据帧起始和结束的方法。

6. 什么是滑动窗口流量控制协议？试举例说明。

7. 若传输数据为 0111101110001111111，采用带位填充的首尾标志法处理后，传输的数据形式如何？

8. 若传输的数据是 DLE、STX、A、B、DLE、DLE、c、DLE、ETX，且采用带字符填充的首尾定界法，则填充后的数据是什么？

9. 描述停止等待式 ARQ，试画出正常传输情况下和帧丢失情况下停止等待式 ARQ 工作过程的示意图。

10. 简述后退 N 帧式 ARQ 对停止等待式 ARQ 的主要改进，并解释"后退 N 帧式"的含义。

11. 在滑动窗口协议中，窗口尺寸有什么作用？

12. 后退 N 帧式 ARQ 的发送窗口 W_T 有什么限制？如果帧的序号用 3 比特编号，发送窗口的最大序号是多少？假设 $W_T=8$，对于后退 N 帧 ARQ 假定接收端对每一个正确接收到的帧都发回一个 ACK。试举例分析：当数据帧的 ACK 丢失时会产生什么问题。

13. 选择重传 ARQ 的发送窗口 W_T 时有什么限制？如果帧的序号用 3 比特编号，选 $W_T=W_R=5$，并假定接收端对每一个正确接收到的帧都发回一个 ACK。试举例分析说明：当某一序号的数据帧的 CK 丢失时会产生什么问题。

14. 选择重传 ARQ 机制对后退 N 帧式 ARQ 机制进行了哪些改进？选择重传 ARQ 的接收窗口的大小与后退 N 帧式 ARQ 有什么不同？选择重传 ARQ 的滑动窗口有什么限制？

15. 假设发送窗口是 4，要发送 0～7 号帧。当发送 2 号帧时，0 号帧确认，但无法收到 5 号帧的确认。试用滑动窗口协议描述传输过程。

16. 在选择重传协议中，接收窗口大于 1。若在 A、B 两端进行通信，窗口的序列号为 3 位，接收窗口能否大于 7？为什么？

17. PPP 的主要特点是什么？适合在什么情况下使用？画出并说明 PPP 的帧格式。

第4章 局 域 网

社会对信息资源的广泛需求及计算机技术的普及应用，促进了计算机网络技术的迅猛发展。在 20 世纪 60 年代后期到 70 年代前期，计算机网络技术发生了急剧变化。为适应社会发展对信息资源的共享需求，人们研发了一种称为计算机局域通信网络（简称局域网）的计算机通信形式。在当今的计算机网络技术中，局域网技术已经占据了十分重要的地位，局域网也已成为应用最为广泛的计算机网络。

本章在介绍局域网概念的基础之上，从局域网的体系结构和协议入手，讨论 CSMA/CD 介质访问控制方法，然后重点研究高速局域网、虚拟局域网、交换式局域网及其配置、无线局域网（WLAN）及组建等技术。

4.1　局域网概述

20 世纪 90 年代初，随着计算机性能的提高及通信量的急剧增加，传统的共享式局域网已经越来越不适应人们的需要，交换式以太网技术应运而生，大大提高了局域网的性能。高速交换式局域网已成为目前主要的网络技术。

4.1.1　局域网的基本概念

局域网种类较多，从早期的共享传输介质网络到交换式网络。最初，以太网（Ethernet）只是众多局域网技术的竞争者之一，但最后成为胜利者。在过去几十年中，以太网通过多次修改以适应新的发展需求，从而产生了庞大的 IEEE 802 标准体系，并且还在继续发展演变。目前，交换式局域网已经成为局域网的主要形式。

1. 局域网的定义

IEEE 给出的最原始定义是："局域网络中的通信被限制在中等规模的地理范围内，例如一幢办公楼，一个工厂或一所学校，能够使用具有中等或较高数据速率的物理信道，且具有较低的误码率，局域网是专用的、由单一组织机构所利用"。由此可知，局域网是一种在较小的地理范围内将有限的计算机与各种通信设备互连在一起，实现数据通信和资源共享的计算机通信网络。决定局域网的主要技术要素为：拓扑结构、传输介质及介质访问控制方式。

2. 以太网

局域网技术发展很快，在众多局域网技术中以太网是最著名的。以太网是 20 世纪 70 年代中期由施乐公司（Xerox）的 Robert Metcalfe 和他的同事在 Palo Alto 研究中心（PARC）

联合开发的。虽然以太网的概念最初由 PARC 提出，但却起源于 20 世纪 60 年代后期到 70 年代早期夏威夷大学的 Aloha 网络，而且此后一直在不断发展。1980 年，美国 DEC、Intel、Xerox 3 家公司合作，共同提出了以太网规范（The Ethernet, A Local Area Network, Data Link Layer and Physical Specification），即著名的以太网蓝皮书，也称为 DIX 1.0 以太网规范。1982 年 DIX 以 2.0 版作为终结，完成了基于同轴电缆传输的 10 Mbps 局域网的 DIX 以太网标准，但 DIX v2.0 的标准并未被国际标准化组织所接受。IEEE 成立了 802.3 委员会并发布了一种与 DIX v2.0 标准在技术上十分接近的 IEEE 802.3 标准。据说，IEEE 本来希望将 DIX v2.0 作为它的标准，但是 DEC、Intel、Xerox 3 家公司联盟想继续保留其专利权。为避免任何侵权专利的行为，IEEE 对 DIXv2.0 进行了修改，于 1985 年首次发布了 IEEE 802.3 标准，用于粗同轴电缆；ISO 于 1989 年以标准号 ISO 8023 采纳了 802.3 标准，至此，IEEE 标准 802.3 正式得到国际上的认可。

早期的以太网是用一条作为总线的同轴电缆连接多台计算机的，如 10Base-2 与 10Base-5 等。在这种局域网中，主机通过收发器连接到以太网段上，多个以太网网段可由中继器连接起来，也可以使用多口的中继器（也称为集线器）组建，如图 4.1 所示。其中，连接多台计算机的同轴电缆称为共享的总线传输介质，简称共享介质。多个主机通过一条共享介质发送和接收数据称为多路访问。因此在以太网总线上不可避免会发生冲突，以太网的多路访问协议需要处理冲突域中链路的竞争问题。多结点利用一种称为带冲突检测的载波侦听多路访问（Carrier Sense Multiple Access/Collision Detect，CSMA/CD）算法共享总线。在 CSMA/CD 中，载波侦听意味着所有结点可识别链路的忙或闲，冲突检测意味着当一个结点传输数据时要侦听链路，可以侦听正在传输的帧与另一结点传输的帧是否发生了干扰（冲突）。

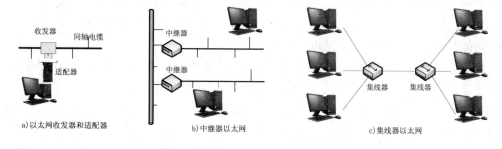

a)以太网收发器和适配器　　b)中继器以太网　　c)集线器以太网

图 4.1　以太网组成

早期的以太网是共享式以太网，使用集线器进行组网。集线器只是在电气上简单地连接所有连接线。共享式以太网存在的主要问题是：

（1）易发生广播风暴。在共享式以太网中，所有网络结点都位于同一个冲突域，网络中的每个结点都可能从共享的传输介质上发送数据帧，所有的结点都可能会因为争用共享介质而产生冲突，从而导致大量的网络带宽被消耗与冲突，降低网络性能。

（2）网络总带宽容量固定。共享式网络上的所有结点共同拥有固定带宽容量，随机占用。网络结点越多，每个结点平均可以使用的带宽越窄，网络的响应速度也就会越慢。如果集线器的带宽是 100 Mbps，当连接到 10 台主机时，每台主机所能分享的带宽为 10 Mbps；而当连接 20 台主机时，每台所能分享的带宽只有 5 Mbps 了。做个形象的比喻，集线器就像是一座单车道小桥，不仅每次只允许一个方向的车辆通过，而且每次只能通过一辆汽车。

（3）覆盖的地理范围受限。按照 CSMA/CD 的有关规定，以太网覆盖的地理范围随着网络速度的增加而减小，一旦网络速度固定下来，网络的覆盖范围也就固定下来。因此，只要两个结点处于同一个以太网中，它们之间的最大距离就不能超过某一固定值，不管它们之间的连接是跨域一个集线器还是多个集线器，如果超过固定值网络通信就会出现问题。

为了克服网络规模与网络性能之间的矛盾，提出了将共享介质改为交换方式，形成了交换式局域网。交换式以太网的出现有效解决了共享式以太网的这些缺点。

3．交换式以太网

在现代网络技术中，交换式以太网（Switched Ethernet）是当前网络技术发展的重点，也是网络技术发展的热点。交换式网络是指网络中的计算机是通过交换机连接的。交换机可以为任意两个交换数据的端口建立一条独立的数据通道进行数据交换，大大提高了数据交换的效率。因此，交换式以太网的核心设备是网络交换机（Switch），它包含一块连接所有端口的高速背板，通常有 4～48 个端口，每个端口都有一个标准的 RJ-45 连接器用来连接双绞线电缆。每根电缆把交换机与一台主机连接，如图 4.2 所示。

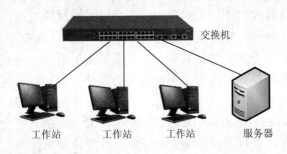

图 4.2　交换式以太网

简单地说，交换是一种允许互连链路以形成一个更大规模网络的机制。交换机是一种多输入、多输出的网络设备，能把来自一个输入端口的分组传送到一个或多个输出端口。交换机所连接的每一个端口都对应一个独立的冲突域，它可以根据二层 MAC 地址进行数据帧的过滤与转发，有效提升网络的可用带宽。交换式网络的工作模式通常为"全双工"（full duplex），即终端设备可以同时发送和接收数据，数据流是双向的。在交换式网络中，每台主机都有一条到交换机的链路，许多主机可以全链路速度（带宽）传输数据。对于 100 Mbps 端口而言，在全双工工作模式下，接收和发送数据的速率均为 100 Mbps，总带宽即可达到 200 Mbps；对于 1 000 Mbps 端口而言，在全双工工作模式下，接收和发送数据的速率均为 1 000 Mbps，总带宽可达到 2 000 Mbps。

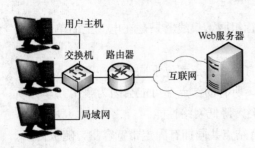

图 4.3　局域网接入互联网示例

交换机能够把一个星形拓扑结构加到点到点链路、总线型（以太网）拓扑结构上。交换式以太网具有安装简单，价格低廉，软件和硬件支持广泛等特点。现代网络大量使用交换式以太网，当用户从一个大学或者公司的园区接入互联网时，几乎总是以交换式以太网的方式接入。比较典型的接入方式是从主机到局域网，再经路由器接入互联网，如图 4.3 所示。

4.1.2　IEEE 802 局域网标准系列

在局域网发展早期，专用的厂商标准在局域网标准中占居了统治地位。1980 年 2 月 IEEE 成立了一个 802 委员会，专门从事局域网标准的制定工作。IEEE 802 制定了以太网、令牌环和令牌总线等一系列局域网标准，被称为 802.x 标准，它们都涵盖了物理层和数据链路层。例如，以太网除了涉及数据链路层的数据帧定义与管理，还涉及物理层的接口和线缆的定义。

IEEE 802 委员会使用 OSI-RM 作为框架，发布了一系列局域网标准，并不断地增加新的标准。现有的 IEEE 802 局域网标准及其内部结构关系如图 4.4 所示。

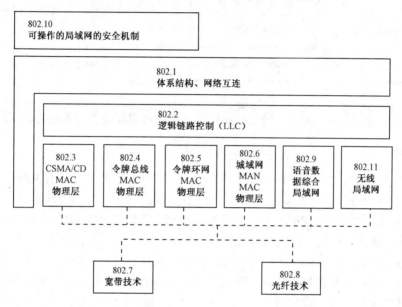

图 4.4　IEEE 802 局域网标准及其内部结构关系

在图 4.4 中，每一方框代表一个标准。IEEE 802.1 为倒 L 形，其垂直部分包含了所有协议的纵向部分。

4.1.3　IEEE 802 局域网的体系结构

OSI-RM 是一个具有一般性的网络模型，作为一种标准框架为构建网络提供了一个参照系。但局域网作为一种特殊的网络，有它自身的技术特点。另外，由于局域网实现方法的多样性，所以它并不完全套用 OSI 体系结构。IEEE 802 局域网的体系结构如图 4.5 所示。

1. 局域网的物理层

对于局域网来说，物理层是必需的，它的主要功能体现在机械、电气、功能和规程方面的特性，以建立、维持和拆除物理链路，保证二进制位信号的正确传输，包括信号的编码和译码、同步信号的产生与识别以及比特流的正确发送与接收。

IEEE 802 局域网参考模型定义了多种物理层，以适应不同的网络传输介质和不同的介质访问控制方法。为便于物理实现，IEEE 802.3 标准根据物理层是否在同一个设备中实现，把物理层又分为物理层信令（Physical Layer Signaling，PLS）和物理介质连接（Physical Medium Attachment，PMA）两个子层。PLS 子层的功能是向 MAC 子层提供服务，负责比特流的编码、译码和载波监测。PMA 子层的功能是向 PLS 子层提供服务，完成冲突检测、超长控制（Jabber Control）以及发送或接收串行的比特流。

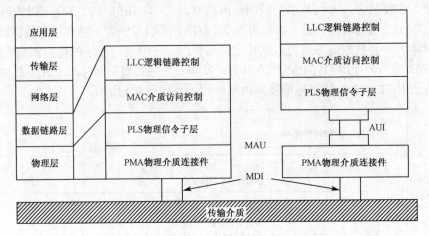

图 4.5　IEEE 802 局域网的体系结构

根据 PLS 和 PMA 是否处在同一设备内，又有两种接口。图 4.5 的右侧图是表示 PLS 和 PMA 不处在同一设备内的一种实现。PLS 子层通过连接单元接口（Attachment Unit Interface，AUI）与 PMA 子层相连接。PMA 子层又通过介质相关接口（Medium Dependent Interface，MDI）与物理传输介质相连。通常将 PMA 和 MDI 合在一起，称为介质连接单元（Medium Attachment Unit，MAU）。AUI 接口定义了连接 PLS 与 MAU 的电缆和连接件的电气、机械特性以及该接口上的电信号特性（仅用于粗同轴电缆）。MDI 接口定义了电缆段、连接电缆段的连接器以及电缆末端终接负载的特性。当 PLS 和 PMA 处在同一设备内时，就不需要 AUI 了，如图 4.5 的左侧图所示。

2．局域网的数据链路层

由于局域网的种类繁多，其介质访问控制方式也各不相同。为了使局域网中的数据链路层不致过分复杂，在 IEEE 802 局域网标准中，将其划分为介质访问控制（MAC）和逻辑链路控制（Logical Link Control，LLC）两个子层。

局域网的数据链路层是必需的，它负责把不可靠的传输信道转换成可靠的数据链路，传送带有校验和的数据帧，并采用差错检测和帧确认技术。在局域网中，由于多个设备共享传输介质，在传输数据帧之前，首先要解决由哪些设备占用介质。因此，数据链路层必须具有介质访问控制功能。由于局域网采用的传输介质和拓扑结构有多种，相应就有多种介质访问控制方法。为了使数据帧的传输独立于所采用的物理介质和介质访问控制方法，IEEE 802 协议把数据链路层分成了 MAC 和 LLC 两个子层，目的是使数据链路层数据单元（数据帧）的传输独立于传输介质和介质访问控制方法，让 MAC 子层与传输介质和拓扑结构密切相关；而让 LLC 层与所有介质访问控制方法和拓扑结构无关，从而使局域网体系结构能够适应多种传输介质。换言之，在 LLC 不变的条件下，只需改变介质访问控制方法（MAC），便可适应不同的传输介质和访问控制方法。

1）介质访问控制子层及 MAC 地址

介质访问控制（MAC）子层位于逻辑链路控制（LLC）子层的下层，为 LLC 子层提供服务，其基本功能是解决共享介质的竞争使用问题。

MAC 子层提供数据帧的无连接传输。MAC 实体接收来自 LLC 子层或直接来自网络层的数据帧。该实体构造一个包含源和目的 MAC 地址以及帧校验序列（FCS）的 PDU，FCS 是一个简单的 CRC 校验和。MAC 地址指定了工作站到局域网的物理连接。MAC 实体的主要任务是执行 MAC 协议，该协议控制何时应将帧发送到共享传输介质上。

在局域网中，每个网卡都有一个唯一的物理地址，称为 MAC 地址，有时也称为 LAN 地址或链路地址。由于这种地址用在 MAC 帧中，所以 MAC 地址是比较流行的一个术语。MAC 地址是在介质访问控制子层上使用的地址，是网络结点在全球唯一的标识符，与其物理位置无关。

对于大多数局域网，包括以太网和 802.11 WLAN，MAC 地址可采用 6 B（48 bit）或 2 B（16 bit）两种中的任意一种。但是，随着局域网规模越来越大，一般都采用 6 B 的 MAC 地址，即表示为 12 个十六进制数，每 2 个十六进制数之间用冒号隔开，如 00:02:3f:00:11:4d 就是一个 MAC 地址。MAC 地址与具体的物理局域网无关，即无论将带有这个地址的硬件（如网卡等）接入到局域网的何处，都有相同的 MAC 地址，它由厂商写在网卡的只读存储器 ROM 里。可见 MAC 地址实际上就是网卡地址或网络标识符 EUI-48。当这块网卡插入到某台计算机后，网卡上的标识符 EUI-48 就成为这台计算机的 MAC 地址。由于 MAC 地址固化在网卡中的 ROM 中，可以通过 DOS 命令查看。例如，Windows 用户可以使用 ipconfig/all 命令查看 MAC 地址，其中用十六进制表示的 12 位数就是 MAC 地址。

由于网卡插在计算机中，因此网卡上的 MAC 地址可用来标识插有该网卡的计算机；同样当路由器用网卡连接到局域网时，网卡上的 MAC 地址可用来标识插有该网卡的路由器的某个接口，如图 4.6 所示。可见，互联网中结点的每一个局域网接口都有一个 MAC 地址。

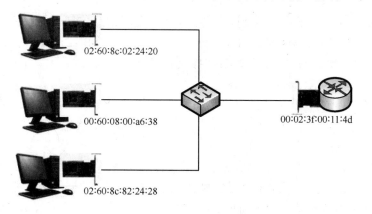

02:60:8c:02:24:20

00:60:08:00:a6:38

00:02:3f:00:11:4d

02:60:8c:82:24:28

图 4.6　与 LAN 相连的每个网卡都有一个唯一的 MAC 地址

一个结点允许有多个 MAC 地址，其个数取决于该结点局域网接口的个数。例如，安装有多块网卡的计算机，有多个以太网接口的路由器。网络接口的 MAC 地址可以认为就是宿主设备的局域网物理地址。因此，MAC 地址有 3 种类型，如图 4.7 所示。

（1）单播地址（Unicast Address）。单播地址（I/G=0）是永久分配给一个网卡的地址。拥有单播地址的 MAC 帧将发送给网络中一个由单播地址指定的结点。因此，每当网卡从网络上收到一个 MAC 帧时，就首先用该卡的 MAC 地址与所接收的 MAC 帧中的 MAC 地址进行比较，若是发给本结点的 MAC 帧则收下，然后再进行其他处理；否则就将其丢弃。

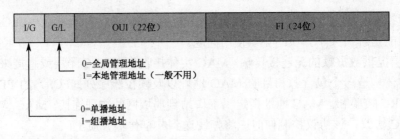

图 4.7　MAC 地址格式及类型

（2）组播地址（Multicast Addresses）。组播地址（I/G=1）也称为多播地址，用于识别一组准备接收一个特定 MAC 帧的结点。拥有组播地址的帧将发送给网络中由组播地址指定的一组结点。网卡具体的组播地址由它们的主机进行设置。组播在一些场合中是一种分发信息的方法。

（3）广播地址（Broadcast Address）由全 1（FF:FF:FF:FF:FF:FF）的 MAC 地址表示，用来指示所有结点要接收同一个特定的帧。拥有广播地址的 MAC 帧将发送给网络中所有的结点。

所有的网卡都能够识别单播和广播两种地址，而有些网卡用编码的方法可识别组播地址。显然，只有目的地址才能使用广播地址和组播地址。另外，网卡也可以设置成混杂模式，以便侦听所有传输。系统管理员可以使用混杂模式定位网络中的故障；计算机黑客也可利用此模式截获未加密的账户和其他信息，以便未经授权就可以访问局域网中的计算机。

注意：MAC 地址在数据链路层进行处理，而不是在物理层。

2）逻辑链路控制子层

IEEE 802.2 定义了在所有 MAC 标准之上运行的逻辑链路控制子层 LLC 的功能、特性和协议。LLC 子层可实现数据链路层的大部分功能，还有一些功能由 MAC 子层实现。LLC 还为在使用不同 MAC 协议的局域网之间交换帧提供了一种手段。

LLC 子层构建于 MAC 数据报服务之上，向上提供 4 种服务类型。

（1）类型 1 即 LLC1，不确认的无连接服务。这是一种数据报服务，数据传输模式可以是单播（点对点）方式、组播方式和广播方式。由于数据报服务不需要确认，实现起来也最简单，因而在局域网中得到了广泛应用。

（2）类型 2 即 LLC2，面向连接服务。这是一种虚电路服务，即基于数据链路层的点到点连接提供的数据传输服务，因此每次通信都要经过连接建立、数据传送和连接释放 3 个阶段。当连接到局域网中的结点是一个很简单的终端时，由于没有复杂的高层协议软件，必须依靠 LLC 子层来提供端到端的控制，这就必须用到面向连接的服务。这种方式比较适合传送很长的数据文件。

（3）类型 3 即 LLC3，带确认的无连接服务，也就是带有确认的单个帧的无连接传输。这一服务类型目前只用于在令牌总线网络中传送某些非常重要且时间性也很强的信息。

（4）类型 4 即 LLC4，所有上述类型的高速传送服务，是专为城域网所用的。

LLC 子层中的数据单元称为协议数据单元（PDU），包含有目标服务访问点（DSAP）地址字段、源服务访问点（SSAP）地址字段、控制字段以及数据字段 4 个字段，如图 4.8 所示。

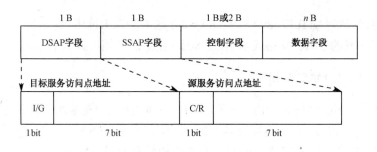

图 4.8　LLC PDU 结构

其中，目标服务访问点地址字段（DSAP）和源服务访问点地址字段（SSAP）各占 1 B。DSAP 和 SSAP 是 LLC 所使用的地址，用来标明接收和发送数据的计算机上的协议栈。DSAP 地址字段的第一个比特为 I/G 位，用于指示它是单播地址还是一个组播地址。该位为 0 表示后面的 7 bit 代表单播地址；该位为 1 代表组播地址。SSAP 地址字段的第一个比特为 C/R 位，它不用于寻址，而是用来指示一个帧是命令帧还是响应帧。当该位为 0 时，表示 LLC 帧为命令帧，否则为响应帧。PDU 的控制字段为 1 B（LLC 帧为 U 帧基本格式）或 2 B（LLC 帧为 I 帧或 S 帧的扩充格式）。数据字段的长度并无限制，但实际上受 MAC 帧格式的制约，其字节数应是整数。

3．局域网的网络层和高层

就局域网而言是否需要网络层，有肯定和否定两种答案。从网络层的功能来看，答案是否定的，由于 IEEE 802 网络拓扑结构比较简单，一般不需中间转接，不存在路由选择问题，即在网络层以上的路由选择、数据单元交换、流量控制和差错控制等都没有必要存在，只要有数据链路层的流量控制、差错控制等功能就可以了。因此，IEEE 802 标准没有单独设立网络层和更高层。

值得指出的是，虽然 IEEE 802 局域网体系结构模型只定义了最低两层的协议标准，但并不意味着在一个实际应用的局域网上的计算机只需要这两层协议即可运行。一个局域网要为用户提供各种应用服务，必须要有高层协议的支持。但高层协议是独立于具体局域网的，局域网的协议体系不涉及高层协议。因此，从 IEEE 802 局域网体系结构模型的角度看，局域网只是一个提供帧传输服务的通信网络。

4.2　以太网工作原理

在计算机网络发展历史上，有些局域网技术如令牌环、令牌总线、FDDI、DQDB 和 ATM 局域网都曾经一度辉煌与以太网竞争，但最终以太网在有线局域网中成功胜出。以太网成功的原因关键在于技术简单，尤其是所采用的 CSMA/CD 协议可以很容易地在硬件逻辑中实现，并延用到千兆以太网中。

4.2.1　以太网帧格式

为了更加具体地讨论帧的概念，下面分别对 IEEE 802.3 和 DIX v2.0 的帧格式进行分析。

在分析之前,需要注意区别 IEEE 802.3 和 DIX v2.0 这两个以太网术语。尽管人们称 IEEE 802.3 为以太网，但以太网的 MAC 帧格式与 IEEE 802.3 的 MAC 帧格式有所不同。

1. IEEE 802.3 的 MAC 帧格式

IEEE 802.3 的 MAC 帧格式如图 4.9 所示。IEEE 802.3 帧包括 8 个字段：先导字段（PR）、帧开始定界符字段（SFD）、目的地址字段（DA）、源地址字段（SA）、长度计数字段（Length）、数据字段（LLC PDU）、填充字段（Pad）和 CRC 校验和字段（FCS）。

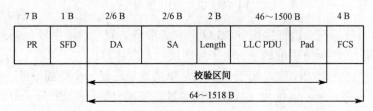

图 4.9　IEEE 802.3 的 MAC 帧格式

（1）先导字段（PR）。PR 又称为前导码，包括 7 个相同的字节（56 bit），每个字节的比特模式是 1 和 0 交替（10101010）的序列。该部分的作用是通知接收结点有数据到来，使其与输入的时钟保持同步。

（2）帧开始定界符字段（SFD）。前导码之后是由比特模式 10101011 构成的帧首 SFD，SFD 中两个连续的 1 表明数据帧的开始。当接收结点收到这两个连续的 1 时，就知道接下来的 2/6B 是目的结点的 MAC 地址。

（3）目的地址字段（DA）。DA 是接收结点的 MAC 地址，长度为 2/6 B（通常为 48 bit，也提供 16 bit 的值，但未被使用）。目的地址的第 1 位用来区分单播地址和用于向一组用户组播一个帧的组播地址。下一个比特表示该地址是一个本地地址还是一个全局地址。因此在采用 6 B 的地址中，该标准可以提供 246 个全局地址；前 3 B 指明网卡生产商。

（4）源地址字段（SA）。SA 是发送结点的 MAC 地址，长度也是 2/6 B。

（5）长度计数字段（Length）。2 B 长度的 Length 字段值在 0x0000～0x05DC 之间，表示后面跟随的数据字段中的字节数。允许最长的 802.3 帧有 1 518 B，包括 18 B 的开销，但是不包括前导码和帧首定界符 SFD。

（6）数据字段（LLC PDU）。LLC PDU 包含了实际的用户数据（也就是需传输的信息）。数据字段受最小长度和最大长度的控制，它们分别是 46 B 和 1 500 B。

（7）填充字段（Pad）。Pad 包含伪数据，当数据字段长度小于 46 B 时，它将数据字段填充到最小长度 46 B，确保帧长度总是不小于 64 B。如果需要，它的长度范围为 0～n B，其中 n 是所需要的字节数。

（8）CRC 校验和字段（FCS）。CRC 校验和字段也称为帧校验序列（FCS），长度是 4 B。CRC 校验和字段涵盖了地址、长度、信息和填充字段。每当接收到一个帧，网卡需要检查该帧的长度能否接受，然后对接收的数据进行 CRC 差错校验。如果检测到错误，该帧被丢弃，而不传送到网络层。

2．DIX v2.0 标准的 MAC 帧格式

DIX v2.0 标准的 MAC 帧格式如图 4.10 所示，该标准也称为以太网 2（Ethernet Ⅱ）。DIX v2.0 MAC 帧与 802.3 以太网帧的不同之处，是有一个位置与长度字段相同的类型（Type）字段。Type 字段用来识别网络层协议。由于 DIX v2.0 中的主机可以使用除 IP 以外的其他网络协议，因此当 DIX v2.0 帧到达目的结点时，目的结点需要知道它应该将数据字段的内容传递给哪一个网络层协议。DIX v2.0 标准分配 0x06000x0600～0xFFFF 范围内的 Type 字段值。如前所述，IEEE 802.3 MAC 帧的长度字段不允许取大于 0x05DC 的值，因此该字段的值能够使 DIX v2.0 控制器知道它是在处理一个 DIX v2.0 MAC 帧还是一个 IEEE 802.3 MAC 帧。

7 B	1 B	2/6 B	2/6 B	2 B	46～1500 B		4 B
PR	SFD	DA	SA	Type	LLC PDU	Pad	FCS

图 4.10　DIX v2.0 标准的 MAC 帧格式

为了允许 DIX v2.0 标准的软件能兼容 IEEE 802.3 MAC 帧，子网访问协议（Subnetwork Access Protocol，SNAP）提供了一种将 DIX v2.0 标准的 MAC 帧封装在类型 1 LLC PDU 中的方法，如图 4.11 所示。LLC 头部的 DSAP 和 SSAP 字段被设置为 AA，用于通知 LLC 层已包含 DIX v2.0 帧，并且可进行相应的处理。控制字段的值 0x03 表明类型 1 服务。SNAP 头部由一个 3 B 的供应商代码（ORG，通常设为 0）和兼容所需的 2 B 的 Type 字段构成。

3．IEEE 802.3 标准与 DIX v2.0 的区别

IEEE 802.3 标准和 DIX v2.0 的不同之处主要在于头字段的定义。IEEE 802.3 标准每隔几年就会被修改和扩充一次，已经发布了运行在细同轴电缆、双绞线以及单模和多模光纤上的一系列标准。1995 年发布了 100 Mbps（快速）以太网标准，1998 年发布了 1 000 Mbps（千兆）以太网标准，2002 年发布了 10 Gbps（万兆）以太网标准。

为了使 IEEE 802.3 标准与 DIX v2.0 两种帧能够兼容，需要辨识类型和长度的区别。判断帧中的一个

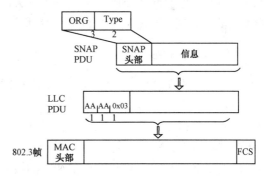

图 4.11　用于将 DIX v2.0 帧封装在 802.3 帧中的 LLC SNAP 头部

字段是长度字段还是类型字段的方法是：该字段中的值大于帧的最大长度（1 518 B），则表示类型；否则表示长度，即 IEEE 802.3 帧格式。具体做法是：以 1 536（0x0600）为界限，大于或等于 0x0600 时认为是 DIX v2.0，按类型处理，如 IP 为 0x0800，XNS 为 0x0600，IPX 为 0x8137 等。类型字段指明上层所用的协议。

目前，设备供应商对 IEEE 802.3 的支持远远超过了对 DIX v2.0 的支持，通常所安装的任何以太网都是基于 IEEE 802.3 标准的。因此，在许多场合，都把 IEEE 802.3 标准用以太网来称呼，今后对这两个术语也会不加区别地使用；但应该意识到在技术上它并不是以太网，

只有 DIX v2.0 才是。当需要严格区分其概念时，再将其分别称为 DIX v2.0 和 IEEE 802.3 以太网。

4.2.2　以太网介质访问控制方法

在数据链路层中存在两种不同类型的链路信道。一种类型的链路信道是点对点链路信道，由链路一端的单个发送结点和链路另一端的单个接收结点组成。例如，PPP、HDLC 等协议就是用来实现两台路由器之间的通信或调制解调器与 ISP 路由器之间的通信的。另一种类型的链路信道由广播信道组成，许多主机被连接到相同的链路信道上，即有多个发送和接收结点连接到同样的、单一的、共享的广播信道上。例如，总线型拓扑局域网使用广播信道，多个结点共享同一信道。显然，使用广播信道通信需要解决的主要问题是：各结点如何访问、共享信道；如何解决同时访问造成的冲突（信道争用）。解决这些问题的方法称为介质访问控制协议。

为了实现对多个结点使用共享传输介质来发送和接收数据，经过多年的研究，人们提出了多种介质访问控制方法，如竞争、令牌传递和轮询等机制，其中竞争和轮询机制使用得最为广泛。在以太网中，常用的介质访问控制协议是带冲突检测的载波侦听多路访问（CSMA/CD）。

1．CSMA 技术

网络结点侦听网络上是否有载波存在的协议，被称为载波侦听多路访问（CSMA）协议。CSMA 协议是 ALOHA 的一种改进协议，其思路是在发送数据之前，每个结点侦听信道状态，相应调整自己要进行的网络操作，降低发生冲突的可能性，以提高整个系统的信道利用率。在 CSMA 方式中，根据结点所采用的载波侦听策略，CSMA 有以下 3 种方法。

1）非持续 CSMA 协议

这种协议可描述如下：网络中的一个结点在传输数据之前，先侦听传输信道。

（1）如果传输信道空闲，立即发送，否则转（2）。

（2）如果传输信道忙，该结点将不再继续侦听传输信道，而是根据协议的算法延迟一个随机时间再重新侦听。然后重复（1）。

由于延迟了随机时间，从而减小了冲突的概率。然而，可能出现的问题是因为延迟而使信道闲置了一段时间，不但使信道的利用率降低，还增加了发送时延。

2）1-持续 CSMA 协议

这种协议可描述如下：当网络中的一个结点要传送数据时，它先侦听传输信道。

（1）如果传输信道空闲，立即发送，否则转（2）。

（2）如果传输信道忙，继续坚持侦听，并持续等待直到当它侦听到信道空闲，立即将数据发送出去。

这种协议的优缺点与非持续 CSMA 协议恰好相反：有利于抢占信道，减少信道空闲时间，但多个结点同时都在侦听信道时，必然发生冲突，不利于吞吐量的提高。例如，一个结点已经开始发送数据，但由于传输时延，数据帧还未到达另一个在侦听状态的结点处，而这个结点也要发送数据，它这时侦听到的信道状态是空闲的，按规定它可以立即开始发送数据，显然这会导致冲突。传输时延越长，影响就越大，就会造成系统性能下降。即使将传输时延降为 0，也仍然可能发生冲突。例如，在某一时刻有一个结点 A 在传输数据，而另外的两个结点 B 和 C 都准备要发送数据，并处于等待状态。当结点 A 的传输一结束，B 和 C 就可能同时争相发送数据，从而导致冲突。

3）P-持续 CSMA 协议

这种协议采用了时隙信道，它吸取了上述两种协议的优点，但较为复杂。这种协议可描述如下：一个结点在发送数据之前，首先侦听信道。

（1）如果信道空闲，该结点要不要立即发送数据，由概率 P 决定，以概率 P 立即发送，而以概率 $Q=1-P$ 把该次发送推迟到下一时隙。

（2）如果下一时隙信道仍然空闲，便再次以概率 P 决定是否立即发送，而以概率 Q 把该次发送推迟到再下一时隙。此过程一直重复，直到数据发送成功为止。

这种协议的困难是决定概率 P 的值，P 的值应在重负载下能使网络有效地工作。通常是根据信道上通信量的多少来设定不同的 P 值，以提高信道的利用率。

2．CSMA/CD 协议

CSMA 协议在发送前先侦听可以减小发生冲突的概率，但是由于传播时延的存在，冲突还是不能完全避免。对 CSMA 协议作进一步改进，就出现了带冲突检测的载波侦听多路访问（CSMA/CD）协议。CSMA/CD 协议采用了在数据传输过程中边发送边侦听是否有冲突发生的策略，即信道空闲就发送数据，并继续侦听下去；一旦检测到冲突，冲突双方就立即停止本次帧的发送。这样可以节省剩余的无意义的发送时间，减少信道带宽的浪费。

1）CSMA/CD 协议的发送过程

CSMA/CD 协议的具体发送工作流程如图 4.12（a）所示。

（1）发送结点侦听总线，若总线忙，则推迟发送，继续侦听。

（2）发送结点侦听总线，若总线空闲，则立即发送。

（3）开始发送信息后，一边发送，一边检测总线是否有冲突产生。

（4）若检测到有冲突发生，则立即停止发送，并随即发送一强化冲突的 32 位长的阻塞信号（Jam Signal），以使所有的结点都能检测到冲突。

（5）发送阻塞信号以后，为了减小再次冲突的概率，需要等待一个随机时间，然后再回到第（1）步重新开始信道访问。

（6）当因产生冲突而发送失败时，记录重传的次数，若重传次数大于某一规定次数（如 15 次）时，则认为可能是网络故障而放弃发送，并向上层报告。

2）CSMA/CD 协议的接收过程

CSMA/CD 协议在接收发送结点发送来的数据帧时，首先检测是否有信息到来；若有信息则置本结点载波侦听信号为"ON"，禁止发送任何信息，以免与发送来的帧产生冲突，为接收帧做好准备。当获得帧前序字段的帧同步信号后，一边接收帧一边将接收到的信号进行处理。对接收到的信息进行处理时，首先将前序和起始帧分界符 SFD 丢弃，处理目的地址字段，判断该帧是否为发往本结点的信息。如果是发给本结点的信息，则将该帧的目的地址、源地址和数据字段的内容存入本结点的缓冲区等候处理。接收帧校验序列字段 FCS 后，对刚才存入缓冲区的数据进行 CRC 校验。若校验正确则将数据字段交高层处理，否则丢弃这些数据。该接收过程的工作流程如图 4.12（b）所示。

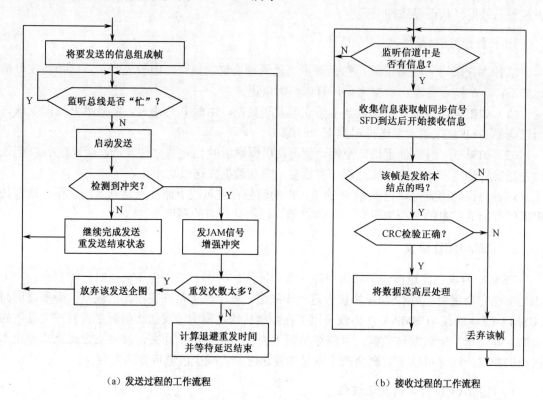

（a）发送过程的工作流程　　　　　　　　（b）接收过程的工作流程

图 4.12　MAC 子层 CSMA/CD 的工作流程

若结点发送的数据量较大，需要连续发送多个帧时，传送每一帧都需要使用 CSMA/CD，以保证所有结点对信道的公平竞争。

在连续发送的两个帧之间，结点需等待一个帧间隙（InterFrame Gap,IFG）。若 IFG 设计为最小值 96 bit time（在传输介质中发送 96 位原始数据所需要的时间），10 Mbps、100 Mbps 和 1 000 Mbps 以太网的 IFG 分别为 9.6、0.96 和 0.096 μs。IFG 为以太网接口提供了帧接收之间的恢复时间。实际上，在执行 CSMA/CD 的流程中，当侦听到信道空闲还要等待一个 IFG，若此时信道仍然空闲才能发送数据。

3）CSMA/CD 协议的实现

CSMA/CD 协议的核心思想是，在发送数据帧之前对信道进行预约，表明自己想发送数据，并通过侦听判断是否会有冲突，若判断有冲突发生，则设法避免冲突。因此实现 CSMA/CD 协议关键在于以下几个方面。

（1）载波侦听过程。以太网中的每个结点在利用总线发送数据时，首先要侦听总线是否空闲。以太网的物理层规定，发送的数据采用曼彻斯特编码方式。如图 4.13 所示，可以通过判断总线电平是否出现跳变来确定总线的忙闲状态。如果总线上已经有数据在传输，总线的电平将会按曼彻斯特编码规律出现跳变，那么就可以判定此时为总线忙。如果总线上没有数据在传输，总线的电平将不发生跳变，那么就可以判定此时为总线空闲。如果一个结点已准备好了要发送的数据帧，并且此时总线也处于空闲状态，那么这个结点就可以启动发送。

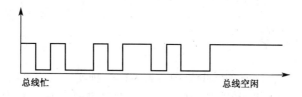

图 4.13 总线电平跳变与总线忙闲状态的判断

（2）冲突检测方法。从物理层来看，冲突是指总线上同时出现两个或两个以上的发送信号，它们叠加后信号波形将不等于任何结点输出的信号波形。例如，总线上同时出现了结点A与结点B的发送信号，那么它们叠加后的信号波形将既不是结点A的信号波形，也不是结点B的信号波形。另外，由于两路信号发送时间没有固定的关系，两路波形的起始比特在时间上也可以不同步。因此，从电子学的角度讲，冲突检测可以有比较法和编码违例判决法两种。

比较法是指发送结点在发送帧的同时，将其发送信号的波形与总线上接收到的信号波形进行比较。当发送结点发现这两个信号波形不一致时，表示总线上有多个结点同时在发送数据，冲突已经发生。如果总线上同时出现两个或两个以上的发送信号时，它们叠加后的信号波形将不等于任何一个结点发送的信号波形。

编码违例判决法是指检查从总线上接收到的信号波形，即接收到的信号波形不符合曼彻斯特编码规律，就说明已经发生了冲突。如果总线上同时出现两个或两个以上的发送信号，它们叠加后的信号波形将不符合曼彻斯特编码规律。

（3）随机延迟重传。检测到冲突之后，通信双方都要各自延迟一段随机时间实行退避，然后再继续侦听载波。计算延迟重传时间间隙的算法可采用二进制指数后退算法。实质上就是根据冲突的状况，估计网络中的信息量而决定本次应等待的时间。当发生冲突时，延迟随机长度的间隔时间应是前次等待时间的 2 倍。计算公式为：

$$t=R\times A\times 2^N$$

式中：N 为冲突次数；R 为随机数；A 为计时单位；t 为本次冲突后等待重传的间隔时间。具体来说，结点尝试争用信道，连续遇到冲突，退避等待时间（时隙个数）的策略为：

第 1 次冲突，等待时间为 0 或 1；

第 2 次冲突，等待时间随机选择 0～3 中之一；

第 3 次冲突，等待时间随机选择 0～7（即 2^3-1）中之一；

……

在发生 i 次冲突后，等待的时隙数就从 0～（2^i-1）（$0\leqslant i\leqslant 15$）个时隙中随机挑选。但是，当达到 10 次冲突后，随机等待的最大时隙数就被固定为 $2^{10}-1=1\ 023$，不再继续增加。如果发生了 15 次冲突，系统将发出请求发送失败报告。

二进制指数后退算法可以动态地适应试图发送的结点数的变化，使随机等待时间随着冲突产生的次数按指数递增，不仅可以确保在少数结点冲突时的时间延迟比较小，而且可以保证在很多结点冲突的情况下，能在较合理的时间内解决冲突问题。但采用二进制指数后退算法的不足是：一个没有遇到过冲突或者遇到冲突次数少的结点，比一个遇到过多次冲突而等待了很长时间的结点更有机会得到访问权。

4.3 高速以太网技术

在计算机网络中，以太网是现实世界中最普遍的一种实际网络系统。自 1985 年 10 Mbps 以太网问世以来，以太网技术得到了迅速发展，千兆以太网、万兆以太网相继广泛应用。目前，大多数局域网采用交换机作为核心设备，组成交换式局域网以提高数据传输速率。

4.3.1 快速以太网

在研究局域网技术时，常将其分为经典以太网和交换式以太网。经典以太网一般指数据传输速率为 3～10 Mbps 的以太网，交换式以太网指使用交换机连接不同主机的局域网，可运行在 100、1 000 和 10 000 Mbps 那样的高速率。快速以太网一般指 100 Mbps 以太网。

100 Mbps 以太网的概念最早出现于 1992 年，在 3 年后通过了两种 100 Mbps 以太网标准：①快速以太网 LAN（IEEE 802.3u）称为 100Base-T；②100VG Any LAN（IEEE 802.12）。通常将以这两个标准运行的网络系统称为快速以太网。其中，100VG Any LAN 是一种与快速以太网竞争的技术，于 1995 年 6 月作为 IEEE 的标准通过，与 100Base-T 相比，市场占有率较小。

1. 快速以太网的 MAC 层

100Base-T 保持了与 10 Mbps 以太网同样的 MAC 层，使用同样的介质访问控制协议（CSMA/CD）和相同的帧格式，使用同样的基本运行参数：最大帧长 1 518 B，最小帧长 64 B，重试上限为 15 次，后退上限为 10 次；时槽为 512 bit 时，阻塞信号为 32 bit，帧间隙（IFG）为 96 bit time。

由于 100Base-T 的传输速率是传统以太网的 10 倍，因此，100Base-T 512 bit 时的时槽变为 5.12 μs，使得 100Base-T 冲突域的最大跨距差不多减小至 1/10，即减小到 200 m。

2. 快速以太网的物理层结构

100Base-T 是由 10Base-T 发展而来的，在物理层同样采用星状拓扑结构，支持双绞线和光纤。但 100 Mbps 的数据传输速率使得 100Base-T 的物理层结构发生了较大变化，如图 4.14 所示，左边是 10Base-T 的物理层体系结构，右边是 100Base-T 的物理层体系结构。100Base-T 以太网物理层及其主要功能如下。

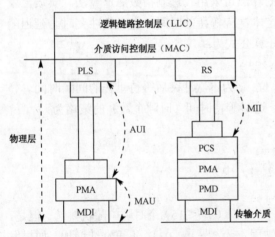

图 4.14　10Base-T（左）和 100Base-T（右）的以太网物理层结构

（1）介质无关接口（MII）。MII 是指介质访问控制子层与物理层连接的接口。在逻辑上，MII 与 10Base-T 以太网的 AUI 接口对应。"介质无关"表明，在不对 MAC 硬件重新设计或替换的情况下，任何类型的物理层设备都可以正常工作。MII 包括一个数据接口以及一个 MAC 和 PHY 之间的管理接口。数据接口包括分别用于发送器和接收器的两条独立信道，每条信道都有自己的数据、时钟和控制信号。MII 数据接口总共需要 16 种信号。管理接口是个双信号接口，一个是时钟信号，另一个是数据信号。通过管理接口，上层能监视和控制物理层。

（2）协调子层（RS）。对于 10/100Base-TX 来说，需要协调子层（RS）将 MAC 层的业务定义映射成 MII 接口的信号。

（3）收发器。MII 和 RS 使 MAC 层可以连接到不同类型的传输介质上。对于物理层又可分为：物理编码（PCS）子层、物理介质连接（PMA）子层、物理介质相关（PMD）子层和介质相关接口（MDI）4 个部分，以形成收发器。PCS 子层的主要功能是 4B/5B 编码、解码、碰撞检测和并串转换。PMA 子层用于产生和接收线缆中的信号，完成链路监测、载波检测、NRZI 编译码以及发送时钟合成和接收时钟恢复的功能。PMD 子层提供与线缆的物理连接。例如，100Base-TX 的 PMD 子层采用 ANSIX 3.263 规定的 TP-PMD 规范为基础修改而成，以完成数据流的扰码、解扰、MLT-3 编解码、发送信号波形发生和双绞线驱动，以及接收信号的自适应均衡和基线漂移校正。介质相关接口（MDI）是指物理层与实际物理介质之间的接口，它规定了 PMD 和传输介质之间的连接器，如 100Base-TX 的 RJ-45 连接器。

3. 快速以太网的物理层标准

100Base-T 快速以太网有 4 个不同的物理层标准，支持多种传输介质，如表 4-1 所示。快速以太网仍然使用 10Base-T 中的连接器类型，并仍然支持 512bit 的冲突域，但有一个明显的速度区别。快速以太网比 10Base-T 要快 10 倍。这种成 10 倍增长的直接含义是当发送速率从 10 Mbps 增到 100 Mbps 时，帧发送时间减少到原来的 1/10。为了使介质访问控制协议（CSMA/CD）能正常工作，必须将最小帧的长度增加到原来的 10 倍，或者将结点之间的最大长度减小到原来的 1/10。

表 4-1　快速以太网的物理层标准

项　目	100Base-T4	100Base-T2	100Base-TX	100Base-FX
传输介质	4 对 UTP 3 类双绞线	2 对 UTP 3 类双绞线	2 对 UTP 5 类双绞线	2 根多模光纤
最大段长/m	100	100	100	2 000
拓扑结构	星状	星状	星状	星状

（1）100Base-T4。100 Base-T4 是为 3 类音频级布线而设计的。它使用 4 对双绞线，3 对用于同时传输数据，第 4 对线用于冲突检测时的接收信道，信号频率为 25 MHz，因而可以使用数据级 3、4 或 5 类非屏蔽双绞线，也可使用音频级 3 类缆线。最大网段长度为 100 m，采用 ANSI/TIA/EIA 568 布线标准。100Base-T4 采用 8B/6T-NRZI 编码法。8B/6T-NRZI 编码法是用 8 位二进制/6 位三进制编码，三进制编码对应着 3 种电平信号。6 位三进制可表示 3^6=729 种码，其中的 256 种表示 8 位二进制码。100 Mbps 的数字信号采用 8B/6T 编码后，电信号的

速率为 100 Mbps×6/8=75 MBaud，它又以循环发送方式分别送到 3 对线上传输，每对线上电信号的波特率仅为 25 MBaud，因此可以使用 3 类 UTP 传输。

（2）100Base-T2。随着数字信号处理技术和集成电路技术的发展，只用 2 对 3 类 UTP 电缆就可以传送 100 Mbps 的数据。因而针对 100Base-T4 不能实现全双工的缺点，IEEE 制定了 100Base-T2 标准。100Base-T2 采用 2 对音频或数据级 3、4 或 5 类 UTP 电缆，一对用于发送数据，另一对用于接收数据，可实现全双工操作；采用 ANSI/TIA/EIA 568 布线标准和 RJ-45 连接器，最长网段为 100 m。此外，100Base-T2 采用了非常复杂的 PAM5 的 5 级脉冲调制方案。

（3）100Base-TX。100Base-TX 使用两对 5 类 UTP 双绞线，一对用于发送数据，另一对用于接收数据；最大网段长度为 100 m；采用 ANSI/TIA/EIA 568 布线标准。100Base-TX 采用 4B/5B 编码法，可以 125 MHz 的串行数据流传送数据；使用 MLT-3（3 电平传输码）波形法来降低信号频率到 125 MHz/3≈41.6 MHz。4B/5B 编码法是取 4 bit 的数据并映射到对应的 5 bit 中，再使用非归零 NRZ 码传送。100Base-TX 是 100Base-T 中使用最广的物理层标准。

（4）100Base-FX。100Base-FX 使用多模（62.5 μm 或 125 μm）或单模光纤，连接器可以是 MIC/FDDI 连接器、ST 连接器或廉价的 SC 连接器；最大网段长度根据连接方式不同而变化。100Base-FX 采用 4B/5B 编码机制，可以工作在 125 MHz 并提供 100 Mbps 的数据传输速率。例如，对于多模光纤的交换机-交换机连接或交换机-网卡连接，最大的允许长度为 412 m。如果是全双工链路，则可达到 2 000 m。100Base-FX 主要用于高速主干网上的快速以太网的集线器和远距离连接，或有强电气干扰和安全保密要求较高的链接环境。100Base-FX 在校园网中常用于互连配线室和建筑物。

4．10/100 Mbps 自动协商模式

100Base-T 问世以后，在以太网 RJ-45 连接器上，可能出现 5 种以上不同的以太网帧信号，即 10Base-T、10Base-T 全双工、100Base-TX、100Base-TX 全双工或 100Base-T4 等中的任意一种。为了简化管理，IEEE 推出了自动协商模式。自动协商功能允许一个结点向同一网段上另一端的网络设备广播其传输容量。对于 100Base-T 来说，自动协商功能将允许一个结点上的网卡或一个集线器能够同时适应 10 Mbps 和 100 Mbps 两种传输速率，能够自动确定当前的速率模式，并以该速率进行通信。IEEE 自动协商模式技术避免了由于信号不兼容可能造成的网络损坏。

自动协商是在链路初始化阶段进行的。一个 100Base-T 设备（网卡或集线器）初始启动时，将速率模式设置为 100 Mbps，并产生一个快速连接脉冲（FLP）序列来测试链路容量。如果另一端设备接收到 FLP 并能辨识其中的内容，则说明该设备也是一个 100Base-T 设备，它会向对方发送响应脉冲信号。这时，双方都知道对方是一个 100Base-T 设备，因此可将链路容量设置为 100 Mbps。如果另一端设备不能辨识这个 FLP，则说明该设备不是一个 100Base-T 备，而是一个 10Base-T 设备，它不会响应对方的 FLP。这时，100Base-T 设备就将速率模式设置成 10 Mbps，重新发送一个正常连接脉冲（NLP）序列。如果对方给予响应，说明对方确是一个 10Base-T 设备，因此可将链路容量设置为 10 Mbps。

此外，在两端都是 100Base-T 设备的情况下，也可根据需要将该网段的链路容量设置为 10 Mbps。链路容量测试和自动协商功能也可由网络管理软件来驱动。

链路类型自动协商的优先级顺序依次为：100Base-T2 全双工、100Base-T2、100Base-TX 全双工、100Base-T4、100Base-TX、100Base-T 全双工和 10Base-T。这是增强型的 10Base-T

链路一体化信号方法，且与链路一体化反向兼容。

5．快速以太网应用

快速以太网主要应用于主干连接、需要高带宽的服务器和高性能工作站以及面向桌面系统的普及应用等。100Base-T 网络可以采用集线器或交换机进行组网,如图 4.15 所示。

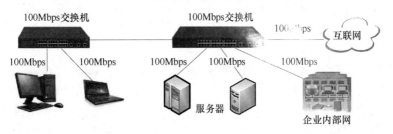

图 4.15　快速以太网的组成

100Base-T 采用了与 10Base-T 相同的星状拓扑结构，并对网络拓扑规则进行了适当的调整和重定义。100Base-T 网络的主要拓扑规则如下。

（1）采用 UTP 电缆连接时，计算机结点与交换机或集线器之间的最大电缆长度为 100 m。

（2）采用光纤连接时，计算机结点与交换机之间的最大光纤长度为 400 m。如果采用远程光收发器，两台设备之间的连接距离可达 2 000 m。

（3）采用集线器进行网络级连时，一个网段中最多允许有两个集线器，集线器之间的最大电缆长度为 5 m，两个计算机结点之间的最大网络电缆长度为 205（100+5+100=205）m。

（4）采用交换机进行网络级连时，允许使用多个交换机，计算机结点与交换机之间以及交换机之间的最大电缆长度均为 100 m。

4.3.2　千兆以太网

在快速以太网标准公布之后，IEEE 在 1996 年 3 月委托高速研究组（HSSG）调查研究，将快速以太网的数据传输速率又提高了 10 倍，达到了 1 000 Mbps，故又称为千兆以太网或吉比特以太网。

1．千兆以太网的特性

千兆以太网标准完全与以太网和快速以太网相兼容。千兆以太网与 10 Mbps 和 100 Mbps 以太网相比，在 MAC 层和物理层主要有如下一些特性。

1）千兆以太网的 MAC 层

在千兆以太网的 MAC 层中，支持全双工和半双工两种协议模式，以全双工模式为主。MAC 层支持两种 MAC 协议模式的目的是为了兼容两种 MAC 协议，支持全双工以太网与半双工以太网的平滑连接和互通。

半双工千兆以太网使用了与 10 Mbps 和 100 Mbps 以太网相同的帧格式和基本相同的 CSMA/CD 协议，包含了原 CSMA/CD 的基本内容，仅做了部分修改。千兆以太网的数据传输速率再次增加了 10 倍，使得 CSMA/CD 协议的限制成为关注焦点。例如，在 1 Gbps 的速率下，一个最小长度为 64 B 的帧的发送会导致在发送站侦听到冲突之前，此帧发送已经完成。鉴于这个原因，时槽扩展到 512 B 而不是 64 B。这个改动对于在半双工模式中维持 200 m 的冲突域直径很有必要。如果不这样做，那么最大冲突域直径会变成快速以太网的 1/10（25 m）。

全双工 MAC 协议提供了全双工通信能力，在协议功能上简单得多，只保留了原来的帧格式以及帧的发送与接收功能，关闭了载波侦听、冲突检测等功能；同时，也不需要像半双工 MAC 协议那样规定很多的协议参数。

2）物理层

千兆以太网物理层的结构和功能与 100 Mbps 以太网相似，如图 4.16 所示。PCS 子层位于协调子层（通过 GMII）和物理介质连接（PMA）子层之间，完成将经过完善定义的以太网 MAC 功能映射到现存的编码和物理层信号系统的功能上去。PCS 子层和上层 RS/MAC 的接口由 GMII 提供，与下层 PMA 的接口使用 PMA 服务接口。物理编码子层（PCS）对由 GMII 传送来的数据进行编码/解码，将它们转换成能够在物理介质中传送的形式。1 Gbps 的传输速率使得物理层发生了如下变化。

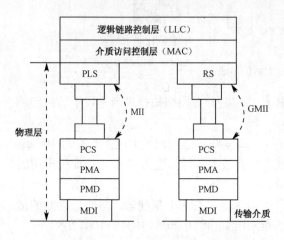

图 4.16　千兆以太网物理层（右）与 100Base-T
物理层（左）的对照比较

（1）MII 扩展为千兆介质无关接口（GMII）。GMII 的发送和接收数据宽度由 MII 中的 4 位增加到 8 位，使用 125 MHz 的时钟就可实现 1 000 Mbps 的数据速率。GMII 不支持连接器和电缆，只能内置作为 IC 和 IC 之间的接口。

（2）GMII 包括多个不同的物理层标准，支持不同类型的光纤和铜缆。

（3）GMII 主要使用 8B/10B-NRZ 编码方式，物理层 10 B 的码流首尾使用数据码元中没有的码流开始标识符和码流结束标识符，它们起到测试帧定界的作用。一个 8 位二进制码组编成一个 10 位二进制码组，产生 25% 的编码开销，千兆数据传输速率产生 1.25 GBaud 的发送信号。

2. 千兆以太网的物理层标准

千兆以太网物理层有 IEEE 802.3z 和 IEEE 802.3ab 两个标准。IEEE 802.3z 千兆以太网标准于 1998 年 6 月被批准，是一个关于光纤和短程铜线的连接方案，也称为吉比特以太网。IEEE 802.3ab 于 1998 年 10 月公布，是关于 5 类双绞线上较长距离的连接方案。它们建立了一个传输速率比快速以太网高 10 倍的以太网 LAN 标准。表 4-2 列出了 IEEE 802.3 千兆以太网（全双工）的物理层标准。

表 4-2　千兆以太网的物理层标准

项　目	1000Base-SX	1000Base-LX	1000Base-CX	1000Base-T
传输介质	2 根多模光纤	2 根单模光纤	屏蔽铜电缆线	5 类 UTP 双绞线
最大段长/m	550	5 000	25	100
拓扑结构	星状	星状	星状	星状

1）IEEE 802.3z

IEEE 802.3z 工作组负责制定光纤（单模或多模）和同轴电缆的全双工链路标准。IEEE 802.3z 定义了基于光纤和短距离铜缆的 1000Base-X，采用 8B/10B 编码技术，信道传输速率为 1.25 Gbps，去耦后可实现 1 000 Mbps 的传输速率。在物理层，IEEE 802.3z 支持以下 3 种千兆位以太网标准。

（1）1000Base-SX（短波长光纤）。1000Base-SX 只支持多模光纤，可以采用直径为 62.5 μm 或 50 μm 的多模光纤，工作波长为 770～860 nm，传输距离为 260～550 m。

（2）1000Base-LX（长波长光纤）。1000Base-LX 支持直径为 62.5 μm 或 50 μm 的多模光纤，工作波长为 1 270～1 355 nm，传输距离为 550 m。1000BaseLX 也可以采用直径为 9 μm 或 10 μm 的单模光纤，工作波长范围为 1 270～1 355 nm，传输距离为 5 km 左右。

（3）1000Base-CX（短距离铜线）。1000BaseCX 采用 150 Ω屏蔽对绞线（STP），传输距离为 25 m。

2）IEEE 802.3ab

IEEE 802.3ab 工作组制定了基于 5 类 UTP 的半双工链路的千兆以太网标准。制定 1000Base-T 标准的目的，是在 5 类 UTP 上能够以 1 000 Mbps 速率传输 100 m 距离。这个距离限制与快速以太网中的距离限制相同。IEEE 802.3ab 标准主要有以下两个特点：

（1）保护用户在 5 类 UTP 布线系统上的投资。

（2）1000Base-T 是 100Base-T 的扩展，与 10Base-T、100Base-T 完全兼容。不过，在 5 类 UTP 上达到 1 000 Mbps 的传输速率，需要解决 5 类 UTP 上的串扰和衰减问题。因此，IEEE 802.3 ab 工作组的开发任务比 IEEE 802.3 z 复杂一些。

3．载波扩展

为了使千兆以太网覆盖范围达到实用标准，半双工千兆以太网时槽长度扩展到了 4 096 bit，这使得半双工千兆以太网的覆盖范围扩展到了 160 m。为了兼容以太网和快速以太网中的帧结构，半双工千兆以太网的最小帧长度仍需要保持为 64 B。如果改变最小帧的长度，在使用网络设备互连不同速率的以太网时，对短帧要进行重构，显然会很麻烦。

千兆以太网中最小帧长的传输时间远小于 512 B 的时槽长度，不能进行冲突检测。为了能够使最小帧长与最大时槽长度相匹配，以保证正常进行冲突检测，千兆位以太网在 MAC 层定义了载波扩展机制。即当发送一个长度小于 512 B 的短帧时，载波扩展机制将在正常发送数据之后发送一个载波扩展序列直到一个时槽结束，使得载波信号在网络上保持 4 096 位时的长度。对于长度为 46～493 B 的数据字段，载波扩展的长度为 448～1 B。载波扩展帧如图 4.17 所示。例如，某 DTE 发送一个 64 B 帧，MAC 将会在其后加入 448 B（512 B-64 B）的载波扩展序列。如果 DTE 发送的帧长度大于 512 B，则 MAC 不做任何改变。

图 4.17　载波扩展帧

虽然载波扩展位不是帧的有效成分，但也要进行冲突检测，检测到冲突时也会停止发送并发出阻塞信号，然后执行后退重传算法。

若接收端接收到的帧长度小于一个时槽，则作为冲突碎片丢弃。即使前面的有效部分完全正确，只是在载波扩展部分发生了冲突，此帧也要丢弃。由于此时发送端因检测到冲突要进行重传，接收端会收到重复帧，而以太网协议不能处理接收重复帧的情况。

千兆以太网在全双工模式下不使用 CSMA/CD，因此也不需要载波扩展。

4．帧突发

载波扩展扩大了冲突域，但在传送以太网较短的帧时带来了额外开销，影响了发送效率。例如，对于一个 64 B 的帧来说，尽管发送速度较快速以太网增加了 10 倍，但发送时间却增加了 8 倍。这样，效率并不比快速以太网提高多少。为了改善短帧的传输效率，千兆以太网在 MAC 层定义了帧突发机制。

帧突发机制如图 4.18 所示。发送端被允许连续发送几个帧，其中第一个帧按 CSMA/CD 规则发送。如果第一个是短帧，必须发送载波扩展位直至发送时间满一个时槽。若该帧发送成功，发送端就继续发送其他帧直至发送完数据或达到一次帧突发的最大长度限制。帧突发机制规定，连续发送的最大长度为 8 KB（8 192 B）。

图 4.18　帧突发机制

发送端为了连续占有信道，用 96 bit 载波扩展填充帧间隙（IFG）时间，其他主机在 IFG 期间仍然会侦听到载波。这样，发送主机在成功发送第一个帧后不会再遇到冲突，可连续进行发送。后续发送的各个帧，不必再进行冲突检测，因此即使是短帧也不必再进行载波扩展。可见，连续发送多个短帧时，帧突发机制能够改善载波扩展引起的传输效率低的问题。

5．1000Base-X 自动协商

1000Base-T 双绞线千兆以太网支持 UTP 自动协商功能，对 10Base-T 和 100Base-T 向后兼容以太网数据传输速率。

1000Base-X 光纤千兆以太网也具有自动协商功能，但与 UTP 的自动协商不同，其特点如下。

（1）只用于配置 1000Base-X 类型，包括半双工/全双工模式和流量控制方式。1000Base-X 只支持 1 000 Mbps 的数据传输速率，不需要数据传输速率的协商。

（2）属于网络编码层（PCS）的一个功能，使用 8B/10B 编码中的控制码元组合传递自动协商的信息，不再使用 UTP 自动协商的快速链路突发脉冲（FLP）。

（3）重新定义了 16 bit 的交换信息格式，不再包含 FLP 中标明链路类型的位，只包含配置双工模式和流量控制方式的位，支持非对称/对称的流量控制方式。

6．千兆以太网的应用

千兆以太网最初主要用于提高交换机与交换机之间或交换机与服务器之间的连接带宽。10/100 Mbps 交换机之间的千兆连接极大地提高了网络带宽，使网络可以支持更多的 10/100 Mbps 网段。此外，通过在服务器中增加千兆网卡，可将服务器与交换机之间的数据传输速率提升至前所未有的水平。

千兆以太网的设备主要有中继器、交换机和缓冲分配器 3 种。目前，所有厂商的主要网络产品都支持千兆以太网标准。采用千兆交换机或缓冲器的千兆以太网拓扑结构如图 4.19 所示。由于该技术不改变传统以太网的桌面应用和操作系统，因此可与 10/100 Mbps 以太网很好地配合。千兆以太网不必改变网络应用程序、网管部件和网络操作系统，能够最大限度地保护用户的投资。

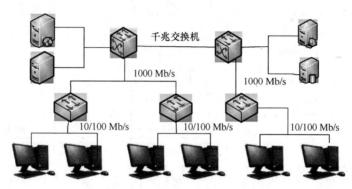

图 4.19　千兆以太网拓扑结构

4.3.3　万兆以太网

当千兆以太网开始进入商业应用时，万兆以太网（又称 10 Gbps 以太网）又横空出世。在经过 1999 年的组织成型、2000 年的方案成型及互操作性测试之后，2002 年 6 月，10 Gbps 以太网标准 IEEE 802.3ae 被 IEEE 标准委员会批准，开始步入技术生命期。

1．10 Gbps 以太网的特性

10 Gbps 以太网将数据传输速率提高到 10 Gbps 所遇到的主要问题是：若不采用特殊措施，网络跨距将只有 2 m；若使用载波扩展（帧长至少 4 095 B），短帧的传输效率将降低到原来的 1.5%；同时使用帧突发机制，最大传输效率也只能达到原来的 30%；载波扩展的额外开销使吞吐量下降，冲突概率增大。解决这些问题的方法是：抛弃 CSMA/CD 协议，只工作在全双工模式下；只使用光纤作为传输介质。因此，10 Gbps 以太网的基本特性如下：

（1）MAC 层仍使用 IEEE 802.3 帧格式，维持最大、最小帧长度，但不再采用 CSMA/CD 协议。所以，就其本质而言，10 Gbps 以太网仍是以太网的一种类型。

（2）通过不同的编码方式或波分复用将数据传输速率提高到 10 Gbps 后，由于往返传播延时与帧发送时间的比率变得很小，只能工作在全双工模式下，提供点到点的以太网连接服务。

（3）在通用网的指导思想下，定义了 LAN 和 WAN 两种物理层，都使用光纤。因此，多个 10 Gbps 以太网可以通过同步光网络（SONET/SDH）实现广域连接；使用单模光纤时，端

到端的传输距离可达近百千米。

（4）采用点对点连接，支持星状以太网拓扑结构和结构化布线技术。

2. 10 Gbps 以太网的体系结构

10 Gbps 以太网的 OSI 和 IEEE 802 层次结构仍与传统以太网相同，即 OSI 层次结构包括了数据链路层的一部分和物理层的全部。IEEE 802 层次结构包括 MAC 子层和物理层，但各层所具有的功能与传统以太网相比差别较大，特别是物理层具有明显的特点，如图 4.20 所示。

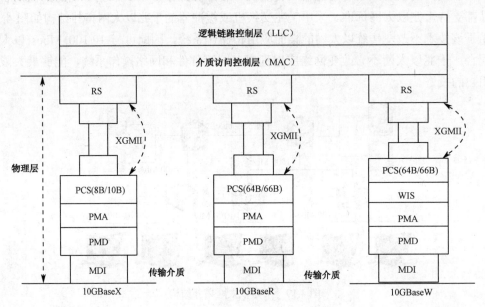

图 4.20　10 Gbps 以太网的物理层

注意：10 Gbps 以太网的物理层与千兆以太网的物理层结构相似；不同的是，GMII 变为万兆介质无关接口（XGMII），这是一个 64 位信号宽度的接口，发送与接收用的数据链路各占 32 位。10 Gbps 以太网物理层各个子层的功能如下。

（1）传输介质。10 Gbps 以太网的物理传输介质包括多模光纤（MMF）和单模光纤（SMF）两类，MMF 又分为 50 μm 和 62.5 μm 两种。由 PMD 子层通过介质相关接口（MDI）连接光纤。

（2）物理介质相关（PMD）子层。PMD 子层是物理层的最低子层，其功能包括两个方面。一是负责向（从）网络传输介质上发送（接收）信号。在 PMD 子层中包含了多种激光波长的 PMD 方式源设备。二是把上层 PMA 所提供的代码位符号转换成适合光纤介质传输的信号或反之。

（3）物理介质连接（PMA）子层。PMA 子层的功能主要是提供与上层之间的串行化服务接口以及接收来自下层 PMD 的代码信号，并从代码信号中分离出时钟同步信号；在发送时，PMA 把上层形成的相应编码与同步时钟信号融合后，形成传输介质上所传输的代码位符号，再传送至下层 PMD。

（4）广域网接口（WIS）子层。对于 WAN 物理层，10GBase-W 增加了广域网接口子层（WAN Interface Sublayer，WIS）。WIS 子层是处在 PCS 与 PMA 之间的可选子层，它可以把以太网数据流适配成 ANSI 所定义的 SONET STS-192c 传输格式或 ITU 定义 SDH VC-4-64c 传输格式的以太网数据流。该速率的数据流可以直接映射到传输层而不需要高层处理。

（5）物理编码（PCS）子层。PCS 子层位于协调子层（RS）和物理介质连接（PMA）子层之间，可将经过完善定义的以太网 MAC 功能映射到现存的编码和物理层信号系统的功能上去。PCS 子层和上层 RS/MAC 的接口通过万兆介质无关接口（XGMII）连接，与下层通过 PMA 服务接口连接。PCS 的主要功能是把正常定义的以太网 MAC 代码信号转换成相应的编码和物理层的代码信号。

（6）协调子层（RS）和万兆介质无关接口（XGMII）。RS 的功能是将 XGMII 的通路数据和相关控制信号映射到原始 PLS 服务接口定义（MAC/PLS）接口上。XGMII 接口可提供 10 Gbps 的 MAC 和物理层之间的逻辑接口。XGMII 和协调子层使 MAC 可以连接到不同类型的物理传输介质上。显然，对于 10Gbase-W 类型来说，RS 的功能要求是最复杂的。

3. 10 Gbps 以太网的物理层标准

10 Gbps 以太网支持两种类型的物理层：10 Gbps 局域网物理层（LAN PHY）和 10 Gbps 广域网物理层（WAN PHY）。这两种类型的组帧方式不同，但是在可支持的距离上具有相同的能力。LAN PHY 主要用于支持已有的以太网应用，而 WAN PHY 允许 10 Gbps 以太网终端通过 SONET OC-192c 设备进行连接。目前，在 10 Gbps 以太网的体系结构中定义了 10GBase-X、10GBase-R 和 10Gbase-W 3 种类型的物理层标准。

1）10GBase-X

10GBase-X 是一种与使用光纤的 1000Base-X 相对应的物理层标准，在 PCS 子层中使用 8B/10B 编码。数据传输速率为 10 Gbps。

10GBase-X 只包含并行的 LAN 物理层 10GBase-LX4 一个标准。为了保证获得 10 Gbps 的数据传输速率，利用稀疏波分复用（CWDM）技术在 1 310 nm 波长附近每隔约 25 nm 间隔并列配置 4 个激光发送器，形成 4 对发送器/接收器，组成 4 条通道。为了保证每个发送器/接收器对的数据传输速率达到 2.5 Gbps，每个发送器/接收器对必须在 3.125 GBaud 下工作。采用并行物理层技术的优势是，将原来速率很高的比特流拆分成多列，使 PCS 子层和 PMA 子层的处理速度降低，进而降低对器件的要求。

10GBase-LX4 使用 MMF 和 SMF 的传输距离分别为 300 m 和 10 km。

2）10GBase-R

10GBase-R 是一种在 PCS 子层中使用 64B/66B 编码的串行物理层技术，相比千兆以太网的 8B/10B 编码，它产生的编码开销可由 25%降到 3.125%。数据传输速率为 10 Gbps。所谓串行物理层技术是指数据流的发送和接收直接进行，而不拆分；66B 码的码元速率高达 10.312 5 GBaud。串行技术在逻辑上比并行技术简单，但对物理层器件的要求较高。

10GBase-R 包含 10GBase-SR、10GBase-LR 和 10GBase-ER 3 个标准，分别使用 850 nm 短波长、1 310 nm 长波长和 1 550 nm 超长波长。10GBase-SR 使用 MMF，传输距离最多 300 m；10GBase-LR 和 10GBase-ER 使用 SMF，传输距离分别为 10 km 和 40 km。

3）10GBase-W

10GBase-W 是一种工作在广域网方式下的物理层标准（即广域网接口），在 PCS 子层中采用 64B/66B 编码。10GBase-W 定义的广域网方式为 SONET OC-192，因此其数据流的数据传输速率必须与 OC-192 兼容，即为 9.584 64 Gbps，其时钟为 9.953 Gbps。SONET 是使用光纤进行数字化通信的一个标准，它通过把光纤传输通道分割成多个逻辑通道（即分支），分支的基本传输单元是 STS-1（第 1 层同步传输信号）或 OC-1（第 1 层光承载信号）。OC 是当传输信号转换成光信号后用来描述同样的传输信号。OC-1 工作在 51.84 Gbps，OC-192 的速率是其 192 倍。

10GBase-W 包含 10GBase-SW、10GBase-LW 和 10GBase-EW 3 个标准，分别使用 850 nm 短波长、1 310 nm 长波长和 1 510 nm 超长波长。10GBase-SW 使用 MMF，传输距离为 300 m，10GBase-LW 和 10GBase-EW 使用 SMF，传输距离分别为 10 km 和 40 km。

除了上述 3 种物理层标准，IEEE 还制定了使用铜缆的 10GBase-CX4 和 10GBase-T 万兆以太网标准。①10GBase-CX4 采用了 4 对双轴铜电缆，每对使用 8B/10B 编码，以 3.125G 符号/秒运行，实现了 10 Gbps 的数据传输速率，提供数据中心的以太网交换机和服务器群的短距离（15 m 之内）10 Gbps 连接方式；②10GBase-T 是使用 UTP 电缆的版本，通过 5/6 类双绞线提供 100 m 以内 10 Gbps 的传输链路。

当万兆以太网还在抢占应用市场时，IEEE802 委员会又已前行，在 2007 年底开始对 40 Gbps 的以太网进行标准化。这次升级将使以太网有能力竞争高性能网络设施，包括骨干网络中的长距离和设备背板上的短程连接。

4．10 Gbps 以太网应用

10 Gbps 以太网物理层支持多种光纤类型，IEEE 802.3ae 任务组选定的 PMD、光纤型号、光纤带宽、传输距离和应用领域如表 4-3 所示。

表 4-3　10 Gbps 以太网的收发器、光纤型号、传输距离及应用

光学收发器	光纤型号	光纤带宽	传输距离	应用领域
850 nm；串行	50/125 μm；MMF	500 MHz·km	65 m	数据中心
1 310 nm；CWDM	62.5/125 μm；MMF	160 MHz·km	300 m	企业网；园区网
1 310 nm；CWDM	9.0 μm；SMF	不适用	10 km	园区网；城域网
1 310 nm；串行；最大距离	9.0 μm；SMF	不适用	10 km	园区网；城域网
1 550 nm；串行	9.0 μm；SMF	不适用	40 km	城域网；广域网

目前，10 Gbps 以太网主要应用于企业网、园区网和城域网等大型网络的主干网连接，尚不支持与端用户的直接连接。例如，利用 10 Gbps 以太网可实现交换机到交换机、交换机到服务器及城域网和广域网的连接。如图 4.21 所示，是 10 Gbps 以太网的一种应用示例。该图中主干线路使用 10 Gbps 以太网，校园网 A、校园网 B、数据中心和服务器群之间用 10 Gbps 以太网交换机进行连接。

10 Gbps 以太网在城域网主干网的应用方面具有很好的前景。首先，带宽 10 Gbps 足够满足现阶段及未来一段时间内城域网带宽的要求。其次；40 km 的传输距离可以满足大多数城市 MAN 的覆盖范围；最后，10 Gbps 以太网作为 MAN 可以省略骨干网的 SNOET/SDH 链路，简化网络设备，使端到端传输统一采用以太网帧成为可能，省略传输中多次数据链路层的封

装和解封装，以及可能存在的数据包分片。此外，以太网端口的价格也具有很大的优势。

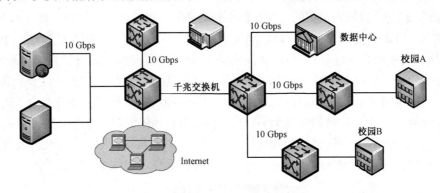

图 4.21   10 G 以太网在局域网中的应用示例

4.4   交换机及其配置

交换机是工作于 OSI 模型数据链路层或网络层或更高层的网络设备。通常将工作在网络层的交换机称为第 3 层交换机，工作在数据链路层的交换机称为以太网交换机或第 2 层交换机。实际上以太网交换机是网桥的现代名称，简称为交换机，有时还不加区分地使用"网桥"和"交换机"术语。交换机是交换式局域网的核心部件，它的性能直接影响着网络性能。交换机能够解析出 MAC 地址信息，可以根据数据链路层信息做出帧转发决策，同时构建自己的转发表。交换机还可以把一个网络从逻辑上划分成几个较小的网段。因此，如何配置交换机是组建交换式局域网的关键。

4.4.1   以太网交换机

交换式局域网基于交换机组建。当某一单位有多个局域网时，一般是利用交换机将它们连接在一起。

1．以太网交换机的工作原理

一般说来，交换机拥有一条很高带宽的背部总线和内部交换转发机构（也称为高速背板），交换机的所有端口都挂接在这条背部总线上。控制电路收到数据包之后，处理端口会查找内存中的 MAC 地址（网卡的硬件地址）对照表，以确定目的 MAC 的网卡挂接在哪个端口上，通过内部交换转发机构直接将数据包迅速传送到目的结点，若目的结点 MAC 不存在，则广播到所有端口。交换机的工作原理基于网桥的桥接。

1）自学习网桥

当两个局域网通过交换机桥接在一起时，关键在于网桥如何知道是否应该转发到达的帧、应该向哪个端口转发。图 4.22 说明了一台交换机的内部逻辑结构及其操作过程。图中的交换机标识出 6 个端口，其中端口 1、4、5、6 分别连接结点 A、B、C 与 D。交换机维护一张地址表，又称转发表，表中存储 MAC 地址到端口号之间的映射关系，因此也可称之为"MAC 地址/端口号映射表"。最初，转发表是空的，交换机不知道任何结点的位置。假若，具有 MAC 地址为 0e-10-02-00-00-13 的结点 A 向具有 MAC 地址为 0c-21-00-2b-00-03 的结点 C 发送一个帧。由于结点 A 连接在交换机的端口 1 上，所以交换机将在端口 1 上接收帧。通过检查帧的源地址字段，网桥学习到 MAC 地址 0e-10-02-00-00-13 位于端口 1 所连接的网段上，然后将学习到的知识保存在转发表中。但是它仍然不知道目的地址为 0c-21-00-2b-00-03 所在的地方。为了确保目的结点可以接收到帧，它把帧广播到每一个端口上，除了发送帧的源端口之外。假设稍后结点 C 向某一结点发送了一个帧，网桥将得知其地址来自端口 5 并也将这一知识保存到转发表中。随后发送到结点 C 的帧都将只转发到端口 5，而不再广播。这种过程称为地址自学习。

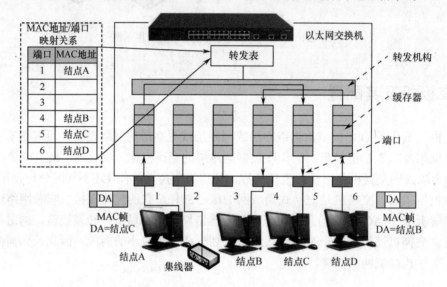

图 4.22　以太网交换机结构与工作原理示意图

　　简言之，交换机利用地址自学习动态建立和维护 MAC 地址/端口映射关系，即通过读取帧的源地址并记录帧进入交换机的端口，建立 MAC 地址/端口映射表。当得到 MAC 地址与端口的对应关系后，交换机检查转发表中是否已经存在该对应关系。若不存在，则将其加入到转发表；若已经存在，则更新该表项。

　　2）生成树协议

　　使用集线器按照水平或树形结构进行级联组网时，不会形成环路；但用交换机组建树形拓扑结构网络时，随着桥接网络拓扑变得庞大和复杂，在逻辑上可能会形成环路。即交换机将接收到的帧再广播到其他交换机上，使它围绕环路无限循环下去。为了解决环路问题，IEEE802.1D 制订了一个生成树协议(STP)，以消除在桥接网络上出现的环路。因 STP 实现较简单，几乎所有的交换机都支持该协议。

　　3）通信过滤

　　在交换机中，MAC 层地址决定了数据帧应发向哪个交换机端口。交换机端口接收到数据帧后，通过 MAC 地址/端口映射表查找目的端口，并依据如下规则做出转发决定。①如果目的端口与源端口不同，则在源端口和目的端口之间建立连接，并将数据帧转发出去。发送端口与接收端口间建立的这种连接是一种虚拟专用连接，只有当两个结点之间进行帧传输时才能保持。因此端口间的帧传输彼此屏蔽，结点不用担心自己发送的帧在通过交换机时是否会与其他结点发送的帧产生冲突。②如果目的端口与源端口相同，则不建立连接，不转发数据帧，而是将该数据帧丢弃。③如果一个结点向交换机发送帧，而交换机端口处于"忙"状态，则该结点会暂时将这些数据帧存入其缓存器（以太网的帧有 1 518 字节，端口缓存器的大小根据厂家的不同而不同，为几百帧到几千帧）。当交换机端口处于"闲"状态时，结点会向该端口发出先前存入缓存器中的帧。这种通信过滤工作机制通常很有效，但是若缓存器被填满，就可能会丢失帧。这就是以太网交换机的通信过滤功能。

交换机端口可以连接单一的结点，也可以连接集线器、交换机或路由器。在图 4.22 中，2 号端口并没有连接一台计算机，而是连接到一个 12 端口的集线器。当帧到达集线器，它们按通常的方式竞争以太网，包括冲突和二进制指数后退。竞争成功的帧被传到集线器，继而到达交换机，在交换机中的处理就像任何其他输入帧一样。交换机不知道它们是经过竞争才到达这里的。一旦进入交换机，它们就被发送到高速背板上的正确输出线。也有可能帧的目的地址是连接到集线器的一根线，在这种情况下，帧早已被交付给目的主机，因此交换机就把它丢弃。

2. 以太网交换机的数据转发方式

常用的以太网交换机有存储转发与直通交换两种转发方式。其中，直通交换方式可进一步分成快速转发与无碎片交换两种方式。

1）存储转发

以存储转发方式工作的交换机将从输入端口接收的数据帧缓存起来，直到收到有关完整的数据帧之后再进行 CRC 校验，在确认数据帧无误之后，取出数据帧头部的目的 MAC 地址，通过查找 MAC 地址表获得输出端口然后再将该数据帧从输出端口转发出去。

存储转发方式具有过滤所有错误帧、允许在不同速率的输入输出端口之间进行数据帧转发等优点，同时也具有传输时延大等缺点。目前，常用的大部分交换机都基于存储转发方式工作。

2）直通交换

以直通交换方式工作的交换机在收到数据帧的目的 MAC 地址时，不对帧进行检错，而是立即就将此帧发送到相应的目的结点。工作在直通方式的交换机不能在不同速率的输入输出端口之间进行数据转发。根据缓存的数据帧长度不同，直通交换可进一步分为快速转发和无碎片交换两种方式。

（1）快速转发方式是指交换机只要检测到数据帧中的目的 MAC 地址，就立即查找 MAC 地址表获得输出端口，并将输入与输出端口交叉接通，迅速把数据帧转发到相应的输出端口。由于快速转发方式只检查数据帧头的目的 MAC 地址字段，不需要存储，因此是所有转发方式中交换速度最快、延迟最小的转发方式。但快速转发方式因不对转发的数据帧进行完整性判断，会导致错误帧也在网上传输，占用链路带宽。

（2）无碎片交换。无碎片交换方式是介于快速转发与存储转发方式之间的一种解决方案。

工作在无碎片交换方式下的交换机在转发数据帧之前，不仅要检测到目的 MAC 地址，还要求已收到的数据帧必须大于最小长度（64 KB），任何长度小于 64 KB 的数据帧都会被立即丢弃。由于大部分网络错误和冲突都发生在数据帧传输前 64 KB 数据的过程中，因此无碎片交换方式可以在不显著增加转发延迟时间的前提下有效降低转发错误帧的概率。

3. 交换机的构成

交换机相当于一种特殊的计算机，其构成与普通计算机类似，同样由硬件和软件系统两部分构成。

1）交换机的硬件系统

交换机的硬件系统主要由 CPU、存储介质、端口，以及电源、底板、金属机壳和组成。其中，CPU 是交换机的中央处理器。交换机的存储介质主要有只读存储设备（ROM）、闪存 (Flash)、非易失性随机存储器(NVRAM)和动态随机存储器(DRAM)等。交换机的端口主要有以太网端口（Ethernet,通信速率为 10 Mbps）、快速以太网端口（Fast Ethernet,100 Mbps）、吉比特以太网端口（Gigabit Ethernet,1000 Mbps）和万兆以太网端口（Ten Gigabit Ethernet,10000 Mbps）。这些端口用于网络连接，也称为网络接口，并简约表达为 e、fa、gi 和 tengi。交换机还有一个控制台端口（Console 端口），用于交换机的配置。

2）交换机的软件系统

交换机的软件系统主要是互联操作系统（Internet Operation System，IOS）。IOS 是一种特殊的软件，可用来配置 Cisco 相关的交换机和路由设备。IOS 采用模块化结构，可移植性、可扩展性都较好。对于 IOS 的大多数配置命令，在整个 Cisco 系列产品中都是通用的。IOS 是一个与硬件分离的软件体系结构，随着网络技术的不断发展，可以动态升级以适应不断变化的硬件和软件技术。

交换机一般没有电源开关，加电之后，其开机过程与普通计算机类似，包括系统硬件自检、装载操作系统和运行配置文件等工作。

4.4.2 交换机的基本配置

交换机作为一种透明的网络交换设备不进行配置也可以工作，但在很多情况下，需要根据网络及管理要求进行适当的配置，如设置端口、IP 地址，划分 VLAN 等，以使其满足用户的更高需要。

1. 交换机的配置方法

交换机的配置过程虽然不很复杂，但不同品牌、不同系列交换机的具体配置方法有所不同。通常，交换机的基本配置方法主要有两种：①利用 Console 端口对交换机进行本地配置；②通过 Telnet、Web、SSH 和 SNMP 网络管理工作站等对交换机进行远程配置。远程配置只有在本地配置成功后才可进行。

利用 Console 端口对交换机进行配置是最常用、最基本的管理和配置方式。因为其他几种配置方式往往需要借助于 IP 地址、域名或设备名称才可以实现，新购买的交换机显然不可能内置有这些参数，所以通过 Console 端口连接并配置交换机是最常用、最基本的方式，也是网络管理员必须掌握的管理和配置方式。在此仅介绍基于 Console 端口的配置。

交换机的本地配置是通过计算机与交换机的 Console 端口直接连接的方式进行的，其连接方式如图 4.23 所示。将交换机的 Console 线一头连接到交换机，另一头连接到计算机的串口上，然后开启计算机并运行超级终端软件。然后打开交换机的电源，按照系统提示在超级终端窗口即可配置交换机。

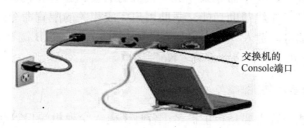

交换机的
Console端口

图 4.23　本地配置的物理连接方式

不同类型的交换机，Console 端口所处的位置可能不相同，有的位于前面板（如 Cisco 的 Catalyst 3200 和 Catalyst 4200），有的位于后面板（如 Cisco 的 Catalyst 1900 和 Catalyst 2900）。通常模块化交换机大多数位于前面板，固定配置交换机则大多位于后面板。

另外，要注意，绝大多数 Console 端口（如 Cisco 的 Catalyst 1900 和 Catalyst 4006）常用 RJ-45 接口，但也有少数采用 DB-9 串口接口（如 Cisco 的 Catalyst 3200）或 DB-25 串口接口（如 Catalyst 2900）。无论交换机采用 DB-9 或 DB-25 串口接口，都需要通过专门的 Console 线连接至配置用计算机（通常称作终端）的串行口。与交换机不同的 Console 端口相对应，Console 线也分为两种：一种是串行线，即两端均为串行接口（两端均为母头），两端可以分别插入计算机的串口和交换机的 Console 端口。另一种是两端均为 RJ-45 接头的扁平线，由于扁平线两端均为 RJ-45 接口，无法直接与计算机串口进行连接，因此，还必须同时使用一个 RJ-45/DB-9（或 RJ-45/DB-25）的适配器。

2．交换机的配置模式

通常，交换机的操作系统会被设计成多种配置模式，每种模式用于完成相应的特定任务，并在该模式下有相关的命令集。交换机操作系统的配置模式因其品牌、型号不同而有所差异，但多数交换机都有自己的互联操作系统（IOS）。在 Cisco 交换机中，通常有用户模式、特权模式、全局配置模式、虚拟局域网（VLAN）配置模式以及子配置等访问模式。表 4-4 给出了交换机的主要配置模式及其提示符。如果要执行某个命令，必须进入相应的配置模式；否则可能会出现错误的结果，这在交换机配置中非常重要。

表 4-4　交换机的配置模式及其提示符

模式的名称	提示符	模式切换示例
用户模式	switch>	交换机正常启动后自动进入
特权模式	switch#	switch>enable
全局配置模式	switch(config)#	switch# configure terminal
接口配置模式	switch(config-if)#	switch(config)#interface fa0/0

模式的名称	提示符	模式切换示例
组端口配置模式	switch(config-if-range)#	switch(config)#interface range fa0/1 - 20
VLAN 配置模式	switch(vlan)#	switch#vlan database
线路配置模式	switch(config-line)#	switch(config)#line vty 0 4

在交换机配置模式下，使用命令来完成交换机的配置、查看和调试工作。交换机的配置命令有很多，并且提供了在线帮助功能，帮助用户完成相关的配置命令，即在交换机的任何状态以及任何模式，都可以键入"？"得到系统的帮助。可用 TAB 键补齐该命令剩余单词，"No"取消某种功能，几乎所有命令都有"No"选项。

3. 配置交换机的基本功能

交换机的基本功能配置主要是指主机名、各种密码、交换机端口等配置工作。

1）交换机命令行操作模式转换

```
switch>enable            //进入特权模式
switch#
switch#configure terminal     //进入全局配置模式
switch(config)#
switch(config)# interface fastethernet 0/3    //进入交换机 fa0/3 的接口模式
switch(config-if)
switch(config-if)#exit     //退回到上一级操作模式
switch(config)#
switch(config-if)#end     //直接退出到特权模式
switch#
```

2）设置交换机名称

默认情况下，交换机的主机名默认为 switch。当网络中使用了多个交换机时，为了以示区别，通常应根据交换机的使用情况为其设置一个具体的主机名称。设置交换机的主机名可在全局配置模式中通过 hostname 配置命令来实现。

```
switch(config)#hostname   <name>
```
其中，$<name>$ 是设置的交换机的名称，长度不能超过 255 字节。例如：

```
switch(config)#hostname   SW1     //设置交换机名称为 SW1
SW1(config)#no hostname      //取消刚才设置的交换机名称，恢复到默认值
```

3）设置 Console 密码

交换机的密码设置项目包括 Console 密码、Password 密码、Secret 密码和 Telnet 密码。例如，当进入 Console 端口需要进行认证时，可设置 Console 密码。Console 密码设置过程为：

```
switch(config)#line console 0
switch(config-line)#password <password>
switch(config-line)#login
switch(config-line)#end
```

设置 Console 密码后,下一次在 Console 口登录交换机时,直接按 Enter 键会出现 Console 口的认证请求,这时只有输入正确的密码才能进入交换机。可用 no password 命令取消 Console 密码的设置。

4)保存配置信息

对于交换机配置进行的任何修改存储在 running-config 文件中。在修改了 running-config 后需要执行如下命令将配置信息保存起来。

     switch#copy run satr

否则,在交换机重载或掉电后修改的配置信息会丢失,当然对有些交换机来说配置文档是自动保存的,无须使用复制命令。

4．show 命令的基本使用

一般,利用 show version 命令可查看 IOS 版本,也用来查看交换机的许多信息。

1)查看配置信息

查看交换机的配置信息,需要在特权模式中执行 show running-config 命令。在特权模式中执行 show startup-config 命令,还可以显示保持在 NVRAM 中的启动配置信息。

2)查看端口信息

若要查看某一端口的工作状态和配置参数,可用 show interface 命令来实现,其使用方法为:

     switch#show interface type mod/port

其中,参数 type 代表端口类型,参数 mod/port 代表端口所在模块和在此模块中的编号。例如要查看交换机 0 号模块的 1 号端口的信息,则查看命令为:

     switch#show interface fa0/1

3)查看交换机的 MAC 地址表

查看交换机的 MAC 地址表的配置命令为:

     switch#show mac-address-table [dynamic|static]

其中,若指定 dynamic 则显示动态学习到的 MAC 地址;若指定 static 则显示静态指定的 MAC 地址表;若未指定则显示全部 MAC 地址。

4.4.3 交换机的端口配置

交换机的端口是信息的输入和输出口,正确实现端口的配置是交换机配置的首要任务。

1. 端口的基本配置

第 2 层交换机端口的配置主要包括端口的设置、端口速率的设置、工作模式的设置、启用和禁用、端口的优化等。

在对端口进行配置之前,应选择所要配置的端口,端口选择命令为:

     switch(config)#interface type mod/port

在特权模式下，按照以下步骤选择端口、设置端口的通信速率、双工模式。

    switch(config-if)#speed {10|100|1000|auto}   //配置端口速率或者 auto。

    switch(config-if)#duplex {auto|full|half}   //配置端口的单双工模式

    switch(config-if)#no shutdown   //开启该端口

    switch(config-if)#shutdown   //禁用该端口

当交换机多个端口需要做相同配置时，可以使用"组端口配置模式"同时进行配置。当确定某端口仅用于连接主机，而不会用于连接其他交换机端口时，可对此端口进行优化，以减少因生成树协议（STP）或汇聚链路（trunk）协商而导致的端口启动延迟。例如，将 Cisco 2950 交换机的第 1 至第 20 号端口初始化为访问连接端口，不运行生成树协议（STP）和端口聚合，以优化和加快端口建立连接的速度，在接口配置模式下，配置命令为：

    switch# configure terminal

    switch(config)#interface range fa0/1 - 24

    switch(config-if-range)#switchport mode access   //初始化为访问连接端口

    switch(config-if-range)#spanning-tree portfast   //指定端口为 portfast 模式,在此模式下将不运行生成树协议（STP），以加快建立连接的速度

    switch(config-if-range)#no channel-group   //禁用端口聚合

2. 端口聚合

交换机允许将多个端口聚合成一个逻辑端口。通过端口聚合可提高端口间的通信速度。当用 2 个 100 Mb/s 端口进行聚合时，所形成的逻辑端口的通信速度为 200 Mb/s；若用 4 个 100 Mb/s 端口进行聚合时，则逻辑端口的通信速度为 400 Mb/s。当 EtherChannel 内的某条链路出现故障时，此链路的流量将自动转移到其他链路上。

可采用手工方式对端口聚合进行配置。链路聚合控制协议（LACP）是一种标准的端口聚合协议，PagP 是 Cisco 专有的端口聚合协议。参与聚合的端口必须具备相同的属性，如相同的通信速度、单双工模式、trunk 模式、trunk 封装方式等。端口聚合的命令为：

    switch(config)#channel-group number mode [on|auto|desirable|non-silient]

其中，参数 number 表示组号；可选参数 on 表示使用 EtherChannel，但不发送 PagP 分组；auto 表示交换机被动形成一个 EtherChannel，不发送 Pagp 分组，为默认值；desirable 表示交换机主要形成一个 EtherChannel，并发送 PagP 分组；non-silent 表示在激活 EtherChannel 之前先进行 PagP 协商。

3. 端口镜像

交换机的端口镜像（Switch Port Analyzer，SPAN），通常也称为端口监听，利用端口镜像，可将被监听的一个或多个端口的数据流量完全复制到另外一个目的端口进行实时分析，而且不影响被镜像端口的工作。镜像端口通常用于连接网络分析设备，比如运行 Sniffer（协议分析软件）的主机。网络分析设备通过捕获镜像端口上的数据包，实现对网络运行情况的监控。例如，将 Cisco 2950 的第 1 号端口镜像到第 2 号端口，配置步骤和方法如下。

首先配置源端口，即被监听的端口。命令格式为：

    switch(config)# monitor session 1 source interface fa0/1

其次配置目的端口，即镜像端口或监听口，该端口通常用于连接网络分析设备。命令格式为：

    switch(config)#monitor session 1 destination interface fa0/2

最后使用查看镜像配置命令查看是否配置成功。

switch#show monitor session 1

在部署实施端口镜像时需要注意：①镜像源端口和镜像目的端口可以是第 2 层交换端口，也可以是第 3 层交换端口；②交换机某个端口只能为镜像源端口或只能为镜像目的端口；③镜像目的端口一般连接监控主机，链路捆绑端口（如 EtherChannel）和中继链路不能配置为镜像目的端口。

4. 端口安全性配置

交换机的工作原理决定了交换机容易受到 MAC 地址的洪泛攻击。交换机端口安全性配置可以抑制 MAC 洪泛攻击。通过端口安全性配置可限制：①只有指定的安全 MAC 地址才能通过交换机端口传输数据帧；②限制允许的有效 MAC 地址数量。

1）安全 MAC 地址的获取方法

在进行端口安全性配置时，需要指定安全 MAC 地址的获取方法。通常有使用命令静态配置安全 MAC 地址、动态获取安全 MAC 地址和通过黏滞获取安全 MAC 地址 3 种方法。

（1）静态安全 MAC 地址。静态安全 MAC 地址是指由管理员在交换机端口的子配置模式下使用"switchport port-security mac-address"命令手工配置的安全 MAC 地址。静态安全 MAC 地址配置的 MAC 地址不但存储在 MAC 地址表中，而且还添加到交换机的运行配置文件中。

（2）动态安全 MAC 地址。动态安全 MAC 地址是由交换机通过动态学习获取的，并且仅存储在 MAC 地址表中。以此方式配置的 MAC 地址在交换机重新启动时将被移除。

（3）黏滞安全 MAC 地址。黏滞安全 MAC 地址由交换机通过动态学习而获得，并且具有这样几个特性：①当使用"switchport port-security mac-address sticky"端口配置命令启用黏滞获取时，端口将所有动态安全 MAC 地址(包括那些在启用黏滞获取之前动态获得的 MAC 地址)转换为黏滞安全 MAC 地址，并将所有黏滞安全 MAC 地址添加到运行配置。②当使用"no switchport port-security mac-address sticky"端口配置命令禁用黏滞获取时，黏滞安全 MAC 地址仍作为地址表的一部分，但是已从运行配置中移除。已经被删除的地址可以作为动态地址被重新配置和添加到 MAC 地址表。③当使用"switchport port-security mac-address sticky"端口配置命令配置黏滞安全 MAC 地址时，这些地址将添加到地址表和运行配置文件中。如果禁用端口安全性，则黏滞安全 MAC 地址仍保留在运行配置中。④若果将黏滞安全 MAC 地址保存在启动配置文件中，则当交换机重新启动或者端口关闭时，不需要重新获取这些地址。如果不保存黏滞安全 MAC 地址，则它们将丢失。如果黏滞获取被禁用，黏滞安全 MAC 地址则被转换为动态安全地址，并被从运行配置中删除。⑤如果禁用黏滞获取并输入"switchport port-security mac-address sticky"端口配置命令，则会出现错误消息，并且黏滞安全 MAC 地址不会添加到运行配置文件中。

2）安全违规模式

在交换机端口启用端口安全性之后，当出现以下任一情况时，会发生安全违规，交换机端口将执行相应的违规操作。①交换机端口携带有非法 MAC 地址的数据帧通过；②允许的有效 MAC 地址数量超过规定的最大值；③在一个安全端口上获取或配置的 MAC 地址出现在同一个 VLAN 中的另一个安全端口上。

交换机端口的违规模式有保护、限制和禁用 3 种。根据出现违规时要采取的操作，可以将端口配置为 3 种违规模式之一。

（1）保护（Pretect）：当安全 MAC 地址的数量达到端口允许的限制值时，带有未知源地址的数据包将被丢弃，直至移除足够数量的安全 MAC 地址或增加允许的最大地址数，并且不发出系统日志（Syslog）消息，不增加违规计数器计数，也不显示安全违规的通知，不关闭该交换机端口。

（2）限制（Restrict）：当安全 MAC 地址的数量达到端口允许的限制值时，带有未知源MAC 地址的数据包将被丢弃，直至移除足够数量的安全 MAC 地址或增加允许的最大地址数。在此模式下，会发出安全违规的通知和系统日志（Syslog）消息，增加违规计数器计数，但不关闭该交换机端口。

（3）禁用（Shutdown）：当启用端口安全性的交换机端口有违规操作数据帧时，违规模式的"禁用"端口立即变为错误禁用(error-disabled)状态，并禁用该端口，发出系统日志（Syslog）消息，增加违规计数器计数。当安全端口处于错误禁用状态时，需要先输入"shutdown"命令关闭该端口，再输入"no shutdown"命令启用端口才能使端口脱离错误禁用状态。

3）交换机端口安全配置

在默认情况下，交换机端口没有启用端口安全性。启用端口安全性后，端口默认安全性设置为最大有效安全 MAC 地址数量为 1，违规模式为禁用。

交换机端口安全性配置一般为 5 个步骤：①设置交换机端口为 Access 模式；②启用端口安全性；③设置最大有效安全 MAC 地址数量；④配置安全 MAC 地址；⑤配置违规模式。其中，前两个步骤是必须的，后 3 个步骤依据网络需求为可选配置。以 Catalyst 2950 交换机为例，端口安全性配置命令如下：

switch(config-if)#switchport mode access   //配置交换机端口模式为 Access 模式

switch(config-if)#switchport port-security   //启用端口安全性功能

switch(config-if)#switchport port-security mac-address sticky   //配置通过黏滞获得安全 MAC 地址

switch(config-if)#switchport port-security mac-address <mac-address>   //配置静态安全 MAC 地址

switch(config-if)#switchport port-security maximum <maximum>   //配置端口最大合法 MAC 地址数量

switch(config-if)#switchport port-security violation protect|restic|shutdown   //配置端口安全性的违规模式

switch#show port-security   //查看端口安全信息

4.5 虚拟局域网（VLAN）

在组建局域网时，一旦将一台网络设备连接到一个局域网上，它就属于该局域网，即局域网的部署完全由物理连接来确定。在某些应用中，经常需要在物理部署之上构建逻辑连接。例如将交换机的一些端口属于一个局域网，而另一些端口则属于另一个局域网。另外，也可能将多台交换机的端口分配给同一个局域网而将所有其他端口分配给另一个局域网。因此，在网络部署中经常需要这种灵活性。虚拟局域网（Virtual Local Area Network，VLAN）就是通过组建虚拟工作组的形式来改善局域网的性能、增强使用灵活性的。在交换技术基础上组成 VLAN 已得到普遍应用。

4.5.1　VLAN 的基本概念

　　VLAN 是建立在交换技术基础之上,将局域网内的网络结点逻辑地划分为若干网段，实现虚拟工作组的一种技术。将网络上的结点按照工作性质与需要分成若干个"逻辑工作组"，一个"逻辑工作组"就是一个虚拟网络。其实，VLAN 就是由若干物理网段组成的网络。虚拟的概念在于网络的同一个工作组内的用户结点不一定都连在同一个物理网段上，它们只是因某种性质关系或隶属关系等而逻辑地连接在一起，而不是物理地连接在一起。它们的划分和管理是由虚拟网管理软件来实现的。属于同一虚拟工作组的用户，如果工作需要，可以通过软件划归到另一个工作组网段上去，而不必改变其网络的物理连接。因此，从某种意义上来说，VLAN 只是给用户提供的一种服务，它并不是一种新型局域网。VLAN 是一个第 2 层的概念，它允许网络管理员在第 2 层配置连接性而不需要重新进行物理连接，如图 4.24 所示是一个典型的 VLAN 的物理结构和逻辑结构,不同位置的多个站点可以与相同的 VLAN 相关联，而不需要对站点的物理连接重新布线。

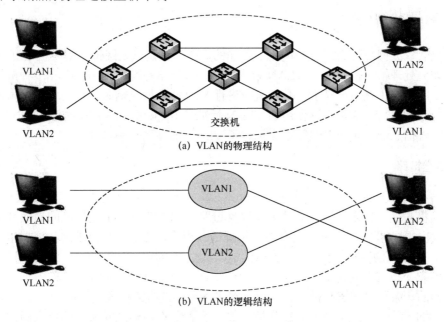

图 4.24　VLAN 的物理结构和逻辑结构

　　由图 4.24 可以看出，相对交换式以太网，VLAN 具有以下几个主要特点。

1. 抑制网络广播风暴

　　利用 VLAN 技术，可以将由交换机连接成的物理网络划分成多个逻辑子网，以便抑制网络广播风暴。也就是说，基于网络性能的要求，可以通过划分很多 VLAN 而减少整个网络范围内的广播风暴。因为广播信息是不会跨过 VLAN 的，可以把广播限制在各个 VLAN 的范围内，即缩小了广播域，从而提高网络的传输效率。

2．增强网络的安全性

由于各结点可以分别属于不同的 VLAN，所以增强了网络的安全性。构成 VLAN 的站点不拘泥于所处的物理位置，它们既可以挂接在同一个交换机中，也可以挂接在不同的交换机中。VLAN 技术使得网络的拓扑结构变得非常灵活，在网络中添加、移动设备时，或设备的配置发生变化时，能够减轻网络管理人员的负担。例如，位于不同楼层的用户或者不同部门的用户，可以根据需要加入不同的 VLAN。由于各虚拟网络之间不能直接进行通信，而必须通过路由器转发，这样就为安全控制提供了可能性，可在一定程度上增强网络的安全性。

3．便于集中式管理与控制

实现虚拟工作组，可使不同地点的用户就好像是在一个单独的 LAN 上那样通信。VLAN 是对连接到交换机的网络用户的逻辑分段，不受网络用户的物理位置限制，只是根据用户需求进行网络分段。一个 VLAN 可以在一个交换机中或者跨交换机实现。VLAN 可以根据网络用户的位置、作用和部门，或者根据网络用户所使用的应用程序和协议来进行划分，便于集中式管理与控制。

4.5.2　VLAN 技术原理

在交换式以太网环境中，所有链路上传输的数据帧都是以太网帧，交换机根据 MAC 地址来判断如何处理帧。在使用了 VLAN 技术的交换式网络环境中，由于存在多种链接方式，处理数据帧的方式也就不一样了。交换机在进行 VLAN 数据传输时，需要为数据帧添加标明 VLAN 的标识信息。目前，广泛使用的 VLAN 标准是 IEEE 颁布的 IEEE802.1q。IEEE 802.1q 从配置、配置信息的发布和中继等方面规定了 VLAN 的体系结构框架。

1．中继链路

在使用了 VLAN 技术的交换式网络环境中，属于同一个 VLAN 的计算机在跨域交换机通信时，交换机与交换机之间通信需要一条物理链路，如果在有多个交换机的局域网中划分了多个 VLAN，则需要在交换机之间有多条物理链路相连，会浪费交换机的物理端口。尤其是当局域网中 VLAN 的数目较多时，交换机的端口数量难以满足所有 VLAN 跨交换机通信的要求。为了节省交换机之间的链路，引入了中继链路（Trunk）。中继链路也称为干道链路，是两结点之间的一条传输信道，是一条可以承载多条逻辑链路的物理连接。

对 VLAN 交换环境而言，中继链路是一条可以承载多个 VLAN 流量的以太网接口之间的点到点链路，承载着不同的数据帧。根据链路上可传输的数据帧类型，常把链路分为接入链路（Access）、中继链路及混合链路（Hybrid）。接入链路也叫作本征 VLAN（native VLAN），接入链路上传输的是未添加 VLAN 标识的普通以太网帧。当交换机端口为接入链路时表示该端口只属于一个 VLAN，且仅向该 VLAN 转发数据帧。中继链路是指能够转发多个不同 VLAN 的通信链接，它使其单独的 1 个端口同时成为数个 VLAN 端口，使多个不同 VLAN 的数据帧可以在其链路上传输。中继链路必须使用 100 Mb/s 以上的端口进行点对点链接，一次最多可以携带 1005 个 VLAN 信息。

目前大部分交换机端口都支持接入链路和中继链路，有些交换机端口不支持混合链路模式。中继链路通常用于交换机与交换机之间的连接，以及交换机与路由器之间的连接（当使用单臂路由实现 VLAN 之间通信时）。当在交换机之间配置中继链路，多个 VLAN 的信息将在这个链路上通过。如果交换机之间没有使用中继链路而使用一般的链路，只有 VLAN1 的信息通过这个链路被相互传递。VLAN1 默认作为管理 VLAN。交换机在进行 VLAN 数据传输时，需要为数据帧添加标明所属 VLAN 的标识信息。

2. 中继协议

对 VLAN 交换环境而言，由于在中继链路上可能承载了来自多个 VLAN 的不同数据帧，因此，在交换机上需要有一种机制能够识别中继链路上的数据帧是来自于哪个 VLAN 的，以便进行正确的转发。然而，VLAN 技术相比于以太网技术出现得晚，传统的以太网帧并没有提供识别不同 VLAN 帧的方法。因此在 VLAN 技术中通常采用在以太网帧的帧头插入一个标签（Tag）的方法来识别中继链路中的数据帧属于哪个 VLAN。帧标记最常用的封装协议是开放的 IEEE 802.1q，以及 Cisco 的私有中继封装协议 ISL。

IEEE 802.1q 标准规定的 IEEE 802.1q 帧格式如图 4.25 所示。与以太网帧格式相比，它在 VLAN 帧中增加了一个 4 字节的 VLAN 标签（Tag），插入在原始以太网帧的源地址（SA）字段和类型/长度（Length/Type）字段之间，成为带有 VLAN 标签的帧，并称之标签帧。

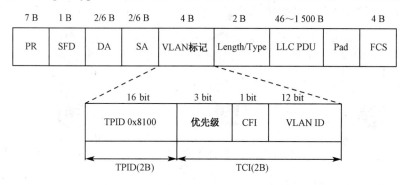

图 4.25　IEEE 802.1q 的帧格式

IEEE 802.1q 帧结构中 VLAN 标记字段的含义如下。

（1）TPID（Tag Protocol IDentifier）：标记协议标识符，占 2 B，是一个全局赋予的 VLAN 以太网类型，其值为 0x8100。

（2）TCI（Tag Control Information）：标记控制信息，占 2 B。它分为 3 个字段：3 bit 的用户优先级（0～7 级），0 级最高，允许以太网支持分级的概念；1 bit 的标准格式指示器 CFI，以太网不使用这一位，置为 0，而当置 1 时表示以太网帧封装令牌环帧；其余 12 bit 作为 VLAN 的标志，用于标识帧所属的 VLAN，VLAN ID 的有效值为 0～4 095，其中 0、1 和 4 095 被保留。

3. 中继链路的工作过程

IEEE802.1q 将交换机的端口分为接入端口（Access Port）和中继端口（Trunk Port）两种类型。接入端口是指只能发送没有 IEEE802.1q 协议标签的数据帧，同理也只能接收没有标签的数据帧。若交换机的某端口被指定为中继端口，所有从此端口转发出去的数据帧都添加上 IEEE802.1q 标签。同样，中继端口也只接收有标签的数据帧。IEEE802.1q 标准还规定了相应的转发规则。

在使用了 VLAN 技术的交换式网络环境中，接入链路上传输的是普通以太网帧，当该数据帧需要从中继链路上转发出去时，执行以下操作：①如果数据帧所属 VLAN 是本征 VLAN，数据帧不添加 VLAN 标签，直接从中继链路发送出去；②如果数据帧所属 VLAN 不是本征 VLAN，则在帧中插入 VLAN 标签，其中携带了该 VLAN 的编号 ID，并从中继链路发送出去。所谓本征 VLAN 是指能够向下兼容传统 LAN 中无标记流量的 VLAN。

当中继链路的另一端（即接收端）收到一个数据帧时，执行以下操作：①如果收到的数据帧没有携带 VLAN 标签，则该数据帧所属 VLAN 为本征 VLAN，从所有属于本征 VLAN 的接入端口和中继端口转发出去；②如果收到的数据帧是携带 VLAN 标签的 IEEE802.1q 帧，就根据其中的 VLAN 编号 ID 把它映射到相应 VLAN 网段，并删除数据帧中的 VLAN 标签，然后在所有属于该 VLAN 的接入接口和中继端口转发。

例如，在图 4.26 所示的交换网络中，交换机 Switch1 的 f0/8 端口、交换机 Switch2 的 f0/10 和 Switch3 的 f0/8 端口都属于 VLAN3，交换机之间的链路为中继链路，封装的中继协议为 IEEE802.1q，本征 VLAN 为 VLAN9。现在主机 PC1 需要向主机 PC3 发送数据，交换机 Switch1、Switch2 和 Switch3 的 MAC 地址表中都没有主机 PC3 的信息。

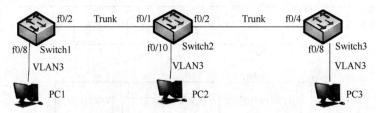

图 4.26　VLAN 标记工作过程

数据帧转发中的标记工作过程如下：

（1）主机 PC1 与交换机 Switch1 的 f0/8 端口之间的链路为接入链路，因此主机 PC1 传输到 Switch1 的数据帧是普通的以太网帧。

（2）Switch1 查找对应 VLAN 的 MAC 地址表，该交换机 MAC 表中没有目的 MAC 地址对应条目，需要将该数据帧从所有属于 VLAN3 的端口和中继端口转发出去。

（3）由于主机 PC1 所在 VLAN 为 VLAN3，Switch1 转发该数据帧的中继端口 f0/2 的本征 VLAN 为 VLAN9，因此，Switch1 从中继端口 f0/2 转发时，将数据帧添加上 VLAN3 的标签，使之封装为 IEEE802.1q 帧。

（4）Switch2 从中继端口 f0/1 收到具有标签 VLAN 的 IEEE802.1q 帧，检测该数据帧中的 VID，判断其属于 VLAN3，去掉该帧中的 VLAN 标签，并查找 VLAN3 对应的 MAC 地址表，该交换机 MAC 地址表中没有目的 MAC 地址表项，需要将该数据帧从所有属于 VLAN3 的端口（f0/10 端口）和中继端口转发出去。

（5）Switch2 转发该数据帧的中继端口 f0/2 的本征 VLAN 为 VLAN9，该数据帧属于 VLAN3，因此，当 Switch2 从中继端口 f0/2 转发数据帧时，将数据帧添加上 VLAN3 标签，使之封装成为 IEEE802.1q 帧。

（6）Switch3 从中继端口 f0/4 收到了 VLAN 标签的 IEEE802.1q 帧，检测该数据帧中的

VID，判断其属于 VLAN3，去掉该帧中的 VLAN 标签，并查找 VLAN3 对应的 MAC 地址表。Switch3 的 MAC 地址表中没有目的 MAC 地址表项，需要将该数据帧从所有属于 VLAN3 的端口（f0/8 端口）转发出去。

（7）Switch3 的 f0/8 端口链路为接入链路，因此 Switch3 传输到主机 PC3 的数据帧为普通的以太网帧，主机 PC3 接收该数据帧。

从标签的工作过程可以看出，如果一条中继链路两端的本征 VLAN 不一样，会出现将数据帧转发到其他 VLAN 的情况，从而导致网络安全隐患。

4.5.3　VLAN 的实现

VLAN 是在交换机上使用软件实现的，有静态 VLAN 和动态 VLAN 两种实现方式。静态 VLAN 是指由网络管理员手工将交换机的端口指派给某个 VLAN。动态 VLAN 是指根据交换机端口所连用户的 MAC 地址、逻辑地址或协议等信息将交换机端口动态分配给某个 VLAN。因此，实现 VLAN 主要有 3 种策略：基于交换机端口的 VLAN、基于 MAC 地址（网卡的硬件地址）的 VLAN 和基于 IP 地址的 VLAN。

1. 基于交换机端口的 VLAN

基于交换机端口的 VLAN 划分是最早的和比较常用的实现方式，而且配置也非常的直观和简单，是最实用的 VLAN。其特点是将交换机按照端口进行分组，每一组定义为一个 VLAN。如图 4.27 所示，是单个交换机划分虚拟子网的示例。网络管理员首先配置交换机，使得交换机的端口 1、2、3、7、8 与 VLAN1 相关联，使交换机的端口 4、5、6 与 VLAN2 相关联。这些交换机端口分组可以在一台交换机上也可以跨越几个交换机。这样把交换机按照交换机端口分组后，一个 VLAN 内的各个端口上的所有终端都在一个广播域中，它们相互可以通信，而不同的 VLAN 之间进行通信则需要经过路由器。

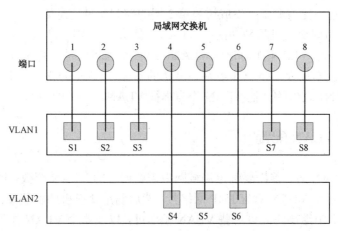

图 4.27　用交换机端口定义 VLAN

显然，基于交换机端口划分 VLAN 的主要优点是简单，容易实现。从一个端口发出的广播，直接发送到 VLAN 内的其他端口，便于直接监控。但是，基于交换机端口的 VLAN 的一个限制是，到达相同端口的所有帧必须共享同一个 VLAN，存在使用不够灵活的局限性。例如，当一个网络站点从一个交换机端口移动到另外一个新的端口时，如果新端口与原端口不属于同一个 VLAN 时，就需要网络管理员对该站点重新进行网络地址配置，否则，该站点将无法进行网络通信。当然，这可以通过网络管理软件来予以弥补。在基于交换机端口的 VLAN 中，每个交换端口可以属于一个或多个 VLAN 组，因此比较适用于连接服务器。

2. 基于 MAC 地址的 VLAN

在基于 MAC 地址的 VLAN 中，交换机对结点的 MAC 地址和交换机端口进行跟踪，在新结点入网时根据需要将其划归至某一个 VLAN，而无论该结点在网络中怎样移动，由于其 MAC 地址是固化在结点的网卡上的，因此用户不需要进行网络地址的重新配置，该结点就能自动地保持它原有的 VLAN 成员资格。从这个角度讲，基于 MAC 地址划分的 VLAN，可以视为基于用户的 VLAN。

用 MAC 地址划分 VLAN 时，要求所有的用户在初始阶段必须配置到至少一个 VLAN 中，这种初始配置需由人工完成，以确定该站点属于哪一个 VLAN。显然，在对大规模网络初始化时，要把上千个用户配置到 VLAN 是很麻烦的，因此，基于 MAC 地址的 VLAN 的不足就是在站点入网时，需要对交换机进行比较复杂的人工配置。

3. 基于 IP 地址的 VLAN

在基于 IP 地址的 VLAN 中，新结点在入网时无须进行太多的配置，因为交换机可根据各结点的 IP 地址自动将其划分成不同的 VLAN。这种实现技术允许按照协议类型来组成 VLAN，有利于组成基于服务或应用的 VLAN。同时，用户可以随意移动结点而无须重新配置 IP 地址。

在上述 3 种实现 VLAN 的技术中，基于 IP 地址的 VLAN 的智能化程度最高，实现起来也最为复杂。

在交换机式网络中实施 VLAN 时，常用到默认 VLAN、管理 VLAN 和本征 VLAN 等术语。①默认 VLAN 是指交换机端口默认所属的 VLAN。交换机的默认 VLAN 是 VLAN1，而且不能被重命名，也不能被删除，生成树等第 2 层的控制流量信息始终属于 VLAN1。②管理 VLAN 是用于远程访问交换机管理功能的 VLAN。默认管理 VLAN 为 VLAN1，为避免安全隐患通常需要另建一个 VLAN 作为管理 VLAN。③当交换机的端口被配置为 IEEE 802.1q 中继端口时，需要指定本征 VLAN，中继端口默认的本征 VLAN 为 VLAN1。从安全的角度考虑，最好使用 VLAN1 之外的其他 VLAN 作为本征 VLAN。

4.5.4 交换机的 VLAN 配置

在规划部署 VLAN 时，首先要确定局域网中需要创建的 VLAN 个数，每个 VLAN 的 ID、VLAN 的类型以及每个 VLAN 对应的 IP 网络号；然后确定交换机的哪些端口为中继端口、中继端口的封装协议、中继链路允许哪些 VLAN 帧通过，以及哪个 VLAN 作为中继链路上的本征 VLAN。同时，还要确定交换机的哪些端口为接入端口，指派给哪个 VLAN。

1. VLAN 的配置步骤及命令

在网络工程中通常采用静态 VLAN 的方式配置虚拟局域网。静态 VLAN 的配置包括创建

VLAN、配置中继链路和配置接入链路三项任务。因此，VLAN 的配置一般需要三个步骤：

（1）在局域网所有的交换机上根据规划的 VLAN 创建 VLAN，并配置 VLAN 的名称。

（2）在局域网所有的交换机上根据规划配置中继端口，包括：①配置中继端口的封装协议；②指定端口工作模式为中继链路；③指定哪个 VLAN 为中继端口的本征 VLAN；④配置中继端口允许哪些 VLAN 的数据帧通过。

（3）在局域网所有交换机上根据规划配置接入端口，并指定接入端口所属的 VLAN。

对应上述配置步骤，以 Cisco 交换机为例，VLAN 配置与调试验证命令如下：

switch(config)#vlan *vlan-id*   //创建 VLAN,参数 *vlan-id* 表示 VLAN 标识

switch(config)#no vlan *vlan-id*   //删除 VLAN

switch(config-vlan)#name *vlan-name*   //配置 VLAN 的名称

switch(config-if)#switchport trunk encapsulation dot1q|isl   //配置中继端口的封装协议，其中 dot1q 表示使用 IEEE802.1q,isl 表示使用 Cisco 的私有中继协议 ISL。

switch(config-if)#switchport mode trunk   //配置端口链路类型为中继链路

switch(config-if)#switchport trunk native vlan *vlan-id*   //配置中继链路的本征 VLAN

switch(config-if)#switchport trunk allowed vlan all   //配置中继链路允许承载所有 VLAN 帧

switch(config-if)#switchport mode access   //设置端口链路为接入链路

switch(config-if)#switchport access vlan *vlan-id*   //将端口指派给 VLAN

switch#show vlan   //查看 VLAN 信息

switch#show vlan brief   //查看 VLAN 的简要信息

2．VLAN 的规划与配置示例

假若，某一 VLAN 规划及拓扑结构如图 4.28 所示。任意选用 6 台计算机,命名为 PC1～PC6。其中，PC1～PC3 分别连接到 switch1 的以太网端口 5、9、12；PC4～PC6 分别连接到 switch2 的以太网端口 3、7、11。图中交换机 switch1 为 Catalyst 2950，交换机 switch2 为 Catalyst 3550，本示例主要解释如何在这两个交换机之间的一条链路上创建承载不同交换机之间 VLAN 通信的中继链路。在这个应用中划分了 4 个 VLAN，其中有 3 个为手工配置的 VLAN,并对它们命名分别为 VLAN2、VLAN3、VLAN4，其中 VLAN1 采用默认的配置，要求将中继链路的本征 VLAN 配置为 VLAN4。并且把 2950 和 3550 交换机的各端口分配到适当的 VLAN 中，要求 PC1、PC4 为一个 VLAN2，PC2、PC6 为一个 VLAN3，PC3、PC5 为一个 VLAN4。

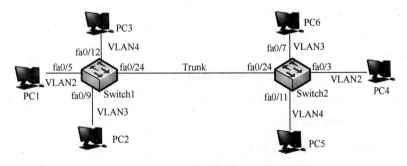

图 4.28　VLAN 配置规划及其网络拓扑

分析该交换式网络可知：①由于局域网划分成了 4 个 VLAN，两个交换机之间的链路需

要承载 4 个 VLAN 的数据帧，因此两个交换机之间的链路为中继链路。②考虑到 Catalyst 2950 交换机的中继链路只支持 IEEE802.1q，而 Catalyst 3550 交换机的中继链路既支持 IEEE802.1q，也支持 ISL 封装协议，中继链路两端端口的封装协议必须一致中继链路才能正常工作，因此中继链路的封装协议需要采用 IEEE802.1q。

1）交换机 switch1 上的 VLAN 配置

在 Catalyst 2950 交换机 switch1 上，端口 fa0/5、fa0/9 和 fa0/12 连接的是计算机，这 3 个端口的链路类型为接入链路。把 switch1 的端口 5～8 分配到 VLAN2 中，把端口 9～11 分配到 VLAN3 中，把端口 12～15 分配到 VLAN4 中，其他端口在默认的 VLAN1 中。由于 Catalyst 2950 交换机中继链路的封装协议只支持 IEEE 802.1q，因此不需要对中继端口 f0/24 配置封装协议。在 switch1 上创建 VLAN、配置接入链路和中继链路的步骤及命令如下：

```
switch1#vlan database
switch1(vlan)#vlan 2
switch1(vlan)#vlan 3
switch1(vlan)#vlan 4
switch1(vlan)#exit
switch1#config terminal
switch1(config)#interface range fa0/5 - 8
switch1(config-if -range)#switchport mode access
switch1(config-if- range)#switchport access vlan 2 //把 5～8 端口放入 VLAN2 中
switch(config-if- range)#no shutdown
switch1(config-if-range)#interface range fa0/9 - 11
switch1(config-if-range)#switchport mode access
switch1(config-if-range)#switchport access vlan 3 //把 9～11 端口放入 VLAN3 中
switch1(config-if-range)#no shutdown
switch1(config-if-range)#interface range fa0/12 - 15
switch1(config-if-range)#switchport mode access
switch1(config-if-range)#switchport access vlan 4//把 12～15 端口放入 VLAN4 中
switch1(config-if-range)#no shutdown
switch1(config-if-range)#exit
switch1(config)#interface fa0/24
switch1(config-if)#switchport mode trunk    //配置端口链路类型为中继链路
switch1(config-if)#switchport trunk native vlan 4 ..//指定 VLAN4 为中继链路的本征 VLAN
switch1(config-if)#no shutdown
```

2）交换机 switch2 上的 VLAN 配置

在 Catalyst 3550 交换机 switch2 上，端口 fa0/3、fa0/7 和 fa0/11 连接的是计算机，这 3 个端口的链路类型为接入链路。由于 Catalyst 3550 交换机的中继链路支持 IEEE 802.1q、ISL 两种封装协议，因此需要对中继端口 fa0/24 配置封装协议。在 switch2 上创建 VLAN 配置接入链路的步骤及命令与在交换机 switch1 上的方法相同，不再赘述，只需把端口 3～6 分配到 VLAN2 中，把端口 7～10 分配到 VLAN3 中，把端口 11～13 分配到 VLAN4 中，其他端口在默认的 VLAN1 中。重要的是对中继端口 fa0/24 做如下配置：

> switch2(config-if)#interface fa0/24
>
> switch2(config-if)#switchport trunk encapsulation dot1q   //对中继端口 fa0/24 配置 IEEE 802.1q 封装协议
>
> switch2(config-if)#switchport mode trunk   //配置端口链路类型为中继链路
>
> switch2(config-if)#switchport trunk native vlan 4 ../指定 VLAN4 为中继链路的本征 VLAN
>
> switch2(config-if)#no shutdown

注意，trunk 端口默认情况下传送所有的 VLAN 数据帧。

3）查看与测试

以交换机 switch 2 为例，在特权模式下输入 show vlan，可查看 VLAN 配置信息。使用命令 switch1#show interface trunk，可以看到交换机上的 fa0/24 为中继端口，其 PVID=1 且封装协议为 802.1q。

通过 ping 命令可以对网络的 VLAN 划分结果进行测试，若 VLAN 成功配置，会发现同一个 VLAN 的计算机能通过直接通信，不同 VLAN 之间是不能通过 Trunk 进行通信的。例如，若 switch1 交换机中 PC1 的 IP 地址设置为 192.168.0.2/24，在 switch2 交换机中 PC4 的 IP 地址设置为 192.168.0.6/24，在 switch1 的 PC1 中能够 ping 通 switch2 中的 PC4。

4.6 无线局域网（WLAN）

随着互联网技术的飞速发展，计算机网络从传统的有线网络发展到了无线网络，作为无线网络之一的无线局域网（WLAN），满足了人们实现移动办公的梦想，为人们创造了一个丰富多彩的自由天空。WLAN 已经成为局域网应用领域的一个重要组成部分。

4.6.1 WLAN 组成结构

WLAN 是指以无线电波、激光和红外线等无线传输介质代替有线局域网中的部分或全部传输介质而构成的通信网络。目前，WLAN 的最高数据传输速率已经达到 54 Mbps（IEEE 802.11g），传输距离可远至 20 km 以上。WLAN 不仅可以作为有线数据通信的补充和延伸，而且还可以与有线网络互为备份，具有较为广泛的应用。通常，WLAN有自组网络和基础结构网络两种类型。

（1）自组网络。自组网络是指无固定基础设施的 WLAN。在WLAN的覆盖范围之内，一些处于平等状态的移动站可相互进行通信。例如，在会议室或汽车中举行"膝上型"会议，与个人使用的电子设备进行互连等。

（2）基础结构网络。在基础结构无线网络中，具有无线网卡的无线终端以无线访问接入点（AP）为中心，通过无线网桥 AB、无线接入网关 AG、无线接入控制器 AC 和无线接入服务器 AS 等，将 WLAN 与有线网络连接起来，可以组建多种复杂的 WLAN 接入网络，实现无线移动办公的接入。

IEEE 802.11 工作组开发的一种 WLAN 组成结构如图 4.29 所示。在这种组成结构中，WLAN 的最小基本构件是基本服务集（Basic Service Set，BSS），由 AP 和无线站点组成，通常把 BSS 称为一个单元（Cell）。一个 BSS 所覆盖的地理范围称为一个基本服务区（Basic Service Area，BSA）。BSA 和无线移动通信的蜂窝小区类似。在 WLAN 中，一个 BSA 的范围可以达到几十米。

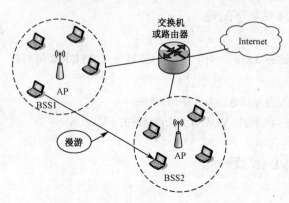

图 4.29　IEEE 802.11 WLAN 组成结构

在 IEEE 802.11 标准中，基本服务集里面的中央基站（Base Station）使用了接入点（AP）这个新术语。一个基本服务集可以是单独的，也可通过接入点 AP 连接到一个主干分布式系统（Distribution System，DS），然后再接入到另一个基本服务集，这样就构成了一个扩展的服务集（Extended Service Set，ESS）。在图 4.29 中，展示了 BSS1 和 BSS2 中的 AP，它们连接到一个互连设备上（如交换机或路由器），互连设备又连接到互联网中。

与以太网设备类似，每个 IEEE 802.11 无线站点都具有一个 6 B 的 MAC 地址。该地址存储在该站点的无线网卡中，即 IEEE 802.11 网络接口卡的 ROM 中。每个 AP 的无线端口也具有一个 MAC 地址。基于 WLAN 的移动性，IEEE 802.11 标准定义了以下 3 种移动结点。

（1）无跳变结点。无跳变结点可以是固定的，也可以在它所属的 BSS 内结点直接覆盖的通信范围内移动。

（2）BSS 跳变结点。BSS 跳变结点是指结点可以在同一个 ESS 中的不同 BSS 之间移动。在这种情况下，结点之间数据的传输需要具有寻址能力来确定结点的新位置。

（3）ESS 跳变结点。ESS 跳变结点是指结点从一个 ESS 的 BSS 移动到另一个 ESS 的 BSS。结点只有在可以进行扩展服务集跳变移动的情况下，才能进行跨扩展服务集的移动。

4.6.2　WLAN 帧结构

IEEE 802.11 定义了 3 种不同类型的帧：管理帧、控制帧和数据帧。管理帧用于站点与 AP 发生关联或解关联、定时和同步以及身份认证和解除认证；控制帧用于在数据交换时的握手和确认操作；数据帧用来传送数据。MAC 头部提供了关于帧控制、持续时间、寻址和顺序控制的信息。每种帧中包含用于 MAC 子层的一些字段的头。图 4.30 给出了 MAC 数据帧结构，它包括 MAC 帧头、有效载荷和 CRC 字段。

1. IEEE 802.11 帧控制字段

MAC 帧头部中的帧控制字段长 2 B，包含 11 个子字段。它规定了以下内容。

（1）协议版本字段。该字段表示是否允许两种版本的协议在同一时间、同一通信单元运行。IEEE 802.11 的当前版本号为 0。

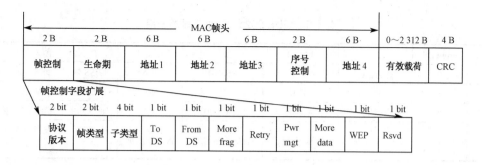

图 4.30　IEEE 802.11 帧结构

（2）帧类型字段。该字段用于指明帧类型，管理帧（00）、控制帧（01）和数据帧（10）。

（3）子类型字段。该字段与类型字段一起用于区分关联。例如，若类型=管理，则子类型=关联请求，若类型=控制，则子类型=确认。

（4）To DS 字段。若 To DS 字段置 1，表示数据帧是发往通信单元的分布系统（如以太网）。

（5）From DS 字段。若 From DS 字段置 1，表示数据帧来自通信单元的分布系统（如以太网）。

（6）More frag（更多标识）字段。该字段表示有更多的分段将要传输。

（7）Retry（重试）字段。该字段用于标记重传先前的帧。在数据帧和管理帧中，重试字段设为 1，表示重传先前的帧，以利于接收端处理重复帧。

（8）Pwr mgt（功率管理）字段。该字段用来说明站点的电源管理模式，是置为休眠状态还是退出休眠状态。

（9）More data（更多数据）字段。该字段指明发送端是否还有帧发送给接收端。

（10）WEP（等效加密）字段。该字段指明帧主体中的信息是否使用了 WEP 算法加密处理。若已经使用了 WEP 算法加密处理，WEP 字段置 1。

（11）Rsvd 字段。该字段说明接收端帧序列是否必须严格按照顺序处理。

2. 生命期字段

数据帧的第二个字段是生命期，长度为 2 B，说明帧及其应答占用信道的时间。这个字段也可用在控制帧中。

3. 地址字段

MAC 帧头部包含了 IEEE 802 标准格式的 4 个具有 6 B 的 MAC 地址字段。前两个地址字段表明数据帧的源地址和目的地址。如果一个移动无线站点发送数据帧，该站点的 MAC 地址就被插入地址 2 字段。类似的，如果一个接入点 AP 发送数据帧，该 AP 的 MAC 地址也被插入地址 2 字段。地址 1 是要接收数据帧的移动无线站点的 MAC 地址。因此，如果一个移动无线站点传输数据帧，地址 1 中包含该目的 AP 的 MAC 地址。类似的，如果一个接入点 AP 传输数据帧，地址 1 中包含该目的无线站点的 MAC 地址。由于数据帧可以通过基站进入或离开一个通信单元，因此地址 3 和地址 4 用来表示跨越通信单元时的源基站地址和目的基站地址。地址 3 在 BSS 和有线局域网互连中具有重要作用。地址 4 用于自组织网络，而不用于基础设施网络。在仅考虑基础设施网络时，只关注前 3 个地址字段即可。

IEEE 802.11 的 4 个地址字段的具体使用，由帧控制字段中的 To DS 和 From DS 字段规定，如表 4-5 所示。

表 4-5　IEEE 802.11 地址字段的使用

To DS	From DS	地址 1	地址 2	地址 3	地址 4	含义
0	0	目的地址	源地址	BSS ID	N/A	BSS 内站点到站点的数据帧
0	1	目的地址	BSS ID	源基站地址	N/A	离开主干分布系统的数据帧
1	0	BSS ID	源地址	目的基站地址	N/A	进入到主干分布系统的数据帧
1	1	接收端地址	发送端地址	目的基站地址	源基站地址	从接入点 AP 发布到 AP 的有线等效加密帧

（1）To DS =0，From DS=0。这种情况对应从 BSS 中的一个站点向同一个 BSS 内的另一个站点传送数据帧。BSS 内的站点通过查看地址 1 字段来获悉数据帧是否是发给本站点的帧；地址 2 字段中包含 ACK 帧将被送往的站点地址；地址 3 字段指定 BSS ID。

（2）To DS=0，From DS=1。这种情况对应从 DS 向 BSS 内的一个站点传送帧。BSS 内的站点查看地址 1 字段来了解该帧是否是发给它的帧；地址 2 字段中包含 ACK 帧将被送往的地址；地址 3 字段指定源基站 MAC 地址。

（3）To DS=1，From DS=0。这种情况对应从 BSS 内的一个站点向 DS 传送数据帧。BSS 内的站点包括 AP，通过查看地址 1 字段来了解该数据帧是否是发给它的帧；地址 2 字段中包含 ACK 帧将被送往的地址，这里是源地址；地址 3 字段指明主干分布系统 DS 将帧发送到的目的基站地址。

（4）To DS=1，From DS=1。这种特殊情况应用于具有一个在 BSS 之间传送数据帧的无线分布系统（WDS）。地址 1 字段中包含 WDS 中的 AP 内站点的接收端地址，该站点是该帧的下一个预期的直接接收端。地址 2 字段指明 WDS 中的 AP 内正在发送帧并接收 ACK 的站点的目的地址。地址 3 字段指明 ESS 中准备接收帧的站点的目的地址。地址 4 字段是 ESS 中发起帧传送站的源地址。

4. 序号控制字段

序号控制字段的长度是 2 B，其中 4 bit 用于指示每个分段的编号，12 bit 用于表示序列号，因此可有 4 096 个序列号。

5. 有效载荷字段

有效载荷字段包含了帧控制字段中规定的帧类型和子类型的信息。有效载荷字段是帧的核心，通常由一个 IP 数据报或者 ARP 分组组成。尽管这一字段允许最大长度为 2 312 B，但通常小于 1 500 B。

6. CRC 字段

最后 4 B 是 CRC 字段，用于 MAC 帧头部和有效载荷字段的循环冗余校验。

4.6.3　IEEE 802.11 MAC 协议

IEEE 802.11 的数据链路层由逻辑链路子层（LLC）和介质访问控制子层（MAC）两个子层构成。IEEE 802.11 使用和 IEEE 802.3 完全相同的 LLC 层和 48 bit 的 MAC 地址，这使得无线和有线之间的连接非常方便。但是，MAC 地址只对 WLAN 唯一。

就像在有线 IEEE 802.3 以太网中一样，IEEE 802.11 WLAN 中的结点必须协调好对共享传输介质的访问使用。但是，在 WLAN 中却不能简单地搬用 CSMA/CD 技术，这主要有两个方面的原因：一是检测碰撞的能力需要首先具有同时发送（自己的信号）和接收（用来确定是否有其他站点的传送而干扰了自己的传送）的能力，这样才能实现碰撞检测，而在 WLAN 的设备中要实现这个功能需要花费很高的代价；二是即便它具有碰撞检测功能，并且在发送时没有侦听到碰撞，由于存在隐藏终端等问题，在接收端也还是可能发生碰撞，这表明碰撞检测对 WLAN 没有什么作用。

因此，WLAN 不能使用 CSMA/CD，而只能使用改进的带有碰撞避免（Collision Avoidance）策略的 CSMA。为此，IEEE 802.11 协议使用了带碰撞避免的载波侦听多点访问（CSMA/CA）技术。CSMA/CA 的基本思想是：发送端激发接收端，使其发送一短帧，接收端周围的结点会侦听到这个短帧，从而使得它们在接收端有数据帧到来期间不会发送自己的帧，其原理如图 4.31 所示。图 4.31（a）表示站点 A 在向站点 B 发送数据帧之前，先向 B 发送一个请求发送帧（Request To Send，RTS）。在 RTS 帧中说明将要发送的数据帧长度。站点 B 收到 RTS 帧后就向 A 响应一个允许发送帧（Clear To Send，CTS），在 CTS 帧中也附上 A 欲发送的数据帧长度（从 RTS 帧中将此数据复制到 CTS 帧中），如图 4.31（b）所示。A 收到 CTS 帧后就可发送其数据帧了。

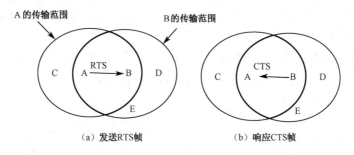

图 4.31　CSMA/CA 协议中的 RTS 帧和 CTS 帧

下面以图 4.31 为例，讨论 A 和 B 两个站点附近的一些站点的行为。站点 C 位于 A 的传输范围内，但不在 B 的传输范围内。因此，C 能够收到 A 发送的 RTS，但 C 不会收到 B 发送的 CTS 帧。这样，在 A 向 B 发送数据时，C 也可发送自己的数据而不会干扰 B（C 收不到 B 的信号同时 B 也收不到 C 的信号）。对于站点 D，它收不到 A 发送的 RTS 帧，但能收到 B 发送的 CTS 帧。由于 D 知道 B 将要与 A 通信，所以 D 在 A 和 B 通信时的一段时间内不能发送数据，因而不会干扰 B 接收 A 发来的数据。对于站点 E，它能收到 RTS 和 CTS 帧，因此 E 和 D 一样，在 A 发送数据帧和 B 发送确认帧的整个过程中都不能发送数据。可见，CSMA/CA 协议实际上就是在发送数据帧之前，先要对信道预约一段时间。

使用 RTS 帧和 CTS 帧会使整个网络的效率有所下降。但是，这两种控制帧都很短，长度分别为 20 B 和 14 B，而数据帧最长可达 2 346 B。若不使用这类控制帧，一旦发生碰撞而导致数据帧重传浪费的时间会更多。尽管如此，在 CSMA/CA 中还是设置了 3 种情况供用户选择：第一种是使用 RTS 帧和 CTS 帧；第二种是只有当数据帧的长度超过某一数值时，才使用 RTS 帧和 CTS 帧；第三种情况是不使用 RTS 帧和 CTS 帧。

虽然 CSMA/CA 经过了精心设计，但碰撞仍然会发生。例如，当 B 和 C 同时向 A 发送 RTS 帧时，就会发生碰撞。这两个 RTS 帧发生碰撞后，使 A 收不到正确的 RTS 帧，因而 A 就不会发送后续的 CTS 帧。这时，B 和 C 像以太网发生碰撞那样，各自随机地后退一段时间后再重传其 RTS 帧，后退时间的计算与 IEEE 802.3 一样，采用二进制指数退避算法。

为了尽量减少碰撞，IEEE 802.11 设计了如图 4.32 所示的 MAC 子层，它包括两个子层。

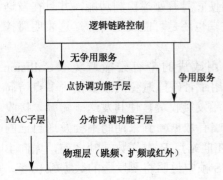

图 4.32　IEEE 802.11 的 MAC 子层

低子层称为分布协调功能（Distributed Coordination Function，DCF）子层。DCF 在每个结点使用 CSMA 机制的分布式访问算法，让各个站点通过争用信道来获取发送权。因此 DCF 可向上提供争用服务。高子层称为点协调功能（Point Coordination Function，PCF）子层。PCF 使用集中控制的访问算法（一般在访问点实现集中控制），用类似轮询的方法将发送权轮流交给各个结点，从而避免了碰撞的发生。对于时间敏感的业务，如分组语音，可使用点协调功能 PCF 提供的无争用服务。

为了尽量避免碰撞，IEEE 802.11 还规定了 3 种不同的帧间间隔（Inter Frame Space，IFS），其长短各不相同：①SIFS，即短（Short）IFS，典型的数值只有 $10\mu s$；②PIFS，即点协调功能 IFS，比 SIFS 长，在 PCF 方式轮询时使用；③DIFS，即分布协调功能 IFS，是最长的 IFS，其典型数值为 $50\mu s$，主要用于 DCF 方式。

图 4.33 说明了这些帧间间隔的作用。由图 4.33（a）可以看出，当很多站点都在侦听信道时，使用 SIFS 可具有最高的优先级，因为它的时间间隔最短。

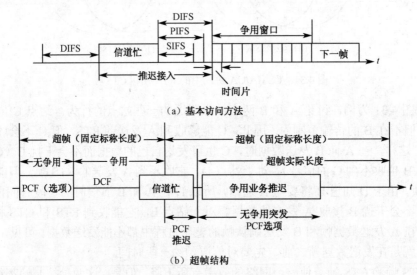

（a）基本访问方法

（b）超帧结构

图 4.33　IEEE 802.11 标准 MAC 子层中的时序关系

为了说明各自的工作原理，下面通过一种 IFS 的 CSMA 访问算法进行分析。

（1）欲发送站先侦听信道。若信道空闲，则继续侦听一段时间 IFS，看信道是否仍是空闲。若是，则立即发送。空闲信道中插入帧间间隔的原因是通过 3 种不同的 IFS 划分不同类型数据的优先级，IFS 值越小，数据的优先级就越高，这样做可减小碰撞概率。

（2）若信道忙（无论是一开始，还是在后来的 IFS 时间内），则继续侦听信道，直到信道由忙变闲。

（3）一旦信道空闲，该站点延迟另一个时间 IFS。若信道在该 IFS 内仍为空闲，则按截断二进制指数后退算法再延迟一段时间。只有当信道一直保持空闲时，该站才能发送数据。这样做可使网络在重负荷的情况下，有效地减小碰撞概率。

4.6.4 WLAN 组网

无线局域网（WLAN）与有线局域网（LAN）在硬件上没有大的差别。WLAN 的组网所需要的设备主要为无线网卡、无线访问接入点（AP）、无线路由器和无线天线。当然，并不是所有的 WLAN 都需要这几种组网设备。事实上，只需要几块无线网卡，就可以组建一个小型的对等式无线网络；当需要扩大网络规模时，或者需要将无线网络与有线局域网连接在一起时，才需要使用 AP；只有当实现互联网接入时，才需要无线路由器；而无线天线主要用于放大信号，以接收更远距离的无线信号，从而扩大无线网络的覆盖范围。

1. 无线网卡

WLAN 网卡简称无线网卡，是集微波收发、信号调制与网络控制于一体的网络适配器，除了具有有线网卡的网络功能，还具有天线接口、信号的收发与处理以及扩频调制等功能。目前，无线网卡采用 802.11 无线网络协议，一般工作在 2.4 GHz 或 5 GHz 的频段。

1）无线网卡的组成原理

无线网卡的硬件部分一般由一块包含专用组件的大规模集成电路板构成，主要包含射频单元、中频单元、基带处理单元和网络接口控制单元等部分，如图 4.34 所示。在物理实现上可能会将具有不同功能的单元组合在一起。例如，NIC 与 BBP 都工作在基带，故常将两者组合在一起。

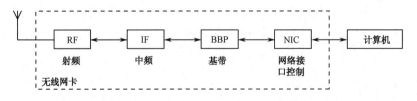

图 4.34　无线网卡的组成结构

（1）网络接口控制（NIC）单元用于实现 IEEE 802.11 协议的 MAC 层功能，主要负责接入控制，具有 CSMA/CA 介质访问控制、分组传输、地址过滤、差错控制及数据缓存功能。当移动主机有数据要发送时，NIC 负责接收主机发送的数据，并按照一定的格式封装成帧，然后根据 CSMA/CA 介质访问控制协议把数据帧发送到信道中。当接收数据时，NIC 根据接收帧中的目的地址，判断是否发往本主机的数据，如果是则接受该帧，并进行 CRC 校验。为了实现这些功能，NIC 还需要完成对发送和接收缓存的管理，通过计算机总线进行 DMA 操作和 I/O 操作，与计算机交换数据。

（2）由射频单元（RF）、中频单元（IF）和基带处理（BBP）单元组成通信机，用来实现物理层功能，并与 NIC 进行必要的数据交换。在接收数据时，先由 RF 单元把射频信号变换到中频上，然后由 IF 进行中频处理，得到基带接收信号；BBP 对基带信号进行解调处理，恢复位定时信息，把最后获得的数据交给 NIC 处理。在发送数据时，BBP 对数据进行调制，IF 处理器把基带数据调制到中频载波上，再由 RF 单元进行变频，把中频信号变换到射频上发射。

无线网卡的软件主要包括基于 MAC 控制芯片的固件和主机操作系统下的驱动程序。固件是网卡上最基本的控制系统，主要基于 MAC 芯片来实现对整个网卡的控制和管理。在固件中完成了最底层、最复杂的传输-发送功能，并可向下提供与物理层的接口，向上提供一个程序开发接口，为程序开发员开发附加的移动主机功能提供支持。

2）无线网卡的类型

无线网卡根据接口类型的不同，主要分为以下 3 种类型。

（1）PCMCIA 无线网卡。这种无线网卡只适用于便携式计算机，支持热插拔，可以非常方便地实现移动式无线接入。

（2）PCI 无线网卡。这种无线网卡适用于普通的台式计算机，其实 PCI 无线网卡只是在 PCI 转接卡上插入了一块普通的 PC 卡。

（3）USB 无线网卡。这种无线网卡适用于便携式计算机和台式计算机，支持热插拔。

2. 无线访问接入点

无线访问接入点（AP）的作用类似于以太网中的集线器或交换机，它能够把多个无线客户机连接起来，在所覆盖的范围内，提供无线工作站与有线局域网的互相通信。AP 通常是通过标准以太网接线连接到有线网络上的，并通过天线与无线设备进行通信。在有多个 AP 时，用户可以在 AP 之间漫游切换。

从逻辑上讲，AP 由无线收发单元、有线收发单元、管理与软件及天线组成，如图 4.35 所示。AP 上有两个端口：一个是无线端口，连接的是无线区域中的移动终端；另一个是有线端口，连接的是有线网络。在 AP 的无线端口，接收无线信道上的帧，经过格式转换后成为有线网络格式的帧结构，再转发到有线网络上。同样，AP 把有线端口上接收到的帧转换成无线信道格式的帧，再转发到无线端口上。AP 在对帧进行处理的过程中，可以相应地完成对帧的过滤及加密工作，从而保证无线信道上的数据安全性。

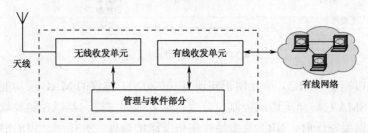

图 4.35　无线访问接入点组成示意图

安装在室外的 AP 通常称为无线网桥，主要用于实现室外的无线漫游，如无线网络的空中接力，或点对点、一点对多点的无线连接。

3．无线路由器

无线路由器是带有无线覆盖功能的路由器，主要用于用户上网和无线覆盖。它可以与所有以太网的 ADSL Modem 或 Cable Modem 直接相连，也可以通过交换机/集线器、宽带路由器等局域网方式接入；其内置的简单虚拟拨号软件，可以存储用户名和密码，方便拨号上网。另外，无线路由器可以将与它连接的无线和有线终端分配到一个子网中，以便子网内的各种设备交换数据。

4．无线天线

无线网络设备如无线网卡、无线路由器等自身都带有有线天线，同时还有单独的无线天线。因为，当计算机与无线接入点或其他计算机相距较远时，随着信号的减弱，或者传输速率的明显下降，可能根本无法实现与 AP 的或其他计算机之间的通信。此时就必须借助无线天线对所收发的信号进行增益，以达到延伸传输距离的目的。

按照天线辐射和接收在水平面的方向性，无线天线可分为定向天线与全向天线两类。定向天线只对某个特定方向传来的信号灵敏，并且发射信号时也是集中在某个特定的方向上。全向天线可以接收来自各个角度的信号和向各个角度发射信号。

若按照天线使用的位置分类，有室内天线和室外天线两种。室内天线又有板状定向和柱状全向天线之分。室外天线的类型也比较多，常见的有锅状天线和棒状全向天线等。

5．WLAN 组网实例

通常，WLAN 主要用于企业级通信系统，典型的应用场合包括商业公司大厦、会展中心、医院、机场和校园等相对集中的服务区域，其组网拓扑结构如图 4.36 所示。

根据配置情况，通过添加更多的 AP，可以扩充 WLAN。一个 AP 可以支持 15～250 个用户，一般为 30 个左右，其有效范围在 20～500 m 之间。各无线用户通过 AP 构成小型 WLAN。AP 与交换机连接，通过交换机与有线局域网相连。各个小型 WLAN 通过中心交换机组成标准的 WLAN，并可通过专线访问 Internet。在标准的 WLAN 中，通常将 IEEE 802.1x 安全认证服务部署在物理分立的服务设备上，如图 4.36 中的 RADIUS（Remote Authentication Dial In User Server）服务器就是作为认证服务器来提供接入认证服务的。

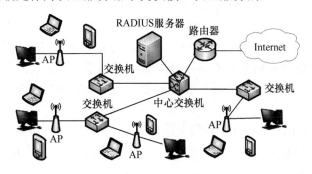

图 4.36　无线局域网组网拓扑结构

本章小结

本章对局域网（LAN）和 IEEE 802 的以太网协议进行了讨论。局域网是将较小地理区域内的各种数据通信设备连接在一起的通信网络。局域网最主要的特征是它能够通过共享数据和软件来提供公共服务，如文件服务、打印服务、电子邮件支持等。局域网中常用的拓扑结构有总线拓扑、环状拓扑和星状拓扑三种。IEEE 802 标准是各种局域网的国际标准，是一个标准系列。

以太网是目前局域网中应用最为广泛的局域网，需要重点掌握的内容有：局域网的特点、拓扑结构和技术特征，IEEE 802.3 和以太网局域网标准系列及其体系结构；局域网的参考模型及 LLC 和 MAC 两个子层协议；CSMA/CD 介质访问控制方法和各种主流局域网技术。

局域网可以处理的结点数量是有限的，因此需要使用集线器、交换机等网络设备来构建和扩展。本章比较详细地讨论了组建局域网的各种技术方法，并说明了如何使用 VLAN 以一种逻辑的方式任意地划分局域网，而不必考虑各结点的物理地址。VLAN 是目前网络配置管理中普遍采用的技术，也是读者必须掌握的内容。

无线局域网（WLAN）对计算机网络产生了革命性的影响。随着它的发展，不仅使网络接入变得更容易，而且产生了许多新的应用服务。WLAN 是在有线局域网的基础上，通过无线访问结点（AP）、无线网桥和无线网卡等设备使无线通信得以实现。WLAN 采用的传输介质有红波（红外线、激光）和无线电波（短波或超短波、微波）等。

思考与练习

1. 画出局域网参考模型，简述其各层的主要功能。
2. 局域网中数据链路层中的两个子层是什么？它们有哪些主要功能？
3. 逻辑链路控制（LLC）子层向上可提供哪几种操作类型？
4. 简述介质访问控制子层的功能和介质访问控制方法。
5. IEEE 802 协议标准主要包括哪些内容？
6. CSMA/CD 协议中的碰撞域是什么？
7. 以太网中的数据帧为什么要限制最大帧长度和最小帧长度？
8. 分析以太网 MAC 帧格式中各字段的含义。
9. 试画出 CSMA/CD 工作流程图。
10. 100 BaseT 中的 100 的含义是什么？
11. 当 100 Mbps 以太网升级到 1 000 Mbps 时，需要解决哪些技术问题？
12. 在 CSMA/CD 以太网中，有两个结点正在试图发送长文件，在发出每一帧后，采用二进制避退算法竞争信道，竞争 n 次成功的概率是多少？每个竞争周期的平均竞争次数为多少？
13. 某个采用 CSMA/CD 技术的电缆总线局域网，总线长度为 4 km，均匀分布 100 个结点，总线传输速率为 5 Mbps，帧平均长度为 1 000 B。试计算每个结点每秒钟发送的平均帧数的最大平均值。
14. 什么是 VLAN？为什么需要 VLAN？如何划分 VLAN？
15. 一个网络内可能有多少个 VLAN，不同 VLAN 之间如何连接？
16. 为什么无线局域网采用 CSMA/CA 协议而不采用 CSMA/CD 协议？
17. 无线局域网的 MAC 协议中的 SIFS、PIFS 和 DIFS 的作用分别是什么？
18. 简述使用 IEEE 802.3 和 IEEE 802.11 来讨论有线局域网和无线局域网有何不同。

第5章 网络互连及其协议

随着计算机技术、网络技术和通信技术的飞速发展，以及计算机网络的广泛应用，单一的网络环境已经不能满足信息化社会对网络的需求，人们需要一个将多个计算机网络互连在一起的互联网环境，以实现更广泛的资源共享和信息交流。

本章在介绍网络互连基本概念的基础上，重点讨论将多个网络通过路由器互连成为互联网的各种技术，其中包括网际互连协议（IP）、地址解析、IP 数据报转发、差错报告和控制机制、IP 组播技术，以及互联网组播管理协议（IGMP）等。考虑到计算机网络的最新发展与应用，本章还将简要介绍下一代网络互联协议（IPv6）和移动 IP 技术，其中包括移动 IPv4 和移动 IPv6。

5.1 网络互连概述

ISO 提出 OSI-RM，目的是希望解决世界范围内的网络标准化问题，使一个遵守 OSI 标准的系统可以与位于世界任何地方且遵守同一标准的其他任何系统互相通信。以 TCP/IP 模型构建的互联网已成功证明了计算机网络互连的重要意义及其发展前景。越来越多的局域网之间、局域网与广域网之间、广域网之间都以 TCP/IP 作为网络互连标准实现互相连接。

5.1.1 何谓网络互连

所谓网络互连是指利用网络互连设备、相应的技术措施和协议把两个以上的计算机网络连接起来。网络互连的目的是将多个网络互相连接构成更大的网络系统，以实现在更大范围内的信息交换、资源共享和协同工作。图 5.1 给出了网络互连的一个示例，在该示例中，两个距离相隔较远的局域网通过路由器相互连接构成一个规模更大的互连网络。

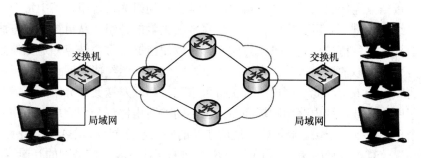

图 5.1　网络互连示例

1．网络互连的要求

要在世界范围内把数以百万计的计算机网络互连起来，并且能互相通信，是一个非常复杂的任务，需要解决许多问题。将计算机网络表述为"通过各种共享介质和设备连接越来越多的用户和应用程序，以便使它们可以相互通信"，已阐明数据通信所要解决的相关问题，以及所要满足的需求。

1）连通性

从连通性方面，可以将计算机网络视为是一组结点和链路构造的连通图，其中任何一对结点可以通过一系列联系起来的结点和链路组成的路径到达彼此。可以使用多种传输介质和设备建立结点之间的连通性，设备可以是集线器、交换机、路由器或网关；传输介质可以是有线的或者无线的。对于网络互连而言，为了能够从一台主机向另一台主机传输数据分组，连通性是其基本需求。为了实现这种主机级的连通性，需要解决：

（1）主机如何连接起来？主机可能是通过不同的数据链路层技术（如以太网或是无线局域网）连接到网络上的。对这些链路层技术有两个基本限制：一是距离，即一个局域网的覆盖范围不能超过一定的距离；二是共享局域网带宽的结点数量。因此需要大量的局域网和网络互连设备，将分散在世界各地的主机连接起来。一组连接起来的网络就是互联网络，简称互联网。

（2）寻址。在网络层，连通性的第二个问题是如何在全球互联网中确定某台主机，即寻址问题。与链路层的寻址不同，在网络层的主机地址需要网络所在地的全球唯一标识符。与寻址有关的问题是如何将网络层地址分配给主机。

（3）路由和转发。假设可以确定一台主机，接下来的问题是如何找到从一台主机向另一台主机传输数据分组的一条路径。路径由相邻路由器串联而成，查找路径并沿着路径传输分组的问题就是路由和转发。路由是通过路由协议来实现的，它需要交换路由消息并计算最优路径；转发是通过主机或路由器查找路由表并查找转发分组最合适的网络接口来进行的。

网络互连的连通性除了要解决网络之间物理上的链路连接、寻址、数据转发和路由选择之外，还必须能够容纳网络之间的差异，其关键问题是进行协议的转换，包括物理层协议的转换、数据链路层协议的转换、网络层协议的转换及高层协议的转换。

2）可扩展性

可扩展性主要指能够连接的结点数，能够连接 10 个结点与能够连接数百万个结点是完全不同的。将大量结点连接起来的一个直接方法就是将它们组成很多组，其中每个组由少数结点组成。如果组的数量非常巨大，可再进一步聚合成大量的超组。从可扩展性方面来说，互联网必须能够提供一种可扩展到大量结点的平台，以便能够使每个结点知道如何到达任何其他结点，并且采用类似的聚类方法。在互联网上，将结点分组组成子网络，即子网。每个子网代表一个逻辑广播域，因此子网内所有主机可以直接相互发送数据分组而不需要路由器的帮助。多个子网组成域，域内路由和域间路由由不同的路由协议分别完成。路由表中的表项可以代表一个子网或者一个域。局域网互连所涉及的网络互连问题，主要是网络距离的延长、网段数的增加、计算机数量的增加、不同 LAN 之间的互连以及与广域网的互连等。

对于路由，可扩展性也存在多个问题需要解决。例如，如何为互联网路由选择解决方案（常选择逐跳的路由）？如何计算路径以及如何收集路由信息？对于域内路由扩展性虽不成问题，但路由优化较为重要。对于域间路由，可扩展性比最优性重要，有时还希望禁止某些流量通过某些域。

3）资源共享

通过建立扩展性的连接之后，接下来需要解决的问题是如何与网络用户共享这条连接，即共享链路和结点的容量。从资源共享的角度，可以将计算机网络定义为"一种共享平台，使用结点和链路的容量在结点间传送通信消息"。因此，在互联网上，资源应能够自由共享而没有任何网络层的控制。互联网协议（IP）为上层提供无连接服务模型，在无连接模型之下，数据分组在它们的头部携带足够的信息以便使中间路由器能够正确地路由并将分组转发到目的地。无连接服务模型意味着尽最大努力服务。当转发分组时，路由器只是根据路由表尽最大努力地将分组转发到目的地。如果分组传送出错，或丢失，或未到达目的地，或发送后失去顺序，网络并不去解决问题。因此，网络层提供的服务是不可靠的。由于网络层提供的服务不可靠，因此需要一种错误报告机制去通知源和源主机的上一层。发出的错误报告应包括传递错误信息、如何确定错误的类型、如何让源知道哪些分组造成错误、怎样在源处理错误信息，以及是否应该限制错误消息所使用的带宽等。

资源共享的问题还包括安全。安全问题包括多个方面，如访问控制、数据安全、系统安全等。

2．几个常用名词术语

在网络领域，经常频繁不加区别地使用"网络互连"、"网络互联"、因特网及互联网等名词术语，这些名词术语的含义其实是有区别的。

"互连"一词是指网络在物理上的连接，即两个网络之间至少有一条在物理上连接的线路，它为两个网络的数据交换提供了物质基础和可能性，但并不能保证两个网络一定能够进行数据交换，因为这要取决于两个网络的通信协议是不是相互兼容。因此，从概念上讲，网络互连（interconnection）是指用线路和互连设备连接采用各种不同低层（网络层以下）协议的网络，强调的是物理连接。

"互联"一词是指网络在物理和逻辑上，尤其是逻辑上的连接。因此，网络互联（internetworking）是指利用应用程序网关实现采用不同高层（传输层以上）协议的网络之间的连接，强调的是逻辑连接。显然，这在网络层的多数情况下是很难严格区分的，但采用"网络互连"的偏多。

"互通"（intercommunication）是指两个网络之间可以交换数据。

"互操作"（interoperability）是指网络中的不同计算机系统之间具有透明访问对方资源的能力。

互联网是指能够使用有效的路由所建造的大型和高度异构的网络。在互联网上的所有用户通过遵循相同的协议可实现互联互通。在网络领域，常使用带小写"i"的术语 internetwork 或简略为 internet，特指可提供某种主机到主机分组传送服务的相互连接的任意网络集合。例如，一个有很多站点的企业可以租用电信公司的点到点链路将其不同站点的局域网互联成一个专用的互联网。因此，一个 internet 就是互连起来的网络集合。而当 i 大写之后，即使用 Internet 时，则特指已连接世界上大部分网络的全球互联网（常译为因特网）。因特网由分布在世界各地的成千上万个互连起来的网络组成，已具有特定的文化含义。事实上，可以把因特网看作广域互联网（Wide Area Internetwork，WAI）。因特网也指支持同一网络协议即 TCP/IP 的网络集合。

互联网是多个独立网络的集合，其常见形式是将多个局域网通过广域网连接起来形成的网络。如局域网和广域网连接、两个局域网相互连接或多个局域网通过广域网连接所形成的网络系统。组成互联网的单个网络常被称为子网（Subnetwork），连接到子网的设备称为端结点（或端系统），连接不同子网的设备称为中间结点（或中继系统）。

既然提到 Internet，就不得不介绍 Internet 带来的两个产物：内联网（Intranet）和外联网（Extranet）。内联网是限制在一个公司或机构内部实现传统 Internet 应用的内部网络。公司或机构内联网的典型应用是 Web 服务和电子邮件。当然还有许多其他的应用。因此，从严格意义上来讲，内联网是指公司或机构的内部网络，也是互联网。而外联网连接是用来表示内部互联网与客户或公司外部网络之间的互连（非 Internet 连接）的。它包括租用专线连接或者一些其他类型的网络连接，也包括一些使用安全协议穿过 Internet 隧道的应用。总的来说，内联网是实现传统因特网应用的机构内部网络；外联网是一些非本机构网络的网络连接；互联网代表了互连起来的网络集合；因特网是一个世界范围的网络，可以通过因特网服务提供商（ISP）进行访问。

5.1.2　网络互连的类型及层次

网络互连技术非常重要而且应用广泛。它可能涉及本地网连接，如 LAN 到 LAN 的连接、LAN 到大型机的连接；也可能涉及网络之间的远程连接，如 LAN 到 WAN 的连接，以及 WAN 到 WAN 的连接。例如，在一栋大楼的某一层办公室的网络可以与其他楼层的网络互连。

1．网络互连的类型

按照覆盖范围，计算机网络可分为 LAN、MAN 和 WAN，相应地，网络互连的类型也有以下几种形式：

（1）局域网与局域网的互连（LAN-LAN）。局域网之间的互连可分为同构网的互连和异构网的互连两种类型。同构网的互连是指具有相同的体系结构，使用相同通信协议的局域网之间的互连，采用的设备有中继器、集线器、交换机等。异构网的互连是指采用不同传输介质和体系结构，使用不同通信协议的网络之间的互连，互连设备有网桥、路由器等。

（2）局域网与广域网的互连（LAN-WAN）。LAN-WAN 是目前常见的网络互连方式之一，通常使用路由器和网关通过 ADSL、FR、DDN 和 X.25 等广域网接入技术接入因特网。

（3）局域网、广域网、局域网的互连（LAN-WAN-LAN）。LAN-WAN-LAN 是指把两个局域网通过 WAN 实现互连。例如，使用路由器和网关通过广域网 ISDN、DDN 和 X.25 等实现互连。

（4）广域网与广域网的互连（WAN-WAN）。WAN-WAN 是指通过路由器和网关实现广域网之间的互连，使连入各个广域网的主机实现资源共享。

2．网络互连的层次及其设备

针对网络互连的目的，网络互连可以在不同的网络分层中实现。由于网络之间存在差异，需要用不同的网络互连部件及设备将各种网络连接起来。网络互连的层次不同，所使用的网络互连设备也不同。根据网络互连设备在五层实用参考模型中工作的层次以及所支持的协议，网络互连的层次如图 5.2 所示。

（1）基于中继器、集线器的网络互连。中继器、集线器工作在物理层，用于在物理层连接两个网，在网络间传递信息。当局域网之间的物理距离超过了允许的范围时，可用中继器、集线器将该局域网的范围进行延伸。因此，中继器、集线器可提供物理层之间的连接并且只能连接同一种特定体系结构的局域网。

（2）基于网桥/交换机的网络互连。网桥工作在 OSI 数据链路层，更准确地说，是工作在 MAC 子层。它互连兼容地址的局域网，利用相同的 MAC 和 MAC 地址以及存储、转

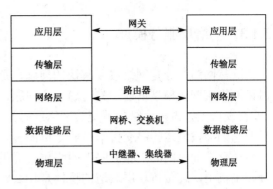

图 5.2　网络互连设备所处的层次

发功能在两个局域网的数据链路层之间以帧为单位交换信息。网桥和第 2 层交换机支持不同的物理层并且能够互连不同体系结构的局域网。由于网桥和第 2 层交换机独立于网络协议，且都与网络层无关，这使得它们可以互连采用不同网络协议（如 TCP/IP、IPX）的网络。网桥和第 2 层交换机不关心网络层的信息，它通过使用硬件地址而非网络地址在网络之间转发帧来实现网络互连。此时，由网桥或第 2 层交换机连接的两个网络组成一个互联网，这种互联网络可视为单个的逻辑网络。当网络负载过重而导致性能下降时，可用网桥/第 2 层交换机将其分为两个网段，以最大限度地缓解网络通信的繁忙程度，提高通信效率。例如，把分布在两层楼的网络分成每层一个网络段，用网桥/第 2 层交换机连接。网桥/第 2 层交换机同时还可起到隔离作用，使一个网络段上的故障不会影响另一个网络段，从而提高网络的可靠性。

（3）基于路由器和第 3 层交换机的网络互连。对于在网络层的网络互连，所需的互连设备应能够支持不同的网络协议（如 IP、IPX 和 Apple Talk），并完成协议转换。用于连接异构网络的基本硬件设备是路由器。使用路由器连接的互联网可以具有不同的物理层和数据链路层。实际上，路由器是一台专门用于完成网络互连任务的计算机。它可以将多个使用不同技术（包括不同的传输介质、物理编址方式或帧格式）的网络互连起来，利用网络层的信息（如网络地址）将分组从一个网络路由到另一个网络。具体来说，它首先确定到一个目的结点的路径，然后再将数据分组转发出去。支持多个网络层协议的路由器称为多协议路由器。因此，如果一个 IP 网络的数据分组要转发到一个 AppleTalk 网络，两者之间的多协议路由器必须以适当的形式重建该数据分组，以便 AppleTalk 网络的结点能够识别该数据分组。由于路由器工作在网络层，如果没有特意配置，它并不转发广播分组。路由器使用路由协议来确定一条从源结点到特定目的结点的最佳路径。

（4）基于网关的网络互连。用于在高层之间进行不同协议转换的网间设备称为网关。网关的作用是连接两个或多个不同的网络，使之能相互通信。这种不同一般是指物理网络和高层协议都不一样，网关必须提供不同网络之间通信协议的相互转换。

通过以上分析可知，使用物理层或数据链路层的中继系统互连时，仅仅是把一个网络扩大了，而从网络层的角度看，它仍然是同一个网络，一般并不称之为网络互连。因此，网络互连通常是指用路由器进行网络互连和路由选择。

5.1.3　网络层服务模型

既然网络互连是网络层要解决的问题，那么网络层应向传输层提供什么样的服务呢？在讨论网络层服务模型之前，先考虑几个问题。当位于发送主机的传输层向网络层传输分组时（即在发送主机中将分组向下交给网络层时），该传输层能依靠网络层将该分组交付给目的端吗？它们会按发送顺序交付给接收主机的传输层吗？传输两个连续分组的时间间隔与接收到这两个分组的时间间隔相同吗？网络层会提供关于网络中拥塞的反馈信息吗？在发送主机与接收主机中，连接传输层通道的特性是什么？这些问题的答案是由网络层提供的服务模型来确定的。网络层服务模型用于定义在网络的一侧边缘到另一侧边缘之间（即在发送端与接收端系统之间）端到端的数据传输特性。

网络层为传输层提供的服务，是通过网络层与传输层之间的接口来实现的。网络层究竟应该提供面向连接的服务还是无连接的服务，曾经有过争议。主张提供无连接的服务者认为，无论怎样设计通信子网，都不可能保证完全可靠。通信子网就是传输分组，差错控制和流量控制等应当提供高层承担。主张提供面向连接的服务者认为，通信子网应该提供可靠的面向连接的服务。可靠服务模型意味着网络层保证发送的每一个数据报都能按顺序、没有重复、没有丢失地到达目的端。

争论的焦点在于，将一些复杂的工作放在哪一层去完成。结果导致网络设计者分成了两大独立阵营：主张提供面向连接的服务一方认为应该在网络层完成；主张提供无连接的服务一方却认为应在传输层完成。结果，两种观点都被 ISO 接受，既定义了面向连接的服务，又定义了无连接的服务。在因特网中，IP 是网络层面向无连接服务的一方，但也在提供服务保证方面做了一些努力。例如，加入了资源预留协议 RSVP（RFC 2205），而这又偏向了面向连接服务。因此，网络层提供的服务可分为面向连接的网络服务和无连接的网络服务两种。

1．面向连接的网络服务

面向连接的网络服务也称为虚电路（VC）服务。虚电路服务是能够让网络负责可靠交付面向连接的一种通信方式。如果再使用可靠传输的网络协议，就可使所发送的分组无差错按序到达目的地。虚电路是逻辑逻辑，分为两种：一种为永久虚电路（PVC）；另一种为交换虚电路（SVC）。虚电路的工作过程类似于电路交换。具有虚电路性能的网络包括 X.25 连接、帧中继以及 ATM 网络。采用虚电路进行数据传输，其过程包含虚电路建立、数据传输和虚电路释放 3 个阶段。

2．无连接的网络服务

无连接的网络服务模型又称为数据报服务。采用数据报方式传输时，又有报文交换和分组交换之分。

（1）报文交换。所谓报文交换，是指将报文从一个结点转发到另一个结点，直至到达目的结点的一种数据传输过程，如图 5.3 所示。在这种传输方式中，每一数据报都是独立发送的，并且携带完整的源地址及目的地址。这与邮局寄信类似，每一封信都携带着完整的地址注入邮政系统。主机只要想发送数据就随时可以发送，每个数据报独立地选择路由。重要的是，每个数据报并不都沿着相同路径从源端发送到目的端，而且到达的顺序也会因其传输的路径状况不同而不同，有的数据报还可能会丢失。这就要求目的结点要具有数据报重新排序功能，并对丢失的（或出错的）数据报向源结点请求重传。

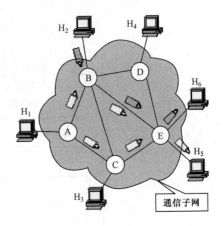

图 5.3　报文交换的数据传输过程

（2）无连接的分组交换。由计算分析可知，对于报文交换方式，传送一个报文的出错概率随着报文长度的增加而增加，进而导致较高的报文重传率。这说明，对网络能够传输报文的最大尺寸需要进行限制，应将长（大）报文分割成较小的信息块或分组进行传送，即采用无连接的分组交换。在分组交换方式中，每个分组通过网络的路由也是独立的。每个分组有一个附带的头部，以便提供将分组路由到目的端所需的所有信息。当一个分组到达分组交换机时，分组交换机首先检查分组头部中的目的地址（以及其他可能的字段），以便确定到目的端的下一跳路径。

目前，流行的网络互连采用了面向无连接的网络服务模型。网际互连协议（IP）是面向无连接的互联网中最常用的协议，支持 IP 的路由器称为 IP 路由器，采用 IP 处理的数据单元称为 IP 数据报。

5.2　网际互联协议：IPv4

1981 年完成的 IPv4（RFC 791）是 TCP/IP 模型的核心协议，它向传输层提供了一种无连接的尽力而为的数据传输服务，同时也是实现网络互连的基本协议。随着互联网技术的进步，之后又有许多 RFC 阐明并定义了 IPv4 寻址、在某种特定网络介质上运行的 IP 以及 IPv4 的服务类型位（TOS）等标准。

5.2.1　IPv4 数据报格式

IP 的基本传输单元 PDU 称为 IP 数据报，或简称为数据报，它相当于分组或包。IP 数据报由 IP 数据报头和数据两部分组成。数据报头包含一个 20 B 的固定长度部分和一个可变长度部分，后者最多可达 40 B。传输层的数据交给 IP 层后，IP 要在前面加上一个数据报头，用于控制数据报的转发和处理。数据报按照如下给出的字节按顺序发送：先是 0～7 位，然后是 8～15 位、16～23 位，最后是 24～31 位。IPv4 数据报格式如图 5.4 所示。

1. 版本号

数据报头部的第一项是用于建立 IP 分组的版本号，占用 4 位，而且必须是 4 位，以表明是 IPv4 数据报。当前的 IP 版本号是 4。此字段用来确保发送端、接收端和相关路由器使用一致的 IP 数据报格式。

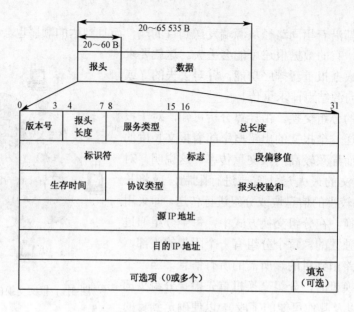

图 5.4 IPv4 数据报格式

2. 报头长度

在 IP 数据报头中有两个长度字段,一个表示 IP 数据报头长度 HLEN,另一个表示 IP 数据报的总长度。

(1)报头长度字段。报头长度字段占用 4 位。报头长度指明报头中所包含的 4 B 的个数,可接受的最小值是 5,最大值是 15(意味着报文头共有 60 B,其中 IP 选项占用了 40 B),默认值是 5。IP 数据报头又分为固定部分和选项部分,固定部分正好是 20 B,而选项部分为可变长度,因此需要用一个字段来给出 IP 数据报的长度。而且若选项部分长度不为 4 的倍数,则还应根据需要填充 1~3 B 以凑成 4 的倍数。

(2)总长度字段。总长度字段指定整个 IP 数据报的字节数量(既包括数据报头又包括数据部分),以字节为单位。总长度字段占用 16 位,因此 IP 数据报的最大长度为 64 KB。实际上,极少会用到长度字段的最大值,因为大多数物理网络都有它们自己的长度限制。由于 IP 数据报中没有关于"数据报结束"的字符或序列,所以这个总长度字段是必要的。

3. 服务类型(TOS)

IP 数据报头中的服务类型字段规定了对数据报的处理方式。该字段总共 8 位,划分为 5 个子域。服务类型字段的结构如图 5.5 所示。

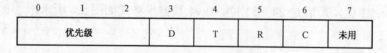

图 5.5 IPv4 数据报头中服务类型字段结构

在图 5.5 中,优先级(共 3 位)指示本报文的重要程度,其取值范围为 0~7。用 0 表示一般优先级,而 7 表示网络控制优先级,即值越大,表示的优先级越高。该字段提供了一种区分不同 IP 数据报的手段,如让重要的网络控制信息比一般 IP 数据报具有更高的优先级。

起初，因特网上的大多数设备都忽略了服务类型字段中 D、T、R、C 位的作用。D、T、R 三位表示本数据报所希望的传输类型。在典型情况下，路由信息协议（RIP）通常忽略服务类型位。随着开放最短路径优先（OSPF）路由协议的出现，IP 路由器开始支持服务类型路由。

（1）D 位（Delay，延迟）：源主机用来请求低时延（1）或正常时延（0）。

（2）T 位（Throughput，吞吐量）：源主机用来请求高吞吐量（1）或正常吞吐量（0）。

（3）R 位（Reliability，可靠性）：源主机用来请求高可靠性（1）或正常可靠性（0）。

（4）C 位（成本）：源主机用来请求低成本（1）或正常成本（0）。

若 D、T 和 R 三个标志位被置为 1，分别表示要求低时延、高吞吐量和高可靠性。例如，当前的会话为文件传输，如果这 3 位的设置为 001，则表示在传输过程中需要高可靠性，而对时延或吞吐量不做要求。D、T 和 R 三个标志位中只能有一个被设置为 1（表明只能考虑一个性能指标），否则路由器将无所适从，不能进行正确处理。

当然，因特网并不保证一定能满足上述传输要求，而是把这种要求作为路由选择时的一个提示，途经的路由器可以把它们作为路由参考。当路由器知道去往目的地网络有多条路由时，可以根据这三个标志位的设置情况选择一条最合适的路由。

4．数据报的分段和重组

IP 封装的 IP 数据报要封装在数据帧中进行传输，不同的物理网络所使用的帧格式以及允许的帧长度是不一样的。例如，以太网允许的最大帧长为 1 518 B；X.25 允许的最大帧长为 1 024 B。IP 数据报在经路由器穿越互联网传递时，一般说来，在传输过程中要跨越若干不同的物理网络，所容许的最大帧长度也就不同。因此，IP 需要一种分段机制，把一个大的 IP 数据报，分成若干小的分段进行传输，到达目的地后再重新组合还原成原来的数据报。

所谓分段就是将一个大型 IP 数据报分解成几个较小 IP 数据报段的过程。当 IP 在小 IP 数据报网络或者具有较小最大传输单元（MTU）的网络中传输大型 IP 数据报时，必须这么做。在 IP 报头中，用标识符（Identification）、标志（Flag）和段偏移值（Fragment Offset）三个字段来实现对数据报的分段和重组。

（1）标识符字段。数据报 ID 是一个无符号整型值，ID 占用 16 位，它是 IP 赋予报文的标识，属于同一个报文的分段具有相同的标识符。标识符的分配绝不能重复。在 IP 每发送一个 IP 报文时，都要把该标识符的值加 1，作为下一个报文的标识符。

（2）标志字段。标志字段占用 3 位，但只有低两位有效，其意义如下：

- 第 1 位（MF 位）——最终分段标志（More Fragment）；
- 第 2 位 1（DF 位）——禁止分段标志（Don't Fragment）；
- 第 3 位——未用。

当 DF 位置为 1 时，则该报文不能被分段。假如此时 IP 数据报的长度大于网络的 MTU 值，则根据 IP 把该报文丢弃，同时向源端返回出错信息。MF 位置为 0 时，说明该分段是原报文的最后一个分段。

（3）段偏移值字段。段偏移值字段占用 13 位，以 8 B 为单位表示当前数据报相对于初始数据报的开始位置。

分段在其到达目的端的传输层之前需要重新组装。当然，TCP、UDP 都希望从网络层收到完整的未分段的数据报。为了重组分段的 IP 数据报，目的结点必须有足够的缓冲空间。随着带有相同标识符数据段的到达，它们的数据字段被插入在缓冲器中的正确位置，直到重组完这一 IP 数据报。分段可以在任何必要的中间路由器上进行，而重组仅在目的结点中进行。接收结点将标志位和段偏移值一起使用，以重组分段的数据报。

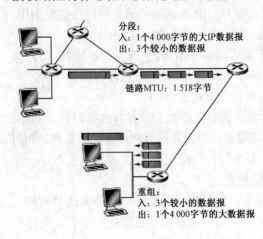

分段：
入：1个4 000字节的大IP数据报
出：3个较小的数据报

链路MTU：1 518字节

重组：
入：3个较小的数据报
出：1个4 000字节的大数据报

图 5.6　IP 数据报分段和重组

例如，若有一个 4 000 B 的 IP 数据报（20B 的 IP 报头加上 3 980 B 的有效载荷数据）到达一台路由器，且必须转发到一条 MTU 为 1 518 B 的链路上。这就意味着原始数据报中的 3 980 B 数据必须分配到 3 个独立的数据报段中，如图 5.6 所示。

每个分段的最大数据长度为 1 498 B（1 518 B-20 B）。但是，1 498 不是 8 的整数倍，所以需要将最大的数据分段长度设为 1 496 B，因此可以将 3 980 分成 1 496、1 496 和 988 3 个分段，当然也可以使用其他的组合。假设原始数据报附加上的标识符（Identification）为 777，则 3 个分段的特点如表 5-1 所示。该表中的值反映了除最后一个分段的所有原始有效载荷数据的数量应当是 8 B 的倍数，并且偏移值也应当规定为以 8 B 为单位。

表 5-1　IP 数据报分段的特点

分　段	字节数	标　　识	偏　　移	标　　志
第 1 分段	1 496	Identification 为 777	Offset=0（表示插入的数据开始于字节 0）	Flag=1（表示后面还有分段）
第 2 分段	1 496	Identification 为 777	Offset=187（表示插入的数据开始于字节 1 496）	Flag=1（表示后面还有分段）
第 3 分段	988	Identification 为 777	Offset=374（表示插入的数据开始于字节 2 992）	Flag=0（表示这是最后一个分段）

IP 数据报的有效载荷仅当在 IP 层已经完全重组为原始 IP 数据报时，才能传递给目的端的传输层。如果一个或多个分段没有到达目的端，则该不完整的 IP 数据报将被丢弃且不交给传输层。

5．生存时间

数据报生存时间（TTL）占用 8 位，指明数据报在进入网络后能够存留的时间，以秒为单位。数据报头的生存时间初始化设置的最大值是 255，当 TTL 到达 0 时，数据报将被网络丢弃。设定 TTL 的本意是让每个路由器计算出处理每个数据报所需的时间，然后从 TTL 中把这段时间减去。实际上，数据报穿越路由器的时间远小于 1s，因此路由器厂商在实现时采用了一个简单的减法：在转发数据报时把 TTL 减 1。在实践中，大多数路由器将 TTL 解释为数据报在网络中被丢弃前允许经过的最大跳数。这样，即使在网络中出现循环路由，循环转发的 IP 数据报也会在有限的时间内被丢弃。

6．协议类型

协议类型字段（8 位）的内容指出 IP 数据报中数据部分属于哪一种协议（高层协议），接收端则根据该协议类型字段的值来确定应该把 IP 数据报中的数据交给哪个上层协议去处理。例如，值为 0x06 表明数据部分要交给 TCP，而值为 0x17 则表明要交给 UDP。常见的上层协议还包括 ICMP（值为 0x01）和 IGMP（值为 0x02）等。对于其他协议及其对应的编号请参见 RFC 1700 和 RFC 3232。

7．报头校验和

报头校验和字段（16 位）用于保证 IP 数据报头数据在传送过程中的正确性。在 IPv4 中，不提供任何可靠服务，此校验和只针对报文头，对数据部分不进行验证，而将它们交给上层协议处理。计算校验和时，把报文头作为一系列 16 位二进制数字（校验和本身在计算时被设为 0），与报头校验和作补码加法，并取结果的补码，便得到校验和。如果加法产生了进位，那么补码加法包括一个普通的加法和一个总和的增量。在传输的路径上，数据报每经过一个结点都要重新计算报头校验和，因为生存时间、标志段偏移等字段可能会发生变化。如果验证结果不正确，说明传输有误，就将该数据报直接丢弃。

在 IP 数据报的传送中只对报头进行校验，而不对数据区进行校验，即使校验有差错也只是简单的丢弃，并不进行重传等差错控制。这是 IP 只能提供不可靠分组传输服务的重要原因。从另一个角度看，只进行报头校验，也符合尽力而为的思想，可以节约路由器处理数据报的时间，提高处理效率。

8．源 IP 地址和目的 IP 地址

在 IP 数据报的头部，有 32 位的源 IP 地址和目的 IP 地址两个字段，分别表示 IP 数据报的发送端及接收端的 IP 地址。在传输过程中，这两个字段保持不变。IP 地址的格式将在后续内容中进行详细介绍。

9．可选项和填充项

IP 数据报中的可选项是一个可选的且不经常使用的字段，用来允许 IP 数据报请求特殊的功能特性，如安全级别、IP 数据报将采用的路由，以及在每个路由器处的时间戳。在 IP 数据报头中可以包括多个选项。每个选项的第 1 个字节为标识符，标识该选项的类型。如果该选项的值是变长的，则紧接在其后的 1 个字节给出其长度，之后才是该选项的值。在 IP 中的一些 IP 数据报可选项类型如表 5-2 所示。

表 5-2　IP 数据报中的可选项

可选项类型	含　义
安全选项（Security）	表示该 IP 数据报的保密级别
严格源选路（Strict Source Routing）	给出完整的路由表
宽松源选路（Loose Source Routing）	给出该数据报在传输过程中必须经历的路由器地址
路由记录（Record Route）	让途经的每个路由器在 IP 数据报中记录其 IP 地址
时间戳（Timestamp）	让途经的每个路由器在 IP 数据报中记录其 IP 地址及时间值

在表 5-2 中，宽松源选路指明报文在发往其目的结点的过程中必须经过一组路由器，严格源选路则指定了该报文只能由列出的路由器处理。例如，有的选项要求发送端指定数据报必须经过的路由，即定义了由哪些路由器来处理该数据报。选路选项中包括一个记录路由的

功能，让每个处理报文的路由器都将自己的地址记录到该数据报中。时间戳的功能是让每个路由器在报文中记录自己的地址和处理报文的时间，以加强传输数据的安全性。有些选项，尤其是在指出数据报必须经过哪些 IP 地址的报文中，要求在选项后附加一些数据。选项的引入（不论是指定路由、记录路由器或增加时间戳等）增加了 IP 头的长度。如果使用选项，IP 选项以没有间隔字符的方式串在一起。如果它们的字节数不是 4 B 的整数倍，则要加上填充数据。整个可选项字段可以包括不超过 40 B 的选项和选项数据。

填充项是为了使有可选项的 IP 数据报头的长度为 32 位的整数倍而设计的。此字段由附加的 0 位串构成的特定编号组成，以保证 IP 数据报头以 32 位结束。填充项的有无或所需要的长度取决于可选项的使用情况。

10．数据（有效载荷）

在大多数情况下，IP 数据报中的数据字段含有要交付给目的端的传输层（TCP 或 UDP）报文段。当然，数据字段也可承载其他类型的数据，如 ICMP 报文等。

5.2.2　IPv4 地址

IP 除定义了 IP 数据报及其确切的格式外，还定义了一套规则，即 IPv4 地址及其分配方法，用于指明 IP 数据报如何处理、怎样控制错误。IP 地址是互联网中的一个非常重要的概念，它在 IP 层实现了底层网络地址的统一，使互联网的网络层地址具有全局唯一性和一致性。

1．IPv4 编址方案

地址是标识对象所处位置的标识符。为了识别互联网上的每个结点，必须为每个结点分配一个唯一的地址。在 TCP/IP 模型中，由网际协议（IP）来进行编址。IPv4 规定：每台主机分配一个 32 位二进制数作为该主机的网际协议地址，常称为 IP 地址或 Internet 地址。在互联网上发送的每个分组中都含有这种 32 位的发送端（源）IP 地址和接收端（目的）IP 地址。这样，为了在使用 TCP/IP 的互联网上发送信息，计算机必须知道接收信息的远程计算机的 IP 地址。也就是说，IPv4 地址是分配给主机并用于该主机进行所有通信活动的一个唯一的 32 位二进制数。这些主机可以是个人计算机、终端服务器、终端服务器端口、路由器、网络管理站和 UNIX 主机等。

IPv4 地址由网络管理机构管理。一个机构（企业或学校）需要向 Internet 上的最高一级网络信息中心申请所属网络的 IP 地址的网络地址，主机号则由申请的组织机构自行分配和管理。自治域系统负责自己内部网络的拓扑结构、地址建立与更新。这种分层管理的方法能够有效地防止 IP 地址冲突。但是，分层管理的方法也意味着某个特定网络内的 IPv4 地址可能没有全部配置使用。从理论上计算，如果 32 位全部用上，IPv4 寻址范围可以允许有 2^{32} 即超过 40 亿个地址！这几乎可以为全球三分之二的人每人提供一个 IPv4 地址。事实上，正是 IPv4 地址的分级管理等原因，导致了 IPv4 地址空间的浪费。随着 Internet 的发展，可用的 IPv4 地址资源已经枯竭。

2．IPv4 地址的层次结构

IP 地址是一种层次型地址，携带有关于对象位置的信息。从概念上讲，每个 32 位的 IPv4

地址由前缀和后缀两部分组成。这种两级层次结构的设计，使寻址更为有效。地址前缀部分标识计算机所属的物理网络，后缀部分标识该网络上的某一台计算机。也就是说，互联网的每一物理网络都分配一个唯一的值作为它的网络号；而网络号在从属于该网络的每台计算机地址中作为前缀出现。换言之，同一物理网络上每台计算机分配唯一的地址后缀。可见，IPv4地址体系结构是高度结构化的层次型地址。通常按照从左到右的顺序进行读写。一个IP地址的基本组成如图5.7所示。

地址类型	网络ID	主机ID

图 5.7　IPv4 地址的基本组成

一个IP地址是与一个网络接口（常将主机和接入网络网卡与链路之间的边界称为网络接口）相关联的。因此，这种层次化的IPv4地址结构保证了两个重要性质：①每个网络接口只分配一个唯一地址（即一个地址从不分配给多个网络接口）；②虽然网络号分配必须全球一致，但后缀可由本地分配，不必全球一致。因为整个地址包括前缀和后缀，它们分配时需保证唯一性，所以第一个性质得到保证。如果两个网络接口连接于不同的物理网络，它们的地址会有不同的前缀；如果两个网络接口位于同一个物理网络，它们的地址会有不同的后缀。

3．IP地址的两种表示方法

在主机或路由器中存放的IP地址都是长度为32位（4B）的二进制代码，分成4组8位，称为32位二进制格式表示。例如，一个用二进制格式表示的IP地址为：11000000 10101000 00000000 00000001。显然，用这样一种二进制格式表示IP地址是复杂且难以识记的。为易于阅读和理解IP地址，通常将IP地址以4组由句点分隔开的十进制数字表示，即将每8位二进制数转换为一个十进制数表示，每个字节表示为从0~255的十进制数（8位二进制数最大为11111111，即十进制数255），这种表示方式称为IPv4地址的点分十进制表示法。对于上述IPv4地址，用点分十进制表示就是192.168.0.1。因此，连在互联网上的某一台主机的IPv4地址可以以以下两种格式表示：

（1）二进制格式表示：00000000.00000000.00000000.00000000。

（2）点分十进制格式表示：XXX.XXX.XXX.XXX（XXX取值范围：0~255）。

这两种表示方法实质是一样的。对于用户而言，点分十进制格式便于记忆，因此在实际应用中，采用点分十进制格式来描述一个TCP/IP网络结点的IPv4地址。

4．IPv4地址的分类及其格式

IPv4地址的设计人员确定了IPv4地址的长度并决定将它分为前缀和后缀两部分之后，还必须决定每部分要包含多少位。前缀部分需要足够的位数，才足以分配唯一的网络号给互联网上的每一个物理网络；后缀部分也需要足够位数，才能对连接于某一网络的每一台计算机都分配一个唯一的后缀。简单的选择是不行的，因为在某一部分增加一位就意味着在另一部分要减少一位。选择大的前缀可容纳大量网络，但限制了每个网络的规模；选择大的后缀意味着每个物理网络能包含大量计算机，但却限制了网络的总数。

由于互联网可能包括任意的网络技术，所以某个互联网络可能由少量大的物理网络构成，而同时另一个互联网络则可能由许多小的网络构成。更重要的是，单个互联网络又可能包含大网络和小网络混合的形式。因此，需要选择一个能满足大网和小网组合情况的折中编址方案。这个方案将 IPv4 地址中的 A 类、B 类和 C 类这 3 个基本类用作主机地址；将 D 类用于组播，允许传递给一组计算机；而 E 类保留未用。IPv4 地址的分类及其格式如图 5.8 所示。

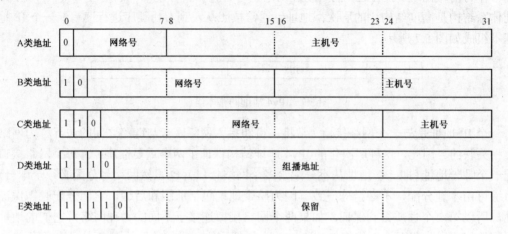

图 5.8 IPv4 地址的分类及其格式

（1）A 类地址。第一位（最高位）为 0，网络 ID 由后续的 7 位定义。故第一个 Octet（8位）用于网络号而其余的 3 个 Octet 用于每个网络中的主机号。这意味着最多有 2^7 即 128 个 A 类网络地址组合，而地址中剩余的 24 位用于主机地址，这意味着可以有 2^{24} 即 16 777 216 个唯一主机标识符，每个网络最多可容纳（2^{24}-2）台主机。也就是说，任何一个 0～127 之间的网络地址均是一个 A 类地址。

（2）B 类地址。前两位为 10，网络由后续的 14 位定义。故前两个 Octet 用于网络地址而其余的两个 Octet 用于每个网络中的主机地址。这意味着最多有 2^{14} 即 16 384 个 B 类网络地址组合，而每个网络最多可容纳（2^{16}-2）台主机。也就是说，任何一个 128～191 之间的网络地址是一个 B 类地址。

（3）C 类地址。前三位为 110，网络地址由后面的 21 位定义。故前三个 Octet 用于网络地址而最后一个 Octet 用于每个网络中的主机地址。这意味着最多有 2^{21} 即 2 097 152 个 C 类网络地址组合，而每个网络中的主机数不能超过（2^8-2），即每个网络最多可容纳 254 台主机。也就是说，任何一个 192～223 之间的网络地址是一个 C 类地址。

（4）D 类地址。前四位为 1110。组播中不使用网络地址的概念，因为任何网络上的主机无论是否在同一网络上均可接收组播。这意味着最多有 2^{28} 即 268 435 456 个组播地址组合，而所有组播地址可以由第一个 Octet 的值来确定。任何一个在 224～239 之间的网络地址是一个组播地址。

（5）E 类地址。前五位为 11110。在 IPv4 地址中保留该地址。任何一个在 240～247 之间的网络地址是一个 E 类地址。

5. 特殊地址

有一些网络地址具有特殊的含义。例如，下列 IPv4 地址不分配给实际的网络：

（1）第一个 8 位域是 127 的地址（如 127.0.0.1）被定义为回送地址，即主机将 IP 数据报回传自身的地址。这个约定是必要的。对于所有发往回送地址的数据，网络栈将视为传输给自己的数据，尽管数据沿网络栈向下传递，但并没有真正发送到网络传输介质上。这种方法允许主机通过其网络接口与自己通信，这一点对于网络测试很有用。

（2）IPv4 地址中的主机号部分为全 1 的地址是广播地址，用于由网络 ID 指定网络上的所有主机之间的通信。如果网络 ID 包含的也是全 1，数据报将在本地网络上广播。

（3）全 0 的主机 ID 指的是由网络 ID 规定的网络，而不是一个主机。

这些限制进一步减少了可用的网络地址数和主机地址数。由于网络号为 0.0.0.0 的地址以及网络号第 1 位为 0，其余 7 位为全 1 的 A 类地址留做特殊用途，因此有效的具有 A 类 IP 地址的网络只有 126 个。

保留地址也影响了每个网络上的唯一主机 IP 地址的数量。由于全 0 或全 1 地址被分别保留下来，以用于本主机或广播地址。因此，若某类型的 IP 地址中的主机号为 n 位，则网络上的最大可用主机数变成了 2^n-2，而不是 2^n。

6．网络地址转换

网络地址转换（NAT）是通过将一组专用网络地址映射为另一组公用 IP 地址的方法。它使得整个专用网只需要一个全球 IP 地址就可以与 Internet 连通，不仅可以隐藏内部网络结构，降低内部网络受到攻击的风险，还可以节省 IP 地址消耗，应急解决 IPv4 地址枯竭问题。

在 RFC1918 中定义了 3 类 IP 地址空间用于私人专用、企业内部的通信，分别为：

- A 类：1 个 A 类网段，即 10.0.0.0～10.255.255.255（10.0.0.0/8）
- B 类：16 个 B 类网段，即 172.16.0.0～172.31.255.255（172.16.0.0/12）
- C 类：256 个 C 类网段，即 192.168.0.0～192.168.255.255（192.168.0.0/16）

在因特网的所有路由器中，对目的地址是私有地址的数据报一律不进行转发。这种采用私有 IP 地址的互联网称为私有专用网。因此，私有 IP 地址只用于 LAN，不能用于 WAN 连接。由于私有 IP 地址不能直接用于因特网，必须通过网关利用 NAT 把私有 IP 地址转换为因特网中合法的全局 IP 地址后才能用于因特网，并且允许私有 IP 地址被 LAN 重复使用。

通常，NAT 以一种透明的方式为终端用户提供私有专用网与公共互联网之间的连接。使用 NAT 时需要在专用网连接到因特网的路由器上安装 NAT 软件，NAT 路由器至少有一个有效的公共 IP 地址。当使用私有 IP 地址的主机与外界通信时，NAT 路由器使用 NAT 转换表将私有 IP 地址转换成为全球公共 IP 地址，或将公共 IP 地址转换为内部私有 IP 地址。NAT 转换表中存放着{本地私有 IP 地址；端口}到{公共 IP 地址；端口}的映射关系。通过{IP 地址；端口}这样的映射方式，就可以让多个私有 IP 地址映射到同一个公共 IP 地址上。NAT 转换表既可以静态也可以动态地进行配置和更新。

5.2.3　IP 子网划分

一个 IP 地址的网络地址唯一标识一个物理网络。然而，一个物理网络通常采用局域网技术构建，对于一个 A 类或 B 类网络，大量的主机标识符远远大于任何局域网技术能够支持的主机数。因此，在 A 类或 B 类网络中期待只有一个物理网络或局域网是不切合实际的。因此，一个拥有 A 类或 B 类甚至 C 类网络地址的机构往往需要把自己的网络分成多个子网。例如，一所大学校园网络拥有一个 B 类地址，可支持大约 64 000 台主机连接到 Internet 上。若使用原始的编址方式，本地网络管理员不但管理所有的 64 000 台主机非常复杂，而且校园网通常包含多个局域网，要求使用多个网络地址。为解决这个问题，在 20 世纪 80 年代中期人们提出了子网（Subnet）和超网（Supernet）的概念。

1. 子网

所谓子网就是将一个大的 A、B、C 类网络进一步划分成几个较小的网络，而每一个小网络都有自己的地址。子网允许网络管理者对其地址空间分级组织。

为便于理解子网的概念，先考察如图 5.9 所示的例子。在该图中，一台具有 3 个接口的路由器用于互连 7 台主机。在图中左侧部分的 3 台主机以及它们连接的路由器接口，都有一个形如 223.1.1.xxx 的 IP 地址，即在它们的 IP 地址中，最左侧的 24 比特是相同的。3 台主机的接口通过一台以太网集线器或者以太网交换机连接起来形成一个网络（如以太网局域网），然后与路由器的一个端口互连起来。用 IP 的术语讲，将这 3 台主机的端口与路由器的一个端口互连的网络形成一个子网（RFC 950）。在 Interent 文献中，一个子网也称为一个 IP 网络。

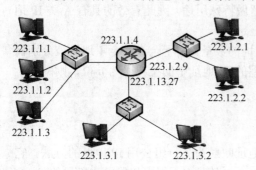

图 5.9　接口地址与子网

2. 子网编址

IP 地址并不标识某台机器，而是标识一个主机与网络的一个连接。IP 要求在一个网络中，主机接口的 IP 地址中的网络部分地址应该是一样的。但是在实际的物理网络（如以太网等）中，一般不可能有 16 000 台主机（B 类），更不可能有 1 600 万（A 类）台之多。这样，在 B 类 IP 地址中用 16 位来表示主机部分，在 A 类 IP 地址中用 24 位来表示主机部分就是一个巨大的浪费。在 Internet 迅速发展的今天，IP 地址已耗尽，网络地址已经成为珍贵的资源，显然需要改进这种 IP 地址分配方式。

划分子网的方法是将 IP 地址的主机号部分再次划分为子网地址与主机地址两部分，一部分用来标识子网，另一部分仍然作为主机号。带子网标识的 IP 地址结构如图 5.10 所示，并称为子网编址。这样划分后，IP 地址由网络号、子网号以及主机号 3 个部分组成。

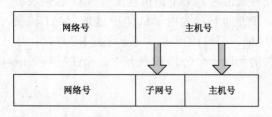

图 5:10　带子网标识的 IP 地址结构

用 IP 地址的网络号加子网号可以唯一地标识一个子网，因此将这两部分合起来再加上为"0"的主机号部分称为子网地址。这样，既可以充分利用 IP 地址的主机号部分来拓展 IP 地址的网络标识，又可灵活划分网络的大小。

在未划分子网时，可以根据网络的类别（由 IP 地址的第 1 个字节确定）得到网络号和主机号的长度。在划分子网后如何获知网络号、子网号以及主机号的长度呢？也就是说，如何从一个 IP 地址中提取出子网号？为了界定 IP 地址的网络标识和主机标识，引入了子网掩码（Subnet Mask）的概念。子网掩码有时也称为地址掩码。子网掩码的定义是：将网络中某结点 IP 地址中的网络号位全改为 1，主机号全改为 0，即是该结点所在网络的子网掩码。

子网掩码是一个 32 位的二进制数字，它告诉 TCP/IP 主机，IP 地址的哪些位对应于网络号和子网号部分，哪些对应于主机号部分。TCP/IP 使用子网掩码可判断目的主机是位于本地子网上，还是位于远程子网上。

具体来说，子网掩码与 IP 地址一样，也由 4 个字节组成，共 32 位二进制数字。子网掩码中二进制数字为 1 的位，表示 IP 地址中相应位置上的二进制数字作为网络标识用；子网掩码中二进制数码为 0 的位，表示 IP 地址中相应位置上的二进制数字是用来标识主机号的。IPv4 还规定了每种 IP 地址类型都有一个默认的子网掩码，如表 5-3 所示。IPv4 规定，A 类网络的默认子网掩码长度为 8 位，B 类网络的默认子网掩码长度为 16 位，C 类网络的默认子网掩码长度为 24 位。凡是以默认子网掩码计算网络地址和主机地址的方法，称为规定长度子网掩码（DLSM）方法。

表 5-3　三种类型 IP 地址的子网掩码

地址类别	子网掩码的二进制形式	子网掩码的十进制形式
A 类地址	11111111 00000000 00000000 00000000	255.0.0.0
B 类地址	11111111 11111111 00000000 00000000	255.255.0.0
C 类地址	11111111 11111111 11111111 00000000	255.255.255.0

获得子网地址的方法是将子网掩码和 IP 地址按位进行"与"运算，如图 5.11 所示。

```
                      子网掩码: 255.255.192.0

IP地址: 131.107.33.10  ┌──────┐  子网地址: 131.107.0.0
 ─────────────────────▶│ 与运算 │─────────────────────▶
                        └──────┘

    IP地址: 10000011 01101011 00100001 00001010
  子网掩码: 11111111 11111111 11000000 00000000
  子网地址: 10000011 01101011 00000000 00000000
```

图 5.11　获得子网地址的方法

究竟拿出多少位作为子网号来标识子网，取决于子网的数量和子网的规模。在实际应用中，通常采用可变长度子网掩码（VLSM）方法对申请到的网络地址进行子网划分，以提高网络管理性能。这时长度通常采用网络号/前缀长度的格式，如 192.12.158.0/21。由于这类路由选择是不分类的，所以子网掩码不必遵循默认的长度限制。这样，IP 主机可以识别的前缀长度可以通过使用加长的子网掩码来实现相应的扩展。例如，如果某 B 类网络（使用 16 位来标识网络号）171.18.0.0 的子网掩码是 255.255.254.0，而不是默认的 255.255.0.0，则表明该网络有 7 位子网掩码扩展位[254＝（11111110）$_2$，其高 7 位均为 1]。这种扩展方法可将 B 类网络划分为 126（2^7-2）个子网。

一般来说，假设各类网络的主机号的位数用 p 表示，如果从 p 位主机号中拿出 m 位来划分子网，则剩下的 $n = p - m$ 位用于标识主机。

m 位可以标识 2^m 个子网，但一般不建议使用 m 位子网号全 0 和全 1 的子网，原因是有些路由协议并不同时发布网络地址和子网掩码。这样，m 位实际可以划分 $2^m - 2$ 个可用的子网。

n 位可以标识 2^n 台主机，但 n 位全 0 时用于标识子网，全 1 时用于标识子网广播地址。这样，n 位主机号实际可以标识 2^n-2 台主机。

例如，对于某一 B 类网络 172.168.0.0，当 $m=1$ 时，第 3 个字节的最高位拿出来划分子网，其子网掩码为 255.255.128.0，2 个子网分别为：

131.107.0.0　（10000011　01101011 00000000 00000000；子网号：0）；

131.107.128.0（10000011　01101011 10000000 00000000；子网号：1）。

然而，这两个子网都不建议使用。

当 $m=2$ 时，第 3 个字节的最高两位拿出来划分子网，其子网掩码为 255.255.192.0，4 个子网分别为：

131.107.0.0　　　（10000011　01101011 00000000 00000000；子网号：00）；

131.107.64.0　　（10000011　01101011 01000000 00000000；子网号：01）；

131.107.128.0　　（10000011　01101011 10000000 00000000；子网号：10）；

131.107.192.0　　（10000011　01101011 11000000 00000000；子网号：11）。

当 $m=8$ 时，可以划分为 256 个子网：131.107.0.0，131.107.1.0，…，131.107.255.0；子网掩码为 255.255.255.0。

显然，这种扩展技术的代价是：①每个子网要保留 2 个 IP 地址（主机号为全 1 和全 0）不能用于结点，子网划分得越多，IP 地址的浪费也越多，IP 地址的利用率就越低。②若子网掩码扩展位为 m，而 IP 地址类的主机号长度为 p 位（C 类 $P=8$，B 类 $P=16$，A 类 $P=24$），则每个子网上的最大结点数被限制在 $2^{p-m}-2$ 个。

由于目前大部分 IP 网络的地址是 C 类地址，而对 C 类地址再进行子网划分，会导致 C 类 IP 地址空间使用效率降低。原因很简单，对全 0 地址和全 1 地址的保留，在 C 类地址中划分子网时限制了划分子网后的每个子网的主机数量。

值得注意的是，一旦对网络做了子网划分，尽管各子网在物理上仍属于同一网络，但不同子网的主机之间就不能直接通信了，因为在逻辑上各子网之间是独立的。这时，子网之间需要利用路由器来连接。

通常，在规划设计一个网络时，划分子网的步骤如下。

（1）确定需要多少个子网号来唯一标识每一个子网，即划分子网的数目。

（2）确定需要多少个主机号来标识每个物理网络（子网）上的每台主机。注意每个子网中的最大有效结点数目（其中包括为连接子网的路由器端口保留 1～2 个 IP 地址）应大于需要的结点数。

（3）综合考虑子网数和子网中的主机数之后，确定一个符合要求的子网掩码值。

（4）确定标识每个子网的网络号。

（5）确定每个子网上可以使用的主机号范围。

（6）使用路由器将子网互连接起来，并确定路由器的 IP 地址。

【例 5.1】已知网络号为 194.7.1.0，子网掩码为 255.255.255.224。请说明该网络可划分几个子网，每个子网的主机的 IP 地址范围是什么？

（1）这是一个 C 类网络：

$$194.7.1.0=11000010.00000111.00000001.00000000$$

（2）其默认子网掩码应为 255.255.255.0，故扩展子网掩码值为"224"，即子网扩展了 3 位，去掉"000"和"111"两种状态值，最多可以划分 6 个子网：

$$255.255.255.224=11111111.11111111.11111111.11100000$$

（3）每个子网最多可有 30 个有效 IP 地址（其中 $p=8$，$m=3$）：

$$最大主机数目=2^{p-m}-2=2^{8-3}-2=30$$

（4）计算各子网地址及其有效 IP 地址，如表 5-4（a）所示。

表 5-4（a）　例 5.1 中各子网地址及其有效 IP 地址

子网编号	子网扩展位状态	子网的主机位	点分十进制	选用否
0	000	00000	0	否
1	001	00000	32	是
2	010	00000	64	是
3	011	00000	96	是
4	100	00000	128	是
5	101	00000	160	是
6	110	00000	192	是
7	111	00000	224	否

故 6 个有效子网的网络地址及有效 IP 地址如表 5-4（b）所示。

表 5-4（b）　有效子网的网络地址及有效 IP 地址

子网名称	网 络 地 址	有效 IP 地址
子网 1	194.7.1.32/27	194.7.1.33～194.7.1.62
子网 2	194.7.1.64/27	194.7.1.65～194.7.1.94
子网 3	194.7.1.96/27	194.7.1.97～194.7.1.126
子网 4	194.7.1.128/27	194.7.1.129～194.7.1.158
子网 5	194.7.1.160/27	194.7.1.161～194.7.1.190
子网 6	194.7.1.192/27	194.7.1.193～194.7.1.222

3．超网

由于 A 类、B 类网络较少，而 C 类网络较多，所以对于拥有较多计算机的单位往往可以获得多个连续的 C 类网络地址块，而不是 A 类或 B 类地址块。所谓超网就是将一个单位所属的几个 C 类网络地址块合并成一个更大的地址块。从理论上讲，也可以将多个 B 类地址块合并为一个更大的地址块。

构造超网的技术恰好与子网技术相反，是从网络号中拿出一些位与主机号拼接在一起，形成新的主机号，如图 5.12 所示。

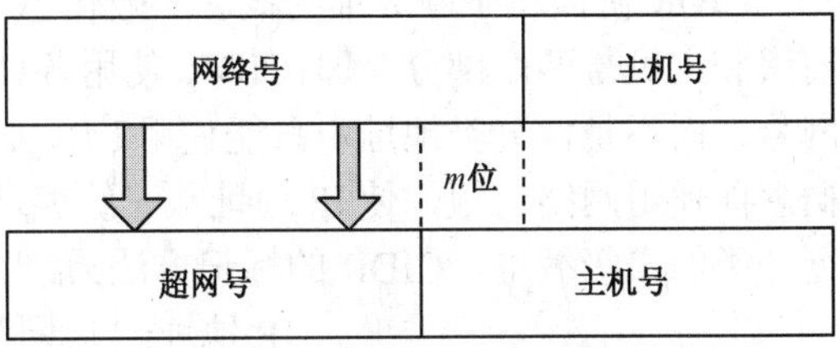

与子网的划分类似，超网通过超网掩码来指定超网号和主机号的分界点。在超网掩码中，对应于超网号的所有位都被置为 1，而对应于主机号的所有位都被置为 0。与子网划分

图 5.12　超网的 IP 地址结构

不同的是，子网划分是通过增加掩码中"1"的位数来实现的，而超网的形成则是通过减少掩码中"1"的位数来实现的。获得超网地址的方法也是将超网掩码和 IP 地址按位进行"与"运算。

构造超网时需注意：地址块必须是连续的；待合并的地址块数量必须是 2^m（m=1，2，3···）；被合并的 C 类网络的第一个地址块地址中的第 3 个字节的值必须是待合并的地址块的整数倍。

（192.168.168.0）　（192.168.169.0）　（192.168.170.0）　（192.168.171.0）
（192.168.172.0）　（192.168.173.0）　（192.168.174.0）　（192.168.175.0）

例如，若将如下 8 个 C 类网络合并为一个超网，那么在构造超网时，应从网络号的最低位拿出 3 位合并这 8 个 C 类地址块。此时，超网掩码为

11111111 11111111 11111000 00000000

即 255.255.248.0。通过验算可以发现，上述地址块中的任何 IP 地址与超网掩码运算的结果都是 192.168.168.0，也就是说，这些地址块中的所有主机都认为它们位于同一个网络 192.168.168.0。显然，超网技术将多个网络地址合并成单个网络地址，可以减少路由表的表项。

5.2.4　无分类域间路由

综合以上讨论不难发现：将 IP 地址空间分为 A、B 和 C 类将导致编址不够灵活。一方面，许多机构在低效率地利用 B 类地址空间。一个 B 类网址可以容纳（$2^{16}-2$）台主机，但可能被一个只有 2 048 台主机的单位占据。B 类地址早在 1992 年就已使用了近一半。另一方面，大多数机构通常需要的地址数大于一个 C 类地址空间所能提供的地址数。此外，划分子网也导致了 IP 地址的浪费。当某个 IP 地址类划分子网后，其前后的子网以及前后的 IP 地址便不能使用了。例如，当一个 C 类等级的 IP 网络想要划分成 8 个子网时，结果肯定是 IP 地址不足。划分子网带来的另一个问题是路由表陡增，会从几千个增长到几万个。为了解决这些问题，NIC 组织提出了两种解决方案：一是淘汰现有系统规范，采用全新的网络协议来解决此问题（引入 IPv6）；二是修改原来的规范，使其符合 TCP/IP 模型，而这个修正的规范就是无分类域间路由选择（Classless Inter-domain Routing，CIDR）协议（RFC 1517～1520）。目前，所有的网络操作系统均支持 CIDR 协议。

CIDR 的实质是取消了 A 类、B 类和 C 类地址以及划分子网的概念，因而可以更加有效地分配 IPv4 的地址空间，缓解地址紧张问题。

1．CIDR 无分类二级编址标记方法

CIDR 协议将子网寻址的概念一般化了，对于子网寻址，它把 32 位的 IP 地址划分为网络前缀和主机号两个部分，即 CIDR 使用各种长度的网络前缀来代替分类地址中的网络号和子网号，而不是像分类地址中只能使用 1 B、2 B 和 3 B 的网络号。由于 CIDR 不再使用子网的概念而使用网络前缀，使 IP 地址从三级编址（使用子网掩码）又回到了二级编址，但这已是无分类的二级编址。CIDR 的标记方法为：

IP 地址::={<网络前缀>，<主机号>}

CIDR 也可以使用斜线标记法，又称为 CIDR 标记法，即在 IP 地址后面加上一个斜线"/"，然后写上网络前缀的位数，其余的就是主机号的位数，使之具有点分十进制形式，即 a.b.c.d/x，

其中 x 表示 IP 地址中网络前缀的位数。例如，200.23.16.0/23，表示在 32 位的 IP 地址中，前 23 位表示网络前缀，而后面的 9 位为主机号，如图 5.13 所示。有时需要将点分十进制的 IP 地址写成二进制表示的地址，才能看清楚网络前缀和主机号。例如，上述地址的前 23 位是 11001000 00010111 0001000（即网络前缀），而后面的 9 位是 0 00000000（即主机号）。

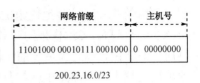

图 5.13　无分类编址标记方法

2. CIDR 地址块的标记

CIDR 标记法给编址增加了灵活性。网络前缀的长度一般为 13～27 位，CIDR 将网络前缀都相同的连续的 IP 地址组成一个 CIDR 地址块。换言之，一个 CIDR 地址块由地址块的起始地址（即地址块中地址数值最小的一个）和地址块中的地址数来定义，并用斜线记法来标记。例如，130.14.32.0/20 表示的地址块共有 2^{12} 个地址，因为斜线后面的 20 是网络前缀的位数，所以主机号的位数是 12（32-20），因而地址数就是 2^{12}；而该地址块的起始地址是 130.14.32.0。当不需要指出地址块的起始地址时，可将地址块简称为"/20 地址块"。上面地址块的最小地址和最大地址是：

最小地址：130.14.32.0　　10000010　00001110　00100000　00000000
最大地址：130.14.47.255　　10000010　00001110　00101111　11111111

当然，全 0 和全 1 的主机号地址一般并不使用，通常只使用在这两个地址之间的地址。当遇到斜线标记方法表示的地址时，需要根据上下文来理解它是指单个的 IP 地址还是指一个地址块。

由于一个 CIDR 地址块可以表示很多地址，所以在路由表中可利用 CIDR 地址块来查找目的网络，而不必知道在地址块内实际存在多少个子网络。这种使用单个网络前缀通告多个网络的能力通常称为地址聚合（Address Aggregation），也称为路由聚合（Route Aggregation）。当 IP 地址按块分配给 ISP，然后 ISP 又分给用户组织时，地址聚合工作特别有效，它使得路由表中的一个项目可以表示很多个（如上千个）原来传统分类地址的路由。路由聚合也称为构造超网（Supemetting）。路由聚合有利于减少路由器之间的路由选择信息的交换，从而提高整个互联网的性能。

CIDR 虽然不再使用子网概念，但仍然使用掩码这一术语（只是不再称之为子网掩码）。对于/20 地址块，它的掩码是：11111111 11111111 11110000 00000000（20 个连续的 1）。斜线标记法中的数字就是掩码中 1 的个数。

CIDR 标记法还有几种等效形式。例如：10.0.0.0/10 可简写为 10/10，也就是将点分十进制中低位连续的 0 省略；10.0.0.0/10 相当于指出 IP 地址 10.0.0.0 的掩码是 255.192.0.0。

比较清楚的表示方法是直接使用二进制数。例如，将 10.0.0.0/10 写为 00001010 00xxxxxx xxxxxxxx xxxxxxxx。这里的 22 个 x 可以是任意值的主机号（但全 0 和全 1 的主机号一般不使用）。因此 10/10 可表示包含 2^{22} 个 IP 地址的地址块，这些地址块都具有相同的网络前缀 00001010 00。

另一种简化表示方法是在网络前缀的后面加一个星号*，如 00001010 00*。意思是，星号*之前的是网络前缀，而星号*表示 IP 地址中的主机号，可以是任意值。

3. 最长前缀匹配

由于 CIDR 使用网络前缀和主机号两部分标记 IP 地址，因此在路由表中的项目也要相应地由网络前缀和下一跳地址组成。这样，在查找路由表时可能会得到不止一个的匹配结果。为解决这个问题，CIRD 采用最长前缀匹配方式来选择路由，即从匹配结果中选择具有最长网络前缀的路由，称之为最长前缀匹配（Longest Prefix Matching）。这是因为网络前缀越长，其地址块就越小，因而路由就越具体。最长前缀匹配又称为最长匹配或最佳匹配。

从对 CIDR 的讨论可以看出，可以按照网络所在的地理位置来分配地址块，以减少路由表中的项目。为此，RFC 1519 对 C 类网络地址的分配做了新的规定：将全球划分为 4 个区，每一个区分配一部分 C 类地址（约 3 200 万个），剩余的保留未用，即：

- 地址 194.0.0.0～195.255.255.255 分配给欧洲；
- 地址 198.0.0.0～199.255.255.255 分配给北美；
- 地址 200.0.0.0～201.255.255.255 分配给中美和南美；
- 地址 202.0.0.0～203.255.255.255 分配给亚洲和太平洋地区；
- 地址 204.0.0.0～223.255.255.255 保留。

这样分配的好处是将上述每个地区的约 3 200 万个地址压缩成一项存入该地区的标准地区路由器中，因而极大地减少了路由表的容量。例如，若某个在亚太地区以外的路由器向目的地址为 202.xx.yy.zz 或 203.xx.yy.zz 的网络发送数据报，只需将它发送到标准亚太地区路由器即可。

CIDR 的核心是以可变长分块的方式分配所剩的 C 类网络。每一个标准地区路由器的路由表项由一个 32 位的屏蔽值予以扩展（除 IP 地址外，还增加一个 32 位的屏蔽值）。当一个数据报进来后，首先从中获取其目的 IP 地址，然后对路由表项逐条扫描，将目的 IP 地址屏蔽，再与其余表项进行比较，以找到相匹配的地址。

例如，假设某 A 大学需要 2 048 个地址，分配了 202.197.0.0～202.197.7.255 的地址和一个 255.255.248.0 的屏蔽值；某 B 大学需要 4 096 个地址，分配了 202.197.16.0～202.197.31.255 的地址和一个 255.255.240.0 的屏蔽值；某 C 大学需要 1 024 个地址，分配了 202.197.8.0～202.197.11.255 的地址和一个 255.255.252.0 的屏蔽值。则全亚太地区的路由表都加入以下 3 个表项条目，每个表项条目包含一个地址和一个屏蔽值，如表 5-4（c）所示。

表 5-4（c） 路由表中的地址和屏蔽值

地　址	屏 蔽 值
11001010.11000101.00000000.00000000	11111111.11111111.11111000.00000000
11001010.11000101.00010000.00000000	11111111.11111111.11110000.00000000
11001010.11000101.00001000.00000000	11111111.11111111.11111100.00000000

当目的 IP 地址为 202.197.17.5 的数据报到达时，亚太标准地区路由器将进行如下处理。

（1）将目的 IP 地址与 A 大学的屏蔽值作与运算。

数据报目的 IP 地址：11001010.11000101.00010001.00000101（202.197.17.5）；

A 大学屏蔽值：11111111.11111111.11111000.00000000（255.255.248.0）；

与运算结果：11001010.11000101.00010000.00000000（202.197.16.0）。

运算结果与 A 大学的地址不匹配，路由器需要进行下一次扫描。

（2）将目的地址与 B 大学的屏蔽值作与运算。

数据报的目的地址：11001010.11000101.00010001.00000101（202.197.17.5）；

B 大学屏蔽值：11111111.11111111.11110000.00000000（255.255.240.0）；

与运算结果：11001010.11000101.00010000.00000000（202.197.16.0）。

运算结果与 B 大学的基地址匹配，因此，路由器停止扫描，将数据报发送到 B 大学的路由器。为了加速路由选择表的扫描速度，通常引用索引技术来进行查找。若同时有多个条目匹配，CIDR 以屏蔽值中 1 最多的优先。

4．CIDR 协议的优点

CIDR 的一个突出优点是可以更加有效地分配 IPv4 的地址空间，因此现在的 ISP 都愿意使用 CIDR。在分类地址的环境中，ISP 向其用户分配 IP 地址时（指固定 IP 地址用户而不是拨号上网的用户），只能以/8、/16 或/24 为单位来分配。但在 CIDR 环境，ISP 可根据每个用户的具体情况进行分配。

例如，某 ISP 已拥有地址块 206.0.64.0/18（相当于有 64 个 C 类网络），而现在某大学需要 800 个 IP 地址。在不使用 CIDR 时，ISP 可以给该大学分配一个 B 类地址（但这将浪费 64 734 个 IP 地址），或者分配 4 个 C 类地址（但这会在各个路由表中出现对应于该大学的 4 个相应的项目）。然而在 CIDR 环境下，ISP 可以给该大学分配一个地址块 206.0.68.0/22，它包括 1 024 个 IP 地址，相当于 4 个连续的 C 类/24 地址块，占该 ISP 拥有的地址空间的 1/16，明显地提高了地址空间利用率。这样的地址块，有时也称为一个编址域或域（Domain）。显然，用 CIDR 分配的地址块中的地址数一定是 2 的整数次幂。

5.2.5　地址解析

IP 地址是网络层的地址，又称逻辑地址，它实现了底层网络物理地址的统一。由于 TCP/IP 模型并没有改变底层的物理网络，更没有取消网络的物理地址（MAC 地址），最终数据还是要在物理网络上传输，而在物理网络上传输时使用的仍然是物理地址。这样一来，需要在这两套地址之间建立起映射关系。

在 TCP/IP 模型中，IP 地址与物理地址之间的映射称为地址解析。地址解析包括两个方面的内容：从 IP 地址到物理地址的映射和从物理地址到 IP 地址的映射。TCP/IP 用地址解析协议（ARP）来实现将 IP 地址映射（或转换）为 MAC 地址（RFC 826）；而另一个逆向地址解析协议（RARP）用来实现将 MAC 地址映射（或转换）为 IP 地址（RFC 903）。这两个地址解析协议均是 IPv4 的子集。ARP/RARP 简单易行，可在以太网和任一使用 48 位 MAC 地址的网络上运行，也可用于任意长度的 MAC 地址。RARP 一般用于无盘机，现在已很少使用。

1．ARP 地址解析机制

用地址解析协议（ARP）将 IP 地址转换为 MAC 地址的方法很简单。它定义了两类基本的报文：一类是请求，另一类是应答。请求报文包含一个 IP 地址和对应的 MAC 地址的请求；应答报文既包含发来的 IP 地址，也包含相应的硬件地址。ARP 可以通过发送网络广播信息的方式，确定与某个网络层 IP 地址相对应的 MAC 地址。ARP 的地址解析过程如下。

（1）假如，在同一物理网络（如以太网）内，主机 A 希望发送 IP 数据报给主机 E，但不知道主机 E 的 MAC 地址。

（2）主机 A 在本网广播一个 ARP 请求报文，如图 5.14 所示，要求主机 E 用它的 MAC 地址来应答。

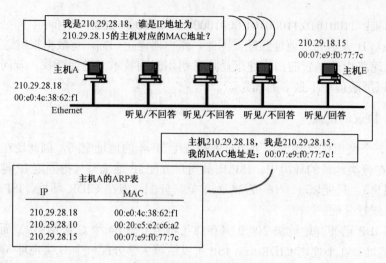

图 5.14　ARP 的工作原理

ARP 的请求报文内包含主机 E 的 IP 地址（如 210.29.28.15），如图 5.15 所示。需要注意的是，由于请求报文要在网络内广播，物理帧头的目的 MAC 字段要填充为 ff:ff:ff:ff:ff:ff。

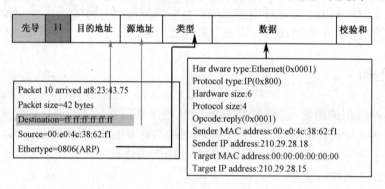

图 5.15　ARP 请求报文（Request）

（3）在以太网上的所有主机都收到了这个 ARP 请求报文。

（4）主机 E 收到此 ARP 请求报文后，识别出自己的 IP 地址，发出一个 ARP 应答报文，内含自己的 MAC 地址（如 00:07:e9:f0:77:7c），如图 5.16 所示，即告诉主机 A 自己的 MAC 地址。

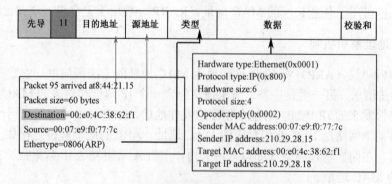

图 5.16　ARP 应答报文（Reply）

（5）主机 A 收到应答报文后便知道了主机 E 的 MAC 地址。

显然，如果所有的源结点在发送任何一个 IP 数据报或者连续向一个目的主机发送 IP 数据报时，都要通过 ARP 服务去获取目的 MAC 地址，那么工作效率会很低。为了弥补这一不足，对 ARP 改进如下。

在使用 ARP 服务的主机上保留一个专用的高速缓存（Cache），用于存放最近的 IP 地址和 MAC 地址的绑定，在发送 ARP 请求时先查看这个高速缓存。也就是说，主机 E 的 IP 地址和 MAC 地址作为一个映射项保存在主机 A 的高速缓存表（即在内存中的暂存表）中。这样，所有主机都维护一张 ARP 高速缓存表，其中包含了它自己的 IP 地址～MAC 地址的映射项。主机在广播 ARP 请求报文前总是先查看 ARP 高速缓存表，若查到 IP 地址～MAC 地址映射项就不再广播。如果主机的以太网网卡因故障被更换，它的 MAC 地址也随着改变，所以需要能动态地将 IP 地址转换成 MAC 地址。ARP 就是这样一种动态地址转换协议。

例如，在 DOS 命令窗口中输入：arp-a，则可得到如下信息：

Internet Address	Physical Address	Type
192.168.1.1	00-0a-eb-c9-d3-22	dynamic

这就是该计算机里存储的 IP 地址与 MAC 地址的对应关系，dynamic 表示临时存储在 ARP 缓存中的条目，过一段时间系统就会删除。当该计算机要和另一台计算机 210.29.28.41 通信时，它会先去检查 ARP 缓存表，查找是否有与 210.29.28.41 对应的 ARP 条目。如果没有找到，它就会发送 ARP 请求报文，广播查询与 210.29.28.41 对应的 MAC 地址。210.29.28.41 发现 ARP 请求报文中的 IP 地址与自己的一致，就会发送 ARP 应答报文，通知自己 IP 地址与 MAC 地址的对应关系。于是，计算机的 ARP 缓存表就会相应更新，增加如下信息：

Internet Address	Physical Address	Type
210.29.28.41	00-40-ca-6c-7b-86	dynamic

2. 地址解析报文格式

地址解析和逆向地址解析都是通过一对请求和应答报文来完成解析任务的。TCP/IP 为了保证一致性和处理上的方便，将 ARP 和 RARP 的请求和应答报文设计成相同的格式，通过操作类型字段来加以区分。在以太网上使用的 ARP 和 RARP 报文格式如图 5.17 所示。

0	16	31（位）
硬件类型（Ethernet:Ox1）		上层协议类型（IP:0x0800）
硬件地址长度（0x6）	协议地址长度（0x4）	操作（请求0x1：应答：0x2）
源MAC地址（0~3字节）		
源MAC地址（4~5字节）		源IP地址（0~1字节）
源IP地址（2~3字节）		目的MAC地址（0~1字节）
目的MAC地址		
目的IP地址		

图 5.17 用于以太网的 ARP 报文格式

（1）硬件类型（16 位）：指明 ARP 支持的网络类型，以适应不同类型网络的 MAC 地址格式及协议地址格式。例如是以太网，还是 FDDI、X.25 和 ATM 等，如值为 1 则表示以太网。

（2）上层协议类型（16 位）：指明发送端在 ARP 分组中所给出的高层协议的类型，规定 0x0800 表示 IPv4 地址。

（3）硬件地址长度（8 位）：指明 MAC 地址的字节数，以太网是 6 B。

（4）协议地址长度（8 位）：指明网络层地址位数；IPv4 地址的长度为 4 B。

（5）操作（16 位）：定义报文的类型（值 1 为 ARP 请求，值 2 为 ARP 应答；值 3 为 RARP 请求，值 4 为 RARP 应答）。

（6）源/目的 MAC 地址：等于或小于 6 B，若小于 6 B 则用填充位填充。

（7）源/目的 IP 地址：源 IP 地址是指发送 ARP 报文的主机或路由器的 IP 地址，目的 IP 地址是指接收 ARP 报文的 IP 地址，占 4 B。

注意，ARP 不是 IP 的一部分，它不包括 IP 报头，而是直接封装在以太网帧的数据部分。ARP 广播只限于一个物理网段，不能穿越路由器。ARP 主要用于 IP 地址与 MAC 地址之间的转换，但从 ARP 的报文格式来看，ARP 适用于任何协议地址与 MAC 地址之间的转换，即具有通用性。

5.3 差错报告和控制机制

IP 提供的是无连接数据报的传送，能发挥作用的前提条件是假设一切都没有问题。然而，在当今如此复杂的网络环境中，这种前提条件是难以保证的。因为设置可能有误、线路可能会断、设备可能发生故障、路由器可能负载过载等状况都是没办法确保的。显然，必须有一套机制专门用来处理差错报告和控制，这就是 RFC 792 定义的 Internet 控制报文协议（ICMP）的功能了。ICMP 能由出错结点向源结点发送差错报文或控制报文，源结点接收到这种报文后由 ICMP 软件确定错误类型，或确定重传出错数据报的策略。

5.3.1 ICMP 报文格式

ICMP 虽然与 IP 同属网络层协议，通常认为是 IP 的一部分，但从体系结构上看，它位于 IP 之上，因为 ICMP 报文是装载在 IP 数据报中的。实际上，ICMP 不是一个独立的报文，而是被封装在 IP 数据报中的。ICMP 报文作为因特网的网络层数据报的数据，加上 IP 数据报的报头，组成 IP 数据报发送出去。因此，只要网络之间能支持 IP，就可以通过 ICMP 进行网络的错误检测与报告。ICMP 报头格式及报文封装格式如图 5.18 所示。

ICMP 报头中各个字段的含义如下。

（1）1 B 的类型字段。该字段指出 ICMP

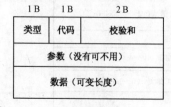

（a）ICMP 报头格式

（B）ICMP 报文封装格式

图 5.18 ICMP 报头格式及报文封装格式

报文的类型，ICMP 报文有差错报告报文和查询报文两大类型。常用类型（Type）字段定义的 ICMP 报文名称如表 5-5 所示。

表 5-5　ICMP 报文的类型

类型	ICMP 报文	说　　明
0	Echo Reply	一个响应信息
3	Destination Unreachable	表示目标不可到达
4	Source Quench	当路由器负载过载时，用来阻止源端继续发送信息
5	Redirect	用来重新定向路由路径
8	Echo Request	请求响应信息
11	Time Exeeded for a Datagram	当数据报文在某路由段超时时，告知源端该数据报被忽略
12	Parameter Problemona Datagram	当 ICMP 报文重复之前的错误时，回复源主机关于参数错误的信息
13	Time Stamp Request	要求对方发送时间信息，用于计算路由时间差异，以满足同步要求
14	Time Stamp Replay	Time Stamp Request 的响应信息
17	Address Mask Request	用来查询子网掩码设定的信息
18	Address Mask Reply	响应子网掩码查询信息

（2）1 B 的代码字段。该字段是对不同报文类型的进一步细分。在应用 ICMP 报文时，用不同的代码描述不同类型的具体状况。

（3）2 B 的校验和字段。校验和算法与 IP 头的校验和算法相同，但检查范围仅限于 ICMP 报文，即该字段是对全部 ICMP 报文的校验和。

（4）参数字段。该字段根据 ICMP 报文的类型而定，多数情况下不用。

（5）ICMP 数据部分。该部分的长度可以变化，原则是在保证 ICMP 报文总长度不超过 567 B 的条件下尽可能更长一些。这一部分是必需的，用来提取传输层的端口号和传输层的发送序号。

（6）IP 数据报报头。由于 ICMP 报文是利用 IP 数据报格式来传输的，所以必须有 IP 数据报报头。

5.3.2　ICMP 差错报告报文

ICMP 用于在主机和路由器之间彼此传送网络层信息，最典型的用途是差错报告。例如，当运行一次 Telnet、FTP 或 HTTP 会话时，可能会遇到一些诸如目的网络不可达之类的差错报文，这种差错报文就是 ICMP 产生的。差错报告报文可以进一步细分，下面介绍几种常见的差错报告报文。

1. 目标不可达

当路由器有无法转发交付的 IP 数据报时，ICMP 就产生一个目标不可达报文，其格式如图 5.19 所示。

目标不可达报文的类型为 3，代码取值为 0～15，分别说明目标不可达的原因，如表 5-6 所示。

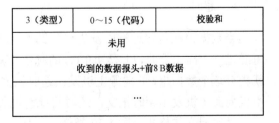

图 5.19　目标不可达报文格式

表 5-6　ICMP 报文中代码的含义

代码	含　义	代码	含　义
0	目的网络不可达	8	源主机被隔离
1	目的主机不可达	9	同目的网络通信管理地禁止
2	目的协议不可达	10	同目的主机通信管理地禁止
3	目的端口不可达	11	网络不能到达指定的服务类型
4	需要分段且已设置 DF	12	主机不能到达指定的服务类型
5	源路由失败	13	因管理机构在主机上设置了过滤器而使主机不可达
6	目的网络未知	14	因主机所设置的优先级受到破坏而主机不可达
7	目的主机未知	15	因优先级被删除而使主机不可达

2．源端控制

由于 IP 本身没有流量控制功能，当源主机发送速度过快则会导致拥塞发生，使得数据在路由器或目标主机上被丢弃，这时由它们向源主机发出 ICMP 源端控制报文，通知源主机放慢发送速度，直到不再收到源端控制报文为止，才可以恢复原来的发送过程。

源端控制报文的格式与图 5.19 类似，但类型为 4，代码为 0。

3．重定向

ICMP 重定向报文是指在同一网络中路由器发给主机的报文（不允许主机发送重定向报文），其格式如图 5.20 所示。ICMP 重定向报文的作用是修改主机的路由表。一般主机的路由表开始时只有很少的信息，路由器通过路由协议不断更新路由表，以使主机获得更多、更有效的路由信息。

类型5	代码0～3	校验和
目标路由器IP地址		
收到的IP报头和数据报的前8个字节		

图 5.20　重定向报文格式

在图 5.19 中，代码为 0 时表示对指定网络的路由改变，代码为 1 时表示对特定主机的路由改变，代码为 3 时表示按一定服务类型对特定网络的路由改变。

4．超时

当数据报在传输过程中发生了环路路由或其他原因时，可导致经过的路由器数目过多。每经过一个路由器时，生存期 TTL 的跳数会减 1。当路由器发现生存期 TTL 为 0 的数据报时，就丢弃这个数据报，并向源主机发出超时报文。当目标主机收到生存期 TTL 为 0 的数据报时，不仅向源主机发出超时报文，还要将此前已收到的该报文的分段全部丢弃。

超时报文的格式与图 5.20 类似，只是类型为 11，代码为 0 或 1；代码为 0 时表示为路由器使用，代码为 1 时表示为目标主机使用。

5. 报文参数出错

IP 数据报在 Internet 上传输时，路由器和目标主机如果发现 IP 数据报报头中出现差错，或缺少某个字段的值时，都会立即向源主机返回参数出错报文，其格式如图 5.21 所示。

类型12	代码0或1	校验和
指针	未用或全0	
收到的IP报头和数据报的前8个字节		

图 5.21　参数出错报文格式

在图 5.20 中，代码为 0 时表示在报头中出错，指针指出出错的位置；代码为 1 时表示缺少必要的选项，此时不用指针。

5.3.3　ICMP 查询报文

ICMP 查询报文用来对网络问题进行诊断，包括为其他结点通告当前时间和所用子网掩码的请求提供响应，以达到正常通信的目的。目前共有 4 对查询报文。

1. 回应请求/应答报文

主机或路由器都可以发出回应请求报文，目的主机和路由器则予以应答。如果发送端收到了应答，就可以证明到达目的端所经过的路由器和目的主机能够接收、转发和处理 IP 数据报报文。该报文的格式如图 5.22 所示。其中，类型 8 代表回应请求，类型 0 代表应答。标识符和序列号没有明确的定义，可以由发送端任意使用。

类型8/0	代码0	校验和
标识符		序列号
请求方发送，应答方重复		

图 5.22　回应请求/应答报文格式

2. 时间戳请求/应答报文

任何主机和路由器都可以使用时间戳请求报文查知双方之间往返通信所需的时间，也可以用于双方主机的时钟同步，其报文格式如图 5.23 所示。

在图 5.23 中，时间戳以 ms 为单位，可以表示 2^{32} 个数字。原始时间戳是源端发送时的标准时间，接收时间戳为 0。由目的端创建时间戳应答报文，即目的端先将原始时间戳复制到应

类型13/14	代码0	校验和
标识符		序列号
原始时间戳		
接收时间戳		
发送时间戳		

图 5.23　时间戳请求/应答报文格式

答报文中，在接收时间戳字段中写入收到请求报文时的标准时间；发送时间戳则为应答报文离开时的标准时间。

3．子网掩码请求/应答报文

该报文用于正确解释子网地址。由于主机 IP 地址中包括网络标志 ID 和主机 ID，一台主机可能知道自己的 IP 地址，但可能分不出网络标志 ID 和主机 ID。这时主机若知道它所在网络的路由器的 IP 地址，可直接向该路由器发出子网掩码请求报文。路由器收到子网掩码请求报文后，就向请求方主机发回子网掩码应答报文。请求方主机收到应答之后，将子网掩码和已知的 IP 地址作与运算，即可获得自己的网络标志 ID。子网掩码请求/应答报文的格式如图 5.24 所示。

类型17/18	代码0	校验和
标识符		序列号
子网掩码		

图 5.24　子网掩码请求/应答报文格式

在图 5.23 中，类型 17 为子网掩码请求报文，这时在子网掩码段内填入全 0；类型 18 为子网掩码应答报文，此时路由器写入请求主机所在网络的子网掩码。例如，若子网掩码为 255.255.240.0，则子网掩码字段写为 11111111 11111111 11110000 00000000。

4．路由查询/通告报文

当主机 A 要与 Internet 上的其他网络中的主机 B 通信时，必须知道主机 B 所在网络的路由器的地址，同时需要知道是否可以通达，途中经过了哪些路由器。这时，需要由主机 A 采用广播或组播的方式，发出一个路由查询报文，所有收到该查询报文的路由器，就用路由通告报文的形式，广播自己所知道的路由选择信息。路由查询报文的格式如图 5.25 所示。

类型10	代码0	校验和
标识符		序列号

图 5.25　路由查询报文格式

路由通告报文格式如图 5.26 所示，其中地址数是一个路由器所知道的相邻路由器的数目。生存期是以秒为单位的生存时间。地址参考等级用来表示对应的路由器是否可以作为默认路由器，当其取值为 0 时，就是默认路由器；当其取值为 0x 80000000 时，则永远不可能作为默认路由器。

实际上，即使没有路由查询报文，路由器也会周期性地发送路由通告报文，以证明自己的存在和可通达性；也就是说，与所要到达的是哪个主机没有多大关系。

ICMP 是个非常有用的协议，在网络中经常用到。例如，如果路由器接收到一个目的主机不可达的数据报，该路由器将发送一个 ICMP 主机不可达的报文给报文的发送端。当因链路故障（如线缆断裂或者没有连接到端口上）、错误配置的网络地址掩码或者错误输入的 IP 地址等因素而不能到达目的网络时，路由器将发送一个 ICMP 网络不可达的报文。例如，经常使用的用于检查网络连通性的 ping 命令。

ping 的过程实际上就是 ICMP 的工作过程，它通过 ICMP 请求和应答报文来测试到目的结点的通信路径。简单地说，ping 就是一个测试程序，如果 ping 运行正确，大体上就可以排除网络访问层、网卡、Modem 的输入/输出线路、电缆和路由器等存在故障，从而减小故障查找的范围。此外，其他的网络命令，如跟踪路由

类型9	代码0	校验和
地址数	地址项目长度	生存期
路由器地址1		
地址参考等级1		
路由器地址2		
地址参考等级2		
……		

图 5.26　路由通告报文格式

的 traceroute 命令，也是基于 ICMP 协议的。traceroute 命令允许使用者跟踪从一台主机到世界上任意一台其他主机之间的路由。

5.4　IP 数据报转发

IP 数据报转发是指在互联网络中路由器转发 IP 数据报的物理传输过程与交付机制。TCP/IP 模型网络层的一项重要功能就是进行 IP 数据报转发。在互联网中，IP 数据报转发的路径为：

源结点→路由器→···→路由器→目的结点

可见，源结点和路由器都参与了对数据报的转发，但主要是路由器。下面主要讨论路由器是如何进行数据报转发操作的。

5.4.1　IP 数据报转发处理过程

路由器转发 IP 数据报的处理过程为：从一个网络接口接收到数据报后，首先选择转发的路由，然后从选定的路由所对应的另一个网络接口将数据报发送出去。通常，一台主机通过一条链路连接到网络，当主机想要发送一个数据报时，它就在该链路上发送。当 IP 数据报传送到路由器时，路由器依据什么进行转发呢？

现在考虑一台路由器及其接口的情况。由于路由器的任务是从一条链路接收数据报并将这些数据报从某些其他链路转发出去，因此它必须拥有两条或更多条与之连接的链路。路由器与其任意一条链路之间的边界也称为接口。显然，除了给每个主机分配一个 IP 地址，IP 规定也应给路由器分配 IP 地址。事实上，每个路由器分配了两个或更多的 IP 地址，其原因有两个：① 一个路由器与多个物理网络相连接，因此有多个接口，每个接口有一条链路；② 每个 IP 地址只包含一个特定物理网络的前缀。

这说明，一个 IP 地址在技术上是与一个接口相关联的，而不是与包括该接口的主机或路由器相关联的。一个 IP 地址并不标识一台特定的计算机，而是标识一台计算机与一个网络之间的连接。因此，当路由器物理连接到一个以上的网络时，必须对应每个网络连接给结点分配一个唯一的 IP 地址。

那么，路由器收到一个需要转发的报文后，如何处理呢？一般说来，当路由器在某一接

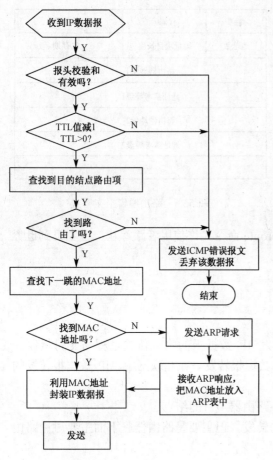

图 5.27　IP 数据报转发处理过程

口收到 IP 数据报时,其转发处理的过程如图 5.27 所示。

在图 5.27 所示的路由器转发处理 IP 数据报过程中,IP 首先检验报头的各个域的正确性,包括版本号、校验和以及长度等。如果错误,则丢弃该 IP 数据报;如果完全正确无误,则把 TTL 域的值减 1。

如果 TTL 值为 0,则表明该 IP 数据报在网中的生存时间到期了,应该丢弃。如果 TTL 值大于 0,则根据报文中目的结点地址寻找路由。如果没有合适的路由,则丢弃该数据报。

如果找到合适的路由,则向下一跳地址转发。在转发前首先要得到下一跳的物理地址,进行帧封装,然后发送出去。

在路由器中,路由器修改了报头中的 TTL 域,所以要重新计算报头中的校验和。如果 IP 报文带有 IP 选项,则还要根据选项的要求进行处理。在处理过程中,凡是出现错误、路径不通等情况,IP 都要向报文的源端发送 ICMP 报文,报告不能转发的原因。

IP 数据报转发具有以下 4 个主要特点。

(1)每个 IP 数据报都应包含目的 IP 地址与源 IP 地址。

(2)IP 地址中的网络地址唯一地标识一个连入互联网的子网。

(3)所有连接到相同子网上的主机和路由器共享其地址中的网络地址部分,所以它们能在这个网络上通过帧来通信。

(4)每个连接到互联网的子网有一个并且至少有一个路由器与其他子网的主机或路由器相连,这个路由器可在被连接的子网之间交换 IP 数据报。

5.4.2　IP 路由表

路由器的一个重要作用是连通不同的网络,起网关的作用;另一个作用就是为经过路由器的每个数据报寻找一条最优传输路径,并将该数据报有效地传输到目的结点。由此可见,选择最优路由的策略(即路由算法)是路由器的关键所在。为了完成这项工作,在路由器中有一张称为路由表的表,保存着各种传输路径的相关数据,供路由选择时使用。路由表与人们平时使用的地图类似,地图上标识的是各种路线,而路由表中则保存着通信网络的标志信息、网上路由器的个数和下一个路由器的名字等内容。

路由表的具体格式随操作系统的不同而有所差异,但是在每个路由表中,至少有网络目标、网络掩码、网关、接口以及跃点数等表项。路由表的一般结构如图 5.28 所示。

网络目标	网络掩码	网关	接口	跃点数
...	...	...	...	...

图 5.28　路由表的一般结构

1．网络目标

网络目标是整个路由表的关键字，可唯一地确定到某一目的结点的路由。系统将在对数据报的目的 IP 地址和网络掩码进行逻辑与操作后再与该参数进行匹配。网络目标地址的范围可以从用于默认路由的 0.0.0.0 到用于受限广播的 255.255.255.255，后者是到同一网段上所有主机的特殊广播地址。

2．网络掩码

网络掩码是当子网掩码符合网络目的地址中的值时，适用于目的 IP 地址的子网掩码值。例如，如果主机路由的掩码为 255.255.255.255，默认路由的掩码为 0.0.0.0，那么子网或网络路由的掩码在这两个极限值之间。

掩码 255.255.255.255 表示只有精确匹配的目的 IP 地址使用此路由，掩码 0.0.0.0 表示任何目的地址都可以使用此路由。当以二进制形式撰写掩码时，1 表示重要（必须匹配），而 0 表示不重要（不需要匹配）。例如，目的地址 172.16.8.0 的网络掩码为 255.255.248.0。此网络掩码表示前两个字节必须精确匹配，第三个字节的前五位必须匹配（248=11111000），而最后一个字节无关紧要。172.16.8.0 的第三个 8 位字节（即 8）等于二进制形式的 00001000。不更改前 5 位，最多可到 15 或二进制形式的 00001111。因此目的 IP 地址为 172.16.8.0、掩码为 255.255.248.0 的路由，适用于所有要通过 172.16.15.255 到达 172.16.8.0 的数据报。

3．网关

网关地址是本地主机用于向其他网络转发 IP 数据报的 IP 地址，即数据报要发送到的下一个路由器的 IP 地址，因此也常称为下一跳地址。网关地址表示的可能是另一个路由器，也可能是路由器在那个网络上的本地接口。当路由器和目的主机位于同一个子网时，网关地址为路由器在目的网络上的本地接口。

4．接口

接口表示将 IP 数据报送往下一个路由器或目标网络所使用的本地网络适配器配置的 IP 地址。

在局域网链接上，网关和接口决定由路由器转发的方式。对于请求拨号接口，网关地址是不可配置的。在点对点链接上，接口决定由路由器的转发方式。

5．跃点数

跃点数表示使用路由的开销，通常是指到目的结点所要跨越的路由器的个数。本地子网上的任何设备都是一个跃点，其后经过的每个路由器是另一个跃点。如果到达同一目的结点具有多个不同跃点数的路由，则选择跃点数最低的路由。

路由表根据计算机的当前 TCP/IP 配置自动建立。每个路由在显示的表中占一行。计算机将在路由表中搜索与目标 IP 地址最匹配的项。例如，若要显示运行 Windows 操作系统计算机上的 IP 路由表，可在命令提示行输入"route print"，即可查看其 IP 路由表。如表 5-7 给出了一个 Windows 主机系统的 IPv4 路由表。

表 5-7　Windows 主机系统的 IPv4 路由表示例

网 络 目 标	网 络 掩 码	网 关	接 口	跃 点 数
0.0.0.0	0.0.0.0	202.119.167.1	202.119.167.56	20
127.0.0.0	255.0.0.0	在链路上	127.0.0.1	306
202.119.167.0	255.255.255.0	在链路上	202.119.167.56	276
202.119.167.56	255.255.255.255	在链路上	202.119.167.56	276

在表 5-7 中，路由表给出了 4 条路由信息。其中，第一条路由表项的目标网络 IP 地址和网络掩码全为 0，表示与任何目标网络的 IP 地址都可以匹配。这样的路由称为默认路由，表示如果目的 IP 地址和路由表项中的网关域是有效的路由器地址，就作为下一个路由器的地址并通过 202.119.167.56 接口访问该路由器。第二条路由表项是到 127.0.0.0 子网的路由。类似 127.x.x.x 的 IP 地址为回送地址，网络接口上发送的数据实际上都要交给本主机去处理。如果数据报的目的 IP 地址为 127.0.0.1，则与该路由表项匹配，IP 就把它交给虚拟的回送接口去处理。

从该路由表中的信息可以看出，IP 并不知道到达任何目的结点的完整路径（当然，那些与主机直接相连的目的结点除外）。所有的 IP 路由选择只为数据报传输提供下一跳路由器的 IP 地址。它假定下一跳路由器比发送数据报的主机更接近目的结点，而且下一跳路由器与该主机是直接相连的。同时，路由器通过路由表还知道从哪个接口转发，以及到达目的结点 IP 地址的跳数（跃点数）。因此，IP 数据报的转发机制是基于路由表的下一跳转发，整个传送过程是逐跳进行的，即每个结点只负责转发到下一跳。

路由器与邻居路由器定期交换路由表信息。交换信息的方式及路由表更新的频率由路由协议决定。利用 netstat 命令可以向主机查询有关 TCP/IP 网络状态的信息，通常用于获取网络驱动器及其接口卡的状态信息，如发送数据报、接收数据报和错误数据报的数量等。也可以用 netstat 命令检查主机中路由表的情况，并确认主机中哪些 TCP/IP 服务进程处于活动状态，以及哪些 TCP 连接是可用的。例如，利用 netstat 命令可以很清楚地显示有关 Interface List 和 Active Routes 的情况。

5.4.3　IP 数据报转发算法

在同一个网络上的两台计算机使用 IP 通信的过程很简单，只要利用 ARP 得到对方的 MAC 地址，然后把要传输的 IP 数据报利用 MAC 地址封装，再交给数据链路层发送即可。若源结点和目的结点主机不在同一个网络上，则必须经过路由器进行转发，在其传输中间可能还会经过多个路由器。当路径上的每个路由器收到 IP 数据报时，先从报头取出目的地址，根据这个地址决定 IP 数据报应该向哪一个下一跳发送。这些工作是根据路由器中的路由表来完成的。

路由器通过路由表查找路由信息，利用路由表为数据报选择下一跳，为 IP 数据报寻找一条最优路径。因此，针对网络 IP 地址的分配情况，有不同的 IP 数据报转发算法。

1. 未划分子网的 IP 数据报转发

通过对路由器 IP 数据报转发处理过程的讨论可知，路由器从一个网络接口接收到数据报后，关键是查找和选择转发的路由，然后从选定的路由所对应的另一个网络接口把数据报发送出去。显然，如果在同一个子网的主机之间交换 IP 数据报，它们可以不通过路由器，直接进行数据报的物理传输即可，即直接交付。如果两个主机不属于同一个子网，在它们之间的 IP 数据报交换需要通过一个或多个路由器进行转发，即间接交付。不论是直接交付还是间接交付，若主机在不同的子网上，当 IP 数据报沿着从源结点到最终目的结点的一条路径通过互联网传输时，中间可能会经过多个路由器。

图 5.29 所示为 4 个路由器互连 5 个物理网络而构成的互联网，显示了未划分子网时 IP 数据报的转发情况。4 个路由器 R1、R2、R3 和 R4 的 IP 地址和其接口的对应关系列于表 5-8 中，每个接口是一个网卡，有一个 MAC 地址，并对应一个 IP 地址。在表 5-9 中列出了 R1 的路由表。

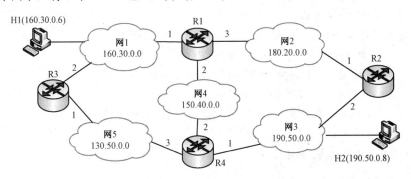

图 5.29　未划分子网时 IP 数据报的转发

表 5-8　路由器接口与 IP 地址的对应关系

路由器	接口 1 对应的 IP 地址	接口 2 对应的 IP 地址	接口 3 对应的 IP 地址
R1	160.30.0.1	150.40.0.1	180.20.0.1
R2	180.20.0.2	190.50.0.1	无
R3	130.50.0.1	160.30.0.2	无
R4	190.50.0.2	150.40.0.2	130.50.0.2

表 5-9　路由器 R1 的路由表

目的结点所在的网络	下一跳地址	转发端口	跳数
160.30.0.0	直接交付	R1 接口 1	1
180.20.0.0	直接交付	R1 接口 3	1
190.50.0.0	180.20.0.2	R2 接口 1	2
150.40.0.0	直接交付	R1 接口 2	1
130.50.0.0	160.30.0.2	R3 接口 1	2

在图 5.28 中，当主机 H1 与主机 H2 通信时，可能要经历 3 个网络（网 1、网 2 和网 3）和两个路由器（R1 和 R2）（注：还有其他路径可选）。由表 5-9 中的路由器 R1 路由表的第 3 行（190.50.0.0，180.20.0.2）可知，经 R1 发往网络 190.50.0.0 的数据报的下一跳 IP 地址可能为 180.20.0.2。由表 5-9 可知，它通过 ARP 绑定的物理地址将是 R2 的接口 1；根据路由表，数据报封装在物理帧中后，R1 要通过其接口 3 将其转发出去。

尽管在互联网中，所有的数据报转发都是基于目的主机所在的网络，但作为特例，IP 也允许指定某个目的主机的路由，这称为特定主机路由。采用特定主机路由既可方便管理人员控制和测试网络，也可以在考虑某种安全问题时予以采用。

如果一个网络只通过唯一的路由器接入互联网，使用默认路由也非常方便，即用默认路由器来代替所有具有相同"下一跳地址"的表项。承担默认路由的路由器称为默认路由器。在进行 TCP/IP 网络设置时，除了要配置主机的 IP 地址和子网掩码，还要配置默认网关，即指定默认路由器。

综上所述，对于未划分子网时，所执行的 IP 数据报转发算法如下：

从 IP 数据报的报头提取目的结点的 IP 地址，得出目的网络地址 D 及其网络标志号 ID

if（目的结点的网络号 ID=某一个接口的网络号）

    then 经过那个接口，传送数据报到目的结点，即直接交付

    else if（路由表中有目的结点地址为 D 的特定主机路由）

        then 传送数据报到路由表所指明的下一跳路由器

        else if（路由表中有到达网络 D 的路由）

            then 传送数据报到路由表所指明的下一跳路由器

else if（路由表中有一个默认路由器）

then 传送数据报到默认路由器

报告转发数据报出错

2. 划分子网的 IP 数据报转发算法

在划分子网的情况下，从 IP 数据报报头中提取了目的主机的 IP 地址 D 后，还不能得到真正的目的主机所在的网络号，因为划分子网时用到了子网掩码的概念，而 IP 数据报报头中并没有子网掩码的信息。只有通过目的主机的 IP 地址与子网掩码的逐位"与"运算，才能得出目的主机所在的网络号和子网号。因此，划分子网的 IP 数据报转发需要把子网掩码考虑在内。路由表中的每一项都应包含 3 个内容：目的网络 IP 地址、子网掩码和转发接口（或称下一跳路由器的地址）。其中目的网络 IP 地址包含网络号和子网号，主机号部分置为"0"。

图 5.30 所示为划分子网时路由器的数据报转发情况，示例了 IP 数据报如何从外部网络 128.50.0.0 转发到了网络 130.60.0.0 上的主机 H2（130.60.1.6）。网络 130.60.0.0 划分了 3 个子网：130.60.1.0、130.60.2.0 和 130.60.3.0，子网号占 8 位。使用路由器 R1 和 R2 将这 3 个子网相连，其中，R1 还与外部其他网络相连。R0 和 R1 的路由表如表 5-10 和表 5-11 所示。

表 5-10　R0 路由表

目的网络号	下一跳地址
130.60.0.0	R1 接口 1
...	...

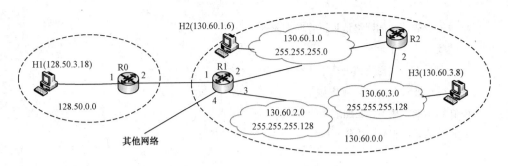

图 5.30 划分子网的 IP 数据报转发

主机 H2、H3 分别连接在相应的子网上。假设主机 H1 要与网络 130.60.0.0 中的某一台主机通信，则主机 H1 应先判明是直接交付还是间接交付。其方法是将数据报的 IP 目的地址与 H1 的子网掩码逐位"与"运算。若运算结果等于 H1 的网络地址，说明目的主机与 H1 连接在同一个网

表 5-11 R1 路由表

目的网络号	子 网 掩 码	下一跳地址
130.60.1.0	255.255.255.0	直接交付（接口 2）
130.60.2.0	255.255.255.128	直接交付（接口 3）
130.60.3.0	255.255.255.128	R2（接口 1）
…	…	…

络上，则可直接交付而不必经路由器转发。若运算结果不等于 H1 的网络地址，则表明应采用间接交付，需要将数据报传送给路由器进行转发。

为了理解掩码的用法，设想路由软件正要转发一个数据报。假设 IP 数据报中包含了目的 IP 地址 D，路由软件必须在路由表中找到指明 D 的下一跳的那一项。为了做到这一点，软件检测路由表中的每一项，利用掩码提取 IP 地址 D 的前缀，并把结果与目的 IP 地址进行比较。如果相同，数据报就转发到表项中所指的下一跳。

位掩码表示法使得提取网络前缀的工作非常高效，软件只需要将掩码与数据报目的地址 D 进行"与"运算即可。这样，检测路由表中第 *i* 项的计算过程可以表述如下：

if（掩码[i] and D）==目的地[i］）then 转发到下一跳[i]

3．统一的 IP 数据报转发算法

如果允许使用任意的子网掩码，划分子网的 IP 数据报转发算法就可以兼容未划分子网的 IP 数据报转发算法，得到统一形式的数据报转发算法。为此，对于子网掩码形式进一步做了如下规定。

（1）对于划分了子网的网络，子网掩码规定不变。

（2）对于不划分子网的网络，其子网掩码形式规定为 IP 地址的主机号 ID 部分对应的比特为"0"，其余为"1"。

（3）对于特定主机路由，子网掩码规定为全"1"。

（4）对于默认路由，其 IP 地址记为 0.0.0.0，子网掩码规定为全"0"。

在这种规定下，使用子网掩码的 IP 数据报转发算法可描述为：

　　　for 每一个路由表的表项

　　　　do 把目的结点的 IP 地址 D 与该项子网掩码进行"与"运算，得到目的网络地址 N

将 N 和该表项中的网络地址进行匹配测试

if 匹配成功

then 把数据报发送到该表项下一跳地址指定的结点

else 循环进入下一个路由表项

if 在路由表中找不到匹配成功的表项

then 宣告数据报转发出错

5.5 IP 组播和 IGMP

到目前为止，所介绍的路由机制都假定是由特定的源结点向单独的目的结点发送它的数据报。对于一些实际应用，如远程（电话）会议，一个源端可能希望同时向多个目的端发送报文。这种要求需要采用称为广播路由和组播路由的路由方法。在广播路由中，网络层提供了从一个源结点到网络中的所有其他结点交付报文的服务；在组播路由中，单个源结点能够向其他网络结点的一个子集发送报文的副本。下面仅简单地介绍有关 IP 组播技术，以及利用路由器进行组播的 Internet 组管理协议（Internet Group Management Protocol，IGMP）。

5.5.1 IP 组播

在组播通信中，需要解决两个问题，即怎样标识组播报文的接收端和怎样为发送到这些接收端的报文分组进行编址。在单播通信的情况下，接收端（目的地）的 IP 地址被携带在每个 IP 单播数据报中并标识单个接收端；在广播通信的情况下，所有结点需要接收广播报文，因此不需要目的地址。但在组播的情况下，将面临多个接收端。显然，对于每个组播报文都携带所有多个接收端的 IP 地址是不可行的。虽然这种方法对少量的接收端可能是可以的，但它不能很好地扩展到数以百计或数以千计接收端的情况。因为在数据报中的编址信息的数据量，将淹没该报文中有效载荷字段中实际可携带的数据量。此外，发送端要清楚地标志出接收端还需要知道所有接收端的身份与地址。因此，需要寻求一种新的 IP 编址机制。

由于上述原因，在 Internet 体系结构中，组播报文采用间接地址来编址，即用一个标志来表示一组接收端，该报文的副本交付给所有使用这个单一标志符的组。在 Internet 中，表示一组接收端的单一标志就是一个 D 类组播地址。与一个 D 类组播地址相关联的接收端组称为一个组播组。IP 组播流量虽然是发送到单个目标 D 类 IP 地址，但是是由多个 IP 主机接收和处理，而不管这些主机在 Internet 上所处的位置。一个主机侦听一个特定的 IP 组播地址，并接收发送到该 IP 地址的所有数据报。

1. 实现 IP 组播的要素

对于一对多的数据传输，IP 组播要比 IP 单播和 IP 广播更为高效。与单播不同之处在于，组播仅发送数据的一个副本；与广播不同实现，组播流量仅由正在侦听它的结点进行接收和处理。

IP 组播需要具务的其他要素如下：

（1）侦听特定 IP 组播地址的那一组主机称为一个主机组。

（2）主机组成员之间的关系是动态的，主机可以在任何时候加入或离开该组。

（3）主机组的成员数量没有限制。

（4）主机组可以跨越多个网段。这种配置需要 IP 路由器上的 IP 组播支持，并要求主机能够将它们对接收组播流量的意愿注册到该路由器。主机注册使用 Internet 组管理协议（IGMP）来完成。

（5）主机可以向不属于对应的主机组的某个 IP 组播地址发送流量。

（6）IP 组播地址（也称为多播地址）。地址 224.0.0.0～239.255.255.255 属于 D 类地址范围，这是通过将前 4 个高序位设置为 1110 来定义的。在网络前缀或无类别域间路由（CIDR）表示法中，IP 组播地址缩写为 224.0.0.0/4。从 224.0.0.0～224.0.0.255（224.0.0.0/24）范围的组播地址保留用于本地子网，而且 IP 报头中的生存时间（TTL）可忽略，它们都不会被 IP 路由器转发。下面是 IANA 分配的 4 个永久组播地址的例子：

224.0.0.1——本地网络上的所有主机；

224.0.0.2——本地网络上的所有路由器；

224.0.0.5——本地网络上的所有 OSPF 路由器；

224.0.0.9——本地网络上的所有 RIP-2 路由器。

2. 将 IP 组播映射到 MAC 层组播

为支持 IP 组播，Internet 权威机构保留了 MAC 地址为 01:00:5E:00:00:00～01:00:5E:7F:FF:FF 的组播地址，将其用于以太网和光纤分布式数据接口（FDDI）介质访问控制（MAC）地址。为了将一个 IP 组播地址映射到一个 MAC 层组播地址，IP 组播地址的 23 个低序位被直接映射到 MAC 层组播地址的 23 个低序位。根据 D 类地址的约定，IP 组播地址的前 4 位是固定的，IP 组播地址中有 5 位没有映射到 MAC 层组播地址。因此，某个主机可以接收不是它所属组的 MAC 层组播数据报。然而，一旦确定了目标 IP 地址，这些数据报就会被 IP 丢弃。

例如，组播地址 224.192.16.1 将变成 01:00:5E:40:10:01。为了使用那 23 个低序位，第一个 9 位组将不会被使用，第二个 8 位组中也仅有最后 7 位被使用。第三个和第四个 8 位组将直接转换为十六进制数字。对于第二个 8 位组，192 的二进制表示为 11000000。如果丢弃高序位，它将变成 1000000 或 64（十进制）或 0x40（十六进制）。对于下一个 8 位组，16 的十六进制表示为 0x10。对于最后一个 8 位组，1 的十六进制表示为 0x01。因此，对应于 224.192.16.1 的 MAC 地址将变成 01:00:5E:40:10:01。

3. 支持 IP 组播的 Intranet

在支持 IP 组播的 Intranet（企业内联网）中，任何主机都能够向任何组地址发送 IP 组播流量，并且任何主机都能够接收来自任何组地址的 IP 组播流量，而它们的位置可忽略。为了实现这一功能，Intranet 的主机和路由器都必须支持 IP 组播。

4. 主机的 IP 组播支持

为了使主机能够发送 IP 组播报文，它必须：

（1）确定要使用的 IP 组播地址。该 IP 组播地址可由应用程序硬编码，或者通过一种分配唯一组播地址的机制来获得。

（2）将 IP 组播数据报放到传输介质上。

（3）构造一个包含预期目标 IP 组播地址的 IP 数据报，并将它放到传输介质上。对于诸如以太网这样的共享访问技术，目标 MAC 地址是根据先前描述的 IP 组播地址来创建的。

为了使主机能够接收 IP 组播报文，要求：

（1）该主机必须通知 IP 接收组播流量。

（2）为了确定要使用的 IP 组播地址，应用程序必须首先确定是创建一个新的主机组，还是使用某个现有的主机组。为了加入某个现有的主机组，应用程序可以使用硬编码的组播地址，或使用从某个统一资源定位符（URL）派生而来的地址。

（3）在确定组地址之后，应用程序必须通知 IP 在某个指定的目标 IP 组播地址接收组播流量。例如，应用程序可以使用 Windows Socket（Windows 套接字）函数来通知 IP 关于所加入组播组的情况。如果多个应用程序使用相同的 IP 地址，那么 IP 必须向每个应用程序传递组播数据报的一个副本。当应用程序加入或离开某个主机组时，IP 必须跟踪哪个应用程序在使用哪个组播地址。此外，对于多宿主主机，IP 必须跟踪每个子网中主机组的应用程序成员关系。

5．将组播 MAC 地址注册到网络适配器

如果所使用的网络技术支持基于硬件的组播，那么网络适配器会被告知将数据报传递给特定的组播地址。

6．通知本地路由器

主机必须通知本地子网路由器关于它正在侦听的某个特定组地址的组播流量情况。注册主机组信息的协议是 Internet 组管理协议。目前 IGMP 有两个版本：IGMP 第 1 版（IGMPv1）和 IGMP 第 2 版（IGMPv2）。主机通过发送 IGMP 主机成员关系报告消息，在某个特定的主机组中注册成员关系。

5.5.2 互联网组播管理协议（IGMP）

通过对 IP 组播技术的介绍，了解了 D 类 IP 地址到以太网地址的映射方式，以及在单个物理网络中的组播过程。然而当涉及多个网络并且组播数据必须通过路由器转发时，情况会复杂得多。为此，下面介绍用于支持主机和路由器进行组播的互联网组管理协议（IGMP，RFC 1112）。该协议可让一个物理网络上的所有系统都知道主机当前所在的组播组。组播路由器需要这些信息，以便知道组播数据报应该向哪些接口转发。

1．IGMP 报文

正如 ICMP 一样，IGMP 也被当做 IP 层的一部分。IGMP 报文使用协议类型 2 通过 IP 数据报进行传输。但是通常认为 IGMP 是 IP 的一部分。IGMP 报文在 IP 数据报中的封装格式如图 5.31 所示。

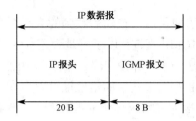

图 5.31　IGMP 报文在 IP 数据报中的封装格式

IGMP 报文的格式很简单，长度为 8 B 的 IGMP 报文格式如图 5.32 所示。

图 5.32　IGMP 报文格式

各个字段含义如下：

（1）版本字段。该字段标识版本号。

（2）类型字段。该字段标志报文类型，共有两种报文类型：类型 1 表示由组播路由器发出的查询报文；类型 2 表示主机发出的报告报文。

（3）未用字段。该字段必须设为 0。

（4）校验和字段。该字段包含了一个用于 IGMP 报文的所有 8 B 的校验和。

（5）组地址字段。该地址是 D 类 IPv4 地址。在查询报文中组地址设置为 0，在报告报文中组地址为要参加的组地址。

2．加入一个组播组

组播是一个进程的概念，该进程在一个主机的给定接口上加入一个组播组。在一个给定接口上的组播组中的成员是动态的，随进程的加入和离开而变化。

这里所指的进程必须以某种方式在给定的接口上加入某个组播组，进程也能离开先前加入的组播组。这些条件是一个支持组播的主机中任何 API 所必须具有的部分。之所以使用限定词"接口"，是因为组播组中的成员与接口相关联，一个进程可以在多个接口上加入同一组播组。这表明一个主机可通过组地址和接口来识别一个组播组。主机必须保留一个表，此表中包含所有至少含有一个进程的组播组，以及组播组中的进程数量。

3．IGMP 报告和查询

组播路由器使用 IGMP 报文，记录与该路由器相连的网络中组成员的变化情况。使用规则如下：

（1）当第一个进程加入一个组时，主机就发送一个 IGMP 报告。如果一个主机的多个进程加入同一个组，只发送一个 IGMP 报告。这个报告将发送到进程加入组所在的同一接口上。

（2）进程离开一个组时，主机不发送 IGMP 报告，即便是组中的最后一个进程离开。主机知道在确定的组中已不再有组成员后，在随后收到的 IGMP 查询中就不再发送报告报文。

（3）组播路由器定时发送 IGMP 查询，以了解是否还有任何主机包含属于组播组的进程。组播路由器必须向每个接口发送一个 IGMP 查询。因为路由器希望主机对它加入的每个组播组均发回一个报告，所以 IGMP 查询报文中的组地址设置为 0。

（4）主机通过发送 IGMP 报告来响应一个 IGMP 查询，对每个至少还包含一个进程的组均要发回 IGMP 报告。

使用这些查询报文和报告报文，组播路由器对每个接口保持一个表，表中记录接口上至少还包含一个主机的组播组。当路由器收到要转发的组播数据报时，它只将该数据报转发到（使用相应的组播链路层地址）还拥有属于那个组主机的接口上。

图 5.33 显示了两个 IGMP 报文，一个是主机发送的报告，另一个是路由器发送的查询。该路由器正在要求那个接口上的每个主机说明它所加入的每个组播组。

4. 实现细节

为改善 IGMP 的效率，需要考虑以下一些技术实现细节。

首先，当一个主机首次发送 IGMP 报告（当第一个进程加入一个组播组）时，并不能保证该报告被可靠接收（因为使用的是 IP 交付服务）。下一个报告将在间隔一段时间后发送。这个时间间隔由主机在 $0\sim10\ s$ 的范围内随机选择。

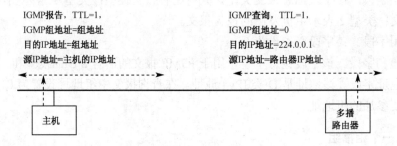

图 5.33　IGMP 的报告报文和查询报文

其次，当一个主机收到一个从路由器发出的查询报文后，并不立即响应，而是经过一定的时间间隔后才发出一些响应（主机必须对它参加的每个组均发送一个响应）。既然参加同一组播组的多个主机均能发送一个报告，可将它们的发送间隔设置为随机时延。在一个物理网络中的所有主机将收到同组其他主机发送的所有报告，如图 5.32 所示报告中的目的地址就是那个组地址。这意味着如果一个主机在等待发送报告的过程中，收到了发自其他主机的相同报告，则该主机的响应就可以不必发送了。因为组播路由器并不关心有多少主机属于该组，而只关心该组是否还至少拥有一个主机。

在没有任何组播路由器的单个物理网络中，仅有的 IGMP 通信量就是在主机加入一个新组播组时，支持 IP 组播主机所发出的报告。

5. 生存时间

在图 5.32 中，我们注意到 IGMP 报告和查询的生存时间（TTL）均设置为 1，这涉及 IP 报头中的 TTL 字段。一个初始 TTL 为 0 的组播数据报将被限制在同一主机。在默认情况下，待传组播数据报的 TTL 设置为 1，这将使组播数据报仅局限在同一子网内传送。更大的 TTL 值才能被组播路由器转发。

对发往一个组播地址的数据报从不会产生 ICMP 差错。当 TTL 值为 0 时，组播路由器也不产生 ICMP 超时差错。

在正常情况下，用户进程并不关心传出数据报的 TTL。然而，有一个例外是 traceroute 程序，它主要依据设置的 TTL 值来完成。既然组播应用程序能够设置要传送数据报的 TTL 值，这意味着程序设计接口必须为用户进程提供这种能力。

通过增加 TTL 值的方法，一个应用程序可实现对一个特定服务器的扩展循环搜索。第一个组播数据报以 TTL 等于 1 发送，如果没有响应，就尝试将 TTL 设置为 2，然后设置为 3，等等。在这种方式下，该应用程序能找到以跳数来度量的最近服务器。

224.0.0.0～224.0.0.255 范围内的特殊地址空间，用于组播范围不超过 1 跳时的情况。不管 TTL 值是多少，组播路由器均不转发目的地址为这些地址中的任何一个地址的数据报。

6．所有主机组

在图 5.32 中，可以看到路由器的 IGMP 查询是传送到目的 IP 地址 224.0.0.1 的，该地址称为所有主机组地址。它涉及在一个物理网络中的所有具备组播能力的主机和路由器。当接口初始化后，所有具备组播能力接口上的主机均自动加入这个组播组。这个组的成员无须发送 IGMP 报告。

5.6 IPv6

当前，应用在互联网上的 IPv4 成功地连接着全球范围内的数亿台主机。由于计算机网络规模的不断扩大，IPv4 地址已经枯竭，而且也不能很好地支持实时业务。为此，IETF 制定了用来取代 IPv4 的新一代 Internet 协议，即 IPv6。下面简要介绍 IPv6 的报头结构、地址空间、扩展头、选路以及 IPv4 到 IPv6 的过渡策略。

5.6.1 IPv6 编址

针对 IPv4 存在的不足，IPv6 大幅度地提高了编址能力。RFC 2373 将 IPv6 寻址分成 128 位地址结构、命名及 IPv6 地址的不同类型（单播、组播和泛播）几个部分。

1．IPv6 地址表示方式

IPv6 地址长度为 128 位，4 倍于 IPv4 地址，表达的复杂程度也是 IPv4 地址的 4 倍。IPv6 的 128 位地址以 16 位为一分组，每个 16 位分组写成 4 个十六进制数，中间用冒号分隔，故称为冒号分十六进制格式。例如，下面是一个以二进制形式表示的 IPv6 地址：

        0010000111011010000000001101001100000000000000000010111100111011
        0000000101010101000000001111111111111111000101000100110001011010

该 128 位地址以 16 位为一分组可表示为：

        0010000111011010   0000000011010011   0000000000000000   0010111100111011

0000001010101010　0000000111111111　1111111000101000　1001110001011010

每个 16 位分组转换成十六进制并以冒号分隔，即

21DA:00D3:0000:2F3B:02AA:00FF:FE28:9C5A

可见，比较标准的 IPv6 地址的基本表达方式为：

X:X:X:X:X:X:X:X

其中 X 是一个 4 位的十六进制整数（16 位）。每一个数字包含 4 位，每个整数包含 4 个数字，每个地址包括 8 个整数，共计 128 位（4×4×8）。

下面是一些合法的 IPv6 地址：

ADBD:911A:2233:5678:8421:1111:3900:2020

1040:0:0:0:D9E5:DF24:48AB:1A2B

2004:0:0:0:0:0:0:1

地址中的每个整数都必须表示出来，但起始的 0 可以不必表示。此外，如果某些 IPv6 地址中包含一长串的 0（就像上面的第二和第三个例子一样）时，标准允许用"空隙"来表示这一长串的 0。

例如，地址

2004:0:0:0:0:0:0:1

可以表示为：

2004::1

其中的两个冒号表示该地址可以扩展到一个完整的 128 位地址（只有当 16 位组全部为 0 时才能用两个冒号取代，且两个冒号在地址中只能出现一次）。

在 IPv4 和 IPv6 的混合环境中采用的地址，可以按照下列这种混合方式表达：

X:X:X:X:X:X:d.d.d.d

其中 X 表示一个 4 位十六进制整数，d 表示一个十进制整数（0～255），即 IPv6 地址的低 32 位地址仍用 IPv4 的点分十进制数表示。例如：

0:0:0:0:0:0:10.0.0.1

就是一个合法的 IPv6 地址。该地址也可以表示为：

::10.0.0.1

另外，一个 IPv6 结点地址还可以按照类似 CIDR 地址的方式表示成一个携带额外数值的地址，以指出地址中有多少位是掩码。例如：

1040:0:0:0:D9E5:DF24:48AB:1A2B/60

该 IPv6 结点地址指出子网前缀长度为 60 位，与 IPv6 地址之间以斜杠区分。

2. IPv6 寻址模型

IPv6 地址是独立接口的标识符，所有的 IPv6 地址都被分配到接口，而非结点。由于每个接口都属于某个特定结点，因此结点的任意一个接口地址都可用来标识一个结点。由此可见，一个拥有多个网络接口的结点可以具有多个 IPv6 地址，其中任何一个 IPv6 地址都可以代表该结点。尽管一个网络接口能与多个单播地址相关联，但一个单播地址只能与一个网络接口相关联。每个网络接口必须至少具备一个单播地址。

在IPv6中,如果点到点链路的任何一个端点都不需要从非邻居结点接收和发送数据的话,那么它们就可以不需要特殊的地址。也就是说,如果两个结点主要是传递业务流,那么它们并不需要具备IPv6地址。这是与IPv4寻址模型非常重要的一个不同之处,也是IPv6提高地址空间效率的一个重要技术。在IPv4中,所有的网络接口,其中包括连接一个结点与路由器的点到点链路(用于众多的拨号Internet连接中),都需要一个专用的IP地址。随着许多机构开始使用点到点链路来连接其分支机构,每条链路均需要其自己的子网,这样一来消耗了许多地址空间。

3. IPv6 地址空间分配

在RFC 2373中给出了一个IPv6地址空间图,显示了地址空间是如何分配的、地址分配的不同类型、前缀(地址分配中前面的位值)和作为整个地址空间一部分的地址分配长度,如表5-12所示。

在IPv6中,地址的分配可以根据ISP或者用户所在网络的地理位置进行。基于ISP的单播地址,要求网络从ISP那里得到可聚合的IP地址。但这种方法对于具有距离较远的大型分支机构来说并不是一种最佳的解决办法,因为其中许多分支机构可能会使用不同的ISP。基于地理位置的地址分配方法与基于ISP的地址分配方法不同,它以一种非常类似IPv4的方法分配地址。这些地址与地理位置有关,且ISP将不得不保留额外的路由器来支持IPv6地址空间中可聚合部分之外的这些网络,因此增加了ISP管理基于地理位置的寻址复杂性和费用。

表 5-12　RFC 2373 定义的 IPv6 地址空间分配

分　　配	前缀(二进制数)	占地址空间的比率
保留	0000 0000	1/256
未分配	0000 0001	1/256
为 NSAP 分配保留	0000 001	1/128
为 IPX 分配保留	0000 010	1/128
未分配	0000 011	1/128
未分配	0000 1	1/32
未分配	0001	1/16
可聚合全球单播地址	001	1/8
未分配	010	1/8
未分配	011	1/8
未分配	100	1/8
未分配	101	1/8
未分配	110	1/8
未分配	1110	1/16
未分配	1111 0	1/32
未分配	1111 10	1/64
未分配	1111 110	1/128
未分配	1111 1110 0	1/512
链路本地单播地址	1111 1110 10	1/1024
站点本地单播地址	1111 1110 11	1/1024
组播地址	1111 1111	1/256

4．IPv6 地址类型

IPv6 地址的基本格式如图 5.34 所示。

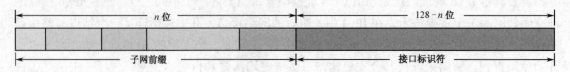

图 5.34　IPv6 地址的基本格式

在 RFC 2373 中定义了单播、组播和泛播 3 种类型的 IPv6 地址，广播地址已不再有效。

1）单播（单点传送）地址

IPv6 单播（单点传送）地址用于识别一个单独的网络接口。IPv6 单播地址包括：可聚合全球单播地址、未指定地址或全 0 地址、回返地址、嵌有 IPv4 地址的 IPv6 地址、基于 ISP 和基于地理位置的地址、OSI 网络服务访问点（NSAP）地址和网络互联报文交换（IPX）地址等几种类型。

在 IPv6 寻址体系结构中，任何 IPv6 单播地址都需要一个接口标识符。接口标识符基于 IEEE EUI-64 格式。该格式基于已存在的 MAC 地址来创建 64 位接口标识符，这些 64 位接口标识符能在全球范围内逐个编址，并唯一地标识每个网络接口。从理论上讲，可有多达 264 个不同的物理接口，大约有 1.8×1 019 个不同的地址（只用了 IPv6 地址空间的一半）。

（1）IPv6 可聚合全球单播地址。RFC 2373 定义的 IPv6 可聚合全球单播地址，包括地址格式的起始 3 位为 001 的所有地址（此格式可在将来用于当前尚未分配的其他单播前缀），地址格式如图 5.35 所示。

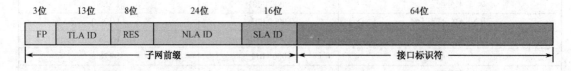

图 5.35　RFC 2373 定义的 IPv6 可聚合全球单播地址格式

各字段含义如下：

- FP 字段：3 位，格式前缀，标识该地址类型。001 标识可聚合全球单播地址。
- TLA ID 字段：13 位，顶级聚合标识符，用来指定 Internet 顶级机构，这些机构是 Internet 服务的提供者。所以本字段表示 ISP 的网络号，即最高级地址路由信息，最多可得到 2^{13}=8 192 个不同的顶级路由。
- RES 字段：8 位，保留为将来使用。最终可能会用于扩展顶级或下一级聚合标识符字段。
- NLA ID 字段：24 位，下一级聚合标识符。由被指定 NLA ID 的 ISP 用来区分它的多个用户网络。
- SLA ID 字段：16 位，站点级聚合标识符。用户用来构建用户网络的编址层次，并标识用户网络内的特定子网。

接口标识符字段：64 位，用于标识链路接口，一般就是接口的数据链路层地址，如 48

位 MAC 地址。

从上述讨论可以看出，IPv6 单播地址包括大量的组合，不论是站点级聚合标识符，还是下一级聚合标识符都提供了大量空间，以便某些 ISP 和机构通过分级结构再次划分这两个字段来增加附加的拓扑结构。

（2）兼容性地址。IPv4 和 IPv6 这两个不同的 IP 版本最明显的一个差别是地址。在 IPv4 向 IPv6 的迁移过渡期，两类地址并存。目前，网络结点地址必须找到共存的方法。在 RFC 2373 中，IPv6 提供两类嵌有 IPv4 地址的特殊地址。这两类地址的高 80 位均为 0，低 32 位均包含 IPv4 地址。当中间的 16 位被置为全 0/全 F 时，分别表示该地址为 IPv4 兼容地址/IPv4 映射地址。IPv4 兼容地址被结点用于通过 IPv4 路由器以隧道方式传送 IPv6 报文，这些结点既理解 IPv4 又理解 IPv6。IPv4 映射地址则被 IPv6 结点用于访问只支持 IPv4 的结点。图 5.36 描述了这两类地址的结构。

（3）本地单点传送地址。对于不愿意申请全球唯一 IPv6 地址的一些机构，作为一种选项，可通过采用链路本地地址和结点本地地址对 IPv6 网络地址进行翻译。图 5.37 给出了 IPv6 链路本地地址和结点本地地址的结构。链路本地地址用于在单网络链路上给主机编号，其前缀的前 10 位标识链路本地地址，中间 54 位置成 0；低 64 位接口标识符同样采用如前所述的 IEEE EUI-64 结构，这部分地址空间允许个别网络连接多达（264-1）个主机。路由器在它们的源端和目的端对具有链路本地地址的报文不予处理，因为永远也不会转发这些报文。而结点本地地址可用于结点，即结点本地地址能用于在 Intrannet 中传送数据，但不允许从结点直接选路到全球 Internet。结点内的路由器只能在结点内转发报文，而不能把报文转发到结点之外。结点本地地址的 10 位前缀与链路本地地址类似，后面紧跟一连串 0。结点本地地址的子网标识符为 16 位，而接口标识符同样是 64 位。

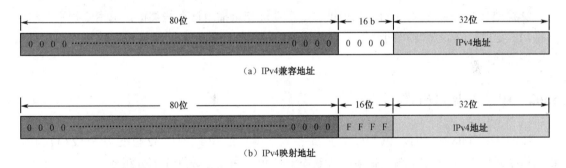

图 5.36　嵌有 IPv4 地址的两类 IPv6 地址的结构

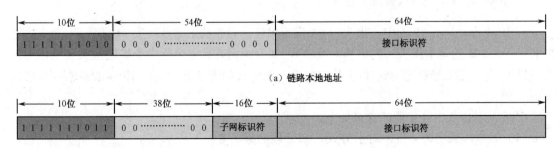

图 5.37　IPv6 链路本地地址和结点本地地址的结构

2）组播地址

组播（多点传送）地址用于识别一组网络接口，这些接口通常位于不同的位置。送往一个组播地址的分组将被传送至有该地址标识的所有网络接口上。

IPv6 组播地址的格式不同于单播地址，它采用如图 5.38 所示的更为严格的格式。组播地址只能用作目的地址，没有数据报把组播地址用作源地址。其地址格式为第 1 个字节为全 1，其余部分划分为 3 个字段：标志字段用来表示该地址是由 Internet 编号机构指定的（第 4 位为 0）还是特定场合使用的临时组播地址（第 4 位为 1），其他 3 个标志位保留未用；范围字段用来表示组播的范围，即组播组是仅包含同一本地网、同一结点、同一机构中的结点，还是包含 IPv6 全球地址空间中任何位置的结点，该 4 位的可能值为 0～15；组标识符字段用于标识组播组。

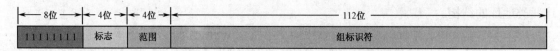

图 5.38　IPv6 组播地址格式

IPv6 使用一个"所有结点"组播地址来替代必须使用广播的情况；同时，对原来使用广播地址的场合，则使用一些更加有限的组播地址。通过这种方法，对于原来由广播携带的业务流感兴趣的结点可以加入一个组播地址，而其他对该信息不感兴趣的结点则可以忽略发往该地址的报文。广播从来不能解决信息穿越 Internet 的问题，如路由信息，组播则提供了一种更加可行的方法。

3）泛播地址

泛播地址是 IPv6 新增加的一种地址。泛播地址与组播地址有些类似，也用来识别一组网络接口。送往一个泛播地址的分组将传送至该地址标识中的一个网络接口，该接口通常是最近的网络接口。

5.6.2　IPv6 数据报格式

IPv6 是对 Internet 协议 IPv4 的改进，最主要的变化是 IP 地址从 32 位变为了 128 位。IPv6 数据报格式由 IPv6 数据报头、扩展报头（下一个头）和高层数据 3 部分组成。

1．IPv6 的基本报头（首部）结构

与 IPv4 不同，在 IPv6 中，报头以 64 位为单位，且报头的总长度是 40 B。即 IPv6 数据报有一个 40 B 的基本报头（也称基本首部），其后面允许有零个或多个扩展报头（也称为扩展首部），再往后是数据部分。IPv6 数据报的一般格式如图 5.39 所示，IPv6 的基本报头格式如图 5.40 所示。

IPv6 基本报头中各字段的含义如下。

（1）版本。长度为 4 位，对于 IPv6，该字段必须为 6。

（2）业务流类别。长度为 8 位，指明为该报文提供某种区分服务，目前暂未定义类别值。该字段的默认值为全 0。

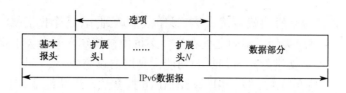

图 5.39 IPv6 数据报的一般格式

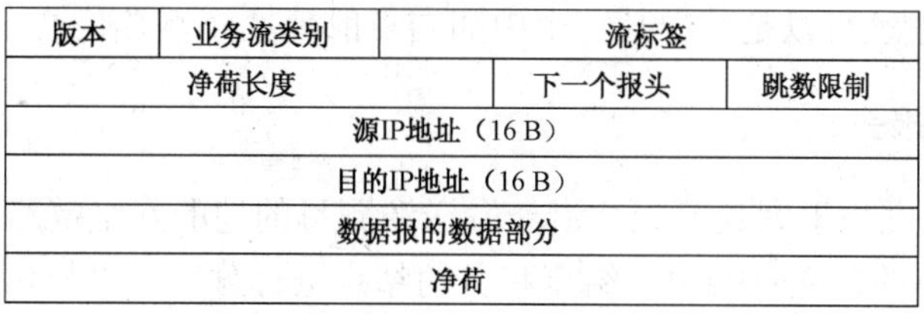

版本	业务流类别		流标签	
净荷长度			下一个报头	跳数限制
源IP地址（16 B）				
目的IP地址（16 B）				
数据报的数据部分				
净荷				

图 5.40　IPv6 的基本报头格式

（3）流标签。长度为 20 位，用于标识属于同一业务流的报文。一个结点可以同时作为多个业务流的发送源。流标签和源结点地址唯一标识了一个业务流。IPv6 的流标签把单个报文作为一系列源地址和目的地址相同的报文流的一部分，同一个流中的所有报文具有相同的流标签。IPv6 中定义的流的概念将有助于解决把特定的业务流指定到较低代价的链路上的问题。

（4）净荷长度。长度为 16 位，其中包括报文净荷的字节长度，即 IPv6 报头后的报文中包含的字节数。这意味着在计算净荷长度时包含了 IPv6 扩展头的长度。

（5）下一个报头（首部）。长度为 8 位，这个字段指出 IPv6 报头后所跟的报头字段中的协议类型。下一个报头字段值指明是否有下一个扩展头及下一个扩展头是什么。因此，IPv6报头可以链接起来，从基本的 IPv6 报头开始，逐个链接各扩展头。可见，与 IPv4 协议类型字段类似，下一个报头字段既可以用来指出高层是 TCP 还是 UDP，也可以用来指明 IPv6 扩展头的存在。

注意：所有的 IPv6 报头长度都一样，唯一区别在于下一个报头字段。在没有扩展头的 IPv6报文中，此字段的值表示上一层协议：若 IP 报文中含有 TCP 段，则下一个报头字段的 8 位二进制值是 6（RFC 1700）；若 IP 报文中含有 UDP 数据报，这个值就是 17。表 5-13 中列举了下一个报头字段的某些值。

表 5-13　IPv6 的下一个报头字段的某些值

下一个报头字段值	描　述
0	逐跳头
43	选路头（RH）
44	分段头（FH）
51	身份验证头（AH）
52	封装安全性净荷（ESP）
59	没有下一个报头
60	目的地选项头

（6）跳数限制。长度为 8 位，用于限制报文在网络中的转发次数。每当一个结点对报文

进行一次转发之后，这个字段值就会减 1。若该字段值达到 0，这个报文就将被丢弃，这一点与 IPv4 中的生存时间字段类似。不同之处在于，不再由协议定义一个关于报文生存时间的上限，也就是说，对过期报文进行超时判断的功能由高层协议完成。

（7）源 IP 地址。长度为 128 位，用于指出 IPv6 报文的发送端地址。

（8）目的 IP 地址。长度为 128 位，用于指出 IPv6 报文的接收端地址。这个地址可以是一个单播、组播或任意点播地址。如果使用了选项扩展头（其中定义了一个报文必须经过的特殊路由），其目的地址可以是其中某一个中间结点的地址而不必是最终目的地址。

2. IPv6 的扩展报头

当一个传输的报文由于太长而无法沿着发送源到目的地的网络链路进行传输时，就需要进行报文分段。IPv6 的报文只能由源结点和目的结点进行分段，以简化报头并减少用于路由的开销。IPv6 通过其扩展报头来支持分段。在 IPv4 中，当在因特网中的某结点或离目的结点较近的某结点，出现某条网络链路无法处理一个大块数据的情况时，这时报文沿途的中间路由器会把该大块数据报分割成许多不超过下一个网络最大传输单元（MTU）的分段。进行分段的路由器根据需要修改报头，同时还将正确地设置分段标志和分段偏移值。当目的结点收到由此产生的分段报文之后，该系统必须根据每个分段报文 IPv4 报头后的分段数据重组最初的报文。报文分段技术可使 Internet 获得很好的扩展性，但它也影响了路由器的性能。例如，理解 IP 数据报标识、计算分段偏移值、把数据分段以及在目的地进行重装等都会带来额外开销。对 IP 报文进行分段会消耗沿途路由器、目的结点的处理能力和时间。

在 IPv6 中，MTU 值被设为 1 280 B。RFC 1981 定义了 IPv6 的路径 MTU 发现，由于 IPv6 报头中不支持分段，因此也就没有分段位。正在执行路径 MTU 发现的结点只是简单地在自己的网络链路上向目的结点发送允许的最长报文。如果一条中间链路无法处理该长度的报文，尝试转发路径 MTU 发现报文的路由器将向源结点回送一个 ICMPv6 出错报文，然后源结点将发送另一个较短的报文。这个过程一直重复，直到不再收到 ICMPv6 出错报文为止，然后源结点就可以使用最新的 MTU 作为路径 MTU。

在 IPv6 中实现的扩展报头可以消除或大量减少选项带来的对性能的影响。通过把选项从 IP 报头移到净荷中，除了逐跳选项（规定必须由每个转发路由器进行处理），IPv6 报文中的选项对于中间路由器而言是不可见的，路由器可以像转发无选项报文一样转发包含选项的报文。IPv6 协议使得对新的扩展和选项的定义变得更加简单。在 RFC 1883 中为 IPv6 定义了如下选项扩展：

（1）逐跳选项头。逐跳选项头包括报文所经路径上的每个结点都必须检查的选项数据，需要紧随在 IPv6 头之后。由于它需要每个中间路由器进行处理，逐跳选项只有在绝对必要时才会出现。标准定义了两种选项：巨型净荷选项和路由器提示选项。巨型净荷选项指明报文的净荷长度超过 IPv6 的 16 位净荷长度字段。只要报文的净荷超过 65 535 B（其中包括逐跳选项头），就必须包含该选项。如果结点不能转发该报文，则必须回送一个 ICMPv6 出错报文。路由器提示选项用来通知路由器，IPv6 数据报中的信息希望能够得到中间路由器的查看和处理，即使这个报文（例如，包含带宽预留协议信息的控制数据报）是发给其他某个结点的。

（2）选路头。选路头用于指明报文在到达目的地途中将经过哪些结点，包括报文沿途经过的各结点地址列表。IPv6 头的最初目的地址是路由头的一系列地址中的第一个地址，而不是报文的最终目的地址。此地址对应的结点接收到该报文之后，对 IPv6 头和选路头进行处理，并把报文发送到选路头列表中的第二个地址。如此继续，直到报文到达其最终目的地。

（3）分段头。分段头包含一个分段偏移值、一个更多段标志和一个标识符字段，用于源结点对长度超出源端和目的端路径 MTU 的报文进行分段。

（4）目的地选项头。目的地选项头用于代替 IPv4 选项字段。目前，唯一定义的目的地选项，是在需要时把选项填充为 64 位的整数倍。此扩展头可以用来携带由目的地结点检查的信息。

（5）身份验证头（AH）。AH 提供了一种机制，用于对 IPv6 头、扩展头和净荷的某些部分进行加密的校验和的计算。在 RFC 1826（IP 身份验证头）中对 AH 头进行了描述。

（6）封装安全性净荷（ESP）头。ESP 是最后一个扩展头，不进行加密。它指明剩余的净荷已经加密，并为已获得授权的目的结点提供足够的解密信息。在 RFC 1827（IP 封装安全性净荷 ESP）中对 ESP 报头进行了描述。

5.6.3 从 IPv4 到 IPv6 的迁移

随着 IPv4 地址资源的枯竭，如何从 IPv4 到 IPv6 迁移的问题越来越突出。由于 IPv6 与 IPv4 不兼容，一旦 IPv6 付诸应用，目前在用的 IPv4 网络设备和主机都需要升级。保护现有网络和软件资源，实现渐进式的系统升级，是人们一直关心的重要课题。在较长时期内，IPv6 和 IPv4 必须共存，IPv6 地址和 IPv4 地址也必须共存。目前，从 IPv4 到 IPv6 迁移的 IETF 专门研究工作组已经提出许多方案，这些方案主要可分为双协议栈技术和隧道技术两大类。另外，还有一种称为协议翻译的方式，也可以用来解决 IPv6 地址迁移问题。

1．双协议栈技术

IPv6 与 IPv4 虽然不兼容，但它们具有功能相似的网络层协议，都基于相同的网络平台，而且加载于其上的 TCP 和 UDP 完全相同，如图 5.41 所示。因此，如果一台主机能同时运行 IPv4 与 IPv6，就有可能逐渐实现从 IPv4 到 IPv6 的迁移。

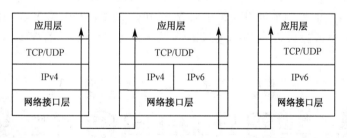

图 5.41　双协议栈技术

双协议栈是指在完全迁移到 IPv6 之前，使一部分主机或路由器同时装有 IPv4 和 IPv6 两个协议栈，路由器可以将不同格式的报文进行转换。双协议栈主机或路由器既能够与 IPv6 的系统通信，又能够与 IPv4 的系统通信。双协议栈主机在和 IPv6 主机通信时采用 IPv6 地址，在与 IPv4 主机通信时采用 IPv4 地址。双协议栈主机可以通过对域名系统（DNS）的查询知道目的地主机是采用哪一种地址。若 DNS 返回的是 IPv4 地址，双协议栈的源主机就使用 IPv4 地址。而当 DNS 返回的是 IPv6 地址时，源主机就使用 IPv6 地址。例如，主机 A 把 IPv6 数据报传送给双协议路由器 B，双协议路由器 B 把 IPv6 数据报转换为 IPv4 数据报，经过路由器 C、D，再由双协议路由器 E 转换为 IPv6 数据报交给目的主机 F，如图 5.42 所示。

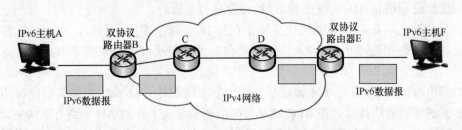

图 5.42　双协议转换

显然，路由器或主机在同一网络接口上需要运行 IPv4 栈和 IPv6 栈，这样的双栈结点既可以接收和发送 IPv4 报文又可以接收和发送 IPv6 报文，因而两种协议可以在同一网络中共存。

2. 隧道技术

隧道是指一种传送数据包的路径。通常将一个数据包封装在另一个数据包的净荷中进行传送时，所经过的路径称为隧道。随着 IPv6 的推广应用，IPv6 实验网已经遍布全球。隧道技术就是设法在现有的 IPv4 网络上开辟一些"隧道"将这些局部的 IPv6 网络连接起来。这种策略可以在过渡的早期阶段使用，以使越来越多的 IPv4 网络和设备支持 IPv6。而在过渡的后期，IPv6 封装技术仍将提供跨越只支持 IPv4 的骨干网和其他仍然使用 IPv4 的网络的连接能力。

隧道技术用于连接处于 IPv4 海洋中的各孤立的 IPv6 岛，如图 5.43 所示。此方法要求隧道两端的 IPv6 结点都是双栈结点（即也能够发送 IPv4 报文）。将 IPv6 封装在 IPv4 中的过程与其他协议封装相似：隧道一端的结点把 IPv6 数据报作为要发送给隧道另一端结点的 IPv4 报文中的净荷数据，这样就产生了包含 IPv6 数据报的 IPv4 数据报流。在图 5.43 中，主机 A 和主机 B 都是只支持 IPv6 的结点。如果主机 A 要向主机 B 发送报文，主机 A 只要简单地把 IPv6 报头的目的地址设为主机 B 的 IPv6 地址，然后传递给路由器 X；由 X 对 IPv6 报文进行封装，并将 IPv4 报头的目的地址设为路由器 Y 的 IPv4 地址；路由器 Y 收到此 IPv4 报文后首先拆封报文，如果发现被封装的 IPv6 报文是发给主机 B 的，路由器 Y 就将此报文转发给主机 B。

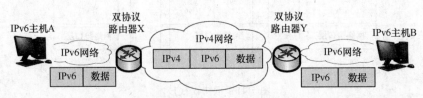

图 5.43　IPv6 隧道技术

如前所述，IPv6 地址可以包含 IPv4 兼容地址和 IPv4 映射地址两类 IPv4 地址。在隧道方式中双栈结点（路由器）将使用这些地址，对于 IPv4 报文和 IPv6 报文都使用相同的地址。只支持 IPv4 的结点在向双栈结点发送报文时，使用双栈结点的 IPv4 地址；而只支持 IPv6 的结点则使用双栈结点的 IPv6 地址（将原 IPv4 地址填充 0 后成为 128 位）。总之，这类结点可以作为路由器链接 IPv6 网络，采用自动隧道方式穿越 IPv4 网络。该路由器从本地 IPv6 网络接收 IPv6 报文，将这些报文封装在 IPv4 报文中，然后使用与 IPv4 兼容的地址发送给 IPv4 网络另一端的另一个双栈路由器。如此继续，封装的报文将通过 IPv4 网络群转发，直至到达隧道另一端的双栈路由器，由该路由器对 IPv4 报文进行拆封，释放出 IPv6 报文并转发给本地的 IPv6 主机。

协议隧道有配置隧道和自动隧道两种方法。它们之间的主要区别是：只有执行隧道功能的结点的 IPv6 地址是 IPv4 兼容地址时，自动隧道才是可行的，在为执行隧道功能的结点建立 IP 地址时，自动隧道方法无须进行配置；而配置隧道方法则要求隧道末端结点使用其他机制来获得其 IPv4 地址，如采用 DHCP、人工配置或其他 IPv4 的配置机制。

3．协议翻译转换方式

从 IPv4 到 IPv6 迁移的另一种方式是采用协议翻译转换，就是当纯 IPv4 与纯 IPv6 主机通信时，将一种协议翻译为另外一种协议。协议转换协议在 IPv4 与 IPv6 网络之间有一台网关，或者在协议栈中有一个中间件，将 IPv4 翻译成 IPv6，反之亦然。

从 IPv4 到 IPv6 迁移的主要技术规范包括：主机和路由器向 IPv6 过渡的机制（RFC 1933）、向 IPv6 迁移的路由问题（RFC 2185）以及网络重新编号概述［如为何需要及需要什么（RFC 2071）；路由器重新编号指导（RFC 2072）等］。协议翻译转换方式的技术方案包括 SIT（RFC 2765）、NAT-PT（RFC 2766、4966）、BIS（RFC 3338）。在这些文档中都涉及了从 IPv4 到 IPv6 的迁移的有关讨论。

5.7 移动 IP 技术

随着通信技术和便携式移动终端的快速发展应用，移动设备已经成为常态，面向固定网络环境的传统 IP 技术已不能满足用户的移动性需求，为此提出了移动 IP（Mobile IP，MIP）技术。MIP 是当前互联网体系结构解决移动主机分组路由的基础机制。

MIP 是 IETF 提出的基于网络层的移动性管理协议，它在网络层解决移动性问题。MIP 的基本思想是：网络结点在改变接入网络时，在不改变其 IP 地址，并且在网络中路由器和非移动主机的协议也保持不变的前提下，仍然能与其他网络结点进行正常通信。MIP 技术不仅仅支持结点在同构网络之间的自由移动，也支持结点在异构网络如以太网和无线局域网之间的自由移动。MIP 技术对于网络的其他层的应用是完全透明的，即上、下层协议感觉不到它的引入，因此无须作任何改变来支持该技术。

对移动结点来说，依据其所支撑的基本 IP 版本的不同，支持移动结点移动性的协议有移动 IPv4（Mobile IPv4，MIPv4）和移动 IPv6（Mobile IPv6，MIPv6）两大类。前者用于 IPv4，后者用于 IPv6。

5.7.1 移动 IPv4

传统 IP 技术有一个很大的缺点，即为保持通信，IP 地址必须保持不变。如果用户为了工作需要移动到另外一个网络时，由于 IP 技术要求不同的网络对应于不同的网络号（IP 地址前缀），这就使用户不能使用原有 IP 地址进行通信，为了接入新网络就必须修改主机 IP 地址，以使新 IP 地址的网络号与现有网络的网络号保持一致。主机移动到另外一个网络还会带来一个很大的问题。根据现有的网络技术，移动后的用户一般不能像用原来的 IP 地址一样享受原来网络的资源和服务，并且其他用户也无法通过该用户原来的 IP 地址访问该用户主机。根据移动结点的需求，MIP 应当满足以下几点要求：

（1）移动结点应能与不具备 MIP 功能的计算机进行通信；

（2）无论移动结点连接到哪个数据链路层接入点，它应能使用原来的 IP 地址进行通信；

（3）移动结点在改变数据链路层的接入点之后，仍能与互联网上的其他结点进行通信；

（4）移动结点应该具有较好的安全功能。

为了解决这些问题，早在 1992 年，IETF 就成立了移动 IP 工作组，致力于解决单个结点的移动性支持问题，之后也提出了一系列草案，并在 1996 年公布了 MIPv4 的第一个标准 RFC 2002。该标准后来被多次修订，最终在 2002 年形成 MIPv4 的标准 RFC 3344。此外，IETF 还制定了一系列用于支持 MIPv4 协议的标准，如定义 MIPv4 中隧道封装技术的 RFC 2003、RFC 2004、RFC 1701 等。

1．移动 IPv4 网络结构

MIP 技术在 IPv4 中的具体协议就是 MIPv4。MIPv4 的网络结构如图 5.44 所示。基于 IPv4 的 MIPv4 定义了移动结点（Mobile Node，MN）、对端通信结点（Correspondent Node，CN）、家乡代理（Home Agent，HA）和外地代理（Foreign Agent，FA）4 个功能实体。家乡代理和外地代理又统称为移动代理。

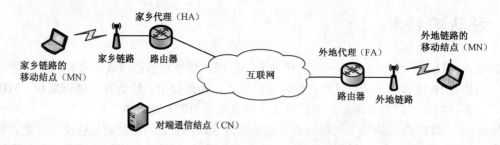

图 5.44　移动 IPv4 的网络结构

（1）移动结点。移动结点（MN）是指接入互联网后，当从一条链路切换到另一条链路时，仍然保持所有正在进行的通信，并且使用家乡地址的哪些结点，即装备了 MIP 并且移动后的主机。在 MIPv4 中，MN 对应有家乡地址（Home of Address，HoA）和转交地址（Care of Address，CoA）两个地址。

- 家乡地址（HoA）。MN 的 HoA 是指"永久"地分配给该结点的地址，就像分配给固定的路由器或主机的地址一样。当 MN 切换链路时，HoA 并不改变。只有当整个网络需要重新编址时，才可改变 MN 的 HoA。HoA 与它的家乡代理、家乡链路密切相关。所谓家乡链路就是其子网前缀和移动结点 IP 地址的网络前缀相同的链路。每个 MN 在"家乡链路"上都有一个唯一的"家乡地址"。

- 转交地址（CoA）。CoA 是指 MN 移动至外地子网后的临时通信地址，HA 依此地址作为目的地址向移动结点转发数据包。注意：①CoA 与 MN 当前的外地链路有关；②当 MN 改变外地链路时，CoA 也随之改变；③到达 CoA 的数据包可以通过现有的互联网机制传送，即不需要用移动 IP 的特殊规程将 IP 包传送到 CoA 上；④CoA 是连接 HA 和 MN 的隧道出口地址。

（2）对端通信结点。对端通信结点（CN），即与 MN 进行通信的结点，并不要求装备移动 IP。CN 既可以是移动的结点，也可以是静止的结点。

（3）家乡代理。家乡代理（HA）是一个 MN 家乡链路上的路由器，其主要功能是当 MN 移动到外地子网时，截获所有发给该 MN 的数据包，并通过隧道技术将其转发给 MN。

（4）外地代理。外地代理（FA）是指 MN 在外地链路上的路由器，其主要功能是代表移动至该链路上的 MN 接收数据包，并将其路由至 MN。所谓外地链路就是其子网前缀和移动结点 IP 地址的网络前缀不同的链路。

2. 移动 IPv4 协议流程

为了支持移动分组数据业务，MIPv4 的实现包括代理发现、注册和数据转发等过程，如图 5.44 所示。

1）家乡（外地）代理发现

MN 首先要获知家乡（外地）代理的信息，以便向 HA 注册自己的当前位置信息，以及向 FA 获取转交地址。这一操作是通过扩展现有的"ICMP 路由器发现"机制来实现的。代理发现机制检测 MN 是否从一个网络移动到另一个网络，并检测它是否返回家乡链路。当 MN 移动到一个新的外地链路时，代理发现机制也能帮助它发现合适的外地代理。如图 5.45 中所标注的第 1、2、3 步。

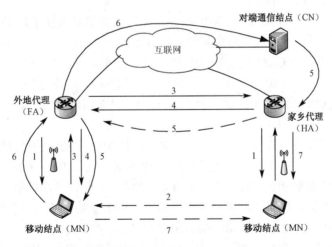

图 5.45　移动 IPv4 的实现过程

（1）接入网中的移动代理（如 HA、FA）定时地广播代理通告消息。

（2）MN 收到代理通告消息（Agent Advertisement），判断它的当前位置。当 MN 发现已经移动到了外地网络，就通过外地代理通告或 DHCP 获得一个转交地址（CoA）。

（3）MN 通过外地代理向家乡代理发送注册请求消息（Registration Request，RRQ）。在家乡代理端绑定其家乡地址（HoA）和转交地址（CoA）。任何代理收到代理请求消息后，应立即发送。代理请求消息与 ICMP 路由器请求消息的格式相同，只是它要求将 IP 的 TTL 域置为 1。

2）注册

当 MN 发现自己的网络接入点从一条链路切换到另一链路时，就要向 HA 进行注册。此外，由于注册信息有一定的生存时间，所以 MN 在没有发生移动时也要注册。这一操作的目的是让 HA 知道 MN 的当前位置，并将数据包转发到该 MN 的当前位置。当 MN 回到自己的家乡链路时，还要取消其在 HA 上的注册。

注册过程一般在代理发现机制完成之后进行。已返回家乡链路时，就向 HA 注册，并开始像固定结点或路由器那样通信。当 MN 位于外地链路而发现新的 FA 后，要向 HA 发送注册请求报文，告之 HA 其在外地网络中的转交地址。HA 接受其注册，回送注册应答报文，并将 MN 的家乡地址和转交地址绑定。通过绑定实现数据包的重定向，即原来指向 MN 家乡地址的数据包至 HA 后转发给 MN 的转交地址，最后递交给 MN。如图 5.45 中所标注的第 4 步：HA 完成绑定，通过 FA 回复 MN 注册应答消息（Registration Reply，RRP），同意 MN 的注册，并在 FA 与 HA 之间建立隧道，完成注册过程。

3）数据转发

MN 注册成功之后，如注册的是 FA 转交地址，就在 HA 和 FA 之间建立起隧道，实施数据转发，如图 5.45 中所标注的第 5、6、7 步：对端通信结点（CN）发往 MN 家乡地址的数据包将被 HA 截获，通过隧道发往 MN 的 CoA；MN 发出的数据包，将根据其目的地址路由到 CN，而不必经过 HA；当 MN 回到家乡网络时，就向 HA 发起解注册过程，删除 HA 上 MN 的绑定信息及 HA 与 FA 之间的隧道。

隧道技术在移动 IP 中非常重要。MIPv4 规定必须支持的隧道技术是 IP in IP 隧道技术，其中包括最小封装隧道技术和通用路由封装隧道技术。

（1）IP in IP 封装由 RFC 2003 定义，用于将 IPv4 包放在另一个 IPv4 包的净荷部分。这一过程非常简单，只需把一个 IP 包放在一个新的 IP 包的净荷中。采用 IP in IP 封装的隧道对穿过的数据包来说，犹如一条虚拟链路。MIP 要求 HA 和 FA 实现 IP in IP 封装，以实现从 HA 到转交地址的隧道。

（2）IP 的最小封装隧道技术由 RFC 2004 定义，是 MIP 中的一种可选隧道方式。目的是减少实现隧道所需的额外字节数，通过去掉 IP in IP 封装中内层 IP 报头和外层 IP 报头的冗余部分完成。与 IP in IP 封装相比，它可节省字节（一般为 8 B）。但当原始数据包已经过分片时，最小封装就无能为力了。在隧道内的每台路由器上，由于原始包的生存时间域值都会减小，导致 HA 在采用最小封装时，MN 不可到达的概率增大。

（3）通用路由封装（GRE）隧道技术由 RFC 1701 定义，也是 MIP 可选用的一种隧道技术。除 IP 外，GRE 还支持其他网络层协议，它允许一种协议的数据包封装在另一种协议数据包的净荷中。

3. 移动 IPv4 存在的弊端

一般来说，对 MN 的移动性管理包括位置管理和切换管理两个方面。MIPv4 主要解决了 MN 的位置管理问题，而基本没有涉及切换管理。这样就使得 MIPv4 的切换管理性能比较差，切换时延较大。对此，IETF 提出了两种切换时延优化方法：快速移动 IPv4 和层次移动 IPv4。

MIPv4 存在的另一个弊端是三角路由问题。在 MIPv4 中，CN 发给 MN 的数据包将沿着 CN→HA→FA→MN 的绕行路径传送，而 MN 发给 CN 的数据包仍按照直接路径 MN→CN 传送，由此形成了所谓的三角路由。在 MN 和 CN 离家乡链路较远、两者通信持续时间又长的情况下，经由 HA 转发数据包将会显著增加网络资源的消耗。这些问题在 MIPv6 中得到了解决。

5.7.2　移动 IPv6

IPv6 中的移动性支持是在制定 IPv6 的同时作为一个必需的协议内嵌在 IP 中的。在 IPv6 设计之初，IETF 就开始考虑网络层的移动性问题了。RFC 3775 将 MIPv6 描述为：无论 IPv6 结点位于 IPv6 网络何处，无论 CN 是否支持 IPv6，始终可以对 IPv6 结点进行访问。与 MIPv4 相比，MIPv6 有许多优点，主要是不再使用外地代理（FA）、完全支持路由优化、彻底消除了三角路由等，并且为移动终端提供了足够的地址资源，使得 MIP 的实际应用成为可能。

1．移动 IPv6 的网络结构与工作原理

MIPv6 从 MIPv4 中借鉴了许多概念和术语，其功能实体之间的关系，即网络结构如图 5.46 所示。MIPv6 中的移动结点（MN）、对端通信结点（CN）、家乡代理（HA）、家乡链路和外地链路等概念几乎与 MIPv4 中的一样，家乡地址、转交地址的概念也与 MIPv4 中的基本相同。其中，MIPv6 的转交地址是 MN 位于外地链路时所使用的地址，由外地子网前缀和移动结点的接口 ID 组成。MN 可以同时具有多个转交地址，但是只有一个转交地址可以在 MN 的 HA 中注册为主转交地址。

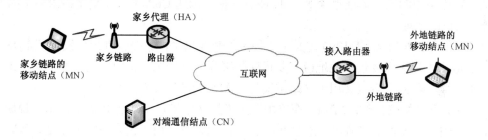

图 5.46　移动 IPv6 的网络结构

值得注意的一个区别是，在 MIPv6 中只有 HA 的概念，取消了 FA。这是因为 MN 在离开家乡链路时可利用 IPv6 的邻居发现和地址自动配置机制进行独立操作，而不需要任何来自于外地路由器的特殊支持。MN 的家乡代理是家乡链路上的一台路由器，主要负责维护离开本地链路的移动结点，以及这些移动结点所使用的地址信息。如果 MN 位于家乡链路，则 HA 的作用与一般的路由器一样，它将目的地为 MN 的数据包正常转发给它。当 MN 离开家乡链路进入外地链路时，其工作原理如下：

（1）MN 通过常规的 IPv6 无状态或有状态的自动配置机制，获得一个或多个转交地址（CoA）。

（2）MN 在获得 CoA 后，向 HA 申请注册，为 MN 的家乡地址（HoA）和转交地址在 HA 上建立绑定。

（3）MN 可以直接发送数据包给 CN，设置数据包的源地址为 MN 的当前转交地址，家乡

地址选项中则是 MN 的 HoA。

（4）CN 发送数据包给 MN 时，首先根据数据包的目的 IP 地址查询它的绑定缓存，如果在绑定缓存中存在匹配，则直接发送数据包给 MN。如果不存在这样的匹配，则将数据包发送到其 HoA。发向 HoA 的数据包被路由到 MN 的家乡链路，然后经过 HA 的隧道转发到达 MN。

（5）MN 根据收到 HA 转发的 IPv6 数据包判断 CN 是否有自己的绑定缓存，以便决定是否向 CN 发送绑定更新建立绑定。绑定完成后，MN 可通过双向隧道模式（Bidirectional Tunnelling Mode）或者路由优化模式（Route Optimization Mode）与 CN 进行通信。

（6）MN 离开家乡后，家乡链路可能进行了重新配置，原来的 HA 可能被其他路由器取代了。MIPv6 提供的"动态代理地址发现"机制，允许 MN 发现 HA 的 IP 地址，从而正确注册其主转交地址。MIPv6 技术允许 MN 在互联网上漫游而无须改变其 IP 地址。

2．移动 IPv6 扩展

MIPv6 对 IPv6 进行了部分扩展，主要涉及以下 6 个方面：

（1）移动头（Mobility Header）：MIPv6 利用 RFC 2460 定义的 IPv6 扩展头报文结构，创建了一种新的扩展包头，即移动头，主要用于绑定的创建和管理消息。

（2）家乡地址选项：MIPv6 新定义的家乡地址目的选项，用于 MN 向 CN 通告其家乡地址。

（3）Type2 路由头：在 MIPv6 中，CN 可将报文直接发送到 MN 的 CoA，报文目的地址是 CoA；路由头中的家乡地址包含 MN 的 HoA，报文到达 CoA 时，MN 将路由头里的 HoA 作为最终的目的地址。

（4）新 ICMPv6 报文：MIPv6 定义了 4 种 ICMPv6 报文，家乡代理地址发现请求/应答报文用于在 MN 不知道家乡代理地址或家乡代理前缀改变等情况下，实现动态家乡代理地址的发现；移动前缀请求/公告报文用于网络重编号和 MN 的地址配置。

（5）邻居发现协议修改：MIPv6 在路由器公告报文中增加了 1 位标志位，用于说明报文是 HA 发送的；在公告报文前缀信息中增加了 1 位标志位，用于说明前缀字段是否包含路由器的完整 IP 地址；定义了公告间隔选项和 HA 信息选项。

（6）修改发送路由器公告：MN 需要迅速判断新路由器的存在和原路由器不可达等状态，MIPv6 定义路由器可配置发送未被请求路由器公告的最小间隔为 30 ms，最大间隔为 70 ms。

MIPv6 是一项新的网络技术，还处于标准研发、部署应用阶段，问世以来一直面临着技术、成本和应用等诸多挑战，其广泛应用还依赖于 IPv6 网络的部署和普及，自身还需要解决安全性、IPv4/IPv6 共存环境过渡、复杂度、多接入扩展和负载均衡等诸多技术问题。随着下一代互联网、物联网技术革命的到来，MIPv6 将会得到更加深入的研究和普及应用。

本章小结

本章介绍了网络互连及其相关的协议。网络互连在计算机网络中占有非常重要的地位。网络互连是指两个或两个以上的同种网络或异构网络按照一定的体系结构，通过网络互连部件及协议软件互相连接起来，以构成一种更大规模的网络。

在物理上，互联网是由称为路由器的设备互连起来的多个网络的集合。每个路由器是一台连接两个或两个以上网络的专用计算机。在逻辑上，可以将互联网看作一个单一单元的无缝通信系统。互联网上的任何一对计算机可以互相进行通信，如同它们连接在单个网络上一样。也就是说，一台计算机可以发送一个数据分组给连接到互联网的任何其他计算机。

互联网使用统一的编址方案。在 TCP/IP 中，IP 把 IP 地址划分成两层：地址的前缀表示计算机所连接的网络，地址的后缀表示这个网络中的一台特定计算机。IP 地址是一个 32 位长的二进制数。地址前缀和掩码实现了子网和无类编址方案。虽然用一个 IP 地址来指定一台计算机很方便，但要清楚的是，每个 IP 地址所标识的是一台计算机与一个网络的连接。一台连接多个网络的计算机，如路由器，必须对每个连接分配一个 IP 地址。

互联网的核心内容之一是网际互联协议（IP），这是本章的重点。只有深入掌握了 IP，才能理解互联网是怎样工作的。IP 提供在任意位置的两台计算机之间传输数据分组（称 IP 数据报）的底层机制。IP 地址与 MAC 地址之间的映射过程称为地址解析。TCP/IP 提供了地址解析协议（ARP）。IP 的一个关键部分是 ICMP，它提供关于互联网连通性的状态信息。理解 IP 地址、路由表和路由器操作之间的交互作用是很重要的。网络层必须执行分段和重组，以便向更高层提供具有与低层网络技术无关的独立性。IPv6 是 IPv4 的替代协议，主要解决了 IPv4 的地址空间问题，并提供了可满足诸如移动个人计算设备、联网娱乐等新兴应用需求的功能。

互联网组播的动态特性使组播路径传播问题变得很困难。虽然已经提出了许多协议，但目前互联网还是没有全网范围内的组播路由设施。

MIP 是 IETF 提出的基于网络层的移动性管理协议。在 MIP 中，移动性问题被视为寻址和路由的问题，其中心思想是移动结点同时使用两个地址：家乡地址和转交地址。在网络层使用转交地址，以保证报文的可达性；在传输层及以上的应用层使用家乡地址，以保证 TCP 连接。事实上，MIP 可以看作一个路由协议，目的就是将数据包路由到那些可能一直在快速地改变位置的移动结点上。通过使用 MIP，即使移动结点移动至另一个子网并获得了一个新的 IP 地址，传输层所使用的 IP 地址始终是其家乡地址，所以 MIP 能够在主机移动过程中保证 TCP 连接的不中断。MIPv4 和 MIPv6 相当于 MIP 方案的两种特例。MIPv6 借鉴了 MIPv4 的主体思想，并具备 IPv6 的优势，如自动配置、安全性等。

思考与练习

1．简述构建互联网的技术方法。

2．TCP/IP 是如何对待互联网中的各个物理网络的？

3．IP 为什么要对 IP 数据报报头进行校验？IP 为什么不提供对 IP 数据报数据区的校验功能？

4．当 IP 数据报在路由器之间传输时，IP 报头中的哪些字段必然发生变化，哪些字段有可能发生变化？

5．一个报头长度为 20 B，数据区长度为 2 000 B 的 IP 数据报，如何在 MTU 为 820 B 的网络中传输？

6．IP 地址 223.1.3.27 的 32 位二进制等价形式是什么？

7．简述 IP 地址的分类以及用途。考查你的主机 IP 地址，它属于哪类地址？可采用什么方法进行分辨？

8．简述子网掩码的作用和计算方法。试将 C 类网络地址 198.69.25.0 划分为 8 个子网。

9．现有一个 C 类网络地址块 199.6.5.0，需要支持至少 7 个子网，每个子网最多 9 台主机。请进行子网规划，给出各子网的地址和可以分配给主机的地址范围。

10．将以 203.119.64.0 开始的 16 个 C 类地址块构造一个超网，并给出该超网的超网地址和超网掩码。

11．以 CIDR 表示法表示下列 IP 地址和子网掩码。

（1）IP 地址：200.187.16.0；子网掩码：255.255.248.0。

（2）IP 地址：190.170.30.65；子网掩码：255.255.255.192。

（3）IP 地址：100.64.0.0；子网掩码：255.224.0.0。

12．某网络的 IP 地址空间为 192.168.5.0/24，采用定长子网划分，子网掩码为 255.255.255.248。请给出该网络中的最大子网个数和每个子网内的最大可分配地址个数。

13．某网络拓扑结构如图 5.47 所示。路由器 R1 通过接口 E1、E2 分别连接局域网 1、局域网 2，通过接口 L0 连接路由器 R2，并通过路由器 R2 连接域名服务器和互联网；R1 的 L0 接口的 IP 地址是 202.118.2.1，R2 的 L0 接口的 IP 地址是 202.118.2.2，L1 接口的 IP 地址是 130.11.120.1，E0 接口的 IP 地址是 202.118.3.1，域名服务器的 IP 地址是 202.118.3.2。

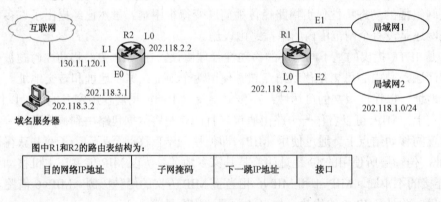

图 5.47　习题 13 的网络拓扑结构示意图

（1）将 IP 地址空间 202.118.1.0/24 划分为 2 个子网，分别分配给局域网 1 和局域网 2。每个局域网需要分配的 IP 地址不少于 120 个。请给出子网划分结果，说明理由或给出必要的计算过程。

（2）请给出 R1 的路由表，使其明确包括到局域网 1 的路由、到局域网 2 的路由、域名服务器的主机路由和互联网的路由。

（3）请采用路由聚合技术，给出 R2 到局域网 1 和局域网 2 的路由。

14．简述 IP 地址与 MAC 地址的映射过程。

15．在主机上使用 ping 命令，确定一个结点是否"活"着，以及在你的主机与目的结点之间传输数据报的往返时间。

16．使用 Windows 程序 tracert 或 UNIX 程序 traceroute，确定你的计算机与互联网上另一结点之间的跳数，并解释其输出。

17．使用 UNIX 程序 netstat 加-r 选项或 Windows 程序 route 加 print 选项，产生你使用的计算机的路由表，并解释其输出。

18．简述 IPv4 与 IPv6 的地址结构的不同之处。

19．比较 IPv4 与 IPv6 报头字段，说明它们的哪些字段是相同的。

20．简述如何从 IPv4 向 IPv6 过渡。

21．ipconfig 和 ping 是 Windows 系统上 TCP/IP 配置和测试的工具。一般用 ping 命令进行连接测试，以确定是否配置和连接正常。ipconfig 命令一般用于查询主机的 IP 地址及相关的 TCP/IP 信息。试做如下两个连接测试实验。

（1）用 ping 命令先验证本地计算机与网络主机之间的路由是否存在，然后再验证本地计算机与远程网络主机是否连通，并解释屏幕上显示的结果。

（2）用 ipconfig/all 命令显示主机内的 IP 配置信息，并解释各配置参数的含义。

第6章 路由技术

路由是网络互连中的一个重要问题。网络层从上层接收数据，将其组装成 IP 数据报，然后依据某些标准，这些标准有时称为权值或量度（Metric），如距离、跳数和带宽等，选择最佳路由，之后 IP 数据报经该路由到达目的地。当 IP 数据报的目的主机与发送主机在同一个局域网内时，IP 数据报一般直接由发送主机发送。为了传送目的地址是远程网络某个主机的 IP 数据报，需要使用称为路由器的专用网络互连设备。然而，在由多个路由器连接起来的互联网中，可能存在许多不同的路径可供 IP 数据报选择。当网络层基于无连接数据报服务时，互联网上的每一条路由都可能被用到。那么，数据报究竟应该怎样选择一条传输路径呢？这就是路由技术所要解决的问题。

6.1 路由的基本概念

在网络互连中，路由是使用得非常频繁的一个术语。早在 20 世纪 70 年代就已经出现了对路由技术的讨论，但是直到 20 世纪 80 年代路由技术才逐渐实现商业化应用。路由技术之所以在问世之初没有被广泛应用，主要原因是当时的网络结构非常简单，路由技术没有用武之地。直到大规模的互联网逐渐发展起来了，才为路由技术的应用和发展提供了良好的基础和平台。

6.1.1 何谓路由

所谓路由，是指把 IP 数据报从源结点穿过通信网络传递到目的结点的传输路径。有时，人们常把路由和交换进行对比，主要原因是在普通用户看来两者所实现的功能基本一致。其实，路由与交换的主要区别是，交换发生在 OSI-RM 的数据链路层，而路由工作在网络层。这一区别决定了路由和交换在数据传输过程中需要使用不同的控制信息，所以两者实现各自功能的方式是不同的。在传输路径上，应至少有一个中间结点。如何选择所经过的结点，从而满足数据传输的要求，是网络研究者非常关心的问题。

路由包含选择最佳路由和通过网络传输信息两个基本动作。在路由的过程中，后者也称为数据交换。传输信息相对来说比较简单，而路由选择较为复杂。

1. 路由选择

路由选择是实现高效通信的基础。在运行 TCP/IP 的网络中，每个数据报都记录了该数据报的源 IP 地址和目的 IP 地址。路由器通过检查数据报的目的 IP 地址，判断如何转发该数据报，以便对传输中的下一跳路由做出判断。

路由选择算法为路由器产生和不断完善路由表提供算法依据，有时简称为路由算法。路由算法是网络层的主要功能。路由表的建立和刷新可以采用静态路由和动态路由两种不同的方式进行。因此路由也分为静态路由和动态路由两大类。若路径不变，就称之为静态路由；相反，若系统的路由信息随着时间变化则称之为动态路由。

1）静态路由

静态路由是一种特殊的路由，其路由信息由人工或者软件配置程序输入路由器的路由表中。静态路由的选择由网络系统管理员决定。由网络系统管理员事先设置好的固定路径表称为静态路由表，一般在系统安装时根据网络的配置情况预先设定，而当网络结构改变时需要管理员手工改动相应的表项。尽管静态路由可能在某些场合有用，但它不能随网络拓扑的变化而动态改变。以静态路由方式工作的路由器只知道那些和它有直接物理连接的网络，而不能发现和它没有直接物理连接的那些网络。对于这种路由器，如果要让它把数据报路由到任何其他的网络，需要以手工的方式在路由表中添加表项。

2）动态路由

动态路由是指路由器能够自动地建立自己的路由表，并且能够根据实际情况的变化适时进行调整。动态路由机制的运作依赖路由器的两个基本功能：一是对路由表的维护；二是路由器之间适时的路由信息交换。动态路由表是路由器根据网络系统的运行情况而自动调整的路由表。路由器根据路由选择协议提供的功能，自动学习和记忆网络运行情况，在需要时自动计算数据传输的最佳路由。

2．传输信息

通过网络传输信息的算法相对而言比较简单，且对大多数路由协议而言是相同的。在多数情况下，某主机决定向另一个主机发送数据，通过某些方法获得路由器的地址后，源主机发送指向该路由器的物理（MAC）地址的数据报，其协议地址就是指向目的主机的。

路由器查看了数据报的目的 IP 地址后，确定是否知道如何转发该数据报：如果路由器不知道如何转发，通常就将之丢弃；如果路由器知道如何转发，就把目的物理地址变成下一跳的物理地址并向之发送。下一跳可能是最终的目的主机；如果不是，通常为另一个路由器，它将执行同样的步骤。当数据报在网络中流动时，它的物理地址在改变，但其 IP 地址始终不变。

图 6.1 给出了一个数据报路由寻址过程的示意图。数据报在经过路由器 1、2、3 的转发过程中，所包含的目的 IP 地址不会发生变化，而沿途的每台路由器将把数据报内的目的物理地址改为下一跳（传输中的下一台路由器或是目的结点）的物理地址，并将该数据报发送到这个物理地址所在的物理链路上。

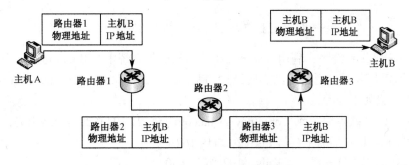

图 6.1　数据报路由寻址过程示意图

以上描述了源系统与目的系统之间的数据交换，ISO 定义了用于描述此过程的分层的术语。在所定义的术语中，不具备转发数据报能力的网络设备称为端系统（End System，ES），具备之一能力的网络设备称为中介系统（Intermediate System，IS）。IS 又进一步分成可在路由域内通信的域内 IS（Intradomain IS）和既可在路由域内又可在域间通信的域间 IS（Interdomain IS）。路由域通常被认为是统一管理下的一部分网络，遵守特定的一组管理规则，也称为自治系统（Autonomous System，AS）。在某些协议中，路由域可以分为路由区间，但是域内路由协议仍可用于在区间内和区间之间交换数据。

3．路由选择示例

路由选择协议根据路由算法计算从源到目的地的最小代价路径。路由算法是网络层软件的一部分，负责决定一个输入的分组应该输出到哪个输出接口。路由算法使用最小代价权值（Least Cost Metric）确定最佳路径。通常的代价权值有跳数（即一个 IP 数据报在到达目的结点的途中所经过的路由器到路由器的连接数）、传输时延、带宽、时间、链路利用率和错误率等。例如，对于如图 6.2 所示的网络及其子网，一种权值是跳数，另一种权值是带宽。如果数据报通过路径 R1—R2 传输，H1 和 H2 之间的跳数是 2。同样，如果数据报走 R1—R3—R2 或者 R1—R4—R5—R3—R2，那么跳数分别是 3 和 5。显然，如果最佳路径或最小代价路径由跳数决定，那么从 H1 到 H2 的数据报应该走的路径是 R1—R2，因为这条路径具有最少的跳数。然而，如果用带宽作为权值，那么最佳路径应该是 R1—R3—R2 或Rl—R4—R5—R3—R2。跳数忽略了链路速率和时延，因此，在图 6.2 中，数据报将总是走R1—R2（假如链路正常），即使它可能比 R1—R3—R2 或 R1—R4—R5—R3—R2 慢。

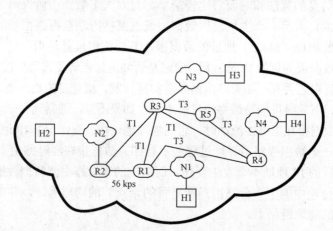

图 6.2 基于权值确定数据报应该走的最佳路径

在 Windows 操作系统中，利用 tracert（在 UNIX 操作系统中是 traceroute）程序能获得所跟踪的 IP 数据报从源结点到目的结点所经过的路由。例如，跟踪 www.sina.com 的数据报所走路径的输出结果如下。

通过最多 30 个跃点跟踪到 cernetnews.sina.com.cn [121.194.0.203]的路由为：

1	<1 ms	<1 ms	<1 ms	202.119.167.1
2	<1 ms	<1 ms	<1 ms	192.168.99.30
3	2 ms	2 ms	2 ms	192.168.99.225

4	3 ms	5 ms	5 ms	172.16.255.149
5	1 ms	2 ms	2 ms	172.16.255.113
6	3 ms	3 ms	3 ms	202.119.128.53
7	2 ms	1 ms	1 ms	202.119.128.2
8	2 ms	2 ms	2 ms	202.112.38.113
9	24 ms	25 ms	24 ms	202.112.53.133
10	25 ms	24 ms	24 ms	202.112.46.57
11	24 ms	23 ms	24 ms	202.112.38.106
12	29 ms	30 ms	30 ms	121.194.15.205
13	30 ms	30 ms	43 ms	121.194.0.203

跟踪完成。

注意，路由器的跃点数是 12，最后一个条目是目的结点，不是路由器。

6.1.2　路由选择算法

路由器之间的路由信息交换是基于路由选择协议实现的。路由选择协议的核心是路由选择算法，即需要通过何种算法来获得路由表中的各个表项。目前有许多路由选择算法用于路由选择，下面先介绍其中的距离向量和链路状态两种分布式计算量度信息的路由算法。这两种算法的目的都是无环路地通过某些中间路由器将数据报从网络的一个结点路由到另一个结点。环路是指一个数据报在同一条链路上转发若干次。距离向量算法和链路状态算法的主要区别在于它们收集和传播选路信息的方式不同。然后，简单介绍互联网路由协议。

1.　距离向量路由算法

距离向量路由算法是一种基本的路由算法，其核心思想是路由器根据距离选择使用哪条路由。在距离向量路由算法中，相邻路由器之间周期性地相互交换各自的路由表备份。当网络拓扑结构发生变化时，路由器之间也将及时地相互通知有关变更信息。距离向量路由算法是一种基于少量网关信息交换的路由分类算法，使用此算法的路由器要求保存系统内的所有目的结点信息，通常每个自治系统（AS）被简化为一个单一的实体来代表，也就是被抽象为一个 IP 层地址来表示，即在一个 AS 内的路由对另一个 AS 内的路由器是不可见的。在路由表里的每一个条目都含有一个数据报要转发的下一个网关地址，同时还包括了量度到目的结点的总距离数。这里的距离只是个概念，距离向量路由算法就是因为它是通过交换路由表中的距离信息来计算最优路由而得名的。同时，信息的交换只是在相邻的路由器间进行。采用该算法的路由器所持有的路由信息库的每一条目都由 5 个主要部分组成：①主机或网络 IP 地址；②沿着该路由遇到的第一个网关；③到第一个网关的物理接口；④到目的结点所需的跳数；⑤保存有关路由最近被更新时间的计时器。

距离向量算法总是基于这样一个事实：路由数据库中的路由已是目前通过报文交换而得到的最优路由。同时，报文交换仅限于相邻的实体之间，也就是说，实体共享同一个网络。当然，要定义路由是否是最佳的，就必须有计算办法。在简单的网络中，通常用可行路由所历经的路由器数简单地计算权值。在复杂的网络中，权值一般代表该路由传输数据报的时延或其他发送开销。

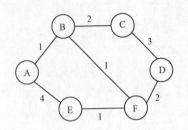

图 6.3　描述 Bellman-Ford 算法的网络无向图

例如，Bellman-Ford 算法就是基于距离向量算法的一个典型示例，其原理很简单：如果某个结点在结点 A 和 B 之间的最短路径上，那么该结点到 A 或 B 的路径必定也是最短的。为了更好地理解 Bellman-Ford 算法，可将通信网络看作一个由一组结点（顶点）和一组链路（或边）构成的网络无向图，如图 6.3 所示。顶点 A、B、C、D、E 和 F 代表路由器或 AS 等，连接顶点的边表示通信链路，边上的数字表示使用这条链路的代价（或量度）。如果将路径的成本定义为此路径上链路成本的总和，那么一个结点对之间的最短路径是具有最小成本的路径。下面以跳数为选择标准计算从顶点 A 到 D 的最短路径。

为清楚起见，如图 6.4 所示，逐跳考查从顶点 A 到 D 的所有路径代价。

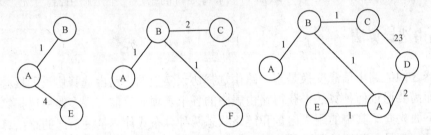

图 6.4　以跳数为选择标准计算从顶点 A 到 D 的最短路径

第一跳：路径 AB=1，路径 AE=4，选择路径 AB；

第二跳：路径 ABC=1+2=3，路径 ABF=1+1=2，选择路径 ABF；

最后一跳（第三跳）：路径 ABCD=1+2+3=6，路径 ABFD=1+1+2=4，选择路径 ABFD。

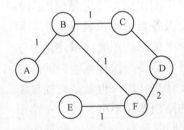

图 6.5　结点 A 的最小代价树

所以 ABFD 代表基于跳数的从顶点 A 到 D 的最小代价路径。

Bellman-Ford 算法最后的结果是生成一棵代表从源结点到网络的每个结点的最小代价路径的树。采用同样的方法可以为网络的每个结点生成一棵这样的树。在这个例子中结点 A 的最小代价树如图 6.5 所示。从结点 A 出发，到结点 B 的最小代价路径是 AB=1，到结点 C 的最小代价路径是 ABC=3，到结点 D 的最小代价路径是 ABFD=4，到结点 E 的最小代价路径是 ABFE=3，到结点 F 的最小代价路径是 ABF=2。

现在把距离向量算法形式化。设：网络中所有结点的集合为 N；$D(i)$ 表示 N 中任意结点 i 到某一目的结点 d 的距离；$L(i, j)$ 表示 N 中两个结点 i 和 j 之间的距离，$i \neq j$，并有如下原始数据：当 i 和 j 直接相连接时，$L(i, j)$ 就是图 6.7 上所标注的距离；当 i 和 j 不直接相连接时，$L(i, j) = \infty$。那么，求各结点 i 到目的结点 d 的最短距离 $D(i)$ 的算法为：

（1）初始化。$D(i) = \infty$，$i \in N$ 但 $i \neq d$，即除目的结点外，所有结点到目的结点的距离初始化为 ∞；$D(d) = 0$。

（2）更新最小距离。对每个 $i \in N$ 但 $i \neq d$（除目的结点外），更新每个结点 i 到目的结点的距离 $D(i)$：

$$D(i) = \min_{j \in N 但 j \neq i} \left\{ L(i, j) + D(j) \right\}$$

即对于每个 i，求 i 经过其他所有结点到目的结点的距离，取其中的最小者为 $D(i)$。

（3）重复步骤（2），直至迭代所有 $D(i)$ 不再变化。

距离向量算法的前提，是所有路由器周期性地与邻接路由器交换路由信息。邻接的路由器互称临站，它们连接在同一个物理网络上，IP 数据报只是一跳传输。距离向量这个术语来源于交换的信息内容。交换的报文中包含（D, V）序列的列表，D 是到该目的网络的距离，V 标识目的网络，故（D, V）序列为矢量。在这样的系统中，所有的路由器都要参与交换距离向量信息，交换处理的过程是一个分布式处理过程。路由器根据得到的路由信息，执行距离向量算法，不断地丰富和优化自己的路由表。如果在运行中网络发生变化，如两个路由器之间的链路因故障突然断开，双方都会收不到对方的路由表，它们之间的距离就变为∞。距离向量算法会在新的情况下计算出新的结果。

2. 链路状态路由算法

链路状态路由算法有时也称最短路径优先（Shortest Path First，SPF）算法，也是一种基本的路由算法。这种算法需要每一个路由器都保存一份关于整个网络的最新网络拓扑结构数据库。因此，路由器不仅知道从本路由器出发能否到达某一指定网络，而且还能在保证到达的情况下，选择出其最短路径及采用该路径将经过的路由器。

在链路状态算法中，网络的路由器并不向其他路由器发送它的路由表。相反，路由器相互发送关于它们与其他路由器之间建立的链路信息。这个信息通过链路状态通告（Link State Advertisement，LSA）来发送，LSA 包括邻居路由器的名字及代价量度。LSA 在整个路由域里扩散（Flood）。路由器还存储它们收到的最新 LSA，并且利用 LSA 信息来计算目的路由。因此，不像距离向量算法那样存储真正的路径，链路状态算法存储的是计算最佳路径的信息。

链路状态路由算法的一个例子是 Dijkstra 的最短路径优先算法，它通过反复迭代路径的长度来产生最短路径。这个算法使用最近结点概念，并基于这样一个准则：给定一个源结点 n，从 n 到下一个最近的结点 s 的最短路径，或者是一条直接从 n 连接到 s 的路径；或者由一条包含结点 n 及任何前面已经找到的最近结点的路径和一条从该路径的最后一个结点到 s 的直接连接组成。

为了说明 Dijkstra 算法，考虑图 6.6 所示的网络无向图。顶点 A、B、C、D、E 和 F 可看作路由器，连接顶点的边代表通信链路，边上的数字表示它的代价。目的是找到一条基于距离的从 A 到 D 的最短路径。

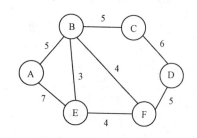

图 6.6　描述 Dijkstra 算法的网络无向图

为了实现 Dijkstra 算法，需要维护一个依次到源结点最近的一系列结点的记录。用 k 表示第 n 个最近的结点，因此 A 结点的 k =0，即到 A 结点第 0 近的结点是它自己。这是算法的初始步骤。现在开始搜寻依次到 A 最近的结点。

第 1 近的结点（k =1）：到 A 最近的结点要么是 B 要么是 E，因为它们都与 A 直连。由于 AB 路径代价最小，选择 B 作为到 A 第 1 近的结点。

第 2 近的结点（k =2）：到 A 第 2 近的结点要么与 A 直连，要么经由第 1 近的结点。可能的路径和相应的代价是：ABC=9，ABF=8，ABE=7，AE=7。有两条最短的路径：ABE 和 AE。

因此，E 成为到 A 第 2 近的结点。

第 3 近的结点（$k=3$）：到 A 第 3 近的结点必须通过一条包含 B 或 E 的路径（因为没有其他结点与 A 直连）。可能的路径和相应的代价是：ABC=9，ABF=8，ABEF=11，AEF=11。最近的路径是 ABF。因此，F 成为到 A 第 3 近的结点。

第 4 近的结点（$k=4$）：到 A 第 4 近的结点必须通过一条包含 B、E 或 F 的路径。可能的路径及相应的代价是：ABC=9，ABFD=13。最短的路径是 ABC。因此，C 成为到 A 第 4 近的结点。（注：在算法的该阶段不用考虑 ABEF 或 AEF，因为 F 已经被列为第 3 近的结点了。）

第 5 近的结点（$k=5$）：到 A 第 5 近的结点必须通过一条包含 B、E、F 或 C 的路径。可能的路径及相应的代价是：ABCD=15，ABFD=13，ABEFD=16，AEFD=16。最短路径是 ABFD，因此 D 成为到 A 第 5 近的结点。

由于 D 是目的结点，因此，从 A 到 D 的最短路径是 ABFD。

现在把 Dijkstra 算法形式化。设：$D(i)$ 表示任意结点 i 到源结点 s 的距离，$i \neq s$；$L(i,j)$ 表示结点 i 和 j 之间的链路距离，$i \neq j$，当 i 和 j 直接相连接时，$L(i,j)$ 就是图 6.7 上所标注的距离；当 i 和 j 不直接相连接时，$L(i,j)=\infty$；N 为一个集合，它包含了到 s 的最短距离已得到的诸结点，N^c 为其补集；那么，Dijkstra 算法可按下述步骤进行：

（1）初始化：$N=\{s\}$；　　　　（初始化时，N 只有源结点）

$D(i)=L(i,s), i \in N^c$。　　［初始化 $D(i)$］

（2）迭代：寻找结点 $j \in N^c$ 使得 $D(j)=\min\limits_{i \in N^c} D(i)$，将结点 j 加入集合 N，即求不在 N 中的距离 s 最近的结点，然后放入 N 中。

（3）更新最小距离：对每个结点 $i \in N^c$，$D(i)=\min\{D(i), L(i,j)+D(j)\}$，即对每个不在 N 中的结点 i，使用上一步得到的 $D(j)$，更新最小距离。

（4）重复步骤（2）。

距离向量路由算法和链路状态路由算法各有千秋，两种算法的区别归纳为表 6-1。

表 6-1　距离向量算法和链路状态算法比较

距离向量算法	链路状态算法
不知道整个网络 拓扑结构	知道整个网络 拓扑结构
在相邻路由器路由信息的基础上计算路由的向量距离	根据网络拓扑结构寻找和计算最短路径
收敛速度慢	收敛速度快
路由器的路由表只发送给相邻路由器	路由器的 LSA 发送给指定的一个或多个（所有）路由器

3. 互联网路由协议

链路状态路由算法和距离向量路由算法是两种最为流行的路由算法类型。对于互联网而言，整个网络并不是采用全局性的一致路由算法。互联网的规模非常之大，路由器数量达几百万个，路由的动态变化要及时反映到全局路由表中非常困难，一旦发送变化会使路由表在一段时间内丧失一致性；而且，这种全局性的路由更新也会占用很大的网络带宽。为解决这些问题，可将整个互联网划分为许多较小的单位，即自治系统（AS）。一个 AS 是一个包含一定范围的互联网络，有一个全局管理的唯一的识别编号。在一个自治域内使用同一种路由策略。在一般情况下，一个 AS 内部的所有网络属于某一行政单位或一个 ISP 来管辖，如企业网、园区网和 ISP 网络。

AS 之间的路由称为域间路由，AS 内部的路由称为域内路由。AS 的经典定义是，在统一技术管理下的一系列路由器，在 AS 内部使用内部网关协议（IGP）和统一量度路由数据报，在 AS 外部使用外部网关协议（EGP）路由数据报。该经典定义尚在发展，一些 AS 在其内部也在使用多种内部网关协议和量度。使用 AS 这个术语强调了以下事实，即使使用了多个 IGP 和量度，对别的 AS 而言，AS 的管理表现出一致的路由计划和一致的目的地可达。这样，互联网中的路由协议被配置为一种分级的结构，涉及内部和外部两种类型。因此，互联网把路由选择协议划分为了内部网关协议（IGP）和外部网关协议（EGP）两大类。

1）内部网关协议

互联网中自治系统内部网关协议用于确定在一个 AS 内执行路由的方式，而且与在互联网中的其他自治系统选用什么路由协议无关。也就是说，IGP 是一个在自治系统内部使用的路由选择协议，用来在一个 AS 内交换互联网路由信息，有时简称为域内路由协议。目前，这类路由协议使用得最多。常见的域内协议包括路由信息协议（RIP）、RIP-2、开放最短路径优先（OSPF）、IGRP 和增强型 IGRP（Cisco 系统的内部网关路由协议）等。

2）外部网关协议

若源结点和目的结点处在不同的自治系统（AS）中，而且这两个 AS 使用不同的内部网关协议，当数据报传输到一个 AS 的边界时，就需要使用一种协议将路由选择信息传递到另一个 AS 中。这样的协议就是外部网关协议（EGP），也称为自治系统边界网关协议。在外部网关协议中，目前使用得最多的是 BGP。

图 6.7 是一个简单的 IGP 和 EGP 应用示例，其为 3 个自治系统 AS1、AS2 和 AS3 组成的一个互联网。在 AS1、AS2 和 AS3 内部使用 IGP，如 RIP 和 OSPF，而在 AS 之间使用 BGP。IGP 和 EGP 协同工作，使得全网范围可以实现相互访问。

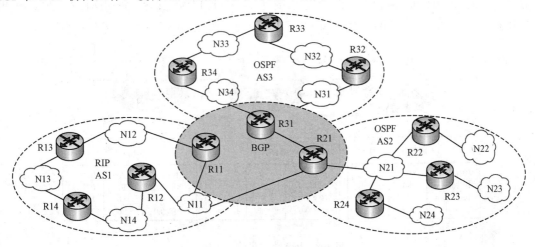

图 6.7　IGP 和 EGP 的应用示例

在图 6.7 中，AS1 中的 R11～R14 运行内部网关协议 RIP，进行 AS1 内部的路由更新；AS2 中的 R21～R24 运行内部网关协议 OSPF，进行 AS2 内部的路由更新；AS3 中的 R31～R34 运行内部网关协议 OSPF，进行 AS3 内部的路由更新。R11、R21 和 R31 又是外部网关，它们又运行外部网关协议 BGP，在运行内部网关协议的基础上，交换用于在 AS 之间访问的路由信息。

6.2 路由信息协议（RIP）

路由信息协议（RIP）是最早的 AS 内部互联网路由协议之一，且目前仍在广泛使用。它的产生与命名来源于 Xerox 网络操作系统（XNS）体系结构。RIP 得到广泛应用的主要原因是，在支持 TCP/IP 的 1982 年的 UNIX 伯克利软件分布（BSD）中包含了它。RFC 1058 定义了 RIP 版本 1，在 RFC 2453 中又定义了向后兼容的 RIP 版本 2。

1．RIP 路由表的建立与更新

RIP-1 和 RIP-2 是两个基于距离向量算法的路由协议。RIP 路由表的每个入口均含有一系列的信息，包括目的结点、到目的结点路径上的下一个结点及量度。在路由表中还有其他一些信息，如各种与路由有关的计时器等。一个典型的 RIP 路由表中所包含的信息如表 6-2 所示。

表 6-2　典型 RIP 路由表中所包含的信息

目的结点	下一个结点	距离	计数器	标志
网络 A	路由器 1	3	t1，t2，t3	x，y
网络 B	路由器 2	5	t1，t2，t3	x，y
网络 C	路由器 1	2	t1，t2，t3	x，y

如图 6.8 所示，设有 3 个路由器 A、B 和 C。路由器 A 的两个网络接口 E0 和 S0 分别连接在 10.1.0.0 和 10.2.0.0 网段上；路由器 B 的两个网络接口 S0 和 S1 分别连接在 10.2.0.0 和 10.3.0.0 网段上；路由器 C 的网络接口 S0 和 E0 分别连接在 10.3.0.0 和 10.4.0.0 网段上。

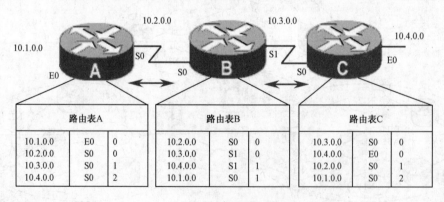

图 6.8　RIP 路由表建立范例

在图 6.8 中，每个路由器路由表的前两行表明，通过路由器的网络接口到与之直接相连的网段的网络连接，其向量距离设置为 0。这即是最初的路由表。

每个路由器要向它的邻结点周期性地发送路由更新信息：当路由器 B 和 A 以及 B 和 C 之间相互交换路由信息后，它们会更新各自的路由表。例如，路由器 B 通过网络接口 S1 收到路由器 C 的路由信息（10.3.0.0，S0，0）和（10.4.0.0，E0，0）后，会在自己的路由表中增加一条（10.4.0.0，S1，1）路由信息。该信息表示：通过路由器 B 的网络接口 S1 可以访问 10.4.0.0 网段，其向量距离为 1；该向量距离是在路由器 C 的基础上加 1 获得的。同样的道理，路由器 B 还会产生一条（10.1.0.0，S0，1）路由信息，这条路由是通过网络接口 S0 从路由器 A 获得的。如此反复，直到最终收敛，形成图 6.8 中所示的路由表。

概括地说，距离向量算法要求每一个路由器把它的整个路由表发送给与它直接连接的其他路由器。路由表中的每一条记录都包括目标逻辑地址、相应的网络接口和该条路由的向量距离。当一个路由器从它的邻结点收到更新信息时，它会将新信息与本身的路由表相比较。如果该路由器比较出一条新路由或是找到一条比当前路由更好的路由时，就对路由表进行更新：从该路由器到邻结点之间的向量距离与新信息中的向量距离相加，作为新路由的向量距离。

按照规定，一个实现 RIP 的路由器每隔 30 s 与相邻路由器交换一次路由表。为了适应诸如链路故障等引起的拓扑结构变化，在最坏的情况下，路由器应在 180 s 内收到它的每个相邻结点的更新消息。选择大于 30 s 的值的原因是，RIP 使用了不可靠的 UDP 协议。因此，一些更新消息可能丢失并永远不会到达相邻结点。由于 RIP-1 和 RIP-2 都只能支持最多 15 跳，因此如果源结点和目的结点的路由跳数多于 15，目的结点所在的网络将被视为不可达。对路由器来说，就意味着到达该目的网络的代价为无穷大。这样就限制了互联网的大小，即只能为 15 个依次相连的网络。

2．RIP 报文格式

RFC 1058 规定，实现 IP 路由的 RIP 报文格式及其在 UDP 数据报中的封装格式，如图 6.9 所示。RIP 报文包含一个 4 B 的报文头及若干路由信息。一个 RIP 报文最多可以携带 25 个路由信息，因而 RIP 报文的最大长度为 504（4+20×2.5）B。如果超过这个值，就需要再用一个 RIP 报文来传送。

RIP 报文中各字段的含义如下：

（1）命令字段。该字段表示该报文是一个请求或响应。数值 1 用于请求，数值 2 用于响应。请求命令向响应方要求发送全部或一部分路由表，响应方的目的结点列在该报文的后面；响应命令则是对请求命令的一个回答，在大多数情况下，是一个定性的路由更新信息。在响应报文中，响应系统可以包括路由表或路由表的一部分，而定期的路由

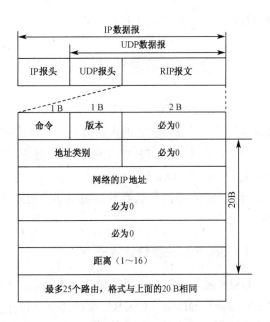

图 6.9　RIP 报文格式及其在 UDP 数据报中的封装格式

更新信息则包括整个路由表。

（2）版本字段。该字段规定实现的 RIP 版本。由于在互联网中可能有多种方法实现 RIP，因此该字段可用于指明不同的 RIP 实现版本。RIP-1 将该字段设为 1，RIP-2 将该字段设为 2。

（3）地址类别字段。该字段标识所用的地址类别。在互联网中，地址类别就是 IP（其值为 2），然而该字段也可表示其他的网络类型。

（4）网络的 IP 地址字段。在互联网的 RIP 中，该字段包含一个 IP 地址，用于指示目的结点的 IP 地址。它既可以是一个网络地址也可以是一个主机地址。

（5）距离字段。该字段表示欲到达目的结点需经过的中间结点的个数，即到达目的结点的量度，其范围从 1～15，数值 16 表示目的结点不可达。

同其他的路由协议一样，RIP 也采用了不少计时器。 RIP 路由计时器时间的更新通常设置为 30 s，以保证每个路由器每隔 30 s 向其邻接路由器发送一次路由表。路由失效计时器则用于决定某个路由器在多长时间没有收到特定的路由表时，该路由器应被认为失效。当某个路由器失效时，其邻接路由器将获得有关路由器的失效通知，该通知必须在路由监视计时器（Route Flush Timer）超时之时发出。若路由监视计时器超时，则该路由将从路由表中删除。路由失效计时器一般设为 90 s，而路由监视计时器则一般设为 270 s。

尽管简单是 RIP 的一个明显优点，但也存在一些局限性，其中包括有限的指标使用及结束速度较慢。由于使用跳数和在此指标中规定了一个小数值范围（1～15），该协议无法考虑网络负载条件。此外，RIP 不能区分高带宽链路和低带宽链路，其执行性能也比较差。

RIP-2 允许 RIP 报文携带更多的信息，如子网掩码、下一跳和路由域。RIP-2 还支持数据报认证，目前通过简单的明文口令进行认证，认证类型为 "2"。口令包含在 16 B 的认证信息字段中，不满 16 B 时后面补 "0"。与 RIP-1 不同，RIP-2 可以同 CIDR 一起使用。

RIP 报文使用广播，而且 RIP-2 报文还可以使用组播，组播地址为 224.0.0.9，这样可以减轻不接收 RIP-2 报文的主机的负担。

6.3　开放最短路径优先（OSPF）协议

开放最短路径优先（OSPF）协议是一种基于链路状态路由算法（RFC 1131/1247）的内部网关协议，它由 IETF 的内部网关协议（IGP）工作组于 1989 年推出，1990 年开始成为标准，最新的版本是 OSPF-2（RFC2328，互联网标准）。顾名思义，OSPF 有两个主要特性：一个是它的开放性，OSPF 协议是公开发表的，不受某一厂家控制；二是基于最短路径优先（SPF）路由算法。SPF 路由算法有时也根据其发明人的姓名迪杰斯特拉（Dijkstra）命名，称为 Dijkstra 算法。

1. OSPF 的主要性能特征

OSPF 属于一种分布式的链路状态协议，所有的 OSPF 路由器都维持一个链路状态数据库（Link State DataBase，LSDB）。数据库存储的链路状态信息描绘了整个自治系统的网络拓扑，以及各个链路的量度。链路的量度可以表示通过这条链路的距离、费用、时延、带宽等，用 1～

65 535 之间的无量纲整数来描述。

网络不是一成不变的，网络的链路状态可以随时间的推移而变化。为了描述动态的链路状态，OSPF 的每一个链路状态带有一个 32 bit 的序号，序号越大表示状态越新。OSPF 规定链路状态序号增长的时间间隔不能小于 5 s，32 bit 的序号空间可使 600 多年内序号是唯一的，不会重复。

OSPF 路由器之间要不断地交换链路状态信息并扩散到整个自治系统，以保持 LSDB 的动态性和在自治系统范围内一致性。一个自治系统内的所有路由器都有相同的 LSDB，即链路状态数据库同步。路由器在此基础上执行 Dijkstra 算法，计算出以自己为根的最短路径树，再从最短路径树得到转发 IP 数据报的路由表。

在互联网中，当自治系统很大时链路状态信息将难以管理，为此 OSPF 引入了区域（Area）的概念。OSPF 允许将一个 AS 划分成若干区域，每个区域维护本区的链路状态数据库，并由专门的路由器负责跨区域的链路状态信息交换。区域路由将内部选路与外部选路问题隔离开来。

OSPF 可以计算出到一个特定目的结点的多条路由，每条路由针对一种 IP 服务类型。这一功能提供了在 RIP 中不具备的额外灵活性。

OSPF 的路由更新非常有效并可以通过密码、数字签名等进行认证。认证机制可以确保路由器正在与受信任的相邻结点交换信息。

OSPF 还有其他一些特点，如网络拓扑发生改变后的快速恢复、避免选路环路及独立地解析并重新分发 EGP 和 IGP 路由等。OSPF 很复杂，下面对它进行简要介绍。

2. OSPF 报文格式

RIP 报文使用 UDP 进行传送，而 OSPF 报文则直接使用 IP 数据报进行传送，IP 数据报头的协议字段的值为 89。RFC 2328 描述了最新版本的 OSPF，所有的 OSPF 报文均有一个 24 B 的报头，如图 6.10 所示。

OSPF 报头中各字段的含义如下。

（1）版本号。版本号字段标识所用 OSPF 的版本号，当前版本号为 2。

（2）类型号。类型字段指明 OSPF 报文类型。

（3）分组长度字段。该字段规定 OSPF 分组的字节数，包括 OSPF 报文头本身，以字节计算。

（4）路由器标识字段。该字段标识该报文的源路由器。该字段通常设为接口的 IP 地址。

（5）区域标识字段。该字段标识 OSPF 分组所属的 OSPF 域。所有的 OSPF 分组都属于某一个特定的 OSPF 域。域 ID 0.0.0.0 被保留用于骨干域。

（6）校验和字段。校验和字段用于检测 OSPF

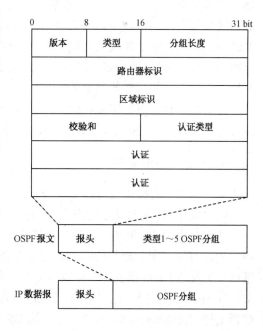

图 6.10　OSPF 报文格式

分组中的差错。

（7）认证类型字段。认证类型字段指明所要求的认证类型。目前只有两种："0"表示不用认证，"1"表示口令认证。

（8）认证字段。当认证类型为"0"时，认证字段填入"0"；当认证类型为"1"时，填入由 8 个字符构成的口令。

3. OSPF 报文的类型

OSPF 报文分为以下 5 种类型。

（1）问候报文（Hello）：周期性地发送该报文，以建立和维护与相邻路由器的关系，即用来发现相邻的路由器。

（2）数据库描述报文（DataBase Description，DBD）：描述拓扑数据库的内容，在其相邻路由器正被初始化时向邻结点发送本结点链路数据库中的链路状态简要信息。

（3）链路状态请求报文（Link State Request，LSR）：向其相邻结点的拓扑数据库请求发送某些指定链路的链路状态信息。该报文是在路由器发现其拓扑数据库（通过检查数据库描述报文）的部分内容已经过期后发送的。

（4）链路状态更新报文（Link State Update, LSU）：对链路状态请求报文的响应。该类报文也用于链路状态通告（LSA）的分发。在同一个报文中可以包括多个 LSA。在链路状态更新报文中的每个 LSA 均包含一个类型字段。LSA 有 4 种类型。①路由器链路公告（RLA）：描述路由器到某一特定区域的链路状态。路由器向其所需的每个区域发送一个 RLA。RLA 可在整个区域内传输，但不能越过该区域。②网络链路公告（NLA）：由指定的路由器发送，用于描述连接到一个多路访问网络上的所有路由器。该类信息在包括多路访问网络的区域内传输。③汇总链路公告（SLA）：对某个区域外但在同一个 AS 内的目的结点路由进行汇总。它们由区域边界路由器产生，并在该区域内传输。在主干域中，仅发送区域内路由；而对于其他区域，区域内路由和区域间路由均需发送。④AS 外部链路状态公告：描述 AS 外部目的结点路由。AS 外部链路公告由 AS 边界路由器产生。只有这种类型的公告可以在该 AS 中的任何地方传输，而所有其他类型的公告只能在特定的域中传输。

（5）链路状态应答报文（LSAck）：对链路状态更新报文的应答。对于每个链路状态更新报文均需给予明确的应答，以保证在某一区域中的链路状态数据能可靠地传输。

4. 单区 OSPF 的操作

单区 OSPF 的操作包括以下步骤：

（1）发送 Hello 报文，建立与邻结点的邻接关系。

通过传送 Hello 报文来发现相邻结点，并在多路访问网络中选择指定路由器。OSPF 协议运行后，首先试图与相邻的路由器建立邻接关系。它周期性地向各个网络接口（包括虚拟网络接口）发送 Hello 报文，以便发现、建立和维护邻接关系。通常每隔 10 s 发送一次 Hello 报文，在 Hello 报文中，包含它自己的 ID（即某一接口的 IP 地址）、优先权（用于选择指定路由器 DR：Designated Router）、已知的 DR 和 BDR（备份指定路由器）以及相邻路由器表。接收到 Hello 报文的路由器如果发现自己在与对方相邻的路由器表中，则表明双方都收到了对方的 Hello 报文。

如果有 40 s 没有收到某个邻接路由器发来的 Hello 报文，就认为它已不可达，应修改 LSDB。

（2）建立邻接关系并同步链路状态数据库。

OSPF 需要在 AS 中路由器的一个子集之间建立邻接关系。只有建立邻接关系的路由器才能参与 OSPF 的操作。建立了邻接关系的两台路由器之间的数据库同步过程如下：假设有两台路由器 A 和 B 刚建立起邻接关系，路由器 A 和 B 将相互发送数据库描述报文。在数据库描述报文中包括多个 LSA 的报头。如果 B 在 A 发送的报文中发现其中一些 LSA 报头代表的 LSA 在自身的数据库中不存在，或者收到的 LSA 比其拥有的 LSA 更新，则把该 LSA 报头放入自己的 LSA 请求表中，然后向路由器 A 发送链路状态请求报文，要求得到 LSA 的具体信息。

OSPF 路由器之间交换信息时要经过认证，保证只有可信赖的路由表才能传送路由信息，以防止网上恶意的伪造路由信息。

5. 与相邻路由器交换链路状态公告 LSA 并构建路由表

路由器 A 收到 B 的 LSA 请求报文后，将向 B 发送 LSA 更新报文。报文的数据部分是所请求的 LSA 的完整信息。B 对于收到的每一个更新报文均要进行检查，把收到的新 LSA 从 LSA 请求表中删除，同时向路由器 A 发出 LSA 更新的确认报文。如果路由器 B 的 LSA 请求表为空，则表明两者的数据库达到一致，即同步成功。OSPF 对每个链路状态更新报文均发送链路状态确认报文，以保证数据库描述报文的可靠传输。

路由器在其链路状态发生变化或收到其他路由器发送的 LSA 更新报文后，路由器也要向邻接的路由器主动发送 LSA 更新报文，以便其他路由器尽快更新其拓扑数据库。OSPF 要求 LSA 的所有发起者每隔 30 min 刷新 LSA 一次，这一规则可以防止路由器数据库发生意外错误。

路由器的 LSDB 存储的链路状态信息描绘了整个区的网络拓扑结构图及各个链路的量度。在 OSPF 拓扑图中，每一个路由器、局域网或广域网都抽象为一个结点，它们用边连接。连接两个路由器的边是点对点的链路，连接路由器和网络的边表示该网络直接连在路由器上。实际上，每条边均为方向相反的一对边，两个方向的量度可以相同也可以不同。从网络到路由器方向的链路的量度 OSPF 规定为 0。每一个路由器根据 LSDB 中的数据，使用 Dijkstra 算法计算出以自己为根的最短路径树，从最短路径树很容易得到路由表。如果到同一目的网络有多条相同量度的路径，OSPF 可以将通信量分配给它们，即进行负载均衡。OSPF 路由表中最多可以有 4 条量度相等的路径。负载均衡也是 OSPF 的一个特点。

6. 链路状态信息的分区管理

为了提高可扩展性，OSPF 引入了两层分级结构，以允许一个 AS 被划分为多个称为区域的组，这些区域通过一个中心骨干域互连，如图 6.11 所示。一个区域由一个 32 位的数字来标识，称为区域 ID，用点分十进制表示。骨干区域由区域 ID 0.0.0.0 标识。一个区域中的路由器只知道该区域内的完整拓扑；不同的区域可以通过骨干域交换数据报。

也就是说，在 OSPF 域里，网络和主机的集合（即互联网）组合在一起形成区域。一个区域内的路由器，称为域内路由器，在域内的网络之间路由数据报。域内路由器维护同一个拓扑数据。OSPF 域通过区域边界路由器互连，这些路由器分别保存它们所连区域的拓扑数据。

这些区域可以互连组成一个 AS。因此，在 OSPF 环境里，路由器互连形成网络，网络互连形成区域，区域互连形成 AS。为了进一步理解这个概念，继续考察图 6.11，它表示了由 3 个区域组成的 OSPF 环境。路由器 R1 和 R2、R4 和 R5、R8 和 R9 分别是区域 0.0.0.1、区域 0.0.0.2 和区域 0.0.0.3 的域内路由器。此外，R1 是区域 0.0.0.1 的边界路由器，R4 是区域 0.0.0.2 的边界路由器，R7 是区域 0.0.0.3 的边界路由器。每个区域是一个单独的自治系统，域内路由器只携带本域内网络的信息。例如，从网络 N1 到网络 N3 的数据报通过 R1 和 R2 内部路由；从网络 N1 到网络 N7 的数据报必须先路由到边界路由器 R1，然后转发给 R3 和 R7。

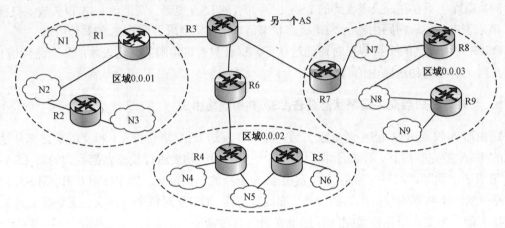

图 6.11　OSPF 域

注意，有了区域的概念后，OSPF 的路由在两个层次上进行。低层是域内路由；高层是域间路由，由穿越骨干网的流量组成。图 6.11 中的骨干网由路由器 R3、R6 和 R7 组成。为了减少骨干网的路由更新，每个区域有一个指定路由器和一个备份指定路由器。在区域内，每个路由器与指定路由器交换链路状态信息。指定路由器负责（当它失效时由备份路由器负责）代表本网络产生链路状态通告（LSA）。

当一个新的路由器加入网络时，它给每个邻居发送 Hello 报文。所有的路由器也都周期地发送 Hello 报文以告知相邻路由器它们在正常运行。OSPF 路由器使用链路状态算法如 Dijkstra 算法建立它们看到的网络拓扑数据库，然后通过链路状态公告（LSA）将其发送给相邻路由器。域内路由器只与同一域内的路由器交换 LSA，而区域边界路由器则与其他区域边界路由器交换 LSA。

6.4　边界网关协议（BGP）

由 RFC 1771-1772 定义的边界网关协议（BGP）版本 4 是互联网中域间路由协议的草案标准，能在多个自治系统（AS）域内或域间对数据报传输的路由进行选择和域间路由信息交换。通常称之为 BGP-4 或简称为 BGP。BGP 极其复杂，许多专著致力于研究该主题，它是互联网中极为重要的协议。

1. BGP 的主要性能特征

对于仅作为一个数据传输通道的 AS（既不是数据的发起端，也不是数据的接收端），BGP

必须与存在于这些 AS 内部的路由协议打交道，以使数据能正确通过它们。BGP 的路由刷新报文由"网络号：自主系统路径"组成，每个 AS 路径都是一系列 AS 的名字字符串，它记录了通向最终目标所经过的网络。BGP 的路由刷新报文通过传输控制协议（TCP）进行可靠传输。

与其他一些路由选择协议不同，BGP 不要求对整个路由表进行周期性刷新，运行 BGP 的路由器只保持每一个路由表的最新版本。尽管 BGP 保持通向特定目标的所有路由表，但在路由选择刷新报文中只说明最佳路由。

BGP 的路由量度方法可以是一个任意单位的数，它指明某一个特定路径可供参考的程度，通常由网络管理人员通过配置文件进行设置。可参考的程度可以基于任何数字准则，如最终系统计数（计数越小路由越佳）、数据链路的性能（链路的稳定性、可靠性和传输速率等）等因素。

BGP 提供了一套新的机制支持无类域间路由。这些机制包括支持网络前缀的广播。BGP 也引入机制支持路由聚合，其中包括 AS 路径的聚合。

BGP 也可以用于 AS 内部，属于一种双重路由选择协议，但要求两个可以在 AS 之间进行通信的 BGP 相邻结点必须存在于同一个物理链路上。位于同一个 AS 内的 BGP 路由器可以互相通信，以确保它们关于整个自治系统的所有信息都相同。而且，在通过信息交换后，它们将决定 AS 内的哪个 BGP 路由器作为连接点负责接收来自自治系统外部的信息。也就是说，在配置 BGP 时，每一个自治系统的管理员至少要选择一个路由器作为该自治系统的"BGP 发言人"。所谓 BGP 发言人往往就是 BGP 边界路由器，所以该边界路由器可以代表整个自治系统与其他自治系统交换路由信息。

2. 路径属性

路径属性分为：公认的或任选的，必遵的或自决的，可传递的和非可传递的。这些属性的组合可分为：公认和必遵的，公认和自决的，任选和可传递的，任选和非可传递的。

AS 路径属性属于公认必遵属性。只要路由更新通过一个 AS，这个 AS 号就被添加到路由表中。因此，路径属性其实是路由更新达到目的结点所经过的每一个 AS 号和汇总，而且路由更新的起始 AS 号被加入到路由表的末尾。

下一跳属性属于公认必遵属性，它说明了用于去往目的结点的下一跳地址。

起源属性属于公认必遵属性，它定义路由信息的起源，起源属性可为下列三值之一：①IG，属于 AS 内部的路由信息，也就是由同一 AS 内的路由器产生的路由信息，在 BGP 表中用 i 表示；②EGP，属于从外部 AS 学到的路由信息，在 BGP 表中用 e 表示；③不完全，表示路由的起源不知或者是由再发布学习到的。

本地优先属性属于公认自决属性。对于 AS 内的路由器来说，可根据每条路径的本地优先值来决定选择哪条路径作为该 AS 的出口，优先值高者优先。默认情况下其属性值为 100。本地优先属性只能在同一 AS 内的路由器之间进行比较。

MED 值属性属于任选非可传递属性，也称为量度值，主要用于指示外部相邻路由器选择进入 AS 的路径，量度值较低的路径优先选择。这种信息的交换是在不同的 AS 之间进行的。当更新被传送到下一个 AS 时，量度值被设置为默认值 0。

团体属性属于任选可传递属性，主要是指用于过滤路由入和出的一种方法。BGP 团体允许路由器用一个指示符来标注路由，任一 BGP 路由器可在入路由或者出路由时使用这一标注。任一 BGP 路由器都可以在入路由或者出路由更新中，根据这一标注来过滤路由或者优先选择。

权重属性属于 Cisco 专用属性，它用于路径的选择过程，主要是在本地化的配置过程中使用，对于不同的邻居有不同的值。当某路由器到一目的地有两条路径时，可分别通过两个相邻路由器，这时本地路由器上对应于哪条路径的相邻路由器的权值较高，就选择哪条路径。

BGP 同步规则，主要是为了保证所有的 BGP 路由器能达到同步。

3. BGP 报文

为实现邻结点探测、邻结点可达性和网络可达性等功能，BGP 协议使用打开（Open）、更新（Update）、保持活动（Keepalive）和通告（Notification）4 种类型的报文交换 BGP 消息。这 4 类报文具有相同的 19 B 的报头，主要包含认证标记、报文总长度和类型 3 个字段，如图 6.12 所示。

1）认证标记

认证标记字段长为 16 B，用于认证进入的 BGP 报文或检测一对 BGP 对等实体之间丢失的同步。如果报文是一个 Open 报文，可以基于采用的某种认证机制来预测标记字段，如报文摘要算法版本 5（MD-5）。如果 Open 报文没有携带认证，则标记字段必须设为全 1。

2）报文总长度

报文总长度字段长为 2 B，用于指示以字节为单位的 BGP 报文的长度，即包括报头在内的信息总长度。总长度字段的数值必须在 19～4 096 B 之间。

3）类型

类型字段长为 1 B，用于标识 BGP 报文的类型，值为 1～4，分别对应 Open（为 1）、Update（为 2）、Keepalive（为 3）和 Notification（为 4）4 种类型的 BGP 报文。

（1）打开报文（Open）。打开报文用于在边界路由器之间建立邻机关系。BGP 与相邻的边界路由器打开一条 TCP 连接，并发送一个打开报文，若对方同意，则以保持活动报文响应，从而建立起邻机关系。打开报文共有 6 个字段，包含版本、自治系统号、保持时间、BGP 标识符、可选的参数长度及可选的参数字段，如图 6.13 所示。其中，版本字段长度为 8 bit，定义 BGP 的版本号，当前的版本号为 4。本自治系统号字段长度为 16 bit，指明本路由器所属的

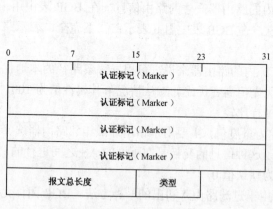

图 6.12　BGP 报头格式

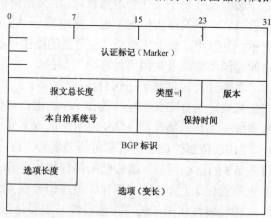

图 6.13　BGP 打开报文格式

自治系统的编号。保持时间字段长度为 16 bit，指明本路由器在收到邻机的保持活动或更新报文前保持连续的秒数。BGP 标识符字段长度为 32 bit，指明发送打开报文的路由器，用该路由器的 IP 地址标识。选项长度字段的长度为 8 bit，标识选项参数的总长度；0 表示没有选项。选项字段的长度是可变的，每个选项由参数长度和参数值构成。目前唯一的选项参数是认证。

（2）更新报文（Update）。更新报文是 BGP 的关键报文，用于删除信宿网络和通告新的信宿网络，如图 6.14 所示。更新报文除报头之外共有 5 个字段，包含不可行路由器长度、删除的路由器、路径属性长度、路径属性、网络层可达性信息（NLRI）。在 TCP 连接建立后，BGP 对等体通过使用更新报文发送某一路由信息，以及列出要删除的多条路由。更新报文用来构造一个 AS 连接图，是 BGP 协议的核心内容。

（3）保持活动报文（Keepalive）。保持活动报文只是 BGP 的 19 B 的报头，没有数据部分，用于通知对方本机处于活动状态。BGP 邻机通过周期性地交换保持活动报文来持续监视对等体的可达性。需要频繁交换保持活动报文，以防止计时器超时。

（4）通告报文（Notification）。通告报文是当出现错误情况或路由器要关闭与邻机的连接时所发送的报文，其格式如图 6.15 所示。通告报文除报头之外有 3 个字段，即差错代码、差错子代码和差错数据。当一个 BGP 发言人检测到一个错误或异常时，该 BGP 发言人发送一个通告报文，然后关闭此 TCP 连接。

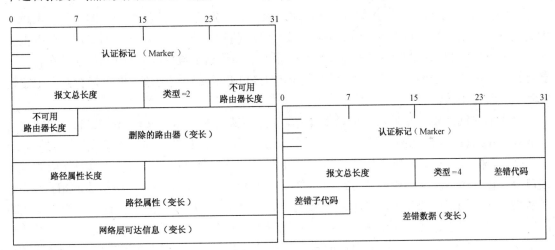

图 6.14　BGP 更新报文格式　　　　　　图 6.15　通告报文格式

BGP 报文封装在 TCP 报文段中传输，使用 TCP 的 179 接口。BGP 版本 4 支持无分类地址和 CIDR。BGP 属域间路由协议，是高性能核心路由器上必须运行的一种路由协议，它主要应用于各主干网所在的 AS 之间的互连。为了使各互联网之间的信息能相互通达，需要配置 BGP 的发布和接收路由策略。BGP 的配置是目前高速互联网中最复杂的部分，直接关系到全世界互联网的稳定运行，是使互联网具有可扩展性和可持续发展的基础。

6.5　路由器及其配置

路由器是网络互连的重要设备，对其配置和维护是网络管理员的一项重要工作任务。路由器配置的正确与否是能否保证互联网畅通的首要条件。路由器功能强大、类型多，不同类型和档次的路由器具有不同的接口，提供的功能也有差异，配置起来比较复杂。路由器的配置除硬件接口连接之外，主要是利用路由器网络操作系统软件（如 Cisco IOS）对路由器的接口参数、连接和性能进行配置。

6.5.1　路由器的工作原理及构成

路由器是在网络层进行路由选择、数据报转发的网络互连设备，它能够将异构网络连接起来，实现不同网络协议之间的数据转换。

1. 路由器的工作原理

路由器是如何工作的呢？路由器的两个最基本功能是数据报的寻径和转发。①寻径就是根据数据报的目的地址和网络拓扑结构选择一条最佳路径，并把对应不同目的地址的最佳路径存放在路由表中。该过程一般是借助路由选择算法来实现的。②转发就是将数据报按照最佳路径进行传送。实现数据报转发就是根据数据报的目的 IP 地址把报文从正确的接口转发出去，以让数据到达正确的目的地。路由器一般是借助 IP 地址来传递数据报的。

当路由器收到一份 IP 数据报后，首先对该报文进行判断，然后根据判断的结果再做进一步的处理。如果数据报是无效的或错误的（如 TTL 值超过了规定），路由器将这个数据报丢弃，否则就根据数据报的目的 IP 地址转发该报文。如果这个数据报的目的 IP 地址在与路由器直接相连的一个子网上，路由器会通过相应的接口把报文转发到该子网上，否则会把它转发到下一跳路由器。

路由器对网络中的数据报完成以上操作，需要依赖于路由表（Routing Table）和转发表（Forwarding Table）。①路由表是一个存储在路由器或者联网计算机中的电子表格（文件）或类数据库，一般一条表项包含数据报的目的 IP 地址，下一跳路由器的地址，以及相应的网络接口等（在有些情况下，还记录有路径的路由度量值）。路由表中含有网络周边的拓扑信息，在网络拓扑结构发生变化时，路由表亦做相应的变动。路由表建立的主要目标是为了实现路由协议和静态路由选择。路由表可以是由系统管理员固定设置好的静态路由表，也可以是根据网络系统的运行情况由路由器自动调整的动态路由表。②路由转发表是根据路由表生成的，其表项和路由表项有直接对应关系，但转发表的格式和路由表的格式不同，它更适合实现快速查找。转发的主要流程包括线路输入、包头分析、数据存储、包头修改和线路输出。数据报到达路由器的时候，要根据"指示"前往特定的端口，路由器上存放这个"指示"的地方就叫作转发表。路由表和转发表都是转发报文的一组规则集，如何建立与维护路由表、转发表是路由器的重要工作。

2. 路由器的基本结构

随着互联网的应用普及，路由器技术发展迅猛。从设备架构来看，IP 路由器经历了 CPU 集中式处理、CPU 分布式处理、CPU/ASIC 协同处理、NP/ASIC 协同处理 4 个发展阶段。从设备转发能力来看，单板卡处理能力从 2.5 Gbps 开始，经历了 10 Gbps、40 Gbps、100 Gbps 到 400 Gbps 的发展。从设备形态来看有单机、背靠背与集群等多种类型。在芯片、背板与集群等技术的推动下，IP 路由器性能不断提升，种类也越来越多。

事实上，路由器是一台特殊用途的计算机，与平常使用的计算机类似，由硬件系统和软件系统两大部分组成。硬件系统主要部件包括中央处理器（CPU）、各种存储器[包括只读存储器（ROM）、随机访问存储器（RAM）、闪存（flash）和非易失性随机存储器（NVRAM）等]、物理接口、系统总线、电源和金属机壳等。软件系统主要由互联网操作系统（Internet Operation System，IOS）、运行配置文件和启动文件三部分组成。吞吐量、时延和路由计算能力等是衡量路由器性能的重要指标。

从功能的角度看，一种典型的路由器基本结构如图 6.16 所示。从该图可以看出，整个路由器可以划分为路由选择和数据报转发两大部分。

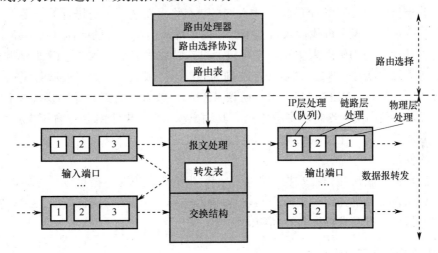

图 6.16　路由器的基本结构

1）路由选择部分

路由选择部分的核心构件是路由处理器。最早使用的路由器就是利用普通计算机的中央处理器（CPU）作为路由选择处理器的。路由处理器的主要任务是根据所选定的路由协议构造出路由表，同时经常或定期与相邻路由器交换路由信息而不断更新、维护路由表。

无论是在中低端路由器还是在高端路由器中，路由处理器都是路由器的心脏。通常在中低端路由器中，路由处理器负责交换路由信息、路由表查找并转发数据报。路由处理器的能力直接影响路由器的吞吐量（路由表查找时间）和路由计算能力（影响网络路由收敛时间）。在高端路由器中，通常数据报转发和查表由 ASIC 芯片完成，路由处理器只实现路由协议、计算路由以及分发路由表。路由处理器的性能直接影响到路由器的硬件性能，如果路由器的 CPU 性能不好，即使其他组件配置较高，路由器的性能也不能得到充分的发挥。

2）数据报转发部分

数据报转发部分主要由交换结构、输入端口和输出端口三部分组成。

（1）交换结构。交换结构用于连接多个物理接口，在路由处理器的控制下提供高速数据通路。IP 数据报由输入端口到输出端口的转发就是通过交换结构实现的。可以使用多种不同的技术实现交换结构，迄今为止使用最多的交换结构是总线交换技术、交叉开关交换技术和共享存储器技术。最简单的交叉开关，使用一条总线连接所有的输入端口和输出端口。总线开关的缺点是，其交换容量受限于总线的容量以及为共享总线仲裁所带来的额外开销。交叉开关通过开关提供多条数据通路，具有 $N×N$ 个交叉点的交叉开关可以被认为具有 $2N$ 条总线。如果一个交叉闭合，输入总线上的数据在输出总线上可用，否则不可用。交叉点的闭合与打开由调度器控制，因此调度器限制了交换开关的速度。在共享存储器路由器中，进来的数据报被存储在共享存储器中，所交换的仅是数据报的指针，这样就提高了交换容量；只是，开关的速度受限于存储器的存取速度。尽管存储器容量每 18 个月能够翻一番，但存储器的存取时间每年仅降低 5%，这是共享存储器交换结构的一个固有限制。

（2）输入端口。输入端口是物理链路和输入数据报的入口。输入端口通常由线卡提供，一块线卡一般支持 4、8 或 16 个端口。输入端口具有许多功能：一是进行数据链路层的封装和解封装；二是在转发表中查找输入数据报的目的地址从而决定目的端口（称为路由查找），路由查找可以使用一般的硬件来实现，也可以通过在每块线卡上嵌入一个微处理器来完成；三是提供服务质量（QoS），输入端口要把收到的数据报分成几个预定义的服务级别；四是运行诸如串行线网际协议（SLIP）和点对点协议（PPP），或者点对点隧道协议（PPTP）。一旦路由查找完成，必须用交换结构将数据报送到其输出端口。如果路由器是输入端加入队列的，则有几个输入端共享同一个交换结构。这样输入端口的最后一个功能是参加对公共资源（如交换开关）的仲裁。

（3）输出端口。输出端口在数据报被发送到输出链路之前对数据报进行存储，可以实现复杂的调度算法以支持优先级等要求。与输入端口一样，输出端口同样需要支持对数据链路层的封装和解封装，以及支持许多较高级的协议。

3．路由器接口及其标识

路由器的输入和输出端口的功能与传统操作系统中的 I/O 设备一样，这里的端口就是物理接口。

1）路由器的接口类型

路由器的主要作用就是从一个网络向另一个网络传递数据包，路由器的每一个接口连接一个或多个网络。路由器连接的网络可能多种多样，所以其接口类型也比较多。通常，将路由器的物理接口分为管理接口与网络接口两种。网络接口用于不同网络的接入与互连。

（1）管理接口。管理接口用于路由器的配置与管理，也称为配置端口，分别是控制台端口（Console Port）和辅助端口（Auxiliary Port）。Console 端口使用配置专用线直接连接至计算机的串口，利用终端仿真程序（如 Windows 下的"超级终端"）进行路由器本地配置。路由器的 Console 端多为 RJ-45 标准接口。辅助端口用于通过 Modem 使终端与路由器连接，实现对路由器的远程管理和配置。

（2）网络接口。网络接口又分为局域网接口和广域网接口两大类。①路由器的局域网接口类型比较多，主要有以太网（RJ-45)接口、SC 接口等。RJ-45 接口是常见的双绞线以太网接口，SC 接口是光纤接口，用于与光纤的连接。②广域网接口也称为串行口，用于同步连接时需在 DCE 端设置时钟速率（以提供网络时钟同步）；异步连接时使用起始位保证数据被目的接口完整、准确地接收。通过在同步串口上进行软件配置，该接口可以通过封装 DDN、帧中继和 PPP 协议，连接广域网或互联网。

当然，路由器型号不同，其提供的接口数量和类型也不尽相同。路由器的接口可以是固定的，也可以根据用户的需求提供模块化选配。通常低端路由器采用固定方式，高端路由器则提供模块选择。图 6.17 为 Cisco 2600 系列路由器的物理接口。该路由器配有 2 个串行接口、2 个快速以太网接口、1 个控制台端口与 1 个辅助端口。

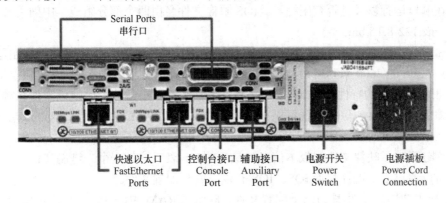

图 6.17　Cisco 2600 系列路由器的物理接口

2）路由器接口的标识

为了区别路由器上不同的物理接口，引入了路由器接口命名规则，为路由器上的每个物理接口赋予唯一的标识，以便对路由器接口进行识别。因此，路由器的每个接口都有自己的名称和编号。路由器接口的命名格式为"接口类型 插槽编号/模块编号/接口编号"。其中插槽编号、模块编号和接口编号一般从"0"开始，第 1 个编号为"0"，第 2 个标号为"1"，以此类推。

（1）对于固定接口的路由器，其接口名称中的数字只有一个接口编号。例如 Ethernet 0（可缩写为 E0）表示第 1 个以太网接口，Serial 1（可缩写为 S1）表示第 1 个串行口。

（2）对于支持"在线插拔和删除"或动态更改物理接口配置的路由器，其接口名称的数字至少包含插槽编号与端口编号两个数字，中间用一个正斜杠（/）分隔。其中，第一个数字代表插槽编号，第二个数字代表接口处理器的接口编号。例如，在 Cisco 2600 系列路由器中，FastEthernet 0/1（可缩写为 f0/1）表示位于"0"号插槽上的"1"号快速以太网端口。

（3）对于支持"万用接口处理器（VIP）"的路由器，其接口名称的数字要包含插槽编号、模块编号和端口编号 3 个数字。例如，在 Cisco 7500 系列路由器中，GigaEthernet 0/0/1（可缩写为 g0/0/1)表示"0"号插槽上"0"号模块的"1"号千兆以太网端口。

6.5.2　路由器的配置环境

在路由器配置之前，需要做一些准备工作。例如，路由器的配置文件（IOS）、名称、准备使用的接口、为接口分配的 IP 地址，以及需要在路由器上运行的路由协议、用于访问路由器的密码等。

1．IOS 配置文件

互联网操作系统（IOS）是常见路由器系统软件的重要组成部分，提供了许多用于接口的配置命令。路由器的平台不同、功能不同，运行的 IOS 也不相同。

1）IOS 映像文件

IOS 是一个特殊格式的文件，对于 IOS 文件的命名，有一套独特的规则。根据这套规则，只需检查一下映像（Image）文件的名字，就可以判断出它适用的路由器平台，它的特性集、版本号、在哪里运行以及是否有压缩等。IOS 映像文件名由两个部分组成，中间用圆点分隔，如 c2600-i-mz.122-8.T5.bin。

第 1 部分细分为 3 个小部分，中间用短横线连接。第 1 小部分指出使用的路由器平台，c2600 表示 Cisco 的 2600 系列路由器。第 2 小部分指出特性集，j 表示企业特性集，i 表示 IP 特性集，s 表示在标准的特性集中加入了一些扩展功能。第 3 小部分表明映像文件在哪里运行，是否有压缩等。L 表示映像文件既可以在随机存取内存（RAM）中运行，也可以在 Flash 中运行，m 表示能在 RAM 中运行，z 表示映像文件采用了 zip 压缩格式。

第 2 部分反映了映像文件的版本信息。最后的 bin 表示这是一个二进制文件。

用户可以通过多种途径配置 IOS。IOS 有以下两种配置文件。

（1）运行配置文件，也称为活动配置文件，驻留在 RAM 中，包含了目前在路由器中"活动"的 IOS 配置命令。配置 IOS 时，相当于更改路由器的运行配置。

（2）启动配置文件，也称为备份配置，驻留在非易失性 RAM（NVRAM）中，包含了希望在路由器启动时执行的配置命令。启动完成后，"启动配置文件"中的命令就变成了"运行配置文件"中的命令。

这两个文件均以 ASCII 文本格式存储，可以很方便地阅读和操作它们。IOS 提供了对这两个文件进行操作的命令。

2）备份 IOS

在路由器的管理维护过程中，有时需要升级路由器的 IOS。在升级之前，一般应将 IOS 备份到 TFTP 服务器中。如果路由器 IOS 升级失败以便从 TFTP 服务器中使用原来的 IOS 恢复。例如，假设 TFTP 服务器的 IP 地址是 192.168.1.10，路由器的 IP 地址是 192.168.1.11，将路由器的 IOS 备份到 TFTP 服务器的方法如下：

（1）首先使用命令查看路由器 IOS 映像文件名。

    Router#dir flash （查看当前 IOS 映像文件，也可以用 Router#show version）

（2）将路由器 IOS 映像文件备份到 TFTP 服务器。

    Router#copy tftp （备份 IOS 文件)

    Source filename[]?c2600-i-mz.122-8.T5.bin（IOS 映像文件名）

    Address or name of remote host[]?192.168.1.10（远端的 TFTP 服务器 IP 地址）

    Destination filename[c2600-i-mz.122-8.T5.bin]?

    !! （感叹号表示复制成功)

3）恢复（或升级）IOS

将要升级的 IOS 映像文件复制到相关的目录中，如 d:\，并运行 TFTP 服务器软件，通过菜单设置 root 目录为复制 IOS 映像文件所在目录，如 d:\。假设该计算机的 IP 地址为 192.168.1.10，连接路由器的 Console 端口与 PC 的 COM 口，使用 PC 超级终端软件访问路

由器。路由器的 IP 地址为 192.168.1.11（与 PC 的 IP 地址同网段）。升级路由器 IOS 的过程
如下：

> Router#copy tftp flash
>
> Address or name remote host[]?192.168.1.10（TFTP 服务器地址）
>
> Source filename[]?c2600-i-mz.122-8.T5.bin（需升级的新 IOS 映像文件名）
>
> Destination filename[c2600-i-mz.122-8.T5.bin]?
>
> Do you want to over write?[confirm]
>
> Accessing tftp://192.168.1.10/ c2600-i-mz.122-8.T5.bin…
>
> Erase flash:before copying?[confirm]
>
> …

2. 路由器配置环境的搭建

路由器本身没有输入/输出设备，使用 IOS 对路由器进行配置时，需要把路由器与某个终
端或 PC 连接起来，借助终端或 PC 实现对 IOS 的配置。一般情况下，以 Cisco 路由器为例，
可以通过以下 3 种方式对路由器进行配置。

1）通过控制台接口配置路由器

通过控制台接口配置路由器，需要从硬件和软件两个方面搭建配置环境。

（1）用一条控制线连接控制台端口与终端。若路由器配置了 RJ-45 控制台端口，随路由
器附有一条"全反线"电缆，并有一个适配器（转换头）。适配器类型有两种：RJ-45-DB-9F
和 RJ-45-DB-25F。适配器的一头是 FJ-45 插座，用来插接逆转电缆的 RJ-45 插头；另一头是
DB-9F 或者 DB-25 插头，以便插入终端或 PC 的串口。可以根据终端或 PC 上串口配备的是
DB-9M 还是 DB-25M 来选择使用 RJ-45-DB-9F 或者 RJ-45-DB-25F。如果路由器配置了 DB-25F
控制台端口，则需要一条专用的配置信号电缆。电缆的一端是 DB-25M 连接头，另一端是
DB-25F 连接头。DB-25M 插入路由器的控制台端口（Console），另一端 DB-25F 插入终端或
者 PC 的串口（COM 口）。

（2）在 PC 上运行并设置超级终端仿真软件。如果使用一台非智能的 ASCII 终端进行路由器
配置，就不必运行专门的软件。对于 Cisco 路由器而言，其控制台的默认连接速率是 9 600 波特，
因此需要配置成 9 600 波特的速率，采用 8 bit 数据位、无奇偶校验和 1 bit 停止位。若用来进行
IOS 配置的终端是一台 PC（称为配置计算机），则需要运行超级终端软件，以便输入 IOS 命令并
查看 IOS 信息。目前，有多种仿真终端软件可供选择使用。例如，HyperTerminal（HHgraeve 公
司开发）和 Procomm（DataStorm Technologies 公司开发）、Kermit 等。对于 Windows 操作系
统，一般默认支持安装了 HyperTerminal 仿真终端软件。

在 PC 上，启动 Windows 操作系统，单击"开始"→"程序"→"附件"→"通信"→"超
级终端"，双击 Hypertrn.exe 图标；任意输入一名称，如 Cisco 2600，任选一图标，单击"确
定"按钮；之后选择 COM 口，设置 COM 口的属性，波特率选默认值为 96 000 bps，数据位
选"8"，奇偶校验选"无"，停止位选"1"，流量控制选"硬件"，单击"确定"按钮，即可
连通路由器。

（3）路由器加电。若是第一次开启路由器，或者路由器启动时没有可供载入的启动配置（NVRAM 是空的），则 IOS 会自动运行 setup 命令，进入"系统配置对话过程"；根据系统的提示，以对话形式进行配置。如果有可供载入的启动配置，则会显示路由器自检信息。自检结束后，提示用户按 Enter 键，出现命令行提示符，然后即可输入命令行命令进行配置。

2）通过辅助接口配置路由器

通过辅助接口配置路由器，首先需要将路由器的辅助接口（AUX）与 Modem 直接相连，再通过电话线与远程终端或运行终端仿真软件的 PC 相连，然后才能进行路由器的配置。

（1）路由器的辅助端口（AUX）连接一台 Modem，远程计算机上的接口也连接一台 Modem，两台 Modem 通过电话线连接。

（2）在计算机上运行超级终端软件，在超级终端接口设置对话框中，选择所使用的 Modem 口，并在相应的文本框中，分别输入待拨电话区号及号码。然后单击"确定"按钮，系统会弹出"连接"对话框。

（3）给路由器的外接 Modem 加电。当在屏幕上显示出路由器启动过程后，就可以对路由器进行配置了。

3）通过以太网接口（局域网接口）配置路由器

首先把计算机与路由器的一个以太网接口（已设置有 IP 地址）用 RJ-45 跳线连接，然后按照以下途径配置路由器。

（1）通过 Telnet 配置路由器。Windows 操作系统配有 Telnet 终端仿真程序，当路由器设置为允许远程访问时，可以在网络上任何一台与之相连的计算机上执行"Telnet IP-address"命令，登录到路由器对其进行配置和管理。其操作界面与通过控制台端口和超级终端进行连接时相同。

（2）通过 SNMP 网络管理工作站，使用网络管理软件对路由器进行配置。常用的网络管理软件有 Cisco 公司的 Cisco Work 和 Cisco View，HP 公司的 OpenView 等。例如，Cisco ConfigMaker 是一个由 Cisco 公司开发的免费路由器配置工具，它采用图形化的方式对路由器进行配置，然后将所做的配置通过网络下载到路由器上。

（3）通过 TFTP 服务器下载路由器配置文件对路由器进行配置。任何一台 PC 机只要装有 TFTP 服务器软件，就可以称为 TFTP 服务器。TFTP 服务器可以实现对路由器软件系统的保存和升级，以及对配置文件的保存和下载，使得对路由器的管理变得非常简单和快捷。因此，在进行路由器配置之前，一般是先安装一台 Cisco TFTP 服务器。TFTP 服务器软件可以到 Cisco 公司的网站（http://www.cisco.com）上下载，然后将其复制到 TFTP 服务器根目录下即可。通过 TFTP 服务器即可实现对路由器软件的升级，以及对配置文件的备份与恢复。

3. 路由器配置模式

当路由器加电启动时，首先自测确定 CPU、存储器和网络接口的基本工作情况正常后，开始加载 IOS。其初始化顺序为：①从 ROM 上装载普通引导程序（bootstartup），引导程序是一种简单的预置操作程序，用于引导装载其他指令；②依据 IOS 所定位的位置（取决于寄存器的配置），装载 IOS 映像文件；③装载 NVRAM 中的配置文件；④如果 NVRAM 中没有有效的配置文件，IOS 会询问一些问题，以便在路由器上建立一个基本配置，一些特殊的配置必须通过命令来完成。系统配置对话过程主要分为 4 个阶段：显示说明信息、设置全局参数、设置接口参数和总结显示配置结果。

对于 Cisco IOS 而言，其用户接口分为用户模式（User EXEC）、特权模式（Privileged EXEC）、全局配置模式（Global Configuration）和接口配置模式等。用户能够使用的命令是由其所处的模式决定的。在每一种模式下，只要在系统提示符下输入问号，系统就会显示当前可用的命令。

1）用户模式

用户模式是路由器启动时的默认模式。IOS 软件通过一个命令解释器 EXEC，解释输入的命令并执行相应的操作。连通路由器后，按 Enter 键，系统自动进入用户 EXEC 模式，即屏幕提示"Router>"，路由器等待用户在控制台键盘输入命令。其中，Router 是所有 Cisco 路由器的默认主机名，大于号>说明正处于用户 EXEC 模式（用户模式）。在用户 EXEC 模式下，仅允许用户查看大部分路由器的可配置组件的状态，不能改变路由器的配置内容。

2）特权模式

特权模式是对路由器的最高级访问模式，可以对路由器进行更多的操作。用于进入这个模式的命令是 enable。当进入特权模式时，将在路由器控制台上显示如下内容：

Router>enable　　//可简写为 en
Password：******
Router#

其中，提示符#表示路由器正处于特权 EXEC 模式。在这个级别上，可以执行用户模式下的所有命令，还可以看到更改后的路由器配置；能够运行用于测试网络、检测系统的命令。可使用"configure"命令进入其他的配置模式，但是不能对接口和网络协议进行配置。

由于在特权模式下能够执行许多重要的命令，如设置操作参数等，所以对特权模式命令的使用采用了口令保护机制，以限制没有权限的用户使用。

用户模式和特权模式是路由器的主要模式。

3）全局配置模式

在全局配置模式下，可以完成命名路由器、配置用户登录进入路由器时的标题信息和使用不同的路由器协议等任务。任何可以影响整个路由器运行的命令都必须在全局配置模式中输入。要进入全局配置模式，必须先进入特权 EXEC 模式，然后使用命令 configure terminal 即可。例如：

Router#configure terminal（注：configure terminal 可简写为 conf t）
Enter configuration commands, one per line. End with CNTL/Z.
Router(config)#

注意提示符的变化，这个提示符告诉用户，路由器已经处于全局配置模式。此时可使用

exit、end 命令或者按 Ctrl+Z 键返回特权模式状态。

4）接口配置模式

系统的许多特性都是基于接口的，接口配置命令可用于改变接口的特性。接口配置模式用于对指定接口进行相关的配置。在接口配置模式下，系统的提示符为：

Router(config-if)#

在全局模式下使用 Interface 命令即可进入。例如，进入串口配置模式，可使用下列命令：

Router(config)#interface fastEthernet0/0
Router(config-if)#

使用 exit 命令可退回到上一级模式，即全局配置模式；使用 end 命令或者按 Ctrl+Z 键，可以直接退回到特权模式状态。

5）ROM 检测模式

当路由器无法找到一个有效的 IOS 映像文件或者其他配置文件在启动过程中被中断时，系统可以进入 ROM 检测模式。在 ROM 检测模式下，可以重新启动路由器或进行系统诊断。ROM 检测模式主要用来进行路由器的初始化安装、系统的升级和恢复；也可以在系统启动的前 60 s 内，按 Ctrl+Break 键进入 ROM 监控状态。该模式的提示符为">"，前面没有路由器名称。在 ROM 监控状态下，路由器不能完成正常的功能，只能进行软件升级和手工引导。忘记路由器口令时，也可以在此模式下解决问题。

在全局模式下，输入 "config-register 0x0"，然后关闭电源重新启动，也可以进入检测模式。要回到用户模式，只要输入 "continue" 即可。

在 ROM 检测模式下输入 "i" 命令，可以初始化路由器或者访问服务器，这个命令可使引导程序重新初始化硬件，清除内存中的内容并引导系统。在进行任何测试或者引导系统之前，最好先使用 "i" 命令。要启动系统映像文件，使用 "b" 命令。

6）其他配置模式

路由器的配置模式还有很多，如系统对话配置模式、控制器配置模式、终端线路配置模式及路由器协议配置模式等。更多的配置模式信息，可以查看相关的资料。

6.5.3 路由器的基本配置

路由配置是指在路由器上进行某些文件操作，使其能够完成在网络中选择路由的工作。只有通过正确的路由配置，才能使路由器之间相互通信，自动地建立、维护和更新路由表。路由器基本配置包括接口的配置、静态路由配置、默认路由配置等。

1. IOS 命令行接口简介

通过系统配置对话模式可以简单地完成路由器的部分配置，但灵活性较差，且有些配置还无法完成，需用 IOS 的命令行接口（Command Line Interface，CLI）通过输入 IOS 命令进行路由器的基本配置。

1）帮助

在任何模式下，只要在命令提示符下输入帮助命令"？"，就可以显示在此模式下的所有命令。显示满一屏幕时会暂停，按 Enter 键可以显示新的一行，按空格键则显示下一屏。

如果不会正确拼写某个命令。可以先输入开始的几个字符，其后紧跟一个问号"？"，路由器会在这些字符的基础上，将其补充为一个完整的命令词。

如果不知道一个命令应该携带的参数，可以在命令关键字后面加一个空格，空格后输入一个"？"，路由器会列出与该命令相关的参数。

输入命令不完整的字符后，按 Tab 键，系统会将命令行剩余的部分逐步补充完整。

按 Ctrl+P 键或者上箭头"↑"键可以调用最近使用过的命令；按 Ctrl+N 键或者下箭头"↓"键可以返回到前面显示过的命令。

2）路由器命名及默认设置

（1）命名或更改路由器的名字。从特权模式进入全局配置模式，输入"hostname 路由器名字"。例如：

    Router>enable
    Router#config terminal
    Router(config)#hostname R1
    R1(config)#

（2）关闭 DNS 查找。在默认情况下 DNS 查找功能是启用的。当对输入的命令无法判断时需要按照主机名通过 DNS 进行解析。在将主机名转换为 IP 地址时需要花费时间而影响正常命令的输入和操作，这时需要关闭 DNS 查找功能。在全局模式下，输入"no ip domain lookup"可关闭 DNS 查找。例如：

    Router#config terminal
    Router(config)#no ip domain lookup

（3）启用同步记录功能。在默认情况下同步记录功能是关闭的。在配置路由器的过程中，会收到路由器生成的控制台消息，且可能插入到当前的输入点，把正在输入的一个命令行拆分为多行，从而给操作带来干扰。这时可以在控制台接口启用同步记录功能，避免上述干扰的产生。其方法是进入控制台接口，输入"logging synchronous"命令。例如：

    Router#config terminal
    Router(config)#line con 0
    Router (config-line)#logging synchronous

3）显示路由器状 态和查看相邻的网络设备

有许多命令可以用于检测和显示路由器的状态，如图 6.18 所示。例如，在特权模式下，使用"show version"命令可以显示系统硬件的配置、软件版本、配置文件名和来源、引导映像等信息；使用"show IP protocol"命令可以查看路由器中任何配置的第三层协议的全局和接口的特殊状态；使用"show running-config"命令可显示当前运行的配置信息；使用"show buffers"命令可以显示网络服务器上缓冲区的统计信息；使用"show interfaces"命令可显示路由器或服务器上配置的所有接口的统计信息。

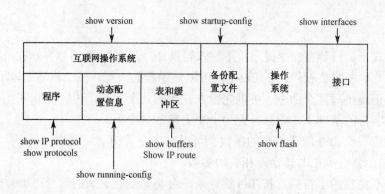

图 6.18　显示路由器状态的命令

4）路由器的口令管理

（1）为控制台设置口令。例如：

Router(config)#line console 0 　　//进入控制台配置模式

Router(config-line)#password 123456 　　//设置控制台密码为 123456

Router(config-line)#login 　　//登录时需要验证密码

使用 show 命令可以在配置文件中显示所设置的口令。

（2）为远程终端设置口令。例如：

Router(config)#line vty 0 4 　　//进入 vty 配置模式

Router(config-line)#password 123456 　　//设置 Telnet 登录密码为 123456

Router(config-line)#login 　　//登录时需要验证密码

为 0～4 的远程终端发起的 telnet 会话设置口令保护。同样，可以使用 show 命令查看配置文件中所设置的口令。

（3）设置超级用户口令。

Enable password 命令用来设置进入特权模式的口令。例如：

Router(config)#enable password 123456

这样设置之后，使用 enable 命令进入特权模式时，用户必须输入口令。

Router>enble

Password:123456

Router#

可以使用 show 命令查看配置文件中所设置的口令。

5）路由器测试

（1）测试网络路径状态。使用 trace 命令可以发现数据包到达其目的地所实际经过的路径，以及到达该结点所花费的时间，据此可以了解 IP 数据包传送过程中的路由情况。trace 命令必须在特权模式下运行，其格式为：

Router#trace [protocol] {destination}

其中，可选项[protocol]表示所使用的测试协议；参数 destination 指出要测试的目的地址，可以是 IP 地址，也可以是主机名。

（2）检测线路和设置的状态。使用 ping 命令能够向目的主机发送一个特殊的数据包，然后等待从这个主机返回的响应数据包，从得到的信息中，可以分析线路的可靠性、线路的时延和目的结点是否可达等。ping 命令格式为：

> Router#ping [protocol] {destination}

其中，可选项[protocol]表示所使用的测试协议，参数 destination 指出要测试的目的主机。

还有很多 IOS 命令，具体情况请参阅相关资料。

6）配置信息的保存与删除

当配置完路由器后，可以对当前配置信息进行保存。默认情况下，配置文件保存在 NVRAM 中。保存配置信息应在特权模式下执行 copy running-config startup-config 或者 write 命令，running-config 与 start-config 两个配置文件其实是同一个文件的两个实例，只是所处的环境不同，当执行保存命令后，两个文件将保持一致。

> Router#copy running-config startup-config
>
> Destination filename[startup-config]?　　//直接击回车键确定即可
>
> Building configuration…
>
> [OK]

如果要将配置文件删除，可以在特权模式下使用 erase startup-config 命令删除。删除启动配置文件后，需要使用 reload 命令重新启动，路由器才能恢复到默认初始状态。注意，启动前不能使用保存命令，否则 running-config 文件会被保存为 startup-config 文件，即当前配置又保存到启动配置文件中，会引起删除命令失效。

2．路由器接口的配置

路由器是网络层的设备，它的每个接口都连接着某个网络，其接口通常要用 IP 地址来标识。一般对路由器接口的配置步骤为：①进入接口配置模式；②设置接口参数；③激活接口。例如，按照如图 6.19 所示的拓扑结构进行连接时，配置路由器 RouterA 和 RouterB 的接口，使 PC1 与 PC2 连通。具体配置过程与命令如下。

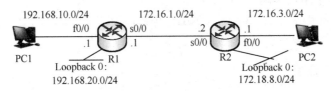

图 6.19　路由器接口的配置

（1）R1 主机名及接口的配置。

> Router>enable
>
> Router#config terminal
>
> Router(config)#hostname R1　　//设置路由器名字
>
> R1#configure terminal　　//进入全局配置模式
>
> R1(config)# interface fastEthernet 0/0　//进入以太网接口配置模式
>
> R1(config-if)#ip address 192.168.10.1 255.255.255.0　//配置接口的 IP 地址与子网掩码
>
> R1(config-if)#no shutdown　//激活接口，默认接口关闭状态
>
> R1(config-if)#exit　　//退出本接口配置模式

R1(config)#interface serial 0/0　　//进入串行接口配置模式

R1(config-if)#ip address 172.16.1.1 255.255.255.0

R1(config-if)#no shutdown

R1(config-if)#clock rate 64000　　//配置 DEC 设备的时钟速率，该命令只在 DCE 端使用

R1(config-if)#exit

R1(config)#int loopback 0　　//创建环回口，用来模拟主机或网段，默认是打开的。

R1(config-if)#ip address 192.168.20. 1　255.255.255.0　//为环回口配置 IP 地址

R1(config)#exit

R1#copy running –config startup-config　//保存配置信息

注意：在网络工程中，路由器为 DTE 设备，但在串行链路中的两个接口必须有一个是 DCE 设备，而且需要在 DCE 设备接口上配置时钟速率，才能使链路工作。

（2）R2 接口的配置。

R2(config)#interface fastethernet 0/0

R2(config-if)#ip address 172.16.3.1 255.255255.0

R2(config-if)#no shutdown

R2(config-if)#exit

R2(config)#interface serial 0/0

R2(config-if)#ip address 172.16.1.2 255.255.255.0

R2(config-if)#no shutdown

R2(config-if)#exit

R2(config)#int loopback 0

R2(config-if)#ip address 172.18.8. 1　255.255.255.0

R2(config-if)#end

R2#copy running –config startup-config　//保存配置信息

（3）使用 show ip interface 命令可查看路由器接口状态，例如：

R2#show ip interface brief

若检测接口全部正常开启（up），表示工作正常。但在任一 PC 机上用 ping 命令检测是否连通时，会发现网络还没有实现全连通。

3. 静态路由的配置

静态路由要求每一个路由器的路由均由人工进行配置，路由选择是固定的，不随网络的通信量或拓扑结构的变化而动态调整。

在全局配置模式下，建立静态路由的命令格式为：

Router(config)#ip route prefix submask{next hop address|interface}[distance][tag][permanent]

其中，prefix 表示所要到达的目标网络；submask 表示目标网络掩码；next hop address 表示下一跳的 IP 地址，即相邻路由器的接口地址；interface 表示本地网络的送出接口；distance 表示管理距离（可选）；tag 值（可选）；permanent 指定此路由即使该接口关掉也不被移掉。

例如，仍然以图 6.19 所示的网络拓扑为例，路由器 R1 目前只知道与其直接相连的网络 192.168.10.0/24 和 172.16.1.0/24，还不知道远程网络 172.16.3.0/24 和 172.18.8.0/24；同样，路由器 R2 也不知道 192.168.10.0/24 和 192.168.20.0/24。若用命令 R1#ping 172.16.3.1 测远程网络可知还没有实现全连通，要对路由器配置静态路由。为 R1 配置静态路由的命

令为：

> R1(config)#ip route 172.16.3.0 255.255.255.0 172.16.1.2

或者采用送出接口代替下一跳 IP 地址，配置命令为：

> R1(config)#ip route 172.16.3.0 255.255.255.0 s0/0

采用同样的方法，为 R2 配置静态路由。然后，通过 R1#show ip route 命令查看路由表，可以看到 R1 的远程网络 172.16.3.0 已经添加到路由表中。其中路由条目 "s 172.16.3.0 [1/0]via 172.16.1.2" 的含义是：s 为静态路由代码；172.16.3.0 表示该路由的目标网络地址；[1/0]代表静态路由的管理距离值为 1；via 172.16.1.2 表示下一跳路由器的 IP 地址，即 R2 的 serial 0/0 接口。

4. 默认路由的配置

默认路由是一种特殊的静态路由，指的是当路由表中没有对应于特定目标网络的路由条目时使用的路由。如果没有默认路由，那么目的地址在路由表中没有匹配表项的数据包将被丢弃。默认路由一般部署在网络边缘或者互联网出口，例如校园网的边缘路由器上，用于实现对互联网的访问。默认路由在某些时候非常有效，当存在末梢网络时，默认路由会大大简化路由器的配置，减轻管理员的工作负担，提高网络性能。

默认路由用全 0 作为目标网络地址来表示全部路由。默认路由和静态路由的命令格式一样。在全局配置模式下，默认路由配置命令格式为：

> Router(config)#ip route 0.0.0.0 0.0.0.0 {address|interface}

默认路由一般处于路由表底部。如果路由器对目标网络一无所知（路由选择表中没有相应的路由条目），则不管数据包来自哪里，去往何方，路由器都将它发送到默认路由所指定的地址。例如，以图 6.19 为例，通过部署默认路由，R1 可以访问 R2 背后的环回网段：

> R1(config)#ip route 0.0.0.0 0.0.0.0 172.16.1.2

用 show ip route 命令查看 R1 的路由表如图 6.20 所示，其中有 "Gateway of last resort is 172.16.1.2 to network 0.0.0.0" 条目，说明若数据包的目标网络不在路由表中，则将该数据包发往 172.16.1.2，0.0.0.0 是网络地址及子网掩码的通配符，表示任意网络。

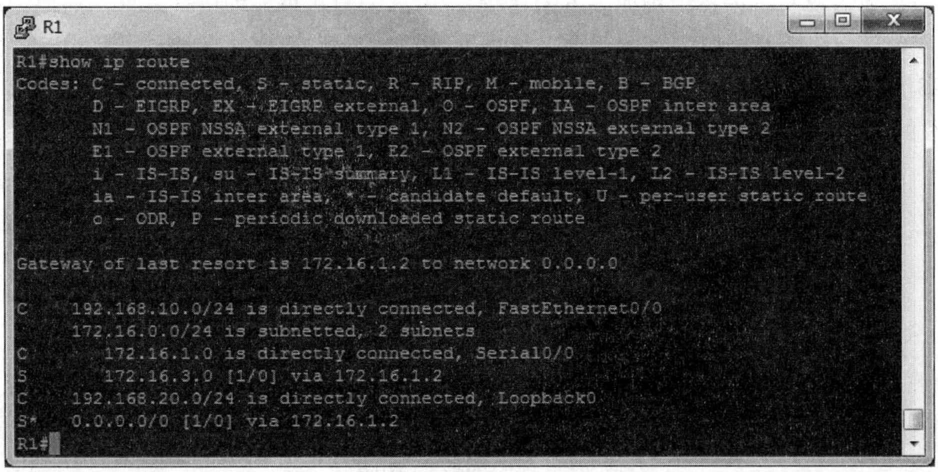

图 6.20 静态、默认路由配置

6.5.4 动态路由协议配置

根据动态路由协议，路由器能够从其他路由器那里了解网络的连接情况和拓扑结构。通过正确的配置，路由器之间可相互通信，自动建立、维护和更新路由表。目前，有多种路由协议，在此主要讨论路由信息协议（RIP）和开放最短路径优先（OSPF）协议的基本配置方法。

1．RIP 的基本配置

RIP 是应用较早、使用较普遍的内部网关协议。它有两个版本，子域路由器相连时注意版本一致。RIPv2 支持验证、密钥管理、路由汇总、无类域间路由（CIDR）和变长子网掩码。

1）RIPv2 的配置步骤及主要命令

在进行 RIPv2 配置时一般需要 5 个步骤：①在路由器上启用 RIPv2 路由协议；②指定哪些直接相连的网络需要参与到 RIPv2 的路由更新中；③根据网络实际情况，决定是否需要配置被动接口；④如果有不连续的子网，需要在边界路由器上禁用自动汇总功能；⑤进行路由认证的配置（随着适合大规模网络协议的出现，在实际中已经较少使用）。其中前两个步骤是必需的，后三个步骤可选。以 Cisco 路由器为例，RIPv2 的主要配置命令如下：

    Router(config)#router rip   //进入路由器配置模式配置 RIP 协议
    Router(config-router)#version 2   //指定使用 RIPv2 版本
    Router(config-router)#network *directly-connected-classful-network-address*   //指定参与 RIPv2 路由更新的直连网络
    Router(config-router)#default-information originate   //重发布默认路由到 RIP
    Router(config-router)#no auto-summary   //关闭自动汇总功能
    Router(config-if)#ip summary-address rip *ip-address subnet-mask*   //地址汇总，其中参数 ip-address 表示汇总后的网络号，subnet-mask 表示汇总后的子网掩码。

2）RIPv2 配置示例

某一企业内部网络拓扑结构如图 6.21 所示，内部采用私有地址进行编址，需要使用 RIP 协议实现内部网络所有网段的互联互通。依据网络拓扑及其 IP 地址规划，需要对路由器 R1、R2 和 R3 分别进行配置。

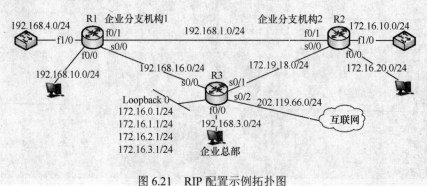

图 6.21　RIP 配置示例拓扑图

（1）首先配置路由器名 R1 以及各接口的 IP 地址，然后配置 RIPv2 路由协议。其配置过程及命令为：

```
Router>enable
Router#config terminal
Router(config)#hostname R1
R1(config)#interface s0/0
R1(config-if)#ip address 192.168.16.1 255.255.255.0
R1(config-if)#clock rate 64000
R1(config-if)#no shutdown
R1(config)#exit
R1(config)#interface f0/0
R1(config-if)#ip address 192.168.10.1 255.255.255.0
R1(config-if)#no shutdown
R1(config)#exit
R1(config)#interface f0/1
R1(config-if)#ip address 192.168.1.1 255.255.255.0
R1(config-if)#no shutdown
R1(config-if)#exit
R1(config)# interface f1/0
R1(config-if)#ip address 192.168.4.1 255.255.255.0
R1(config-if)#no shutdown
R1(config)#exit
R1(config)#router rip
R1(config-router)#version 2
R1(config-router)#no auto-summary    //禁用自动汇总功能
R1(config-router)#network 192.168.4.0     //以下是宣告路由器 R1 的直连网络
R1(config-router)#network 192.168.10.0
R1(config-router)#network 192.168.1.0
R1(config-router)#network 192.168.16.0
R1(config)#end
R1#write
```

（2）路由器 R2 的配置内容及方法与 R1 基本相同。在配置路由器名 R2 以及各接口的 IP 地址后，主要配置内容如下：

```
R2(config)#router rip
R2(config-router)#version 2
R2(config-router)#no auto-summary          //禁用自动汇总功能
R2(config-router)#network 172.16.20.0 //以下是宣告路由器 R2 的直连网络
R2(config-router)#network 172.16.10.0
R2(config- outer)#network 172.19.18.0
R2(config-router)#network 192.168.1.0
R2(config-router)#exit
```

（3）同样，在配置路由器名 R3 以及各接口的 IP 地址。R3 上的主要配置内容如下：

R3(config)#interface loopback 0

R3(config-if)#ip address 172.16.0.1 255.255.255.0

R3(config-if)#ip address 172.16.1.1 255.255.255.0 seconary   //seconary 表示辅助地址，通过此参数可以在同一接口下配置多个 IP 地址，以简化配置

R3(config-if)#ip address 172.16.2.1 255.255.255.0 seconary

R3(config-if)#ip address 172.16.3.1 255.255.255.0 seconary

R3(config-if)#exit

R3(config)#ip route 0.0.0.0 0.0.0.0 s 0/2   //配置默认路由

R3(config)#router rip

R3(config-router)#version 2

R3(config-router)#no auto-summary   //禁用自动汇总功能

R3(config-router)#network 192.168.16.0   //以下是宣告路由器 R3 的直连网络

R3(config-router)#network 192.168.3.0

R3(config-router)#network 172.19.18.0

R3(config-router)#network 202.119.66.0

R3(config-router)#network 172.16.0.0   //将 172.16.0.0 所在子网路由全部宣告出去

R3(config-router)#default-information originate   //把默认路由重发布 RIPv2 中

R3(config-router)#exit

R3(config)#interface s0/0   //为缩小路由表，在 R3 的 s0/0 接口上执行路由汇总配置

R3(config-if)#ip summary-address rip 172.16.0.0 255.255.252.0   //172.16.0.0255.255.252.0 为 4 条精细网段的汇总网段

R3(config-if)#exit

R3(config)#interface s0/1   //为缩小路由表，在 R3 的 s0/1 接口上执行路由汇总配置

R3(config-if)#ip summary-address rip 172.16.0.0 255.255.252.0

所有路由器配置完成之后，可查看路由信息并测试其连通性。在网络所有链路都正常的情况下，在路由器 R1、R2、R3 上分别使用 show ip route rip 命令查看路由表，看其是否已经满足预期配置要求。例如，在 R1 上的 RIP 路由信息如图 6.22 所示。

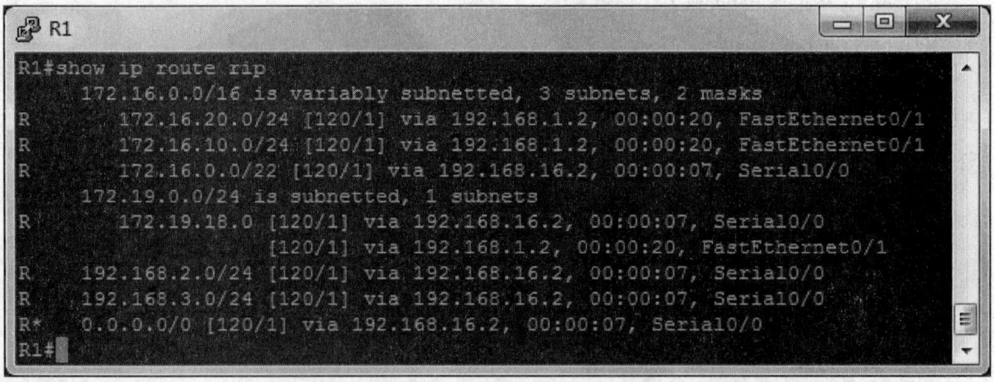

图 6.22　RIP 路由信息示例

可以看到 R1 从 R2、R3 学习到的 RIPv2 路由，并且显示出了汇总路由。然后，利用 ping 命令检测全网的路由连通性，命令形式为 ping（目的 IP 地址）。

2. OSPF 的基本配置

OSPF 是一种无类别路由协议，常用于采用 VLSM 分配地址的和不连续子网的网络中，并分为单域 OSPF 和多域 OSPF 两种部署方式。单域 OSPF 一般适合于网络规模不超过 50 台路由器以及网络拓扑结构不频繁更新的网络；多域 OSPF 通过将网络划分为多个区域，能够有效减少区域内 LSA 的数量和路由振荡的影响，适合于大规模网络的路由部署。

1）OSPF 的配置步骤及其主要命令

（1）配置端口的优先级。其命令格式为：

　　　Router(config-if)#ip ospf priority *number*

（2）在路由器上启用 OSPF 路由进程，并进入到 OSPF 路由配置模式。其命令格式为：

　　　Router(config)#router ospf *process-id*

其中，参数 *process-id* 表示路由进程编号，取值范围为 1～65 535，只在路由器内部起作用；不同路由器的 *process-id* 可以相同。

（3）配置 OSPF 路由器 ID 值。其命令格式为：

　　　Router(config-router)#router-id *router-id*

其中，参数 *router-id* 表示路由器 ID 值。

（4）指定路由器参与发送和接收 OSPF 路由信息的子网，并指定接口所属的 OSPF 区域。其命令格式为：

　　　Router(config-router)#network *network-address wildcard-mask* area *area-id*

其中，参数 *network-address* 表示 IP 子网号；*wildcard-mask* 表示通配符掩码，它是子网掩码的反码；*area-id* 表示区域号，可以取 0～4 294 967 295 范围内的十进制数，也可以用点分十进制的 IP 地址。例如，主干区域（即区域 0）可以表示为 0.0.0.0，或者表示为 0。不同区域的路由器通过主干区域学习路由信息，不同区域的路由器交换信息时必须通过区域 0。若某一区域要接入区域 0，该区域必须至少有一台路由器作为边界路由器，该路由器既参与本区域路由，又参与区域 0 路由。

（5）对区域进行路由汇总。其命令格式为：

　　　Router(config-router)#area *area-id range address mask*

其中，参数 *area-id* 为区域号，参数 *address* 为汇总后路由条目的目标网络地址，参数 *mask* 为汇总后路由条目的子网掩码。

2）OSPF 的基本配置示例

在如图 6.23 所示的网络结构中，对其 4 个路由器进行 OSPF 的基本配置。

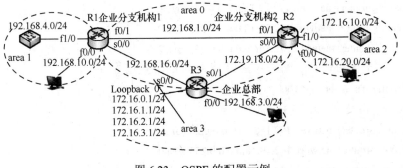

图 6.23　OSPF 的配置示例

（1）R1 中相关配置内容：

R1(config)#interface f0/0   //进入接口配置模式

R1(config-if)#ip address 192.168.10.1 255.255.255.0

R1(config-if)#no shutdown

R1(config-if)#exit

R1(config)#interface f0/1

R1(config-if)#ip ospf   priority 10   //设置接口 OSPF 优先级值为 10

R1(config-if)#ip address 192.168.1.1 255.255.255.0

R1(config-if)#no shutdown

R1(config-if)#exit

R1(config)#interface f1/0

R1(config-if)#ip address 192.168.4.1 255.255.255.0

R1(config-if)#no shutdown

R1(config-if)#exit

R1(config)#interface s0/0

R1(config-if)#ip address 192.168.16.1 255.255.255.0

R1(config-if)#clock rate 64000

R1(config-if)#no shutdown

R1(config-if)#exit

R1(config)#router ospf 100   //启动 OSPF 进程，进程号为 100

R1(config-router)#router-id 1.1.1.1   //配置 R1 的路由器 ID 为 1.1.1.1

R1(config-router)#network 192.168.1.0 0.0.0.255 area 0   //宣告主干区域直连网络

R1(config-router)#network 192.168.16.0 0.0.0.255 area 0

R1(config-router)#network 192.168.4.0 0.0.0.255 area 1   //宣告直连网络 192.168.4.0/24 的接口参与 OSPF 路由进程，并运行在区域 1

R1(config-router)#network 192.168.10.0 0.0.0.255 area 1

R1(config-router)#end

R1#write

（2）R2 中相关配置内容（略去对接口 IP 地址的配置过程）：

R2(config-if)#router ospf 100

R2(config-router)#router-id 2.2.2.2

R2(config-router)#network 192.168.1.0 0.0.0.255 area 0

R2(config-router)#network 172.19.18.0 0.0.0.255 area 0

R2(config-router)#network 172.16.10.0 0.0.0.255 area 2

R2(config-router)#network 172.16.20.0 0.0.0.255 area 2

（3）R3 中相关配置内容（略去对接口 IP 地址的配置过程）：

R3(config-if)#router ospf 100

R3(config-router)#router-id 3.3.3.3

R3(config-router)#network 192.168.16.0 0.0.0.255 area 0

R3(config-router)#network 172.19.18.0 0.0.0.255 area 0

R3(config-router)#network 192.168.3.0 0.0.0.255 area 3

R3(config-router)#network 172.16.0.0 0.0.0.255 area 3

R3(config-router)#network 172.16.1.0 0.0.0.255 area 3

R3(config-router)#network 172.16.2.0 0.0.0.255 area 3

R3(config-router)#network 172.16.3.0 0.0.0.255 area 3

（4）在完成 OSPF 路由协议配置之后，在特权模式下可以显示路由器所配置的路由信息，也可以查看 OSPF 的路由表。以 R1 路由器为例，查看路由表中与 OSPF 路由信息的命令及显示结果如图 6.24 所示。

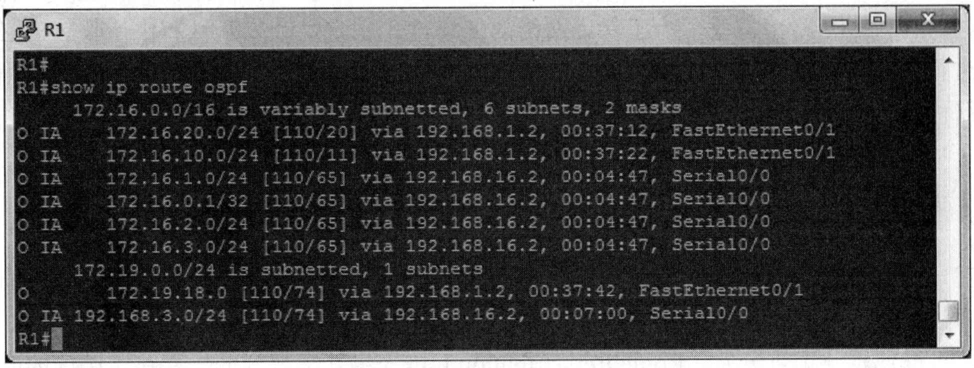

图 6.24　OSPF 路由表信息示例

其中，"O" 表示域内路由，"O IA" 表示的是 OSPF 区域间路由，即学习到的其他区域的路由。可以看到，R1 从 R2 和 R3 上学到其环回网段，包括从 R3 上学到区域间的 4 条精细路由。为了减少骨干区域的链路状态数据库，减小路由表体积并降低路由器的压力，可以采用区域间路由汇总技术，在 R3 上实现区域间路由汇总。在 R3 上执行如下命令：

R3(config)#router ospf 100

R3(config-router)#area 3 range 172.16.0.0 255.255.252.0　　//参数 3 表示精细路由所在区域号

R3(config-router)#exit

然后，再次查看 R1 的路由表，与 OSPF 有关的路由信息如图 6.25 所示。

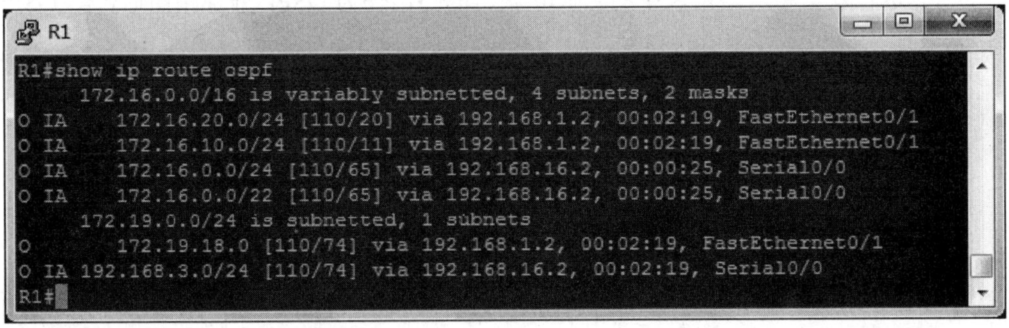

图 6.25　实现路由汇总后 R1 的 OSPF 路由表信息

可以看到，原本 4 条区域间精细路由汇总成 1 条，说明在 R3 上区域间路由汇总成功，注意此时子网掩码已经变成/22。

由于 R1、R2、R3 处于区域边界，是连接多个区域的路由器（ABR），可以通过命令 show ip protocols 查看其当前正在运行的路由协议的详细信息。然后用 ping 命令测试配置后全网的连通性，证实通过部署 OSPF 多区域可以实现全网连通。

为了避免 OSPF 路由协议配置后对路由协议的影响，可以在全局配置模式下通过执行"no router ospf 100"命令，取消已经完成的路由配置。

6.6　路由优化

路由器通过动态路由协议交换路由信息，自动学习到关于目标的路由。在复杂网络中，可能同时存在多个路由协议，为了保证网络的伸缩性、稳定性、安全性和快速收敛，必须对网络进行优化。路由优化主要是整合路由协议和路由策略，将复杂的网络简单化。路由重分发、路由过滤和策略路由是在高性能网络中一些常用路由优化技术。

6.6.1　路由重分发

在一个大型企业网络中，为适应网络规模的扩大和复杂化，或者兼容不同设备厂商间的路由协议（如私有协议），可能同时运行了多种路由协议。为了实现多种路由协议的协同工作，路由器可以使用路由重分发（Route Redistribution）技术将其学习到的一种路由协议的路由通过另一种路由协议广播出去。

1．路由重分发技术

路由重分发是把一种路由协议中的路由条目重分发到另外一种路由协议的技术，它可以把静态路由、默认路由和直连网络获得的路由信息传播到动态路由协议中，也可以把一种动态路由协议获得的路由传播到另一种动态路由协议中。在如图 6.26 所示的多协议网络中，路由器 R1 与路由器 R2 之间运行 RIP 路由协议，路由器 R2 与路由器 R3 之间运行 OSPF 路由协议，不同路由协议学习到的路由信息是不能直接传播到另一个路由协议中的。但是，若在同时运行 RIP 和 OSPF 协议的边界路由器 R2 上配置了 RIP 到 OSPF 协议的路由重分发，路由器 R2 的 OSPF 进程就会将其路由表中的由 RIP 获得的路由作为 OSPF 外部路由通告给 OSPF 邻居路由器 R3。

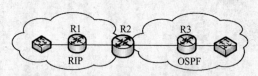

图 6.26　多协议网络示例

为了实现重分发，路由器必须同时运行多种路由协议，这样，每种路由协议才可以取路由表中的所有或部分其他协议的路由来进行广播。根据是否在一台路由器上部署可将路由重分发技术分为单点重分发和多点重分发两种类型。

1）单点重分发

单点重分发是指在一台运行两种及两种以上路由协议的路由器上实现不同路由协议之间的路由重分发。根据重分发的方向单点重分发又可分为两种：①单点单向重分发。这是指把一种路由协议获得的路由信息重发给另一种路由协议的重分发，例如把默认路由或静态路由的路由信息重分发到动态路由协议中。②单点双向重分发。这是指在一个路由器上将两个不同路由协议之间沿两个方向进行重分发。例如，在图 6.26 所示的网络中，路由器 R2 同时运行了 RIP 和 OSPF 两个路由协议，路由器 R2 把 RIP 获得的路由信息重分发到 OSPF 中，同时也把 OSPF 获得的路由信息重分发到 RIP 中。

2）多点重分发

多点重分发指的是在两台及两台以上的路由器上运行两种及两种以上路由协议并实现不同路由协议之间的路由重分发。多点重分发根据重分发的方向又可分为两种：①多点单向重分发。多点单向重分发是指在至少两台或两台以上的路由器上同时把一种利用协议获得的路由信息重分发到另一种路由协议。②多点双向重分发。这是指在至少两台或两台以上的路由器上，在两个不同路由协议之间沿两个方向进行路由重分发。

注意，不管是多点单向重分发还是多点重分发技术都可能导致路由环路，尤其是多点双向重分发技术更容易导致路由环路。单点单向重分发是较安全的方法，一般不会出现路由环路，但会出现单点故障。

2. 路由重分发的规划与部署

路由重分发可以将直连路由、静态路由以及所要的动态路由协议获得的路由重分发到任何动态路由协议中，使得动态路由协议能够通告从重分发所获得的路由信息。实现重分布的方式很多，熟悉网络有助于做出好的规划设计与部署。在规划与部署路由重分发时应特别注意以下几个方面的问题：

（1）路由重分发只能在支持相同协议栈的路由协议之间进行，不同协议栈之间的路由协议之间不能进行重分发。例如，RIPv1、RIPv2、OSPF 和 BGP 协议都是基于 IPv4 实现的，它们之间可以进行重分发，但 RIPng 是基于 IPv6 实现的，不能在 RIPng 和基于 IPv4 的 OSPF 之间进行路由重分发。

（2）在部署路由重分发时，为避免路由环路和次优路由等问题，需要事先对重分发进行规划设计，包括：①在同一个网络里不要使用两个不同的路由协议。明确网络中哪种路由协议作为核心协议，哪种路由协议作为边界路由协议。②在使用不同路由协议的网络之间应该有明显的边界，确定需要重分发的边界路由器。③确定将边界路由重分发到核心路由协议的方法，并确定种子度量值的大小。

（3）有多个边界路由器的情况下应使用单向重分布。如果有多于一台路由器作为重分布点，使用单向重分布可以避免回环和收敛问题。在不需要接收外部路由的路由器上使用默认路由。

（4）在单边界的情况下使用双向重分发。当一个网络中只有一个边界路由器时，双向重分发工作很稳定。如果没有任何机制来防止路由回环，不要在一个多边界的网络中使用双向重分发。综合使用默认路由、路由过滤以及修改管理距离可以防止路由回环。

3. 路由重分发配置命令

路由被重分发到某种路由协议中，需要在接收重分发路由选择进程下使用 redistribute 配置命令。它既可以重分发所有路由，也可以根据匹配的条件，选择某些路由进行重分发。

redistribute 的命令格式如下：

Router(config-router)#redistribute protocol [*protocol-id*] [metric *metric-value*] [subnets]

重分发不同的路由协议，其参数略有不同，其中：

protocol 指明要进行路由重分发的源路由协议。源路由协议可以是直连路由、静态路由以及各种动态路由协议，如 OSPF、RIP、BGP、EIGRP 等。

protocol-id 为协议标识，依据 protocol 不同，含义不同。若 protocol 为 OSPF，*protocol-id* 为重分发源 OSPF 的进程号。

metric 为可选参数，用来指明分发路由器的路由度量值。路由度量值是每个路由协议在计算到目标网络的最佳路径时衡量路由好坏的一个数值。在 RIP 中重分发 OSPF 必须有度量值。

Subnets 为可选参数，指定重分发子网路由。

例如，将 OSPF 路由条目重发布到运行 RIP 协议的路由器中：

```
Router(config)#router rip
Router(config-router)#redistribute ospf 1
    match     Redistribution of OSPF routes
    metric    Metric for redistributed routes
    …
    <cr>
```

4. 路由重分发配置示例

在如图 6.27 所示的网络拓扑结构中，路由器 R2 和 R3 之间运行 OSPF，路由器 R1、R2 之间运行 RIPv2。以路由器 R2 为边界路由器、以 OSPF 为核心路由协议，分别将直连网段、静态路由、默认路由、RIP 重分发到 OSPF 中。

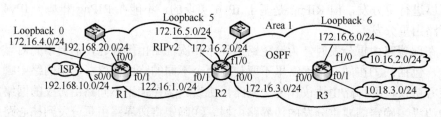

图 6.27　路由重分发网络拓扑

（1）首先，按照图 6.27 拓扑规划的 IP 地址配置网络接口。然后，为 R2、R3 配置 OSPF，其中 R2 上只宣告与 OSPF 相邻的接口。

```
R2(config)#router ospf 100      //启动 OSPF 进程
R2(config)#router-id 1.1.1.1    //配置路由器 ID
R2(config-router)#network 172.16.3.0 0.0.0.255 area 1
R2(config-router)#network 172.16.2.0 0.0.0.255 area 1
R2(config-router)#exit
R3(config)#router ospf 200
R3(config)#router-id 2.2.2.2
R3(config-router)#network 172.16.3.0 0.0.0.255 area 1
```

R3(config-router)#network 10.16.2.0 0.0.0.255 area 1

R3(config-router)#network 10.18.3.0 0.0.0.255 area 1

R3(config-router)#network 172.16.6.0 0.0.0.255 area 1

R3(config-router)#exit

配置之后用 show ip route 命令查看路由表，可以看到 R2、R3 只学习到了对方的环回接口地址，而 172.16.1.0 的网段则没有学到。图 6.28 显示了 R3 的路由表信息。

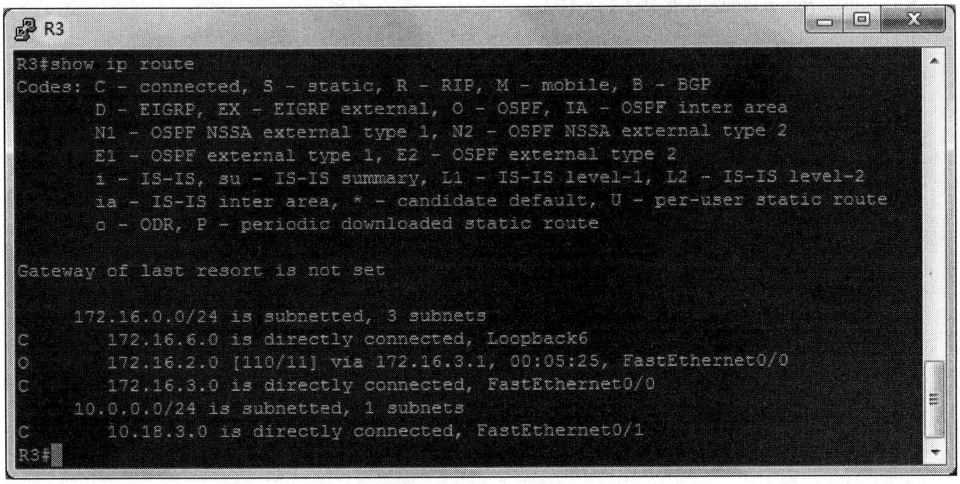

```
R3#show ip route
Codes: C - connected, S - static, R - RIP, M - mobile, B - BGP
       D - EIGRP, EX - EIGRP external, O - OSPF, IA - OSPF inter area
       N1 - OSPF NSSA external type 1, N2 - OSPF NSSA external type 2
       E1 - OSPF external type 1, E2 - OSPF external type 2
       i - IS-IS, su - IS-IS summary, L1 - IS-IS level-1, L2 - IS-IS level-2
       ia - IS-IS inter area, * - candidate default, U - per-user static route
       o - ODR, P - periodic downloaded static route

Gateway of last resort is not set

     172.16.0.0/24 is subnetted, 3 subnets
C       172.16.6.0 is directly connected, Loopback6
O       172.16.2.0 [110/11] via 172.16.3.1, 00:05:25, FastEthernet0/0
C       172.16.3.0 is directly connected, FastEthernet0/0
     10.0.0.0/24 is subnetted, 1 subnets
C       10.18.3.0 is directly connected, FastEthernet0/1
R3#
```

图 6.28　R3 的路由表信息

（2）将直连网段重分发到 OSPF。在 R2 上使用路由重分发将直连网段分发到 OSPF 中，注意要指定 subnets 参数，否则只分发主类路由。

R2(config)#router ospf 100

R2(config-router)#redistribute connected subnets

重分发后查看 R3 的路由表，会发现 R3 学习到了 172.16.1.0 的路由表项。

（3）将静态路由重分发到 OSPF。把静态路由重分发到 OSPF 通常按照以下两个步骤配置：①进入到 OSPF 的路由配置模式；②使用 "redistribute" 命令配置路由重分发。例如，在 R2 上设置一条静态路由并重分发到 OSPF 中：

R2(config)#ip route 192.168.10.0 255.255.255.0 172.16.1.1

R2(config)#router ospf 100

R2(config-router)#redistribute static subnets

R2(config-router)#end

完成上述配置之后，可以在路由器 R3 上使用 show ip route 命令查看路由表内容，显示出所配置的将静态路由重分发到 OSPF 中重分发的路由条目。

（4）将默认路由引入到 OSPF。在 R2 上添加一条默认路由，使用 default-information originate 命令将默认路由引入 OSPF。

R2(config)#ip route 0.0.0.0 0.0.0.0 172.16.1.1

R2(config)#router ospf 100

R2(config-router)#default-information originate

此时，查看 R3 的路由表，默认路由已经进入路由表。

（5）在 OSPF 与 RIP 之间重分发路由信息。把 OSPF 获得的路由重分发到 RIP 中通常需要按照以下三个步骤进行：①进入到 RIP 的路由配置模式；②使用"default-metric"命令为所有重分发到 RIP 中的路由指定默认种子度量值，该步骤可选；③使用"redistribute"命令配置路由重分发。在 R1 和 R2 中配置 RIP，需要在 R2 上配置 RIP 和 OSPF 的双向重分发。

```
R1(config)#router rip
R1(config-router)#version 2
R1(config-router)#network 192.168.10.0
R1(config-router)#network 192.168.20.0
R1(config-router)#network 172.16.1.0
R1(config-router)#network 172.16.4.0
R1(config-router)#no auto-summary
R1(config-router)#exit


R2(config)#router rip
R2(config-router)#version 2
R2(config-router)#network 172.16.1.0
R2(config-router)#network 172.16.5.0
R2(config-router)#exit


R2(config)#router ospf 100
R2(config-router)#redistribute rip metric 50 subnets      //把 RIP 重分发到 OSPF，50 为种子度量值，
指定重分发子网路由。
R2(config-router)#exit
R2(config)#router rip
R2(config-router)#redistribute ospf 100 metric 3    //将 OSPF 派生的路由重分发到 RIP 路由中,度量值
跳数为 3。
R2(config-router)#end
```

全部配置完成之后，查看 R3 的路由表如图 6.29 所示，其中，"O E2"两个条目说明 R3 学习到了 172.16.1.0/24 和 192.168.10.0/24 的路由。

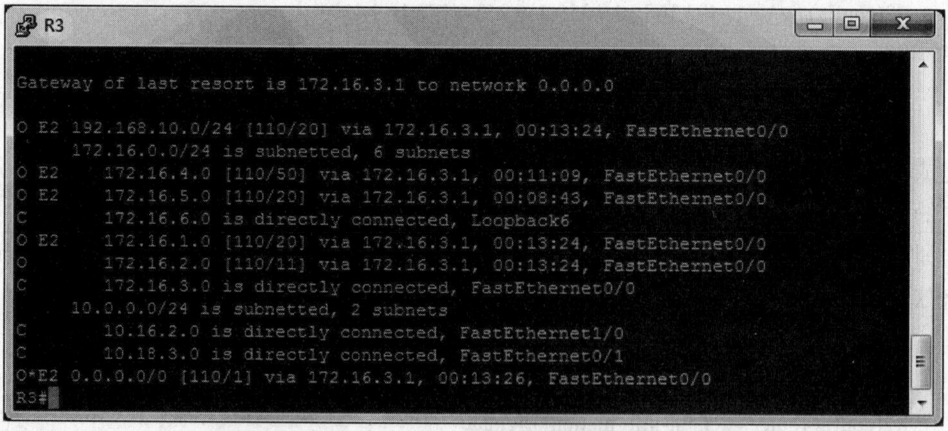

图 6.29　在 OSPF 与 RIP 之间重分发后 R3 的路由表

此时查看 R1 的路由表内容，会发现 R1 学习到了 10.16.2.0 的汇总路由，因为使用了有类路由协议，子网信息无法传递。

（6）连通性验证测试。可以在 R1、R3 上分别利用 ping 命令测试网络的连通性。在 R3 上 ping R1 的结果如图 6.30 所示。测试时，亦可只测试 R1 和 R3。只要路由器 R1 到 R3 的链路是连通的，则其他路由器肯定也是连通的，因为只有一条链路从 R1 连接到 R3。

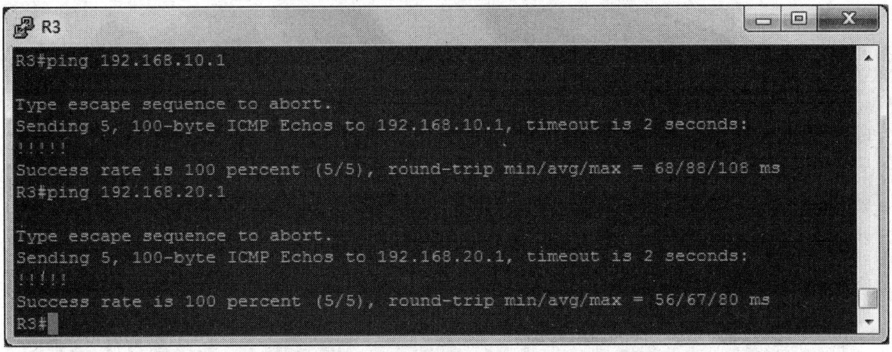

```
R3#ping 192.168.10.1

Type escape sequence to abort.
Sending 5, 100-byte ICMP Echos to 192.168.10.1, timeout is 2 seconds:
!!!!!
Success rate is 100 percent (5/5), round-trip min/avg/max = 68/88/108 ms
R3#ping 192.168.20.1

Type escape sequence to abort.
Sending 5, 100-byte ICMP Echos to 192.168.20.1, timeout is 2 seconds:
!!!!!
Success rate is 100 percent (5/5), round-trip min/avg/max = 56/67/80 ms
R3#
```

图 6.30　连通性验证测试

6.6.2　路由过滤

路由过滤是指对进出站路由进行控制的一种路由策略。它使得路由器只学到必要、可预知的路由，对外只向可信任的路由器通告必要的、可预知的路由。路由过滤能够减少路由更新信息量，节省链路带宽，减轻路由设备的负担，保护网络的安全。一般通过以下几种方式实现路由的控制与过滤。

1．被动接口

被动接口（Passive-interface）有时也称为静默接口（Silent-interface），是一种非常简单、易用的过滤手段。为了防止本地网络上的路由器动态地学到路由，可以配置 passive-interface，不允许路由更新报文从该网络接口发送出去。既然没有路由更新报文从路由器接口发送出去，该接口所连接的路由器自然学不到路由信息。以图 6.27 所示的网络拓扑结构为例，路由器 R1、R2 运行 RIPv2 动态学习网络的路由信息，每个路由器在配置 RIPv2 时都使用 network 命令使与自己直接相连的网络参与到 RIPv2 进程中。但对路由器 R1 的 f0/0、loopback0 接口和 R2 的 f1/0、loopback5 接口来说，这些接口没有连接其他路由器，RIPv2 路由更新信息从这些接口发送出去会占用链路带宽，并且会占用主机的资源，因此可以把路由器 R1 与 R2 的这些接口配置为被动接口。被动接口不会发送路由更新信息，但被动接口所属网络会包含在路由更新信息中通告给其他路由器，以阻止它们发送路由更新信息。被动接口的作用就是能够防止不必要的路由更新进入某个网络，并且还能阻止 OSPF、ISIS 的 Hello 报文的通过。被动接口配置命令为：

Router(config-router)#passive-interface *type number*[*default*]

其中，参数 *type number* 指定发送路由选择更新（对于链路状态路由选择协议是建立邻接关系）的接口类型和接口号；*default*（可选），表示路由器所有接口的默认状态设备为被动状态。该命令用于禁止通过指定的路由器接口发送路由选择更新，可用于将特定接口设置为被动状态，也可以将所有路由器接口设置为被动状态，使用 *default* 选项将所有路由器接口设置为被动状态。例如：

      R1(config-router)#passive-interface f0/0   //指定 f0/0 为被动接口

      R1(config-router)#passive-interface loopback 0   //指定 loopback0 为被动接口

然后，使用 show ip protocols 命令检查被动接口，如图 6.31 所示。

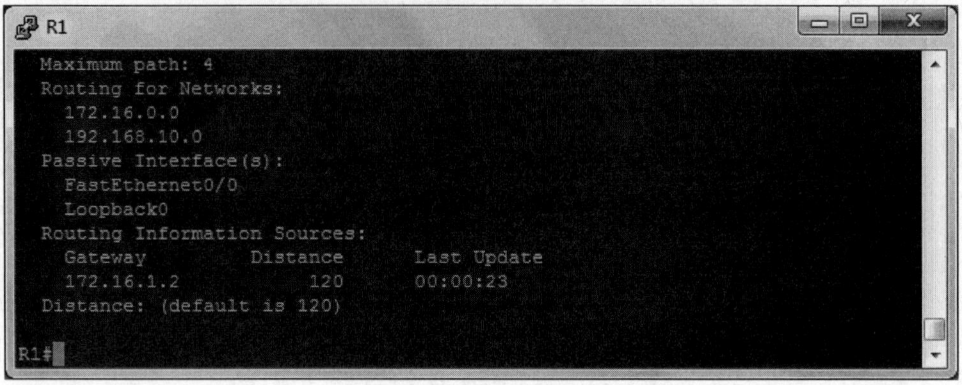

图 6.31　被动接口配置

假若需要在所有接口上配置路由选择协议，然后在不需要建立邻接关系的接口上配置 passive-interface 命令，可以使用命令 passive-interface *default*，将所有接口的默认状态设置为被动状态，进而使用命令 no passive-interface 在需要建立连接关系的接口上启用路由选择。

在不同的路由协议中，路由器设置为被动接口的处理也不完全相同。在 RIP 协议中，路由器接口配置了 passive-interface 后，不发送路由更新报文，但还可以接收路由更新报文，而且 RIP 可以通过定义邻居的方式只给指定的邻居发送更新报文。在 OSPF 或 IS-IS 路由域中，如果路由器接口配置了 passive-interface，该接口在 OSPF 路由域中就表现为一个残余网络，而且该接口将不发送更新路由信息也不接收更新路由信息。实际上，配置 passive-interface，该接口将不发送 OSPF 的 Hello 报文，所以该接口就不可能有邻居的存在，也不会交换路由。

2．分发列表

分发列表是一种使用访问控制列表（Access Control List，ACL）进行路由更新控制的路由策略，它根据 ACL 定义的规则过滤路由更新。路由器访问控制列表中包含了多种功能，归纳起来主要有安全访问、通信流量、控制通信类型和控制网络等。接口号、源地址和目的站地址的限定条件结合在一起形成了访问列表，其基本工作原理是：首先对比数据的访问列表和验证信息的条件参数，对比结果出来之后，如果匹配成功则传送数据包，而匹配不成功则被路由器丢弃。作为路由过滤技术，访问控制列表能够验证和选择数据包，并实现对文件的安全传送。

分发列表使用 ACL 所定义的允许或拒绝流量，决定允许哪些路由更新信息、拒绝哪些路由更新信息。在设置路由访问控制列表时，第一步要对其访问控制列表进行合理的定义，尤其是接口和接口方向。在选择"输入"或者"输出"时要以相应的实际需要为基础，同时要以路由器为参考进行方向的选择。默认情况下，路由器上没有配置任何 ACL，不会过滤流量。作为一个使用分发列表过滤路由更新的示例（仍以图 6.27 网络拓扑为例），路由器 R1 与路由器 R2 之间运行 RIPv2 交换路由信息，但路由器 R1 在发送给 R2 路由更新信息时，希望隐藏关于网络 "192.168.20.0/24" 的路由信息，只发送除了网络 "192.168.20.0/24" 之外的其他网络的路由信息。

根据该网络拓扑路由过滤要求，规划其分发列表如下：

（1）创建两条 ACL 条目：一条用于拒绝 "192.168.20.0/24" 的路由信息通过；另一条允许所有流量通过。

（2）使用分发列表过滤出站接口的路由更新信息，出站口为 f0/1 接口。

当使用分发列表过滤网络 "192.168.20.0/24" 的路由信息时，在对路由器 R1 前期配置基础上可再做如下配置：

R1(config)#access-list 1 deny 192.168.20.0 0.0.0.255

R1(config)#access-list 1 permit any

R1(config)#router rip

R1(config-router)#version 2

R1(config-router)#distribute-list 1 out f0/1

在实际网络工程中，常常需要使用分发列表控制重分发。以图 6.27 网络拓扑为例，路由器 R1 与 R2 之间运行 RIPv2，R2 与 R3 之间运行 OSPF，要求在 R2 上把 OSPF 网络的路由信息重分发到 RIPv2 时，使用分发列表进行路由过滤，不重发关于网络 "10.18.3.0/24" 的路由信息，其余网络的路由都允许重分发到 RIPv2。

路由器 R2 上运行了两个路由协议，需要在 R2 上配置重分发并使用分发列表进行路由过滤。根据重分发及路由过滤要求，一般按照以下三个步骤进行配置：①使用 "access-list" 命令创建一个具有两条条目的 ACL，第一条 ACL 条目拒绝网络 "10.18.3.0/24" 的路由信息，第二条 ACL 条目允许所有路由信息；②在 RIP 路由配置模式下，把通过 OSPF 获得的路由重分发到 RIPv2 中；③在 RIP 路由配置模式下，使用 "distribute-list" 命令根据 ACL 规则过滤 OSPF 重分发到 RIPv2 的路由。

在前面对 R2 的配置基础上，使用分发列表控制重分发的配置过程及命令如下：

R2(config)#access-list 2 deny 10.18.3.0 0.0.0.255

R2(config)#access-list 2 permit any

R2(config)#router rip

R2(config-router)#version 2

R2(config-router)#redistribute ospf 100 metric 4

R2(config-router)#distribute-list 2 out ospf 100

其中，"2" 表示访问控制列表号；由于该命令在 RIP 路由模式下完成，因此 OSPF 表示是将 OSPF 重分发到 RIPv2，out 即为向 RIPv2 方向；"100" 表示 OSPF 的进程号。

6.6.3 策略路由

通常，路由器使用从路由协议派生出来的路由表，根据目的 IP 地址和路由表进行报文的转发。策略路由（Policy-Based Routing，PBR）不同，是在路由表已经产生的情况下，根据用户制订的策略进行报文转发。这是一种比基于目标的路由更灵活的路由机制，它不仅能够根据目的 IP 地址而且能够根据报文大小、应用或 IP 源地址直接指导报文转发。因此，策略路由是对常规 IP 路由机制的有效增强。

1．策略路由的概念

所谓策略路由，顾名思义就是根据一定的策略进行报文转发。通常，路由器只是根据 IP 数据包中的目的地址查找路由表并进行转发操作。如果有多个 IP 数据包的目的 IP 地址相同，常规路由则无法对数据包转发路径进行控制。例如，在如图 6.32 所示的网络拓扑中，某企业网络有两条链路分别连接到互联网服务提供者 ISP1 和 ISP2。企业内部的用户在访问互联网时，为了实现两条链路带宽的合理使用，需要让一部分访问流量经过路由器 ISP1 转发到互联网，而另一部分访问流量经过 ISP2 转发到互联网。此时，使用常规的路由是无法实现的。而策略路由是一种根据用户既定规则进行路由选择的机制，它通过称为路由图(Route Map)的路由映射表来决定如何对需要路由的数据包进行操作，由路由映射表决定一个数据包的下一跳转发路由器。策略路由能满足基于源 IP 地址、目的 IP 址、协议字段，甚至于 TCP、UDP 的源、目的端口等多种组合进行选路。策略路由比所有路由的级别都高，其中包括静态路由。

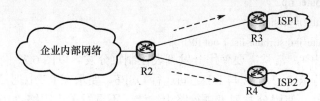

图 6.32　策略路由拓扑示例

应用策略路由，必须要指定策略路由使用的路由图(Route Map)，并且要创建路由图。路由图由一组 match 和 set 语句组成，它实际上是 ACL 的一个超集。当数据包进入应用策略路由接口时，如果数据包匹配路由图中由 match 语句定义的允许规则，就根据 set 语句的配置决定该数据包的路由方式。其路由方式可以设置为转发数据包的下一跳、数据包的优先级字段、发送出口等。图 6.33 给出了使用 Route-map 来配置策略路由的流程。策略路由设置在路由器接收报文的接口而不是发送接口，它只对入口数据包有效。一个接口应用策略路由后，将对该接口接收到的所有包进行检查，不符合路由图任何策略的数据包将按照通常的路由转发操作，符合路由图中某个策略的数据包就按照该策略中定义的操作进行处理。

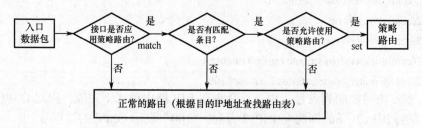

图 6.33　用 Route-map 配置策略路由的流程

2．策略路由的种类

策略路由是一种支持数据包按照既定规则路由及转发的技术，大体上可分为两种：一种是根据路由的目的地址来进行的策略，称为目的地址路由；另一种是根据路由源地址来进行策略实施的，称为源地址路由。随着策略路由的发展，出现了以智能均衡为策略方式的第三种路由方式。

3．策略路由的配置步骤及命令

路由图类似于复杂的 Access-list。它除了可以用于策略路由之外，还可以在路由重分发时进行路由过滤、网络地址转换（NAT）和 BGP 策略部署等。在实施策略路由时首先要根据需求，确定在哪台路由器的哪些接口的进入方向实施策略路由，并规划好路由图名称、路由图中每个策略的匹配规则和处理路由的路由方式。然后，按照以下四个步骤进行配置：①使用 route map 命令定义路由图。一个路由图可以由许多策略组成，策略按照序列号大小排列，匹配是按序列号由小到大进行策略匹配，只要符合了前面的策略，就退出路由表的执行；②定义路由图中每个策略的匹配规则或条件，只有符合条件的 IP 数据包才会进行策略路由。如果策略中没有配置任何匹配规则，表示所有 IP 数据包都满足规则；③使用 set 设置满足匹配规则的 IP 数据包的路由方式；④将定义的路由图应用到指定接口上。以 Cisco 路由器为例，策略路由配置的主要命令如下。

> Router(config)#route-map *map-name*[permit|deny]sequence   //定义路由图
> Router(config)#no route-map *map-name*{[permit|deny]sequence}   //删除路由图

其中，route map 是通过名字（*map-name*）来标识的，每个 route map 都包含许可或拒绝操作以及一个序列号（sequence），序列号在没有给出的情况下默认是 10，并且 route map 允许有多个表述。

> Router(config-route-map)#match ip address *access-list-number*   //设置过滤规则，匹配条件为 ACL 所
> 　　定义地址，参数 *access-list-number* 表示 ACL 列表号
> Router(config-route-map)#match length min-length max-length   //设置过滤规则，匹配条件为 IP 数据
> 　　包长度范围
> Router(config-route-map)#set default interface   *interface-name*   //定义策略路由出口为默认发送端
> 　　口
> Router(config-route-map)#set ip default *next-hop* ip-address   //定义策略路由的默认下一跳 IP 地址
> Router(config-route-map)#set ip next-hop *ip-address*   //定义策略路由的下一跳 IP 地址

4．策略路由配置示例

假若，某企业网络拓扑结构如图 6.34 所示，企业内部专用网通过边界路由器 R 采用双出口分别连接到互联网服务提供者 ISP1 和 ISP2。为实现企业内部用户访问互联网的链路带宽合理利用，需要让网段 192.168.10.0/24、192.168.20.0/24 的主机访问互联网时，其访问流量经过路由器 ISP1 转发到互联网，而网段 172.18.8.0/24、172.16.6.0/24 的主机访问流量经过路由器 ISP2 转发到互联网，从而实现基于源 IP 地址的链路选择和网络负载均衡。

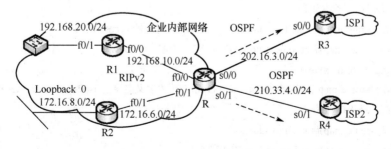

图 6.34　策略路由规划及配置

1）路由基本配置

按照图 6.34 网络拓扑规划的 IP 地址配置网络接口地址。企业内部路由器 R1、R2 与边界路由器 R 之间运行 RIPv2、ISP 的路由器 R3、R4 与边界路由器 R 之间运行 OSPF；在边界路由器 R 上部署双向路由重分发（具体配置过程及命令略）。

2）应用 NAT 进行地址转换，创建地址池

由于企业内部专用网采用私有地址 192.168.0.0/16 和 172.16.0.0/12 进行编址，且 ISP1 为专用网分配了一个 C 类地址 202.16.3.0/24，ISP2 为专用网分配了一个 C 类地址 210.33.4.0/24。为了实现专用网用户使用有限的公共 IP 地址接入互联网，需要在边界路由器 R 上部署网络地址转换（NAT）。

```
R(config)#interface f0/1
R(config-if)#ip nat inside     //指定接口 f0/1 为 NAT 的内部连接端口
R(config-if)#exit
R(config)#interface f0/0
R(config-if)#ip nat inside     //指定接口 f0/0 为 NAT 的内部连接端口
R(config-if)#exit
R(config)#interface s0/1
R(config-if)#ip nat outside    //指定接口 s0/1 为 NAT 的外部连接端口
R(config-if)#exit
R(config)#interface s0/0
R(config-if)#ip nat outside    //指定接口 s0/0 为 NAT 的外部连接端口
R(config-if)#exit
```

3）使用路由映射配置策略 NAT

```
R(config)#ip nat pool isp1 202.16.3.3 202.16.3.253 netmask 255.255.255.0
    //创建名为 ISP1 的出口地址池，其地址范围为 202.16.3.3～202.16.3.253
R(config)#ip nat pool isp2 210.33.4.3 210.33.4.253 netmask 255.255.255.0
    //创建名为 ISP2 的出口地址池，其地址范围为 210.33.4.3～210.33.4.253
R(config)#access-list 1 permit 192.168.0.0 0.0.255.255   //创建列表为 1 的访问控制列表，即允许内网
所有主机进行地址转换
R(config)#access-list 2 permit 172.16.0.0 0.0.255.255      //创建列表为 2 的访问控制列表
R(config)#route-map isp1-accessinternet permit 10   //定义名字为 isp1-accessinternet 的路由图，设置
出口策略路由序号为 10
R(config-route-map)#match ip address 1     //设置匹配地址 access-list 1
R(config-route-map)#set ip next-hop 202.16.3.2   //设置 IP 数据包的下一跳 IP 地址
R(config-route-map)#exit
R(config)#route-map isp2-accessinternet permit 20   //定义名字为 isp2-accessinternet 的路由图，设置
出口策略路由序号为 20
R(config-route-map)#match ip address 2
R(config-route-map)#set ip next-hop 210.33.4.2
R(config-route-map)#exit
```

```
R(config)#interface f0/0
R(config-if)#ip policy route-map isp1-accessinternet     //在入口（f0/0 接口）上启用策略路由
R(config-if)#exit
R(config)#interface f0/1
R(config-if)#ip policy route-map isp2-accessinternet     //在入口（f0/1 接口）上启用策略路由
R(config-if)#exit
R(config)#ip nat inside source route-map isp1-accessinternet pool isp1 overload    //将满足路由图
isp1-accessinternet 定义的 IP 数据包在进度动态带宽地址转换时，IP 数据包的内部本地地址转换为
地址池 isp1 所定义的出口地址，并进行端口复用。
R(config)#ip nat inside source route-map isp2-accessinternet pool isp2 overload
R(config)#end
```

其中，对于上述配置策略路由的过程，可归纳为以下四个主要步骤：①定义路由图，例如名为 isp1-accessinternet 和 isp2-accessinternet，该路由图分别由序号为 10、20 的策略组成。②策略序号为 10 的匹配条件为 ACL 列表号为 1 所定义的允许网络 192.168.0.0/16 的流量经过。策略序号为 20 的匹配条件为 ACL 列表号为 2 所定义的允许网络 172.16.0.0/12 的流量经过。③策略序号为 10 的 IP 数据包转发时其下一跳为 202.16.3.2，策略序号为 20 的 IP 数据包转发时其下一跳为 210.33.4.2。④将定义的路由图应用到边界路由器 R 的 f0/0、f0/1 入接口上。

4）验证测试

配置策略路由之后，在边界路由器 R 上可以查看网络地址转换、策略路由配置情况。①使用 debug ip nat 可以查看所有 NAT 的 IP 数据包，通过调试过程可以看到，不同的内网地址被映射到不同的外部公共 IP 地址。②使用 show ip nat translatons 命令可以查看 NAT 的转换映射；利用 show ip nat statistics 命令可以查看 NAT 转换状态。从而获知公网地址池分配的状态。③用 show ip policy 命令可查看 IP 策略路由应用；用 show route-map 命令显示路由图。如图 6.35 所示。④用 traceroute 命令可跟踪查看 IP 数据包路由，包括第一跳内网网关、所选择的外网出口等信息。

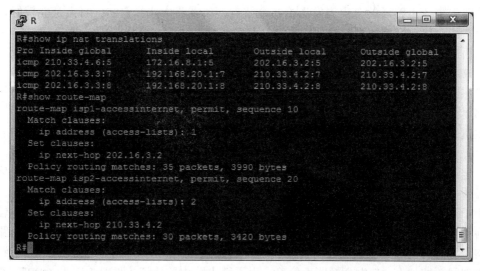

图 6.35 NAT 及策略路由图

进行网络路由优化要注意路由策略与策略路由之间的区别。路由策略是根据一些规则，使用某种策略改变规则中影响路由发布、接收或路由选择的参数而改变路由发现的结果，最终改变的是路由表的内容。路由策略在路由发现的时候产生作用。策略路由是指尽管存在当前最优的路由，但是针对某些特别的主机（或应用、协议）不使用当前路由表中的转发路径而单独使用别的转发路径。策略路由在 IP 数据包转发的时候发生作用、不改变路由表中任何内容。概括地讲，路由策略是路由发现规则，策略路由是 IP 数据包转发规则。其实将"策略路由"理解为"转发策略"更容易理解与区分。由于转发在底层，路由在高层，所以转发的优先级比路由的优先级高。实际上，在路由器中存在两种类型和层次的表，一个是路由表，另一个是转发表。转发表是由路由表映射过来的，策略路由直接作用于转发表，路由策略直接作用于路由表。

本章小结

路由技术在计算机网络中具有较为重要的位置，主要内容是路由选择算法。路由选择算法就是路由选择的方法或策略。按照路由选择算法能否随网络的拓扑结构或者通信量自适应地进行调整变化进行分类，可分为静态路由选择算法和动态路由选择算法两大类型。

静态路由选择算法是非自适应路由选择算法，是一种不测量、不利用网络状态信息，仅仅按照某种固定规律进行决策，简单获得路由的选择算法。静态路由选择算法主要包括扩散法和固定路由表法。静态路由依靠手工输入信息配置路由表。静态路由选择算法的特点是简单、开销小，但是不能适应网络状态的变化。

动态路由选择算法是自适应路由选择算法，可以根据网络的当前状态信息自动生成路由表，从而使路由选择结果在一定程度上能够适应网络拓扑结构和通信量的变化。动态路由选择算法又可分为分布式路由选择算法和集中式路由选择算法。分布式路由选择算法是指每一个结点与相邻结点通过定期交换路由选择状态信息来修改各自路由表，这样使整个网络的路由选择经常处于一种动态变化的状况。集中式路由选择算法是指在网络中设置一个结点，专门收集各个结点定期发布的状态信息，然后由该结点根据网络状态信息，动态计算出每一个结点的路由表，再将新的路由表发送给各个结点。动态路由选择算法的特点是能较好地适应网络状态的变化，但是实现起来较为复杂，开销也比较大。

路由选择协议可分为两种：①距离向量路由选择协议，典型的距离向量路由选择协议有 IGRP、RIP 等；②链路状态路由选择协议，典型的链路状态路由选择协议有 OSPF 等。采用链路状态路由选择协议的目的是得到整个网络的拓扑结构。运行链路状态路由协议的每个路由器都要提供各自的链路状态的拓扑结构信息。

主机和路由器中都含有路由表。多数主机采用静态路由，在系统启动时就对路由表进行初始化。主机的路由表中包含两项：一项指定该主机所连接的网络；另一项是默认项，指向某个特定路由器的所有其他传输。路由器和有些主机则采用动态路由，路由表被初始化之后由路径传播软件对它进行不断的更新。

由于互联网规模庞大，为了方便和简化路由选择，一般将整个互联网划分为许多较小的区域，称为自治系统（AS）。因此，也将路由问题分为域内路由和域间路由，而域内路由和域间路由关心的问题是不同的。用于 AS 之间传递路由消息的协议为外部网关协议。路由器使用内部网关协议在 AS 内交换路由信息，用于域内路由的协议主要是 RIP 和 OSPF。RIP 采用距离向量路由算法传播路由信息；OSPF 采用链路状态路由算法传播路由信息。由于 OSPF

允许管理员将 AS 内的路由器和网络划分成多个区域，所以它与其他内部网关协议相比，能够应付更多数量的路由器。

路由器的功能虽然很强大，但没必要把它想象得多么复杂，其实它就是一个多接口计算机，只不过是在网络中所起的作用与一般 PC 不同，而且需要进行相关的配置才能发挥作用。路由配置就是在路由器上进行某些文件操作，使其能够在网络中完成路由任务。只有通过正确的路由配置，才能使路由器之间相互通信，自动建立、维护和更新路由表。掌握路由器的配置过程和方法，有助于理解互联网络的工作原理。

路由优化主要是整合路由协议和路由策略，将复杂的网络简单化。在高性能网络中为了保证网络的伸缩性、稳定性、安全性和快速收敛必须对网络进行优化。路由优化的常用方法是路由过滤和策略路由。路由过滤可以对路由通告施加严格的控制，在路由更新中防止某些路由不被发送和接收。策略路由使网络管理者能根据它提供的机制指定一个报文转发的具体路径。

思考与练习

1. 简述路由协议在计算机网络中的作用。
2. 路由协议的作用是什么？有哪两类路由协议？
3. 简述路由选择协议的分类与应用。
4. 最基本的路由表包含哪些信息？
5. 简述距离向量路由算法。
6. 简述链路状态路由算法。
7. 如图 6.36 所示，如果目的结点为结点 D，列表表示采用距离向量路由算法得到的各结点到目的结点的最短路径的迭代过程，并画出以 D 为根的最短路径树。

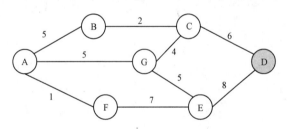

图 6.36　习题 7 示意图

8. 已知网络拓扑结构和各链路长度如图 6.37 所示，试用 Dijkstra 算法计算由源结点 A 到网络其他各结点的最短路径。要求用表格表示计算过程，并画出最短路径树。

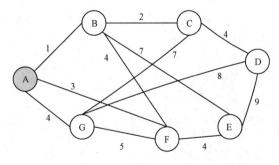

图 6.37　习题 8 示意图

9．什么是自治系统（AS）？AS 内部使用哪类路由协议？

10．路由信息协议（RIP）和开放最短路径优先（OSPF）协议有什么不同？简述 RIP 和 OSPF 的主要特征。

11．RIP、OSPF 和 BGP 报文是封装在什么协议中进行传输的？

12．为什么在因特网中要用到不同类型的 AS 间协议和 AS 内协议？

13．IOS 有哪几种配置文件？各有什么作用？

14．举例说明静态路由的配置过程。

15．举例说明配置 RIP、OSPF 的过程。

16．在进行路由优化时，讨论总结如下问题：

（1）如何利用被动接口来控制路由？

（2）如何利用调整路由协议的管理距离来控制路由？

（3）两种重分发路由的方式：双向和单向。

（4）在进行路由重分发时，有类路由和无类路由重分发应该注意的事项。

（5）如何配置策略路由？

第7章 网络传输服务

传输层在整个网络体系结构中具有举足轻重的地位。网络层用 IP 数据报统一了数据链路层的数据帧，用 IP 地址统一了数据链路层的 MAC 地址，但网络层没有对服务进行统一。传输层的任务是弥补和加强通信子网服务，监管数据从一个应用进程传输到另一个进程。弥补是针对服务类型而言的，传输层提供端到端进程间通信，而通信子网提供的是点到点之间的通信；加强主要是针对服务质量（QoS）而言的，通常是指提高服务的可靠性。

本章首先讨论传输层的作用，然后重点讨论 TCP/IP 模型中面向连接的 TCP 和无连接的 UDP。为便于分析 TCP/IP 实现数据传输的机制，本章还将利用一种称为网络协议分析器的协议分析工具软件（WireShark），讨论如何查看分析协议与协议动作、协议数据单元格式、协议封装及交互过程。

7.1 传输层概述

传输层也称为运输层，只存在于端开放系统中。它是源端到目的端对数据传输进行控制从低到高的最后一层，向应用层提供标准的传输服务，对下层屏蔽不同的通信子网，负责对发送字节流向接收结点的数据流进行控制。

7.1.1 传输层的地位

传输层位于分层计算机网络体系结构的核心部位，如图 7.1 所示。OSI-RM 中的物理层、数据链路层和网络层是面向网络通信的低三层协议。传输层负责端到端的通信，既是七层模型中负责数据通信的最高层，又是面向网络通信的低三层和面向信息处理的高三层之间的中间层。传输层位于网络层之上、应用层之下，利用网络层子系统提供给它的服务开发本层的功能，向上层提供服务。从通信和信息处理的角度来看，传输层向上面的应用层提供通信服务，属于面向通信部分的最高层，而同时也是用户功能中的最低层。

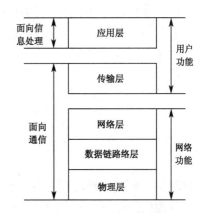

图 7.1 传输层在计算机网络体系结构中所处的位置

严格地讲，两个主机进行通信实际上就是两个主机中的应用进程相互通信。IP 虽然能把数据报传送到目的主机，但是这个数据报还停留在网络层而没有交付给主机的应用进程。由于通信的两个端点是源主机和目的主机中的应用进程，因此应用进程之间的通信又称为端到端的通信。

7.1.2 传输层的基本功能

从通信的角度看，传输层是两台计算机经过网络进行数据通信时的第一个端到端的层次，它提供了一条端到端的逻辑通道。按照 OSI-RM，传输层向应用层提供传输服务的是传输实体（Transport entity）。传输实体可能在操作系统内核中，或在某个单独的用户进程内，或包含在网络应用的程序库中，或是位于网络接口卡上。例如，当通信子网提供可靠的传输服务时，传输实体位于与主机相连的子网边缘的特定接口上。应用层、传输层和网络层的逻辑关系如图 7.2 所示。

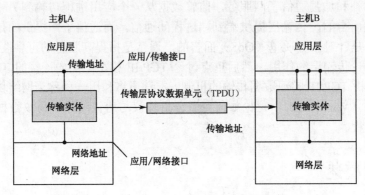

图 7.2 应用层、传输层和网络层的逻辑关系

由图 7.2 可以看出，使用传输服务的是传输服务用户，即应用层中的各种应用进程，或者是应用层实体，注意这里所说的用户不是指计算机的最终用户。传输层中两个对等传输实体之间的通信遵循传输层协议，传输层提供的服务也使用了网络层向上提供的网络服务。两个对等传输实体在通信时使用传输协议数据单元（Transport Protocol Data Unit，TPDU）作为数据单位。TPDU 的格式如图 7.3 所示，每个 TPDU 由长度、固定参数、可变参数和数据 4 个通用字段组成。其中，长度字段指出在 TPDU 中的总字节数（不包括长度字段本身）；固定参数字段包含参数或控制字段，分为代码（标识数据单元类型）、源发送端地址、目的地址、序列号（用于确认流量控制和在目的端对数据报的重排序）和信用分配 5 个部分；可变参数字段包含不经常出现的参数，如用于检测路由器可靠性的控制码；数据字段包含来自上层的常规数据或加速数据。

图 7.3 TPDU 的格式

由物理层、数据链路层和网络层组成的通信子网，为网络环境中的主机提供点对点的通信服务。传输层为网络环境中的主机的应用进程提供从源端到目的端（端到端）的进程通信服务。设计传输层的目的是为了弥补通信子网服务的不足，提高传输服务的可靠性与服务质量（Quality of Server，QoS）。

为了更好地理解传输层的作用，考虑一个由各种不同的物理网络（如 LAN、MAN 和 WAN）所组成的互联网，如图 7.4 所示。这些网络连接在一起，就能将数据从一个网络的计算机上传输到另外一个网络的计算机上。在发送端，传输层将接收到的来自发送进程的报文转换成传输层分组，Internet 术语称其为传输层报文段（Segment）；然后，在发送端系统中，传输层将该报文段传递给网络层，网络层将其封装成网络层分组（一个 IP 数据报）并向目的端发送。在接收端，网络层从数据报中提取传输层报文段，并将该报文段向上交给传输层；传输层处理接收到的报文段，使得接收端进程可应用该报文段中的数据。

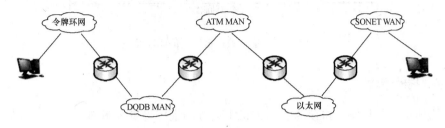

图 7.4　由不同的物理网络组成的互联网

当数据在网络之间进行传输时，可以用不同类型、不同长度的报文来封装。一个网络的网络层或数据链路层可以将报文分割成更小的段，以满足对报文或帧大小的限制；而另一个网络上的对等实体可以将若干报文段链接在一起，构成一个大的报文。但是，不管在传输过程中经过了怎样的变换，数据都必须以原来的形式到达目的地。

传输层是面向应用进程的，而应用进程则是多种多样的，这样就要求传输层能提供多种服务方式。其中最主要的服务方式有两种：一种是能提供数据报可靠、顺序提交；另一种是不要求可靠、顺序提交。相应的，传输层提供了两种服务协议：即面向连接的传输协议和无连接的传输协议。例如，TCP/IP 协议体系中的传输控制协议（TCP）和用户数据报协议（UDP）。它们的基本功能就是将 IP 的两个终端系统之间的传输服务扩展为终端系统上运行的两个进程之间的传输服务。主机之间的传输服务扩展为进程之间的传输服务，称为传输层的多路复用与多路分解。TCP、UDP 协议都能为其调用的应用程序提供一组不同的传输层服务。

TCP 提供面向连接的传输服务。在传送 TCP 报文段之前必须先建立连接，数据传送结束后要释放连接。TCP 在传输层建立的连接与网络层的虚电路（如 X.25 所使用的）完全不同。TCP 报文段是在传输层抽象的端到端逻辑信道中传送的，这种信道是可靠的全双工信道。TCP 不提供广播或多播服务。

UDP 在传输数据之前不需要先建立连接，其报文是在传输层的端到端抽象的逻辑信道中传送的。远程主机的传输层在收到 UDP 报文后，不需要给出任何确认。虽然 UDP 不提供可靠传输服务，但在某些情况下，UDP 是一种有效的工作方式。

7.1.3　传输层提供的服务

传输层的最终目标是向应用层的进程提供有效、可靠的服务。为了达到这一目标，传输层利用了网络层所提供的服务。传输层提供的服务由在两个传输实体之间使用的传输协议来实现。传输层提供的服务类似于数据链路层。然而，数据链路层用于在单个网络中传输数据，传输层则是在由许多网络组成的互联网上提供这些服务，如图 7.5 所示。传输协议向应用层提供的服务内容包括：端到端的传输、服务点寻址、可靠数据传输和流量控制等。

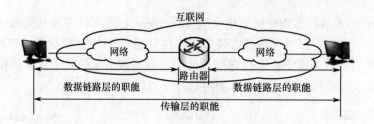

图 7.5　传输层与数据链路层的职能比较

1. 端到端的传输

在协议体系中，传输层协议为不同主机上运行的进程提供逻辑通信。为确保整个报文段（而不只是单报文段）完整地到达，传输层监管着整个报文段端到端（源端到目的端）的传输。

传输层的服务一般要经历传输连接建立、数据传输和连接释放 3 个阶段才算完成一个完整的服务过程，所包括的内容有服务类型、服务等级、数据传输、用户接口、连接管理、快速数据传输、状态报告和安全保密等。

2. 服务点寻址

传输层提供端到端的数据传输，也就是进程到进程的传输，实际上主要是把网络层的数据交付给正确的应用程序。层与层之间交换信息的抽象接口分别是传输层服务访问点（Transport service access point，TSAP）和网络层服务访问点（Network service access point，NSAP），如图 7.6 所示。在大多数情况下，通信将在多对多的实体之间进行。

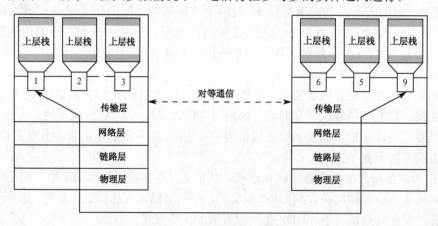

图 7.6　服务访问点示意图

需要注意的是：在一个计算机系统中，由于采用的是分时操作系统，所以同一时间内有大量的用户进程在运行，而传输层只有一个，这样就存在传输层如何把数据交付给应用程序的问题。显然，为了正确地把数据交付给应用程序，每一个应用程序必须有标志。同时，常常会有多个应用程序同时在一台计算机上运行。最常见的例证就是使用浏览器应用程序 IE 时，经常会打开多个窗口，而传输层必须保证将网络层提交的数据传送到正确的窗口。这意味着，源端到目的端的传输不仅是从一台计算机传输到另一台计算机，而且是从一台计算机上的一个特定进程（运行的程序）传输到另一台计算机上的一个特定进程（运行的程序）。但是，如何识别一台主机上的哪个服务访问点正在与另一台主机上的哪个服务访问点通信呢？

为了保证数据从服务访问点到服务访问点的正确传输，除了数据链路层和网络层的寻址方式，显然需要另外一种寻址方式。解决这个问题的具体方案就是将服务与 TSAP 地址关联的编址方案。

3．可靠数据传输

在传输层，可靠数据传输包括差错控制、顺序控制、丢失控制和重复控制 4 个方面。

1）差错控制

传输数据时，可靠性的主要目标是差错控制。就像前面所提到的，数据到达目的端时必须与它们从源端发出时完全一样。在实际的数据传输中，保证百分之百无差错是不可能的，只能尽量做到无差错。

在传输层中，差错处理机制建立在差错检测和重传的基础之上。差错处理通常使用由软件实现的算法（如校验和）来实现。但是既然在数据链路层已经有了差错处理，为什么在传输层还需要进行差错处理呢？这是因为，数据链路层的功能是保证每条链路中结点到结点的无差错传送，然而，结点到结点的可靠性并不能保证端到端的可靠性。图 7.7 所示为一种数据链路层差错控制机制无法发现差错的情况。

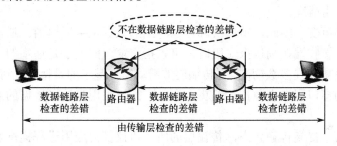

图 7.7　传输层和数据链路层的差错控制比较

在图 7.7 中，数据链路层虽然对在每个网络之间传输的帧进行了差错控制，但当帧在一个路由器内部处理时，还可能引入差错。这个差错不会被下一条链路中的数据链路差错控制机制发现。因为数据链路差错控制机制仅仅检查在链路起始和结束之间是否引入了差错。因此，传输层自己必须进行端到端检查，以保证报文段可以像源端所期望的那样正确到达。

2）顺序控制

传输层实现可靠传输的第二个措施是顺序控制。在发送端，传输层负责保证从高层接收到的数据单元可以被低层使用。在接收端，传输层则负责保证所传输的不同报文段被正确地重新组装。

（1）分段和连接。当从高层接收到的数据单元对于网络层数据报或数据链路层的帧来说太大而难以处理时，传输层能把它分为若干更小的、可用的数据段（称为报文段），这个划分过程称为分段。当属于一个会话的数据单元小到可以将多个数据单元装配成单个数据报或帧时，传输层协议就将它们组合起来形成单个数据单元。

（2）序列号。大多数传输层服务会在每个报文段的结尾处增加一个序列号。如果一个大的数据单元被分段，则这个编号将指明重新组装的顺序。如果将多个小单元连接在一起，则这个编号指明了每个子单元的结尾，使它们能够在目的端被正确地分开。另外，每个报文段有一个字段，指明该段是传输中的最后段，还是一个有后续段的中间段。

从发送端和接收端的角度看，报文段的传输顺序并不重要。重要的是，它们必须能够在目的端被正确地重组。

3）丢失控制

传输层实现可靠传输的第三个措施是丢失控制。传输层要确保传输的所有片段都会到达目的端，而不只是其中的一部分。然而当数据被分段传输时，有些段可能会在传输中丢失。序列号可使接收端的传输层协议识别出丢失的段，并要求重传。

4）重复控制

可靠传输的第四个措施是重复控制。传输层的功能必须保证没有重复的数据段到达接收端系统。正如允许识别丢失的报文段一样，序列号使接收端可以识别并丢弃重复的报文段。

4. 流量控制

与数据链路层一样，传输层也具有流量控制功能。但是，这一层的流量控制是端到端的，而不是作用在单条链路上的。传输层的流量控制也使用滑动窗口协议，窗口的大小可以变化，以适应缓冲区的占用情况。

由于窗口大小可变，因此，窗口实际可以容纳的数据量可以协商。通常，窗口的大小由接收端负责控制。接收端在确认报文段时，可以指定窗口的大小是递增的（或递减的，但是多数协议不允许递减）。在多数情况下，传输层的滑动窗口基于的是接收端可能容纳的字节数，而不是帧数。滑动窗口用来使数据传输更加有效，同时也用来控制数据的流量，使接收端不会变得过分拥挤。

除此之外，为了提高传输效率，传输层的所有协议都为应用进程提供多路复用、多路分解服务，以及带宽保证和传输时延保证等其他服务。

7.2　进程间通信

传输层与网络层在功能上的最大区别就是传输层提供了进程通信能力，即端到端通信。这里的端到端不仅是指源主机到目的主机的端到端通信，而且还指源进程到目的进程的端到端通信。通常，在一台主机上会有多个应用程序在同时运行，它们都可以使用 TCP 或 UDP 协议进行通信。然而，网络环境中的进程通信与单机系统内部的进程通信存在很大区别，其中最主要的是网络中的主机具有高度的自主性。由于它们不是在同一个主机系统中，没有一个统一的高层操作系统进行全局控制与管理，因此，网络中的一台主机对其他主机的活动状态、位于其他主机系统中的各个进程状态、这些进程什么时间希望参加与网络活动以及希望与哪台主机的什么进程进行通信等情况，一概不知。显然，实现网络环境中分布式进程之间的通信需要解决如下问题。

第一个问题是进程命名与寻址方法问题，即进程标志。在单台计算机中，不同的进程可以用端口号或进程标志唯一地标志出来。只要进程号分配不出现重复，则进程标志就不会出现二义性。例如，在单台计算机环境中，"进程 6 与进程 9 通信"的语义非常明确，操作系统不会产生调度错误。但在网络环境中，各个主机独立分配的进程号不能作为进程标志。因为在网络环境中简单地说"进程 6 与进程 9 通信"，就搞不清楚是哪台主机的进程 6 希望与哪台主机的进程 9 通信。这时必须明确指出"主机 X 的进程 6 与主机 Y 的进程 9 通信"。

第二个问题是对多重协议的识别问题。以 UNIX 操作系统为例，它所采用的 TCP/IP 模型的传输层有 TCP 和 UDP 两种协议。同时，还有许多类似的传输层协议。如果网络环境中的两台主机要实现进程通信，它们必须约定好传输层协议的类型。例如，两台主机必须在通信之前就确定是采用 TCP，还是采用 UDP。

第三个问题是相互作用模式问题。在计算机网络中，每台联网的计算机既要为本地用户提供服务，也要为网络中其他主机的用户提供服务。因此每台联网计算机的硬件、软件与数据资源既是本地用户可以使用的资源，也应该是网络上其他主机用户可以共享的资源。网络中的每一项服务都对应一个"服务程序"进程。进程通信的实质是进程之间的相互作用，显然，网络环境中进程通信还要解决进程间的相互作用模式问题。

为了解决网络环境下分布式进程通信中的进程标识、协议识别和相互作用模式等问题，在 TCP/IP 模型中引入了端口和套接字（Socket）的概念。

7.2.1 端口及其作用

由于在一台计算机中同时存在多个进程，所以要进行进程间的通信，首先要解决进程的标识问题。TCP 和 UDP 采用协议端口来标识某一主机上的通信进程。

1. 端口

端口是一个非常重要的概念，应用层的各种进程都通过相应的端口与传输实体进行交互。端口相当于 OSI-RM 的传输层服务访问点（TSAP）。从内部实现看，端口是一种抽象的软件结构（数据结构和 I/O 缓冲区）；从通信角度看，端口是通信进程的标识，应用进程通过系统调用与端口建立关联后，传输层传给该端口的数据就会被相应的应用进程所接收；从本地应用进程看，端口是进程访问传输服务的入口点。因此，端口的作用就是让应用层的各种进程都能将其数据通过端口向下交付给传输层，以及让传输层知道应当将其报文段中的数据向上通过端口交付给应用层相应的进程。从这个意义上讲，端口是用来标志应用层进程的。

1）端口号

为了标识不同的端口，每个端口用一个 16 bit 的无符号整数值进行标志，并称为端口号。因此，端口号的取值范围是 0～65 535。可以简单地认为，在本地主机中，一个应用进程对应唯一的端口号。对于不同的主机，端口的具体实现方法可能有很大差别，这取决于主机的操作系统。端口号由不同主机上的 TCP 或 UDP 独立分配，所以不可能全局唯一。因此，端口的基本概念是：应用层的源进程将报文发送给传输层的某个端口，而应用层的目的端口接收报文。端口只具有本地意义，即端口号只是用于标志本主机应用层中各个进程的。

TCP 和 UDP 都是提供进程通信能力的传输层协议。它们各有一套端口号，两套端口号相互独立。同一个端口在 TCP 和 UDP 中可能对应不同类型的应用进程，也可能对应于相同类型的应用进程。为了区别 TCP 和 UDP 的进程，除给出主机 IP 地址和端口号之外，还要指明协议。因此，在 Internet 中要全局唯一地标识一个进程，必须采用一个三元组（协议，主机 IP 地址，端口号）。

不同协议的端口之间没有必然联系，不会相互干扰。网络通信是两个进程之间的通信，两个通信进程构成一个关联。这个关联应该包含两个三元组，但由于通信双方采用的协议必须是相同的，因此，可以用一个五元组（协议，本地主机 IP 地址，本地端口号，远程主机 IP 地址，远程端口号）来描述两个进程的关联。

使用 TCP、UDP 的应用程序有两大类：一类应用程序为其主机提供服务，称之为服务器程序；另一类应用程序使用服务器程序提供的服务，它们主动向服务器程序发送连接请求，称之为客户机程序。互联网通信进程间的相互作用采用客户-服务器模式。客户-服务器模式相互作用的过程是：客户机向服务器发出服务请求，服务器完成客户机所要求的操作，然后给出响应。客户机程序可以任意选择其进行通信的端口号；而服务器程序则使用较固定的熟知端口号，如 DNS 使用 53 号端口号、HTTP 使用 80 号端口等。

2）端口号的分配与管理

端口号如何分配？一台主机上的应用程序如何知道网络上另一台主机上的应用程序所使用的端口号呢？为此，TCP/IP 设计了一套有效的端口分配和管理办法，将端口分为两大类，一类是保留端口，另一类是自由端口。

（1）保留端口。保留端口以全局方式进行统一分配并公布于众，因此又称为周知端口（Well Known Port），是服务端使用的端口号。保留端口由网络中具有端口分配功能的机构（如 Internet 指派名字和号码公司 ICANN）负责分配。0 号端口未使用；1～255 的端口号为标准服务保留，称为熟知保留端口（Reserved Ports for Well Known Services）。这些熟知保留端口由（RFC 1700）定义，后来在 1994 年扩展为 0～1 023；同时，在网站http://www.iana.org（RFC 3232）上不断更新。当开发一个新应用程序时，必须为其分配一个端口号。例如，Telnet 服务器使用 23 号端口，FTP 服务器使用 21 号端口，E-mail 服务器使用 25 号端口等。服务器程序运行之后，就在各自相应的端口上等待。如果希望使用某一台主机的相应服务，只要向该服务对应的套接字上发送数据就可以了。例如，如果希望远程登录到一台工作站上，则向该工作站的 23 号端口发送消息。工作站接收到消息数据后，TCP 根据端口号知道应该把数据发送到 Telnet 的服务器去处理。熟知保留端口为所有客户机进程所共知，应用层中各种不同的服务器进程不断地检测这些保留端口，以便决定是否能够与客户机进程进行通信。表 7-1 中列出了常用熟知保留端口及其对应的服务。

表 7-1　常用的熟知保留端口及其对应的服务

应用程序	FTP	Telnet	SMTP	DNS	TFTP	HTTP	POP3	RPC	SNMP
熟知保留端口	21	23	25	53	69	80	110	111	161

（2）自由端口。自由端口以本地方式进行分配，用户可自由使用。自由端口是主机建立连接时为用户进程动态分配的端口（又称动态联编），也称为一般端口（或临时端口），取值大于 255；256～1 023 为其他保留端口号，1 024～65 535 为用户自定义服务端口号，即客户

端使用的端口号。当客户机进程需要传输服务时，可向本地操作系统动态申请，操作系统随即返回一个本地唯一的自由端口。

2. 套接字

在 TCP/IP 模型中，为了在通信时不致发生混乱，端口号必须与主机 IP 地址结合起来一起使用，称之为套接字或插口（socket），以便唯一地标志一个连接端点（End Point）。套接字是系统提供的进程通信编程界面，支持客户-服务器模式。在发送端和接收端分别创建一个套接字的连接端点即可获得 TCP、UDP 服务。

套接字由 IP 地址（32 位）与端口号（16 位）组成，即套接字地址用"IP 地址：端口号"来表示。例如，端点（202.112.7.12:80）表示 IP 地址为 202.112.7.12 的主机上的 80 号 TCP 端口。

在 TCP 中，一个套接字可以被多条连接同时使用，这时一条连接需由两端的套接字来识别，即每条连接可以用"套接字 1，套接字 2"来标志。一个连接由它两端的套接字地址唯一确定，这对套接字地址称为套接字对（Socket Pair），表示为本地主机 IP 地址：本地端口号，远程主机 IP 地址：远程端口号。例如，图 7.8 示出了一个 Web 客户机和一个 Web 服务器之间的套接字连接。

图 7.8　用套接字对标志 TCP 连接

在该示例中，Web 客户机的套接字地址是 128.2.194.242:51213，其中端口号 51213 是临时端口号；Web 服务器的套接字地址是 208.216.181.15:80，其中端口号 80 是与 Web 服务器相关的熟知保留端口号。给定这些客户机和服务器的套接字地址，客户机和服务器之间的连接就由下列套接字对唯一确定了：

128.2.194.242:51213，208.216.181.15:80

因此，一对连接两端的套接字可以唯一地标志这条连接。套接字的概念并不复杂，但非常重要，要清楚套接字、端口和 IP 地址之间的关系。例如，若一台 IP 地址为 130.8.16.13 的主机，端口号为 1200，则套接字为（130.8.16.13:1200）；若该主机与另一台 IP 地址为 166.111.4.80 的机器之间建立 FTP 连接，则这一连接的套接字对可表示为"130.8.16.13:1200，166.111.4.80:21"。

需要强调的是，通信双方各自的套接字唯一地标志了本次双方的通信。套接字中的 IP 地址唯一标志一台主机，而套接字中的端口号则唯一标志了该通信主机上的一个程序（或进程）。提供服务的 TCP 服务器的 IP 地址和端口号应该让客户机知道，否则客户机程序无法与服务器进行连接。

根据网络通信特性，套接字可以分为以下 3 类：

（1）流套接字。流套接字是面向连接的，提供双向、有序、无重复且无记录边界的数据流服务。

（2）数据报套接字。数据报套接字是无连接的，虽然支持双向的数据流但不保证数据传输的可靠性、有序性和无重复性。若使用无连接的 UDP 协议，虽然在相互通信的两个进程之间没有一条虚连接，但发送端 UDP 一定要有一个发送端口，而在接收端 UDP 也一定要有一个接收端口，因而也同样使用套接字的概念。这样才能区分多个主机中同时通信的多个进程。

（3）原始套接字。原始套接字允许对较低层协议（如 IP 或 ICMP）进行直接访问。原始套接字常用于检验新的网络协议实现，也可以用于测试新配置或安装的网络设备。

3．套接字接口

为了实现进程之间的通信，TCP 不仅要接受命令调用，而且还要为进程返回关于连接的消息和对用户命令成功或失败的应答指示。目前应用最广泛的，是在 BSD UNIX 上首先使用的应用编程套接字接口（Socket Interface）。套接字接口是一组用于结合 UNIX I/O 函数创建网络应用的函数。大多数现代系统都能实现它，包括所有的 UNIX 系统和 Windows、Macintosh 系统。BSD UNIX 所提供的 TCP 用户界面套接字的调用名称及意义如表 7-2 所示。

表 7-2　BSD UNIX 上的套接字接口（Socket API）

原　语	功　能
socket()	客户机和服务器使用 socket()创建一个套接字描述符
bind()	为套接字设置本主机的 IP 地址和端口号
listen()	表示该套接字愿意接收连接请求，并设置等待队列的长度
accept()	服务器通过调用 accept()函数等待来自客户机的连接请求
connect()	客户机通过调用 connect()函数来建立与服务器的连接
send()	在建立好的连接上发送数据
receive()	从建立好的连接上接收数据
close()	释放一个连接

7.2.2　传输层的复用与解复用

传输层的 TCP、UDP 要与应用层的多个进程交互，所以使用端口标识不同的进程。传输层的端口机制提供了多路复用和解复用的功能。多路复用是指，在源主机的不同套接字中收集数据块，并为每个数据块封装上报头信息从而生成报文段，然后将报文段传递到网络层；多路分解是指，将传输层报文段中的数据交付到应用进程。

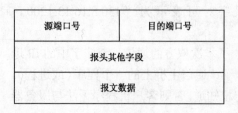

图 7.9　输层报文段的特殊字段

对于传输层的报文段，设有一些特殊的字段，其中的源端口号字段和目的端口号字段如图 7.9 所示。在每个报文段中，都用这两个特殊字段指明该报文段所要交付的应用进程。

由此可知，传输层实现多路分解服务的方法是：给主机上的每个套接字分配一个端口号，当报文段到达主机时，传输层检查报文段中的目的端口号，并将其定向到相应的套接字；然后报文段中的数据通过套接字进入其所连接的应用进程。

1. 无连接的多路复用与多路分解

为便于理解 UDP 多路复用与多路分解，先介绍 UDP 套接字的创建方法。可利用以下两种方式创建 UDP 套接字。

第一种方法是，在主机上运行一个 Java 程序，使用下面一行代码创建 UDP 套接字：

```
DatagramSocket mySocket=new DatagramSocket();
```

当利用这种方式创建一个 UDP 套接字时，传输层自动为该套接字分配一个端口号，特别是从 1 024～65 535 范围内分配一个主机尚未使用的 UDP 端口号。

第二种方法是，Java 程序使用下面一行代码创建 UDP 套接字：

```
DatagramSocke mySocket=new DatagramSocket(19158);
```

在这种情况下，应用程序为 UDP 套接字指派了一个特定的端口号 19158。如果应用程序开发者编写的代码是实现一个熟知协议的服务器，那么就必须为其分配一个相应的熟知端口号。典型情况是，客户机由传输层自动地（并且是透明地）分配端口号，而服务器则被分配一个特定的端口号。

通过为 UDP 套接字分配端口号，可以准确地描述 UDP 的多路复用与多路分解的概念。

假定在主机 A 中，一个应用进程的 UDP 端口号为 19158，它要发送一个应用程序数据块给主机 B 中的另一个应用进程，该应用进程的 UDP 端口号为 56528。主机 A 中的传输层创建一个传输层报文段，其中包括应用程序数据、源端口号（19158）、目的端口号（56528）和两个其他值。然后，传输层将生成的报文段传递到网络层。网络层将该报文段封装到一个 IP 数据报中，并尽力而为地将报文段交付给接收主机 B。如果该报文段到达接收主机 B，接收主机 B 就检查报文段中的目的端口号（56528）并将报文段传递到端口号 56528 所标志的套接字。注意，主机 B 能够运行多个应用进程，每个应用进程都有自己的 UDP 套接字及相应的端口号。当从网络中传来 UDP 报文段时，主机 B 通过检查该报文段中的目的端口号，将报文段定向（多路分解）到相应的套接字。

一个 UDP 套接字由一个包含目的 IP 地址和目的端口号组成的二元组来标志。因此，如果两个 UDP 报文段有不同的源 IP 地址和（或）源端口号，但具有相同的目的 IP 地址和目的端口号，那么这两个报文段将通过相同的目的套接字定向到同一个目的应用进程。

2. 面向连接的多路复用与多路分解

为了理解 TCP 多路复用与多路分解，需要更为仔细地讨论 TCP 套接字和 TCP 连接的创建问题。TCP 套接字与 UDP 套接字相比，存在的差别是：TCP 套接字通过一个四元组（源 IP 地址、源端口号、目的 IP 地址、目的端口号）来标志。这样，当一个 TCP 报文段从网络到达一台主机时，主机使用 4 个值来将报文段定向（多路分解）到相应的套接字。因此，两个具有不同源 IP 地址或源端口号的 TCP 报文段将被定向到两个不同的套接字，除非 TCP 携带了初始创建连接的请求。为了深入地分析这一点，下面讨论一个 TCP 客户-服务器编程的例子。

TCP 服务器应用程序有一个 "welcoming socket"，它在 8080 号端口上等待 TCP 客户机的连接建立请求。

TCP 客户机使用下面一行代码产生一个建立连接报文段：

```
Socket clientSocket=new Socket（"serverHostName"，8080）;
```

这一代码行还为客户机应用进程创建一个 TCP 套接字，通过该套接字，客户机应用进程可以发送和接收数据。

当运行服务器应用进程的主机操作系统接收到具有目的端口号为 8080 的进入连接请求报文段后，它就定位服务器应用进程，该应用进程在端口号 8080 等待接受连接。服务器应用进程则创建一个连接：

        Socket connectionSocket=welcomeSocket.accept( );

该服务器还关注连接请求报文段中的下列 4 个值：①源端口号；②源主机 IP 地址；③目的端口号；④目的 IP 地址。新创建的连接套接字通过这 4 个值来标志。所有后续到达的报文段，如果它们的源端口号、源主机 IP 地址、目的端口号和目的 IP 地址都与这 4 个值相匹配，则被多路分解到这个套接字。TCP 连接完成以后，客户机和服务器便可相互发送数据了。

服务器可同时支持许多 TCP 套接字，每一个套接字与一个进程相联系，并由其四元组来标志每个套接字。当一个 TCP 报文段到达服务器时，所有 4 个字段（源 IP 地址：源端口，目的 IP 地址：目的端口）用来定向（多路分解）报文段到相应的套接字。例如，两个客户机 A、C 使用相同的目的端口号，与一个 Web 服务器 B 中的应用进程通信的情况，如图 7.10 所示。图中主机 C 向服务器 B 发起了两个 HTTP 会话，主机 A 向服务器 B 发起了一个 HTTP 会话。主机 A 与主机 C 及服务器 B 都有自己的唯一 IP 地址，分别是 A、C、B。主机 C 为其两个 HTTP 连接分配了两个不同的源端口号（26145 和 7532）。由于主机 A 选择源端口号时与主机 C 互不相干，因此它也可以将源端口号 26145 分配给其 HTTP 连接。然而服务器 B 仍然能够正确地多路分解这两个具有相同源端口号的连接，因为这两个连接有不同的源 IP 地址。

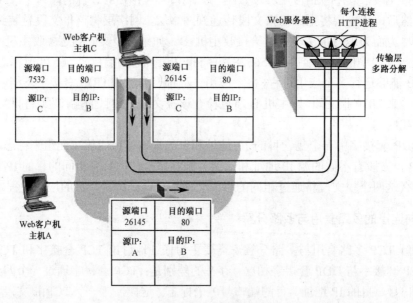

图 7.10　TCP 多路分解

在计算机网络的层次型体系结构中，多个层次都存在协议实体的复用和解复用：①数据链路层的 DIX 以太网与网络互连层不同协议之间基于 MAC 帧类型字段的复用和解复用；②网络互连层的 IP 与传输层不同协议之间基于 IP 数据报协议字段的复用和解复用；③传输层的 TCP/IP 与应用层不同进程之间基于端口的复用和解复用。

7.3 传输控制协议（TCP）

由 Cerf 和 Kahn 首先提出的传输控制协议（TCP），用于在端主机上实现端到端的通信。该协议由 RFC 793（TCP 协议定义）、RFC 1122（错误检测及其说明）、RFC 1323（TCP 功能扩展）、RFC 1700（通用端口的列表规范）、RFC 2001 和 RFC 2581 等文件定义。TCP 是 TCP/IP 模型中最重要的协议。

7.3.1 TCP 概述

TCP 提供一个面向连接的、可靠的（没有数据重复或丢失）、端到端的、全双工的字节流传输服务，允许两个应用进程建立一个连接，并在任何一个方向上发送数据，然后终止连接。每一个 TCP 连接均能被可靠地建立，友好地终止；在终止发生之前，所有数据都会被可靠地传输。TCP 使用"三次握手"方式建立一个连接，数据传输完成之后，任何一方都可以断开该连接。也就是说，一个应用进程开始传送数据到另一个应用进程之前，它们之间必须建立连接，需要相互传送一些必要的参数，以确保数据的正确传输。

从应用进程的角度来看，TCP 提供的服务有以下几个主要特征。

1. TCP 提供面向连接的服务

面向连接的传输服务，对保证数据流传输的可靠性十分重要。TCP 提供面向连接的服务，它在进行实际数据流传输之前必须在源应用进程与目的应用进程之间建立传输连接。一旦连接建立，通信的两个进程就可以在该连接上发送和接收数据流，如图 7.11 所示。

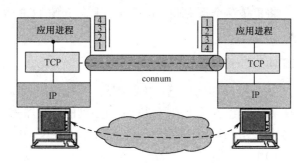

图 7.11　TCP 连接传输数据示意

2. TCP 提供可靠性服务

由于 TCP 是建立在不可靠的网络层 IP 基础上的，IP 不能提供任何保证数据包传输可靠性的机制，因此 TCP 的可靠性需要由它自己来实现。TCP 为确保通过一个连接发送的数据能够被接收端正确无误地接收到，且不会发生数据丢失或乱序，使用了多种机制确保服务的可靠性。

1）选择适合发送的数据块大小，赋予序列号

TCP 工作时可以灵活地决定缓存或发送时机。TCP 连接一旦建立，应用程序就不断地把

数据先发送到 TCP 发送缓存（TCP send buffer），如图 7.12 所示。

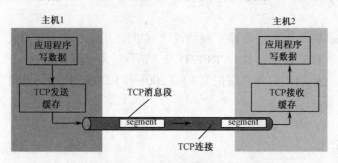

图 7.12　TCP 发送和接收缓冲区

接下来，TCP 就把数据流分成一块一块（Chunk）的，再装上 TCP 报头（TCP header），以形成 TCP 报文段（segment），即将应用程序数据封装成 TPDU。这些报文段送到网络层后，由 IP 协议封装成 IP 数据报（IP datagram）之后发送到网络上。当对方接收到报文段之后就把它们存放在 TCP 接收缓存（TCP receive buffer）中，应用程序不断地从这个缓存中读取数据。

TCP 对数据流按字节编制序列号，而不是按报文段编制序列号。TCP 将报文段所携带的数据的第一个字节的序列号放在报文段头部的序列号字段中。序列号的空间应该足够大，在 TCP 报文格式中规定为 32 B，以便使序号循环一周的时间足够长，不至于在短时间内产生相同的序列号。

2）对发送的 TPDU 启动计时器，超时重传

当 TCP 发出一个报文段后，就启动一个计时器，等待目的端确认收到这个报文段。如果不能及时收到一个确认，将重传这个报文段。后面还将具体介绍 TCP 中的自适应超时及重传策略。

3）对正确接收的 TPDU 进行确认

TCP 采用累计确认方式。接收端确认已正确收到的、积累的连续数据流。TCP 使用数据流的序列号进行确认，期望序列号是正确接收到的字节序列的最高序列号加 1，表明最高序列号之前的数据流已正确收到，指明期望接收的下一个报文段的起始序列号。在 TCP 实现中，通常是每隔一个报文段发回一个确认。

为了提高传输效率，TCP 的实现通常使用延迟确认算法[RFC 2581]。TCP 不必每收到一个报文段后立即发回确认，可以推迟一段时间，在收到 1 个以上的连续报文段之后再发回确认。但延迟确认的延迟时间不能超过 500 ms，太长的确认延时可能会导致发送端不必要的超时重传。若在延迟等待期间接收端也有了发给发送端的数据，接收端 TCP 可以使用数据捎带确认。这种"将确认暂时延迟以便让下一个外发报文段捎带一起发送"的技术称为捎带确认。

若 TCP 收到了失序的报文段，即收到的数据流出现了间断，就立即发出一个对期望接收序列号的确认，以便通知发送端可能出现了报文段丢失。

4）对报头和数据计算校验和

TCP 将对接收到的 TPDU 检错，目的是检测数据在传输过程中的任何变化。如果所收到的报文段的校验和有差错，TCP 将丢弃差错的 TPDU 和不确认收到此报文段，希望发送端超

时并重传。

5）识别并丢弃重复的 TPDU

既然把 TCP 报文段作为 IP 数据报来传输，而 IP 数据报的到达可能会失序，因此 TCP 报文段的到达也可能会失序。如果必要，TCP 将对收到的数据报进行重新排序，将收到的数据报以正确的顺序交给应用层。由于 IP 数据报会发生重复，因此 TCP 的接收端必须丢弃重复的 TPDU。

6）提供流量控制（实行缓冲区管理）

TCP 采用滑动窗口机制，实现流量控制。窗口大小表示在最近收到的确认序号之后允许传送的数据长度。连接双方的主机都给 TCP 连接分配了一定数量的缓存。每当进行一次 TCP 连接时，接收端主机只允许发送端主机发送不大于其缓存空间的数据。也就是说，数据传输的流量大小由接收端确定。如果没有流量控制，发送端主机就可能以比接收端主机快得多的速度发送数据，使得接收端的缓存出现溢出。

3. TCP 提供端到端的服务

TCP 之所以被称为一种端对端（end-to-end）协议，是因为它提供一个从一台计算机上的应用进程到另一台远程计算机上的应用进程的直接连接。应用进程能请求 TCP 构造一个连接、发送和接收数据及关闭连接。

由 TCP 提供的连接叫作虚连接（Virtual connection），这是因为它们是由软件实现的。事实上，Inernet 系统底层并不对连接提供硬件或软件支持，只是两台机器上的 TCP 软件模块通过交换 TPDU 来实现连接，如图 7.13 所示。

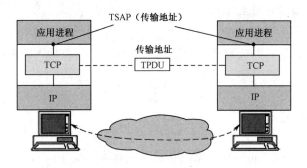

图 7.13　TCP 通过交换 TPDU 实现虚连接

4. TCP 提供字节流服务

TCP 提供一个流接口（Stream Interface），应用进程可以利用它发送连续的数据流，这通常称为字节流服务（Byte Stream Service）。数据流指的是无结构的字节序列。两端的应用程序通过 TCP 连接交换 8 bit 字构成的字节流，TCP 不在字节流中插入记录标识符。如图 7.14 所示，如果一端的应用程序先传 10 B，又传 50 B，再传 20 B，连接的另一端虽然无法了解发送端每次发送了多少字节，但接收端可以分 4 次接收这 80 B，每次接收 20 B。一端将字节流放到 TCP 连接上，同样的字节流将出现在 TCP 连接的另一端。

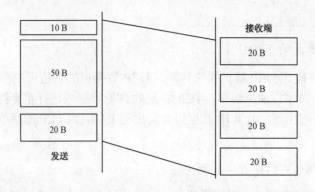

图 7.14 TCP 提供的字节流服务

另外，TCP 对字节流的内容不作任何解释，它不知道传输的数据字节流是二进制数据，还是 ASCII 字符、EBCDIC 字符或者其他类型的数据。对字节流的解释由 TCP 连接双方的应用层进行。

5．TCP 连接支持全双工通信

TCP 支持全双工通信。支持全双工通信的意思是指支持同时双向传输，如果在主机 1 和主机 2 之间建有连接，则主机 1 可以向主机 2 传送数据，而主机 2 也可以向主机 1 传送数据。

所有的 TCP 连接都是点到点的通信（只有两个端点），TCP 不支持多址通信（Multicast）和广播通信（Broadcast）。

另外，TCP 还允许用户发送紧急数据（Urgent data），以便接收者优先处理。这是一种中断机制。当用户按 CTRL+C 键中断一个已经开始了的远程应用时，发送端应用程序在数据流中注入了一些控制信息并将其与 URGENT 标志一同交给 TCP。这一事件将导致 TCP 立即停止为该连接积累数据，并立即传输该连接上已有的消息。当紧急数据到达目的端后，接收端的原应用程序被中断，而转向读取数据以找出紧急数据（紧急数据的末尾有标记），以便进行后续处理。

7.3.2　TCP 报文格式

TCP 在两个应用进程之间传输数据的传输单元称为报文段。TCP 收集应用层递交的数据后，要将其组成报文段。TCP 报文段既可以用来运载数据，也可以用来建立连接、释放连接和应答。

1．TCP 数据单元

在 TCP 中，每个报文段包含一个 20 字节的报头（选项部分另加）和 0 个至多个字节的数据（如果有数据的话）。数据字节最长不超过 65 536 B-20 B（IP 报头）-20 B（TCP 报头）=65 496 B，其中 65 536 B 为 IP 数据报的总长。可见，段的大小必须首先满足 IP 数据报数据载荷长度的限制，还要满足底层网络传输介质的最大传输单元（MTU）的限制，如以太网的 MTU 为 1 500 B。TCP 报文段被封装在一个 IP 数据报中的格式如图 7.15 所示。

图 7.15　TCP 数据被封装在一个 IP 数据报中的格式

2．TCP 报文段格式

一个 TCP 报文段由 TCP 报头域（TCP Header Field）和存放应用程序数据的数据域（Data Fields）两部分组成，如图 7.16 所示。TCP 的全部功能都体现在其报头域中的各字段中，各字段的含义如下。

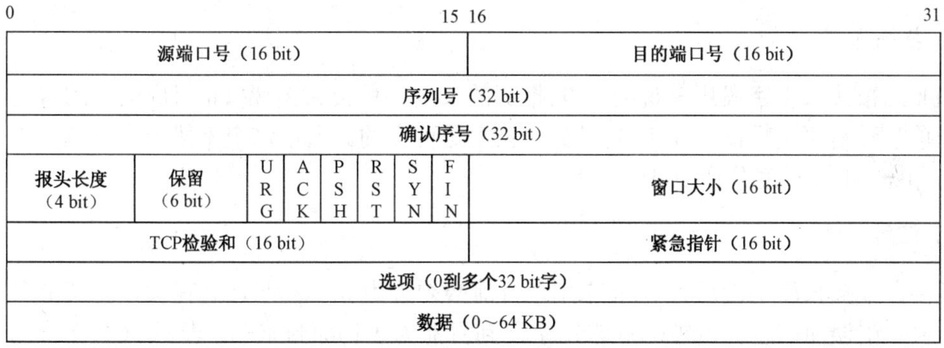

0		15 16		31
源端口号（16 bit）			目的端口号（16 bit）	
序列号（32 bit）				
确认序号（32 bit）				
报头长度（4 bit）	保留（6 bit）	U R G / A C K / P S H / R S T / S Y N / F I N	窗口大小（16 bit）	
TCP检验和（16 bit）			紧急指针（16 bit）	
选项（0到多个32 bit字）				
数据（0～64 KB）				

图 7.16　TCP 报头格式

1）源端口号和目的端口号

16 bit 的源端口号用来识别本机连接点；16 bit 的目的端口号用来识别远程主机的连接点。每个主机都可以自行决定如何分配自己的端口（从 256 号开始）。端口号加上其主机的 IP 地址构成一个 48 bit 的唯一的 TSAP，即 TSAP=端口号（16 bit）＋IP 地址（32 bit）。源端主机和目的端主机的套接字序号一起标志一个连接。传输层的复用和解复用功能都要通过端口才能实现。

2）序列号和确认序号

序列号和确认序号均是 TCP 报头中最重要的域。序列号是指发送序列号，即本报文段所携带数据的第一个字节的序列号，用来指示当前数据块在整个消息中的位置。序列号字段长为 32 bit，可对 2^{32} 个数据块进行编号。32 bit 的确认序号用于接收端对发送端发出的数据的确认，也可以间接表示最后接收到的数据块的序列号。序列号和确认序号由 TCP 收发两端主机在执行可靠数据传输时使用。

与序列号和确认序号密切相关的是 TCP 最大报文段大小（Maximum Segment Size）的概念。在建立 TCP 连接期间，源端主机和目的端主机都可能宣告最大报文段大小和一个用于连接的最小报文段大小。如果有一端没有宣告最大报文段大小，就使用预先约定的字节数（如 1 500 B、536 B 或者 512 B）。当 TCP 发送长文件时，就把这个文件分割成许多按照特定结构组织的数据块，除最后一个数据块小于 MSS 外，其余的数据块大小都等于最大报文段大小。在交互应用的情况下，报文段通常小于最大报文段，像 Telnet 那样的远程登录应用，TCP 报文段中的数据域通常仅为一字节。在 TCP 数据流中的每个字节都编有号码。例如，一个 10^6 B 长的文件，假设最大报文段大小为 10^3 B，则第一个字节的序列号定义为 0，每个报文段数据为 1 000 B，如图 7.17 所示。

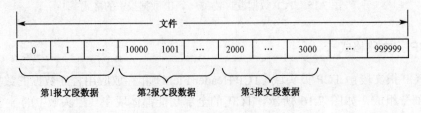

图 7.17　TCP 数据流中的字节编号

3）报头长度

4 bit 的报头长度字段用来说明 TCP 报头的长度，单位为由 32 bit 组成的字的数目。由于 TCP 选项字段是可选项，所以 TCP 报头的长度是可变的。通常这个字段为空，该字段的默认值为 5。TCP 报头长度共计 20 B。

4）保留

紧接在报头长度字段后有 6 bit 未用，目前必须置为 0。这是 TCP 在设计之初准备用于更正设计中的错误而准备的，这 6 bit 未用字段到目前为止仍原封未动，表明 TCP 在推出之前的设计是十分严密和慎重的。

5）控制位标志

6 bit 的控制位标志（Control Flags）字段，可表示下列不同的意义。

（1）URG（Urgent Pointer）标志用来表示报文段中的数据已经被发送端的高层软件标为 Urgent（紧急数据）。如果 URG 为 1，则表示本报文段中包含紧急数据，此时紧急数据指针表示的值有效，它表示在紧急数据之后的第一个字节的偏侈值（即紧急数据的总长度）。

（2）ACK 标志用来表示确认号的值有效。如果 ACK 为 1，则表示报文段中的确认号有效；否则，报文段中的确认号无效，接收端可以忽略它。

（3）PSH（Push）标志用来标志数据流中是否有紧急数据，若为 1 则表示此时接收端应该把数据立即送到高层，即使其接收缓冲区尚未填满。

（4）RST（Reset）标志用于复位因主机崩溃或其他原因而出现错误的连接，它还可以用于拒绝非法的报文段或拒绝连接请求。RST 等于 1 时表示要重新建立 TCP 连接。

（5）SYN（Synchronize）标志用于建立连接的过程。在连接请求中，若 SYN=1、ACK=0，表示该报文段没有使用捎带的确认域；若 SYN=1、ACK=1，表示该连接响应报文段捎带了一个确认。

（6）FIN 标志用于释放连接，等于 1 时表示发送端数据已发送完毕。

6）窗口大小

16 bit 的窗口大小字段用于对数据流量的控制。该字段中的值表示接收端主机可接收多少个数据块。对于每个 TCP 连接，主机都要设置一个接收缓存。当主机从 TCP 连接中接收到正确数据时就把它放在接收缓存中，相关的应用程序就从缓存中读出数据。然而，有时当从 TCP 连接来的数据到达时操作系统正在执行其他任务，来不及读这些数据，这就很可能会使接收缓存溢出。因此，为了减少这种现象出现的可能性，接收端必须告诉发送端它有多少缓存空间可利用，以便 TCP 借助它来提供对数据流量的控制，这也就是设置 TCP 接收窗口大小的目的。收发双方的应用程序可以经常变更 TCP 接收缓存大小的设置，也可以简单地使用预先设定的数值，这个值通常是 2～64 KB。若该字段的值为 0 也是合法的，它表示已接收到了包括确认号减 1（即已发送的所有报文段）在内的所有报文段，但当前接收端急需暂停，不希望再有数据发送。之后，可通过发送一个带有相同确认号和滑动窗口字段非零的报文段，不定期地恢复原来的传输。

7）校验和

校验和字段是为确保高可靠性而设置的，用于校验 TCP 报头、数据和概念上的伪 TCP 报头之和。校验和算法是将所有的 16 bit 字以补码形式相加，然后再对其相加和取补。操作时需将该字段置为 0。因此，当接收端对整个报文段（包括校验和字段）进行运算时，结果为 0 表示准确无误。

伪报头并不是 TCP 报文段的真正报头，而仅是在计算 TCP 校验和时，临时把它加在一起进行计算。在发送 TCP 报文段时，并不发送伪 TCP 报头的内容。伪 TCP 报头内容包含一个数据报的 32 bit 源 IP 地址和目的 IP 地址、8 bit TCP 类型（值为 6）及 TCP 数据（包括 TCP 头）长度，如图 7.18 所示。在校验和计算中包括伪 TCP 报头，有助于检测传送的报文段是否正确，但由于参与运算的伪 TCP 报头中包含的源/目的地址均是 IP 地址，它们属于 IP 层而不属于传输层，即在传输层协议作校验和计算时用到了网络层的数据（IP 地址），所以这种机制违反了协议的分层规则。

图 7.18　包含在校验和中的伪 TCP 报头

8）选项

选项字段用于增加额外设置，且这种额外设置不包含在标准的 TCP 报头之内。这些额外设置可以是设置主机接收的最大 TCP 载荷能力、滑动窗口大小超过 64 KB 以及选择重传报文段等。

从数据传输的角度看，使用大报文段比小报文段更有效，因为 20 B 的 TCP 段头对于大量的数据来说可以忽略不计。但是，一些性能较差的主机可能不具备处理大报文段的能力。因此在建立连接时，通信双方需要在选项字段中声明其最大载荷能力，并以其中较小的载荷能力作为该连接的报文段传输标准。若某台主机未使用该选项声明其最大载荷能力，则使用默认值为 536 B。也就是说，具有接收长度为 556 B（536+20）的 TCP 报文段的载荷能力，是在 Internet 上必须达到的主机性能。

通常，滑动窗口设置为 64 KB，然而在带宽高、时延长或者两者兼备的线路上应用时，有时会出现线路利用率较低的问题。例如，对于 T3 线路（44.736 Mbps），洲际通信介质来回传输时延的典型值为 50 ms，而在该线路上输出 64 KB 数据只需要 12 ms。也就是说，发送端大约 3/4 的时间在等待确认信息，通信效率很低。这种情况在卫星通信连接时更加糟糕。其解决的方法是采用较大的发送窗口，在 RFC 1323 规范中规定了窗口比例选项，允许发送端和接收端协商一个适宜的窗口比例因子，该比例因子将允许滑动窗口最大设置到 2^{32} KB。

选择重传报文段而不退回到报文段 n 再重传所有报文段，是选项的另一个广泛应用。若接收端接收了一个坏报文段且又接收了多个正确的报文段，通常 TCP 会因计时器超时而重传所有未被确认的报文段(也包括正确的报文段)。若在选项中加入 NAK(由 RFC 1106 定义)，则允许接收端请求发送指定的一个或多个报文段（而不是所有的报文段）。接收端在收到重传的报文段后，与其缓冲区中原来正确的报文段一起确认，这样可以减少重传的数据量。

7.3.3 TCP 连接管理

TCP 是面向连接的协议。关于对等层建立连接的问题可归纳为：连接是虚拟的，对等实体同意交换数据，确定交换的必要参数，实体相互交换数据单元，进行差错控制、流量控制、响应确认，以达到数据单元正确、流畅、及时的交换，而将传输细节及如何传输的任务留给更低层。因此，从对等层观察，数据单元就好像是直接传输的。这样就出现了连接的概念。传输连接管理就是使连接的建立和释放都能正常进行。

1. 传输连接建立

TCP 连接采用客户-服务器模式。在传输连接建立的过程中，主动发起建立连接的进程为客户机，等待接受连接建立请求的进程为服务器。为提供可靠的连接服务，TCP 采用三次握手建立一个连接。第一次握手是：建立连接时，客户机发送 SYN 包（SEQ=x）到服务器，并进入 SYN_SEND 状态，等待服务器确认。第二次握手是：服务器收到 SYN 包，必须确认客户的 SYN（ACK=x+1），同时自己也发送一个 SYN 包（SEQ=y），即 SYN+ACK 包，此时服务器进入 SYN_RECV 状态。第三次握手是：客户机收到服务器的 SYN+ACK 包，向服务器发送确认包 ACK（ACK SEQ=y+1），此包发送完毕，客户机和服务器进入 ESTABLISHED 状态，完成三次握手。完成三次握手后，客户机与服务器开始传送数据。

图 7.19 给出了一个 TCP 传输连接建立过程的示例：主机 B 的服务器进程一直处于"监听"状态，不断检测是否有客户机进程发出连接请求；主机 A 的客户机进程要求与主机 B 的服务器进程建立传输连接。

TCP 采用三次握手方法建立连接的具体步骤如下。

（1）主机 A 的客户机进程向主机 B 的服务器进程发出一个连接请求报文段。在该连接请求报文段中不包含应用层数据，但是报文段的报头中的一个标志位（SYN）被置为 1、ACK

被置 0，即 SYN=1、ACK=0，因此将这个特殊的报文段称为同步报文段（SYN segment）。另外，客户机会生成一个随机数作为它的初始发送序列号 SEQ=x，在该示例中发送序列号 SEQ=26 500，并将此编号放置于初始的 TCP SYN 报文段的序列号段中。该报文段被封装在一个 IP 数据报中，发送给主机 B 的服务器进程。

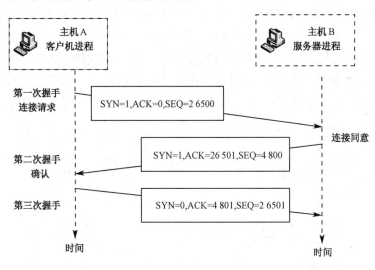

图 7.19　TCP 传输连接建立过程

（2）主机 B 的服务器进程监听到连接请求，主机 B 做出响应并继续同步过程。主机 B 的服务器进程如果同意与主机 A 的客户机进程建立传输连接，那么它将发出应答报文段。这个应答报文段中也不包含应用层数据。但在该报文段的报头中包含 3 个重要信息。一是应答报文段的 SYN=1；二是该报文段头部的确认序列号字段（ACK）被置为 SEQ+1，在该示例中 ACK SEQ =26 501；三是主机 B 的服务器进程随机生成一个随机数作为它的初始发送序列号 SEQ=y，在该示例中序列号 SEQ=4 800，并将它放置到 TCP 报文段报头的序列号字段中。这个允许连接的报文段实际上说明：“我收到了你要求建立连接的 SYN 且带有初始序列号 SEQ=x 的分组，我同意建立连接，我自己的初始序列号是 SEQ=y”。

（3）主机 A 的客户机进程在接收到主机 B 的服务器进程的应答报文段后，需要向主机 B 服务器进程再次发送一个建立传输连接的确认报文段。该确认报文段的 SYN=0，确认序号为主机 B 的发送序列号加 1，即 ACK=y+1；发送序列号为主机 A 的发送序列号加 1，即 SEQ=x+1。在该示例中 ACK=4 801，SEQ=26 501。

注意，在第 3 次握手时主机 A 把数据（SEQ=x+1）放在握手报文段中连同对主机 B 的确认信息（ACK=1, SEQ=y+1）一起发送出去，即捎带确认。

在完成以上报文段交互之后，主机 A 的客户机进程与主机 B 的服务器进程分别向应用层报告传输连接建立成功，进入数据报文段交互过程。至此，客户机进程与服务器进程就可以用全双工通信方式在该传输连接上正常地传输数据报文段了。

2．传输连接释放

在用户数据报文段传输结束时，需要释放传输连接。由于 TCP 连接是全双工的，可以在两个不同方向上进行数据的独立传输，所以当某一方的数据传输已发送完毕时，TCP 将单向地释放这个连接。此后，TCP 就拒绝在此方向上传输数据；但在相反方向上，连接尚未释放，还可以继续传输数据。这种状态称为半释放状态。

参与传输连接的任何一方都可以释放连接。释放连接时，任何一方均可以发出一个 FIN=1 的 TCP 报文段（表明自己一方已无数据可发送）并启动计时器。这时可能出现两种释放连接的情况。一种情况是，当 FIN 报文段被确认后就关闭了该方向的连接。当然另一个方向仍可以发送数据，只有当两个方向的连接都关闭后该连接才被完全释放。另一种情况是，无确认并且超时也关闭连接。因此，TCP 连接释放模式相当于一种双单工连接而不是全双工连接。通常，完全释放一个连接需要 4 个 TCP 报文段，即"四次握手"，如图 7.20 所示。

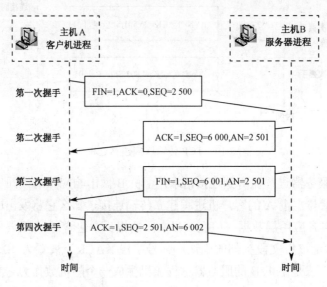

图 7.20 TCP 传输连接的释放过程

图 7.20 所示的 TCP 传输连接的释放过程如下。

（1）主机 A 的客户机进程向主机 B 的服务器进程发出释放连接的请求报文段。释放连接请求报文段中 FIN=1、ACK=0，同时需要为这个报文段随机分配一个序列号 SEQ=x，在该示例中序列号 SEQ=2 500。虽然是释放连接，报文段的交换也要使用序列号。

（2）主机 B 的服务器进程如果同意与主机 A 的客户机进程释放传输连接，则它将发出应答报文段。应答报文段的 ACK=1,同时需要为这个报文段随机分配一个序列号 SEQ=y，确认序号 AN=x+1；在该示例中序列号 SEQ=6 000，确认序号 AN=2 501。这时连接处于半释放状态。

（3）主机 B 的服务器进程如果没有数据要继续传输，需要释放服务器到客户机的连接，则它也发出释放连接请求报文段。释放连接请求报文段的 FIN=1、ACK=0、SEQ=y+1；在该示例中报文段的序列号 SEQ=6 001，确认序号 AN=2 501。

（4）主机 A 的客户机进程在接收到主机 B 服务器进程的释放连接请求报文段后，需要向服务器进程再次发送一个释放传输连接的应答报文段。应答报文段的 ACK=1，发送序列号

SEQ=x+1，确认序号 AN=y+1；在该示例中发送序列号 SEQ=2 501，确认序号 AN=6 002。

至此，双方的全双工连接就彻底释放了。

3．复位 TCP 连接

通常，应用程序是在数据传输完毕之后正常释放连接，但有时会出现异常情况而中途突然释放连接，TCP 为此也提供了复位措施。

若将连接复位，发起端发出一个报文段，其码元字段的 RST 置 1；当对方对报文段给予响应时立即退出连接。这时 TCP 通知应用程序出现了连接复位操作，连接双方立即停止传输并释放这一传输所占用的缓存区等资源。异常的突然复位可能会丢失发送的数据。

4．TCP 的状态变迁

TCP 的连接过程实际上是 TCP 状态的变迁，可用如图 7.21 所示的 TCP 连接管理有限状态机来描述 TCP 连接状态及各状态可能发生的变迁。这是一个在典型的客户-服务器模式下建立连接、传输数据和释放连接的有限状态机。在图 7.21 中，粗实线表示客户端的正常路径，粗虚线表示服务器端的正常路径，细实线表示不常见的事件；每条线上均按事件和动作方式标注其相应的事件和动作。这里的事件是指用户执行的服务原语、一个报文段的到达或者计时器超时等；动作是指控制报文段（FIN、STN 或 RST）的发送或者为空（用"-"表示）；括号中的文字为注释内容。

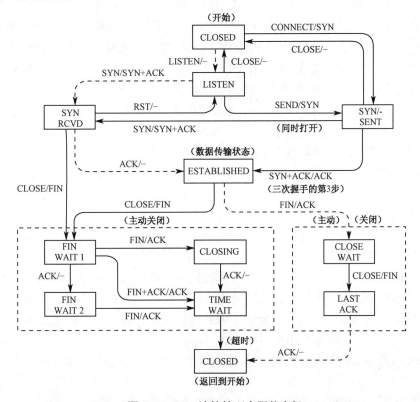

图 7.21　TCP 连接管理有限状态机

为了便于理解 TCP 连接管理有限状态机，下面分别从客户机和服务器两个角度，对建立连接和释放连接的主要进程进行分析。

1）建立连接

客户机的开始状态均为 CLOSED。当客户机端的应用程序发出连接请求（调用 CONNECT）后，即通过该机的传输实体创建一个连接记录，沿粗实线进入 SYN SENT 状态，并向远端的服务器发送一个 SYN 报文段。当接收到来自服务器端的 SYN＋ACK 报文段（SYN=1，ACK=1）后，客户机的 TCP 实体执行三次握手的第 3 步骤发出最后一个 ACK 报文段，客户机端转换为 ESTABLISHED 状态，客户机与服务器之间的连接建立成功，其应用程序可以开始发送和接收数据。

从服务器的角度分析,同样的,服务器开始也处于 CLOSED 状态,当服务器执行了 LISTEN 服务原语后进入 LISTEN 状态，等待客户端连接请求的到来。当一个 SYN 报文段（来自客户端）到达后，服务器发出 SYN+ACK 报文段以确认客户端请求并进入到 SYN RECEIVED 状态。当服务器接收到客户端的 ACK 确认报文段后，三次握手便完成了，服务器进入 ESTABLISHED 状态。连接建立成功。

2）释放连接

当客户端的应用程序完成了数据收发任务后，它的 TCP 实体执行 CLOSED 原语，发出一个 FIN 报文段以实现主动关闭，进入 FIN WAIT1 状态等待相应的 ACK 报文段。当接收到来自服务器的 ACK 报文段后，其状态转入 FIN WAIT2 状态，此时连接在一个方向被断开。当服务器也发一个 FIN 报文段以断开连接并获得确认时，双方均断开连接。

从服务器的角度分析，当客户端应用程序完成数据发送任务后，因执行 CLOSED 原语而传送一个 FIN 报文段到达服务器端，服务器将进入被动关闭状态。服务器接收到该 FIN 报文段后，进入 CLOSED WAIT 状态；并执行 CLOSED 原语，向客户端发送一个 FIN 报文段，进入 LAST ACK 状态。服务器在收到了客户端的确认后才释放该连接。

现在双方均已断开连接。必须强调的是，为了防止确认数据丢失的情况出现，客户端 TCP 实体要等待一个最大的数据报生命期，进入 TIME WAIT 状态。当计时器的最大数据报生命期超时，并确保该连接的所有数据报全部消失后，客户端 TCP 才删除该条连接记录，回到最初的 CLOSED 状态。

7.3.4 TCP 流量控制

流量控制用来保证发送端发送的数据在任何情况下都不会"淹没"接收端的接收缓存区，而且还应使传输达到理想的吞吐量。由接收端控制发送端的数据流量是流量控制的一个基本思路，这不仅适用于数据链路层，也适用于传输层。TCP 给应用程序提供了流量控制服务，以消除发送端使接收端缓存溢出的可能性。因此可以说流量控制是一种速度匹配服务，即匹配发送端的发送速率与接收端应用程序的读取速率。

TCP 的流量控制策略包括：TCP 的滑动窗口管理机制；根据接收缓冲区及来自应用的数据确定策略。

TCP 的滑动窗口管理机制采用的是基于确认和可变窗口大小策略。它通过让发送端保留一个称为接收窗口的变量来提供流量控制。也就是说，接收窗口用于告诉发送端，该接收端还有多少可用的缓存空间。例如，如图 7.22 所示，接收端有 4 KB 的缓冲区，若发送端发送了一个

2 KB 字节的报文段并被正确接收，则接收端必须发回一个确认以示所发报文段正确收到，且同时声明一个 2 KB 的窗口（剩余的缓冲区容量）；若发送端再次发送 2 KB 的报文段后，由于前面的报文段到达接收端时，接收端的应用程序还没有读完数据，那么接收缓冲区满，因此，接收端通知发送端确认 2 KB，且声明滑动窗口大小为 0。此时，发送端因滑动窗口为 0 不能再发送数据（被阻塞），直到接收端应用程序将其缓冲区中的数据取走一些（如 2 KB）。接收端在其缓冲区腾空了部分区域后即再次发送确认并声明目前的滑动窗口大小（如 2 KB），而发送端最多可发 2 KB 的报文段（如剩余的 1 KB）。

窗口和窗口通告可以有效控制 TCP 的数据传输流量，使接收端的缓冲空间不会产生溢出现象。

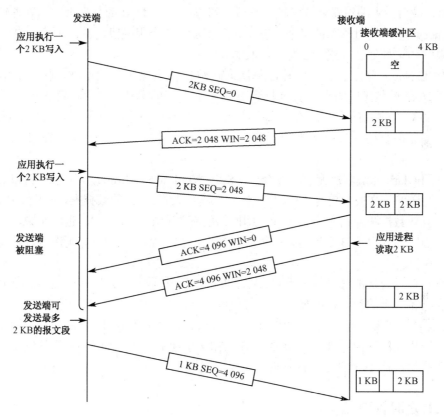

图 7.22　TCP 的滑动窗口管理

由图 7.22 可以看出，在正常情况下，当窗口大小为 0 时，发送端被阻塞不能再发送 TCP 报文段，但有如下两个例外：

（1）紧急数据可以发送。例如，允许用户终止在远端机上的运行进程。

（2）为防止死锁，发送端可以发送 1 B 的 TCP 段，以便让接收端重新声明确认号和窗口大小。

在数据传输过程中若因窗口大小为 0 出现阻塞而等待，会降低传输层协议性能。那么，如何改进传输层的性能呢？TCP 协议采取了如下 4 个策略：

（1）发送端缓存应用程序的数据，等到形成一个比较大的报文段再发出。例如，在图 7.22 中，当发送端应用程序的第一个 2 KB 数据到达传输实体后，由于未达到约定的 4 KB 容量的滑动窗口大小，TCP 可先将该数据缓存起来，等到另外的 2 KB 数据来到后才一次发出，即一次传输 4 KB 的报文段（为便于理解，可认为在收发双方宣告的最大报文段大小与最小报文段大小之间）。用这种策略可以提高 TCP 的性能。

（2）在某些情况下，接收端延迟发送确认段。可将确认信息和窗口大小的修正信息延迟 500 ms 后再发送，希望在这些数据报上能捎带一些数据。例如，有一个 Telnet 连接，Telnet 编辑器对每次击键均做出响应。在发送端，每当用户输入一个字符，TCP 就创建一个 21 B 的报文段（20 B 的 TCP 报头 + 1 个字符），并将它送到 IP 层再加上 IP 头（20 B）形成一个 41 B 的 IP 数据报发送出去。在接收端，TCP 立即发回一个 40 B 的确认（IP 报头和 TCP 报头）；当编辑器读取了该字节后，TCP 发送一个窗口更新信息（这个数据报也是 40 B）并将窗口向右移动 1 B。最后，当编辑器处理完该字符后，双方用一个 41 B 的数据报发回处理结果。这说明在 Telnet 连接中，对输入的每个字符，共需要发送 4 个报文段，并占用 162 B 的带宽。当带宽有限时，这种处理方式一般是不可取的。

（3）使用 Nagle 算法。当应用程序每次向传输实体发出 1 B 数据时，传输实体发出第一个字节并缓存所有其后的字节直至收到对第一个字节的确认；然后将已缓存的所有字节组段发出，并对再收到的字节缓存，直至收到下一个确认。采用这种算法可以大幅度减少所占用的带宽，而且还允许当数据积蓄到滑动窗口的一半或达到最大报文段时发送一个数据报。

（4）使用 Clark 算法解决傻窗口综合症（Silly Window Syndrome）。所谓傻窗口综合症是指，若 TCP 发送的报文段只包含 1 B 的数据，则意味着发送 41 B 的数据报才传送 1 B 的数据，网络传输的有效数据和开销之比为 1:40，即网络的有效利用率为 1/40。也就是说，当应用程序一次从传输实体读出 1 B 数据时，传输实体就会产生一个 1 B 的窗口更新段，使得发送端只能发送 1 B。

解决傻窗口综合症的办法是采用 Clark 方法，即限制接收端发送 1 B 的窗口大小修正报文段，只有在具备一半的空缓存或最大段长的空缓存时，才产生一个窗口更新报文段。

Nagle 算法和 Clark 算法在用于解决傻窗口综合证时具有互补性。Nagle 算法用于解决由于发送端应用程序每次向 TCP 实体传送 1 B 数据所引起的问题，而 Clark 算法则用于解决接收端应用程序每次从 TCP 读取 1 B 数据所引起的问题。

7.3.5　TCP 定时管理

为提供可靠的端到端的传输服务，当 TCP 发送数据时，发送端需要采用一种重传方案来补偿数据报的丢失，且通信的双方都要参与。当接收端 TCP 收到数据报时，它要返回给发送端一个确认 ACK。在计时器到点之前，如果没有收到一个确认，则发送端重传数据。显然，重要的是确认另一端收到数据报文，但数据和确认报文都有可能丢失。TCP 通过在发送端设置一个计时器来解决这种问题。如果计时器溢出时还没有收到确认，就重传该数据报文。对任何实现而言，关键之处就在于设计超时和重传的策略，即怎样决定超时间隔和如何确定重传频率。对于每个连接，TCP 使用以下 4 种不同的计时器来辅助完成该项工作。

（1）重传（Retransmission）计时器。重传计时器用于希望收到另一端的确认。（之后将讨论这个计时器及一些相关问题，如拥塞避免。）

（2）持续（Persist）计时器。持续计时器使窗口大小信息保持不断流动，即使另一端关闭了其接收窗口。持续计时器用于防止死锁。

（3）保活（Keepalive）计时器。在某些程序实现中还需要使用保活计时器，用于检测一个空闲连接的另一端何时崩溃或重启。

（4）MSL 计时器，用于测量一个连接处于 Time_Wait 状态的时间。Time_Wait 状态也称为 MSL 等待状态。每个具体的 TCP 实现必须选择一个报文段最大生存时间（Maximum Segment Lifetime，MSL），它是任何报文段被丢弃前在网络内存在的最长时间。这个时间是有限的，因为 TCP 报文段是封装成 IP 数据报在网络内传输的，而 IP 数据报则有限制其生存时间的 TTL 字段。

在上述 4 种计时器中，重传计时器是最重要的。在发送一个报文段的同时，就要启动一个数据重传计时器。如果在重传计时器超时前，该报文段被确认，则关闭该计时器；相反，如果在确认到达之前计时器超时，则需要重传该报文段，并且该计时器重新开始计时。

超时设置问题在 Internet 的传输层比在数据链路层更难解决。因为对于传输层来说，其往返时延的方差很大。如果超时时间设置太短，将出现不必要的数据重传，从而导致无用数据报拥塞 Internet 的后果。如果超时时间设置太长，每当数据报丢失时由于数据重传的时延过长，势必会造成网络性能下降。解决的办法是根据对网络性能的不断测定，采用一种不断调整超时时间间隔的动态算法。

TCP 采用了一种由 Jacobson 在 1988 年提出的自适应重传算法。TCP 通过测量收到一个应答所需的时间来为每一活动的连接估计一个往返时延。当发送一个报文段时，TCP 记录发送时间。当应答到来时，TCP 从当前时间减去记录的发送时间。这两个时间之差就是报文段的往返时延（RTT）。将各个报文段的往返时延样本加权平均，得出报文段的平均往返时延。每测量到一个新的往返时延样本，根据下述公式重新计算一次平均往返时延 RTT，即

$$RTT=\alpha \times 旧的\ RTT+(1-\alpha) \times 新的往返时延样本\ M$$

式中，α（$0 \le \alpha < 1$）是修正因子，决定之前的 RTT 值的权值（即所占比例）。

若 α 很接近于 1，表示新计算出的平均往返时延 RTT 和原来的值相比变化不大，而新的往返时延样本 M 的影响较小（RTT 值更新较慢）。若选择 α 值接近于零，则表示加权计算后的平均往返时延 RTT 受新的往返时延样本 M 的影响较大（RTT 值更新较快）。一般选择 $\alpha = 7/8$。

在给定这一随 RTT 变化而变化的修正因子 α 的条件下，RFC 793 推荐的设置计时器的超时重传时间（Retransmission Time Out，RTO）应略大于平均往返时延 RTT，即 $RTO=\beta \times RTT$，其中 β 是个大于 1（推荐值为 2）的时延离散因子。

Jacobson 在 1988 年的详细分析表明，当 RTT 的变化范围很大时，这个方法无法适应这种变化，从而将引起不必要的重传。当网络已经处于饱和状态时，不必要的重传只会增加网络负载，对网络而言这就无疑是雪上加霜。

除了被修正的 RTT，所需要做的还有跟踪 RTT 的方差。在往返时延变化起伏很大时，基于均值和方差来计算 RTO，将比基于均值的常数倍数来计算 RTO 能提供更好的响应。均值偏差是对标准偏差的一种较好的逼近，但更不容易进行计算（计算标准偏差需要一个平方根）。假定往返时延样本为 M，则超时重传时间 RTO 的计算过程如下：

$$Err=M-A$$
$$A \leftarrow A+g \cdot Err$$
$$D \leftarrow D+h \cdot (|Err|-D)$$
$$RTO=A+4 \cdot D$$

在上列式子中，A 是被修正的 RTT（均值的估计值），而 D 则是被修正的均值偏差，Err 是刚得到的测量结果 M 与当前的 RTT 估计值之差。A 和 D 均被用于计算下一个重传时间（RTO）。增量 g 起平均作用，取值为 1/8。偏差的增益是 h，取值为 0.25。当 RTT 变化时，较大的偏差增益将使 RTO 快速上升。

随着动态估计 RTT 方法的使用，在重传一个报文段时会产生这样一个问题：假定一个报文段当传输超时被重传后，而确认又到达时怎么办；因它不清楚这个 ACK 是针对第一个报文段的还是针对第二个报文段的。这就是所谓的重传多义性问题。猜测错误将导致 RTT 的估计值遭到严重的破坏。

Karn and Partridge 提出了一个简单的建议：当一个超时而重传发生时，在重报文段的确认最后到达之前，不能更新 RTT 估计值，因为并不知道 ACK 对应的是哪次传输，也许第一次传输被延迟而并没有被丢弃，也可能是第一次传输的 ACK 被延迟。并且，由于报文段被重传，RTO 已经得到了一个指数退避，在下一次传输时即可使用这个退避后的 RTO。对于一个没有被重传的报文段，除非收到了一个确认，否则不计算新的 RTO。这一补充称为 Karn 算法。多数 TCP 程序实现都采用了这种算法，实践证明，这种策略较为合理。

7.3.6 TCP 拥塞控制

加载到某个网络上的载荷超过该网络处理能力的现象，称为拥塞现象。网络拥塞通常会引起许多报文段丢失。在大多数计算机网络中，由网络拥塞所造成的报文丢失（或极长的时延），通常比硬件故障所造成的问题更为严重。解决拥塞问题的大部分工作由传输层协议来承担，通过降低数据传输速率来避免拥塞是最为现实的一个方法。

1. 拥塞的原因

有许多情况会使网络传输出现拥塞，但归纳起来主要集中在这样几个方面：一是快速网络向小缓存主机或者交换结点传输数据，接收端的处理能力不足；二是慢速网络向大缓存网络交换结点传输数据，网络链路带宽不够或网络交换结点队列溢出；三是由于某种原因造成的死锁。不管那种情况，网络产生拥塞的根本原因在于用户提供给网络的负载超过了网络的存储和处理能力，表现为无效数据包增加、报文时延增加与丢失以及服务质量降低等。如果此时不能采取有效的检测和控制手段，就会导致拥塞逐渐加重，甚至造成系统崩溃。在一般情况下，形成网络拥塞的几个直接原因如下。

（1）主机或者网络交换结点缓存空间不足。当计算机网络中的主机或者交换结点（如路由器）的缓存不能满足网络需求时，就会造成拥塞。例如，当多个输入数据流需要同一个输出端口时，如果入口速率之和大于出口速率，就会在这个端口上建立队列。如果没有足够的缓存空间，数据包就会被丢弃，对突发数据流更是如此。当然，可以通过增加内存，或者提高处理机的运算速度等方法来改变这种情况。虽然缓存空间在表面上似乎能解决这个矛盾，但是 Nagel 的研究表明，如果交换结点具有无限存储量，会使拥塞现象变得更加严重。

（2）处理器处理能力较弱。如果路由器的 CPU 在执行排队缓存、更新路由表等操作时，处理器的处理速度跟不上高速链路，就会产生拥塞。同理，低速链路对于高速处理器也会产生拥塞。

（3）带宽容量相对不足。直观地说，当数据的总输入带宽大于输出带宽时，在网络低速链路处就会形成带宽瓶颈，网络就会发生拥塞。香农信息理论给出了相应的证明。

（4）由死锁引起的网络性能下降。在计算机网络中，死锁主要分为直接死锁、间接死锁和重装配死锁三种情况。直接死锁是指通信的双方互相占用了对方需要的资源而造成的死锁。间接死锁是指通信的三方或者三方以上相互占用了传输需要的资源而造成的死锁。重装配死锁通常是指由于路由器的缓存拥塞而引起的死锁。

以上这几种情况是早期 Internet 网络发生拥塞的主要原因。对此，TCP 拥塞控制机制已经给出了比较好的解决方案。在实际应用中，如果所有的端用户均能遵守或兼容 TCP 拥塞控制机制，网络拥塞通常都能得到很好的控制。但是，随着计算机网络技术的快速发展和普及应用，出现了导致网络拥塞的许多新的复杂现象，如分布式拒绝服务（Distributed Denial of Service，DDoS）攻击。DDoS 攻击能够从分布在不同地理位置的主机同时攻击一个目标，从而导致目标主机瘫痪。

2．TCP 拥塞控制策略简介

拥塞对网络的危害非常大，因此网络设计者必须考虑配置适当的拥塞控制，以减少网络出现拥塞和死锁现象。为了实现 TCP 对拥塞的控制，首先必须检测到拥塞，然后才能针对造成拥塞的原因采用相应的控制策略。

随着光纤在通信主干网络中的广泛应用，由传输错误造成数据报丢失的情况大大减少，通信网络的可靠性得到了极大提高，而相应的数据报传输时延成为了网络拥塞的主要原因。因此，TCP 的所有拥塞控制算法都是针对因数据报传输时延引起的网络拥塞设计的。检测网络是否拥塞可以通过监控计时器超时来判断。至于引起拥塞的另一个原因——接收能力不能足，可以通过在建立连接时协商确定的滑动窗口大小来检测。至此，导致网络拥塞的两个主要原因均可以检测出来。

接下来的任务是确定拥塞控制算法。TCP 是通过动态控制滑动窗口的大小来实现拥塞控制的，窗口大小的单位是字节。TCP 中滑动窗口的含义是指发送端在未收到接收端返回的确认信息的情况下，最多能发送多少字节的数据。实际上，在每个 TCP 报文头中的窗口字段的值就是当前设定的接收窗口的大小。因此，滑动窗口大小已在建立连接时确定好了，发送端按此窗口大小发送数据就不会由于缓冲区溢出而引起拥塞。如图 7.23 所示，发送端需要发送的数据总共有 800 B，分为 8 个报文段；假设事先约定窗口大小为 500 B，即允许发送端在未收到确认之前最多可以连续发送 500 B 的数据。在图 7.23 中，发送窗口当前的位置表示前两个报文段（其字节序号为 1～200）已经发送过，并收到了接收端的确认。假如发送端又发送了两个报文段但未收到确认，则现在它最多还能发送 3 个报文段。发送端在收到接收端返回的确认后，就可以将发送窗口向前滑动。

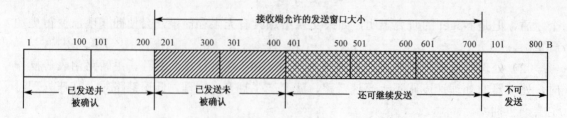

图 7.23 TCP 中的滑动窗口机制

实际上，发送窗口在建立连接时由通信双方商定，更重要的是，在通信过程中，接收端可以根据本地资源的情况动态地调整自己的接收窗口的大小，并通知对方，以使对方的发送窗口和自己的接收窗口一致。然而，由于网络内部拥塞而可能引起的问题，单靠连接之初协商的固定窗口大小是不能解决的。为此，TCP 提出了以下拥塞控制策略，以求根据网络运行情况，实现动态滑动窗口大小控制模式：

（1）第一种 TCP 拥塞控制策略，其核心是：①在连接建立时声明最大可接收报文段长度；②利用可变滑动窗口协议防止出现拥塞。首先，在建立连接时，发送端按接收端最大的数据缓冲区大小来设置滑动窗口。然后，发送端在网络正常时按最大可接收报文段长度发送数据，并同时监测网络传输时延；当网络内部出现拥塞时，通过发送端执行可变滑动窗口协议来调整报文段的发送长度。例如，若约定的最大可接收报文段长度为 8 KB，而某时刻发送端检测到超过 4 KB 的数据会使网络阻塞后，发送端将只发送 4 KB 数据。

（2）第二种 TCP 拥塞控制策略，即双窗口策略，其核心是：①发送端维护两个窗口，即接收端设定的可发送窗口和拥塞窗口，并按两个窗口中的最小值发送数据；②拥塞窗口依照慢启动（Slow Start）算法和拥塞避免（Congestion Avoidance）算法变化。所谓拥塞窗口，是指一个由发送端根据网络阻塞情况而确定的最大可传输字节数，它根据网络阻塞情况而变化。也就是说，双窗口方案中的每个窗口都反映了发送端可以传输的字节数，而该策略规定取两个窗口中的最小值作为该连接当时可以发送的字节数。例如，若接收端设定的可发送窗口的大小为 8 KB，发送端此时检测网络后得知其拥塞窗口为 4 KB，则发送端只发送 4 KB 数据；若发送端此时检测网络后得知其拥塞窗口为 32 KB，发送端也只能按 8 KB 发送数据。

3. 双窗口拥塞控制策略的算法与工作过程

1）慢启动算法

双窗口策略规定，当建立连接时，发送端将拥塞窗口大小初始化为该连接所用的最大报文段的长度值，并随后发送一个最大长度的报文段。若该报文段在计时器超时之前被接收端接收且其确认被发送端接收，则发送端的下一次发送字节数在原来拥塞窗口的基础上再加一个报文段的字节数（即按两倍最大报文段的大小发送），依次类推。换句话说，收到确认后，拥塞窗口按指数规律（2^n）增大，直到数据传输超时或达到接收端设定的窗口大小为止。这种确定拥塞窗口大小的算法虽然称为慢启动算法，但实际上它是以指数规律增加的，并不慢。慢启动算法的三大要素如下：

（1）连接建立时拥塞窗口初始值为该连接允许的最大段长，阈值为 64 KB。

（2）接收端窗口大小。

（3）拥塞窗口大小。

慢启动算法可描述为：发送端开始发送一个最大段长的 TCP 报文段，若被正确确认，拥塞窗口变为两个最大段长；若超时，则发送"拥塞窗口/最大段长"个最大长度的 TCP 报文段，并修改拥塞窗口的大小；重复上述步骤，直至发生丢包超时事件，或拥塞窗口大于阈值。慢启动算法的程序语言描述如下：

```
/*Congwin 表示拥塞窗口的大小*/
/*threshold 表示连接建立时拥塞窗口初始值*/
initialize:Congwin =1
for (each segment ACKed)
Congwin++
until (loss event OR CongWin ≥ threshold)
```

2）拥塞避免算法

拥塞避免算法主要用于当拥塞窗口大于阈值时的处理。

（1）若拥塞窗口大于阈值时，从此时开始，拥塞窗口线性增长，一个 RTT 周期增加一个最大段长，直至发生丢包超时事件。

（2）当超时事件发生后，阈值设置为当前拥塞窗口大小的一半，拥塞窗口重新设置为一个最大段长。

（3）其他情况则执行慢启动算法。

拥塞避免算法的程序语言描述如下：

```
/*慢启动算法结束*/
/* Congwin > threshold */
Until (loss event) {
    every w segments ACKed:
          Congwin++
 }
threshold = Congwin/2
Congwin = 1
perform slowstart
```

其中，w 为拥塞窗口的当前值且 w 大于 threshold；当 w 确认到达后，TCP 用 w+1 替换 w。

3）双窗口拥塞控制策略工作过程

将慢启动算法和拥塞避免算法综合起来即为双窗口拥塞控制策略，也就是目前 TCP 所使用的拥塞控制算法。TCP 拥塞控制算法的工作过程如图 7.24 所示。

图 7.24 中所设定的最大报文段长度为 1 KB，开始时的拥塞窗口为 64 KB。但此时出现了超时，所以阈值置为 32 KB。设传输号 0 的拥塞窗口为 1 KB，采用慢启动算法，前 5 个传输号（0～4）正确确认，拥塞窗口按指数规律增大直到阈值（32 KB）。随后 TCP 采用拥塞避免算法，传输号 5～13 的拥塞窗口按线性规律增大（每次增加所设定的最大报文段长度 1 KB）；若再出现超时（传输号 13 处），则阈值被设置为当前窗口的 1/2（当前窗口为 40 KB，则当前阈值为 20 KB），并采用慢启动算法又从头开始；当拥塞窗口按指数规律增大直到传输号 18（当前阈值为 20 KB）时，又采用拥塞避免算法使传输号 19～24 的拥塞窗口按线性规律增大。

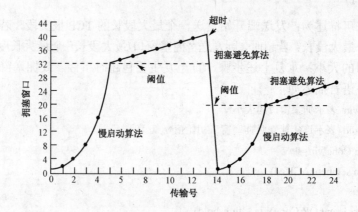

图 7.24　TCP 拥塞控制算法工作过程示意图

若一直不出现超时，则拥塞窗口会一直增大到接收端窗口的大小后才停止。只要不出现超时和接收端窗口不发生变化，拥塞窗口会保持不变。

对于网络中的拥塞控制算法，RFC 2581 共定义了慢启动、拥塞避免、快速重传和快速恢复 4 种基于拥塞窗口的拥塞控制方法。有兴趣的读者可以进一步参阅 RFC 2581。

在网络中，拥塞是相互关联的。当某一处出现拥塞后，通过提高处理机的速度或者增加缓存等可以缓解此处的拥塞现象，但是拥塞往往又会转移到其他地方，形成新的瓶径。需要注意的是，由某些恶意攻击（如 DDoS 攻击等）原因所造成的网络拥塞不同于上面所分析的普通拥塞情况，它们之间存在着本质差异。由 DDoS 攻击造成的网络拥塞，TCP 基于窗口的拥塞控制机制对此无能为力。原因是攻击带来的拥塞是由大量恶意主机发送数据所造成的，这些主机不但不会完成 TCP 拥塞控制机制所规定的配合工作，甚至本身就可能包含伪造源地址、加大数据发送量和增加连接数等攻击方式。

7.4　用户数据报协议（UDP）

用户数据报协议（UDP）是传输层的又一个重要协议，它采取无连接方式提供高层协议间的事务处理服务。也就是说，UDP 是在计算机上规定用户以数据报方式进行通信的协议，提供了应用程序之间传送数据报的基本机制。UDP 必须在 IP 层上运行，即它是以 IP 为基础的。

7.4.1　UDP 概述

UDP 的突出特点是简单，与 IP 相比仅增加了两项内容：一是端口概念，有了端口，传输层就能进行复用和解复用；二是校验和机制，它提供了差错检测功能。虽然 UDP 只提供不可靠的数据报交付，但在某些方面具有如下特殊优点：

（1）UDP 向应用系统提供了一种发送封装原始 IP 数据报的方法，并且在发送时无须建立连接。这不仅避免了建立连接和释放连接的麻烦，而且也减少了开销和发送数据之前的时延。

（2）利用协议端口，UDP 能够区分在同一台主机上运行的多个应用进程；使用校验和机制，UDP 协议在把数据提交给应用进程之前，先对数据做一些差错检查。

（3）UDP 用户数据报只有 8 B 的报头开销，比 TCP 的 20 B 报头要短得多。

（4）UDP 不使用拥塞控制，不提供端到端的确认和重传功能，也不保证数据报一定能到达目的端，因此称为不可靠协议。所以主机也不需要维持具有许多参数且复杂的连接状态表。

（5）通过 UDP，可以发送组播数据，所以使用组播服务的应用程序都建立在 UDP 之上。

（6）不同的网络应用使用不同的协议。例如，HTTP 使用 TCP，而普通文件传输协议（Trivial File Transfer Protocol，TFTP）则使用 UDP。UDP 现在还常用于多媒体通信，如 IP 电话、实时视频会议以及流式存储音频与视频等。

7.4.2 UDP 数据报格式

每个 UDP 报文称为一个用户数据报，UDP 数据报包含 UDP 报文头和数据两部分，其结构如图 7.25 所示。UDP 报文由 5 个字段域组成，前 4 个字段域组成 UDP 报头，每个字段域由 2 字节组成；用户数据的字节数由应用程序及所需传输的数据决定。UDP 报文格式中各字段的含义如下：

（1）源端口和目的端口字段。该字段包含了 16 位的 UDP 端口号。源端口用来识别本机通信端点，是可选项，不用时置 0。目的端口用来识别远程机器的通信端点。源端口和目的端口使得多个应用程序可以多路复用同一个传输层协议。UDP 仅通过不同的端口号来区分不同的应用进程。

图 7.25 UDP 报文格式

（2）报文长度字段，占 16 位。该字段记录了 UDP 数据报的总长度（以字节为单位），包括 8 B 的 UDP 报头和其后的数据部分。最小值是 8 B（即报头长度），最大值为 65 535 B。

（3）校验和字段，占 16 位。UDP 校验和是可选的，它用来检验整个 UDP 数据报、UDP 报头与伪报头在传输过程中是否出现了错误。

（4）用户数据字段。用户数据字段的长度由应用程序及所需传输的数据决定。

理论上，IP 数据报的最大长度为 65 535 B，这是由 IP 报头的 16 B 总长度字段所决定的。减去 20 B 的 IP 报头，再减去 8 B 的 UDP 报头，可以很容易计算出 UDP 数据报中的用户数据的最大长度应为 65 507 B（65 535 B-20 B-8 B）。然而，大多数实现所提供的长度比这个最大值小。在实际应用中，用户数据的最大长度可能会遇到以下两个限制因素。

一个限制因素是由于应用程序可能会受到其程序接口的限制。为此，Socket API 提供了一个可供应用程序调用的函数，用于设置发送和接收缓冲区的大小。对于 UDP Socket 套接字，缓冲区大小与应用程序可读/写的最大 UDP 数据报长度直接相关。目前大部分系统都默认提供可读/写大于 8 192 B 的 UDP 数据报。

另一个限制因素来自于 TCP/IP 的内核实现。因其可能存在一些实现特性（或差错），使 UDP 数据报的最大长度小于 65 507 B。

UDP 采用无差错控制机制，发送过程与 IP 类似。UDP 数据报加上 IP 报头就成为 IP 数据报，通过采用 ARP 来解析物理地址，然后将数据报发送至接收端。当接收端的传输层从 IP 层收到 UDP 数据报时，就根据 UDP 报头中的目的端口，把 UDP 数据报通过相应的端口，上交给应用进程。

7.4.3 UDP 校验和

UDP 校验和包括伪报头（Pseudo Header）、UDP 报头与数据三个部分。在计算校验和时，在 UDP 数据报之前要增加 12 B 的伪报头。之所以称之为伪报头，是因为它并不是 UDP 报文的真正报头，而仅是在计算 UDP 校验和时，临时把一些额外的内容加在一起进行累加求和，把这些额外的内容合在一起称为伪报头。UDP 校验和的伪报头与报头组成结构如图 7.26 所示。其中，伪报头取了 IP 分组报头中的一些字段，目的是让 UDP 能够两次检查数据是否已经正确到达目的端，这样既检查了 UDP 数据报，又对 IP 数据报的源 IP 地址和目的 IP 地址进行了检验；填充域字段填入 0，目的是使伪报头是 16 位的整数倍；协议号 17 表示是 UDP 报文；UDP 长度是 UDP 数据报的长度，不包括伪报头的长度。伪报头既不向下层协议进程传送，也不向上层协议进程递交，而仅仅是为了计算校验和。实际上，在发送 UDP 报文时，发送端也并不单独发送伪报头的内容。

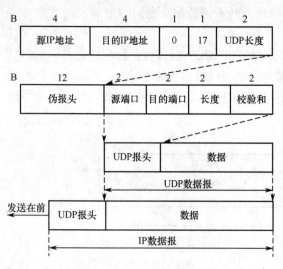

图 7.26 UDP 校验和的伪报头与报头组成结构

UDP 校验和的计算方法与 IP 数据报头校验和的计算方法类似，都使用二进制反码运算求和再取反。不同的是，IP 数据报的校验和只检验 IP 数据报的头部，但 UDP 的校验和是把头部和数据部分一起都检验。

在发送端，首先把全 0 放入校验和字段并且添加伪报头。然后，把 UDP 数据报看成是由许多 16 位字串连接起来的。若 UDP 数据报的数据部分不是偶数个字节，则要在数据部分末尾增加一个全 0 字节（但此字节不发送）。接着，按照二进制反码计算出这些 16 位字的和。将此和的二进制反码写入校验和字段。

利用 RFC 1071 给出的校验和计算方法及其 C 语言源代码可以非常容易的计算 UDP 校验和。下面通过一个简单的例子说明 UDP 校验和是如何检测数据传输错误的。假设主机 1 的应用程序要以 UDP 来发送 word1、word2 和 word3 共 3 个 16 位的二进制数到主机 2。根据 UDP，在发送前主机 1 需进行的校验和计算如表 7-3 所示。其中，在 12 字节的 UDP 伪报头中，第 1、2 两个字段分别是源 IP 地址和目的 IP 地址，第 3 个字段是全 0，第 4 个字段是 IP 报头中的协议字段值，对于 UDP 此字段值为 17，第 5 字段是 UDP 用户数据报的长度为 15 字节；在 8 字节的 UDP 报头中，第 1、2 个字段分别是源端口和目的端口号，因此要添加一个全 0 的字节（为简明只给出了所发送数据信息的校验和）。因此这样的校验和既检查了 UDP 用户数据报的源端口号和目的端口号以及 UDP 用户数据报的数据部分，又检查了 IP 数据报的源 IP 地址和目的 IP 地址。

表 7-3　发送端 UDP 校验和计算示例

12 字节伪报头	192.72.14.11		192.72→11000000 01001000 14.11→00001110 00001011
	128.14.31.3		128.35→10000000 00100011 31.3→00011111 00000011
	全 0	17	15	全 0 和 17→00000000 00010001 15→00000000 00001111
8 字节 UDP 报头	1087	13	1087→00000100 00111111 13→00000000 00001101
	15	0	15→00000000 00001111 0（校验和）→00000000 00000000
6 字节数据	Word1	word2	Word1→01100110 01100110 word2→01010101 01010101
	Word3	填充 0	Word3→00001111 00001111 填充 0→00000000 00000000

从表 7-3 中可以得出：在主机 1 端，word 1、word 2、word 3 与校验和共 4 个 16 位二进制数之和为 1111111111111111。为了能在接收端主机 2 对所接收到的数据进行校验，UDP 要求主机 1 除了发出的 word 1、word 2、word 3 之外，还必须将其相应的校验和共计 4 个 16 位二进制数一起发出。如果主机 2 收到的这 4 个 16 位二进制数之和也是全 1，则表示传输过程中没有出差错；否则，表示所接收的数据有错。

在接收端，把收到的 UDP 数据报加上伪报头（如果不是偶数个字节，还需要补上全 0 字节）后，按二进制反码计算出这些 16 位字的和。当无差错时其结果应全为 1；否则就表明有差错出现，接收端就应丢弃这个 UDP 数据报。读者可以自己检验一下在接收端是怎样对校验和进行检验的。不难看出，这种简单的差错检验方法的检错能力并不强，但它的优点是简单，处理速度比较快。

接下来的问题是，收发两端的两个进程是否有可能通过 UDP 提供可靠的数据传输。答案是可以的，但需要把确认和重传方案添加到应用程序中，由应用程序来模拟面向连接的部分功能。应用程序不能期望 UDP 来提供可靠的数据传输。

7.5　协议分析器与协议分析

为了进一步理解 TCP/IP 的工作原理，可以通过一种协议分析工具软件捕获数据包，查看和分析协议与协议动作、协议数据单元格式、协议封装及交互过程，以便直观地了解 TCP/IP 实现数据传输的具体过程。

7.5.1　协议分析器及其应用

网络协议分析器是用于捕获、显示、分析对等进程之间交换 PDU 的一种工具。协议分析器在定位和排除网络故障时非常有用，它也可以作为教学工具使用。通常，人们把网络性能分析归纳为 4 种方式：基于流量镜像协议分析、基于 SNMP 的流量监测技术、基于网络探针（Probe）技术和基于流（flow）的流量分析。WireShark 是一种基于流量镜像协议分析软件。

流量镜像协议分析方式主要侧重于协议分析，它把网络设备某个端口（链路）的流量镜像给协议分析仪，然后通过 7 层协议解码对网络流量进行监测。

1. WireShark 的安装与运行

WireShark 的前身是著名的 Ethereal，是一款免费的网络协议监测程序。它具有设计完美的图形用户接口（GUI）和众多分类信息及过滤选项。用户通过 WireShark，同时将网卡设置为混合模式，可以用来捕获在网络上传送的数据包，并分析其内容。通过查看每一数据包的流向及其内容，可以检查网络的工作情况，或是发现网络程序的缺陷。

WireShark 是目前比较好的一个开放源码的网络协议分析器，支持 UNIX、Linux 和 Windows 平台。WireShark 提供了对 TCP、UDP、SMB、Telnet 和 FTP 等常用协议的支持，在很多情况下可以代替价格昂贵的 Sniffer。

网络协议分析需要在网络环境下运行。首先，要在客户机端安装 WireShark 软件，可直接从 WireShark 网站（http://www.Wireshark.org）下载其最新版本。安装之后，由于该软件依赖于 Pcap 库，因此在安装之前要先安装 WinPcap（WinPcap 下载地址：http://www.winpcap.org/install/default.htm）。然后再按照默认值安装 WireShark。

2. 捕获数据包的方法

安装好后，双击桌面上的 WireShark 图标，即可运行该软件。在捕捉数据包之前，首先要在 Interface 里选择正确的捕获接口，然后对捕获条件进行设置。一些常用设置项的含义如下：

（1）Interface：选择捕获接口。

（2）Capture packets in promiscuous mode：表示是否打开混杂模式，打开混杂模式即可捕获所有的报文。

（3）Limit each packet：表示限制每个报文的大小，默认情况不限制。

（4）Capture Filter：过滤器，只抓取满足过滤规则的包。

（5）Capture Files：保存所捕获数据包的文件名及存储位置。

（6）Capture Option：确认选择后，单击"OK"按钮开始进行抓包，并弹出统计所捕获到报文各占百分比的小窗口。单击"Stop"按钮即可以停止抓包。

如果不想每次打开 WireShark 时都重复上述 Capture Option 的设置，可以在菜单栏中依次选择"Edit→ Preferences→Capture 和 Name Resolution"，预先做好网卡和其他选项的设置。做好预设之后，每次打开 WireShark 时，直接单击工具栏的开始按钮，即可捕获数据包。

如果有两个以上的网卡，要对采集数据的网卡进行设置后才能捕获在该网卡上收发的数据包，以及进行数据包收集和分析。

3. 用 WireShark 分析互联网数据包

1）设置过滤规则

在用 WireShark 捕获数据包之前，应该为其设置相应的过滤规则，以便只捕获所需要的数据包。WireShark 使用与 Tcpdump 相似的过滤规则，并且可以很方便地存储已经设置好的过滤规则。单击"Capture"选单，选择"Capture Filters..."菜单项，打开"WireShark：Capture Filter"对话框，设置过滤器名字及规则。例如，要在主机 192.168.0.3 和 192.168.0.11 之间创建过滤器，可以在"Filter name"编辑框内输入过滤器名字"lhj"，在"Filter string"编辑框内输入过滤规则"host 192.168.0.3 and 192.168.0.11"，然后单击"New"按钮即可。

2）数据包协议层次的查看

利用 WireShark 可以很方便地对捕获的数据包进行查看和分析，包括对该数据包的源地址、目的地址和所属协议等进行查看和分析。与其他图形化网络嗅探器类似，WireShark 的界面窗口分成 3 个。例如，WireShark 的主窗口及协议层信息，如图 7.27 所示。

在图 7.27 中的顶层窗口为数据包列表，显示了交互过程中传输的每一个数据包的摘要信息，如序号（No）、时间（Time）、源地址（Source）、目的地址（Destination）、协议类型（Protocol）、该数据包的长度（Length）及简要信息（Info）等。

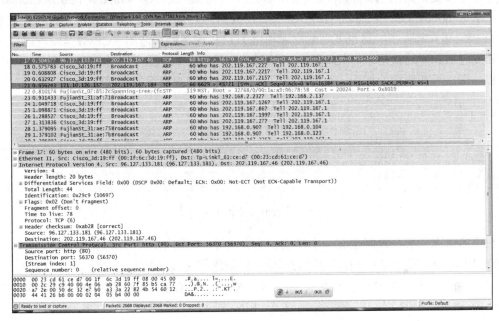

图 7.27　WireShark 的主窗口及协议层信息

在图 7.27 中的中间窗口为协议树，用来显示选定的数据包所属协议的信息。通过协议树可以得到所捕获数据包的详细信息，如主机的 MAC 地址（Ethernet II）、IP 地址、TCP 端口号以及协议的具体内容。当在顶层窗口选中一个数据包时，中间的窗口就显示了该数据包的层次结构及各层封装的报头字段值。若自上而下地浏览中间窗格的各行，可以看到 TCP 建立连接时所经历的协议栈。例如，先从 Ethernet 到网络互联层 IP，然后到传输层 TCP，再到应用层 HTTP。

在图 7.27 中最下边的窗口是以十六进制显示的数据包的具体内容，用来显示数据包在物理层上传输时的最终形式。当在协议树中选中某行时，与其对应的十六进制代码同样会被选中，这样就可以很方便地对各种协议的数据包进行查看和分析了。

7.5.2　TCP 实例分析

首先，启用 WireShark 网络协议分析器，在 IP 地址是 202.119.167.83 的机器上打开 IE 浏览器，输入网址 202.119.160.20 进入主页面，登录 Web 邮箱。

然后，打开 WireShark 网络协议分析器的主界面，可以发现 IP 地址是 202.119.167.83 的客户机向邮件服务器 202.119.160.20 提出连接请求。从图 7.30 中看到，编号为 30 的数据包由 202.119.167.83 向 202.119.160.20 发送带有 SYN 标识的连接请求（202.119.167.83 202.119.160.20 TCP 74 49870 > http [SYN] Seq=0 Win=8192 Len=0 MSS=1460 WS=4 SACK_PERM=1 TSval=107781 TSecr=0）；编号为 31 的数据包由 202.119.160.20 返回给 202.119.167.83 一个连接确认，并带有建立连接的 SYN 标识（202.119.160.20 202.119.167.83 TCP 74 http > 49870 [SYN, ACK] Seq=0 Ack=1 Win=5792 Len=0 MSS=1460 SACK_PERM=1 TSval=63645655 TSecr=107781 WS=128）；当 202.119.167.83 收到连接确认后，向 202.119.160.20 发送一个连接确认数据包（202.119.167.83 202.119.160.20 TCP 66 49870 > http [ACK] Seq=1 Ack=1 Win=66608 Len=0 TSval=107781 TSecr=63645655）。这样经过三次握手，一个完整的 TCP 连接就建立起来了。这也就是客户端利用 HTTP 服务器构造的 TCP 数据流，通过 Web 浏览器发起 HTTP 连接请求，来实现 TCP 协议的三次握手。在图 7.28 中可以清晰地看到协议的名称、端口号和连接的标识，从而可以直观地观察到三次握手的实现过程。

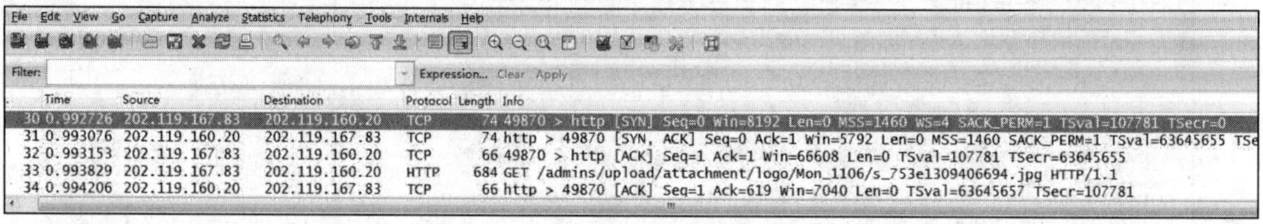

图 7.28　TCP 三次握手的实现

在连接建立之后，TCP 也有一个释放连接的过程，如图 7.29 所示。先由 202.119.160.202 向 202.119.167.83 发送带有 FIN 标识的释放连接请求报文段（202.119.160.20 202.119.167.83 TCP 66 http > 49870 [FIN, ACK] Seq=145 Ack=619 Win=7040 Len=0 TSval=63645657 TSecr=107781）。202.119.167.83 收到这个 FIN 段后，返回带有 ACK 标识的确认段（202.119.167.83 202.119.160.20 TCP 66 49870 > http [ACK] Seq=619 Ack=146 Win=66464 Len=0 TSval=107781 TSecr=63645657）。另一个方向的 TCP 连接的释放过程也一样，由 202.119.167.83 向 202.119.160.20 发送带有 FIN 标识的释放连接请求报文段（202.119.167.83 202.119.160.20 TCP 66 49870 > http [FIN, ACK] Seq=619 Ack=146 Win=66464 Len=0 TSval=107781 TSecr=63645657），202.119.160.20 收到这个 FIN 报文段后，返回带有 ACK 标识的确认段（202.119.160.20 202.119.167.83 TCP 66 http > 49870 [ACK] Seq=146 Ack=620 Win=7040 Len=0 TSval=63645657 TSecr=107781），双方都收到确认后完成两个方向的连接释放，整个 TCP 连接被成功释放。

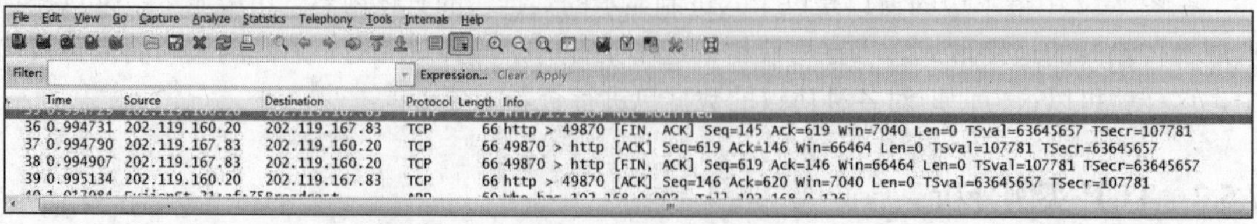

图 7.29　释放连接的实现

利用 WireShark 网络协议分析器可以详细地了解从网络中捕获的数据信息，如图 7.30 所示。在图 7.30 的中间窗口通过以下 4 个方面给出了网络运行协议的简要信息：

- Frame 32: 66 bytes on wire (528 bits), 66 bytes captured (528 bits)
- Ethernet II, Src: HonHaiPr_95:f4:03 (00:1c:25:95:f4:03), Dst: Cisco_3d:19:ff (00:1f:6c:3d:19:ff)
- Internet Protocol Version 4, Src: 202.119.167.83 (202.119.167.83), Dst: 202.119.160.20 (202.119.160.20)
- Transmission Control Protocol, Src Port: 49870 (49870), Dst Port: http (80), Seq: 1, ACK:1, Len: 0

然后，单击协议树相应的"+"号，可以看到详细的具体协议信息。例如，Transmission control protocol 标识了源地址和目的地址的端口号，Checksum 是这个 TCP 段的校验和，等等。在该示例中可以看到，TCP 连接所用的源端口是 49870，目的端口是 80，相对序号是 1，TCP 报头长度是 32 字节；在 Flags 字段中的 FIN 设置为 1，目前源地址窗口大小为 16652 字节；TCP 段的校验和 Checksum 为正确。

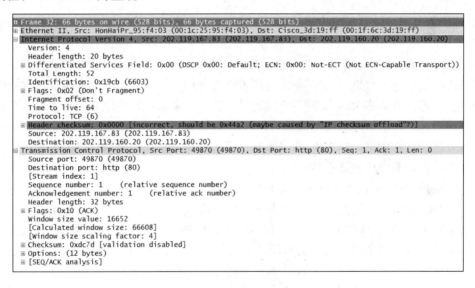

图 7.30　服务器与客户端的详细信息

WireShark 网络协议分析器还可以用来分析每一帧中的 MAC 地址、IPv4 报头、ICMP 信息及相关协议等。另外，WireShark 还是网络管理人员灵活监控网络的一种管理工具，网络协议分析仅仅是该软件众多功能中的一个。监视网络活动、解码和重构捕获数据、会话重新组合和探测连接攻击等均是该软件具有的特色功能，可作为学习和管理计算机网络的常用工具。

本章小结

网络最本质的活动是实现分布在不同地理位置的主机之间的进程通信。传输层的主要功能是为网络环境中的分布式进程通信提供服务。本章讨论了端到端的传输控制问题。传输层实现了许多与数据链路层相同的功能，但数据链路层工作在单个网络上，而传输层的操作则跨越互联网。

网络地址的编址方法是网络通信中的一个基本问题。网络中的任何通信实体都需要用唯一的地址标志出来。网络中的每一层都需要解决通信实体的地址标志与寻址问题。从对计算机网络体系结构的讨论可知：在物理层通信时需要使用通信线路号；数据链路层的地址在帧头之中，通信的两个数据链路层通过帧地址来确定通信关系，实现数据链路层之间的虚拟通信；网络层的主要任务是根据源结点与目的结点的网络层地址，通过路由选择，为报文分组穿过复杂的互联网络选择一条最佳的路径；传输层为计算机之间的进程通信提供服务，显然，进程在通信过程中也需要分配进程地址，进程地址也称为端口号；而到了应用层，也同样需要为客户机和服务器分配名字。

传输层离不开端口和服务访问点。端口地址也称为熟知端口地址或周知端口地址，它标志一个用户访问的主机上的特定进程或应用。典型的周知端口包括23（Telnet）、25（SMTP）、80（HTTP）和110（POP）等。TCP或UDP报头中都包含端口号。客户机与服务器通过使用套接字接口建立连接。套接字是连接的端点，对应用程序来说，连接是以文件描述符形式出现的。套接字接口提供了打开和关闭套接字描述符的函数。客户机与服务器通过读/写这些描述符来实现彼此之间的通信。

TCP/IP模型的传输层由用户数据报协议（UDP）和传输控制协议（TCP）这两个主要协议组成。

TCP是TCP/IP模型中最主要的传输协议，可为应用程序提供可靠的、面向连接的、全双工的字节流传输服务。TCP非常复杂，包括了连接管理、流量控制、拥塞控制、往返时延及可靠的数据传输。TCP使用三次握手建立连接：客户机发起连接请求到服务器，服务器确认该请求，然后客户机确认服务器的确认。在请求TCP建立一个连接之后，应用程序即可使用这一连接发送和接收数据；TCP能确保数据按序传递而无重复。最后，当两个应用进程完成使用一个连接时，需要释放该连接。

两台计算机上的TCP通过交换报文来进行通信，所使用的报文都要采用统一的TCP报文段格式，包括载荷数据、确认和窗口通告报文段，或用于建立和释放连接的报文。每个报文段都被封装成IP数据报进行传输。TCP使用了各种机制，如确认、计时器、重传及序号来确保可靠的服务。除在每个报文段中提供校验和之外，TCP还重传任何被丢失的报文段。为了适应互联网中随时间变化的时延，TCP的重传超时需具有自适应性。

拥塞控制对于网络的良好运行是必不可少的。没有拥塞控制，网络很容易出现死锁，使得端到端之间很少或没有数据能够正常传输。TCP实现了这样一种端到端的拥塞控制，即当TCP连接的路径上被判断为不拥塞时，其传输速率就增加；当出现丢包时，传输速率就降低。

UDP是无连接的，提供非可靠的数据报服务。UDP报头没有指定源端和目的端的IP地址，而是将每个UDP报文封装在IP数据报中通过Internet传输。设计一个比较简单的UDP的目的，是希望以最小的开销实现网络环境中的进程通信。

运用网络协议分析软件（如WireShark），查看、分析协议与协议动作、协议数据单元格式、协议封装及交互过程，有助于理解TCP/IP实现数据传输的机制。

思考与练习

1. 传输层的许多功能，如流量控制和可靠传输，也由数据链路层处理。这是否是一种重复？什么？

2．简述 Socket 的定义、功能和用途。协议端口有哪两类？它们如何分配和管理？

3．网络环境中的进程通信与单机系统内部的进程通信有哪些主要区别？实现网络环境中的进程通信需要解决哪些问题？

4．在 TCP/IP 模型中，进程间的相互作用模式为什么要采用客户-服务器模式？

5．TCP 的特点是什么？它为什么能够支持多种高层协议？

6．TCP 采用什么技术来建立可靠的连接？

7．为了保证传输的可靠性，TCP 提供了哪些差错检测和纠错方法？

8．TCP 校验和是必要的吗？或者 TCP 能否让 IP 来对数据进行校验？

9．简述 TCP 建立连接的三次握手方案。

10．简述 TCP 连接的管理步骤。

11．TCP 采用了哪些流量控制策略？

12．什么是拥塞？造成拥塞的原因有哪些？简述 TCP 拥塞控制策略。

13．UDP 用户数据报报头共包含几个字节，具体是哪几个字段？为什么没有目的地址和源地址？

14．UDP 用户数据报的伪报头的作用什么？为什么称为伪报头？

15．能够装进一个以太网帧的最大 UDP 报文长度是多少？

16．试计算最大可能的 UDP 报文长度（整个 UDP 报文必须能被装进一个 IP 数据报中）。

17．如果一个应用程序要利用 UDP 在以太网上发送一个 8 KB 的报文，那么会有多少帧在网络上传输？

18．简述 TCP 和 UDP 通信的各自特点。在什么情况下使用 TCP 通信？在什么情况下使用 UDP 通信？请提出个人见解。

19．试用一个网络分析器捕获 TCP 连接中的一系列帧，分析用于打开和关闭此 TCP 连接的报文段的内容，并通过查看帧时间和 TCP 序号估算传输数据信息的速率。在此连接过程中，通知窗口是否发生变化？

第 8 章　网络应用及其协议

　　计算机网络应用丰富多彩，形式多种多样，应用层提供了分布式信息处理，以及用户应用进程访问等服务的途径。每个应用层协议都是为解决某一类应用问题而提出的，因此应用层的具体内容就是规定应用进程在通信时所遵循的协议。

　　本章讨论各种应用进程通过什么样的应用层协议来使用网络所提供的文本服务，以及提供基础设施服务的应用层协议，例如文件传输协议（File Transfer Protocol，FTP）、超文本传输协议（Hypertext Transfer Protocol，HTTP）、简单邮件传输协议（Simple Mail Transfer Protocol，SMTP）、域名系统（Domain Name System，DNS）以及动态主机配置协议（Dynamic Host Configuration Protocol，DHCP）等。

8.1　网络应用概述

　　自 20 世纪 70 年代初以来，网络应用服务层出不穷。按信息资源的不同，可以将它们分为两大类：一类是面向文本的服务，如万维网（Web）、电子邮件（E-mail）、文件传输、计算机远程访问（Telnet）等；另一类是面向多媒体的通信服务与应用，如基于流媒体技术的视频聊天、IP 电话、视频会议、博客（Blog）、网络电视和 P2P（Peer to Peer）网络服务等。随着桌面应用的逐步成熟，目前移动应用已走进人们的生活。所谓移动应用主要指具有高移动性的手持设备，如智能手机。这些智能设备一般配置了某种程度的计算、存储能力，并能接入互联网。

8.1.1　应用层的地位和作用

　　按照 OSI-RM，面向应用的功能包括会话层、表示层和应用层所提供的服务。会话层协议的主要目的是提供面向用户的连接服务。表示层处理所有与数据表示及传输有关的问题，包括数据转换、数据加密和数据压缩。各种计算机都有自己表示数据的内部方法，所以需要转换和协商来保证不同的计算机可以彼此理解。这些计算机中的数据存在形式常常是复杂的数据结构，表示层的任务是把结构化的数据从源端机用的内部格式编码成适合于传输的比特流，然后在目的端把它解码成当地所要求的表示形式。应用层则包括这些应用程序。某些 OSI 应用，如文件传输、电子邮件和虚拟终端等，由于使用得非常广泛，已经专门为它们制订了国际标准，或者已经形成了事实上流行的工业标准。在基于 OSI-RM 修改的五层模型中，应用层包含了会话层、表示层和应用层三层的大部分功能，处于传输层之上，是整个参考模型的最高层，如图 8.1 所示。

　　需要强调的是，应用层的具体内容就是规定应用进程在通信时所遵循的协议。应用层为用户提供常用的应用程序，面向用户实现网络服务的各种功能。

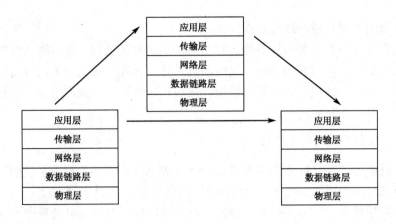

图 8.1　应用层的地位和作用

8.1.2　网络应用模式

网络应用是计算机网络产生与发展的根本原因。应用层使得用户（不管是人还是软件）可以访问网络。应用层为用户提供接口和服务支持，如电子邮件、远程文件访问和传输以及其他分布式信息服务等。图 8.2 所示为应用层与用户、传输层的关系。对于许多现有的应用服务，图中只显示了其中的文件传输协议（FTP）服务、超文本传输协议（HTTP）服务和简单邮件传输协议（SMTP）服务。在图 8.2 中，用户正在使用 SMTP 发送电子邮件。

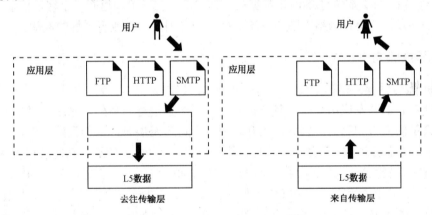

图 8.2　应用层与用户和传输层的关系

当构建一种网络应用时，首先要决定该应用程序的体系结构。在选择应用程序体系结构时，目前有客户机/服务器、基于 Web 的客户机/服务器、P2P 网络以及云计算等模式可供使用。

1. 客户机/服务器模式

在分布式计算中，通常将一个应用进程被动地等待另一个应用进程来启动通信过程的工作模式称之为客户机/服务器（Client/Server，C/S）模式。

1）客户机/服务器模式的组成

客户机/服务器模式的组成主要包括客户机、服务器和中间件（Middleware）三部分。

（1）客户机的主要功能是执行用户一方的应用程序，供用户与数据进行交互。

（2）服务器的主要功能是进行共享资源管理。

（3）中间件是支持客户机与服务器进行对话、实施分布式应用的各种软件的总称。中间件主要具有连接和管理两方面的功能。这些功能具体体现在分布式服务、应用服务及管理服务方面，大致可分成传输栈、远程过程调用、分布式计算环境、面向消息、屏幕转换、数据库互访以及系统管理等几类。

2）客户机/服务器模式的实现技术

目前，广泛应用的客户机/服务器模式是面向文件系统和面向数据库系统的，进一步发展后将面向分布式对象应用。促使客户机/服务器实现和使用的基本技术如下：

（1）用户应用处理。一般采用基于图形用户界面的应用开发工具处理用户应用。这类工具支持用户直接参与应用软件开发，只需少量编程，就可方便地把现有实用程序适当地组成新的应用软件。

（2）操作系统（OS）。目前，客户机和服务器使用各自独立的操作系统，但正在向支持分布式对象应用的综合型操作系统发展。

（3）数据库。目前使用的是关系型数据库管理（包括对异机型应用互操作的支持）系统（DBMS），且正向建立数据仓库、支持分布式及面向对象的数据库管理系统发展。

与其他计算机应用模式相比，客户机/服务器模式能提供较高性能的服务，因为客户机和服务器将应用处理要求进行合理划分，同时又协同实现其处理要求。服务器为多个客户机管理数据库，而客户机发送、请求和分析从服务器接收的数据。在一个客户机/服务器应用系统中，客户机应用程序是针对小的特定数据集合建立的，它封锁和返回一个客户机请求的数据，因此保证了并发性，可使网络上的信息流减到最少，因而可以改善系统的性能。

2．浏览器/服务器模式

客户机/服务器模式是基于特定的 OS 和 DBM 开发应用的。当客户机运行多种不同的 OS时，就要针对它们开发应用系统，且维护作业也要个别进行。另外，系统一旦建成，要修改就要投入大量的人力和物力。因此，当互联网技术迅速发展时，人们开始设想，为何不把应用放到网上（在服务器侧）去执行。这样，就可把常驻在 PC 上的许多功能转移到网络上，对用户而言既可减轻负担，又可降低维护和升级等方面的费用。换言之，就是用网络"屏蔽"一些问题：用户不必经常将自己的 PC 升级以获得更多、更好的功能；也不必为操作系统的兼容性而苦恼；更不必经常去购买或开发层出不穷、日新月异的应用软件。让互联网为客户机提供大量有效的应用服务，用户只要能连入互联网，就能得到网络提供的丰富资源并完成自己的应用处理任务。于是在 Web 环境下，客户机/服务器模式演进为基于 Web 的客户机/服务器模式，并称之为浏览器/服务器（Browser/Server，B/S）模式。

1）何谓浏览器/服务器模式

浏览器/服务器（B/S）模式是可提供多层次连接的应用模式，即客户机可与相互配合的多个服务器组相连接以支持各种应用服务，而不必关心这些服务器的物理位置，即由服务器策略转移到了网络服务策略。由于实施这种策略要依靠互联网，因此也将这种应用模式称为全球网络客户机/服务器模式或客户机/网络模式。这种应用模式的本质在于可以将互联网提供的整个应用服务连接在一起，让用户所需的所有应用服务都集成在一个客户机/网络环境之中。由于客户机/网络模式既能对高度分散的信息实现资源共享，又能因管理高度集中而降低成本，因此可以兼顾主机集中式和客户机/服务器分布式两种应用模式的优点。

简单地说，Web 包含了前端的 Web 浏览器、支持 HTTP 的 Web 服务器和 Web 页（文档），以及相关的计算机硬件和辅助设备。从客户机的角度来看，用户 Web 浏览器可以访问互联网上的各个 Web 站点。每一个站点都有一个主页，它是作为进入一个 Web 站点入口点的一种 Web 页。在这个 Web 页里，除有一些信息之外，最主要的是它含有超文本链接（Hyper Text Links）。当用户以鼠标单击这个链接后，它可以引导用户到另外一个 Web 站点或是其他的 Web 页。因此，通过一个图形化、易于使用的浏览器，用户可以坐在 PC 前畅游互联网上的 Web 站点及浏览其所含的信息。从服务器的角度来看，每一个 Web 站点由一台主机、Web 服务器及许多 Web 页组成；以一个主页为首，其他的 Web 页为支点形成一个结构。每一个 Web 页都包含着各种文字、图形图像、声音、动画及超文本文件链接所组成的信息，如股票行情、报纸、杂志、体育新闻等。每个 Web 页的设计及 Web 站点的结构，完全取决于发布者如何发挥自己的想象力及审美观来表达自己想公诸于世的信息资料。

Web 的迅猛发展促进了互联网的普及，许多公司纷纷建立 Web Server，把公司的简介、新闻、产品和文件档案等都放在主页上，提供给公众；还有一些公司利用互联网开展客户服务、网上销售等业务，并将它视为一个重要的对外联系窗口。同样，Web 也可应用于企业内部。随着互联网技术的成熟，企业逐渐认识到了 Web 的优越性，将其引进企业内部作业环境，建立企业内部使用的 Web Server，这就是目前流行的内联网（Intranet）。内联网的迅速崛起，除技术成熟、简单易用之外，重要的一点就是浏览器已经成为了通用的信息检索工具。

2）浏览器/服务器模式的组成

浏览器/服务器模式可以提供多层次连接，通常为浏览器→Web 服务器→应用服务器的形式，其中广泛使用的是 Browser/Web Server/DB Server 三层次的连接，Web Server 与 DB Server 连接而且可以读取数据库中不断更新的数据，这样 Browser 就可以在网页中浏览到动态的数据。

浏览器/服务器模式的组成主要包括以下部分：

（1）Web 服务器，它可以把 Web 页面和 Java 小应用程序传送到客户机；

（2）应用软件服务器，在它之上驻有可供浏览器访问的应用软件或对象；

（3）可由 Java 小应用程序访问的数据库、文件、电子邮件、目录服务以及其他专用功能的服务器；

（4）浏览器（客户机）；

（5）把上述组成部分连接在一起的网络。

3）浏览器/服务器模式的技术特点

浏览器/服务器模式涉及 Web 信息服务、Java 语言等技术。

（1）Web 信息服务。这是由 Web 浏览器/服务器的组合来实现的页面信息服务。Web 服务器按一定的信息组织方式存储页面信息。客户机依靠 TCP/IP 和超文本传输协议（HTTP）的支持，通过检索工具和浏览器漫游网络以得到所需要的信息。

（2）Java 语言。Java 是一种编程语言平台，提供可移植、可解释的面向对象的编程语言，具有简单易用、方便移植、简短、健壮、多线程、安全、可扩充等基本特征。其中，有两个最重要的特征：一是允许软件开发人员将应用分布到前端客户机上和多个服务器上，这样不仅可传送页面的静态数据，还可传送 Java 小应用程序；二是通用的可移植代码使其成为一种 Java 虚拟机，即不管是什么样的计算机硬件、哪种操作系统，Java 应用程序可在没有任何改变和不进行重新编译的情况下在任何平台上运行。

3．基于 P2P 的网络模式

P2P 的网络模式是指网络上的用户可以直接连接到其他用户的计算机，进行文件共享与交换，而不需要连接到服务器去浏览或下载。

大多数人最初是从 Napster 这一品牌了解 P2P 网络应用模式的。在这种网络应用模式中，P2P 网络概念开始用于共享文件。但是，P2P 不仅仅是用于文件共享，它还包括建立基于 P2P 形式的通信网络、P2P 计算或其他资源共享等很多方面。P2P 最根本的思想，同时也是它与客户机/服务器模式最显著的区别，在于 P2P 网络中的结点既可以获取其他结点的资源或服务，同时又是资源或服务的提供者，即兼具客户机和服务器的双重身份。一般说来，P2P 网络中每一个结点所拥有的权利和义务都是对等的，包括通信、服务和资源消费。

可以将 P2P 分为纯（Pure）P2P 和混合（Hybrid）P2P 两种模式。纯 P2P 网络中不存在中心实体或服务器，从网络中移去任何一个单独的、任意的终端实体，都不会给网络中的服务带来大的损失。而混合 P2P 网络中则需要有中心实体来提供部分必要的网络服务，如保存元信息、提供索引或路由及提供安全检验等。

P2P 是一种技术，但更重要的是一种思想，是一种改变整个互联网基础的潜能思想。单纯从技术角度而言，P2P 并没有激发出任何重大的技术创新，但它改变了人们对互联网的理解和认识。

4．云计算

对于传统的网络应用服务，一个组织机构通常倾向于拥有自己的网络基础设施、服务器平台、应用软件以及运行它自己的计算环境。随着计算机网络技术的进步，一种称为云计算的应用范型进入了网络应用领域。云计算是一种基于互联网的计算模式，它可以把计算资源（计算能力、存储能力、交互能力）以服务的方式通过网络提供给用户。也就是将计算环境外包给其公共基础设施既可以是分布式、也可以是集中式统一管理的集中式服务提供商。云计算的概念是从具有简单瘦客户机/胖服务器概念的网络计算演变而来的，它进一步将胖服务器外包给服务提供商，使用以下四种服务供给模型：

（1）硬件即服务（Hardware as a Service，HaaS）。HaaS 由大量的硬件资源构成，包括高性能、可扩展硬件设备，以便形成对其他各层服务的硬件支撑平台。

（2）基础设施即服务（Infrastructure as a Service，IaaS）。基础设施主要包括计算资源和存储资源，通常是虚拟化的平台环境。整个基础设施可以作为一种服务向用户提供，即基础设施即服务。通常按照所消耗资源的成本进行收费。IaaS 向用户提供的不仅包括虚拟化的计算资源、存储，同时还能保证用户访问时所需要的网络带宽等。

（3）平台即服务（Platform as a Service，PaaS）。PaaS 就是将开发环境作为服务向用户提供，主要包括并行编程接口和开发环境、结构化海量数据的分布式存储管理系统、海量数据分布式文件系统，以及实现云计算的其他系统管理工具，如云计算系统中资源的部署、分配、监控管理、安全管理、分布式并发控制等。通常按照用户或登录情况计费。

（4）软件即服务（Software as a Service，SaaS）。SaaS 是最常见的一类云计算服务。它通过互联网向用户提供简单的软件应用服务以及用户交互接口。用户通过标准的 Web 浏览器就可使用互联网上的软件。服务提供商负责维护和管理软件硬件资源，并以免费或按需租用的方式向最终用户提供服务。也就是说，云计算利用云软件架构，不再需要用户在自己的计算机上安装和运行该应用程序，从而减轻软件操作维护以及售后支持的负担。

8.1.3 应用层协议

早期，互联网应用的主要特征是提供远程登录、电子邮件、文件传输、电子公告牌与网络新闻组等基本的网络服务等功能。随着 Web 技术发展，出现了基于 Web 的电子政务、电子商务、远程医疗、远程教育等网络应用。P2P 网络进一步扩大了信息共享模式，无线网络扩大了网络覆盖范围，云计算为网络用户提供了一种新的信息服务模式，物联网进一步扩大了网络技术的应用领域。值得注意的是，网络应用与应用层协议是两个不同的重要概念。远程登录、电子邮件、文件传输、电子政务、电子商务等是不同类型的网络应用。应用层协议是规定应用进程之间通信所应遵循的通信规则。

1. 应用层协议的基本内容

不管是网络服务器还是客户机都运行在终端主机上，并且通过远程协议进行通信。应用层协议指定从客户机到服务器消息交换的语法和语义。语法定义了消息的格式，而语义指定客户机和服务器应该如何解释消息并向对等实体做出响应。应用层协议的基本内容主要包括：①交换报文的类型，如请求报文和响应报文；②各种报文格式与包含的字段类型；③对每个字段语义的描述，即包含在字段中信息的含义；④进程在何时、如何发送报文以及如何响应。

在 TCP/IP 模型中，最早引入应用层的是远程登录协议（Telnet）、文件传输协议（FTP）和简单邮件传输协议（SMTP）。随着计算机网络技术的迅速发展，又增加了许多新协议。例如，域名系统（DNS）用于把主机域名映射到网络 IP 地址、超文本传输协议（HTTP）用于从万维网（Web）上获取网页、P2P 服务共享、多用户网络游戏、IP 电话、实时视频会议等。

大多数网络协议都是由 RFC 文档定义的，因此它们位于公共领域。例如，Web 的应用层超文本传输协议（HTTP，RFC 2616）就作为一个 RFC 供大家使用，它定义了在浏览器程序和 Web 服务器程序间传输的报文格式和序列。如果应用程序开发者遵从 HTTP RFC 规则，所开发的浏览器就能访问任何遵从该文档标准的 Web 服务器并获取相应 Web 页面。也有一些应用层协议是专用的，不能用于公共领域，如很多现有的 P2P 文件共享系统使用的就是专用应用层协议。

2. 应用层协议的类型

依照应用层协议所依赖的传输层协议，可以将其分为 3 种类型：一类是依赖于面向连接的 TCP，如 Telnet、SMTP、FTP、HTTP 等；另一类是依赖于面向无连接的 UDP，如 SNMP、TFTP 等；第三类则是既依赖于 TCP 又依赖于 UDP，如 DNS。当开发一个网络应用程序时，必须选择一种所依赖的传输层协议，不仅是确定选用 TCP 还是 UDP，还应选择一个能为应用提供最恰当服务的协议。

若根据应用层协议在互联网中的作用和提供的服务，应用层协议可以分为基础设施类、网络应用类和网络管理类 3 种：①基础设施类的应用层协议主要是支持互联网运行的域名系统（DNS）和动态主机配置协议（DHCP）。②网络应用类的应用层协议可进一步分为基于 C/S 工作模式和基于 P2P 工作模式两种。Telnet、SMTP、FTP、HTTP 等是基于 C/S 工作模式的应用层协议；基于 P2P 工作模式的应用层协议包括文件共享、即时通信、流媒体、共享存储、分布式计算、协同工作等 P2P 协议。③网络管理类协议主要是简单网络管理协议（SNMP）。

3．应用层协议的特点

与底层的传输协议相比，应用层协议具有许多不同的特点。

（1）与消息总是有固定格式或者长度的数据链路层、传输层协议不同，应用层协议无论是请求还是响应，其消息格式、长度都可以是可变的。这取决于各种选项、参数或者在命令或应答中传输内容的大小。例如，当发送一个 HTTP 请求时，客户机可以将一些字段添加到请求中以便指示客户机使用的浏览器和语言。同样，一个 HTTP 响应会根据不同种类的内容更改其消息格式和长度。

（2）应用层协议有多种数据类型，这意味着命令和应答既能以文本也能以非文本形式传输。例如，Telnet 客户机和服务器发送以一个特殊字节（11111111）开头的二进制格式的发送命令；SMTP 客户机和服务器使用美国 7 位 ASCII 码进行通信；FTP 服务器以 ASCII 或者二进制格式来传递数据；网络服务器以文本 Web 页和二进制图像进行回复。

（3）许多应用层协议都是有状态的。也就是说，服务器保留有关于与客户机会话的信息。例如，FTP 服务器会记住客户机当前工作目录和当前传输类型（ASCII 或者二进制）；SMTP 服务器在等待 DATA 命令传输消息内容时会记住电子邮件发送者和接收者的信息。但 HTTP 确是一个无状态协议，尽管在原始协议基础上添加的某些状态会被客户机和服务器保留；SMTP 也是一个无状态的协议；DNS 既可以是无状态的也可以是有状态的，具体取决于它如何运行。

8.2 Web 服务与 HTTP

Internet、超文本和多媒体这 3 个 20 世纪 90 年代领先技术的相互结合，导致了万维网（World Wide Web，WWW）的诞生。Web 是位于日内瓦的欧洲原子核研究中心（The European Center for Nuclear Research，CERN）的 Tim Berners Lee 于 1989 年 3 月提出的。开发 Web 的最初动机，是为了在参与核物理实验的分布在不同国家的科学家之间交流研究报告、装置蓝图、图画、照片和其他文档而设计的一种网络通信工具。1993 年 2 月，第一个图形界面的浏览器开发成功，名字为 Mosaic。1995 年著名的 Netscape Navigator 浏览器上市。目前，普遍使用的浏览器是微软公司的 Internet Explorer。Web 是一个引起公众注意的 Internet 应用，它戏剧性地改变了人们与工作环境内外交流的方式。正是由于 Web 的出现，使 Internet 从仅由少数计算机专家使用的信息资源变成了普通百姓也能使用的信息资源。因此，Web 的出现是互联网发展中非常重要的一个里程碑。

8.2.1　Web 服务工作原理

万维网（Web）又称环球信息网，在互联网上，它不但提供了信息检索的多种使用界面，还形成了一种信息资源的组织与管理方式；它既包含计算机硬件，又包含计算机软件；它既涉及电子信息出版，又涉及网络通信技术。Web 使用的浏览器/服务器技术，代表了当代先进的分布式信息处理技术。

万维网并非是某种特殊的计算机网络，而是互联网的一个大规模、提供海量信息存储和交换式超媒体信息服务的分布式应用系统，英文简称为 Web。Web 通过互联网将位于全世界不同地点的相关信息资源有机地编织在一起，以超文本方式提供多媒体信息服务。它使人们获取信息的手段发生了本质的改变。用户只要操纵计算机的鼠标，就可以通过互联网从全世界的任何地方获取所希望得到的文本、图形图像、音频和视频等信息。

1. 浏览器与 Web 服务器的交互过程

Web 以浏览器/服务器模式工作。运行 Web 浏览器的计算机要直接连接或者通过拨号线路连接到互联网主机上。Web 浏览器是在用户计算机上的 Web 客户机程序；驻留 Web 文档的计算机则运行服务器程序，因此，这个计算机也称为 Web 服务器。客户机向服务器发出请求，服务器向客户机送回客户机所需要的 Web 文档。在一个客户机主窗口上显示出来的 Web 文档称为页面（Page）。因为浏览器要取得用户要求的页面必须先与页面所在的服务器建立 TCP 连接。Web 服务器的专用端口（80）时刻侦听连接请求，建立连接后用超文本传输协议（HTTP）与客户机进行交互。

对于大多数用户来说，最具有吸引力的是 Web 的按需操作。当用户需要某种信息时，就能得到所要的内容。例如，浏览器用户单击了网页上的一个某高校关于招生信息的链接，它对应一个指向另外一个页面的超链接。若该超链接的统一资源定位器（Uniform Resource Locators，URL）是 http://www.njit.edu.cn/chn/zsxx/index.html，浏览器与 Web 服务器的主要交互过程如图 8.3 所示。

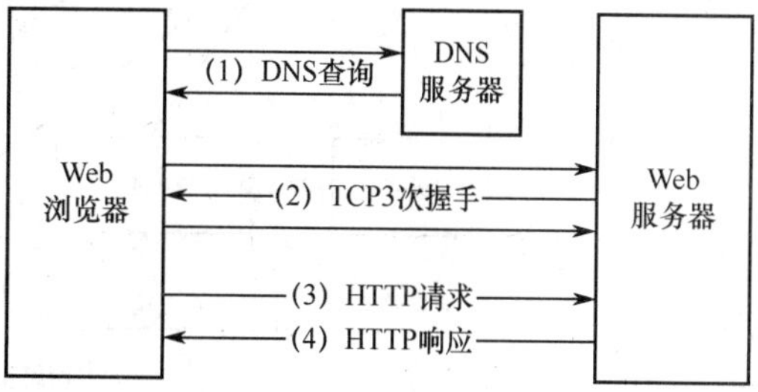

（1）DNS 查询。浏览器分析页面的统一资源定位器（URL），通过 DNS 将服务器域名 www.njit.edu.cn 解析为 IP 地址，并做出响应。

（2）TCP3 此握手。浏览器通过 URL 指向使用 Web 服务器的 IP 地址和熟知端口 80 并发出连接请求，该服务器侦听到连接请求，通过 3 次握手双方建立起 TCP 链接。

（3）HTTP 请求。一旦 TCP 连接建立，浏览

图 8.3　浏览器与 Web 服务器的交互

器就发出一个 HTTP 请求命令（GET/chn.zsxx/index. html），以便得到 Web 服务器上的资源。第一个请求的资源是一个 HTML 网页。

（4）HTTP 响应。Web 服务器将文件 index.html 发送给浏览器。浏览器解析这个 Web 页，对 Web 页面上的图片和文件还可能发出额外请求。然后，双方释放 TCP 连接。浏览器在本地显示文件 index.html 表示信息内容的页面。

通过分析浏览器访问 Web 服务器的过程可知，要实现 Web 服务，必须解决以下问题：

（1）怎样标识分布在整个互联网上的 Web 文档？

（2）用什么样的协议实现 Web 上的各种超链接？

（3）怎样使不同的作者创作的各式各样的 Web 页面都能够在互联网上的各种计算机上显示出来，同时使用户清楚地知道在什么地方存在着超链接？

（4）怎样使用户很方便地检索到所需的信息？

为了解决第一个问题，Web 使用统一资源定位器（URL）来标志 Web 上的各种文档，并使用一个文档在整个互联网范围内唯一的标识符（Universal Resource Identifier，URI）。使用超文本传输协议（HTTP）则解决了第二个问题。为了解决第三个问题，Web 引入了超文本标记语言（Hyper Text Markup Language，HTML）和可扩展标记语言（eXtensible Markup Language，XML），使得 Web 页面设计者可以很方便地用一个超链接从本页面的某处链接到互联网上的任何一个 Web 页面，并能够在自己的计算机屏幕上将这些页面内容显示出来。最后，为了能在 Web 上方便地检索信息，用户可以使用各种各样的搜索引擎工具。

Web 上的信息不仅可以是超文本文件，还可以是语音、图形、图像、动画等。就像通常的多媒体信息一样，这里有一个对应的名称，即超媒体（Hypermedia）。超媒体包括超文本，也可以用超链接连接起来，形成超媒体文档。超媒体文档的显示、检索、传输功能全部由浏览器实现。Web 除可以按需操作之外，还有很多让人喜爱的特性。在 Web 上发布信息非常简单，只需要很小的代价就能成为信息发布者。表单、Java 小程序等可以使用户与 Web 站点、Web 页面进行交互。因此，Web 是一个分布式的超媒体系统。

2．浏览器

Web 浏览器的结构比较复杂，其结构框图如图 8.4 所示。图中的粗空心箭头表示数据流向，细实心箭头表示控制关系。

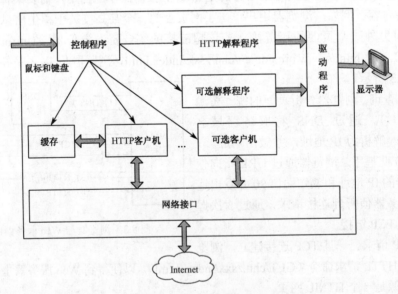

图 8.4　浏览器的结构框图

通常，一个浏览器包括一组 HTTP 客户机、一组 HTTP 解释程序及一个控制程序等，其中 HTTP 客户机用来与服务器建立连接和交换数据。浏览器还可以包含 FTP 和 E-mail 等可选客户机，使浏览器能够获取文件传输服务、发送和接收电子邮件。HTTP 解释程序对 HTTP

客户机从服务器得到的 HTML 文档进行解释，并转换为适合用户显示硬件的命令来处理页面的细节。控制程序是浏览器的核心组件，起着管理、调度客户机和解释程序的作用，解释鼠标的点击和键盘的输入，调用有关的程序来执行相应的操作。显示驱动程序用于将页面信息在显示器上展现出来。另外，在浏览器中还可以设有缓存，用于将取回的页面副本存入本地硬盘的缓存中。

浏览器是 Web 应用的用户代理，用于显示所请求的 Web 页，并且提供了大量导航功能和配置属性。因为 Web 浏览器也实现了 HTTP 的客户机端，所以根据不同的上下文环境，经常交替使用浏览器和客户机来称呼它。

3. Web 服务器

Web 服务器用于存储 Web 对象，每个对象由 URL 寻址。Web 服务器实现了 HTTP 的服务器端，流行的 Web 服务器程序有 Apache 和 Microsoft Internet Information Server。Web 服务器执行的任务比较单纯：等待浏览器请求，建立 TCP 连接；根据浏览器发来的请求从磁盘读取文件并发送给浏览器；然后关闭连接，再等待下一个请求。

Web 服务器的响应速度受磁盘访问时间的限制，如 SCSI 接口磁盘的平均访问时间是 5 ms 左右，这样就限制 Web 服务器每秒最多可处理 200 次的连接请求。一种常用的改进方法是在内存中维护一个缓存，保存最近访问过的文件。Web 服务器在从磁盘读取文件之前，先访问缓存，以减少对磁盘访问的次数。进一步的改进措施是使服务器变为多线程模式和采用 Web 服务器场（Server Farm）方案等。

4. 搜索引擎

Web 有着海量的信息资源，分布在全球数以千万计的 Web 服务器上，如何快捷、方便地查找到所需要的信息是一个非常重要的问题。搜索引擎（Search Engine）就是为此而产生的信息搜索工具。搜索引擎以 Web 页面标题或内容的关键词作为索引，将搜索到的相关连接返回给用户。目前比较著名的搜索引擎有 Google（http://www.goolge.com）、Yahoo（http://www.yahoo.com）和百度（http://www.baidu.com）等。

8.2.2　统一资源定位器

在 Web 系统中，使用统一资源定位器（URL）来唯一地标志和定位互联网中的资源。RFC 1738 和 RFC 1808 对 URL 的定义是：URL 是对可以从互联网上得到的资源的位置和访问方法的一种简洁表示。URL 给资源的位置提供一种抽象的识别方法，并用这种方法给资源定位。只要能够对资源定位，系统就可以对资源进行各种操作，如存取、更新、替换和查找等。其中，资源是指互联网上可以被访问的任何对象，包括文件目录、文档、图像和声音等，以及与互联网相连的任何形式的数据。

URL 相当于一个文件名在网络范围内的扩展，因此 URL 是与互联网相连接的机器上的任何可访问对象的一个指针。在互联网上寻找资源、获取文件，首先要知道访问资源的域名或 IP 地址。由于对不同对象的访问方式不同，如通过 Web、FTP 等，所以 URL 不仅要给出访问资源的类型和地址，还需指出读取某个对象时所使用的访问方式。因此，一个典型 URL

由三部分组成：①访问方式，即客户机与服务器之间所使用的通信协议；②存放信息资源的服务器域名；③存放信息资源的路径和文件名，其格式为：

<URL 访问方式>://<服务器域名>[:<端口>]/<路径>/<文档名>

1．URL 访问方式

URL 的第一项定义了"访问方式"所使用的关键字，说明如何访问文档，即采用什么协议。例如：

- http：用 http 检索 Web 服务器上的文档；
- ftp：用 ftp 检索匿名 FTP 服务器上的文档；
- mailto：检索某个人的电子邮件地址；
- news：读最新 USENET 新闻；
- telnet：远程登录到某服务器。

2．服务器域名[：端口]

URL 中冒号后面的部分是希望到达的互联网主机域名。冒号后的两条斜杠"//"指示一个主机域名和一个端口，而这个主机是文档所在的服务器。若不指定端口，则使用与访问方式关联的默认端口，如 HTTP 的默认 TCP 端口是 80。

3．路径和文档名

URL 的最后一部分斜杠"/"指示所要访问的路径和文档名，路径可以是层次型的，用"/"代表层次型结构，指明信息保存在主机的什么地方，即哪个子目录中；路径和文档名是可选项。

例如，对于http://www.w3.org/somedir/welcome.html这个 URL，其中：

- http://是协议名称，表示使用超文本传输协议，通知 Web 服务器显示 Web 页，客户机可不输入；
- www 代表一个 Web 服务器；
- w3.org/表示 Web 服务器的域名，或者站点服务器的名称；
- somedir/ 表示 Web 服务器上的子目录，类似机器中的文件夹；
- welcome.html 表示 Web 服务器上 somedir 子目录中的一个网页文件，即 Web 服务器传送给客户机浏览器的文件。

一旦知道了某个特定的 URL，就可以用 Web 浏览器访问它，在这种情况下可以直接使用 URL。当用户在 Web 文档中单击超链接时，也是在使用 URL。在 URL 中常常只需指定 Web 服务器域名，而忽略路径和文档名，如 http://www.njit.edu.cn/。

以上介绍的是绝对 URL，另外还有所谓相对 URL，用于指向在同一服务器甚至同一目录下的信息资源。相对 URL 指示目标 URL 相对于当前 URL 的位置，其前提是，目标 URL 与当前 URL 使用同样的访问和服务器域名。

8.2.3 Web 页及其设计

在 Web 上可获得的超媒体文档称为网页（Web Page），也称为文档；而一个单位或者个人的 Web 页称为主页（Home Page）。在服务器上，主要以 Web 页的形式向用户发布多媒体信息。Web 页是由对象（Object）组成的。简单地说，对象就是文件，如 HTML 文件、JPEG 图形文件、GIF 图形文件、Java 小应用程序和声音剪辑文件等。这些文件可通过一个 URL 地址寻址。

超文本标记语言（HTML）是 Web 网页设计的标记语言，它通过把文本表示为链接、标题、段落、列表等提供了一种基于文本的文档信息结构描述手段，为文本补充了交换式表格、嵌入式图像和其他对象。多数 Web 页含有一个基本的 HTML 文件及多个引用对象。例如，如果一个 Web 页包含 HTML 文件和 5 个 JPEG 图形文件，那么这个 Web 页有 6 个对象：一个基本的 HTML 文件加 5 个图形。在基本的 HTML 文件中通过对象的 URL 地址引用对象。

由于 Web 非常流行，并且在 Web 上存在各种各样的应用和数据，这就导致了不同的 Web 应用之间需要相互通信和理解对方数据的情况。例如一个电子商务网站需要和一个物流公司的网站通信，以便允许客户不用离开电子商务网站就可以跟踪一个包裹。目前，Web 采用的服务器之间的通信方法是基于可扩展标记语言（XML）的。

1. 超文本标记语言（HTML）

HTML 是一种标准的 Web 页制作基础语言，就像编辑程序一样，HTML 可以编辑图文并茂、色彩丰富的 Web 页。采用 HTML 描述的超文本文件，其后缀为 html 或 htm。严格说来，HTML 并不是一种编程语言，只是一些能让浏览器看懂的标记。当浏览器从服务器上读取某个页面的 HTML 文档后，就按照 HTML 文档中的各种标签，根据浏览器所使用显示器的尺寸和分辨率大小，重新进行排版并恢复所读取的页面。虽然现在有许多可视化的 Web 页制作工具，但说到底，不管是开发制作静态 Web 页，还是开发制作动态交互式活动 Web 页，都有必要了解一些 HTML 文档的结构及语法。这样可以更精确地控制页面的排版，实现更多、更强的功能。

1）HTML 文档的结构

元素（Element）是 HTML 文档结构的基本组成部分。一个 HTML 文档本身就是一个元素。每个 HTML 文档由报头（Head）和主体（Body）两个主要元素组成，主体紧接在报头的后面。报头包含文档的标题（Title），以及系统用来标志文档的一些其他信息。标题相当于文件名。主体部分通常由若干更小的元素组成，如段落（Paragraph）、表格（Table）和列表（List）等。

在 HTML 中，标记用来界定各种元素，如标题、段落和列表等。HTML 元素由起始标记、元素内容和结束标记组成。起始标记由 "<" 和 ">" 界定，结束标记由 "</" 和 ">" 界定，元素名称和属性由起始标记给出。下面是一个 HTML 文档的基本结构示意：

```
<HTML>
<HEAD>
报头元素
<TITLE>页面标题</TITLE>
</HEAD>
<BODY>
文档主题内容
```

```
</BODY>
</HTML>
```

显然，HTML 是由英文单词或字母和<、>、/等组成的。英文单词或字母称为元素；<、>、/等称为标识符。有些元素是成对出现的，即<元素>……</元素>。前面一个表示元素开始起作用，后面一个表示这种元素的作用结束。也有些元素是单个的。就好比在英语单词里，有些只有一般现在时，表示一个瞬间的动作；有些则是现在进行时，表示一个可以持续的动作。有些元素具有的某些属性类似于自变量，需要赋值。表 8-1 给出了一些常用的 HTML 标记及简要的说明，语句写法不分大小写，可以混写。

表 8-1　一些常用的 HTML 标记与说明

标　　记	说　　　明
\<html\>…\</html\>	html 元素用在文档的开头和结尾，用来标志 HTML 文档
\<head\>…\</head\>	定界文档的报头
\<title\>…\</title\>	定界主页标题，此标题之间的内容出现在浏览器顶部标题栏中
\<body\>…\</body\>	定界 HTML 文档的主体内容
\<Hn\>…\</Hn\>	定界一个 n 级标题头，从\<h1\>到\<h6\>，字号逐渐减小
\<b\>…\</b\>	设置黑体字
\<i\>…\</i\>	设置斜体字
\<ul\>…\</ul\>	设置无序列表，列表中每一个项目前面出现一个圆圈
\<ol\>…\</ol\>	设置编号列表
\<menu\>…\</menu\>	设置菜单
\<li\>…\</li\>	开始一个列表项目，\</li\>结束标记可以省略
\<br\>	强制换行
\<p\>…\</p\>	分段标志，开始一个新的文本段落，\</p\>结束标记可以省略
\<hr\>	强制换行，同时插入一条水平线，不需要结束标记
\<pre\>…\</pre\>	设置已排版的文本，浏览器显示时不再进行排版
\<img src= "…" \>	插入一张图像
\<a href= "…" \>X\</a\>	定义一个超级链接

2）Web 文档的类型

在 Internet 上的 Web 文档，一般有静态 Web 文档（Static Document）、动态 Web 文档（Dynamic Document）和活动 Web 文档（Active Document）3 种基本形式。从浏览器的角度来看，动态文档和静态文档并无区别，它们都采用 HTML 所规定的基本格式编写，采用同样的方法进行访问。浏览器不知道服务器是从磁盘文件还是从计算机程序取得文档的。活动 Web 文档提供了一种屏幕连续更新技术。这种技术是将所有的工作都转移给浏览器。每当浏览器请求一个活动 Web 文档时，服务器就返回一段程序副本，使该程序副本在浏览器上运行。这时，活动 Web 文档程序就可与用户直接交互，并可连续地改变屏幕的显示。只要用户运行活动 Web 文档程序，活动 Web 文档的内容就可以连续地改变。

3）活动 Web 文档的创建

静态 Web 文档、动态 Web 文档和活动 Web 文档涉及不同的 Web 开发技术：通常静态

Web 文档的开发技术包括直接使用 HTML 语言和使用可视化的网页开发工具；动态和活动 Web 文档的开发技术包括客户端的编程技术和服务器端的编程技术。当浏览器软件连接到 Web 服务器并获取网页后，通过对网页 HTML 文档的解释和执行，将网页所包含的信息显示在用户的显示器上。由美国 Sun 公司开发的 Java 语言是一项用于创建和运行活动 Web 文档的新技术。在 Java 技术中是使用小应用程序来描述活动 Web 文档程序的。

将网页动态化的方法很多，通常可分为客户端编程技术和服务器端的动态编程技术两类。

（1）客户端编程技术。客户端编程技术主要是 DHTML 技术，包括 Java Script、Visual Basic Script、Document Object Model（文件目标模块）、Layers 和 Cascading Style Sheets（CSS 样式表）等。使用 DHTML 技术，网页内容的更新通常由客户端的浏览器来完成，当网页从 Web 服务器上下载后由浏览器直接动态地更新网页的内容和排版样式。例如，当鼠标移至文章段落中，段落能够变成蓝色，或者当单击一个超链接后会自动生成一个下拉式的子超链接目录。在客户端技术中，客户端的浏览器完成 Web 页内容的更新，所以要求浏览器自身包括一些能为用户提供更高级功能的程序逻辑，如 Java Script 和 Visual Basic Script，以及嵌入式的软件组件 Plug-ins（如 Java Applet、Java Beans 和 ActiveX Controls 等）。

（2）服务器端的动态编程技术。虽然 DHTML 技术可以使 Web 页栩栩如生，动感十足，但对于建立商业网站的企业而言，仅仅拥有 DHTML 是远远不够的。因为发生在浏览器上的动态效果无法满足商业网站大量的信息检索、咨询、资源交互共享等动态需求。例如，用户需要通过浏览器查询 Web 数据库的资料，甚至输入、更新和删除 Web 服务器上的资料等，这些功能的实现必须使用服务器端的动态编程技术。Java 语言有力地支持了 Web 数据库技术的发展，它通过标准的接口规范 JDBC 可以实现互联网三层体系结构的数据库应用系统。而且，在 Java 语言中，有一种称为小应用程序（Applet）的程序，可以被 HTML 页面引用，并可以在支持 Java 的浏览器中执行。可以说，Applet 具有激活 Internet 的强大功能。

例如，下面是一个非常简单的 Java Applet 范例程序 MyFirstApplet.java：

```
import java.awt.*;
import javax.swing.*;
public class MyFirstApplet extends JApplet{
    public void init(){
    JPanel panel=(JPanel)getContentPane();
    JLabel label=new JLabel( " 我的第一个 Java ！ ",SwingConstants.CENTER);
    panel.add(label);
    }
    }
```

在该程序中，首先用 import 语句引入构建 GUI 程序所需要的包，使得该程序可以使用包中所定义的类；然后声明一个公共类 MyFirstApplet，用 extends 指明它是 JApplet 的子类。因此，从这里可以看出这个程序是 Java 小应用程序，而不是 Java 应用程序。由于代码行没有涉及动态显示相关内容的命令行，所以该程序还不具备动态显示 Web 内容的功能。由于在 Applet 中没有 main 方法作为 Java 解释器的入口，必须编写 HTML 文件，把 Applet 嵌入其中，然后用 appletviewer 来运行，或在支持 Java 的浏览器上运行。目前流行的浏览器都引入了 Java 虚拟机和 Java 插件，支持具有 Java 最新特性的 Applet 程序，其 HTML 文件格式为：

```
<HTML>
<HEAD><TITLE>MyFirstApplet 程序示例</TITLE></HEAD>
<BODY>
<APPLET
code="MyFirstApplet.class"
width="300"
height="150"
>
</APPLET>
</BODY>
</HTML>
```

这是在标准的 HTML 页面中嵌入了 Java Applet 后的一个 HTML 文件。按照 HTML 约定，<APPLET>与</APPLET>符号之间的内容，表示开始调用一个 Applet 程序。其中，code 指明字节代码所在的文件；width 和 height 指明 Applet 所占的大小。将这个 HTML 文件保存为 TestAppletCom.htm（当然也可以用其他的名字），并放在与 Java 程序代码相同的目录下。该 Applet 实例通过编译后，在 IE 浏览器中就可看到相应的浏览结果。

2．可扩展标记语言（XML）

在 RFC4826 中定义的可扩展标记语言（XML）是一种说明结构化内容的语言。XML 允许用户定义标记元素，并有助于信息系统共享结构化数据。例如，设计一个针对某些图书去搜索 Web 页面，以期找出最优惠价格的程序。完成此功能需要该程序能够分析许多 Web 页面，寻找表项的标题和价格。但对应用程序来说，要找出 HTML 网页中哪里是标题、哪里是价格是很困难的事情。为解决这类问题，W3C 于 2006 年开发了 XML。

XML 实际上是一个框架，用于为不同的数据定义不同的标记语言。XML 的语法看起来与 HTML 很相似。例如，一段基于 XML 语言记载的图书列表如下所示，该 XML 文档可以存储在 book_list.xml 文件中：

```
<?xml version="1.0"?>
<book_list>
<book>
<title>计算机网络原理与技术</title>
<author>刘化君</author>
<hirdate>
<month>June</month>
<year>2017</year>
</hirdate>
</book>
<book>
<title>网络设计与应用</title>
<author>刘化君</author>
<hirdate>
```

```
    <month>June</month>
    <year>2015</year>
    </hirdate>
    </book>
</book_list>
```

在该 XML 文档中，定义了一个名为 book_list 的图书列表结构。第 1 行说明所用的 XML 版本，其余几行是指定图书记录的字段，即每本书有标题、作者和出版年份 3 个字段。这 3 个字段中的每一个字段都是不可分割的整体，但允许进一步划分。例如最后一个字段（hirdate）包含 2 个子字段。换言之，XML 允许用户指定成对的标记/值的嵌套结构。这种结构可以等价于一个表示数据的树状结构，类似于外部数据表示法（XDR）、抽象语法标记 1（ASN.1）和网络数据表示法（NDR）表示复合类型的能力，但 XML 使用的是一种既能由程序处理且具有可读写性的格式。

8.2.4 超文本传输协议（HTTP）

超文本传输协议（HTTP）是一种用于从 Web 服务器端传输 HTML 文件到用户端浏览器的传输协议，由 RFC 1945 和 RFC 2616 定义。它是互联网上最常用的协议之一。通常访问的 Web 页，就是通过 HTTP 进行传输的。1997 年之前，基本上是采用 RFC 1945 定义的 HTTP/1.0 实现浏览器和服务器。从 1998 年开始，一些 Web 服务器和浏览器开始实现在[RFC 2616]中定义的 HTTP/1.1。HTTP/1.1 向后兼容 HTTP/1.0，运行 1.1 版本的服务器可以与运行 1.0 版本的浏览器进行会话，运行 1.1 版本的浏览器也能与运行 1.0 版本的服务器进行会话。由于 HTTP/1.1 目前占主导地位，因此，通常当讲到 HTTP 时其实是指 HTTP/1.1。

从网络协议的角度看，HTTP 处于 TCP/IP 模型的应用层，是对 TCP/IP 模型的扩展。HTTP 由客户机程序和服务器程序两部分实现，它们运行在不同的端系统中，通过交换 HTTP 报文进行会话。HTTP 定义了这些报文的格式，以及客户机和服务器如何进行报文交换。HTTP 是基于客户机/服务器模式且是面向连接的。

1. HTTP 的事务处理规则

HTTP 定义了 Web 客户机（如浏览器）向 Web 站点请求 Web 页，以及服务器将 Web 页传送给客户机的规则。当用户请求一个 Web 页（如单击一个超链接）时，浏览器向 Web 服务器发出对该 Web 页中所包含对象的 HTTP 请求报文，Web 服务器接受请求并用包含这些对象的 HTTP 响应报文进行响应。客户机与 Web 服务器之间的这一交互过程如图 8.5 所示。

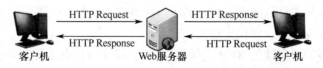

图 8.5 HTTP 的请求与响应

HTTP 使用 TCP（而不是 UDP）作为底层传输协议。当用户在一个 HTML 文档中定义了一个超文本链接后，客户机将通过 TCP 与指定的服务器建立连接。一旦连接建立，客户机和服务器进程就可以通过套接字访问 TCP。从技术上讲，客户机只要在一个特定的 TCP 端口（端口号为 80）上打开一个套接字即可。如果该服务器一直在这个熟知的端口上侦听连接请求，则该连接便会建立起来。然后，客户机通过该连接发送一个包含请求方法的请求报文。

典型的 HTTP 事务处理过程，由连接（Connection）、请求（Request）、响应（Response）和断开（Dis connection）如下 4 个阶段组成：

（1）连接阶段。HTTP 以 TCP 作为传输协议，HTTP 的客户机在地址栏中给定一个地址和端口（默认端口是 80），与目标资源的服务器进行 TCP 连接。

（2）请求阶段。服务器侦听并接受连接，客户机向服务器提出请求消息。消息中含有资源在服务器上的位置。

（3）响应阶段。服务器响应客户机的请求，并根据请求返回相应的状态码，表示请求是否完成，并在消息标题中进一步描述响应和请求的对象（一般为 HTML 文件）。

（4）断开阶段。一旦响应消息发出，服务器将关闭 TCP 会话，释放连接，完成事务处理全过程。

2．非持久连接和持久连接

HTTP 支持非持久连接和持久连接。在默认方式下，HTTP/1.1 使用持久连接，HTTP 客户机和服务器也能配置成使用非持久连接。

1）非持久连接

客户机与服务器之间的 HTTP 连接一般是一种一次性连接，即限制每次连接只处理一个请求，当服务器返回本次请求的响应后便立即释放连接，到下次请求时再重新建立连接。这种一次性连接主要是考虑 Web 服务器面向的是 Internet 中成千上万个用户，然而却只能提供有限个连接，故服务器不会让一个连接处于等待状态，及时地释放连接可以提高服务器的执行效率。例如，某 Web 页含有一个基本的 HTML 文件和 10 个 JPEG 图形，并且这 11 个对象位于同一个服务器上。如果该文件的 URL 为：

http://www.njit.edu.cn/cecDepartment/home.index

那么在非持久连接情况下，从服务器向客户机传送一个 Web 页的步骤如下：

（1）HTTP 客户机启动 TCP 连接到 www.njit.edu.cn 上的 HTTP 服务器（进程）。由于 www.njit.edu.cn 的 HTTP 服务器一直在端口 80 等待 TCP 的连接请求，所以可马上接受连接并通知客户机。

（2）HTTP 客户机发送 HTTP 请求报文（包括 URL）进入 TCP 连接插口（Socket）。请求报文中包含了路径名：/cecDepartment/home.index。

（3）HTTP 服务器接收到请求报文，形成响应报文（包含了所请求的对象，HTTP 服务器 /cecDepartment/home.index），将报文送入插口。

（4）HTTP 服务器进程通知 TCP 关闭该 TCP 连接（但是直到 TCP 确认客户机已经收到响应报文时，它才会真正中断连接）。

（5）HTTP 客户机接收到了包含 HTML 文件的响应报文。TCP 连接关闭。报文指出封装的对象是一个 HTML 文件，客户机从响应报文中提取出该文件，检查该文件，得到对 10 个

JPEG 图形的引用。

（6）对 10 个引用的 JPEG 图形对象重复第（1）步至第（5）步。

当浏览器收到 Web 页后，把它显示给用户。不同的浏览器也许会以某种不同的方式解释（即向用户显示）该页面。HTTP 并不管客户机如何解释一个 Web 页。

上述步骤说明，每个 TCP 连接在服务器返回对象后就关闭，即该连接并不为其他的对象而持续下来。每个 TCP 连接只传输一个请求报文和一个响应报文。显然，在本例中客户机请求该 Web 页需要建立 11 个 TCP 连接。

需要注意的是，在上面描述的步骤中，没有涉及客户机获得这 10 个 JPEG 图形对象时，是使用 10 个串行的 TCP 连接还是使用并行的 TCP 连接。事实上，用户可以设置浏览器的相关属性以控制并行度。在默认方式下，大部分浏览器可以打开 5～10 个并行的 TCP 连接，而每个连接处理一个请求/响应事务。如果用户愿意，也可以把最大并行连接数设置为 1，这时 10 个连接就会以串行方式建立。使用并行连接可以缩短响应时间。

2）持久连接

非持久连接的优点是能提高服务器的执行效率，但存在两个缺点。一是必须为每一个请求对象建立和维护一个全新的连接。每一个这样的连接，客户机和服务器都要为其分配 TCP 的缓冲区和变量，这给服务器带来了沉重的负担，因为一个 Web 服务器可能同时服务于数以千计的不同的客户机请求。二是每一个对象的传输时延要承受两个往返时间（RTT），即一个 RTT 用于 TCP 建立，另一个用于请求和接收一个对象。

所谓持久连接，就是服务器在发送响应后保持该 TCP 连接，在相同的客户机与服务器之间的后续请求和响应报文可通过相同的 TCP 连接进行传送。特别是对于一个完整的 Web 页（如上例中的 HTML 文件加上 10 个图形）可以用单个持久 TCP 连接进行传送。更有甚者，位于同一个服务器的多个 Web 页在从该服务器发送给同一个客户机时，也可以在单个持久 TCP 连接上进行。一般说来，如果一个连接经过一定时间间隔（一个可配置的超时间隔）仍未被使用，HTTP 服务器就关闭该连接。

持久连接有两种方式：非流水线方式（Without Pipelining）和流水线方式（With Pipelining）。在非流水线方式下，客户机只能在前一个响应接收到之后才能发出新的请求。在这种情况下，客户机每一个引用对象的请求和接收（如上例中的 10 个图形）都要用去一个 RTT。尽管这与非持久连接时每个对象要花费两个 RTT 有所改进，但在流水线方式下，可以进一步缩减 RTT。非流水线方式的另一个缺陷是，在服务器发送完一个对象后，连接处于空闲状态，在等待下一个请求的到来。这种空闲浪费了服务器资源。

HTTP 的默认模式使用流水线方式的持久连接，HTTP 客户机一遇到引用就会立即产生一个请求。这样，HTTP 客户机就为引用对象产生一个接一个的连续请求。也就是说，在前一个请求的响应未接收到之前就产生了新的请求。当服务器接收一个接一个的请求时，它也以一个接一个的方式发送这些对象。采用流水线形式，所有的引用对象可能只花费一个 RTT（不同于非流水线形式下，每一个引用对象都要用去一个 RTT）。此外，流水线方式的 TCP 连接处于空闲状态的时间段也较小。

同时还应注意，Web 使用客户机/服务器模式；Web 服务器总是打开的，具有一个固定的 IP 地址，它服务于数以百万计的不同浏览器。

3. HTTP 报文格式

HTTP 定义了多种请求方法，每种请求方法规定了客户机和服务器之间不同的信息交换方式。服务器根据客户机的请求完成相应操作，并以响应报文形式返回给客户机，最后释放连接。在 HTTP 中，通过下列两种报文来实现客户机与服务器之间的数据交换。

1）HTTP 请求报文

一个典型的 HTTP 请求报文示例如下：

GET/admins/upload/attachment/logo/Mon_1106/s_753.jpg HTTP/1.1\r\n

Host: xinghuo.njit.edu.cn\r\n

Connection: Keep-Alive\r\n

User-Agent: Mozilla/4.0 (compatible;…; MALC)\r\n

Accept-Language: zh-CN\r\n fr

观察这个简单的请求报文，可以发现：首先，该报文是用普通的 ASCII 文本书写的；其次，该报文含有 5 行，每行用一个回车换行符结束，最后一行后跟有附加的回车换行符。该报文只有 5 行，而实际的请求报文可以有更多行或者仅有一行。HTTP 的请求报文的第一行称为请求行（Request Line）或描述行，后继的行称为报头行（Header Line）。

（1）请求行。请求行中有方法字段、请求资源的 URL 字段和 HTTP 协议版本字段 3 个字段。请求报文中的各个字段可根据不同的请求方法任选。

- 方法字段：定义在该资源上应执行的操作。HTTP 通过不同的请求方法可实现不同的功能，表 8-2 中列出了常见的 HTTP 请求方法。每个 HTTP 请求都包含两个部分。第一部分为 HTTP 请求行，绝大部分 HTTP 请求报文使用 GET 和 POST 方法。GET 方法通常只是用于请求指定服务器上的资源。这种资源可以是静态的 HTML 页面或其他文件，也可以是由 CGI 程序生成的结果数据。POST 方法一般用于传递用户输入的数据。第二部分为 HTTP 请求中的可选消息头，这些消息头会由于所使用的 HTTP 客户机浏览器或客户机浏览器配置选项的不同而不同。

表 8-2　常见 HTTP 请求方法

请　求　方　法	功　能　描　述
GET	向 Web 服务器请求一个指定资源文件
POST	向 Web 服务器发送数据让 Web 服务器进行处理
PUT	向 Web 服务器发送数据并存储在指定 Web 服务器内部
HEAD	要求作为 GET 的响应，即检查一个资源对象是否存在
DELETE	从 Web 服务器上删除一个指定的资源
CONNECT	动态地将请求连接到切换到通道，如 SSL 通道
TRACE	跟踪到服务器的路径
OPTIONS	查询 Web 服务器的回送地址

- 请求资源的 URL 字段：在 URL 字段中填写该对象的 URL 地址。在本示例中，浏览器请求对象的 URL 地址为/admins/upload/attachment/logo/Mon_1106/s_753.jpg。
- 版本字段：HTTP 的版本字段是自说明的。在本示例中，浏览器实现的是 HTTP1.1 版本协议。

（2）报头行。报头行用来说明浏览器、服务器和报文主体的一些信息，报头行的行数不固定。本示例的报头行"Host: xinghuo.njit.edu.cn\r\n"定义了目标所在的主机。有人也许认为该报头行是多余的，因为在该主机中已经有一条 TCP 链接存在了。但是，该报头行所提供的信息是 Web 缓存所要求的。通过包含"Connection: Keep-Alive\r\n"报头行，浏览器告诉服务器希望使用持久连接；若是"Connection:close"报头行，浏览器告诉服务器不希望使用持久连接，它要求服务器在发送完被请求的对象后就关闭连接。"User-Agent:"报头行用来定义用户代理，即向服务器发送请求的浏览器类型。这里的浏览器类型是 Mozilla/4.0，即 Netscape 浏览器。这个报头行非常有用，因为服务器可以正确地为不同类型的用户代理发送相同对象的不同版本（每个版本都由相同的 URL 处理）。最后，"Accept-Language:"报头行表示：如果服务器中有这样的对象，用户想得到该对象的语法版本；否则，使用服务器的默认版本。"Accept-Language:"报头行只是 HTTP 中众多可选内容协商报头之一。

（3）实体主体（Entity Body）。请求报文一般不包含实体主体。

基于以上对 HTTP 请求报文示例的讨论，在 HTTP 中客户请求报文的通用格式如图 8.6 所示，其中阴影部分表示空格，CR LF 为回车换行。RFC 2068 中规定的最小 HTTP1.1 请求报文，必须由请求行和 HOST 标题报头字段组成。

不难注意到，该通用格式在最后有一个实体主体。实体主体是客户机进行 POST 请求时的 FORM 内容，提供给服务器的 CGI 程序作进一步处理。使用 GET 方法时实体主体为空，使用 POST 方法时才使用实体主体。HTTP 客户机常常在用户提交表单时使用 POST 方法，如用户向搜索引擎提供搜索关键词。在使用 POST 方法的报文中，用户仍可以向服务器请求一个 Web 页，但 Web 页的特定内容依赖于用户在表单字段中输入的内容。当方法字段的值为 POST 时，实体主体中包含的就是用户在表单字段中的输入值。此外，HTML 表单也经常使用 GET 方法，将数据（在表单字段中）传送到正确的 URL。

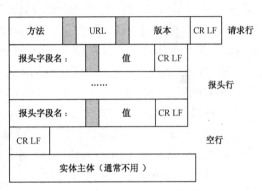

图 8.6　HTTP 请求报文的通用格式

2）HTTP 响应报文

HTTP 响应报文是服务器对于客户机请求的返回结果。例如，一个典型请求报文的 HTTP 响应报文如下：

　　HTTP/1.1 200 OK\r\n

　　Server: nginx\r\n

　　Date: Wed, 06 Jul 2016 20:51:12 GMT\r\n

　　Last-Modified: Wed, 06 Jul 2016 07:49:02 GMT\r\n

　　Content-Type: text/html; charset=gb2312\r\n

　　Content-Length: 250\r\n

　　Connection: keep-alive\r\n

　　(data data data data data…)

可以看出，HTTP 响应报文分成 3 个部分：1 个状态行（Status Line），6 个报头行（Header Line），最后是实体主体。实体主体部分是报文的主体，它包含了所请求的对象本身（表示为 data data data data data…），可以是任何格式的超媒体文件。

状态行处于响应报文的第一行，由协议版本号、状态码和解释状态码的短语 3 个字段组成，中间使用空格相隔。在该示例中，状态行表示服务器使用的协议是 HTTP/1.1，并且一切正常，即服务器已经找到并正在发送所请求的对象。

在报头行中，"Server:" 报头行表明该报文是由一个 nginx Web 服务器产生的，它类似于 HTTP 请求报文中的 "User-agent:" 报头行。"Date:" 报头行表示服务器产生并发送响应报文的日期和时间。注意，这个时间不是指对象创建或者最后修改的时间，而是服务器从它的文件系统中检索到该对象、插入到响应报文并发送该响应报文的时间。"Last-Modified:" 报头行表明对象创建或者最后修改的日期和时间，这个报头行对既可能在客户机又可能在网络缓存服务器上缓存的对象来说是非常重要的。"Content-Type:" 报头行表明实体中的对象是 HTML 文本，也就是说，应使用 "Content-Type:" 报头行而不是用文件扩展名来指明对象类型。"Content-Length:" 报头行表明被发送对象的字节数。服务器用 "Connection: keep-alive（或 close）" 报头行告诉客户机在报文发送完后保持（或关闭）该 TCP 连接。

HTTP 响应报文的通用格式示例如图 8.7 所示。该通用格式中，状态行、报头行等与前面例子中响应报文的含义相同，状态码和解释状态的短语表明了请求的结果。

一些常见的状态码和短语如下。

- 200 OK：请求成功，被请求的对象在返回的响应报文中。
- 301 Moved Permanently：被请求的对象被移动过，新的位置在报文中有说明（Location:）。
- 400 Bad Request：一个通用差错代码，表示该请求不能被服务器解读。
- 404 Not Found：被请求的对象不在该服务器上。
- 505 HTTP Version Not Supported：服务器不支持请求报文使用的 HTTP 协议版本。

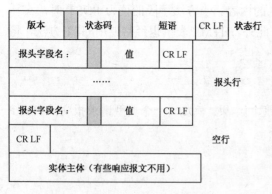

图 8.7　HTTP 响应报文的通用格式

总之，HTTP 是为分布式超文本信息系统设计的一个协议。对于非持久性连接，HTTP 的特点是建立一次连接，只处理一个请求，发回一个应答，然后就释放连接。所以，HTTP 被认为是一种无状态的协议，即不能记录以前的操作状态，因而也不能根据以前操作的结果连续操作。这样大大减轻了服务器的存储负担，从而保持了较快的响应速度。HTTP 是一种面向对象的协议，允许传输任意类型的数据对象。它通过数据类型和长度来标志所传输的数据内容和大小，并允许对数据进行压缩传输。在 HTTP 中定义了很多可以被浏览器、Web 服务器和 Web 缓存服务器插入的报头行，在此只讨论了 HTTP 请求报文和响应报文的一小部分报头行。

HTTP 简单、有效，而且功能强大。HTTP 响应报文中携带的数据不仅仅是 Web 页面中包含的对象，即 HTML 文件、GIF 文件、JPEG 文件、Java 小应用程序等多媒体信息，它也常用于传输其他类型的文件。例如，HTTP 协议常用于从一台机器到另一台机器传输 XML 电子商务文件、VoiceXML、WML（WAP 标记语言）及其他的 XML 文档。另外，在 P2P 文件共享应用中，HTTP 也常常被当做文件传送协议使用，有时也用于流式存储的音频和视频。

4．Cookie

在 HTTP 下，Cookie（RFC 2109）是一种通过服务器或脚本得到客户机状态信息的手段。Cookie 技术由 4 个部分组成：①在 HTTP 响应报文中有一个 Cookie 报头行；②在 HTTP 请求报文中含有一个 Cookie 报头行；③在用户端系统中保留有一个 Cookie 文件，由用户的浏览器管理；④在 Web 站点有一个后端数据库。

Cookie 用来记录访问者曾经访问过的网站及其主要信息。尽管并不是所有站点都使用 Cookie，但大多数主要的门户网站（如 Yahoo）、电子商务网站和广告网站等都广泛地使用 Cookie。例如，某用户 Jun 在他的 PC 上使用 Internet Explorer 上网，Jun 第一次访问一个使用了 Cookie 的电子商务网站。当请求报文到达该 Web 服务器时，该 Web 站点将产生一个唯一识别码，并以此作为索引在它的后端数据库中产生一个项。接下来，用一个包含"Set-cookie："报头行的 HTTP 响应报文对 Jun 的浏览器做出响应，其中"Set-cookie："报头行含有的识别码可能是：

Set-cookie：1381392

当 Jun 的浏览器收到了该 HTTP 响应报文时，它会看到该"Set-cookie："报头行。该浏览器在它管理的特定 Cookie 文件中添加一行，其中包含该服务器的主机名和"Set-cookie："报头行中的识别码。当 Jun 继续浏览这个电子商务网站时，每请求一个 Web 页，它的浏览器就会从它的 Cookie 文件中获取这个网站的识别码，并放到请求报文的 Cookie 报头行中。确切地说，每个发往该电子商务网站的 HTTP 请求报文都含有报头行：

cookie：1381392

在这种方式下，该 Web 站点可以跟踪 Jun 在该站点的活动。该 Web 站点并不需要知道 Jun 的名字，但它确切地知道用户 1381392 按照什么顺序、在什么时间访问了哪些页面。如果一段时间后 Jun 再次访问该站点，他的浏览器会在其请求报文中继续使用报头行"Cookie：1381392"。该电子商务网站根据 Jun 过去的访问记录向他推荐商品。如果 Jun 在该站点注册过，即提供了他的姓名、电子邮件地址、邮政地址和信用卡账号等，该电子商务网站在其数据库中就会记录这些信息，并将他的姓名与识别码（以及过去访问过的所有页面）相关联。这就解释了一些电子商务网站如何实现"一点就成购物方式"（One-Click Shopping）的原因。

由此可见，Cookie 可以用于验证用户。用户第一次访问时，可能需要提供一个用户标志。在后继的访问中，浏览器产生的请求报文均携带一个 Cookie 报头，供服务器识别该用户。另外，Cookie 可以在无状态的 HTTP 上建立一个用户会话层。例如，当用户登录一个基于 Web 的电子邮件系统时，浏览器向服务器发送 Cookie 信息，允许该服务器通过用户与应用程序之间的会话对用户进行验证。

5．Web 缓存器

Web 缓存是 WWW 上的一种加快文件下载的机制。Web 缓存器（Web Cache）也称为代理服务器（Proxy Server），它将所取回的每个页面内容都放入本地磁盘的存储空间。也就是说，Web 缓存器有自己的磁盘存储空间，并在该存储空间中保存最近请求对象的副本。当用户选择了某个页面,浏览器在索取新的副本之前先检查磁盘缓存。如果缓存中包含了该页面,那么浏览器就从缓存中获得副本;如果在缓存中不能找到页面,再去跟原始服务器(即拥有该页面的服务器)建立连接。

用户可以配置自己的浏览器,使得所有 HTTP 请求首先指向 Web 缓存器。一旦配置了浏览器,每个浏览器对一个对象的请求首先被定向到该 Web 缓存器。例如,假设浏览器正在请求对象 http://www.njit.edu.cn/fruit/campus.gif,将会发生如下情况:

(1)浏览器建立一个到该 Web 缓存器的 TCP 连接,并向 Web 缓存器中的对象发送一个 HTTP 请求。

(2)该 Web 缓存器检查本地是否存储了该对象副本。如果有,Web 缓存器就向客户机浏览器用 HTTP 响应报文转发该对象。

(3)如果该 Web 缓存器没有该对象,就与该对象的原始服务器(如 www.njit.edu.cn)打开一个 TCP 连接。该 Web 缓存器则在 TCP 连接上发送获取该对象的请求。在收到请求后,原始服务器向该 Web 缓存器发送具有该对象的 HTTP 响应。

(4)当 Web 缓存器接收该对象时,它在本地磁盘存储空间存储一份副本并向客户机浏览器在一个 HTTP 响应报文中转发该对象(通过已经建立在客户机浏览器和该 Web 缓存器之间的 TCP 连接)。

注意,这时 Web 缓存器既是服务器又是客户机。当它接收浏览器的请求并发回响应时,它是服务器;当它向原始服务器发出请求并接收响应时,它是客户机。

在 Web 缓存器中保存已访问过内容的做法,可以显著地改善运行性能,减少对客户机请求的响应时间,特别是当客户机与原始服务器之间的瓶颈带宽远低于客户机与 Web 缓存器之间的瓶颈带宽时更是如此。但在缓存中长期保留内容项可能会花费大量的磁盘空间。另外,访问性能的改善只是当用户再次查看该 Web 页面时才会起作用。为帮助用户控制浏览器处理缓存,可以通过设置缓存时间的方法,删除缓存中的一些页面。

6. 条件 GET 方法

通过 Web 缓存能够改善访问性能,由此也引入了一个新问题,即存放在缓存器中的对象副本可能是陈旧的。换句话说,保存在服务器中的副本可能已经被更新了。这可使用条件 GET(Conditional GET)方法让缓存器证实它的对象是最新的,即在请求报文中包含一个"If-Modified Since:报头行",就可使这个 HTTP 请求报文成为一个条件 GET 请求报文,执行更新检查。条件 GET 方法的具体操作方法如下。

(1)一个代理缓存器代表一个请求浏览器,向某 Web 服务器发送一个请求报文:

GET/fruit/campus.gif HTTP/1.1

Host:www.njit.edu.cn

(2)该 Web 服务器向该缓存器发送具有被请求对象的响应报文:

HTTP/1.1 200 OK

Server: nginx/0.7.61\r\n

Date: Wed, 06 Jul 2016 20:59:21 GMT\r\n

Last-Modified: Wed, 06 Jul 2016 07:49:02 GMT\r\n

Content-Type: text/html; charset=gb2312\r\n

(data data data data ......)

缓存器在将对象转发到请求它的浏览器的同时，也将该对象保存到本地缓存器中。重要的是，该缓存器在存储该对象时也存储了最后修改时间。

（3）一个星期后，另一个用户经过该缓存器请求同一个对象，该对象仍在这个缓存器中。由于在过去的一个星期中位于 Web 服务器上的该对象可能已经被更新修改了，该缓存器通过发送一个条件 GET，执行更新检查。具体地说，该缓存器发送一个请求报文：

> GET /fruit/campus.gif HTTP/1.1
>
> Host:www.njit.edu.cn
>
> If-Modified-Since: Wed, 06 Jul 2016 07:49:02 GMT\r\n

注意到"If-Modified-Since：报头行"的值正好等于一星期前服务器响应报文中的"Last Modified：报头行"的值。该条件 GET 报文告诉服务器，仅当自指定日期之后修改过该对象后才发送该对象。假设该对象自 2016 年 7 月 6 日 07:49:02 后没有被修改过，则 Web 服务器向该缓存器发送一个响应报文：

> HTTP/1.1 304 Not Modified\r\n
>
> Server: nginx/0.7.61\r\n
>
> Date: Wed, 06 Jul 2016 20:59:21 GMT\r\n
>
> Last-Modified: Wed, 06 Jul 2016 07:49:02 GMT\r\n
>
> Connection: keep-alive\r\n

（实体主体为空）

可以看到，作为对该条件 GET 方法的响应，Web 服务器发送一个响应报文，但并没有包含所请求的对象。在最后的响应报文中，状态行中的状态码和相应状态信息的值为"304 Not Modified"，它告诉缓存器可以使用该对象，向请求的浏览器转发该对象的缓存副本。

8.3　文件传输与远程文件访问

文件是对长期存储实体的基本抽象。随着计算机网络的出现，如何将任意文件的副本从一台计算机上转移到另外一台计算机上呢？由于在计算机文件命名和存储方式方面存在差别，而互联网又能够将异构的计算机系统连接起来，使得文件传输问题变得更为复杂。因此，计算机网络环境中的一项基本应用就是，如何有效地把文件从一台计算机传送到另一台计算机。文件传输协议（FTP）就是用以实现在两台计算机之间传送文件的一种协议，而且是至今仍然在使用的最古老的协议。

8.3.1　文件传输协议

FTP 是一种广泛使用的网络通信协议，它屏蔽了各种计算机系统的细节，而适合于在异构网络中任意计算机之间传送文件。

1．FTP 应用简介

FTP 与其他网络应用一样，也采用客户机/服务器模式并在 TCP 上运行，因此保证了可靠的点到点连接。FTP 提供了认证和匿名两种访问类型。在一个典型的 FTP 会话中，若用户在一台主机（本地主机）向另一台远程主机传送或者下载文件，为使用户能访问远程主机的账户，必须提供一个用户标志和口令。在提供了授权信息后，用户就能从本地文件系统向远程主机文件系统传送文件，反之亦然。如图 8.8 示，用户通过一个 FTP 用户代理与 FTP 交互。该用户首先提供远程主机的主机名，使本地主机的 FTP 客户机进程建立一个到远程主机 FTP 服务器进程的 TCP 连接。该用户接着提供用户标志和口令，作为 FTP 命令的一部分在该 TCP 连接上传送。一旦服务器识别了该用户，用户就可以向远程文件系统复制存放在本地文件系统中的一个或者多个文件；反之亦然。

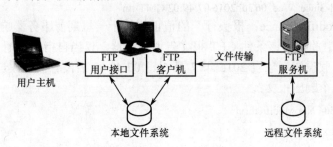

图 8.8　应用 FTP 在本地文件系统与远程文件系统之间传输文件

FTP 的使用方法比较简单，首先启动 FTP 客户机程序与远程主机建立连接，然后向远程主机发出传输命令，远程主机在收到命令后就给予响应，并执行正确的命令，例如：ftp.lib.pku.edu.cn。FTP 有一个根本的限制，那就是，如果用户未被某一 FTP 主机授权，就不能访问该主机，实际上用户不能远程登录（Remote Login）进入该主机。也就是说，如果用户在某个主机上没有注册获得授权，没有用户名和口令，就不能与该主机进行文件的传输。而 Anonymous FTP（匿名 FTP）则取消了这种限制。

FTP 是由支持互联网文件传输的各种规则所组成的集合，有几十个命令。例如：help 可列出 FTP 的所有命令并给出命令的解释；get 可获取一个远程文件；put 和 send 可传送一个本地文件到远程主机；quit 可退出 FTP 等。FTP 命令是网络用户使用最频繁的命令之一，从客户机到服务器的命令和从服务器到客户机的回答，都是按照 7 位 ASCII 格式在控制连接上传送。因此，与 HTTP 的命令一样，FTP 的命令是可读的。为了区分连续出现的命令，每个命令后面跟有回车换行符。每个命令由 4 个大写字母组成，有些还具有可选参数。一些常见的 FTP 命令如下：

- USER username：用于向服务器传送用户标志。
- PASS password：用于向服务器传送口令。
- list：用于请服务器返回远程主机当前目录的文件列表。文件列表是在数据连接（新建的非持久连接）上传送，而不是在控制 TCP 连接上传送。
- RETR filename：用于从远程主机的当前目录检索（Get）文件。触发远程主机发起数据连接，并在该数据连接上发送所请求的文件。
- STOR filename：用于向远程主机的当前目录存放（Put）文件。

FTP 的命令行格式为：

　　　　ftp −v−d−i−n−g[主机名]

其中，−v 表示显示远程服务器的所有响应信息；−d 表示使用调试方式；−n 表示限制 ftp

的自动登录，即不使用.netrc 文件；－g 表示取消全局文件名。

在用户发出的命令与 FTP 在控制连接上传送的命令之间，一般存在一一对应的关系。每个命令都对应着一个从服务器返回到客户机的回答，回答是一个 3 位数字，后跟一个可选信息。这与 HTTP 响应报文状态行的状态码和状态信息的结构相同。HTTP 特意在 HTTP 响应报文中包含了这种相似性。一些典型的回答及它们可能的报文如下所示：

> 331 username OK，password

> 125 Data connection already open; tansfer starting

> 425 Cant open data connection

> 452 Error writing file

下面以一个命令行 FTP 会话为例，介绍一些基本命令的使用。

首先发出 FTP 命令。在命令提示符下输入"ftp"，后面跟上一个 FTP 站点，如ftp.sun.com；也可以在命令行输入"ftp"，然后用 open 命令打开相应的 FTP 站点。

确认 FTP 站点地址为ftp.sun.com，这时同一台计算机既被当做 Telnet 服务器也被当做 FTP 服务器。计算机则发出下述响应消息：

（1）在"username："（用户名:）处输入"anonymous"（匿名）。

（2）在"Password："（密码:）处输入完整的 E-mail 地址。

（3）输入"dir"命令查看在该目录下的文件，此时将出现一个类似于"FTP DIR 命令"的屏幕图。

在所显示文件列表的第一部分显示了一系列的字母和短划线。如果第一个系列是一个"-"，表示该项是一个文件；如果是一个"d"，表示是一个目录。例如，使用"cd pub"命令可以改变当前目录，这时目录将变成 pub 目录，然后输入"dir"命令，就会出现 pub 目录列表。

在所显示的文件列表中，给出了文件名或目录名、日期及文件的大小。

（4）输入"get 文件名"命令，即可通过命令行方式获取该文件。通过 Web 浏览器方式也可以进入文件传输协议（FTP）站点。

通常，把 FTP 设计成用户应用程序来运行，从而获取所需的信息资料。目前，已有很多为用户提供图形化、指向/点击界面的 FTP 应用程序；大多数 Web 浏览器也支持以 FTP 方式下载文件。随着用户界面不断变化的，有许多程序可用于 FTP，其中最基本的是一个称为"ftp"的程序。该程序提供一个命令行界面，某些方面类似于 DOS 或 UNIX 外壳，可以用于浏览远程计算机的目录树和传输文件。该程序的一个主要优点在于：它是标准的，并且是为大多数计算机平台编写的。

2．双连接操作模型——带外信令

FTP 是一个交互式会话系统。在进行文件传输时，FTP 的客户机和服务器之间要建立两个并行的 TCP 连接来传输文件，一个是控制连接（Control Connection），另一个是数据连接（Data Connection），这种双连接机制通常称为带外信令。FTP 的控制连接和数据连接如图 8.9 所示。

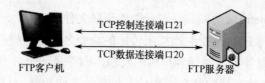

图 8.9　FTP 的控制连接和数据连接

1）控制连接

控制连接用于在两台主机之间传输控制信息，如用户标志、口令、改变远程目录的命令及发往"PUT"和"GET"文件的命令。开机后服务器使用分配给 FTP 的 TCP 熟知端口 21，主服务器进程最先运行，通过该端口等待客户机的请求。

控制连接由客户端发起。当客户端的用户使用 ftp 命令进入 FTP 后，先建立一个客户机控制进程，客户机控制进程申请一个本地的 TCP 自由端口（如 1819），并通过熟知端口 21 向服务器发送连接请求。主服务器进程接到连接请求后，产生一个子进程作为服务器控制进程，在服务器控制进程与客户机进程之间建立控制连接。此后，主服务器进程进入阻塞状态，等待新的客户机请求。这属于并发服务器的方式。

会话以控制连接来维持，使用 quit 命令退出 FTP 会话，控制连接就结束。会话保持期间，控制连接一直存在。

2）数据连接

数据连接用于准确地传输一个文件。数据连接依赖于用户为某种文件操作发出的请求。客户机控制进程在操作结束时为数据连接选择一个自由端口号（如 1820）给客户机传输进程使用，客户机数据传输进程通过该端口接受来自服务器的数据连接请求。数据连接是由服务器发起的。

客户机进程通过控制连接把端口号（如 1819）发送给服务器控制进程，告知端口号。服务器上的服务器数据传输进程通过端口号（1819）向客户机传输进程发送连接请求，建立起数据连接。服务器数据传输进程总是使用熟知端口号 20，但与一般 C/S 模式不同，在建立连接过程中它作为请求方，它不能像一般的服务器熟知端口那样可以接受任意的数据传输连接。

在控制连接上传送的是客户机和服务器的命令（请求）和应答，以网络虚拟终端（Network Virtual Terminnal，NVT）编码形式传送。NVT 编码格式是在 ASCII 码基础上的扩展，也称为 NVT ASCII。数据连接则不然，FTP 为每次文件传送都建立一个数据连接，一次文件传送结束，其数据连接就撤销。

8.3.2　简单文件传输协议

简单文件传输协议（Trivial File Transfer Protocol，TFTP）是一种用来传输文件的简单协议。TFTP 与 FTP 在几个方面存在差异。第一，TFTP 客户机与服务器之间的通信使用 UDP 协议而不使用 TCP 协议。第二，TFTP 只支持文件传输。也就是说，TFTP 不支持交互命令操作而且没有强大的命令集。最重要的是，TFTP 只能从远程服务器上读、写文件（邮件）或者读、写文件传输给远程服务器，它不能列出目录内容或者与服务器协商来确定可使用的文件名。第三，TFTP 没有授权认证。客户机不需要发送登录名或者口令，文件也仅当其权限允许全局访问时才能被传输。虽然 TFTP 的能力比 FTP 的小，但它有两个优点：一是 TFTP 基于 UDP，数据是直接发送的，对方能否收到完全不知，是不可靠传输，适于传送小文件；二是 TFTP 代码所占的内存比 FTP 的小。

TFTP 有 3 种传输模式：①NET ASCII 模式，即 8 位 ASCII；②八位组模式（替代了以前版本的二进制模式），即以字节为单位；③邮件模式，在这种模式中，传输给用户的不是文件而是字符。主机双方也可以自己定义其他模式。

在 TFTP 中，任何一个传输进程都以请求读写文件开始，同时建立一个连接。如果服务器同意请求，则连接成功，文件就以固定的 512 B 的长度进行传输。每个数据包都包含一个数据块，在发送下一个包之前，数据块必须得到响应确认包的确认。少于 512 B 的数据包说明传输结束了。如果包在网络中丢失，接收端就会超时并重新发送其最后的包（可能是数据也可能是确认响应），这就导致丢失包的发送者重新发送丢失包。发送者需要保留一个包用于重新发送，因为确认响应保证所有过去的包都已经收到。注意，传输的双方都可以作为发送者或接收者，一方发送数据并接收确认响应，另一方发送确认响应并接收数据。

8.3.3　网络文件系统

为了适应只需读/写文件部分内容的需要，TCP/IP 提供了一种文件访问（File Access）服务。它与文件传输服务不同，文件访问服务允许远程客户机只复制或者改变文件的某一部分，而不用复制整个文件。与 TCP/IP 一起使用的这种文件访问机制，称为网络文件系统（Network File System，NFS）。

1．网络文件系统的工作原理

NFS 是一种网络上的主机之间共享文件的方法，它被设计为适合用于不同的机器、不同的操作系统、不同的网络体系及不同的传输协议。这种广泛的适应性，是通过使用建立在外部数据描述（XDR）之上的远程过程调用（Remote Procedure Call，RPC）原语获得的。当使用者需要远端文件时，只要使用"mountd"命令就可把远端文件系统挂接在自己的文件系统之下，这时文件就如同位于用户主机的本地硬盘驱动器上一样。

NFS 至少包括 NFS 客户机和 NFS 服务器两个主要部分，即采用客户机/服务器模式，客户机远程访问保存在服务器上的数据。其中，客户机主要负责处理用户对远程文件的操作请求，并把请求的内容按一定的包格式从网络发给文件所在的服务器；服务器则接受客户机的请求，调用本机的 VFS 函数进行文件的实际操作，并把结果按一定格式返回给客户机。当客户机得到服务器的返回结果后，把它返回给用户。要让这一切运转起来，服务器和客户机需要配置并运行几个程序。

（1）服务器必须运行的命令如表 8-3 所示。

（2）客户机同样运行一些进程，如 nfsiod。nfsiod 用于处理来自 NFS 的请求。

表 8-3　NFS 服务器运行的命令

命　令	描　述
nfsd	NFS 为来自 NFS 客户机的请求服务
Mountd	NFS 挂载服务，处理 nfsd 递交过来的请求
Rpcbind	此服务允许 NFS 客户机程序查询正在被 NFS 服务器使用的端口

2．NFS 的功能及特点

NFS 的主要功能是允许一个系统在网络上与他人共享目录和文件。NFS 的界面与 FTP 不同。NFS 被集成在一个计算机文件系统中，因而允许任何应用程序对远程文件进行诸如 open、read 与 write 等常规操作。每当应用程序要执行文件操作时，NFS 客户机程序通过与远程计算机通信来执行这些操作。

NFS 对在同一网络上的多个用户间共享目录很有用途。例如，一组致力于同一工程项目的用户可以通过使用 NFS 文件系统（通常被称为 NFS 共享）中的一个挂载为 /myproject 的共享目录来存取该工程项目的文件。要存取共享的文件时，用户只要进入各自机器上的 /myproject 目录。这种方法既不用输入口令又不用记忆特殊命令，就仿佛该目录位于用户的本地机器上一样。

NFS 最显而易见的一些优点如下：

（1）本地客户机使用很少的磁盘空间，因为通常数据可以存放在一台机器上而且可以通过网络进行访问。

（2）在大型网络中，可配置一台中心 NFS 服务器用于放置所有用户的 Home 目录。这些目录能被输出到网络，以便用户不管在哪台工作站上登录，总能得到相同的 Home 目录。

（3）多个机器共享一台 CD-ROM 或者其他设备。这对于在多台机器中安装软件非常便利。

8.4　电子邮件及其传输

电子邮件（E-mail）指的是以电子形式创建、发送、接收及存储消息或文档的概念，它已经成为互联网上使用最广泛和最受用户欢迎的一种网络应用。自从有了互联网，电子邮件就在互联网上流行起来。当互联网还在襁褓之中时，电子邮件就已经成为最为流行的应用程序。目前，几乎所有的计算机系统都有一个作为电子邮件服务界面的应用程序。与普通邮件一样，电子邮件是一种异步通信媒体，当人们方便时就可以收发邮件，不必与他人的计划进行协调。电子邮件与普通邮件相比，它更为快速并且易于分发，而且价格便宜。随着时间的推移，电子邮件变得越来越精细，越来越强大，并且还在一直迅速发展进步。现代电子邮件又增添了许多新的功能特性。例如，使用邮件列表，一封邮件报文可以一次发送给数以千计的接收者；而且，现代电子邮件常常包含附件、超链接、HTML 格式文本和图片。在许多情况下电子邮件是以文本为中心的，但它也能够作为异步语音和视频报文传送的平台使用。

本节针对电子邮件通过互联网传输时所产生的客户机与服务器之间的交互操作，讨论电子邮件表示、传输、转发及邮箱访问等问题。

8.4.1　电子邮件系统

电子邮件系统使用了许多传统办公室中的术语和概念。在深入讨论电子邮件协议之前，先从总体上简单介绍电子邮件系统及其关键构件。

1．电子邮箱与地址

在电子邮件发送给个人之前，每个人必须要分配一个电子邮箱（Electronic Mailbox）。通常，一个电子邮箱就是一个被动存储区（如磁盘上的一个文件）。电子邮箱与一个计算机账户相关联，因此拥有多个账户的人可以拥有多个电子邮箱。每个电子邮箱被分配一个唯一的电子邮件地址。一个完整的电子邮件地址由两部分组成：第一部分标志用户邮箱名；第二部分标志邮箱所在的一台计算机。TCP/IP 的电子邮件系统规定，电子邮件地址由一个字符串组成，其格式为：

　　　　用户名@邮箱所在的主机域名

其中：@读做 at，表示"在"的意思；用户名区分使用这一域名的计算机上的不同邮箱，用户名在邮箱所在的主机中应当是唯一的；域名用来区分那些可以发送和接收邮件的主机。

在发送电子邮件时，邮件服务器只使用电子邮件地址中的第二部分，即目的主机的域名，而收信人的电子邮件软件使用第一部分（用户名）来选择指定邮箱。

2．电子邮件

一个电子邮件一般由以下 3 部分组成：

（1）邮件的报头（Header）：包括发送端地址、接收端地址（允许多个）、抄送方地址（允许多个）、主题等。最重要的关键字是：To 和 Subject。"To:"后面填入一个或多个收信人的电子邮件地址。"Subject:"是邮件的主题，它反映了邮件的主要内容。邮件报头还有一项是抄送"Cc:"，这两个字符来自 Carbon copy，意思是留下一个复写副本，表示应给某某人发送一个邮件副本。

（2）邮件的正文（Body）：即信件的内容。

（3）附件：邮件的附件可以包含一组文件，文件类型任意。

3．电子邮件系统的体系结构

一个电子邮件系统的体系结构如图 8.10 所示。它包含了邮件用户代理（Mail User Agent，MUA）、邮件服务器（Mail Server），以及邮件传输协议（如 SMTP）和邮件读取协议（如 POP3）等主要构件。人们通过邮件用户代理阅读和发送电子邮件，邮件服务器负责将用户邮件从源端传送到目的端。在互联网中可能有许多邮件服务器，正是这些邮件服务器构成了电子邮件系统的核心。图中凡是有 TCP 连接的地方都表示经过了互联网。

1）邮件用户代理

邮件用户代理（MUA）是用户与电子邮件系统的接口，在大多数情况下是指在用户 PC 中运行的电子邮件客户端程序。用户通过它来交付、读取和处理电子邮件。电子邮件的用户代理有时也称为邮件阅读器。MUA 至少应当具有撰写、阅读和管理（删除、排序等）3 个功能，以便用户阅读、回复、转发、保存和撰写报文。当发信人完成邮件撰写时，其邮件 MUA

向其邮件服务器发送邮件，并且将该邮件放在邮件服务器发送队列中。当收信人想读取一条报文时，其邮件 MUA 从它所在的邮件服务器邮箱中获取该报文。常用的 MUA 比较多，如微软 Windows 系列的 Outlook Express 等。为用户发送和接收报文的自动化脚本或程序也可以认为是 MUA。

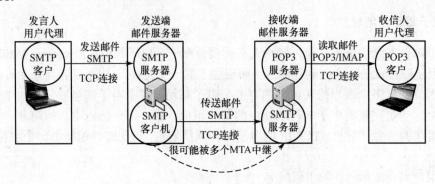

图 8.10　电子邮件系统的体系结构

2）邮件服务器

邮件服务器是电子邮件系统的核心构件。所谓邮件服务器是指在用户所在的通信子网中专门用来存放邮箱的计算机。邮件服务器的功能是发送和接收邮件，并向发信人报告邮件传送的结果（已交付、被拒绝、丢失等）。邮件服务器需要使用两种不同的协议。一种协议用于用户代理向邮件服务器或者在邮件服务器之间发送邮件，即 SMTP；另一种协议用于用户代理从已有服务器接收邮件，如邮局协议（Post Office Protocol-Version 3，POP3）或者 Internet 邮件访问协议（Internet Mail Access Protocol，IMAP）。

邮件服务器按照客户机/服务器模式工作，必须能够同时充当客户机和服务器。例如，当邮件服务器 A 向另一个邮件服务器 B 发送邮件时，A 就作为 SMTP 客户机，而 B 是 SMTP 服务器。反之，当 B 向 A 发送邮件时，B 就是 SMTP 客户机，而 A 就是 SMTP 服务器。一个典型的邮件发送过程是：从发信人的邮件用户代理开始，传送到发信人的邮件服务器，再传送到收信人的邮件服务器，并放在其收信人的邮箱中。收信人可随时上网到邮件服务器进行读取。当收信人在他的邮箱中访问该邮件报文时，存有他的邮箱的邮件服务器对收信人的身份进行识别（用户名和口令）。如果发信人的服务器不能将邮件投递到收信人的邮件服务器，发信人的邮件服务器在一个报文队列中保持该报文并在以后尝试再次发送，通常每 30 min 左右进行一次尝试。如果几天后仍不能成功，服务器删除该报文并以电子邮件的形式通知发信人。因此，常将邮件服务器软件称为报文传输代理（Message Transfer Agent，MTA）。用 TCP 进行的邮件交换是由报文传输代理（MTA）完成的，在传送邮件的过程中，很可能被多个 MTA 中继。最普通的 UNIX 系统中的 MTA 是 Sendmail。用户通常不与 MTA 打交道，由系统管理员负责本地的 MTA。在此主要讨论在两个 MTA 之间如何用 TCP 交换邮件，不考虑 MUA 的运行或实现。

3）简单邮件传输协议

由 RFC 821、RFC2 821 定义的简单邮件传输协议（SMTP），是电子邮件系统的主要协议。

SMTP 的最大特点是简单，其力量也来自它的简单。SMTP 只定义了邮件如何从一个"邮局"传递给另一个"邮局"，即邮件如何在 MTA 之间通过 TCP 连接进行传输。它不规定 MTA 如何存储邮件，也不规定 MTA 隔多长时间发送一次邮件。

SMTP 使用 TCP 可靠数据传输服务在 MTA 之间传递邮件，即从发信人的邮件服务器向收信人的邮件服务器发送邮件。用户代理向 MTA 发送邮件也使用 STMP。在两台主机之间通过 SMTP 传送电子邮件是使用协议规定的专门命令集合来完成的。SMTP 使用 TCP 的 25 号端口发送邮件，接收端在 TCP 的 25 号端口等待接收邮件。SMTP 的实际操作以发起主机（SMTP 发送端）建立一条到目的主机（SMTP 接收端）的 TCP 连接开始。一旦连接成功，SMTP 发送端和接收端进行一系列命令和响应的会话。

SMTP 规定了 14 条命令和 21 种应答信息，每条命令由 4 个字母组成；每一种应答信息一般只有 1 行，由一个 3 位数字的代码开始，后面附上很简单的文字说明。SMTP 常用的一些命令和响应见表 8-4 和表 8-5。

表 8-4　SMTP 常用命令

SMTP 命令	命令语法格式	命令功能
HELP	HELP<CRLF>	要求接收者给出有关帮助信息
HELLO	HELO<发送者的主机域名> <CRLF>	开始会话，指出发送者 E-mail 主机域名
MAIL FROM	MAIL FROM: <发送者 E-mail 地址><CRLF>	开始一个邮递处理，指出发送端的 E-mail 地址
RCPT TO	RCPT TO: <接收者 E-mail 地址><CRLF>	指出邮件接收者的 E-mail 地址
DATA	DATA<CRLF> … <CRLF>.<CRLF>	用来传递邮件数据，用第一列为"."且只有一个"."的一行结束
QUIT	QUIT<CRLF>	结束邮件传递，连接关闭

注：HELO 是 HELLO 的缩写；CR 和 LF 分别表示回车和换行。

表 8-5　SMTP 常用响应

代　码	功 能 描 述	代　码	功 能 描 述
220	服务就绪	450	邮箱不可用
221	服务关闭传输信道	451	命令异常终止：本地差错
250	请求命令完成	452	命令异常终止：存储器不足
251	用户不是本地的，报文将被转发	500	语法错误，不能识别的命令
354	开始输入邮件信息	502	命令未实现

接收端为响应每个命令而做出应答，其代码描述参见 RFC 821。常用的应答代码为：250表示请求工作正常，并已经完成；354 表示开始输入邮件信息，并以<CRLF>.<CRLF>结束。邮件传递结束后释放连接。对于发送端发布的每个命令，接收端提供一个正确的应答。

8.4.2　电子邮件报文格式和 MIME

通过 SMTP 传送的电子邮件遵从 RFC 822 定义的统一格式。该格式由报头行、空白行和邮件报文主体组成。

1. 电子邮件报文格式

每个报头行都包含了可读的文本，由关键词及之后的冒号，以及与该关键词有关的特定信息组成。有些关键词是必需的，有些是可选的，但每个报头必须含有一个关键词"From: 报头行"和一个"T0:报头行"；一个报头可以包含一个"Subject:报头行"或者其他可选的报头行。例如，一个典型的电子邮件报头如下：

> From:liuhuajun07@sina.com
>
> To: tongxin@njit.edu.cn
>
> Subject:Searching for the meaning of life

与关键词"From:"有关的特定信息 liuhuajun07@sina.com，表示发送端的电子邮件地址；与关键词"To:"有关的特定信息 liufeng@hotmail.com，表示接收端的电子邮件地址。

在报头行之后，紧接着是一个空白行，即在报头行和报文主体之间用空行（即回车换行）进行分隔；然后是以 ACSII 格式表示的报文主体。

2. ASCII 码数据的 MIME 扩展

在 RFC 822 中描述的报头格式虽然适合用于传输普通 ASCII 文件，但也限制了它的功能。在今天的多媒体信息世界里，除简单文本文件之外，用户还需要交换非文本文件，如图形、音频、视频等。为发送非 ASCII 文本内容，人们设计了多用途 Internet 邮件扩展（Multipurpose Internet Mail Extension，MIME），并在 RFC 2045 和 RFC 2046 中进行了定义。注意，MIME 只是目前基于 SMTP 邮件系统的一个扩展，而不是一个替代。具体地说，MIME 通过提供对不同数据类型及复杂报文主体的支持扩展了电子邮件系统的功能。

MIME 格式包括了新的报头行、内容格式和传输编码的定义。

新的报头行提供关于报文主体的信息，其中，有两个关键 MIME 报头"Content-Type:"和"Content-Transfer-Encoding:"用于支持多媒体信息。"Content-Type:"报头允许接收用户代理对该报文采取适当的操作，表 8-6 给出了一些常用的 MIME 类型。

表 8-6　常用 MIME 类型示例

MIME 类 型	描　　述
text/html	HTML 页面
text/plain	无格式文本
application/postscript	PS 文档
image/gif	GIF 格式编码的二进制图像
image/jpeg	JPEG 格式编码的二进制图像

例如，通过指出该报文主体包含一个 JPEG 图形，接收用户代理能为该报文启用一个 JPEG 图形的解压缩程序。为了不扰乱 SMTP 的正常工作，必须将非 ASCII 报文编码成 ASCII 格式，"Content-Transfer-Encoding: 报头行"为此而设计。"Content-Transfer-Encoding: 报头行"提示接收用户代理，该报文主体是使用 ASCII 编码的，并指出所用的编码类型。因此，当用户代理接收到包含这两个报头行的报文时，就会根据"Content-Transfer-Encoding:"的值将报文主体还原成非 ASCII 的格式，然后根据"Content-Type: 报头行"决定它应当采取何种操作来

处理报文主体。

例如，假设发送端 A 想发送一个 JPEG 图形给接收端 B。为此，发送端 A 调用他的邮件用户代理，指定接收端 B 的邮件地址，定义该报文的主题，并在该报文的报文主体中插入该 JPEG 图形（具体操作取决于所使用的用户代理，也可能将该图形作为一个附件插入）。写完邮件报文后，发送端 A 单击"发送"按钮，发送端 A 的用户代理就产生一个 MIME 报文。该报文的格式如下：

> From: liuhuajun2010@hotmail.com
>
> To: tongxin@njit.edu.cn
>
> Subject: E-mail Address
>
> Date: Wed, 06 Jul 2016 20:51:12 +0800
>
> MIME-Version: 1.0
>
> Content-Type: image/jpeg
>
> Content-Transfer-Encoding: base64
>
> (base64 encoded data
>
> ...
>
> base64 encoded data）

由这个 MIME 报文可以看到，发送端 A 的用户代理使用 base64 编码对该 JPEG 图形进行了编码。这种编码技术用于转换为可接受的 7 位 ASCII 码格式。另外一个流行的编码技术是引用可打印内容转换编码（Quoted-Printablecontent-Transfer-Encoding），该编码常用于将一个 8 位 ASCII 报文（可能包含非英文字符）转换成 7 位 ASCII 格式。

当接收端 B 使用其用户代理程序阅读该邮件时，B 的用户代理对 MIME 报文进行相同的操作。当 B 的用户代理程序发现了"Content-Transfer-Encoding：base64"报头行时，会对 base64 编码的报文主体执行解码操作。该报文所包含的"Content-Type：image/jpeg"报头行，提示 B 的用户代理程序应当进行 JPEG 文件解压缩。最后，该报文中还包含用于指出 MIME 版本号的"MIME-Version："报头行。注意，该报文在其他方面都遵从 RFC 822 定义的 SMTP 格式。特别是，在报头后有一个空白行，接下来便是报文主体。

3. 接收的电子邮件报文格式

接收的电子邮件报文格式与所发送出的电子邮件报文格式略有不同。接收邮件服务器一旦接收到具有 RFC 822 所定义的格式和 MIME 报头行的报文之后，会在该报文的顶部添加一个"Received："报头行。该报头行定义了发送该报文的 SMTP 服务器的名称（From）、接收该报文的 SMTP 服务器的名称（By），以及接收服务器接收到该电子邮件的时间。因此，邮件接收端 B 看到的邮件格式如下：

> Received：from sina.com by njit.edu.cn；Wed, 06 Jul 2016 20:51:12 +0800
>
> From：liuhuajun2010@hotmail.com
>
> To：tongxin@njit.edu.cn
>
> Subject：Picture pattern

MIME-Version：1.0

Content-Type：image/jpeg

Content-Transfer-Encoding：base64

(base64 encoded data

…

base64 encoded data)

几乎每个使用过电子邮件的用户都在电子邮件报文的前面看到过"Received："报头行（连同其他报头行）。该行通常在屏幕上（或者通过打印机）可以直接看到。可以注意到，一个邮件有时有多个"Received:"行和一个更为复杂的"Return-Path:"报头行。这是因为有的邮件在发送端和接收端之间的路径上，要经过不只一个 SMTP 服务器的转发。

8.4.3　SMTP 邮件传输

SMTP 电子邮件报文在发送端和接收端之间通过 TCP 连接进行传输。在 TCP 连接上进行邮件传输包括连接建立、邮件报文传送和连接关闭 3 个阶段。

1．连接建立阶段

连接建立阶段负责为可靠的数据传输建立一个 TCP 连接。在该阶段使用传统的 3 次握手方式初始化 TCP 连接。这个阶段也包括进行一些基本信息的交换，用来确保在邮件传输时，发送端 SMTP 与接收端 SMTP 彼此能够相互接收。

具体地说，使用 SMTP 把一封邮件报文从发送邮件服务器传送到接收邮件服务器的过程，与人类面对面交往的行为方式有些类似。首先，SMTP 客户机（运行在发送端邮件服务器上）在 25 号端口建立一个到 SMTP 服务器（运行在接收端邮件服务器上）的 TCP 连接。如果服务器没有开机，客户机会在稍后继续尝试连接。一旦连接建立，服务器和客户机执行 3 次握手，就像人们在互相交流前先进行自我介绍一样。SMTP 的客户机和服务器在传输报文前先相互介绍。在 SMTP 握手阶段，SMTP 客户机指明发送端的邮件地址和接收端的邮件地址。一旦该 SMTP 客户机和服务器彼此介绍完之后，客户机发送该报文。SMTP 能利用 TCP 提供的可靠数据传输无差错地将邮件传送到接收服务器。该客户机如果有其他的报文要发送到该服务器，就在该相同的 TCP 连接上重复这种处理；否则，它指示 TCP 关闭连接。

为便于理解，用连接建立阶段的信息交换代码来说明在连接建立阶段进行的信息交换。在 TCP 连接建立以后，接收端（R:）SMTP 发送一个 220 连接 ACK 来识别自己的身份。发送端（S:）SMTP 使用 HELO 命令向接收端确认自己的身份。接收端 SMTP 使用标准的 250 成功响应表示发送端的身份。具体信息交换代码如下。

S:<TCP Connection Request>

R:<TCP Connection Confirm>

R:<220 163.com Service Ready>

S:<HELO sina.com>

R:<250 163.com>

2. 邮件报文传送阶段

在邮件报文传送阶段,涉及向一个或多个远程主机上的邮箱传输邮件消息。为详细起见,通过 SMTP 客户机(C:)和 SMTP 服务器(S:)之间交换报文脚本的一个例子来分析邮件报文的传送。假设客户机的主机名为 163.com,服务器的主机名为 sina.com。以"C:"开头的 ASCII 码文本行是客户机交给其 TCP 套接字的那些行,以"S:"开头的 ASCII 码则是服务器发送给其 TCP 套接字的那些行。一旦 TCP 连接建立起来,发送端与接收端就开始下述交互过程:

> S:220 smtp.sina.com.cn ESMTP SINAMAIL (Postfix Rules!)
>
> C:HELO smtp.sina.com
>
> S:250 smtp.sina.com.cn
>
> C:MAIL FROM: <liuhuajun07@sina.com>
>
> S:250 Ok
>
> C:RCPT TO: <liuhuajun003@163.com>
>
> S:250 Ok
>
> C:DATA
>
> S:354 Enter mail,end with"."on a line by itself
>
> C:Do you 1ike ketchup?
>
> C:How about pickles?
>
> C:.
>
> S:250 Message accepted for delivery

在该示例中,客户机程序从邮件服务器 sina.com 向邮件服务器 163.com 发送了一个报文(Do you like ketchup? How about pickles?")。整个对话过程为:①客户机用"MAIL FROM:<liuhuajun07@sina.com>"向服务器报告发信人的邮箱地址;②服务器向客户机发送"250 Ok"的响应;③客户机用"RCPT TO: <liuhuajun003@163.com>"命令向服务器报告收信人的邮箱地址;④服务器向客户机发送"250 Ok"的响应;⑤客户机用"DATA"命令对报文的传送进行初始化;客户机通过发送一个只包含一个句点的行,告诉服务器该报文结束了(按照 ASCII 码的表示方法,每个报文用 CRLF.CRLF 结束);⑥服务器向客户机发送"354"的响应;⑦服务器向客户机发送"250"的响应。

由于 SMTP 使用持久连接,当发送邮件服务器有多个报文发往同一个接收邮件服务器时,它可以通过同一个 TCP 连接发送所有的报文。但对每一个报文,客户机都要用一个新的"MAIL FROM:"开始,用一个独立的句点指示该邮件的结束。注意,最好使用 Telnet 与 SMTP 服务器进行直接对话,命令格式为:

> Telnet serverName 25

其中,serverName 是远程邮件服务器的名称。

只要这样做就可以在本地主机与邮件服务器之间建立一个 TCP 连接;输入上述命令之后,立即会从该服务器收到"220"应答;接下来,在适当的时机发出 HEL0、MAIL FROM、RCPT TO、DATA、CRLF.CRLF 及 QUIT 等 SMTP 命令。

3．连接关闭阶段

客户机在完成一次邮件报文的传送过程中，始终起着控制作用。报文发送完毕后，要发出一个结束（QUIT）命令，来终止这个 TCP 连接。在连接关闭阶段，交换信息的步骤如下：

  S：QUIT

  R：221 smtp.163.com Service Closing transmission Channel

  R:<TCP Close Request>

  S:<TCP Close Confirm>

当然，目前所有的邮件都是采用 E-mail 应用软件进行收发，已经没有使用这种命令方式进行信息交换的了。然而若这些应用软件是建立在 SMTP 之上的，则仍然采用的是这些技术细节。假若用户 A 想给用户 B 发送一封简单的 ASCII 报文，其 SMTP 的基本操作过程如图 8.11 所示。

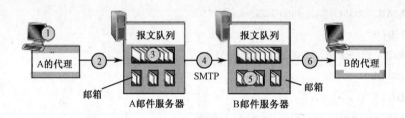

图 8.11 用户 A 向用户 B 发送一条邮件报文的操作过程

（1）用户 A 启动用户代理程序并提供用户 B 的邮件地址，撰写邮件，通过用户代理发送该邮件。

（2）用户 A 的用户代理把邮件报文发给用户 A 的邮件服务器，并存放在报文发送队列中。

（3）运行在用户 A 邮件服务器上的 SMTP 客户机发现报文队列中的报文之后，创建一个到运行在用户 B 的邮件服务器上的 SMTP 服务器的 TCP 连接。

（4）在经过一些初始 SMTP 握手后，SMTP 客户机通过该 TCP 连接发送用户 A 的邮件报文。

（5）在用户 B 的邮件服务器上，SMTP 的服务器接收该邮件报文；然后，用户 B 的邮件服务器将该报文放入用户 B 的邮箱中。

（6）用户 B 调用用户代理阅读该邮件报文。

8.4.4 邮件读取协议

在互联网的早期，邮件报文存储在位于集中式主机的用户邮箱中。通常，这些主机都运行 UNIX 操作系统。访问电子邮件意味着登录到电子邮件服务器上。对于许多用户来说，与服务器的邮件工具交互并不是一件容易的工作，不但存在操作界面问题，还存在邮件存储问题。

随着桌面计算机的普及，越来越多的用户开始使用 Telnet 从桌面 PC 访问电子邮件服务器，即通过登录到电子邮件服务器主机并直接在该主机上运行一个邮件阅读程序来阅读邮件。直到 20 世纪 90 年代早期，这种方式一直是一种标准方式。但是，这种方式存在两种不便：第一，当与邮件程序交互时用户不能利用本地 PC 操作系统的特性处理电子邮件时，用户的 PC 不得不只作为一台哑巴终端使用；第二，用户的邮件文件存储在远程邮件服务器上而非直接存在本地 PC 上。

然而，用户需要的功能却是把邮箱中的内容从邮件服务器传送到本地 PC 上，并能够充分利用本地 PC 操作系统的特性与电子邮件交互。显然，其关键问题是接收端如何通过运行本地 PC 上的用户代理，获得存储于某 ISP 邮件服务器上的邮件。由于取邮件是一个拉操作，而 SMTP 协议是一个推协议，因此，接收端的用户代理不能使用 SMTP 取回邮件。所以，需要引入一个特殊的邮件读取协议来解决这个难题。目前，有多个流行的邮件读取协议可供使用，主要有第三版的邮局协议（POP3）、Internet 邮件访问协议（IMAP）及 HTTP。这些邮件读取协议采用客户机/服务器模式，通过在自己的端系统上运行一个用户代理来阅读电子邮件。这里的端系统可能是 PC、便携机或者是 PDA。通过运行本地主机上的用户代理，用户可以享受一系列的功能特性，包括查看多媒体报文和附件等。

1. POP3

由 RFC 1939 定义的 POP3 是一个非常简单的邮件读取协议。POP3 建立在 TCP 连接之上，使用 C/S 模式，提供用户对邮箱的远程访问。当用户代理（客户机）打开一个到邮件服务器（服务器）端口 110 上的 TCP 连接后，POP3 就开始工作。随着 TCP 连接的创建，POP3 按照特许（Authorization）、事务处理和更新 3 个阶段进行工作。第一个阶段，即特许阶段。当 TCP 连接建立完成时，服务器发送标志 POP3 进程的问候消息。然后当前的会话进入授权状态：客户机用户代理发送（以明文形式）服务器上的邮件用户名及口令以供服务器鉴别。第二个阶段即事务处理阶段。假定授权成功，该会话进入事务处理状态。客户机用户代理指挥服务器根据客户机的电子邮件程序的配置取回用户邮件。在这个阶段，用户代理还能对邮件进行其他操作，如作报文删除标记、取消报文删除标记，以及获取邮件的统计信息等。第三个阶段，即更新阶段。它出现在客户机发出了 QUIT 命令之后，目的是结束该 POP3 会话。这时，邮件服务器删除那些已经被标记为删除的邮件报文。

与 SMTP 一样，客户机发出的每个命令都由服务器返回一个响应。因此，客户机与 POP3 服务器分别交换命令和响应，直到连接关闭或者异常退出。在 POP3 中，只定义了+OK 与 ERR 两种响应类型。表 8-7 列出了一些常用的 POP3 命令。

表 8-7 常用的 POP3 命令

POP3 命 令	命 令 格 式	命 令 功 能
USER	USER <user name><CRLF>	指定用户在邮件服务器上的账户名
PASS	PASS <password><CRLF>	指定邮件服务器上的用户密码
LIST	LIST<邮件编号><CRLF>	给出指定的全部邮件的报头信息
DELE	DELE<邮件编号><CRLF>	删除指定的邮件
RETR	RETR<邮件编号><CRLF>	把指定的邮件从服务器传输到服务器
QUIT	QUIT<CRLF>	退出 POP3 连接

使用 POP3 接收邮件的过程如图 8.12 所示。POP3 系统允许用户的邮箱安放在某个运行 SMTP 服务器程序的邮件服务器上，从网络上收到的本地用户的邮件传送到这个邮件服务器

的邮箱中，用户主机的 MUA 不定期地连接到这台服务器上，通过使用登录方式和输入口令来读取和处理邮件。

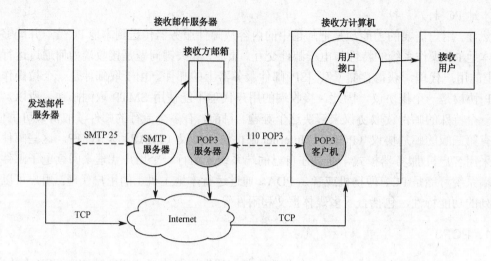

图 8.12　使用 POP3 接收邮件的过程

　　显然，在接收邮件的过程中，接收邮件服务器要运行两个服务器程序，一个是 SMTP 服务器，一个是 POP3 服务器。SMTP 服务器通过 SMTP 与 SMTP 客户机进程通信，负责从互联网上接收邮件；POP3 服务器与用户主机中的 POP3 客户机进程通过 POP3 通信，负责向本地提供邮箱中的邮件。

2. IMAP

　　使用 POP3 读取邮件时，用户将邮件下载到本地主机后，建立一个邮件文件夹，并且将下载的邮件放入该文件夹中。这样，用户可以随意删除邮件报文、在文件夹间移动邮件报文以及查询邮件报文（通过发送端的名字或报文主题）。但是，这种通过文件夹把邮件报文存放在本地机上的方法，不利于移动办公用户。因为移动办公最好使用一个在远程服务器上的层次文件夹，以便在任何一台机器上都能对所有邮件报文进行读取；然而，POP3 并没有给用户提供任何操作远程文件的方法。为了解决这一问题及其他一些问题，由 RFC 2060 定义了 Internet 邮件访问协议（IMAP）。与 POP3 一样，IMAP 也是一个邮件读取协议，也基于 C/S 模式工作，但比 POP3 具有更多的特色，不过也比 POP3 复杂得多。

　　在使用 IMAP 时，所有收到的邮件同样是先送到 ISP 邮件服务器的 IMAP 服务器上。在用户的计算机上运行 IMAP 客户机程序，然后与 ISP 的邮件服务器的 IMAP 服务器程序建立 TCP 连接。用户在自己的机器上操作 ISP 邮件服务器的邮箱，就像操作本地机一样。因此 IMAP 是一个联机协议，为用户提供了创建文件夹及在文件夹之间移动邮件的命令。IMAP 服务器把每个邮件报文与一个文件夹联系起来。当邮件报文第一次到达邮件服务器时，它把邮件报文放在收件人的收件箱文件夹里。IMAP 收件人也可以把邮件移到一个新的、用户创建的文件夹内，或阅读邮件、删除邮件等。

　　此外，IMAP 还为用户提供了在远程文件夹中查询邮件的命令，可按指定条件查询匹配的邮件。注意与 POP3 不同的是，IMAP 服务器维护了 IMAP 会话的用户状态信息。例如，文件夹的名字，以及哪个邮件报文与哪个文件夹相联系。

IMAP 的另一个重要特性，是它具有允许用户代理读取报文组件的命令。例如，用户代理可以只读取一个邮件报文的报头，或只是 MIME 报文的一部分。当用户代理和其邮件服务器之间使用低带宽连接时（如无线连接，或通过低速调制解调器链路进行的连接），这个特性非常有用。例如，在低带宽连接的情况下，用户可能并不想取回其邮箱中的所有邮件，或要避免可能包含音频或视频内容的大邮件等。

注意不要将邮件读取协议 POP3 和 IMAP 与邮件传输协议（SMTP）相混淆。发信人的用户代理向源邮件服务器发送邮件，以及源邮件服务器向目的邮件服务器发送邮件，使用 SMTP。而 POP3 和 IMAP 则是用户从目的邮件服务器上读取邮件时所使用的协议。

3．基于 Web 的电子邮件

20 世纪 90 年代中期，Hotmail 引入了基于 Web 的接入。目前，每个门户网站，以及重要的大学或者公司都提供了基于 Web 的电子邮件系统，许多用户已经使用 Web 浏览器收发电子邮件。使用这种电子邮件服务方式，用户代理就是普通的浏览器，用户和其远程邮箱之间的通信通过 HTTP 进行。当一个收信人想从自己的邮箱中取一个邮件报文时，该邮件报文从收信人的邮件服务器发送到所使用的浏览器，使用 HTTP 而不是 POP3 或者 IMAP。当发信人要发送一封邮件报文时，该邮件报文从发信人的浏览器发送到他的邮件服务器，使用的也是 HTTP 而不是 SMTP。然而，发信人的邮件服务器在与其他的邮件服务器之间发送和接收邮件时，仍然使用 SMTP。

基于 Web 的电子邮件读取方式，对于工作繁忙的用户而言极为方便。用户收发邮件报文只需要使用浏览器就可以了，而浏览器在网吧、朋友家里、PDA 上及有 Web TV 的场所均可以找到。如同 IMAP 一样，用户可以在远程服务器上以层次文件夹方式组织报文。事实上，很多基于 Web 的电子邮件系统使用 IMAP 服务器来提供文件夹的功能。这时，对文件夹和邮件的读取是通过运行在 HTTP 服务器上的脚本提供的，这些脚本使用 IMAP 与一个 IMAP 服务器进行通信。

8.5　域名系统

域名系统（DNS）是一种层次化的、分布式数据库系统，用于为各种互联网应用程序映射主机名和域名。它通过客户机/服务器模式提供实用的、可扩展的主机域名到地址（有时是地址到主机域名）之间的翻译服务。与 HTTP、FTP 和 SMTP 一样，DNS 属于应用层协议。其原因有两个：一是该协议使用客户机/服务器模式在通信的端系统之间运行；二是在通信的端系统之间通过端到端传输层协议来传送 DNS 报文。然而在某种意义上，DNS 的作用又不同于 Web、文件传输及电子邮件应用，因为它的应用并不直接与用户打交道，是一种网络基础设施。

互联网上的主机用 32 位 IP 地址来标志。显然，用 210.29.16.200 这样的数字来代表某一物理网络上的某一台主机，对用户来说很不容易记忆。若以单位的简写名称代表园区网络上的主机地址就方便多了，如 210.29.25.11 对应符号域名 library.njit.edu.cn。符号域名对人方便，但对计算机就不方便了。由 RFC 1034 和 RFC 1035 定义的 DNS 提供了主机域名与 IP 地址之间的转换服务，也称域名服务或名字服务。互联网的应用服务，如电子邮件系统、远程登录、文件传输和 WWW 等都需要 DNS 作为基础提供服务。

8.5.1　域名的分层结构

任何一个连接在互联网上的主机或路由器，都有一个唯一的层次结构名字，称为域名。域（domain）是指域名空间中一个可被管理的子空间，还可以进一步划分为子域。域名是个逻辑概念，与主机所在的物理位置没有必然的联系。

在 ARPANet 时代，主机域名采用无结构的符号串。网上主机名与地址之间的映射保存在一个文本文件 hosts.txt 之中，由设在 SRI（Stanford Research Institute）的网络信息中心（Network Information Center，NIC）的一个主机来集中维护，通过直接或间接文件传输分发给网上所有主机。但是，随着互联网规模的扩大，主机数量猛增，重名问题很难解决。同时，域名和地址的映射文件变得越来越大，分发 hosts.txt 所需的网络带宽正比于网上主机数的平方，根本不可能集中管理。为了解决这些问题，迫切需要一个分布式、分散管理的域名系统，于是研发了 DNS。

根据服务与传输层服务访问点 TSAP 地址的关联结构，DNS 为主机提供了一种层次型命名方案。也就是说，域名就像每个家庭住宅有一个国家-城市-街道-门牌号的地址一样，即层次结构的域名分为若干层级，各层级之间用小数点连接：

......三级域名.二级域名.顶级域名

每一层级域名均由英文字母和阿拉伯数字组成，不超过 63 个字符，不区分字母大小写。各层级域名自左向右级别越来越高，顶级域名（Top Level Domain，TLD）在最右边。一个完整的域名总字符数不能超过 255 个。域名系统不规定一个域名必须包含多少个级别。可见，域名系统是一个多层次的、基于域的命名系统，可使用分布式数据库实现这种命名机制。DNS 的域名空间就是域名的集合。DNS 将整个互联网视为一个域名空间。

在 DNS 中，一个域代表该网络中要命名资源的集合。这些资源通常代表工作站、PC、路由器等，在理论上可以代表任何东西。管理一个大而又经常变化的域名空间是一个很复杂的问题。若域名单纯由一串符号组成，没有任何附加结构，如 oar、helm 等，域名空间就是一种平面型域名空间（Flat Name Space）。这种命名方案简单、方便，但域名空间很难管理。因此，DNS 将互联网分成为几百个顶级域，每个域包括多个主机；每个域又被划分为子域，依次还有更详细的划分，即让 DNS 中的域名具有层次型结构。域名的层次大致上对应网络的管理层次，所有这些域如图 8.13 所示。这是一棵倒挂的树，表示了 DNS 数据库的结构。每个结点有一个标号，不过这里的标号与树的通常标号略有不同，虽然这里兄弟结点不能有同样的标号，但非兄弟结点却可以使用相同的标号。树的根使用空标号，用"."表示；这个域只用来定位，并不包含任何信息。在根域之下是顶级域名，如 com、edu、gov、org、mil、net、cn 等。所有的域都是根域的子域。树叶代表没有子域的域（当然包含主机）。一个树叶域可以包含一台主机，也可以代表一个公司，并包含数千台主机。

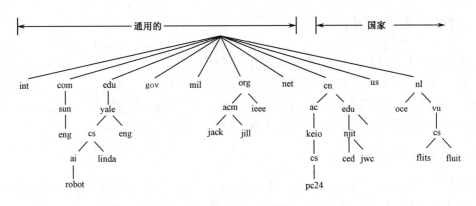

图 8.13　域名空间树

顶级域名（TLD）主要有以下两大类：

（1）国家顶级域名。国家的顶级域名表示国家，由 ISO 3166 定义，国家顶级域名有 247个。一般国家域名由两个字符的国别码构成，如 cn 代表中国、us 代表美国、ca 代表加拿大、uk 代表英国、jp 代表日本、nl 代表荷兰等。国家顶级域名的二级域名由该国家自行确定。中国将二级域名划分为"类别域名"和"行政区域名"两大类：类别域名 6 个，如 com 表示工、商、金融企业等；行政区域名 34 个，分别对应我国的省、自治区和直辖市等，如 bj 为北京市，js 为江苏省等。

（2）通用顶级域名。最早的通用顶级域名共 7 个，即 com（公司企业）、edu（教育系统）、net（网络服务机构）、gov（政府机构）、org（非营利性组织）、int（国际性组织）和 mail（军事部门）。

由于互联网的用户数量急剧增大，现在又提议新增了 7 个通用顶级域名，即 biz（商业）、info（网络信息服务组织）、firm（公司企业）、shop（销售公司和企业）、web（表示突出万维活动的单位）、arts（文化娱乐活动单位）、pro（有证书的专业人员）等。

另外，还有一个基础结构域名（即 arpa）作为顶级域名，用于反向域名解析，又称反向域名。

例如，www.njit.edu.cn 的顶级域名是 cn，代表中国；下一层域名是 edu，代表教育系统。edu.cn 是 cn 的子域，njit.edu.cn. 是 edu.cn 的子域，也是 cn 的子域。

管理上将互联网的主机按其所属部门分类。例如，某大学校园网的主机以所属处、院、系、所分类，教务处的主机域名以 jwc.njit.edu.cn 为后缀，通信工程学院的主机域名以 ced.njit.edu.cn 为后缀。这样教务处和通信工程学院可以独立地命名和管理其主机，可以随意增加和淘汰上网的主机，不会有重名，不会互相干扰。至于这两个域在物理上可能位于同一网络，也可能位于不同网络，那无关紧要。域的划分是一种管理上的划分。当然域的划分也可以反映地域上的划分，如 cn 代表互联网在中国的网络，njit.edu.cn 代表南京工程学院范围的校园网，pku.edu.cn 代表北京大学范围的校园网等。但域主要是为了管理，是逻辑上的一种划分，可以独立于物理网络和拓扑。任何一个组织要加入互联网的 DNS 时，必须向管理域名的互联网机构申请注册某个域名。

域名树的层次型结构也是权限的一种划分方式。一般说来，各个域（如 edu.cn）只包含下一级子域（如 njit.edu.cn，pku.edu.cn 等）的信息，而无须知道其更下一级的子域（ced.njit.edu.cn）的信息，所以这是一种层次型、分布式的管理。

8.5.2　DNS 的工作机制

互联网通过主机域名或者 IP 地址两种方式识别主机。日常生活中的人们喜欢便于记忆的主机域名，而路由器则喜欢定长的、有着层次结构的 IP 地址。为此，需要一种能进行主机域名到 IP 地址转换的名字服务。这就是 DNS 的主要任务。DNS 采用客户/服务器模式，是一个复杂的系统，下面简单介绍主机域名到 IP 地址转换服务的主要机制。

1. 域名服务器系统

DNS 是一个由分层的 DNS 服务器（DNS Server）实现的分布式数据库，也是一个允许主机查询分布式数据库的应用层协议。DNS 服务器通常是运行 BIND（Berkeley Internet Name Domain）软件的 UNIX 机器。为了解决规模问题，DNS 使用了以层次方式组织起来的许多 DNS 服务器，并且将其分布在全世界范围内。没有一台 DNS 服务器具有互联网上所有主机的映射；相反，这些映射却分布在所有的 DNS 服务器上。互联网上所有的域名服务器相互联络和协作形成一个统一的域名服务器系统，负责进行域名解析。简单说来，DNS 服务器系统有根域名服务器（Root Name Server，RNS）、顶级域名服务器（TLD Name Server，TNS）和授权域名服务器（Authoritative Name Server，ANS）和本地域名服务器（Local Name Server，LNS）之分，这些服务器的部分层次结构，如图 8.14 所示。

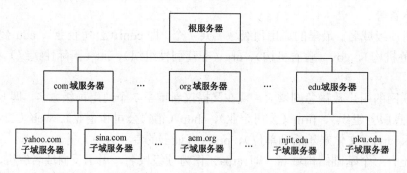

图 8.14　域名服务器系统层次结构

1）根域名服务器（RNS）

RNS 是用于管理顶级域名的服务器。在 Internet 上共有 13 个 RNS（标号为 A 到 M），其中大部分位于北美洲，均由 ICANN 统一管理。其中 10 个放置在美国，欧洲有 2 个（分别位于英国和瑞典），亚洲有 1 个（位于日本）。13 个 RNS 却不止 13 台计算机，现已安装的 123 台计算机分布在世界各地，用于就近进行域名解析。

2）顶级域名服务器（TNS）

互联网域名空间中的每一个顶级域，不管是国家顶级域还是通用顶级域，都有自己的域名服务器。顶级域名服务器负责管理和存放主机域名（如 com、org、net、edu 和 gov）、所有国家的顶级域名（如 cn、uk、fr、ca 和 jp）、IP 地址的数据库文件，以及域中主机域名和 IP 地址的映射。顶级域名服务器分布在不同的地方，它们之间通过特定的方式进行联络，以保证用户可以通过本地的域名服务器查找到互联网上所有的域名信息。所有顶级域名服务器中的数据库文件中的主机和 IP 地址的集合组成 DNS 域名空间。

一个域名服务器支持一个或多个 DNS 区段。每个区段的信息至少由两个域名服务器提供，即一个主服务器（Primary Server）和一个辅服务器（Secondary Server），以保证在某主机或通信链路出现故障时仍可获得区段信息。一个辅服务器可以支持任何数目的区段，区段的辅服务器不一定是该区段的结点。

3）授权域名服务器（ANS）

对每个管辖区内的所有主机来说，必须在 ANS 处注册登记，ANS 的 DNS 数据库中记录了辖区内所有主机域名和 IP 地址的映射表，负责对本辖区内主机进行域名转换工作。组织机构既可以选择实现它自己的域名服务器来保持这些记录，也可以选择支付费用将这些记录存储在某个服务提供商的域名服务器中。多数大学和大公司实现和维护它们自己的基本和辅助（备份）域名服务器。

RNS、TNS 和 ANS 都处在 DNS 服务器的层次结构中。还有一类重要的域名服务器，称为本地域名服务器（LNS）。一个 LNS 严格地说并不属于该服务器的层次结构，但它对于 DNS 层次结构也是很重要的。每个 ISP（如大学、系或公司的 ISP）都有一个 LNS（也称为默认名字服务器），当主机与某个 ISP 连接时，该 ISP 提供一台主机的 IP 地址，该主机具有一台或多台其 LNS 的 IP 地址。通过访问 Windows 或 UNIX 的网络状态窗口，可以很容易地决定 LNS 的 IP 地址。主机的 LNS 通常"邻近"该主机。对机构 ISP 而言，LNS 可能与主机在同一个局域网中；对于居民区 ISP 而言，LNS 通常与主机相隔不超过几个路由器。当主机发出 DNS 请求时，该请求发往 LNS，它起着代理的作用，并将该请求转发到域名服务器层次结构中。

2．域名解析

DNS 在互联网中起着至关重要的作用，其他任何服务都依赖于域名服务。因为任何服务都需要进行域名到 IP 地址，或 IP 地址到域名的转换，也就是所谓的域名解析。域名解析通常发生在用户输入一些命令之后，如输入命令：ftp ftp.cdrom.com，这时客户机首先要从 DNS 服务器获得 ftp.cdrom.com 对应的 IP 地址，然后才能与远程服务器建立连接。

1）域名解析器

在 DNS 中，客户机程序称为域名解析器，服务器程序称为域名服务器。域名解析器为应用程序向域名服务器查询域名，域名服务器利用它的域名数据库信息，将域名对应的 IP 地址返回给域名解析器。

域名解析器应用户的请求从域名服务器检索域名树数据库。从用户看来，域名树数据库是一个单一的信息空间，域名解析器为用户隐藏了域名树数据库在域名服务器间分布的事实。从域名服务器的来看，域名树数据库分布在多个域名服务器中，不同部分存储在不同的域名服务器里，特定的区段还重复存放在两个或多个域名服务器中。域名解析器开始至少知道一个域名服务器，并将用户的查询提交给域名服务器。

域名解析器是如何找到一个可以开始检索的域名服务器的呢？

若域名解析器运行在 UNIX 工作站，解析器的配置文件为/etc/resolv.conf，在该文件中指定解析器所在的本地域名和域名服务器的 IP 地址。例如，/etc/resolv.conf 文件可能配置如下：

```
domain          www.njit.edu.cn        ；指定域名
nameserver      127.0.0.1
nameserver      210.29.16.202          ；指定域名解析器的 IP 地址
nameserver      210.29.16.211          ；指定域名解析器的 IP 地址
```

主机 210.29.16.202 若配置成 www.njit.edu.cn 域的主域名服务器，则主机 202.29.16.211 应配置成 www.njit.edu.cn 域的辅域名服务器。

在一些操作系统中，解析器程序是可以调用的库程序，库程序的参数是待查的域名字符串，应用程序可以调用这个库程序来进行域名解析。

域名解析器进程将待查的域名放在一个 DNS 查询报文中，并发给本地域名服务器，域名服务器返回一个 DNS 应答报文，其中包含应答查询的 DNS 资源记录。域名解析器进程和域名服务器之间使用 UDP 进行通信。

2）域名解析算法

域名解析器将用户的查询提交给本地域名服务器。这时会有几种情况出现。第一种情况是被查询的域名在该域名服务器被授权的区段内。域名服务器可以用区段内的资源记录把域名翻译成地址，把结果送回给解析器。第二种情况是被查询的域名不在该域名服务器被授权的区段内。这时域名服务器查看它的缓存器，若该域名已解析过，答案还保存在缓存器中，则服务器将缓存的信息报告给解析器，并加上未授权标志。以上这两种情况均属于该域名服务器能应答查询。第三种情况是这个查询只能由其他域名服务器来应答，对这种情况的处理有递归解析和反复解析两种算法。

（1）递归解析（Recursive Resolution）。递归解析是指由本地域名服务器（LNS）向其他域名服务器追踪查询，并将结果返回给域名解析器。一次域名服务请求就可自动完成域名到 IP 地址的转换。

（2）反复解析（Iterative Resolution）。反复解析也称为迭代解析，其思想是由本地域名服务器（LNS）向域名解析器指出应查询的另一域名服务器，由域名解析器追踪查询。因此域名解析器需要向不同域名服务器依次发出请求。

对域名服务器来说，反复解析方式最简单，因为它只需用本地信息回答查询。对域名解析器来说递归方式最简单，在递归解析方式中域名服务器实际上又起着域名解析器的作用。DNS 要求域名服务器至少实现反复解析，而递归解析方式是可选的。域名服务器和域名解析器之间必须协商，只有双方同意才能使用递归方式。递归解析和反复解析的算法如图 8.15 所示。从理论上讲，任何 DNS 查询既可以是反复解析也可以是递归解析。

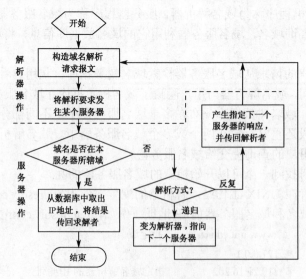

图 8.15　域名解析算法

3）域名解析的实现

一般采用以下两个步骤实现域名解析。

第一步：本地域名服务器进行域名解析。①当一主机的某个应用需要进行域名解析时，主机的解析器首先访问本地域名服务器（LNS）；此时解析者一般都要求 LNS 进行递归解析。②LNS 查询本地服务器的 DNS 数据库，如果能找到对应的 IP 地址，就放在应答报文中返回。③如果无结果，转第二步，LNS 变为解析器，代替主机继续解析过程。

第二步：从根服务器自上而下查询。当应用程序需要进行域名解析时，它先成为域名系统的一个客户机，向 LNS 发出请求（调用 Resolver），请求以 UDP 数据报格式发出；域名服务器找到对应的 IP 地址后，给出响应。当 LNS 无法完成域名解析时，它临时变成其上级域名服务器的客户机，递归解析，直到该域名解析完成。

例如，某一台主机域名为 www.njit.edu.cn 的计算机上的用户要访问耶鲁大学计算机系的某一台主机域名为 li.cs.yale.edu 的计算机，一种可能的域名解析过程如图 8.16 中的实线①～⑧所示。

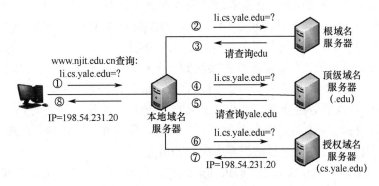

图 8.16　域名解析过程示例

下面介绍示例的具体解析过程。

（1）实线①：计算机 www.njit.edu.cn 首先将访问请求提交给本地域名服务器（LNS），即 njit.edu.cn 域名服务器，由 LNS 判断欲访问的计算机是否是本地计算机。这是一个递归解析。

（2）实线②：如果是，则将欲访问的计算机的 IP 地址直接返回给计算机 www.njit.edu.cn；否则，由于本地域名服务器（LNS）中没有欲解析的 IP 地址，LNS 成为解析器；此后开始反复解析方式，首先向根域名服务器（RNS）发出解析请求报文。

（3）实线③：如果根域名服务器（RNS）中也没有欲解析的 IP 地址，RNS 将顶级域名服务器（edu）的 IP 地址告诉 LNS。由于根域名服务器是该根域的授权域名服务器，所以它回应给本地域名服务器的是.edu 顶级域内域名服务器的 IP 地址。

（4）实线④：本地域名服务器发送 li.cs.yale.edu 的请求报文到顶级域名服务器（.edu）上。

（5）实线⑤：edu 顶级域名服务器把 li.cs.yale.edu 域的 IP 地址反映给本地域名服务器。

（6）实线⑥：本地域名服务器发送 li.cs.yale.edu 的请求报文到 cs.yale.edu 域的授权域名服务器上。

（7）实线⑦：cs.yale.edu 域的授权域名服务器把 li.cs.yale.edu 的 IP 地址反映给本地域名服务器。

（8）实线⑧：本地域名服务器把 li.cs.yale.edu 的 IP 地址返回给计算机 www.njit.edu.cn。至此，整个域名解析过程完成。

3. DNS 性能的优化

对计算机网络通信的实测表明，上面所描述的 DNS 解析效率非常低。如果不进行优化，根域名服务器的业务量会多得令人难以忍受，因为每次有人提交远程计算机的域名时，根域名服务器都会收到一个请求。而且，根据访问局部性原理，一台给定的计算机会反复发出同样的请求，多次要求解析同一个计算机域名。

对 DNS 主要采取复制与缓存两个方面的优化。每个根域名服务器被复制，世界上存在着根域名服务器的许多副本。当一个新的站点加入互联网时，该站点在本地域名服务器中就配置了一个根域名服务器表。该站点的服务器使用给定时间内响应最快的根域名服务器。在实际应用中，地理位置上最近的服务器往往响应最快。因此，一个在亚洲的站点将倾向于使用一个位于亚洲的根域名服务器，而一个在欧洲的站点将选择使用一个位于美国的根域名服务器。

DNS 缓存（DNS Caching）比复制更为重要。因为 DNS 缓存对大多数系统都有影响。实际上，为了改善时延性能并减少在互联网上到处传输的 DNS 报文数量，DNS 广泛使用了缓存技术。DNS 缓存的想法非常简单。在沿着域名服务器链传递 DNS 报文的过程中，当一个域名服务器接收 DNS 应答时（包括从主机名到 IP 地址的映射），它能将该应答中的信息缓存在本地存储器中，即一旦（任何）域名服务器得知了某个映射，就将其缓存。例如，每当本地域名服务器 dns.njit.edu.cn 从某个域名服务器接收到一个应答，它能够缓存包含在该应答中的任何信息。如果在域名服务器中缓存了一个主机名/IP 地址对，当另一个对相同主机名的查询到达该域名服务器时，该服务器能够提供其所要求的 IP 地址，即使它不是该主机名的授权服务器。由于主机和主机名与 IP 地址间的映射不是永久的，所以在一定的时间间隔（通常设置为两天）后，域名服务器缓存将会自动丢弃所缓存的信息。

例如，假定主机 www.njit.edu.cn 向 dns.njit.edu.cn 查询主机名 sina.com 的 IP 地址。此后，假定几个小时后，该大学的另外一台主机 jwc.njit.edu.cn 也向 dns. njit.edu.cn 查询相同主机名的 IP 地址。因为有了缓存，本地 DNS 服务器可以立即返回 sina.com 的 IP 地址，而不必查询任何其他 DNS 服务器。本地 DNS 服务器也可以缓存 TLD 服务器的 IP 地址，因而允许本地 DNS 绕过查询链中的根 DNS 服务器。

8.6 动态主机配置协议

把主机连接到互联网，每台主机需要正确配置 IP 地址、子网掩码和默认路由器（网关）地址等参数。每当一个用户进行加入、移动或重新部署时，这几个参数都必须重新配置。有多种方法可以为一台主机分配一个 IP 地址。一是静态配置方法，即通过手工将一个特定 IP 地址映射到一个特定的主机，例如，通过其 MAC 地址标识每一台主机；二是利用 IETF 提供的动态主机配置协议（DHCP）进行自动化配置。DHCP 被广泛应用于公司、大学和家庭网络等 LAN 中为主机动态分配 IP 地址。

8.6.1 DHCP 报文格式

DHCP 采用客户机/服务器模式。一台需要 IP 地址的主机充当客户机，将其请求发送给 DHCP 服务器，而服务器用配置信息应答主机。这显然需要 IP 地址的主机在启动时就向 DHCP

服务器广播发送发现报文（DHCP Diccover）（将报文的目的 IP 地址配置为全 1，即 255.255.255.255）。这时该主机就成为 DHCP 客户机，发送广播报文是因为现在还不知道 DHCP 服务器在什么地方，因此还要寻找 DHCP 服务器的 IP 地址。由于这个主机目前还不知道自己属于哪个网络，即还没有自己的 IP 地址，因此它将 IP 数据报的源 IP 地址设为全 0。这样，在本地网络上的所有主机都能够收到这个广播报文，但只有 DHCP 服务器才对此广播报文发回一个提供报文（DHCP Offer）进行应答，表示提供了 IP 地址等配置信息。

DHCP 报文格式（RFC 2131）如图 8.17 所示。DHCP 起源于较早的 BOOTP，因此 DHCP 报文格式中的有些字段用于 BOOTP 而未被 DHCP 使用。其中，硬件类型字段用于表示链路层协议；硬件长度是链路层地址的字节长度；跳数字段被客户机设置为 0，每当经过一个中继代理（DHCP Agent）时就递增 1；如果客户机想使用广播地址而非硬件的单播地址接收应答，就需要设置标志中的 B 位。当客户机试图得到配置信息时，它把硬件地址（以太网 MAC 地址）放到客户机硬件地址字段中。DHCP 服务器填充"你的 IP 地址"字段并发送给客户机作为应答。选项字段用来携带一些额外信息，如子网掩码等，可以将多个选项打包到一个 DHCP 报文中。

选项字段以 4 字节的 0x63825363 开始，后面跟着一张选项列表。每一种选项由一个 3 字节的头部和跟在后面的数据字节组成。3 字节的头部包括 1 字节的代码、1 字节的数据包长度和 1 字节的类型字段。为了传输不同类型的 DHCP 报文，代码值设置为 53；类型字段值如表 8-8 所示，用于指示发送哪种报文消息。例如，一个 DHCP Discover 报文的代码=53、长度=1、类型=1。对于每种类型的 DHCP 报文消息，额外的选项装入到代码、长度、类型中并添加到报文的最后。

图 8.17　DHCP 报文格式

表 8-8　DHCP 报文类型

类　型	DHCP 报文	类　型	DHCP 报文	类　型	DHCP 报文	类　型	DHCP 报文
1	DHCPDiscover	3	DHCPRequest	5	DHCPACK	7	DHCPRelease
2	DHCPOffer	4	DHCPDecline	6	DHCPNACK		

8.6.2　DHCP 的操作

DHCP 的详细工作过程视客户机是否是第一次登录网络而有所不同。如图 8.18 所示，以第一次登录为例介绍如下。

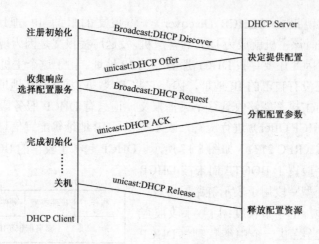

图 8.18 DHCP 的工作过程

1. 寻找 DHCP 服务器

当 DHCP 客户机第一次登录网络时，也就是当客户机发现所在主机没有任何 IP 参数设定时，就用一个 UDP 报文以端口 67 向网络发出一个 DHCP Discover 报文。该 UDP 报文被封装在一个 IP 数据报中。但由于客户机这时还不知道自己属于哪一个网络，所以以报文的源地址是 0.0.0.0，目的地址为广播地址 255.255.255.255，然后附上 DHCP Discover 的信息，向网络进行广播。在 Windows 的预设情形下，DHCP Discover 的等待时间预设为 1 s。也就是当客户机将第一个 DHCP Discover 报文发送出去之后，在 1 s 之内没有得到应答，就会进行第二次 DHCP Discover 广播。客户机一共有 4 次 DHCP Discover 广播（包括第一次在内），除了第一次会等待 1 s，其余 3 次的等待时间分别是 9 s、13 s、16 s。若一直得不到 DHCP 服务器的应答，客户机则显示错误信息，宣告 DHCP Discover 的失败。之后，基于使用者的选择，系统会继续在 5 min 之后再重复一次 DHCP Discover 的过程。

2. 提供 IP 租用地址

当 DHCP 服务器侦听到客户机发出的 DHCP Discover 广播之后，会从那些还没有租出的地址范围内，选择最前面的空置 IP 地址，连同其他 TCP/IP 设定，回应给客户机一个 DHCP Offer 报文。

由于客户机在开始的时候还没有 IP 地址，所以在其 DHCP Discover 报文内会带有其 MAC 地址信息，并且有一个事物标识符 ID 编号来辨别该报文，DHCP 服务器应答的 DHCP Offer 报文则会根据这些信息传递给要求租约的客户机。根据服务器的设定，DHCP Offer 报文会包含一个租约期限的信息。

3. 接受 IP 租约

如果客户机收到网络上多台 DHCP 服务器的应答，只会挑选其中一个 DHCP Offer（通常是最先到达的那个），并且向网络发送一个 DHCP Request 广播报文，告诉所有 DHCP 服务器它将接受哪一台服务器提供的 IP 地址。

同时，客户机还会向网络发送一个 ARP 报文，查询网络上面有没有其他机器使用该 IP 地址；如果发现该 IP 已经被占用，客户机则会送出一个 DHCP Decline 报文给 DHCP 服务器，拒绝接受其发送的 DHCP Offer 报文，并重新发送 DHCP Discover 报文信息。

事实上，并不是所有 DHCP 客户机都会无条件地接受 DHCP 服务器的 Offer，尤其是主机安装有其他与 TCP/IP 相关的客户软件时。客户机也可以用 DHCP Request 向服务器提出 DHCP 选择，而这些选择会以不同的号码填写在 DHCP 报文的操作字段中。换一句话说，在 DHCP 服务器上的设定，客户机未必全部接受，也可以保留自己的一些 TCP/IP 设定。

4．租约确认

当 DHCP 服务器接收到客户机的 DHCP Request 之后，会向客户机发出一个 DHCP ACK 应答，以确认 IP 地址租约正式生效，也就结束了一个完整的 DHCP 工作过程。

DHCP 非常适用于经常移动位置的计算机。如果便携计算机或任何类型的可移动计算机使用 Windows 操作系统，单击控制面板的网络图标就可以添加 TCP/IP。然后单击"属性"按钮，在"IP 地址"项目下面有两种方法可供选择，一种是"自动获得一个 IP 地址"，另一种是"指定 IP 地址"。若选择前一种，则表示配置使用 DHCP。只要每个办公室都有一个允许它连网的 DHCP 服务器，计算机就可以不必重新配置而在办公室之间自由移动。

5．跨网络的 DHCP 运作

从前面的过程描述中不难发现，DHCP Discover 是以广播方式进行的，其情形只能在同一网络内进行，因为路由器是不会将广播传送出去的。如果 DHCP 服务器安装在其他网络上，由于 DHCP 客户机还没有进行 IP 环境设定，所以也无法知道路由器地址。而且有些路由器也不会将 DHCP 广播报文传送出去。因此在这种情形下，DHCP Discover 是永远没办法抵达 DHCP 服务器一端的，当然也不会发生 Offer 及其他动作了。其实，在每一个网络上都设置一个 DHCP 服务器并不可取，因为这样会使 DHCP 服务器的数量增多。解决这个问题的方法是用 DHCP Agent（或 DHCP Proxy）主机来接管客户机的 DHCP 请求，并将此请求传送给真正的 DHCP 服务器，然后将服务器的应答传送给客户机。这里，Proxy 机自己必须具有路由能力，且能将双方的报文互传对方。

实际上，DHCP 报文只是 UDP 用户数据报的数据，还要加上 UDP 报头、IP 报头以及以太网的 MAC 帧的报头和报尾后，才能在链路上传输，其格式如图 8.19 所示。

显然，若不使用 Proxy，就需要在每一个网路中安装 DHCP 服务器。但是这样一来，设

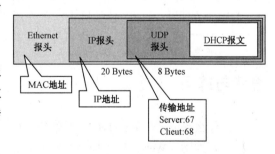

图 8.19　DHCP 报文封装格式

备成本会增加，而且管理也比较分散。当然，在大型网路中，这样的均衡式架构也还是可取的。

本章小结

本章介绍了网络应用模式、应用层协议原理和实现方面的知识，主要包括客户机/服务器模式、Web、FTP、E-Mail、DNS 和 DHCP 等。

在互联网中，常见的应用模式主要为客户机/服务器模式、浏览器/服务器模式、P2P 和云计算模式。在客户机/服务器模式中，客户机运行一个程序来请求服务，而服务器运行一个程序来提供服务。这两个程序彼此通信。一个服务器程序可以给多个客户机程序提供服务。服务器程序一直在运行，而客户机程序只在需要时才运行。客户机是一个运行在本地机器上的有限程序，请求来自服务器的服务；服务器是一个运行在远程主机上的无限程序，给客户机提供服务。

WWW 服务对互联网技术的发展有着重要的影响。它的核心技术是 HTML、XML、HTTP。万维网（Web）是遍布全球并连接在一起的信息资源存储库。HTTP 是在万维网上访问数据的主要协议。超文本和超媒体是指通过指针彼此连接的文档。浏览器解释并显示 Web 文档。Web 文档可以分为静态文档、动态文档或活动文档。HTML 是一种用来创建静态网页的语言。动态 Web 文档仅在浏览器请求时由服务器创建。活动文档是由客户机检索并在客户机上运行的一个程序副本。

文件传输协议（FTP）是一个客户机/服务器应用程序，用于将文件从一台主机复制到另一台主机。当进行数据传输时，FTP 要求具有控制连接和数据连接两个连接。

支持传输电子邮件的协议为 SMTP。SMTP 的客户机和服务器都要求一个邮件用户代理和一个邮件传输代理。邮件地址由用户名和主机域名两部分组成，其基本形式为：用户名@邮箱所在的主机域名。POP3 是邮件服务器使用的一个协议，与 SMTP 一起，为主机接收并保存邮件。MIME 是 SMTP 的扩展，允许传送多媒体信息。

域名系统（DNS）是一个客户机/服务器应用程序，用唯一的、对用户友好的名字来标志互联网上的每一台主机。对于一个给定的 IP 地址，域名系统提供 IP 地址到等效域名之间的映射，这种映射称为地址到名字的解析。DNS 服务器的层次是与域名的层次相适应的。

DHCP 的目标是使一台主机正常工作所需的人工配置量减至最小，它依赖于 DHCP 服务器，由 DHCP 服务器负责向客户机提供配置信息。

思考与练习

1．什么是基于 Web 的客户机/服务器模式？为什么要采用这种模式？

2．万维网（Web）是一种网络吗？它是一个什么样的系统？采用什么样的模式工作？使用什么传输协议？

3．利用 HTML 创建一个包含标题的静态文档，然后说明浏览器是怎样利用这个标题的。

4．什么是 URL？它由哪几部分组成？

5．HTTP 有哪几种报文，简要说明其通用报文格式。

6．简述条件 GET 方法是如何显著提高信息索取速度的。

7．查看你的浏览器使用了多大的缓存空间。作一个实验，查看 3 个 Web 页后将计算机从网络上断开，然后回到你所查看的其中一个 Web 页。

8．FTP 为用户提供什么应用服务？

9．什么是匿名 FTP？试从你周围的匿名 FTP 服务器上下载一些文档。

10．FTP 采用什么模式运行？FTP 会话建立什么样的连接？涉及哪几种进程？

11．简述 RFC 822 定义的电子邮件格式，并说明其信息所使用的编码。

12．查看你最近接收到的电子邮件报头，看看其中的"Received:报头行"有多少行，并解释该报头行中的每一行的含义。

13．试说明 SMTP 的工作原理和工作过程。

14．结合校园网 Web 服务器的域名，分析域名的层次结构，说明都有哪些顶级域名。

15．如果你使用的计算机连在互联网上，你能知道它的域名和上一级域名吗？

16．DHCP 的作用是什么？一台计算机如何通过 DHCP 获得一个 IP 地址？

17．当为网上的 PC 配置 TCP/IP 时，需要进行 DNS 配置，即指定域名服务器。为什么？

18．解释名词：WWW、URL、HTTP、HTML、浏览器、域名系统、超文本、超媒体、超链接、主页、活动 Web 文档、Web 缓存。

第 9 章　多媒体通信网

计算机网络最初是为传输数据信息而设计的。随着计算机应用技术的发展，网络应用领域不断拓展，目前已进入以云计算（Cloud Computing）为特色的信息处理时代。数字信息的汇聚产生了多媒体，多媒体与通信网络结合产生了交叉的技术领域——多媒体通信网络。多媒体通信网络的广泛应用不仅极大提高了人们的工作效率，而且也改变了人们工作、生活、娱乐和教育方式。

本章在介绍多媒体通信概念的基础上，将重点讨论多媒体通信协议及多媒体通信网络的应用系统。

9.1　多媒体通信概述

在互联网上，除了提供以文本为主的数据通信服务之外，如文件传输、电子邮件、远程登录、网络新闻和 Web 应用等，以传输声音和图像为主的多媒体通信服务亦发展迅速。多媒体通信是多媒体技术、通信技术和计算机技术相结合的产物，已成为网络应用服务的重要组成部分。

9.1.1　多媒体通信的概念

媒体是指人与人之间实现信息交流的载体，也称为介质。多媒体就是多种媒体的意思，可以理解为直接作用于人感官的文字、图形、图像、动画、声音和视频等各种媒体的统称，即多种信息载体的表现形式和传递方式。多媒体通信是指在一次呼叫过程中能同时提供多种媒体信息的一种通信方式。多媒体通信业务既有声音又有图像，还有文字、符号等多种信息，而且这些不同的媒体信息是相互关联的，对通信网有特定的性能要求。作为一个多媒体通信网络系统不但应具有良好的人机界面，而且要在时间轴上和空间域内加工处理各种业务信息，以便能给人们提供综合的信息服务。

1．多媒体通信业务类型

多媒体通信业务繁多，ITU-T 将多媒体通信业务分为 6 种类型：①会议业务（多点间通信且双向信息交互业务，如视频会议）；②谈话业务（点对点通信且双向信息交互业务，如可视电话）；③分配业务（点对多点通信且单向信息交换业务，如 VOD 视频点播）；④检索业务（点对点通信且单向信息交换业务，如各类信息查询）；⑤采集业务（多点对一点通信且单向信息交换业务，如远程故障诊断和远程医疗）；⑥消息业务（点对点或点对多点通信且单向交换业务，如多媒体短信、语音和视频邮件）。

2．多媒体通信对通信网性能的要求

由于多媒体信息类型多，与数据业务相比具有许多较大的不同，因此多媒体通信相应地

对通信网有特定的要求。多媒体通信对通信网络的要求主要体现在以下几个方面。

1）多媒体通信网必须有足够的带宽

足够的带宽是多媒体通信海量数据的要求，只有高速、宽带才能确保实现用户与网络之间交互的实时性。按照一般的估计，通过多媒体通信网传输压缩的数字图像信号要求有 $2\sim15$ Mbps 以上的传输速率（MPEG1/2），传输 CD 音质的声音信号要求有 1 Mbps 以上的传输速率。因为多媒体数据中包含多种不同类型的数据，数据传输速率在 100 Mbps 以上，才能充分满足各类媒体通信应用的需要。

2）网络必须保证服务质量

网络必须满足多媒体通信的实时性和可靠性要求，以保证服务质量。为了获得真实的现场感需要低延时。语音和图像的时延都要求小于 0.25 s，静止的图像要求少于 1 s。跨越网络的端到端时延涉及的因素很多，包括编码和解码时间、发送时间、传播时间、缓冲时间和介质访问时间。其中编码和解码时间，以及接收端的缓冲时间是多媒体引入的。因为连续媒体的感知对象是人而不是机器，人对视觉和听觉的感知有特定的约束限制。尤其是在交互式多媒体应用中，如可视电话和视频会议应用，视频和音频是双向的，视频和音频的传输应支持用户的交互，因此对于时延有严格的要求，端到端的时延要求小于 150 ms。对于单向传输的多媒体应用来说，这个限制要宽松一些，如视频点播应用。视频点播应用的端到端延迟可以是秒级。另外，对于数据传输类业务，还要求有较低的误码率（$10^{-6}\sim10^{-9}$）。

3）网络同步要求

对于时间特性的约束，还要考虑网络的抖动和时滞，即媒体的同步要求。传输多媒体信息在时空上都是相互约束、相互关联的，多媒体通信系统必须正确反映它们之间的这种约束关系，如保证声音与图像的同步。抖动是由于端到端传输延迟的变化引起的。由于网络通路的复杂性，中间要经过路由器和不同的链路，甚至是不同的路径，每个数据包历经的时延不一样，这就造成数据包实际到达的时间与理想到达的时间不一样。实际到达时间与理想到达时间之差就是抖动。通常把这些瞬间差称为抖动，而把这些差积累的平均值称为时滞。抖动又可以分为媒体内抖动和媒体间抖动。前者是指在单个媒体传输中，相继数据包之间的间隔不均匀，造成画面或声音颤抖；后者是指两个媒体中对应数据包的到达时间发生变化，后果可能造成唇同步的丢失。时滞是平均差值，因此反映的是整体的偏差。时滞也分为媒体内时滞和媒体间时滞。媒体内时滞是针对单媒体的，表示在一个媒体传输中，数据包整体超前或滞后，结果造成画面过快或过慢，声音的音调变高或变低；媒体间时滞是指两个媒体中对应数据包的整体偏差，或超前或滞后，由此引起媒体间的同步完全丧失。

4）差错控制

通常，差错控制采用检错和反馈重传方式。然而重传方式的差错控制不适合连续媒体的传输，因为重传数据包，一方面会影响数据包的循序，另一方面会影响媒体流的实时性。重传的数据包到达接收端时，时间可能晚了，它之后的数据包已经播放。在这种情况下，重传的数据包没有价值，除非重传的速度非常快，重传的数据包在它后面的数据包播放之前到达，这时的重传才有意义。幸运的是，对于多媒体数据来说，携带的是视听感知信息，而对于人来说，允许观看和聆听的数据有一定程度的差错。不同的媒体，差错容忍的程度不同。音频要比视频的容忍度低，压缩数据要比非压缩数据的容忍度低。在差错容忍度范围内，传输的媒体数据可以不做差错控制。如果差错率较高，则需要一些特殊的差错控制方法。例如，底层进行差错检测后，让高层进行处理，以缩短差错处理的整体时间；采用新的差错恢复和差错复原技术，在接收端尽量恢复原始数据或纠正错误。

5）多播传送

在网络通信技术中已有多播协议，但当多媒体引入网络后又给多播机制带来了新的要求。因为多媒体数据量大，如果要把同样的多媒体数据传送给多个目的站，一个站一个站地传输，显然会占用大量带宽，还不能实现实时同步传送媒体数据。而多播机制适合传输多媒体数据，尤其是包含大量接收用户的情况，如视频会议系统和网络电视应用等。因此，多播能力的支持，是传输多媒体数据的一种重要特性。

另外，多媒体通信网络要具备呼叫连接控制、拥塞控制和网络管理功能。这些功能是实现宽带多媒体通信必备的技术要求。这些特性要求若用一组参数来描述和表达，就是服务质量（QoS）。支持多媒体传输就是要能够为应用提供所需的 QoS。

表 9-1 给出了各类多媒体信息对网络传输能力的要求。从表 9-1 可以看出：音频和视频业务对实时性要求高，对时延和时延抖动都很敏感，允许一定程度的误码，并且后者要求更高的带宽。普通数据业务和图像对实时性要求较低，但是前者对误码要求较高，后者要求较高的带宽。目前，实时多媒体通信得到了广泛应用，如 IP 电话、多媒体视频会议、视频点播和网络游戏等。这些应用对网络提出了许多额外的通信需求，如网络带宽高、传输时延低、传输时延抖动低、对传输可靠性要求相对较低、支持多播、支持服务质量等。

表 9-1　各类多媒体信息对网络传输能力的要求

多媒体信息	最大时延/s	最大时延抖动/ms	平均吞吐量/Mbps	可接受的误比特率	可接受的误分组率
音频	0.25	10	0.064	$<10^{-1}$	$<10^{-1}$
视频	0.25	10	100	$<10^{-2}$	$<10^{-3}$
压缩的视频	0.25	1	2～20	$<10^{-6}$	$<10^{-9}$
数据文件	1.00	—	2～100	0	0
实时数据	0.001～1	—	<10	0	0
图形和静止图像	1.00	—	2～10	$<10^{-4}$	$<10^{-9}$

3．多媒体通信网的基本构成

在互联网上，作为多媒体通信网络的一个典型示例是多媒体信息（音频/视频）点播系统，如图 9.1 所示。在该网络点播系统中，主要可分为客户机端、Web 服务器两大部分。客户机端的用户通过浏览器请求存放在 Web 服务器上的压缩音频/视频文件，其工作机制为：

（1）Web 浏览器建立到 Web 服务器的 TCP 连接，并发出请求音频/视频文件的 HTTP 请求报文。

（2）Web 服务器从本地磁盘取出音频/视频文件。

（3）Web 服务器向浏览器发送带有音频/视频文件的 HTTP 响应报文。

（4）浏览器将音频/视频文件存入本地磁盘。

（5）HTTP 响应报文的内容类型报头行声明音频/视频文件的编码方式，客户机调用相应的媒体播放器（Media Player），媒体播放器逐块取出文件并播放。媒体播放器是一个独立于浏览器而执行的程序,它在播放时可对文件进行解压缩。目前比较流行的媒体播放器有 Real Player 和 Windows Media Player 等。

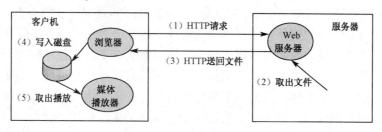

图 9.1　网络多媒体信息点播系统

　　显然,这是一个比较简单的基于 IP 网络通信的点播方案,不难看出其存在的缺点有:媒体播放器必须通过一个中间浏览器才能与 Web 服务器实现交互;整个文件完全下载后媒体播放器才能进行播放,当流媒体文件较大时播放前的等待时间会较长。一种改进的方案是,直接建立播放器和 Web 服务器的连接并使用元文件(Meta File)。元文件提供音频/视频文件的信息,如 URL、编码类型等。当浏览器知道文件内容的类型时,就调用适当的媒体播放器。然后,媒体播放器直接与 Web 服务器通信,Web 服务器通过 HTTP 向媒体播放器传送文件,HTTP 使用传输层的 TCP 进行传送。采用这种方式,媒体播放器可以边接收边播放。然后通过 HTTP 和 TCP 传输虽然可以做到准确无误但却不能做到及时,而且也不适用于多播环境。显然,为避开 HTTP 和 TCP,需要使用适合音频/视频文件传输要求的专门服务器,即通过使用多媒体传输协议的媒体服务器,将可存储的音频/视频文件传送到媒体播放器,以达到边接收边播放的效果。

　　如图 9.2 所示是一个使用媒体服务器进行音频/视频播放的多媒体点播系统。该系统需要两个服务器:一个是 Web 服务器,用于管理 Web 页面,包括元文件;另一个是媒体服务器,用于管理音频/视频文件。两个服务器既可以运行于一个计算机系统中,也可以运行在两个独立的计算机系统中。在这种多媒体通信网络结构中,媒体播放器向媒体服务器而不是向 Web 服务器请求数据,它们之间不再采用 HTTP 和 TCP,而是采用多媒体传输协议。另外,为了消除网络传输引起的抖动,在客户机端使用一个缓存来暂存音频/视频流。

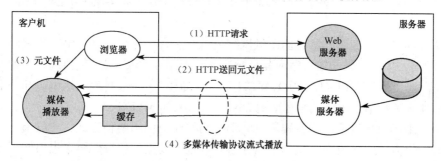

图 9.2　使用媒体服务器的多媒体点播系统

　　综上所述,作为多媒体通信网络应具有集成性、交互性和同步性等特征。集成性主要涉及多种信息媒体的集成与处理、媒体设备及系统的集成;交互性主要涉及人机接口、用户终端与系统之间的应用层通信协议;同步性主要涉及多媒体通信中的传输过程及终端播放过程对多媒体信息的平滑同步。

9.1.2 多媒体通信关键技术

由于多媒体通信业务具有类型多、数据量大、突发性强和码率可变等特点，而基于 TCP/IP 的互联网不是实时系统，数据报可以复制、延迟或不按顺序到达，因此多媒体通信所涉及的技术非常复杂。也就是说，要实现多媒体通信，需要解决许多重大技术问题。首先，应提供有服务质量保障的高速率、大容量通信网问题，以满足大量不同性能要求的多媒体信息的传输要求；其次，要解决多媒体信息的压缩编码问题，经济高效地传输多媒体信息；最后，还要研制可以高效存储和检索多媒体信息的数据库，以及采集、存放、处理、显示和输出多媒体信息的输入/输出设备、人机界面、存储设备和多媒体操作系统等。归纳起来，实现多媒体通信的关键技术可分为多媒体信息处理技术、流媒体传输技术、虚拟现实技术和多媒体通信网络技术。

1．多媒体信息处理技术

多媒体通信技术的主要任务是实现媒体的编码、压缩和传输等信息处理，并且这种处理要遵循相关的标准，以保证整个通信系统的互通性。一般说来，多媒体信息的数据量都比较大，尤其是音频、视频信息。为了实现多媒体信息的有效存储并节约带宽，以及能让多媒体信息在网络上流畅地传输，需要对音频、视频信息进行压缩编码处理。因此，多媒体信息压缩编码技术是使多媒体信息处理技术走向实用化的关键技术之一。

1）多媒体数据的编码

根据信息论，描述信源的数据是信息量（信源熵）和信息冗余量之和。冗余的种类有空间冗余、数据冗余、统计冗余、结构冗余、信息熵冗余、视觉冗余和知识冗余等。数据压缩编码的本质是在传输及存储信息时减少数据量，而不是减少信源的信息量。音频、视频等信息中包含大量的信息冗余。例如，视频帧内数据和帧间数据之间高度相关；人们对边缘的急剧变化不敏感，对图像的亮度信息比较敏感而对色度信息不敏感。通过采用压缩编码技术，可获得令人满意的高质量音频、视频信息。

图像（视频）编码、语音编码和多媒体信息编码是多媒体业务系统中最主要的 3 种编码方式。

（1）图像（视频）编码。常见的图像压缩编码方法有统计编码（如哈夫曼编码、算术编码）、行程编码、预测编码（如自适应差分脉冲编码调制 ADPCM）、变换编码（如离散余弦变换 DCT、小波变换 WT 和 KL 变换）、第二代编码（如模型编码、神经网络编码和分形编码）、混合编码（如大多数国际压缩编码标准 H.26x、JPEG-x 和 MPEG-x）。

（2）语音编码。传统上，语音编码有波形编码和模型编码两种方式。一般来说，波形编码质量较好但所需的码率较高；模型编码的语音质量比较差，但编码码率也很低。为了能获得高效优质的编码结果，近年来新的编码方式均采用两者结合的算法，即波形编码加模型编码的算法。8 kbps 语音编码和 4 kbps 语音编码的所有候选方案几乎都采用这种方法。目前，语音编码通常遵循 G.711、G.722 和 G.728 这 3 种编码方式，以及 MPEG1 音频编码标准（ISO 11172-3）、MPEG2 音频编码标准（ISO 13818-3）和 AC3 音频编码系统。G.711 传送的是 A 律或 μ 律的 PCM 码流，这种编码不经过压缩需要 64 kbps 的带宽，在 PSTN 网络中不宜采用。G.722 是一种在 64 kbps 网络上传送 7 kHz 的音频编码协议，一般在与 G.725 终端通信时使用。

G.728 是用低延时线性预测算法实现的 16 kbps 音频编码协议，主要用在传输带宽为 64 kbps 或 128 kbps 的可视电话的语音处理上。

（3）多媒体信息编码。在多媒体系统中，为了实现同步性和交互性，信息不再是以简单的比特流方式工作，而是以结构化信息元的形式存在。结构化的信息元有两种，一种称为客体（Object），另一种称为文件（File）。在 IP 网络中，文件结构化信息元使用得更为广泛。在互联网中，URL 实际上是带参数的文件名，Web 服务器送回的是符合 URL 要求的文件。结构化的信息元由信息头和信息体构成。信息头指示结构化信息的结构，信息体则是一个容器，可以容纳各种图像、声音和文字的编码信息。针对两种不同的结构化信息，目前已有两套相应的国际标准：一套国际标准是针对文件的，大家所熟悉的 HTML、XML 和 WML 等都是这类标准的一部分；另一套国际标准是针对客体的，它以 ASN.1 为其句法，标准称为（Multimedia and Hypermedia Information Coding Expert Group，MHEG），是由 ISO 与 ITU-T 共同开发的，目前应用得还不广泛。

2）多媒体数据的压缩

多媒体信息的数据量非常庞大，不仅在网络上进行实时传输时需要非常高的传输速率，而且对网络服务器性能及多媒体信息的同步也提出了高要求。为了解决这些矛盾，在不断改善多媒体网络环境的同时，还必须对多媒体数据进行压缩。一幅 500×500 像素的 24 bit 真彩色图像约需 6 MB 的存储量，如用传输速率为 64 kbps 的 ISDN 信道进行传送，需要 94 s 才能完成。但用 JPEG 进行压缩后，存储量可降为之前的 1/20 左右，用同样的信道进行传输只需 5 s。目前，经数据压缩后，已可以做到在一张 CD-ROM 盘上存储可播放 70 min 的电视图像信息。由此可见数据压缩的重要性。多媒体数据压缩技术研究的主要问题包括数据压缩比、压缩/解压缩速度以及高效、简洁的算法。迄今为止，已推出了联合图像专家组（JPEG）和动态图像专家组（MPEG），以及可视电话编码特别组（H.261）制定的多媒体数据压缩标准，为多媒体信息的存储和传送提供了必要的基础。

在多媒体数据压缩中，流媒体的压缩技术最为关键。所谓流媒体（Streaming Media）是指在 Internet/Intranet 上按时间先后次序传输和播放的连续音/视频媒体。流媒体数据流具有连续性、实时性和时序性 3 个特点，尤其是数据流具有严格的前后时序关系。因为流媒体在播放前并不下载整个文件，只是将开始部分内容存入内存。数据流随时传送随时播放，只是在开始播放时有几秒或十几秒的启动延时。采用的压缩技术必须使实时传输介质的传输信息量在大大减少的前提下也不影响在线媒体观看效果，所以对压缩技术有很高的要求。同样，压缩技术使实时流媒体应用成为可能的同时也对媒体信息的传输提出了要求。

目前，在实时播放系统中，主流的视频压缩技术大多采用帧间压缩的流压缩技术。所谓帧间压缩的流压缩技术，是通过降低连续帧之间的相关性，来减少流传输的数据量。通常，帧间压缩处理方式是把几帧图像取为一组（GOP），通过定义帧、预测帧来实现数据的传输。

（1）定义帧：将每组内的图像定义为 I 帧、P 帧和 B 帧 3 种类型。

（2）预测帧：将 I 帧作为基帧，以 I 帧预测 P 帧，以 I 帧和 P 帧预测 B 帧。

（3）数据传输：将 I 帧和预测的差值信息进行存储和传输。

其中，I 帧是全帧压缩编码帧，在解码时仅用 I 帧的数据就可以重建图像，是 GOP 的基础帧，一个 GOP 只有一个 I 帧，一个 I 帧所占的信息量比较大。P 帧采用运动补偿方法传输它与前面 I 帧或 P 帧的差值及运动矢量（预测误差），需要通过 I 帧中的预测值和预测误差求和之后才能构建 P 帧。B 帧通过前面的 I 帧或 P 帧和后面的 P 帧进行重建。所以在传输过程中，对这三类不同的帧数据应该采用不同可靠性质的传输方式。I 帧直接关系整个 GOP 帧的恢复，所以 I 帧不能丢，而且由于流媒体播放的有序性导致 I 帧信息的传输还必须是有序的。因为 I 帧只对本 GOP 中的帧信息的解码提供恢复信息，如果在 GOP 帧组在被解压的时候没有收到当前 GOP 的 I 帧，这个 GOP 就成了无效的信息，会直接影响媒体播放的连续性，所以必须保证 I 帧传输的可靠性。相反，对于 P 帧和 B 帧的传输则不必像 I 帧那样关注可靠性，当然可以从解码方式中看到 P 帧在传输的过程中其可靠性要高于 B 帧。同时，对 P 帧和 B 帧也没有严格的时序性要求，只要在 GOP 被提交之前 P 帧和 B 帧到达了接收端，就能被解压成为有效信息。

3）多媒体数据的同步

多媒体是多种数据流的集成，既包括连续媒体流（音频、视频和动画），也包括离散媒体流（文本、数据、图形和图像等）。在这些媒体流的信息单元之间存在着某种时间关系，当多媒体系统存储、发送和播放数据时必须维持这种关系。通常，将维持一个或多个媒体流时间顺序的过程称为多媒体同步。在多媒体通信技术领域中，同步技术十分重要。目前，多媒体技术可以处理视觉、听觉甚至触觉信息，但支持的媒体越多，计算机系统的相应处理子系统也越多，处理这些媒体之间的同步问题也就越复杂。多媒体同步需要系统许多部分的支持，包括操作系统、通信系统、数据库及应用程序等。因此，一个多媒体系统的同步要从多媒体通信同步、多媒体表现同步及多媒体交互同步等几个层次上加以考虑。多媒体通信同步就是将不同媒体的数据流按一定的时间关系进行合成。多媒体通信的同步要求是其他同步要求的基础，与其他同步要求相互影响并相互制约。

目前实现多媒体同步的方法很多，常用的方法有时间戳法、同步标记法、多路复用法、同步信道技术和先传同步信息技术等。

2. 流媒体传输技术

流媒体传输技术是一种新兴的网络传输技术，涉及流媒体数据采集、视/音频编解码、存储、传输、同步和播放等。实现流媒体传输有两种方法：渐进流式传输（Progressive Streaming）方法和实时流式传输（Real-time Streaming）方法。渐进流式传输方法采用顺序下载方式，用户可以观看在线媒体节目。但是在给定时刻，用户只能观看已下载的那部分，而不能跳到未下载的前序部分，并且不能根据用户的连接速度进行调整。渐进流式传输方式适合高质量的短片段，如片头、片尾和广告。渐进流式文件放在标准的 HTTP 或 FTP 服务器上，易于管理，基本上与防火墙无关。但是，渐进流式传输方式不适合长片段和有随机访问要求的现场视频事件，如讲座、演说与演示等，也不支持现场广播。实时流式传输方式可保证媒体信号带宽与网络连接相匹配，使媒体可被实时看到。与渐进流式传输方式不同，实时流式传输方式需要专用的流媒体服务器与传输协议。实时流式传输方式特别适合现场事件，也支持随机访问，用户可快进或后退以观看前面或后面的内容。理论上讲，实时流一经播放就可不停地收看。但实际上，也可能会发生周期性暂停。从视频质量上讲，实时流式传输方式必须匹配连接带宽，由于出错丢失的信息将被忽略掉，在网络拥塞或出现问题时，视频质量会很差。实时流式传输需要特定的服务器，如 QuickTime Streaming Server、Real Server 与 Windows Media Server，这些服务器允许对媒体发送进行更细致的控制，因而系统的设置和管理比 HTTP 服务器更为复杂。

实现流式传输需要合适的传输协议。TCP 需要较多的开销，故不太适合传输实时数据。在流式传输的实现方案中，一般采用 HTTP/TCP 来传输控制信息，而用 RTP/UDP 来传输实时多媒体数据。流媒体传输采用的协议主要有 RTP/RTCP、RTSP 和 RSVP。流媒体的具体传输流程如下：

（1）Web 浏览器与 Web 服务器之间使用 HTTP/TCP 交换控制信息，以便把需要传输的实时数据从原始信息中检索出来；

（2）用 HTTP 从 Web 服务器中检索相关数据，音频/视频（A/V）播放器进行初始化；

（3）用从 Web 服务器中检索出来的相关服务器的地址定位 A/V 服务器；

（4）A/V 播放器与 A/V 服务器之间交换 A/V 传输所需要的实时控制协议；

（5）一旦 A/V 数据抵达接收端，A/V 播放器即可开始播放。

3．虚拟现实技术

虚拟现实（Virtual Reality）技术是指用多媒体计算机逼近现实世界的一种虚拟环境技术。虚拟现实的本质是指人与计算机之间进行交流的方法，按专业划分实际上是指人机接口技术。虚拟现实对很多计算机应用提供了相当有效的逼真的三维交互接口。

虚拟现实是指利用计算机生成的一种模拟环境（如飞机驾驶、分子结构世界等），通过多种传感设备可使用户投入到该环境中，实现用户与该环境直接进行自然交互。

虚拟现实既是一门综合技术，又是一门艺术，在很多应用场合其艺术成分往往超过技术成分。正是由于其技术与艺术的结合，使得它具有艺术上的魅力，如交互的虚拟音乐会、宇宙作战游戏等，对用户具有很大吸引力，其艺术创造有助于人们进行三维和二维空间的交叉思维。

4．多媒体通信网络技术

一般说来，现有的通信网络大体上可分为三大类：第一类为电信网络，如公用电话网（PSTN）、数字数据网（DDN）、窄带和宽带综合业务数字网（N-ISDN、B-ISDN）以及 xDSL；第二类是计算机网络，如局域网（LAN）、城域网（MAN）和广域网（WAN）；第三类为广播电视网络，如有线电视网（CATV）和混合光纤同轴网（HFC）。这些网络都是在一定的历史条件下为了某种应用而建立的，虽然都可以用来传递多媒体信息，但都存在不同程度的缺陷，如电视网络的单向性、计算机网络的无服务质量保证以及电信网络的复杂和高开销等。为解决这些问题，IETF 制定了一些多媒体传输协议，以解决在互联网上连续媒体的同步和实时传输问题。

多媒体通信网络并不是一个新的专门用于多媒体通信的网络，目前绝大部分多媒体业务都是在现有的各种网络上运行的，只是按照多媒体通信的要求对现有网络进行了一些改造和革新。从本质上讲，用于多媒体通信的计算机网络系统就是多媒体通信网络（或简称多媒体网），它把信息的采集、处理、存储、传输和显示、控制技术一体化地综合在一个系统之中，并且不断融合各种新的信息技术。多媒体通信网可以是局域网，也可以是广域网。因此可以认为，多媒体通信网是指利用计算机网络传送多媒体信息的一种网络系统，所传输的多媒体数据包括了语音、数据、图像和视频等业务。在多媒体通信网上的任何结点都可以共享运行于其中的多媒体信息，可以对多媒体数据进行获取、存储、处理和传输等操作。多媒体通信网络技术关注的是，多媒体信息的传输机制、网络模型、通信协议和网络结构等。

当前有两种主要的多媒体网络模型，一种是 ISO 制定的开放系统互连参考模型（OSI-RM），另一种是多媒体服务器模型。开放系统互连参考模型是一种按层结构组织的分层模型，强调有组织地在网络上传输数据，可以保证传输数据独立于系统平台。服务器模型则检查实际操作和存储的多媒体数据，定义了网络终端操作多媒体数据和通过服务器存储、获取和共享多媒体数据的方法。

通信服务质量（QoS）是衡量多媒体网络效果的主要参数，用于描述通信双方的传输质量。QoS 的基本参数包括系统吞吐量以及网络传输的稳定性、可用性、可靠性、传输时延、传输速率、出错率、传输失败率和安全性等。不同的系统强调的参数往往不同，而且 QoS 参数的设置一般采用分层方式，不同层的参数有不同的表现形式。例如，应用层的 QoS 参数表现为采样率和每秒帧数，网络层的 QoS 参数表现为传输速率和传输时延等。描述 QoS 时，还应考虑网络资源的共享性、参数的动态管理和重组等。此外，多媒体的同步技术在多媒体信息的传输过程中起着非常重要的作用。

在多媒体通信网络系统中，多媒体网络终端是其基本单元，它可将电话、电视和数据通信等功能融合为一体，包括网络数据发送端、接收端和中转站，如多媒体服务器和多媒体工作站等，涉及多媒体硬件系统和软件系统。多媒体硬件系统要求具有网络功能的多媒体计算机，具备对多媒体数据的获取、接收、处理、存储和传送能力，并包括必要的外设。例如，多媒体信息的输入、输出与显示单元，海量存储单元。多媒体软件系统包括多媒体网络操作系统、多媒体工具软件（如多媒体数据处理软件、视频工作平台和多媒体编辑工具等）、多媒体信息控制软件（如多媒体信息同步、信息流走向、信道控制和信息共享等）。

9.1.3 多媒体通信协议体系

早期的计算机网络是用来传输非实时信息的，如远程登录、电子邮件和文件传输等，采用的协议主要有 TCP/IP、SNA 和 DNA 等。这些传统的网络协议，特别是 TCP/IP，在长期的应用过程中已形成了比较成熟和完善的体系结构，为计算机网络技术的发展起到了巨大的推动作用。但随着网络技术的不断发展，特别是多媒体通信业务需求的急剧增加，传统网络协议显得越来越力不从心，甚至成为了网络应用技术向更高层次发展的障碍。与传统网络应用相比，多媒体通信最主要的需求是：高带宽、实时传输、服务质量（QoS）保证和多播传送等。传统网络协议的推出比较早，在当时它们无法预见这些需求。在现有条件下，多媒体通信对音频/视频都采用了比较高效的压缩编码算法，能够以非常低的数据率传送较高质量的音频/视频信息，而且目前网络带宽也已得到很大提高。因而可以认为目前高带宽需求这个难题已基本解决，但传统网络协议很难满足多媒体通信对服务质量（QoS）、实时传输及多播传送等要求。

为了实现多媒体通信，原来设计的 TCP/IP 或 UDP/IP 栈已难以适应互联网上日益增长的多媒体信息流量，需要在传统 TCP/IP 的基础上引入新的网络传输协议。图 9.3 所示是互联网多媒体通信协议体系结构示意图。这些协议可以分成三大类型：第一类是用于传输声音或图像数据的实时传输协议（Real-time Transport Protocol，RTP）；第二类是与服务质量相关的实时传输控制协议（Real-time Transport Control Protocol，RTCP）和资源预留利用协议（Resource Reservation Protocol，RSVP）；第三类是与信令有关的实时流式协议（Real-Time Streaming Protocol，RTSP）、SIP 和 H.323 等。

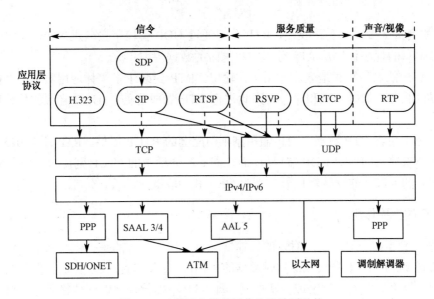

图 9.3　互联网多媒体通信协议体系结构

9.2　多媒体通信协议

在传输层提到的传输协议都不是为适应实时流量要求而设计的，实现多媒体通信必须有一些其他的精密机制在互联网上传输实时流量。下面简单介绍几个用于实时流量的传输协议，如实时传输协议（RTP）、实时传输控制协议（RTCP）和实时流式协议（RTSP）。

9.2.1　实时传输协议

实时流量是连续的，因此需要一个稳定的或平滑的、无滞后传播的可用速率。由 IETF RFC 1889 发布、后来被 RFC 3550 取代的实时传输协议（RTP），为在互联网上实时传送多媒体数据流提供了端到端的传输功能。RTP 常用于流媒体系统（配合 RTSP）、视频会议（Video Conferencing）系统和一键通（Push to Talk）系统，是 IP 语音电话（Voice over IP，VoIP）的技术基础。

1．实时传输协议在协议栈中的位置

实时传输协议（RTP）在 TCP/IP 模型中位于应用层和传输层之间，如图 9.4 所示。RTP 运行于传输协议 UDP 之上。需要发送的多媒体数据经过压缩编码后，先送给 RTP 封装成为 RTP 分组（亦称为 RTP 报文），再将 RTP 分组装入传输层的 UDP 数据报，然后向下递交给 IP 层。

图 9.4　RTP 在 TCP/IP 模型中的位置

从应用程序开发的角度看，RTP 应该属于应用层。在发送端的应用层，程序员必须编写使用 RTP 封装应用程序的程序代码，然后将 RTP 分组交给传输层 UDP 的套接字接口。在接收端，RTP 分组通过 UDP 套接字接口进入应用层之后，还要通过程序员编写的程序代码从 RTP 分组中将携带的数据提取出来。

然而，RTP 的名称隐含地表示它属于传输层。RTP 封装了多媒体应用数据，并向多媒体应用程序提供服务，如时间戳和序号，因此常将 RTP 看成是处在 UDP 之上的传输层的一个子层。

RTP 分组中包含 RTP 数据，而传输控制则由配套的 RTCP 提供。RTP 在 1 025～65 535 之间选择一个未使用的偶数 UDP 端口号，而在同一次会话中的 RTCP 则使用下一个奇数 UDP 端口号。RTP 和 RTCP 的默认端口号分别为 5004 和 5005。

2．RTP 的主要作用

RTP 被定义为在一对一或一对多的传输情况下工作，其目的是提供时间信息和实现多媒体数据流的同步。RTP 本身只保证实时数据的传输，并不能为按顺序传送数据分组提供可靠的传送机制，也不提供流量控制或拥塞控制，即 RTP 不提供任何保证传输质量的机制，而是依靠实时传输控制协议（RTCP）提供这些服务。RTP 的主要作用如下：

（1）在多媒体数据流头部加上定时标志。对于视频会议业务，丢失少量分组不会使质量下降很多，而时延和网络抖动却会严重影响 QoS。各个数据包到达接收端可能会有不同的时延，但依靠定时标志可使分组的定时关系得以恢复，从而降低网络传输的延迟抖动。

（2）RTP 会话。RTP 会话（RTP Session）是指一组参与者使用 RTP/RTCP 进行通信。例如，音频会议就是 RTP 会话的一个典型实例。每个参与者都会得到 IP 多播组地址和一对标识 RTP 会话连接的 UDP 端口号，一个用于 RTP，一个用于 RTCP。参与者都可以发送音频 RTP 分组流，它们属于同一个 RTP 会话，信息源用 RTP 分组报头中的同步源标识符 SSRC 来标识。同一 SSRC 的所有分组都使用同样的定时和序号空间。这样便于接收端重组和同步接收到的分组序列。每个接收者会周期性地组播一个 RTCP 接收报告，报告接收 RTP 分组的 QoS 统计信息，并且也表明谁参加了会议。在离开会议之前，参与者需要发送一个 RTCP 结束分组。

音频/视频会议是 RTP 会话的另一个典型实例。音频和视频都将是一个独立的 RTP 会话，但在 RTCP 中要用同样的参与者规范名（Canonical NAME，CNAME），以建立它们之间的联系。音频和视频使用独立的 RTP 会话具有灵活性，可以提供不同的 QoS。例如，有些用户只能够接收或可以选择接收音频；又如，在网络拥塞时，可以丢弃视频分组而保留音频分组。

（3）提供排序服务。RTP 为每个分组都加有序号，这些序号可用于在接收端建立正确的分组顺序，也便于判断丢失了多少分组。

另外，RTP 还提供分组内数据类型的标志，说明多媒体信息所采用的编码方式。例如，对视频信息流是采用 H.261 还是 H.263 压缩算法。

3．RTP 分组报头格式

RTP 分组报头格式如图 9.5 所示。RTP 分组报头通常为 12 个字节（前三行），而第 4 行（CSRC）仅在混合器处理载荷信息时使用。

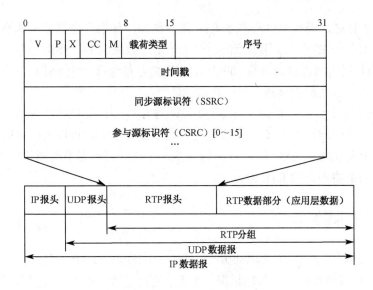

图 9.5　RTP 分组报头格式

RTP 分组报头各字段的具体信息含义如下：

（1）版本字段（V）：长 2 位，标志 RTP 的版本。目前的版本号是 2。

（2）填充字段（P）：长 1 位，标志分组中含有一个或多个非载荷的额外填充字节。填充字节的最后一个字节含有一个数字，该数字说明分组中包括该字节在内有多少字节需要忽略。

（3）扩展字段（X）：长 1 位。如果设定该字段，则在固定分组报头之后必须附加一个扩展的报头。扩展报头很少使用。

（4）CSRC 计数字段（CC）：长 4 位，说明位于固定报头之后的 CSRC 标志符的个数。

（5）标志字段（M）：长 1 位。当 M 置 1 时表示这个 RTP 分组具有特殊意义，常用来标志重要事件。例如，在传输视频流时用来表示每一帧的开始。

（6）载荷类型字段（PT）：长 7 位，标志 RTP 载荷的格式，由具体应用决定。例如，对于音频流，RTP 载荷类型字段用于指示所使用的音频编码类型（如 PCM、自适应增量调制和线性预测编码）。对于视频流，RTP 载荷类型字段用于指示视频编码类型（如 JPEG、MPEG1、MPEG2 和 H.261）。

（7）序号字段：长 16 位。每发送一个 RTP 分组，该序号加 1，而且接收端可用该序号来检测分组丢失情况和恢复分组顺序。例如，在收到序号为 60 的 RTP 分组后又收到了序号为 65 的 RTP 分组。那么就可以推断出，中间还缺少为 61～64 的 4 个分组。序号初始值是一个随机数。

（8）时间戳字段：长 32 位，用于标志 RTP 分组中第一个字节的采样时刻。采样时刻由时钟产生，并单调线性增加，因此可以根据时间戳的值来进行同步和计算抖动。例如，对于 8 kHz 采样的语音信号，若每隔 20 ms 构成一个数据块，则一个数据块中包含 160（0.02×8 000）个样本。因此，每发送一个 RTP 分组，其时间戳的值就增加 160。时间戳初始值为一随机数。

（9）同步源标识符字段（SSRC）：长 32 位，用于标识 RTP 流的来源。随机选取 SSRC 的值，用来区分相同 RTP 会话中的各个同步源。SSRC 说明了数据在何处被合并，如果只有一个数据源，则用来标志该数据源。SSRC 与 IP 地址无关，在新的 RTP 流开始时随机产生。由于 RTP 使用 UDP 传送，因此可以有多个 RTP 流（例如，使用几个摄像机从不同角度拍摄同一个节目所产生的多个 RTP 流）复用到一个 UDP 用户数据报中。SSRC 可使接收端的 UDP 能够将收到的 RTP 流送到各自的终点。两个 RTP 流恰好都选择一个 SSRC 的概率很小，若发生这种情况，这两个源就都重新选择另一个 SSRC。

（10）参与源标识符字段（CSRC）：长 32 位，含有 0~15 个 CSRC 选项，用于说明分组中载荷的参与源。该标识的值由 CC 字段决定。在多播环境中，可以用中间的一个站（称之为混合站）将多个发往同一个地点的 RTP 混合成一个流（目的是节约通信资源）。在目的站再根据 CSRC 的数值将不同的 RTP 流分开。

9.2.2 实时传输控制协议

RFC 1889 同时定义了实时传输控制协议（RTCP）用来与 RTP 一起提供流量控制和拥塞控制服务。RTCP 负责监视业务流传输情况，在当前应用进程之间交换控制信息，把传输情况发送给所有参与者。RTCP 用于管理传输质量和提供 QoS 信息。在 RTP 会话期间，各参与者周期性地传送 RTCP 分组，RTCP 分组中含有已发送的数据分组的数量、丢失的数据分组数等统计资料。因此，服务器可以利用这些信息动态地改变传输速率，甚至改变有效载荷类型。当应用程序开始一个 RTP 会话时将使用两个端口：一个给 RTP，另一个给 RTCP。RTCP 和 RTP 一起提供流量控制和拥塞控制服务，能以有效的反馈和最小的开销优化传输性能，故特别适合在网络中传输实时数据。

RTCP 定义了 5 种不同类型的分组（也称为 RTCP 报文），它们使用同样的格式，用来传送不同类型的控制信息。RTCP 分组的类型如下：

（1）发送者报告（Sender Report，SR）。SR 用于分发当前活动发送者的发送活动和接收活动的统计。发送者报告分组可能含有一个发送者报告或多个接收者报告。发送者报告的信息中包含背景时钟时间，该时间由网络定时协议的时间戳决定。时间戳是从 1960 年 1 月 1 日 0 时起所经过的秒数，是与 RTP 时间戳相同的时刻。利用这种一致性可以实现内部和外部传输介质的同步。发送者报告中给出了传送 RTP 分组的个数，以及从传送开始到现在，发送者总共传送的净荷字节数。

（2）接收者报告（Receiver Report，RR）。RR 用于分发非活动发送者的接收统计。每个 RR 中包含了单个同步源的统计信息，主要有：从发送上一个 SR 或 RR 分组开始，RTP 数据分组丢失的个数；从接收数据开始，RTP 分组累积丢失的个数；所接收的扩展字段的最大序列号；抖动间隔；最后的 SR 时间戳，以及最后一个 SR 发送后的时延。

（3）数据源描述（Source Description，SDES）。SDES 提供数据源描述项，它包含参加者的规范名称，如 CNAME、电子邮件、名称、电话号码和应用工具/版本等。

（4）结束分组（BYE）。BYE 表示发送者结束会话，关闭一个数据流。

（5）应用程序自定义的分组（Application Specific，APP）。APP 使应用程序能够定义新的分组类型。

会话中的所有参与者都发送 RTCP 分组，不同的 RTCP 分组组合在一起形成一个综合分组后再发送。一个综合分组至少包括两个分组，一个报告分组（Report Packet）和一个数据源描述（SDES）分组。

9.2.3　实时流式协议

由 Real Networks 和 Netscape 公司共同提出的 RTSP（RFC 2326），定义了一对多应用程序如何有效地通过 IP 网络传送多媒体数据。RTSP 提供了一个可扩展框架，使实时数据（如音频与视频）的受控、点播成为可能。基于 RTSP 播放的数据流被分成许多数据包，数据包的大小能很好地适用于客户机和服务器之间的带宽。当客户机已经接收到足够多的数据包之后，用户软件就可开始播放第一个数据包，同时对第二个数据包解压缩和接收第三个数据包。RTSP 能够与资源预留协议一起使用，用来设置和管理保留带宽的流式会话或者广播。

RFC 2326 指出，RTSP 是应用级的实时流式协议，主要目标是为单目标广播和多目标广播上的流式多媒体应用提供稳定的播放性能，以及支持不同厂家提供的客户机和服务器之间的协同工作。RTSP 信道有点像 FTP 的控制信道，而语法操作则与 HTTP 相似。

在媒体播放器和媒体服务器之间运行的 RTSP 和 RTP/RTCP，它们之间的关系如图 9.6 所示。可以看出，音频和视频多媒体数据是封装在 RTP 分组中传送的，而 RTCP 是保障服务质量不可缺少的协议。RTSP 仅仅用于媒体播放器对多媒体流传送的控制。因此，RTSP 又称为带外协议，而多媒体流是使用 RTP 在带内传送的。RFC 2326 还规定，RTSP 控制分组既可在 TCP 上传送，也可以在 UDP 上传送。

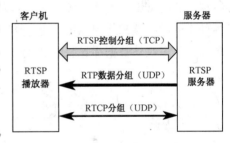

图 9.6　RTSP 与 RTP 和 RTCP 的关系

HTTP 与 RTSP 比较，HTTP 传送 HTML，而 RTSP 则传送多媒体数据。HTTP 请求由客户机发出，服务器做出响应。使用 RTSP 时，客户机和服务器都可以发出请求，即 RTSP 可以是双向的。RTP 不像 HTTP 和 FTP 那样可以完整地下载整个影视文件，而是以固定的数据传输速率在网络上发送数据，客户机也是按照这种数据传输速率播放影视文件。当影视画面播放过后，就不可以再重复播放，除非重新向服务器请求数据。而 RTSP 是一种双向实时数据传输协议，它允许客户机向服务器发送请求，如回放、快进、倒退等操作请求。RTSP 可基于 RTP 传送数据，也可以选择 TCP、UDP 和多播 UDP 等发送数据，具有很好的扩展性。RTSP 是一种类似于 HTTP 的网络应用层协议。

9.3　视频会议系统

视频会议系统（Video Conference System）是一种让身处异地的人通过某种传输介质实现"实时、可视、交互"的多媒体通信技术。它可以通过各种通信传输介质，将人物的静态和动态图像、语音、文字、图片等多种信息分送到各个用户终端设备，使得身处不同地理位置的与会人员具有身临其境、参加同一会场会议的效果。多媒体视频会议系统传播信息的来源不仅仅局限于会场内，还包括与会场连接的网络、互联网、远程电视电话系统、通信系统、其他如 110 指挥、城市监管、远程现场采集等系统组成。视频会议系统也可以通过数字会议系统控制会议进程、通过表决系统收集代表反应，并且可通过同声翻译系统实现不同语种的人们实时地交流信息。目前，已有多种实现多媒体视频会议系统的技术方案。

9.3.1 基于 H.323 的视频会议系统

基于 H.323 的视频会议系统可实现多路音频、视频和数据信息的相互传送，支持电子白板、文件共享和召开数据会议等多种数据应用，提供远端摄像头遥控、流媒体广播、双流传送、视频录制、点播等多种服务，并具有会议网络控制、远程管理、状态监测和会议计费等多种功能。

1. H.323 系统的组成

H.323 是在互联网上使用 IP 以数据包方式传输语音（VoIP）的协议。最初，H.323 是针对局域网上的多媒体会议而定义的，后来经扩展适用于各种网络，包括局域网、城域网、广域网以及因特网。H.323 系统主要由多点控制单元（MCU，也称为视频会议服务器）、多媒体终端（Terminal）、网关（Gateway）、网守（Gatekeeper）以及 IP 网络等组成，如图 9.7 所示。各种不同的终端都连入 MCU 进行集中交换，组成一个视频会议网络，所有的呼叫信令、控制信令、多媒体数据都封装成 IP 包进行传输。

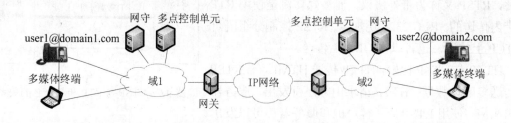

图 9.7　H.323 系统的基本组成

1）多媒体终端

多媒体终端是指遵守 H.323，能提供实时、双向通信的多媒体通信设备，用于支持视频和数据通信并提供对 IP 电话的支持。它可以是一台 PC，也可以是运行 H.323 程序的单个设备，通常是客户端软件。多媒体终端类型包括：窄带综合业务数字网的 H.320 终端、宽带综合业务数字网的 H.321 终端、Ethernet 的 H.322 终端、公共交换电话网（PSTN）的 H.324 终端等。多媒体终端设备能够把 H.323 系统中的视频设备（包含摄像机、显示器、监视器、矩阵等）、音频设备（包括麦克风、功放、音箱、调音台等）连接起来，将摄像机获取的本地画面传送给对端，同时获得远端画面，实现画面的交互播放；将话筒的声音依次经过调音台送到远端，同时将传送来的远端声音经过功放后送到音箱，完成声音的交互播放。

2）多点控制单元（MCU）

MCU 是视频会议系统的核心，为用户提供多个 H.323 多媒体终端的音频视频会议业务，如会议呼叫等。在 H.323 系统中，一个多点控制单元由一个多点控制器（MC）和一个或多个多点处理器（MP）组成，但也可以不包含 MP。MC 处理终端间的 H.245 控制信息。在必要时，MC 可以通过判断哪些视频流和音频流需要多点广播来控制会议资源。MC 并不直接处理任何媒体信息流，而是将它留给 MP 来处理。MP 对音频、视频或数据信息进行混合、切换和处理。MC 和 MP 可能存在于一台专用设备中或作为其他 H.323 组件的一部分。

3）网关

网关是 H.323 系统的一个可选组件，能提供很多服务，其中包含 H.323 会议节点设备与其他 ITU 标准相兼容的终端之间的转换功能，这种功能包括数据传输格式（如 H.225.0 到 H.221）和通信规程的转换（如 H.245 到 H.242）等。虽然网关不提供局域网上可视电话业务质量的保障机制，然而它却提供一些评价和控制业务质量的手段。H.323 规定，控制信道和数据信道使用可靠的传输服务，如 TCP；音频和视频的实时信道则使用更有效的传输服务，如 UDP。

4）网守

网守也是 H.323 系统的一个可选组件，亦称关守、守门人，向 H.323 会议终端提供呼叫控制服务。网守具有两项重要功能。一是地址翻译，如将终端和网关的别名翻译成 IP 或 IPX 地址；二是带宽管理，如网络管理员可定义同时参加会议用户数的门限值。这将使整个会议所占有的带宽限制在网络总带宽的某一范围内，剩余部分则留给 E-mail、文件传输和其他协议。网守的其他功能包括访问控制、呼叫验证和网关定位等。虽然从逻辑上看，网守和 H.323 结点设备是分离的，但生产商可以将网守的功能融入 H.323 的多媒体终端、网关和多点控制单元等物理设备中。

2．H.323 的协议栈

H.323 是 ITU-T 专门为分组交换网设计的多媒体会议系列标准，它使用 TCP/IP、RTP/RTCP 以及 RSVP 等来支持视频、音频和数据在分组交换网络中的实时编码和传输。例如，在使用 TCP 传输数据的过程中，可以利用 UDP 来传送音频。H.323 的协议栈属于分层结构，如图 9.8 所示。

音/视频应用	终端控制与管理				数据
G.nnn、H.261、H.263	RTCP	H.255.0 (RAS)	H.225.0 呼叫信令	H.245逻辑信道信令	T.120
RTP					
UDP		TCP			
网络层					
链路层					
物理层					

图 9.8　H.323 的协议栈

在 H.323 协议栈中主要包括以下 4 类协议：

（1）控制与管理协议：包括 H.323、H.245 和 H.225.0。Q.931 和 RTP/RTCP 是 H.225.0 的主要组成部分，系统控制是 H.323 的核心。

（2）音频编解码协议：包括 G.711（必选）、G.722、G.728、G.723 和 G.729 等协议。编码器使用的音频标准必须由 H.245 协议协商确定。

（3）视频编解码协议：主要包括 H.261 协议（必选）和 H.263 协议。在 H.323 系统中，视频功能是可选的。

（4）数据会议协议：其标准是多媒体会议数据协议 T.120。

H.323 协议栈属于一种兼顾传统 PSTN 呼叫流程和 IP 网络特点的开放性标准体制，特别之处在于吸取了许多电信网的组网、互连和运营经验，能与 PSTN 网、窄带视频业务以及其他数据业务网互连互通。这也正是自 1996 年以来，H.323 多媒体业务能被广泛应用的一个重要原因。

3．H.323 系统的呼叫建立过程

H.323 系统的呼叫建立过程有两种情况：一种是涉及网守，另一种是没有网守。通常情况下，一个高质量、完全可控的呼叫涉及本地的管理网守与远程网守的协作，并将这种模型称为网守路由呼叫信令。一个网守的路由 H.323 呼叫建立过程如下。

（1）呼叫建立。呼叫的建立过程使用 H.225.0 所定义的呼叫控制信息进行，它涉及 3 条信令信道：RAS 信令信道（端点注册、准许控制和状态查询）、H.225 呼叫信令信道和 H.245 信令信道。通过 3 条信道的协调才使得 H.323 的呼叫得以进行。呼叫建立过程和媒体参数的协商过程是分开进行的，呼叫建立过程较长。呼叫的发起可以是 H.323 域中的任意一个端点设备。在存在网守的情况下，首先由呼叫方向网守发出呼叫请求信息，请求的数据中包含一个序列号、呼叫类型和目的信息等；经过网守同意呼叫后，主叫方通过网守返回消息中提供的 H.225 信令信道地址与对方建立 H.225 信令连接；H.225 信令交换完毕后，呼叫建立。根据 H.225 交换过程中得到的 H.245 信道地址，与对方进行 H.245 控制信令通信，通过媒体协商，建立多信道的媒体传输。

（2）初始通信和能力交换。一旦双方完成呼叫建立过程，端点设备将首先建立 H.245 控制信道，然后按照 H.245 在控制信道上进行能力交换，决定双方的主从关系，继而打开媒体信道（如视频、音频或数据信道）。

（3）视听通信的建立。视听逻辑信道建立之后，就可以开始通过它们进行正常的视频、音频通信了。

（4）呼叫服务。在通信过程中，网守还负责一系列的呼叫服务，如带宽的改变、状态的改变和会议的扩展等。

（5）呼叫终止。任意一个终端设备都可以按照规定的程序终止呼叫。然而，终止呼叫并不等于终止一个会话。

9.3.2　基于 SIP 的视频会议系统

H.323 虽被许多生产厂家采用，但由于较为复杂，在 1999 年 IETF 的 MMUSIC 工作组制定了另一套基于 IP 网络实现实时通信的一种信令控制协议[RFC 2543、3261，建议标准]，即会话起始协议（SIP）。所谓会话（Session），是指在应用层面用户之间的数据交换，SIP 是会

话的操作协议。在基于 SIP 的视频会议系统中，会话数据的类型多种多样，可以是普通的文本数据，也可以是经过数字化处理的音频、视频数据，还可以是诸如游戏等多媒体信息。因此，SIP 的应用具有很大的灵活性和发展空间。

1. SIP 系统的基本结构

SIP 定义了对多媒体会话进行控制的信令过程，包括会话的建立、拆除和修改等，可以用来构建多媒体视频会议系统。SIP 是一种基于客户机/服务器模式的协议，用来建立、改变和终止基于 IP 网络的用户间的呼叫，这一点与 HTTP 相似。其中的客户机是指为了向服务器构建、发送 SIP 请求而建立信令关系的逻辑实体（应用程序），服务器是用于为客户机发出的 SIP 请求提供服务并回送应答的逻辑实体（应用程序）。SIP 系统的基本组成如图 9.9 所示。呼叫由用户代理（User Agent，UA）即用户的 IP 电话系统发起，该系统与传统电话系统类似。UA 的物理体现是用户的终端设备或应用，它可以是用户的 IP 电话、PC 和手机，还可以是 PC 中的一个应用软件。显然，在 SIP 通信中，一个用户可以拥有多个 UA。UA 是 SIP 通信中必有的逻辑实体。UA 既要代表用户发送 SIP 请求也要响应其他 SIP 网元的 SIP 请求。所以，UA 既包含客户机也包含服务器，分别称为 UAC 和 UAS。UAC 和 UAS 是 SIP 和通信模型的最小逻辑实体，所有 SIP 消息的交互过程都是基于成对的 UAC 和 UAS 而完成的。

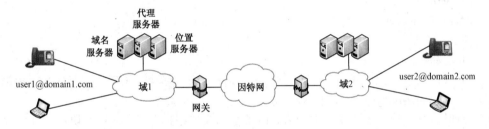

图 9.9　SIP 系统的基本组成

在 VoIP 网络中，用户代理协助用户发起或者终止电话呼叫。用户代理可以在普通电话机上实现，也可以在带有麦克风的便携式计算机上通过运行软件来实现。用与之相关联的域来识别用户代理。例如，user1@domain1.com 指代理用户 1，该用户与 domain1.com 网络相关联。

SIP 服务器是处理与多个呼叫相关联信令的网络设备。通常有以下 5 个 SIP 服务器用来强化 SIP 通信在网络中的功能，但 SIP 通信模型并不依赖它们，它们只是在 SIP 组网时可选用的服务器。

（1）域名服务器。域名服务器的主要功能是将域名映射成用户信息库中的 IP 地址。

（2）代理服务器。代理服务器（SIP Proxy Server）是一个中间元素，它既是一个客户机又是一个服务器，能够代理前面的客户机向下一跳服务器发出呼叫请求。SIP 代理服务器主要用于 SIP 报文的路由控制，它自身并不主动发起请求，只是代表其他客户机转发请求；而当接到 SIP 请求时联系 UA，并代表其返回响应。SIP 代理服务器除了具有路由能力，也可以集成防火墙、Radius（AAA）等功能。

（3）位置服务器。位置服务器（Location Server）负责管理用户信息库。它在呼叫建立期间与数据库交互。每一个代理服务器通常由多个位置服务器进行配置。

（4）重定向服务器。重定向服务器（SIP Redirect Server）与代理服务器不同。重定向服务器是一个规划 SIP 呼叫路径的服务器，在获得下一跳地址后，它立刻告诉前面的客户机，让该客户机直接向下一跳地址发出请求，而自己则退出对这个呼叫的控制。

（5）注册服务器。注册服务器（SIP Registrar Server）用来完成对 UAS 的登录。在 SIP 系统的网元中，所有 UAS 都要在某个注册服务器中登录，以便客户机 UAC 通过服务器能找到它们。注册服务时并不做请求身份认证的判定。在 SIP 中，授权和认证可以通过建立在基于请求/应答模式上的上下文相关的请求来实现，也可以使用更低层的方式来实现。

2. SIP 报文格式

SIP 报文包括请求报文和响应报文，两者具有相同的报文格式。SIP 报文是 UAC 和 UAS 之间通信的基本信息单元，采用的是基于 UTF-8 的文本编码格式，语法信息以扩展 Backus-Naur 形式（EBNF）描述，报文格式遵循 RFC 2822。

（1）请求报文。请求报文用于从客户机到服务器的请求。SIP 请求报文包含 3 个元素：请求行、头和消息体。

（2）响应报文。响应报文用于从服务器到客户机的响应。SIP 响应报文包含 3 个元素：状态行、头和消息体。

SIP 报文头用于 SIP 呼叫的建立（信令），SIP 报文体用于呼叫的描述。SIP 报文头和 SIP 报文体相对独立，以保证 SIP 呼叫建立和呼叫描述的独立性。SIP 报文的通用格式是：

> Generic-message = start-line
>
> *message-header
>
> CRLF
>
> [message-body]

其中，start-line 为 SIP 报文起始行，*message-header 为多个头域，CRLF（空行）表示报文头域的结束，message-body 为报文体部分。

SIP 的报头行描述了 SIP 交互的内容，请求行和头域根据业务、地址和协议特征定义呼叫的实质，报文体独立于 SIP 协议并且可包含任何内容。

3. SIP 方法

SIP 方法是指 SIP 请求命令的类别及方法。SIP 方法是 SIP 机制的基本概念，它定义了 SIP 交互的类型和形式。SIP 定义了 6 个基本的管理类型和 7 种扩展。基本的管理类型称为方法（Methods），表 9-2 中列出了 6 个基本的 SIP 方法，其中 INVITE 和 ACK 是最基本的方法，用于发起呼叫。

随着互联网的飞速发展，SIP 已经开始被 ITU-T SG16、ETSI TIPON（欧洲标准化组织）和 IMTE 等各种标准化组织所接受，并在这些组织中成立了与 SIP 相关的工作组。SIP 可以对语音进行很好的优化，并且由于它的可编程性，使移动业务可以很好地应付灵活性和多样性的变化。SIP 能够对手机和 PDA 等移动设备提供良好的支持，也能够很好地完成在线即时交流以及语音和视频数据传输等多媒体应用。

4. SIP 体系结构和用户标识

在 H.323 的开源协议栈中，OpenH323 占有统治地位，它提供了一个复杂而又先进的 H.323。然而在创建 SIP 栈时，则出现了群雄割据的状况，各种协议栈层出不穷，其中 OPAL 为典型代表。虽然不同的厂商和机构可能根据自己的需要建立了不同的协议栈，但都基于 SIP

是一种信令控制协议的认识，认为构成一个完整的通信系统需要附加会话描述协议（Session Description Protocol，SDP）和 RTP/RTCP。SIP 负责呼叫的建立、维护和释放，SDP 负责媒体的协商和控制，RTP 负责传送通信媒体。比较具有代表性的 SIP 体系结构如图 9.10 所示。

表 9-2　基本的 SIP 方法

方　法	用　　途
INVITE	呼叫建立：邀请某个用户参与一次呼叫
ACK	确认客户机已经收到对 INVITE 的最终响应
BYE	终止两个端点之间的呼叫，通话结束
CANCEL	中止对用户的搜索或对呼叫的请求（若请求已完成，则本方法无效）
REGISTER	向位置服务器注册当前客户端的位置
OPTIONS	请求关于服务器能力的信息
INFO	用于中间会话的信令

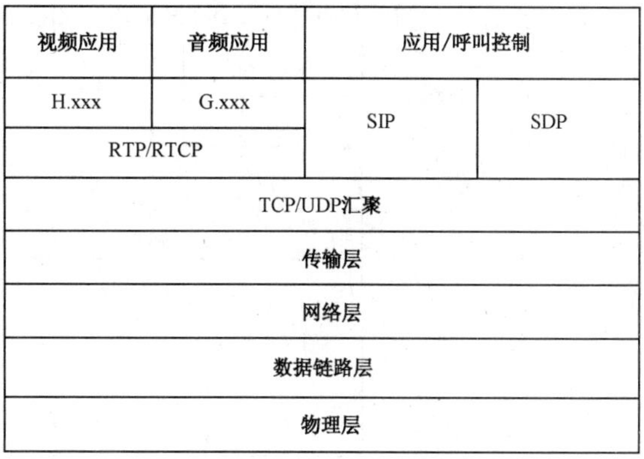

视频应用	音频应用	应用/呼叫控制	
H.xxx	G.xxx	SIP	SDP
RTP/RTCP			
TCP/UDP汇聚			
传输层			
网络层			
数据链路层			
物理层			

图 9.10　SIP 体系结构

SIP 是 IETF 提出的在 IP 网络上进行多媒体通信的应用层控制协议，用于创建、修改和终止多媒体呼叫与会话。SIP 借鉴了 HTTP、SMTP 等协议的优点，支持代理、重定向和登记定位用户等功能，并支持用户的移动性。通过与 RTP/RTCP、SDP 和 RTSP 等协议及 DNS 配合，SIP 支持语音、视频、数据、E-mail、状态、聊天和游戏等。SIP 可以在 TCP 及 UDP 上传送。SIP 被公认是最好的利用互联网进行全面集成通信的方式。SIP 的主要特性和用户标识方法如下：

（1）SIP 在应用层上运作。

（2）SIP 包含信令的所有方面，如对象的定位、通知与建立（即振铃）、可用性确认（即对象是否接受呼叫）和终止。

（3）SIP 提供诸如呼叫转移之类的服务。

（4）SIP 会议业务需要依赖于多播技术。

（5）SIP 允许双方协商能力并选择所用的媒体和参数。

（6）SIP 通过 E-mail 形式的地址来标明用户地址。每一用户通过等级化的 URL 来标识，它通过类似于用户电话号码或主机名等元素来构造（例如，SIP:usercompany.com）。因为它与 E-mail 地址的相似性，所以 SIP URLs 容易与用户的 E-mail 地址相关联。例如，一个在 njitcompany 公司工作的 huajun 用户，可能被分派的 SIP URL 是 SIP:huajun@njitcompany.edu.cn。

5．SIP 会话过程

SIP 是 IP 网络应用层的会话控制（信令）协议，用于建立、更改和拆除双方或多方的多媒体会话。SIP 本身并不追求成为 SIP 多媒体应用或业务的完整体系架构，定义的只是多媒体通信及会议的信令机制，并利用了 HTTP1.1 和会话描述协议（SDP）。SIP 消息的编码基于 ASCII 文本格式以便于应用及纠错，SIP 的媒体流及其控制协议分别是 RTP 和 RTCP。SIP 终端的注册和定位可采用注册服务器、代理服务器和重定位服务器实现；SIP 的终端名称和地址解析也可采用 DHCP、DNS、TRIP 和定位服务器实现。但是 SIP 多媒体能力和应用将主要通过终端协商来实现。为了实现会话对象和资源的定位以及会话应用的启动功能，SIP 描述了在会话中对等实体（用户代理）之间一组文本 SIP 报文的交互过程。SIP 建立一次会话通信的交互过程如图 9.11 所示。用户代理 A 先联系 DNS 服务器，然后与代理服务器通信，而代理服务器又要利用位置服务器。SIP 的发起过程用 INVITE 请求消息的信令操作来提供。一旦会话呼叫建立了连接，两个 IP 话机即可直接通信。最后，再使用 SIP 的 BYE 方法终止这次通信。

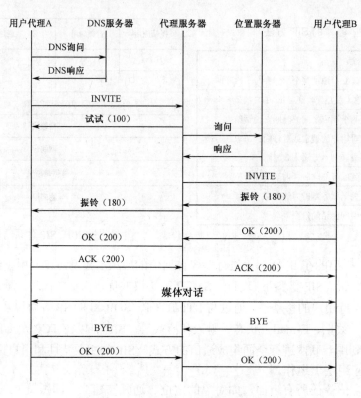

图 9.11　SIP 建立一次会话通信的交互过程

通常，要给一个用户代理配置一个或多个 DNS 服务器的 IP 地址（用于将 SIP URI 中的域名映射到一个 IP 地址上）以及一个或多个代理服务器。类似地，也要给每个代理服务器配置一个或多个位置服务器的地址。

SIP 的多媒体通信模型是智能分布式的网络通信模型。会话控制不仅仅与传递网络在物理上分离，而且会话也只是 IP 网络层之上的一个应用。SIP 网元的智能分布式特点带来了一定的结构性优点，当用户采用智能化的终端设备时，可以不依赖于集中式的应用控制即可开展新的应用。

6．H.323 与 SIP 的比较

目前，在 IP 网络上多媒体业务技术的发展呈现两大方向：一是遵循 ITU-H.323 标准；二是遵循 IETF 的 SIP 标准。这两种多媒体技术的观念和标准几乎都是在 20 世纪 90 年代中期提出的，并很快伴随着 IP 电话市场的流行而受到了人们的重视。作为在 IP 网络上使用的多媒体业务技术，它们有不少共同的特点。例如，都是对等通信协议，都倡导分布式控制和智能终端，都采用了同样的实时媒体协议。人们对它们的要求不仅是提供熟悉的传统电话业务功能，更期待着具有实现和集成新业务功能的能力。

H.323 和 SIP 是电信与互联网两大标准阵营沿袭各自传统理念的结果。H.323 由 ITU-T 提出，注重 IP 电话业务与传统电话业务的兼容性；而 SIP 则偏重于将 IP 电话作为 IP 网络上的

一个应用。两者的设计理念也不同。H.323 根据电信网的经验和要求，系统性地设计 IP 网络上多媒体的语音、视频、数据会议及通信所需的组件、协议和规程。SIP 根据互联网的经验和要求，模块化地设计 IP 网上建立会话通信所需的组件、协议和规程。在协议架构上，H.323 包括多媒体会议及通信的各个业务领域，如会议控制、信令互操作、QoS 控制、注册和业务发现。SIP 采用模块形式，包括基本信令、用户注册和位置。ITU-T 采用自上而下的方法来制定标准，由整体宏观的统一规则来限定具体的内容范围。从 IP 电话和多媒体通信的体系来看，H.323 标准比较系统、完整和周密地规范了多媒体通信协议、状态机制和消息流程的架构。IETF 的 SIP 则趋向于自下而上的方法制定标准，由简单、基本的要求抽象和推演通信操作的一般性模型。

值得一提的是，尽管简单的 SIP 电话之间的媒体通信完整可行，但 SIP 视频与 H.323 视频和窄带视频还不能兼容互通。由于 SIP 还没有完整的视频会议和数据会议系统协议框架，H.323 可能会在相当长的时期内主导视频电话和视频会议，以及数据会议的多媒体业务。而 SIP 在控制非 IP 电话类型的业务中能发挥其简单、高效的优势，可以灵活地与 PC 的其他应用相结合，如与即时消息相结合。虽然 H.323 和 SIP 正逐步融合，但它们的作用在相当长的时期内仍然是相互补充，现在还看不出其中一种标准会完全取代另一种标准的迹象。在未来相当长的时间内，在不同的环境和实践中，H.323 和 SIP 将共存共生。

9.4 流控制传输协议

由 IETF 制定的流控制传输协议（SCTP）是目前新一代的传输层协议。与传输层的 TCP 与 UDP 两种协议相比，SCTP 提供了多宿主（Multi-homing）机制，使得用户能够在关联（Association）建立后动态地切换不同的网络路径来传输数据信息，并且在换手（Handover）时不需要中断原有的通信，可提供高质量的流媒体传输服务。

9.4.1 SCTP 的功能特性

随着网络技术的发展，出现了各种宽带业务，网络视频的实时传输已成为网络应用的热点。传统的电信网络是基于电路交换的，用来传输电话语音信令，而因特网是基于分组交换的，用来传输数据业务。电话用户需要涉及因特网提供的业务，同时 IP 网络提供的业务需要服务质量的保证，以使 IP 网络更适合传输对时延敏感的业务。IP 使得各种视频（数据）和语音业务可以在 IP 网络上实现，即所谓的 All over IP，同时还可以将各种网络上的业务以 IP 为基础实现互通。在 IP 网络中，大部分的业务都是通过 UDP 或 TCP 来传送的。UDP 是无连接的传输协议，它能满足低延迟的要求，但它无法保证可靠的传输。TCP 能保证数据可靠传输，但它也不能完全符合信令传输的要求。可见，传输层的 TCP 和 UDP 两大协议不能很好地支持流媒体的传输。为了满足信令传输的要求，IETF 的 SIGTRAN 组于 2000 年 10 月提出了一种新的传输层协议，即 SCTP。RFC 2960 详细说明了 SCTP，RFC 4960（2007）是 RFC 2960 的替代协议，介绍性的文档是 RFC 3286。

SCTP 是一种用于在 IP 网络上传输信令消息的传输层协议。SCTP 处于 SCTP 用户应用层与 IP 网络层之间，是一种面向报文的传输协议。所谓面向报文，是指从应用程序传递下来的数据以报文的形式传输。SCTP 提供了报文的定界功能，在接收端以报文的形式递交。与 TCP 一样，SCTP 也是可靠的传输协议。它使用确认机制来检查到达数据的安全性和可靠性。SCTP 还是面向连接的协议，但它的连接叫作"关联（Association）"。

SCTP 作为一个传输层协议兼有 TCP 及 UDP 两者的优点，可以认为是 TCP 的改进协议，在继承 TCP 优点的基础上提供了一些额外功能。

1. 提供多宿主服务

一个 TCP 连接一个源 IP 地址和一个目的 IP 地址。这表示即使发送端或接收端是多宿主主机（指一台具有多个网络接口的主机，可通过多个 IP 地址来访问它），在连接期间每端也只有一个 IP 地址能够使用。然而，一个 SCTP 连接则提供多重归属服务，可以是多宿主连接。在 SCTP 建立连接时，双方均可通过声明若干 IP 地址（IPv4、IPv6 或主机名）通知对方本端所有的地址。若当前连接失效，则 SCTP 协议可切换到另一个地址，而不需要重新建立连接。SCTP 关联允许每一端使用多个 IP 地址。这一特性能提高传输的可靠性，增加通信的健壮性。

2. 在多重"流"中实现用户数据的有序发送

"流"在 TCP 中是指一系列的字节，而在 SCTP 中是指发送到上层协议的一系列用户消息，这些消息的顺序与流内的其他消息相关。SCTP 在每个关联中提供多重流服务，各个流之间在逻辑上是独立的，但都与该关联相关。每个流都给定一个流序号，被编码到 SCTP 报文中，通过关联在网络上传输；而且仅在各个流内部实现数据的有序递交，不需要在整个关联上保持严格有序。

3. 根据已发现的路径 MTU（最大传输单元）大小进行用户数据分片

为了确保发送到下层的 SCTP 数据包与路径 MTU 一致，SCTP 对用户消息分片。在接收端，分片被重组后传给上层 SCTP 用户。

4. 选择性确认（SACK）和拥塞控制

选择性确认用于数据包丢失的发现。TCP 中的确认序号返回的是发送端已成功收到的数据字节序号（不包含确认序号所指的字节），而 SCTP 反馈给发送端的是丢失的并且要求重传的消息序号。

SCTP 运用了 TCP 中的拥塞控制技术，包括慢启动、拥塞避免和快速重传。因此，当与 TCP 应用共存时，SCTP 应用可接收属于 SCTP 的网络资源部分。

5. 数据块（chunk）绑定

SCTP 报文段由一个公用包头和一个或多个数据块组成，每个数据块可以包含用户数据，也可以包含 SCTP 控制信息（控制块）。SCTP 可以将多个不同类型的块绑定到一个 SCTP 包中，但是控制块必须放在所有数据块之前。

6. 路径管理

SCTP 路径管理功能主要负责从远端提供的一组传输地址中选择目的传输地址，它根据

SCTP 用户的指示和当前可达的合格目的地来选择目的地址。当其他流控制不能提供可达性信息时，路径管理功能定时扫描链路的可达性，并向 SCTP 报告远端传输地址所发生的变化。SCTP 路径管理功能模块同时还负责在建立链路时，向远端报告可用的本地地址，并把远端返回的传输地址告诉 SCTP 用户。

7. 防范拒绝服务攻击

在网络安全方面，SCTP 增加了防止恶意攻击的措施。例如，为了抵抗常见的 DoS 攻击，SCTP 在关联初始化阶段采用 4 次握手机制，这一机制可有效地防止类似 SYN Flooding 这样的拒绝服务攻击。

8. 支持多种传输模式

SCTP 支持严格有序传输（如 TCP）、部分有序传输（如 per-stream）和无序传输（如UDP）3 种传输模式。

简言之，SCTP 为面向消息的应用提供了一个通用传输协议。该协议对流通信传输来说是一种可靠的协议，可以运行于不可靠、无连接的 IP 网络之上，并能在无连接网络（数据报）上提供确认的、非重复的数据传输。

9.4.2　SCTP 数据报结构

SCTP 数据报也称为协议数据单元（PDU），其结构如图 9.12 所示。每个 SCTP 数据报由通用报头（Common Header）和数据块组成。

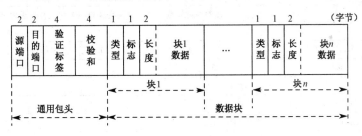

图 9.12　SCTP 数据报结构

1. SCTP 数据报的通用报头

SCTP 数据报的通用报头定义数据报属于的每一个关联，以保证数据报属于一个特定的关联，以及保留数据报内容（包括头部本身）的完整性。通用报头部分含有以下 4 个字段。

（1）源端口号（Source Port Number）字段：源端口号即 SCTP 发送端的端口号，其字段占用 2 字节。该字段定义发送数据报进程的端口号，通过使用该端口号识别数据报归属的连接。

（2）目的端口号（Destination Port Number）字段：占用 2 字节，定义 SCTP 数据报即将到达的地方，即接收数据报进程的端口号。接收主机利用该端口号解除复用 SCTP 数据报，使之到达正确的接收终点（应用程序）。

（3）验证标签（Verification Tag）字段：占用 4 字节，用于接收端识别连接。在传输过程中，验证标签的值必须设置为连接初始化阶段从对等终点接收到的初始值。在数据传输过程中，如果接收到的数据报中携带的验证标签值并非期望值，则直接丢弃此数据报。这样，利用验证标签可以抵挡盲目的伪装攻击和屏蔽前一个连接中过期的数据报。

（4）校验和（Checksum）字段：占用 4 字节。校验和采用合适的校验算法（如 CRC-32）生成，用于对数据报的完整性进行保护。保护等级高于 TCP 或 UDP 的 2 字节校验和，因此具有更好的健壮性。

2．SCTP 数据块

每一个 SCTP 数据报可以有 n 个可变长的数据块。控制信息和用户数据都放在 SCTP 数据块中。SCTP 数据块分为有效载荷数据块（Payloay Data Chunk）和控制块（Control Chunk）两大类。

1）块中共同字段的描述

由图 9.13 中关于数据块格式的描述可知，控制信息或用户数据都放在数据块中。前 3 个字段对所有的数据块都是共同的，信息字段则与块的类型有关。

（1）类型字段。在每个数据块中，以块的类型（type）字段开始，用于区分数据块与其他类型的控制块。不同的块类型字段可用来传输控制信息或数据。1 个字节的块类型字段可定义 256 种类型，目前定义的块类型及其功能描述如表 9-3 所示。

表 9-3　SCTP 块类型及其功能描述

类型	块的名称	功　能　描　述
0	DATA	传输的用户数据
1	INIT	建立关联，用于启动两个端点之间的 SCTP 会话
2	INIT ACK	确认 INIT 块，对 SCTP 会话的启动进行确认
3	SACK	该数据块传输到对等端点，以确认收到 DATA 块，并且通知对端 DATA 的接收顺序间隙
4	HEARTBEAT	端点发送该数据块至对端，以检测当前关联中定义的某一目的地址的可达性
5	HEARTBEAT ACK	响应 HEARTBEAT 消息
6	ABORT	异常终止关联
7	SHUTDOWN	正常终止关联
8	SHUTDOWN ACK	确认 SHUTDOWN 块
9	ERROR	通知对端，SCTP 关联发生了某种错误但不关闭
10	COOKIE ECHO	在关联建立中的第三个数据报
11	COOKIE ACK	确认 COOKKIE ECHO 块
14	SHUTDOWN COMPLETE	完全关闭，在关闭过程完成时，对关闭确认块的接收进行确认
192	FORWARD TSN	调整累积的 TSN

（2）标志字段。块类型之后是标志（flag）字段，用于定义特定块可能需要的特殊标志。根据块的类型，每一比特位的含义不同。

（3）长度字段。由于信息部分的长度取决于块的类型，因此需要定义块的边界。这个 2 字节的字段以字节为单位计算块的总长度（length），包括类型、标志和长度字段。如果一个块不携带信息，则长度字段就是 4 字节。各种块的信息部分的长度必须是 4 字节的倍数，若不是，就必须在这部分的最后添加一些填充字节。注意长度字段值不包括填充的字节数。

2）有效载荷数据块（DATA 块）

DATA 块用于传输实际的流数据。一个 SCTP 数据报可以包含 0 个或多个 DATA 块。DATA 块的格式如图 9.12 所示。

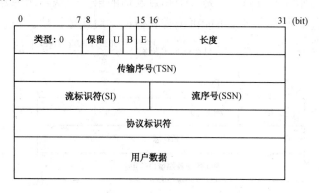

图 9.13　DATA 块格式

DATA 块中包括的字段如下。

（1）共同字段。在共同字段中，类型字段的值是 0。标志字段中尚有 5 位保留未用，只定义了 U（不按序的）、B（开始）和 E（结束）位。当 U 字段值为 1 时，表示不按序的数据，即流序号的值被忽略。B 位和 E 位共同定义一个块在分片的报文中的位置。当 B=1 和 E=1 时，没有分片，整个报文只有一个块。当 B=1 和 E=0 时，是第一个分片；当 B=0 和 E=1 时，是最后一个分片；当 B=0 和 E=0 时，是中间的分片（既不是第一个也不是最后一个）。长度字段值不能小于 17，因为一个 DATA 块必须至少携带一个字节的数据。

（2）传输序号（TSN）字段。在 SCTP 中，数据的传送用块的编号来控制。这个字段用于定义传输序号（TSN）。TSN 长 32 位，并在 $0\sim(2^{32}-1)$ 之间随机初始化。每一个块必须在其头部携带相应的 TSN。对于一个方向，TSN 在 INIT 块中初始化；对于相反的方向，TSN 在 INIT ACK 块中初始化。

（3）流标识符（SI）字段。在 SCTP 中，每一个关联中可能有多个流。为了区分不同的流，SCTP 使用流标识符（SI）字段来标志。这个 16 位字段用来定义一个关联中的一个流。SI 是从 0 开始的 16 位数。每一个块必须在其头部携带这个 SI。当块到达终点时，依据 SI 把它放在流数据中的正确位置。在一个方向属于同一个流的所有块携带同样的流标识符。

（4）流序号（SSN）字段。为了区分属于同一个流中的不同块，SCTP 使用流序号（SSN）字段来标志。这个 16 位的 SSN 字段用来定义在一个方向的特定流中的一个块。

（5）协议标识符字段。这个由应用程序使用的 32 位字段，用于定义数据类型。如是 SCTP 层，则忽略这个字段。

（6）用户数据字段。该字段携带用户数据净荷，长度可变。SCTP 对用户数据字段有 3 个特定的规则：一是携带数据的块不能属于两个报文，但一个报文可以拥有多个数据块；二是该字段不能为空，应至少有一个字段的用户数据；三是如果数据不在 32 位的边界上结束，必须进行填充，而且填充的字节不计算在长度字段值中。

3）控制块

控制块用于传输信令和控制信息。目前定义的控制块主要有以下几种。

（1）INIT 块（开始块）。INIT 块是一个端点发送的第一个块，用来建立关联，其格式如图 9.14 所示。携带这个块的数据报不能再携带其他控制块或数据块。在共同字段中，类型字段值是 1；标志字段值是 0，表示还没有定义标志；长度字段值的最小值是 20，如果有选项就会更大一些。

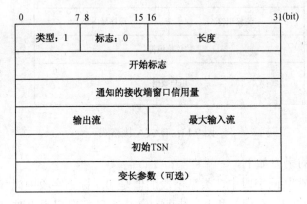

图 9.14　INIT 块格式

INIT 块的其他字段的含义如下。

● 开始标志字段：这个 32 位的字段定义在反方向传送的数据包的验证标志。所有的数据报在通用报头中均有一个验证标签，且对于所有在一个关联中的一个方向传送的数据报都是相同的。这个标志值是在关联建立时确定的。发起这个关联的端点定义在开始标志字段中的这个标志值。这个值用于在另一个方向发送来的其他数据报中作为验证标签。例如，当端点 A 开始与端点 B 关联，A 定义了开始标志值，设为 x，它就作为所有从 B 到 A 的数据报的验证标签。开始标志是一个 1～（232-1）之间的随机数。数值 0 表示没有关联，只能在 INIT 块的通用头部出现。

● 通知的接收端窗口信用量字段：这个 32 位的字段用于流量控制和定义 INIT 块的发送端能够允许的开始数据量（以字节为单位），即接收端窗口大小（rwnd 值）。接收端通过 rwnd 值就能知道要发送多少数据。

● 输出流字段：这个 16 位的字段定义关联的发起者建议在输出方向的流数。另一个端点可以减少这个数值。

● 最大输入流字段：这个 16 位的字段定义关联的发起者在输入方向能够支持的最大流数。注意，这是一个最大值，另一个端点不能再增大。

● 初始 TSN 字段：这个 32 位的字段对输出方向的传输序号（TSN）进行初始化。在一个关联中的每一个块必须有一个 TSN。这个字段值是一个小于 2^{32} 的随机数。

● 变长参数字段（可选）：可选的变长参数可以加到 INIT 块上，用来定义发送端的 IP 地址、该端点可支持的 IP 地址数（多归属）、cookie 状态的保留、地址的类型，以及支持显式拥塞通知（ECN）。

（2）INIT ACK 块。INIT ACK 块（开始确认块）是在关联建立期间发送的第二个块，其格式如图 9.15 所示。携带这个块的数据报不能再携带任何控制块或数据块，而这个数据报的验证标签值（在通用头部）是定义在收到的 INIT 块中的开始标志值。

这个块的主要部分的字段与 INIT 块的定义相同，只是增加了一些强制性的参数字段。参数类型 7 定义这个块的发送端发送的 cookie 状态。注意，这个块的开始标志字段初始化值使后面的数据报从反方向传送。

（3）COOKIE ECHO 块。COOKIE ECHO 块是在关联建立期间发送的第三个块，其格式如图 9.16 所示。它由收到 INIT ACK 块的端点发送（通常是发送 INIT 块的一端）。携带这个块的数据报可以携带用户数据。

图 9.15　INIT ACK 块格式

注意，类型 10 的块是非常简单的。在信息部分，它把端点以前收到的 INIT ACK 中的 cookie 回送。INIT ACK 的接收端不能打开这个 cookie。

图 9.16　COOKIE ECHO 块格式

（4）COOKIE ACK 块。COOKIE ACK 块是在关联建立期间发送的第四个也是最后一个块，其格式如图 9.17 所示。它由收到 COOKIE ECHO 块的端点发送。携带这个块的数据报也可以携带用户数据。这个块非常简单，其长度是 4 字节。

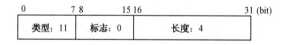

图 9.17　COOKIE ACK 块格式

（5）SACK 块。SACK 块（选择 ACK 块）对收到的数据报进行确认，其格式如图 9.18 所示。类型字段的值为 3，标志位全部置为 0。

SACK 块的其他字段的含义如下。

- 累积 TSN 确认字段：这个 32 位字段定义最后一个按序收到的数据块。
- 通知的接收端窗口信用量字段：这个 32 位字段是接收端窗口大小的更新值（rwnd 值）。
- 间隙 ACK 块数目字段：这个 16 位字段定义在累积 TSN 以后收到的数据块（不是丢失的块）中的间隙数。
- 重复数字段：这个 16 位字段定义在累积 TSN 以后的重复块数。
- 间隙 ACK 块开始偏移字段：对于每一个块间隙，这个 16 位字段给出相对于累积 TSN 的开始 TSN。
- 间隙 ACK 块结束偏移字段：对于每一个块间隙，这个 16 位字段给出相对于累积 TSN

的结束 TSN。

- 重复 TSN 字段：对于每一个重复块，这个 32 位字段定义该块相对于累积 TSN 的 TSN。

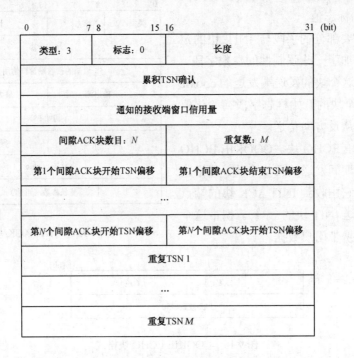

图 9.18　SACK 块格式

（6）HEARTBEAT 块和 HEARTBEAT ACK 块。这两个块除类型字段外其他字段都是相似的，其格式如图 9.19 所示。在这两个块中，均有公共的 3 个字段和向发送端提供特定信息的强制性的参数字段。这两个块用来周期性地探测关联的状态，一个端点发送 HEARTBEAT 块，如果对等端在工作，就响应一个 HEARTBEAT ACK 块。

图 9.19　HEARTBEAT 块和 HEARTBEAT ACK 块的格式

（7）SHUTDOWN 块、SHUTDOWN ACK 块和 SHUTDOWN COMPLETE 块。这 3 个块是相似的，其格式如图 9.20 所示，用来关闭一个关联。

（8）ERROR 块。当一个端点发现在收到的一个数据报中有一些差错时，就发送 ERROR 块，其格式如图 9.21 所示。发送 ERROR 块并不表示要异常终止这个关联。差错类型包括：无效的流标识符（代码 1）、丢失强制性参数（代码 2）、状态 cookie 差错（代码 3）、资源用完（代码 4）、不能解析的地址（代码 5）、不能识别的块类型（代码 6）、无效的强制性参数（代码 7）、不能识别的参数（代码 8）、无用户数据（代码 9）和正常关闭时收到 cookie（代码 10）。

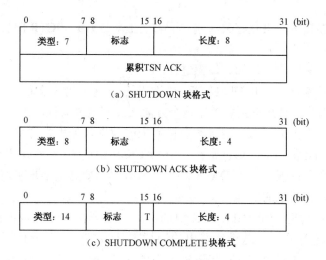

（a）SHUTDOWN 块格式

（b）SHUTDOWN ACK 块格式

（c）SHUTDOWN COMPLETE 块格式

图 9.20　SHUTDOWN 块、SHUTDOWN ACK 块和 SHUTDOWN COMPLETE 块的格式

图 9.21　ERROR 块格式

（9）ABORT 块。当一个端点发现了一个致命的错误时就应当发送 ABORT 块，使这个关联异常终止。ABORT 块的格式如图 9.22 所示，其差错类型与 ERROR 块的差错类型一样。

图 9.22　ABORT 块格式

（10）FORWARD TSN 块。这是在 RFC 3758 中新增加的一个块，用来通知接收端调整其累积 TSN，用以提供部分可靠的服务。

9.4.3　SCTP 关联

与 TCP 类似，SCTP 也是面向连接的协议。但在 SCTP 中连接被称为关联，用来强调多归属性。若端点 A 的进程要向端点 B 的进程发送数据或要从端点 B 接收数据，这时发生的情况是：①两个 SCTP 彼此建立关联；②数据在两个方向交换，即数据传送；③关联终止。

1. 关联建立

在 SCTP 中建立关联需要 4 次握手，如图 9.23 所示。在这个过程中，一个进程（通常是客户机）若使用 SCTP 作为传输层协议与另一个进程（通常是服务器）建立关联，与 TCP 建立连接相似，由 SCTP 客户机发起关联建立请求（主动打开），SCTP 服务器准备接收任何的关联（被动打开）。

在正常情况下，关联建立按如下步骤进行。

（1）客户机发送含有一个 INIT 块的第一个数据包。这个包的验证标签（VT）（在通用包头中定义）是 0，因为在客户机到服务器这个方向还没有定义验证。INIT 标志包含一个开始标志，用来给从另一个方向（服务器到客户机）来的数据包使用。这个块还定义了该方向的TSN，并通知一个 rwnd 值。rwnd 值通常在一个 SACK 块中通知，可在这里通知，是因为 SCTP允许在第三和第四个数据报中包含 DATA 块，而服务器需要知道客户机缓存的大小。注意，第一个数据报不能发送其他的块。

（2）服务器发送含有一个 INIT ACK 块的第二个数据报。在该数据报中，验证标签是INIT 块中的开始标志字段值。这个块发出的该标志是为另一个方向使用的，它定义了从服务器到客户机的数据流的开始 TSN 和设置了服务器的 rwnd。定义 rwnd 值是为了允许客户机在第三个数据报中发送 DATA 块。INIT ACK 块还发送了一个 cookie，定义了在这个时刻服务器的状态。

（3）客户机发送含有一个 COOKIE ECHO 块的第三个数据报。这个数据报是一个非常简单的 COOKIE ECHO 块，它无变化地回送服务器发送的 cookie。SCTP 允许在这个数据报中携带数据块。

（4）服务器发送含有 COOKIE ACK 块的第四个数据报。这一次握手是对收到的 COOKIE ECHO 块进行确认。SCTP 允许在这个数据报中携带数据块。

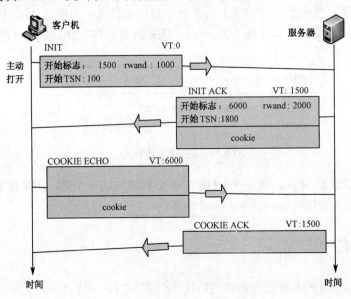

图 9.23　SCTP 的 4 次握手

2．数据传送

建立一个关联的目的，是要在这两个端点之间传送数据。在建立关联后，双向的数据传送就可以开始了。客户机和服务器都可以传送数据。与 TCP 一样，SCTP 也支持捎带确认。

在 SCTP 中,只有 DATA 块才消耗 TSN。DATA 块是能够被确认的唯一的块。一种简单的 SCTP 数据传送过程如图 9.24 所示。

在图 9.24 中,客户机发送了 4 个 DATA 块,并收到了 2 个来自服务器的 DATA 块。在此不考虑流量控制和差错控制等因素,假定一切情况正常,客户机使用验证标志 65,服务器使用验证标志 800。对于发送的数据报及其传送过程的描述如下。

(1)客户机发送第一个数据报,携带 2 个 DATA 块,其 TSN 分别为 8105 和 8106。

(2)客户机发送第二个数据报,携带 2 个 DATA 块,其 TSN 分别为 8107 和 8108。

(3)第三个数据报来自服务器,它包含 SACK 块,用来确认从客户机收到的 DATA 块。SCTP 对收到的最后一个按序收到的 DATA 块(累积 TSN 为 cumTSN 8108)进行确认;也就是说,在 STCP 中的确认给出了累积 TSN,即上一个按序收到的数据块中的 TSN。第三个数据报还包含从服务器发送的第一个 DATA 块,其 TSN 为 121。

(4)然后,服务器发送另一个数据报,携带最后一个 DATA 块,其 TSN 为 122。但这个数据报中并未包含一个 SACK 块,因为从客户机收到的上一个 DATA 块已经被确认过了。

(5)最后,客户机发送包含 SACK 块的数据报,确认收到了从服务器发送来的上述 2 个 DATA 块。

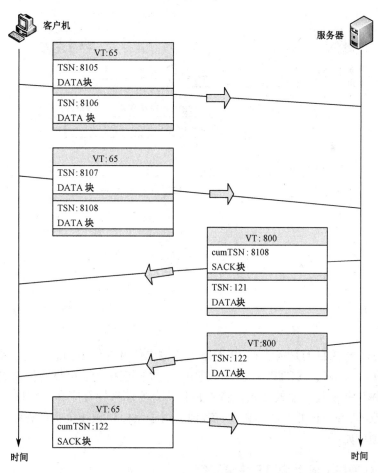

图 9.24　简单的 SCTP 数据传送过程

在数据传送过程中，还将涉及多归属数据传送、多重流交付、分片，以及流量控制、拥塞控制和差错控制等比较复杂的问题，此处不再讨论。

3. 关联终止

与 TCP 一样，SCTP 参与数据交换的任何一方（客户机或服务器）都可以关闭连接，即终止关联。但 SCTP 不允许半关闭关联。如果一端关闭这个关联，另一端必须停止发送新的数据。如果在收到终止请求时在队列中还有未发送的数据，在把它们发送出去之后关联就关闭了。关联终止使用 3 个数据报，其过程如图 9.25 所示。在图 9.25 中，给出的是由客户机发起终止请求的关联终止过程，然而服务器也可以发起终止。

关联终止可以有多种情况，图 9.26 描述的关联终止也称为从容终止。在 SCTP 中的关联也可以异常终止。异常终止可以由任何一端的进程发出请求，也可以由 SCTP 发出请求。如果一个进程感觉本身有问题（例如，从另一端收到错误的数据，进入了无限循环，等等）就可以使用关联异常终止。服务器也可以在需要时使用关联异常终止。例如，服务器收到了具有错误参数的 INIT 块，或所请求的资源不可用，或操作系统需要关闭，等等。SCTP 的异常终止过程非常简单，每一端都可以通过发送 ABORT 块来异常终止关联，而不需要更多的块。

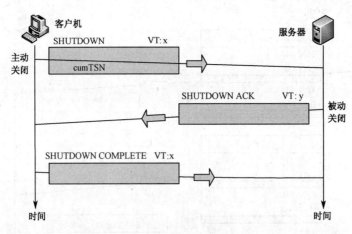

图 9.25　关联终止过程

9.4.4　SCTP 应用

最初设计 SCTP 的目的是为了在 IP 网络上传输电信网的信令消息，而后来，SCTP 却演变成了通用的传输层协议。SCTP 作为一个通用的、面向连接的、可靠的传输层协议，能够很好地满足流媒体数据差别传输的要求，特别是其特有的选择性有序和多宿性使得流媒体传输性能得到明显改善。SCTP 可以很容易和有效地应用于黑白视频和全彩色视频的在线广播，比较典型的应用领域如下。

1. 在下一代网络上应用 SCTP 传输信令

下一代网络（NGN）的主要思想是在一个统一的网络平台上以统一管理的方式提供多媒

体业务，在整合现有市内固定电话、移动电话的基础上（统称 FMC），增加多媒体数据服务及其他增值型服务。其中语音交换将采用软交换技术，平台的主要实现方式为 IP 技术，逐步实现统一通信，其中 VoIP 将是下一代网络中的一个重点。SCTP 在信令传输方面的主要应用，是在信令网关（SG）和媒体网关控制器（MGC）之间传输 ISUP 消息。SG 是位于 SS7（7 号信令系统）网络和 IP 网络之间的网关，它处理所有与媒体传输协议（MTP）相关的任务，但不包括 SS7 用户部分。SS7 用户部分（比较典型的是综合业务数字网 ISDN 的用户部分，即 SS7/C7 信令系统的一种协议）位于 MGC 内部，MGC 和 SG 通信并通过 IP 网来控制媒体网关（MG）。

一个 MGC 可以与多个 SG 关联在一起，以达到有冗余和可能的负载分担。在这种框架之下，从基于 MTP 的网络来看，SG 可以看作信令传输点（STP），而 MGC 可以看作信令端点（SEP）。通过使用 SG，MGC 可以与 MTP 网络中的 SEP 透明地互相通信。利用基于 IP 的信令传输，使得建立无 MTP 栈的业务控制点（SCP）成为可能。这样，ISUP 消息就可以在 SG 和 SCP 之间传输了。

2．利用 SCTP 构建远程实时系统

SCTP 的设计初衷是用来传输信令消息，因此最大限度地提供传输可靠性和网络容错能力是其主要目标。现实中有一些网络应用与信令传输非常相似，一方面它们是基于消息的应用，另一方面又具有较高的网络服务质量和实时性要求。例如，各种用于数据采集、监测或远程控制的远程实时系统。所以，可以利用 SCTP 在可靠性方面的优势来构建这些系统。

利用 SCTP 的特性构建基于移动通信网络的远程实时系统，不仅能满足远程实时系统对于数据可靠传输的要求，而且可以利用对多条传输路径的支持来提供一定的网络容错能力。远程设备可以同时使用多个移动通信终端设备进行接入，以获得多条传输路径。这样，在一条网络路径出现故障的情况下仍能使通信得到保障。

3．利用 SCTP 重新实现传统的网络服务

SCTP 针对 TCP 的一些不足进行了改进，可以利用 SCTP 的多流特性和部分可靠性来重新实现某些传统的由 TCP 实现的网络服务，以期获得更好的性能。

（1）FTP 服务。传统的 FTP 服务是利用 TCP 实现的，需要在文件传输前建立一条连接作为命令通道，传输文件时又需要建立新的连接作为传输通道。通常服务器能处理的并发连接数是有限的，因此往往限制每个用户同时所能拥有的传输连接的数量。如果使用 SCTP 实现 FTP 服务则每个用户和服务器之间只需要建立一条关联，因为可以使用不同的流作为命令通道和传输通道。利用多流特性引入多个传输通道进行并发传输，可以在一定程度上减轻服务器端的负担。

（2）HTTP 数据的传输。在传统的 TCP 实现中，当 Web 服务器向浏览器发送 Web 页面时，如果页面中含有多个图像或文本对象，则会建立多条 TCP 连接来并发发送这些对象。尽管这样实现了多个对象的独立传送，在一定程度上缓解了队头阻塞；但当同时有多个应用程序共享网络带宽时，使用过多的连接会影响其他应用程序对带宽的竞争。利用 SCTP 的多流特性可以解决这个问题，既能实现多个对象的并发传送，也可以保证各个应用程序对网络带宽的公平竞争。

（3）多媒体数据的传输。SCTP 的部分可靠性可为不同的数据流提供不同的可靠性级别，特别适用于 MPEG4 等多媒体数据的传输。多媒体数据流中对可靠性要求较高的控制信息，可以放在具有高可靠性级别的流中传送；而对于实时性要求较高的媒体信息来说，关键是要保证数据的实时传输，过分强调可靠性是没有意义的，因此可以用较低可靠性级别的流进行传送，以获得较高的实时性保证。

4．利用 mSCTP 为移动通信提供支持

SCTP 进行动态地址重配置扩展后被称为移动 SCTP（mSCTP），它在传输层对移动性进行支持，为移动结点提供平滑的地址切换。这种能力来源于 mSCTP 的对多宿主机的支持和动态地址重配置特性。多宿特性允许移动结点可以具有多个不同的无线网络接口，故可分配多个 IP 地址用于通信。在多条无线链路信号交叉覆盖的区域，利用动态地址重配置能力，可以根据不同物理链路信号强弱等具体情况，决定使用哪一条链路进行通信。当移动结点移动到新的 IP 子网并分配到新的 IP 地址时，可以在已有关联上绑定新的通信地址，删除不需要的旧地址，从而实现 IP 地址的平滑切换。

IEFT 正在致力于对 SCTP 的进一步修改，以使其能更好地满足下一代网络应用的需求。

本章小结

本章简单介绍了多媒体通信的概念和技术，以及多媒体通信网络、流媒体传输协议及其典型的多媒体通信应用系统。

多媒体通信网络是指利用计算机网络（因特网、局域网等）传送多媒体信息的网络系统。它将为人类社会对多媒体信息的交流提供更好的服务。广泛使用的多媒体通信协议主要是 RTP/RTCP、RTSP、H.323 和 SIP，以及 SCTP 等。

现在，流媒体传输多是基于 UDP 的 RTP/RTCP 组合。实时传输协议（RTP）是在 IP 网络上传输流媒体数据的协议。该协议运行在用户数据报协议（UDP）之上，可基于多播或单播网络提供端到端的实时数据传输。实时传输控制协议（RTCP）运行在 UDP 之上，提供流量控制和拥塞控制。实时流协议（RTSP）提供一个可供扩展的框架，使得实时流媒体数据的受控和点播成为可能。RTSP 可以对流媒体提供播放、暂停和快进等操作，负责定义具体的控制报文、操作方法和状态码等，描述与 RTP 之间的交互操作。该组协议运行在 UDP 之上，而 RTP 本身不能为流媒体传输提供可靠性保证，需要 RTCP 提供流量控制和拥塞控制。但这样就需要周期性地发送 RTCP 数据包，导致产生额外的通信量。

SIP 和 H.232 是 RTP 的一个补充，用来建立、维护和终止多媒体会话。多媒体视频会议系统是指能够通过 IP 网络来传输语音视频通信业务的一种网络系统。ITU 和 IETF 都提出了视频会议系统方面的一些标准。ITU 标准 H.323 包含了许多协议，涉及呼叫建立与管理、验证与计费和用户服务（如呼叫转移），以及在电话连接上对语音、视频和数据的传输。IETF 的 SIP 主要提供信令能力，包括用户定位和呼叫建立等。SIP 需要使用域名服务器、代理服务器和位置服务器来处理信令。

随着流媒体技术的发展，传统的传输控制协议（TCP）那种严格有序、确认重传的方式，以及基于用户数据报协议（UDP）的流媒体传输方案中的 RTP 与 RTCP 速率调整都不能很好

地满足流媒体的传输要求。为此，IETF 设计并制定了 SCTP。作为新一代的通用 IP 网传输协议，SCTP 具有许多传输层协议所不具备的优势。SCTP 提供面向连接的、点到点的可靠传输，它继承了 TCP 强大的拥塞控制、数据包丢失发现等功能，任何在 TCP 上运行的应用都可移至 SCTP 上运行。SCTP 和 TCP 最大的区别在于，STCP 对多宿定址（Multi-homing）和部分有序（Partial Ordering）的支持。

思考与练习

1．实时多媒体数据和普通的文件数据主要有哪些区别？这些区别对实时多媒体数据在互联网上传送所用的协议有哪些影响？

2．何谓多媒体、多媒体通信和多媒体通信网络？

3．简述多媒体通信的含义，说出主要有哪些类型的多媒体通信业务。

4．简述实现多媒体通信所需要的关键技术。

5．与传统网络应用相比，多媒体通信最主要的需求有哪些？

6．分析 RTP、RTCP 和 RSVP 分别在多媒体通信中的作用。

7．描述 RTP 分组的报文格式，简述时间戳和同步源标识符 SSRC 字段的作用。

8．RTP 分组的报头中为什么要使用序号、时间戳和标记？

9．为什么多媒体传输一般采用 UDP/IP 而不采用 TCP/IP？

10．RTP/RTCP 本身的多媒体数据传输能够提供 QoS 保证吗？为什么说它们适合用于传输多媒体数据？

11．RTCP 对多媒体分组进行封装码？它的主要功能是什么？它有哪几种类型的分组？这些分组的作用是什么？

12．简述 H.323 视频会议系统的组成结构。

13．简单描述 H.323 协议体系结构。

14．基于 SIP 的视频会议系统主要包含哪些部件？它们的主要作用是什么？

15．在互联网上浏览并检索两个流式存储音频和/或视频的软件系统。对于每个软件系统，试判断：

（1）是否使用了元文件？

（2）音频/视频是在 UDP 上还是在 TCP 上发送？

（3）是否使用了 RTP？

（4）否使用了 RTSP？

16．试在互联网上查找并阅读与 SCTP 相关的 RFC 文档，然后列出 SCTP 块的类型及其功能。

第 10 章　网络性能分析与评价

随着计算机网络数量的增长，网络功能不断增强，对网络性能的分析与评价已成为十分重要的任务。性能评价（Performance Evaluation）是计算机网络系统研究与应用的重要理论基础和支撑技术，是通信和计算机科学领域的重要研究方向，也是理论与实践紧密相连、内容丰富、体系完整的学科之一。国内外对网络性能分析与评价技术的研究和应用已经十分广泛、深入。对网络性能进行研究分析，既需要相关的数学知识，也需要相应的技术手段。

本章在简要介绍计算机网络中的数学知识的基础之上，讨论网络性能度量和测量技术，并介绍一款常用的网络仿真软件工具（Network Simulator Version 3，NS-3）。

10.1　计算机网络中的数学问题

为了定量描述计算机通信网络的运行情况、设计网络体系结构，以及评估通信网络的容量、时延和服务质量等，需要了解计算机网络中每个链路、结点的输入、输出业务流的行为特征和处理过程。描述这些行为特征和处理过程的数学知识主要包括随机过程、排队论等，描述网络结构的基本方法是图论。

10.1.1　随机过程

随机过程是随机变量概念在时间域上的延伸。直观地讲，随机过程是时间 t 的函数集合，在任一个观察时刻，随机过程的取值是一个随机变量。或者说，依赖于时间参数 t 的随机变量所构成的总体称为随机过程。

随机过程是用来描述在一个观察区间内某一实体的随机行为的。例如，通信系统中的噪声就是一个典型的随机过程。有许多方法可以获取随机过程的观察值或样本函数。通过获取足够多的样本函数就可以得到随机过程的统计特性。

设 $X(t)$ 是一个随机过程，可以从两个方面来描述 $X(t)$ 的特征：一是在任意时刻 t_1，随机变量 $X(t_1)$ 的统计特征，如一维分布函数、概率密度函数、均值和方差等；二是同一随机过程在不同时刻 t_1 和 t_2 对应的随机变量 $X(t_1)$ 和 $X(t_2)$ 的相关特性，如多维联合分布函数、相关函数、协方差矩阵等。

随机过程 $X(t)$ 的一维分布函数定义为

$$F_t(x) = P\{X(t) < x\} \tag{10-1}$$

式中，$P\{\ \}$ 表示概率。

如果 $F_t(x)$ 对 x 的微分存在，则 $X(t)$ 的一维概率密度函数定义为

$$f_t(x) = \frac{\partial F_t(x)}{\partial x} \tag{10-2}$$

通常，一维分布函数不能完全描述随机过程的特征，需要采用 n 维联合分布函数。对于给定的 n 个时刻 $t_1, t_2, \cdots, t_n$，随机变量 $X(t_1)$，$X(t_2)$，$\cdots$，$X(t_n)$ 的联合分布函数为

$$F_{t_1, t_2, \cdots, t_n}(x_1, x_2, \cdots, x_n) = P\{X(t_1) < x_1, X(t_2) < x_2, \cdots, X(t_n) < x_n\} \tag{10-3}$$

若 $\int_{-\infty}^{+\infty} |X| \, \mathrm{d}F_t(x) < +\infty$，则随机过程 $X(t)$ 的均值函数为

$$m_x(t) = E[X(t)] = \int_{-\infty}^{+\infty} x \mathrm{d}F_t(x) \tag{10-4}$$

对任意给定的时刻 t_1 和 t_2，若下列函数

$$C_X(t_1, t_2) = \mathrm{cov}[X(t_1), X(t_2)] = E\{[X(t_1) - m_X(t_1)][X(t_2) - m_X(t_2)]\} \tag{10-5}$$

存在，则称 $C_X(t_1, t_2)$ 为 $X(t)$ 的协方差函数，称

$$D_X(t) = D[X(t)] = E[X(t) - m_X(t)^2] \tag{10-6}$$

为 $X(t)$ 的方差函数。

若对任意给定的时刻 t_1 和 t_2，$R_X(t_1, t_2) = E[X(t_1)X(t_2)]$ 存在，则 $R_X(t_1, t_2)$ 为 $X(t)$ 的自相关函数。

协方差函数、自相关函数和均值函数之间有下列关系：

$$C_X(t_1, t_2) = R_X(t_1, t_2) - m_X(t_1)m_X(t_2) \tag{10-7}$$

典型的随机过程有泊松（Poisson）过程、马尔科夫（Markov）过程等。

1. 泊松（Poisson）过程

设一个随机过程为 $\{A(t), t \geqslant 0\}$，$A(t)$ 的取值为非负整数，如果该过程满足下列条件，则称该过程为到达率为 λ 的泊松（Poisson）过程：

（1）$A(t)$ 是一个计数过程，它表示在 $[0, t]$ 区间内到达的用户总数，$A(0)=0$，$A(t)$ 的状态空间为 $\{0, 1, 2, \cdots\}$。

（2）$A(t)$ 是一个独立增量过程，即在两个不同的时间区间（区间不重叠）内到达的用户数是相互独立的。

（3）在任一个长度为 τ 的区间内，到达的用户总数服从为 $\lambda\tau$ 的 Poisson 分布，即

$$P[A(t + \tau) - A(t) = n] = \frac{(\lambda\tau)^n}{n!} e^{-\lambda\tau} \quad n=0, 1, 2, \cdots \tag{10-8}$$

其均值和方差均为 $\lambda\tau$。由于在 τ 区间内平均到达的用户数为 $\lambda\tau$，则 λ 即为单位时间平均到达的用户数或称为到达率。

2. 马尔科夫（Markov）过程

设有一个随机过程 $X(t)$。如果对于一个任意的时间序列 $t_1 < t_2 < \cdots < t_n$（$n \geqslant 3$）在给定随机变量 $X(t_1) = x_1, X(t_2) = x_2, \cdots, X(t_{n-1}) = x_{n-1}$ 的条件下，$X(t_n) = x_n$ 的分布过程可以表示为

$$F_{t_n, t_1, t_2, \cdots, t_{n-1}}(x_n \mid x_1, x_2, \cdots, x_{n-1}) = F_{t_n, t_{n-1}}(x_n \mid x_{n-1}) \tag{10-9}$$

则称 $X(t)$ 为马尔科夫（Markov）过程，简称马氏过程。

该过程的基本特点是无后效性，即当该过程在 t_0 时刻的状态为已知的条件下，则该过程在 $t(>t_0)$ 所处的状态与该过程在 t_0 时刻之前的状态无关。马尔科夫链是最简单的马氏过程，即时间和状态过程的取值参数都是离散的马氏过程。

10.1.2 排队论

网络时延是衡量网络传输能力的重要指标，通信信息量理论的基础之一是排队论。排队是日常生活中最常见的现象，如去银行办理存取款业务等。与此类似，在计算机网络中报文分组通过结点的过程可以用排队系统模型来描述，如图 10.1 所示。排队系统模型分为分组到达、在缓冲区排队、发送服务和分组离开四个阶段。

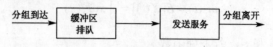

图 10.1 排队系统模型

在图 10.1 中，分组到达和服务时间是随机的。在这个排队模型中涉及：①分组到达的规律及相邻两次到达时间间隔的概率密度；②缓冲区的容量；③分组长度的规律及服务时间的概率密度（或概率分布）；④服务员数量；⑤排队规则。

在排队系统中，通常已知的量有两个：一是分组到达率，即单位时间内进入系统的平均（或称典型）分组数；二是服务速率，即系统处于忙时单位时间内服务的平均（或称典型）分组数。所要求解的量也有两个：一是系统中的平均分组数（它是在等待队列中的分组数和正在接受服务的分组数之和的平均数）；二是每个分组的平均时延（即每个分组等待所花的时间加上服务时间之和的平均值）。排队系统用到的主要理论和模型有李特尔（Little）定理、M/M/n 排队模型、M/G/1 及其推广型排队模型、排队网络等。

1. Little 定理

令 $N(t)$ 表示系统在 t 时刻的分组数，N_t 表示在 $[0, t]$ 时间内的平均分组数，即

$$N_t = \frac{1}{t} \int_0^t N(t) \mathrm{d}t \tag{10-10}$$

系统稳态（$t \to \infty$）时的平均分组数为

$$N = \lim_{t \to \infty} N_t \tag{10-11}$$

令 $\alpha(t)$ 表示在 $[0, t]$ 内到达的分组数，则在 $[0, t]$ 内的平均到达率为

$$\lambda_t = \frac{\alpha(t)}{t} \tag{10-12}$$

稳态的平均到达率为

$$\lambda = \lim_{t \to \infty} \lambda_t \tag{10-13}$$

令 T_i 表示第 i 个到达的分组在系统内花费的时间（时延），则在 $[0, t]$ 内分组的平均时延为

$$T_i = \frac{\sum_{i=0}^{\alpha(t)} T_i}{\alpha(t)} \tag{10-14}$$

稳态的分组平均时延为

$$T = \lim_{t \to \infty} T_i \tag{10-15}$$

N、λ 和 T 的相互关系是

$$N = \lambda T \tag{10-16}$$

这就是 Little 定理（公式）。该定理表明：在稳态情况下，存储在网络系统中的平均分组数 N=分组的平均到达率 (λ)×分组的平均时延(T)。

2．M/M/n 排队模型

分组交换虽然在各个结点的缓冲区进行排队，但理解分组交换动作的基础是：有 n 个服务员、服务时间按指数分布，信息按 Poisson 过程到达的队列模型。常把它称为 M/M/n/∞排队模型。关于排队模型，目前通用的格式是肯达尔（Kendall）表示法。在 M/M/n/∞排队模型中，第一个字母表示到达过程的特征，其中 M 表示的是无记忆的 Poisson 过程。第二个字母表示服务时间的概率分布，其中 M 表示指数分布，G 表示一般分布，D 表示确定性分布。第三个字母表示服务员的个数。有时还有第四个字母，表示系统容量的大小。如果没有第四个字母，则表示系统的容量是无限大的。

设排队的分组分布不随时间变化，排队分组数为 x 的概率 $P(x,t)$ [可简写为 $P(x)$]，分组的到达率为 λ（平均到达时间为 1/λ），系统允许排队的队长可以是无限大的（系统的缓存容量无限大）；服务过程为指数过程，服务率为 μ（平均服务时间为 1/μ），服务员（S）的数目为 n，到达过程与服务过程相互独立。

令系统的状态为系统中的用户数 $N(t)$，则可以用状态迁移概率来描述该系统的行为。将时间轴离散化［对 $N(t)$进行采样，采样时间间隔为 δt，δt 为大于 0 的任意小常数］，显然该系统可用马氏链来描述。

如果 $x \leqslant n$，则系统中的输入分组全部得到服务；如果 $x>n$，则 $x\text{-}n$ 个分组排队。输入分组有 x 个时，称系统状态为 x 状态，图 10.2 所示为 M/M/1 排队系统的状态迁移图。在 δt 时间内，从状态 $x\text{-}1$ 迁移到状态 x 的概率为 $\lambda \delta t$；如果 $x \leqslant n$，则从状态 x 迁移到状态 $(x\text{-}1)$ 的概率为 $x\mu\delta t$；当 $x>n$ 时，从状态 x 迁移到状态 $x\text{-}1$ 的概率为 $n\mu\delta t$。以上两种现象不发生时，状态不变化。众所周知，当系统处于稳定状态时，从状态 x 迁移到其他状态的概率和其他状态迁移到状态 x 的概率相等。这种状态称为统计平衡状态。

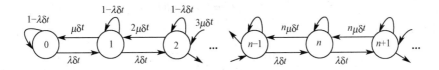

图 10.2　M/M/1 排队系统的状态迁移图

为了便于对排队模型的解析，以 M/M/1 型排队系统为例，根据马尔科夫（Markov）链的状态迁移图和平衡方程，求解系统的状态概率，进而给出平均时延 T、平均等待时间 W 和系统中的平均队长 N_Q 等参量。

设系统状态的稳态概率为

$$p_n = \lim_{k \to \infty} P\{N_k = n\} = \lim_{t \to \infty} P\{N(t) = n\} \qquad (10\text{-}17)$$

在系统能够达到稳态的情况下，系统从状态 n 迁移到状态 n+1 的概率必然等于系统从状态 n+1 迁移到 n 的概率，即有

$$p_n P_{n,n+1} = p_{n+1} P_{n+1,n} \qquad (10\text{-}18)$$

否则系统不可能稳定。当 $\delta t \to 0$ 时有（称为全局平衡方程）

$$p_n\lambda = p_{n+1}\mu \qquad (10\text{-}19)$$

$$p_{n+1} = \frac{\lambda}{\mu}p_n = \rho p_n \qquad (10\text{-}20)$$

式中，$\rho = \dfrac{\lambda}{\mu}$。通过递推计算可以得到：

$$p_{n+1} = \rho^{n+1} p_0 \qquad (n=0,1,2,\cdots) \qquad (10\text{-}21)$$

此外，由于 p_n 为状态 n 的概率，因而必有 $\displaystyle\sum_{n=0}^{\infty} p_n = 1$。因此，在 $\rho < 1$ 的条件下，有

$$\sum_{n=0}^{\infty} \rho^n p_0 = \frac{p_0}{1-\rho} = 1$$

即 $p_0 = 1-\rho$。将其代入式（10-21），得到系统的稳态概率为

$$p_n = \rho^n(1-\rho) \qquad (n=0,1,2,\cdots)$$

系统中的平均用户数为

$$N = \sum_{n=0}^{\infty} np_n = \sum_{n=0}^{\infty} n\rho^n(1-\rho) = \frac{\rho}{1-\rho} = \frac{\lambda}{\mu-\lambda} \qquad (10\text{-}22)$$

由于 $\rho = \dfrac{\lambda}{\mu}$ 是到达率与服务速率之比，它反映了系统的繁忙程度。当 ρ 增加时，N 将随之增加；当 ρ 趋于 1 时，N 将趋于 ∞。

利用 Little 定理，可求得用户的平均时延为

$$T = \frac{N}{\lambda} = \frac{\rho}{1-\rho} \cdot \frac{1}{\lambda} = \frac{1}{\mu-\lambda} \qquad (10\text{-}23)$$

通过简单证明，可以求得用户的时延服从均值为 T 的指数分布。由于每个用户的平均服务时间为 $\dfrac{1}{\mu}$，则每个用户的平均等待时间为

$$W = T - \frac{1}{\mu} = \frac{\lambda}{\mu} \cdot \frac{1}{\mu-\lambda} = \frac{\rho}{\mu(1-\rho)} \qquad (10\text{-}24)$$

系统中的平均队长为

$$N_Q = \lambda W = \frac{\lambda^2}{\mu(\mu-\lambda)} = \frac{\lambda}{\mu} \cdot \frac{\rho}{1-\rho} \qquad (10\text{-}25)$$

在实际应用中，可以灵活运用式（10-23）至式（10-25）中不同的表达形式。

3. 排队网络

在分组交换网络中，分组从发送端传送到接收端，一般要经过许多个结点，并在各个结点的缓冲区进行排队。每个结点都有一个队列，各个结点的队列组成一个排队的网络。因此从传输的整体上看，分组交换网为多级排队系统。在排队的网络中，每个结点的分组到达过程与前一个队列的服务间隔（分组传输时间）紧密相关，因而不能采用 M/M/1 和 M/G/1 的结果对每一个结点的行为和网络行为进行严格的、有效的分析。

通常，多级排队系统的解析是比较困难的。但是，如果将各个结点的排队看作 M/M/n/∞ 排队模型，还是可以求解的。然而，实际的分组交换网总的分组长度为一定值，按 M/M/n/∞ 近似显然会有误差。为了求解多级系统，消除结点输出过程对下一个结点的到达过程的影响，

进而求解排队网络的性能，通常采用 Kleinrock 建议的独立近似法或 Jackson 定理。

Kleinrock 建议，几条分组流合成的一个分组流，类似于部分恢复了到达间隔和分组长度的独立性。如果合成的分组流数目 n 较大，则到达间隔与分组长度的依赖性将很弱。这样就可以采用 M/M/1 模型来描述每条链路，而必考虑这条链路上的业务与其他链路上的业务的相互作用。这就是 Kleinrock 建议的独立近似，它对于中等到重负荷的网络是一个很好的近似。

Jackson 定理的主要内容是：当一个分组的到达过程通过网络的第一个队列以后，分组到达后续队列（第二个、第三个、…、第 n 个队列）的过程将与它们的长度相关。如果这种相关性可以消除或采用随机的方法将分组分成若干不同的路由，那么系统中的平均分组数可以通过将网络中的每个队列看成 M/M/1 队列而导出。

10.1.3 图论

图论是一个新的数学分支，也是一门很有实用价值的学科，在很多领域得到了广泛应用。在计算机通信网络中，许多问题的描述都基于图论。

1. 图的概念

一般在几何学中将图定义成空间中一些点（顶点）和连接这些点的线（边）的集合。图论中将图定义为 $G = (V, E)$，其中 V 表示顶点的集合，E 表示边的集合。这样，图 10.3 所示的无向图可以表示为

$$V = \{v_1, v_2, v_3, v_4\}, E = \{e_1, e_2, e_3, e_4, e_5, e_6\} \tag{10-26}$$

无向图中也可以用两个边的顶点来表示边。如果边 e 的两个顶点是 u 和 v，那么 e 可以写成 $e = (u, v)$，这里 (u, v) 表示 u 和 v 的有序对。如果有 (u, v) 和 (v, u) 同时存在，则它表达了以 u, v 为端点的一条无向边。如果图中的所有边都是无向的，则称该图为无向图。

一般图 $G = (V, E)$ 的顶点数目用 $n(=|V|)$ 表示，边的数目用 $m(=|E|)$ 表示，若 $|V|$ 和 $|E|$ 都是有限的，则称图 G 为有限图，否则称为无限图。

在实际应用中，图中每条边可能有一个方向（它反映了信息或物质的流向）。当给图 G 的每一条边都规定一个方向时，则称该图为有向图。对有向图 $G = (V, E)$，有向边 e 可以用与其关联的顶点 (u, v) 的有序对来表示，即 $e = (u, v)$，它表示 u 为边 e 的起点，v 为边 e 的终点。那么，图 10.4 所示的有向图 $G = (V, E)$ 可表示如下：

$$V = \{v_1, v_2, v_3, v_4\}, E = \{(v_1, v_2), (v_1, v_3), (v_1, v_4), (v_4, v_2), (v_4, v_3), (v_2, v_3)\} \tag{10-27}$$

如果顶点 v 是边 e 的一个端点，则称为 e 和顶点 v 相关联；对于顶点 u 和 v，若 (u, v) $\in E$ 则称 u 和 e 是邻接的。在图 10.4 中，边 e_2、e_4 和 e_5 都与顶点 v_4 相关联，v_4 分别与 v_1、v_2 和 v_3 相邻接。若两条边有共同的顶点，则称这两条边是邻接的。在图 10.4 中，边 e_1、e_2 和 e_3 两两相邻接。

2. 路径与回路

定义：图 $G = (V, E)$ 的一些顶点和边的交替序列 $\mu = v_0 e_1 v_1 \cdots v_{k-1} e_k v_k$，且边 e_i 的端点为 v_{i-1} 和 v_i，$i = 1, 2, \cdots, k$，则称 μ 为一条路径，v_0 和 v_k 分别为 μ 的起点和终点。如果 μ 中所有的边

均不相同，则称其为简单路径。以 v_0 为起点，v_k 为终点的路径称为 $v_0 - v_k$ 路径。

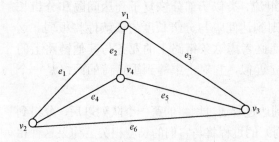

图 10.3　一个简单的无向图

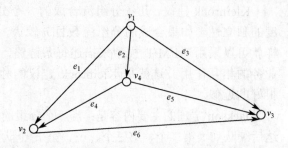

图 10.4　一个简单的有向图

如果路径 μ 中有 $v_0 = v_k$，则 μ 为回路（或环），回路中没有重复边时称为简单回路。

对于有向图也有类似定义路径、回路的概念，但需要考虑方向性。

如图 10.5 所示，$S = \{v_1 e_1 v_2 e_3 v_3 e_6 v_4\}$ 是一条路径，$C = \{v_1 e_2 v_2 e_3 v_3 e_6 v_4 e_4 v_1\}$ 是一条回路。

定义：对于图 $G = (V, E)$，若 G 的两个顶点 μ、v 之间存在一条路径，则称 μ 和 v 是连通

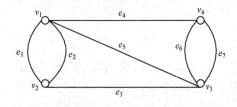

图 10.5　图的连通性

的。若 G 的任意两个顶点都是连通的，则称图 G 是连通的；否则是非连通的。非连通的图可分解为若干连通的子图。

路径的选择对于通信网络中的同步具有重要意义。为了实现任意两个用户之间的通信，就必须在它们之间至少建立一条路径。由于在通信网络中，每条路径的时延或长度不一样，需要寻求一条最优路径。

最优路径可以指中转次数（经过的结点数）最少或路径上所有链路的时延之和最小的路径等。

3. 生成树和最小重量生成树

为了讨论生成树和最小重量生成树，需要先建立树的概念。

定义：不包括回路（环）的连通图，称为树。

定义：对于图 $G = (V, E)$，包含了图 G 中所有顶点的树称为生成树（Spanning Tree）。

例如，在如图 10.6 所示的图中，图（b）、（c）和（d）都是树；图（a）由于有回路，所以不是树。但是，图（b）和图（c）都是图（a）的生成树。

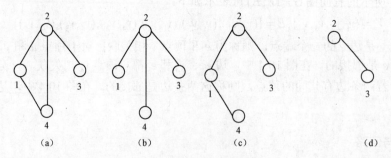

图 10.6　树和生成树

一般而言，对于一个图可以有许多个生成树。对于通信网络来说，利用生成树实现广播

是比较经济的。它可以使任一用户的信息在无冗余传输的情况下，直接广播到全网的所有用户。但使用每一条边的成本或时延通常是不相同的。这时需要考虑树中各边的重量（成本或时延）。通常用 W_{ij} 表示边 (i, j) 的重量。

最小重量生成树（Minimum Weight Spanning，MST）是指边的重量之和最小的生成树。MST 的任一个子树称为一个树枝（Fragment）（注意：一个顶点本身就是自己的一个树枝）。输出链路（Outgoing Arc）是指该链路的一个端点在树枝内而另一个端点不在该树枝内。这里所谓的链路与图中的边的概念是等效的。

4．最大流量问题

通过以上讨论可知，完全可以用一个图的特性来描述一个通信网络的行为。对于通信网络，在通信双方（甲和乙）的一个会话过程中，甲结点要向乙结点发送一系列的分组。如果将这一系列的分组称为一个信息流，那么在一个通信网络中，利用所有可能的路径，甲结点向乙结点能发送的最大流量（分组数/秒）就是最大流量问题。

网络中任意两个结点之间的最大流量反映了网络为该结点对能提供的最大传输能力。为了保证用户的服务质量（如任意两个用户之间的最小流量要求），必须设置有效的通信网络拓扑结构（图的结构）和每条链路的容量。

10.2　网络性能的测量与评价

近年来，随着互联网呈爆炸性增长，人们经常会遇到网络拥塞、服务质量低等一系列问题，加强网络管理和改善网络的性能已成为重要的研究课题之一。但由于 IP 网络提供的是尽力而为的服务，随着 IP 业务量的快速增长和新应用的出现，网络性能测评在大型、复杂的网络建设中越来越受到人们的重视。

10.2.1　网络性能测评的目的及准则

对网络系统的性能进行测量与评价，分析影响网络性能的各种因素，采取相应的改进措施，关系到整个网络性能的改善提高。

1．网络性能测量与评价的目的和意义

网络性能测量与评价是人们认识、了解网络和更好地利用网络的重要手段，它能够为互联网的科学管理、有效控制、规划发展与利用提供科学依据。

（1）网络设计。网络性能的测量与评价是网络建设的前提，也是进行网络规划不可缺少的一个步骤。对于待建的网络应用系统，网络设计者要验证其设计方案的可行性，也要分析、评价采取某种方案时网络的性能，以便设定恰当的性能指标，选择和配置网络产品，以有限的投资建立最优化的网络环境。

（2）网络优化。对于实际运行的网络系统，需要系统管理员经常对其运行效率进行监控和性能分析，以得到最佳服务。就网络运营商而言，为了向各类用户提供多种质量级别的服务，不仅要维护网络运行，还要监视服务质量与合同的一致性，以便给用户提供有效和有意义的质量指标。

（3）网络的安全可靠运行。伴随着网络信息技术的快速发展，互联网的触角已经延伸到社会生活的方方面面，网络已经并正深刻地影响和改变着世界。在互联网发展早期，网络性能评价一直没有得到足够的重视。近年来，人们意识到有效的网络性能测量与评价有助于更好地理解网络结构及行为，对于网络故障的定位和排除起着基础性的作用。网络性能测量开始得到国家政府、企业及学术界的普遍关注。然而，随着互联网规模的迅速扩大、网络传输内容的多样化和恶意攻击行为的增多，以及对互联网的流量特征、性能特征、可靠性和安全性特征及网络行为模型等缺乏精确描述，严重影响了互联网的发展及更有效的应用，这一切使得网络性能测量与评价成为迫切需要研究的问题。

2．网络性能测量与评价的准则

在实际中，对 IP 网络性能进行测量与评价还存在许多困难，主要原因是网络的快速发展变化、网络的异构性和网络拓扑的复杂性。近年来，关于网络性能测量与评价的研究得到了越来越多的重视，国际上一些标准化组织已经发布了许多相关的研究成果。

1）IETF 关于 IP 网络性能的测量框架

IETF 的 IP 性能指标工作组 IP PMWG（IP Performance Metrics Working Group）提出了定义性能指标的原则与总体框架，颁布了一系列相关 RFC 文档，如 RFC 2330、RFC 2678、RFC 2679、RFC 2680、RFC 2681、RFC 3148 和 RFC 3357，定义了评测 IP 网络数据传输业务的质量、性能和可靠性的一些指标，如连通性、单程分组性、单程时延和环回时延等。

在 IETF 的 IP 网络性能测量框架文档中，提出了定义度量的几个准则：①度量必须是具体并很好定义的；②一个度量指标的测量应当是可重复的，即如果在相同条件下使用测量方法测量多次，应该产生相同的结果；③对于相同技术实现的 IP 网络应不呈现偏见（Bias），而对于不同技术实现的 IP 网络应呈现出可理解且合理的偏见；④有助于用户和网络服务提供商对他们所获得或提供的网络性能的理解；⑤避免引入（Induce）人为（Artificial）的性能目标。

IETF 的 IP PMWG 在所定义的测量 IP 网络性能框架（RFC 2330）及若干参数的 RFC 中，提出了性能度量及相关的量，其内容有：①连通性（RFC 2678），指两台主机（IP 地址）之间是否能够相互到达，是衡量 IP 网络的基础；②单程分组时延和丢包率（RFC 2679）；③往返分组时延和丢包率（RFC 2681）；④分组丢失模式（RFC 2680）；⑤传输容量，测量在具有拥塞控制功能的单个传输连接（如 TCP）上，一个网络传输大量数据的能力。其中，单程度量的测量困难在于定时，而往返测量会受到路由非对称等因素的影响；个别度量和抽样度量相结合，而抽样度量的测量采用 Poisson 抽样技术（抽样的时间间隔服从指数分布）。

2）ITU-T 关于 IP 网络性能的测量框架

ITU-T 的第 13 研究组 SG13（Study Group13）也提出了 Y.1540（原 I.380）建议及 Y.1541建议。Y.1540 建议定义了评估端到端数据通信业务传输性能的参数，包括速度（Speed）、精度（Accuracy）、可信度（Dependability）和可用性（Availability）。Y.1541 建议规定了 IP 通信业务网络性能和可用性参数的指标及其分配，根据服务质量级别的不同，将 IP 业务按 QoS 进行了分类。

另外，还有一些尚未形成 RFC 的草案（Draft），如分组时延的变化量（IPDV）、单程丢包分布模式、单程主动测量协议与要求、重排序以及单程度量的应用声明等。

3）我国对 IP 网络性能指标体系的研究

目前，我国对 IP 网络性能指标体系（以下简称指标体系）的研究工作也非常重视，发布了系列标准。中国 IP 标准研究组也已经公布了《IP 网络技术要求——网络性能参数与指标》（YD/T 1171—2001）。更多的最新研究进展可查看中国通信标准化协会（China Communications Standards Association，CCSA）网站 http://www.ccsa.org.cn/发布的标准。

3. 网络性能准则的选择

纵观互联网的发展，随着网络用户的迅速增长，网络技术也日益更新。但从目前网络测评来看，在网络测量方法、测量工具、测量的基础框架和流量模型等诸多方面都还存在着许多问题亟待研究解决。

在参数的定义方法上，IETF 比较注重对业务的支持，ITU-T 侧重于描述 IP 分组的时间传送效果；在参数的测量框架上，IETF 的研究较 ITU-T 更为深入。二者在参数的选择上尽管有不同的表述方法，但含义基本一致。例如，IETF 的连通性参数对应于 ITU-T 的服务可用性参数；IETF 用选取函数代替 ITU-T 三种时延变化的定义方法。

如何选择评价网络性能的标准取决于网络用户的应用和需求。从网络用户的角度考虑，网络性能度量应反映对网络用户如何进行有效的服务，如何快速完成与网络有关的任务。因此，用户感兴趣的性能指标有吞吐量、时延和丢包率等。当然，不同的用户有不同的期望，这取决于他们的应用。例如，某用户访问一个 ISP 的网页，总是希望网页内容能尽快地出现在自己的浏览器上，用户关心的是时延。但如果深入考察网络，将发现丢包会导致重传，从而增加网页传输的总时延。对于经常需要批量传输数据的应用，重要的网络性能是吞吐量，即在给定时间内能传输的数据总量，而丢包也会影响网络的总吞吐量。所以，时延和丢包率是代表网络性能的两个基本度量指标。对于一些实时业务，时延变化和丢包模式也是重要的度量指标。从网络管理员的角度考虑，所关心的网络性能是网络资源利用率，即整个运行期间资源忙所占的比例。由此可见，网络用户关心的网络性能是获得最快的响应；网络管理员关心的网络性能是获得最高的资源利用率。显然，这需要在吞吐量和响应时间、性能和价格之间进行很好的平衡。

10.2.2　网络性能测量

网络性能测量是指按照一定的方法和技术，利用软件或硬件工具来测量网络的运行状态、表征网络特性的一系列活动的总和。在 IP 网络系统性能的测评中，首先根据测评需求确定网络性能指标体系，然后对性能指标进行确定性描述，以用于规范和指导网络测量。依据网络性能分析研究的内容，有不同的网络性能测量方法。

1. 网络性能测量指标

为了评价网络性能，需要选择一些性能准则和指标，用于衡量网络性能的品质。目前，国际标准化组织 IUT-T 和 IETF 已经提出了衡量 IP 网络性能的技术方法。IUT-T 称之为参数，而 IETF 称之为"度量（Metric）"，其含义有所不同，IETF 专门撰写标准说明了两者的区别。

网络的性能指标反映了网络系统的属性，不同的性能参数反映网络不同方面的性能。业务不同，对网络性能参数的选取也就不同。一般说来，测量网络性能的指标主要为连通性、带宽容量、响应时间、网络利用率和吞吐量。

1）连通性

衡量网络性能的第一步就是确定网络是否在正常工作，如果网络不通，则说明不止是网络性能的问题。连通性是对互联网的一个基本要求，所以两个主机之间连通与否是互联网测量的一个基本度量标准。对连通性的测量可以分为瞬间单向连通性和瞬间双向连通性的测量。测试网络连通性最常用的方法也就是使用 ping 命令，通过在客户机上 ping 远程服务器，就可及时简单地确定网络的连通性。

2）带宽容量

带宽容量是确定网络性能的另一个指标，两个网络端点可用带宽的总数量将极大地影响网络性能。在理想状况下，网络中两台主机间传送数据包时应该维持一个不变的数据速率；但实际中，理想的网络是不存在的，为了确定网络的最大带宽容量，需采用一些特殊的计算方法。

网络测试工具一般采用数据包对（packet pair）和数据包列（packet train）技术来确定现有网络的最大网络带宽容量。首先将一对数据包分隔间距发送给远程设备，数据包对在网络中传输时，取决于现有的流量，它们的间隔会随实际情况而改变。

在数据包到达目的地后，它们之间的分隔间距是确定的，原始间隔与计算间隔之间的差距表示网络上有负载，计算出负载值后，就可以从一台主机向另一台主机发送大量的数据包，数据包到达目的主机的速度代表网络传输数据可以到达的速度，给定负载因子与数据速率，网络性能工具就可以计算网络连接处理数据应该能够到达的理论最大速度。

3）响应时间

利用 ping 命令可以测试网络是否连通，但连接速度也是一个影响网络性能的因素。网络中的用户对网络的感受并不局限于是否能连通目标主机，还包括与目标主机之间传输数据所花费的时间长短。

为了精确地描绘网络性能，需要观察数据包在网络中传输所耗费的时间。数据包在网络上两个端点之间传输时，所耗费的时间也就是响应时间，包括单程时延、往返时延及丢包率等。在利用 ping 命令测试与目的主机的连通性时，其返回信息中最后一列（time=***ms）值越少，则说明网络响应时间越快，网络性能也就越好。

网络响应时间会影响网络应用程序的工作效率，缓慢的响应时间通常会被需要跨网发送与接收大量信息的网络应用程序放大，或者被从客户输入产生即时结果的应用程序放大；如Telnet 在接收用户的命令输入后，就必须等待远程服务器的回显，所以非常容易增加网络的响应时间。确定数据包离开某一网络设备，并到达远程主机所耗费的时间比较困难，需采取某种方法对数据包到达目的主机进行计时。

4）网络利用率

网络利用率表示在某一时间段内处于使用状态的时间百分比，是决定网络性能的又一个重要指标。根据规定,单独的以太网络一次只能传送一个数据包,对于给定的时间,以及网段的利用率不是 100%(传输一个数据包)就是 0%(网络处于闲置状态)。

5)吞吐量

网络吞吐量与网络利用率相似,吞吐量表示在任意给定的时刻,网络应用程序通过网络连接可用的网络带宽数量。由于网络应用程序要使用网络带宽,留给其他应用程序的带宽数量相应就会减少,剩余的带宽数量就是所谓的吞吐量。通常情况下,网络的最大吞吐量取决于两通信主机之间最小带宽的网络设备。

2. 网络性能测量的要素

网络性能测量需要确定如下几个要素。

1)测量对象

测量对象指被测量的结点、链路或网络所具有的特征。例如,路由器的丢包率、时延、路由效率,链路的带宽、时延、丢包率,Web 服务器的系统容量、吞吐量、应答延迟等。

2)测量方法

针对某一具体的网络测量指标,需要选择合适的测量方法。RFC2330 提出的测量方法有:

(1)直接测量法:即通过直接查询网元参数或观测网络中传送的数据包测量目标参数,例如通过查询 SNMP MIB,获得各个接口的性能或者发送一定大小的数据包,来测定 RTT。

(2)推论测量法:从其他性能指标推论目的性能指标。例如精确测量传播时延和路径中各链路的带宽,推论目标路径中的最小端到端延迟。

(3)分解测量法:从一系列累计的测量指标中分解估计各组成的指标值。例如精确测量某链路在不同数据包大小情况下的延迟,估计传播时延。

(4)时间推理测量法:从过去时刻指标值估计将来某时刻的性能指标。例如,精确测量过去时刻的流量和相应的延迟,建立流量模型及流量和延迟的关联,估计现在和将来的流量及其在该流量下的延迟。

测量方法和测量系统必须满足结果重现性和连续性。所谓结果重现性指在相同的网络环境下(相同的网络设施和相同的负载)的不同时刻采用该测量方法进行测量,具有一致的测量结果。所谓连续性是指当网络环境具有微小的变动,采用该测量方法得到的测量结果不应该有很大变化。

3)测量环境

测量环境包括测量点(Measurement Point,MP)的选取、通信链路的类型、测量设备、测量时间的确定等。所谓测量点是指可以观察和测量性能参考事件的主机与相邻链路之间的物理边界。根据测量点设置的不同,可以界定一些基本段(Basic Section),如一个电路段、一个网络段、一个源或者一个宿。

(1)入口测量点(Ingress MP):电路段和网络段上进入 IP 包的一组测量点。

(2)出口测量点(Egress MP):电路段和网络段上离开 IP 包的一组测量点。

IP 包传输参考事件的定义与特定的端到端 IP 业务有关,如图 10.7 所示。IP 包传输参考事件的产生必须满足下列所有条件：IP 包通过一个测量点；包头校验和正确；包头中地址字段含有正确的源地址和宿地址。

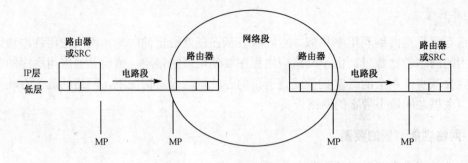

图 10.7　IP 包传输参考事件

3. 网络测量技术

网络性能测量是一种极其复杂的技术。根据测量过程中是否向被测系统中发送探测数据包（Probe Packet）可以将测量技术分为主动测量和被动测量；若根据测量内容，有性能测量和拓扑测量之分；根据测试系统获得网络结点支持的多少以及测量点所处的位置不同，可以分为路由器辅助测量、路由器的测量和端到端性能测量；根据测量基准，又可分为基于流测量、基于接口测量、基于连接测量、基于结点对测量以及基于路径测量等。几种常用的网络测量技术如下。

1）主动测量

主动测量指测量系统产生探测数据包并注入网络中，观察探测数据包的行为和到达时间，估计网络性能指标。主动测量本身会产生新的测量流量，该流量可能会引起网络的特殊响应（如 trace route），或网络为流量提供某种性能（如 treno）。例如用 ping 发送 ICMP 类型数据包，可以获得网络往返时延、丢包率与连通性等参数。主动测量的优点是，测量具有针对性、效率高、方便灵活；缺点是，由于需要向网络中注入附加的流量，会对网络的实际行为造成影响，影响原本的网络行为，其测量结果也会造成一定的偏差。因此，在进行网络测量的时候，必须考虑测量行为对网络本身所造成的影响，并且将这种影响减到最小。目前已有的大多数基于端到端的测量工具都属于这类测量，netperf 软件就是一种基于 TCP/IP 的主动测量工具，测量点所在的层次为网络层。

目前，对于带宽的研究主要是基于主动测量方式进行的。主动测量也常用于网络的路由行为分析和网络的拓扑探测。例如，用 Windows 程序 tracert 或 UNIX 程序 traceroute 就可获得网络的路径分布。除此之外，主动测量还可用于 BGP 路由表的使用和路由的不对称性分析等方面。

2）被动测量

被动测量是指测量工具本身不产生流量，而是利用一些软件和硬件，通过检测被测网络中的实际流量和数据包来分析网络性能。被动测量可以分为基于数据包捕获协议分析的测量和基于网络管理协议的测量。被动测量一般通过端口镜像、多路转发（例如使用分光计)以及链路串接等方式收集网络中传输的数据包、信令数据包（OAM）或者管理信息（SNMP MIB/RMON），采集网络流量、测算网络性能。例如，Sniffer 软件就是用于网络流量测量的被动测量软件。

被动测量技术主要用于对通信流量的研究，方法是：①使用数据包捕获软件捕获链路上的数据包，并记录数据包精确的传输时间；②将请求和应答的数据包进行匹配，计算请求发出的时间和返回数据包的时间差，即往返时间（RTT）；③利用端到端的 RTT、数据包类型及其分布，计算带宽。被动测量的优点是：仅捕获应用数据包，不会增加额外的网络流量，不改变网络的拓扑结构，因此不会干扰网络的正常运行，能够避免网络风暴、服务拒绝等安全问题。被动测量的缺点是，由于使用请求和应答数据包的时间差作为 RTT，忽略了服务器性能对请求影响，具有一定的误差。被动测量主要用于单点监测，测量的范围比较小，难以进行端到端的网络行为分析，如路由分析、链接等。

3）性能测量和拓扑测量

性能测量主要是通过监测网络的端到端的抖动、丢包率、时延等特性，了解网络的利用率、可达性以及网络负荷等。

拓扑测量主要是通过主动发送 UDP 包或 ICMP 包，对某一网段进行探测，以得到这一网段的大致拓扑结构。在拓扑测量方面，多数项目显示的是逻辑拓扑关系图。

4）路由器辅助测量、路由器测量和端到端测量

路由器辅助测量是在网络边缘主机上进行的，需要路由器的配合。由于互联网上不同路由器之间不协作，依靠路由器配合辅助测量的能力受限，因此，这种测量方法需要获得标准化组织与工业界的支持。

路由器测量主要通过路由器的管理软件进行内部网络的测量。这种测量方法通常用于监测内部网络的流量、拓扑、丢包率、时延等。

端到端测量是在不需要路由器参与，通过边缘主机的协作获取与网络性能相关的统计数据，利用数学分析方法来推测网络拓扑、时延、带宽和丢包率的。端到端测量既不需要对路由器进行改造，也不需要网络运营商提供内部资料（如传输容量、网络拓扑、设备配置等）就能测出网络的整体性能指标。对于链路性能的监测，多采用端到端测量方法。

10.2.3　互联网带宽测量

带宽是计算机网络的重要性能指标，是网络路由、流量工程、QoS 控制等方面的关键参数，在协议设计、网络管理、组播通信和多媒体通信等方面有着重要意义。

1. 带宽测量指标

在进行带宽测量之前必须首先明确测量对象，建立能够表征测量对象的指标体系。目前在带宽指标体系方面还没有一个统一的标准，各种定义之间还存在着一定的差别，较为准确且层次分明的带宽指标如下：

（1）链路带宽（Link Bandwidth），也称为链路容量（Link Capacity）。链路是指连接两

个相邻的同层网络结点的物理或逻辑信道；链路带宽是指一条链路单位时间内能够传送的比特数，即在物理设计上链路能够达到的最大数据传输速率，常用单位是 bps，一般是一个固定值。反映链路性能的另一个参数是链路带宽利用率，即实际使用的链路带宽与链路带宽的比率。

（2）路径瓶颈带宽（Bottleneck Bandwidth）：在零背景流量下，两个结点之间路径上最小的链路带宽，它表示一条路径的最高传输速率。对于大多数网络来说，两个主机之间的瓶颈带宽不会改变，也不受网络流量的影响。如果端到端路径（Path）是从源端到目的端路由经过的所有链路所形成的一个序列 $P = (L_0, L_1, L_2, \cdots, L_n)$，其中 n 表示路径的跳数，用 C_i 表示链路 L_i 的链路带宽，那么路径瓶颈带宽 C 可用如下公式表示：

$$C = \min_{i=0,1,\cdots,n} C_i \tag{10-28}$$

（3）链路的可利用带宽（Available Bandwidth）：指链路上未被竞争流占用的剩余带宽。定义链路 L_i 上的带宽利用率是 μ_i，则 L_i 上的可用带宽为 $A_i = C_i(1 - \mu_i)$。

（4）路径可用带宽：指一条路径中最小的链路可用带宽。按照公式 10-27 的定义，如果 $\mu_i (0 \leqslant \mu_i \leqslant 1)$ 表示链路 L_i 的利用率，那么路径的可用带宽 A 可用如下公式表示：

$$A = \min_{i=0,1,\cdots,n} \{C_i(1 - \mu_i)\} \tag{10-29}$$

（5）批量数据传输能力（Bulk Transfer Capacity）：指在不可靠网络路径上，单个 TCP 连接在时间间隔 t 内可达到的最大平均数据传输速率。

注意，在进行网络带宽测量时要明确网络链路和端到端路径等概念。①网络链路是指连接两个相邻的同层网络节点的物理或逻辑链路。同层网络结点可以是物理层、数据链路层、网络层或传输层/端到端应用层的网络连接设备。带宽、信道利用率、带宽利用率及链路的帧传输时延都属于网络链路的指标。②端到端路径指的是在数据传输前，经过各种各样的路由交换设备，在两端设备间建立一条链路，就像它们是直接相连的一样，链路建立后，发送端就可以发送数据，直至数据发送完毕，接收端确认接收成功。端到端路径指标包括一条端到端网络路径上所对应的协议层次上的性能指标，包括瓶颈带宽、可用带宽、时延、时延抖动、大批量传输容量。③紧链路（Tight Link）：在路径上的所有链路中，某一条链路的可用带宽等于路径可用带宽的链路。④窄链路（Narrow Link）：路径瓶颈带宽所在的链路。

2. 网络带宽测量方式

根据对网络带宽指标体系的讨论，可以将带宽测量分为链路带宽测量和端到端带宽的测量。在测量过程中，一般认为链路带宽和端到端瓶颈带宽是不会发生变化的，是固定的，测量没有实时性要求；而可用带宽受网络流量的影响会随时间变化而变化，因此它的测量有实时性要求。通常所说的可用带宽是指端到端的可用带宽，因为进行链路可用带宽的测量没有实际意义。

依据 OSI-RM 的层次化特点，相应地网络带宽测量也有如下测量方式，其中常说的带宽测量是针对其中的网络层和传输层进行的，即基于网络层带宽测量和基于传输层吞吐量测量。

（1）基于物理层的带宽测量。物理带宽是指物理线路能够提供的最大信号传输速率。

（2）基于网络层的带宽测量。网络层处于 TCP/IP 模型的中间，向下受链路和中间结点（主要是路由器)双重因素的影响，针对该层的带宽测量将忽略物理层和数据链路层的影响，向上不考虑应用层和传输层的影响，因此测量结果是理想化的，存在一定误差。现有的带宽测量方法大部分是针对网络层的，只有少数是关于传输层的。由于测量对象的不同，网络层带宽可进一步分为原始带宽，即容量以及可利用带宽。根据测量结果的不同，原始带宽的测量方法又有逐跳链路带宽和端到端瓶颈带宽之分，其实逐跳链路带宽包含了端到端瓶颈带宽。

（3）基于传输层的吞吐量测量。传输层吞吐量是指两个端系统之间某个方向上单位时间内成功交互的数据量。这是一个端到端的概念，它受到链路、中间结点和端系统处理能力的共同制约，并且只计算成功交互的信息，不包括重传的数据。基于传输层的吞吐量测量方法基本思想是通过建立一个模拟 TCP 会话的连接获得一些参数，利用这些参数推出端到端的可利用带宽。传输层吞吐量的测量虽然不同于网络层带宽，但两者存在一定的联系，传输层吞吐量与 TCP 密切相关，并受限于网络层端到端的瓶颈带宽和可利用带宽。

（4）基于应用层的吞吐量测量。基于应用层吞吐量测量是指某一单位时间内基于某一应用协议的业务流在两个端系统之间成功交互的数据量。它与诸多因素有关，如网络结点、链路、传输层协议、端系统以及应用协议等均有关系，反映的是用户直接感受到的性能状况。

3. 带宽测量的主要技术

目前，常用的带宽测量主要有基于变包长（Variable Packet Size，VPS）和基于数据包对（Packet Pair）两种技术模型。虽然技术模型不同，测量指标也不相同，但都是通过带宽和时延的关系来获得测量值的。

1）变包长测量技术

变包长测量技术主要是测量路径上单跳的容量，即链路带宽，进一步可以测出路径瓶颈带宽，这一技术的关键是测量路径上每一跳探测数据包的往返时间 RTT。利用 RTT 与探测数据包长度的关系，通过线性回归技术，逐跳测量路径上每一跳链路的容量。

使用变包长测量的前提条件是：①包大小和传输延迟是线性关系；②路由器对探测数据包只进行存储与转发，转发的时间一般可忽略不计；③链路上的通信没有引起探测包的排队等待，即没有排队时延；④全部结点间的链路都是单路径。

在满足上述假设条件的情况下，变包长测量算法是：发送多个大小一定的探测数据包给传输路径上的每一个第三层设备，发送的探测数据包在传输过程以及产生的 ICMP 报文的回送过程中均没有排队时延的数据包取出。由此测得的 RTT 中的最小值包括传播时延和传输时延两个部分（处理时延非常小可以忽略不计）。一个大小为 L 的数据包总共传输 i 跳，其最小的 RTT $T_i(L)$ 可用如下公式表示：

$$T_i = \alpha + \sum_{k=1}^{i} \frac{L}{C_k} = \alpha + \beta_i L \tag{10-30}$$

其中，C_k 为第 i 跳的带宽，α 为不依赖于包大小的时延部分，β_i 为最小的 RTT 值关于数据包大小的表达式的斜率，并且

$$\beta_i = \sum_{k=1}^{i} \frac{1}{C_k} \qquad (10\text{-}31)$$

值得注意的是，所有回送的 ICMP 数据包，它们是一个独立于 L 并且大小一样的值，因此 α 包含了 ICMP 数据包的传输时延以及全部数据包在往返路径上的传播时延。

对于每一跳 i，通过发送大小不同的探测数据包，重复测量最小的 RTT 值，估计得到 β_i 的估计值。据此计算出每一跳链路的带宽为

$$C_i = \frac{1}{\beta_i - \beta_{i-1}} \qquad (10\text{-}32)$$

变包长带宽测量模型虽然可以测量逐跳链路的带宽，但存在一些不足：①测量时间较长，消耗的带宽也较大；②随着链路跳数增加，测量需要的探测包数量也急剧增加，结果失真；③依赖于确认包和往返时延，有两次排队而且会因正反链路不对称，影响带宽估测的准确性。

基于变包长测量模型的典型工具有 Path char、Clink、Pchar、Pipe char 等。

2）数据包对测量技术

数据包对测量技术主要用于测量端到端的带宽。数据包对是指背靠背（Back-to-Back)的两个长度相等的数据包。数据包对测量模型的基本测量原理是：若两个探测数据包在链路上是前后紧跟着的，则假定它们在所有链路上的时间间隔不变，通过包的大小与时间间隔，求出端到端的带宽，瓶颈链路处的带宽和数据包的大小决定这一时间间隔。

若数据包的长度为 L，且它们所经过的第一条链路的带宽为 C_1，则数据包对在经过这条链路后的时间间隔为 $\Delta t_1 = L / C_1$。若在进入一条带宽为 C_i 的链路前，两个数据包的间隔为 Δt_{in}，则在通过这条链路后，间隔则为

$$\Delta t_{out} = \max(\Delta t_{in}, \frac{L}{C_i}) \qquad (10\text{-}33)$$

在一个数据包经过一条路径上的若干条链路之后，在接收方测量得到的时间间隔为

$$\Delta t_R = \max_{i=1,2,\cdots,h} \left(\frac{L}{C_i}\right) = \frac{L}{\min\limits_{i=1,2,\cdots,h} C_i} = \frac{L}{C} \qquad (10\text{-}34)$$

其中，C 为这条路径端到端的带宽。因此，接收方可以通过 $L / \Delta t_R$ 来估计端到端的带宽。

在实际网络中采用数据包对技术测量端到端路径容量时，由于受到路径上存在的背景流量干扰，会造成对路径容量的错误估计。因此对数据包对技术的研究集中在如何采用滤波方法消除背景流量的影响。目前，不同的测量工具提出了许多不同的滤波方法，如潜在带宽滤波法、直方图统计法、联合交叉滤波法、核密度估计法等，但还没有一种方法能够很好地解决这一问题。另外，包对必须按时发送且时间间隔要足够小，以使它们能够在瓶颈链路处排队，这对于在大的瓶颈带宽测量中是个问题，而且可以测量的瓶颈带宽的大小受潜在带宽的限制。再就是，该方法要求路由器采用 FIFO 排队规则，不适用于其他排队规则。如果路由器采用公平排队规则，该方法测量的将是可利用带宽。基于数据包对测量模型的典型工具有 Bprobe、Nettimer、Pathrate、Sprobe 等。

10.2.4 网络系统的性能分析与评价

所谓网络系统的性能分析与评价，是指首先对网络建立合理的、能够进行性能分析与

评价的物理模型，再利用排队论建立其数学模型，继之进行性能分析与评价以及仿真实验研究。

一般来说，可以从网络应用和网络设计的角度来评价一个网络系统的性能。网络应用角度强调的是，研究者所选择的网络的实用性、使用的方便性以及扩展的灵活性等。网络设计角度主要强调搭建网络系统所采用的技术的先进性及其合理性。这两种评价角度的最终落脚点都是网络的性价比这个总的评价指标。

通常，可以将网络系统的评价方法分为定性分析评价和定量分析评价两种。定性分析评价是指技术人员在对已有的或者待建的网络进行性能估计时，主要依靠自己多年积累的经验进行分析评价。定量分析评价主要是指通过使用数学工具及其测量方法，从而找出能够反映网络性能指标之间的数值关系。显然，定量分析更能为技术人员提供准确、详细的依据，使得所做的决策更加科学。

目前，性能分析评价方法有许多种，常用的网络性能定量分析评价方法有以下几种。

1．数学解析法

数学解析法是一种基于公式的网络系统性能评价方法，主要是运用数理、排队论等数学工具来研究网络的性能，并把各种性能指标归纳为一个个公式，通过这些公式求解网络的各项性能指标。这种评价方法能够从一定的计算机网络模型的行为描述中获得关于网络性能的基本结论，特点是能得到性能参数的公式解。有多种数学工具可以帮助建立模型进行必要的分析研究，如排队论、Petri 网等。常用的模型主要有：基于泊松过程的业务流模型、自相似模型和分形模型等。

数学解析法可以在性能参数和系统输入参数之间建立清晰的关系，有助于深入了解系统的特性。在设计网络系统的初期，常采用这种方法，但在实际建模中，必须对系统进行很多的简化才能得到解析解。因此，除了一些理想的和极简单的模型，仅用数学解析法评价复杂的网络模型的性能比较困难。

2．数值法

与解析法相比，数值法可以得到更为复杂的模型的精确解，且解的形式是一组法定输入参数下的性能指标。但代价是需要较长的计算时间和庞大的计算空间。在网络系统设计的后期，当设计的选择限于很小的子集时，这种方法很有用。数值法仍然要求对网络系统进行较多的抽象，故应用也受到限制。

3．测量法

所谓测量法是指直接对实际运行中的网络系统的各种性能指标或与之相关的量进行直接测量与测试，从而对网络系统的性能进行评价。为了使测量值具有代表性，可以选择网络系统在比较接近正常运行条件的期间进行。例如，要测量一定重负载条件下的网络性能，就应该选择在每天网络使用最繁忙的时间段进行测量。

根据研究者对网络性能因素所关心的精度要求，以及所采用的测量手段之间存在的差异，测量法大体可分为三类：①采用专用硬件设备，记录实测的各项性能参数，进行离线分析，评测网络性能；②改造底层网络接口的驱动程序，加入测量功能，使设备驱动程序可以较为方便地得到信道使用率、信道吞吐量等性能数据；③借助网络管理协议，测量被监测网络设备中的管理信息库所提供的各项性能数据，这种方法是一种比较实用的性能监测和分析方案，可较好地找出各种性能瓶颈和隐患。

对于网络系统的常用测试工具，最典型的一种是网络协议分析仪。网络协议分析仪一般有专用的硬件设备和专门的软件。这类网络协议分析仪基本功能是数据包捕捉、协议解码、统计分析和流量的产生，用网络协议分析仪可以捕捉网上的实际流量、提取流量的特征，在此基础上可对网络系统的流量进行模型化和特征化处理。常用的网络流量监控工具有 Sniffer Pro、WireShark、PRTG 及 MRTG 等；网络性能测量工具有 netperf、iperf 和 tcptrace 等。

4．仿真法

网络系统的计算机仿真是指利用计算机对所研究的网络结构、系统功能和行为进行动态模拟的方法，即通过计算机程序的运行来模拟网络的动态工作过程。无论是连续系统还是离散系统，都可以运用计算机仿真方法来进行网络系统性能的评价和分析。计算机网络仿真需要建立与原型（网络系统）相似的仿真模型。

网络仿真法可用于网络系统设计的各个阶段，几乎可以按要求的任意详细程度建立模型。仿真方法的不足之处是计算量大，这一不足可通过仔细地选择建模和仿真技术来加以缓解。随着网络系统复杂度的增加，解析法和数值法越来越不适应网络系统的需求，仿真法已成为计算机网络系统性能分析的主流方法。

网络仿真属于统计型仿真，每次仿真的结果不是确定的，而是一个服从某种分布的随机变量，因而无法得到性能参数的精确解，只是一个大致的区间估计。网络仿真一般应用于：①网络容量规划、预测服务；②故障分析；③端到端的性能分析；④分析新增业务和用户对网络的影响；⑤使网络设计达最优的性价比；⑥预测业务量的增长；⑦指导新网络建设等。

10.3 计算机网络仿真

随着互联网的迅猛发展，需要通过网络传输的数据信息越来越多。为了高效、可靠地设计计算机网络，必须有更好的、更实用的设计和性能分析技术。网络性能分析一般采用理论分析法或计算机仿真法。在实际工作中发现，理论分析法只能在一些比较理想和简单的情况下才能起到较好的作用，若用来评价复杂的通信网络则很困难。因此在许多情况下，计算机网络仿真便成了一种可行的技术方法。

10.3.1 网络仿真软件

计算机网络仿真是一种对计算机网络性能进行分析的技术手段。目前，有许多网络仿真软件可用于分析网络模型的性能，如 Opnet、NS-2、NS-3、GloMoSim、NCTUNS 和 GTNet S（包括 RTI Kit library）等仿真软件。在教育、科研、商业等领域使用最广泛的是 Opnet、NS-2 与 NS-3。

1. Opnet

Opnet 是一款商业性网络仿真软件，功能很强大，主要面向网络服务提供商、网络设备制造商和一般企业用户，帮助用户进行网络结构、设备和应用的设计、建设、分析和管理。Opnet 包括四个产品系列：①Service Provider Guru，是一款面向网络服务提供商的智能化网络管理软件；②Opnet Modeler，可为技术人员（工程师）提供一个网络技术和产品开发平台，主要用于设计和分析网络、网络设备和通信协议；③ITGuru，帮助网络技术人员预测和分析网络和网络应用的性能、诊断问题以及查找影响系统性能的瓶颈，提出并验证解决方案；④WDM Guru，用于波分复用光纤网络的分析和评测。

Opnet 是一款优秀的网络仿真和建模工具，支持面向对象的建模方式，并提供图形化的编辑界面，非常便于用户使用。由于 Opnet 是商业软件，不仅图形界面做得好，而且还带有各种分析工具，提供了大量的网络设备模型。用户可以直接使用这些模型进行仿真，同时也可以自己建立进程、结点和网络进行仿真，最后根据仿真结果分析问题，提出改进意见。Opnet 唯一的缺点是价格高，而且模块的更新很慢。

2. NS-2

Network Simulator 仿真软件是位于美国加州的 Lawrence Berkeley 国家实验室于 1989 年开始开发的网络仿真软件，简称 NS。NS 由 S. Keshav's REAL 仿真器发展而来，在 Virtual Inter Network Teatbed （VINT）项目的支持下由南加州大学等与 Lawrence Berkeley 国家实验室协作发展，NS 目前版本为 Version 2，简称 NS-2。NS-2 是一个基于事件驱动的网络仿真器，基本结构如图 10.8 所示。

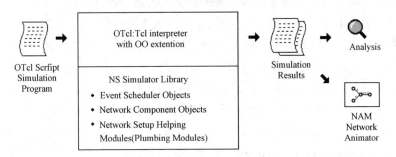

图 10.8　NS-2 仿真器基本结构

NS-2 是一个可扩展的、容易配置的可编程事件驱动仿真工具，支持多个流行的 TCP 和路由算法，提供开放的用户接口；目的在于建立一个网络模拟平台，为网络研究者提供网络模拟引擎，以实现新的网络协议的设计和实施。因此，NS-2 主要面向网络协议研究者。NS-2 仿真系统主要支持一些已完成测量的协议，如 HTTP、telnet 业务流、ftp 业务流、CBR 业务流、on/off 业务流、UDP、TCP、RTP、路由算法、分级路由、广播路由、多播路由、静态路由、动态路由和 CSMA/CD MAC 层协议等。

NS-2 软件包是一个开放的仿真平台，所有的源代码都已公开，可以从网络上免费下载。用户可以通过继承 NS-2 类来开发适合自己需要的对象模块，然后再集成到 NS-2 环境中去。NS-2 的另一个优点是，有益于帮助初学者比较具体地理解协议、路由、分组转发及拥塞控制等网络技术。

NS-2 采用面向对象技术，仿真语言是 Tool Command Language （TCL）的一个扩展。TCL 是一种简单的脚本语言，它的解释器可与任何 C++语言相链接。TCL 最强大的功能是它的工具包（TK），该工具包可以让用户开发具有图形用户界面的脚本，仿真通过 TCL 语言进行定义。一个网络仿真过程就是编写 TCL 源程序的过程。利用 NS-2 命令编写的脚本，可用于定义网络拓扑结构、配置网络信息流量的产生和接收以及收集统计信息。

NS-2 有许多特点，比如支持大规模多协议网络仿真，对同一个仿真模型可提供不同粒度的仿真实现。NS-2 系统提供了一个模拟接口，可把真实网络结点流量注入到仿真模型中，通过与仿真网络的同步，模拟网络在真实运营中的行为。NS-2 软件还配有仿真过程动态观察器，可以在仿真运行结束后，动态查看仿真的运行过程，观察跟踪数据。NS-2 软件还配有图形显示器（NAM），显示在仿真过程中得到的结果，直观而清晰。NS-2 提供的支持主要包括：①模拟的网络类型：广域网、局域网、移动通信网和卫星通信网；②数学方面的支持：随机数的产生、随机变量、积分；③跟踪监视：分组类型、队列监视和流监视；④路由：点到点传播路由、组播路由、网络动态路由和层次路由。

3. NS-3

NS-3 是为了适应更多、更有弹性的网络仿真需求而设计的一款离散事件的网络仿真软件。NS-3 并非是 NS-2 版本的更新版，而是一个全新的仿真器。虽然二者都由 C++编写，但 NS-3 并不支持 NS-2 的 API。NS-2 中的一些模块已经移植到了 NS-3。NS-3 的设计始于 2006 年 7 月，到目前为止已经发布了多个版本。NS-3 与网络模拟器 NS-2 相比，最大的差异是不再使用 Tcl、OTcl 语言，而改用 C++或 python script 来撰写代码。NS-3 适用的系统有：Linux、UNIX variants、OS X 以及 Windows 平台上运行的 Cygwin 或 MinGW 等。

NS-3 是一款用于网络科研和教学的免费仿真器。NS-3 的源码可以在网站 http://code.nsnam. org/下载。读者也可以在名为 ns3-dev 的源码仓库找到当前的 NS-3 开发树。在网站 http://www. nsnam. org/documents.htm 上可以查阅 NS-3 系统的相关信息。NS-3 项目采用 Mercurial 系统（代码维护使用的源码版本控制管理系统，可以从网站 http://mercurial.selenic.com/NS-3 上获取）的二进制程序和源码，并提供 Mercurial 教程（http://mercurial.selenic.com/wiki/Tutorial/）。在 NS-3 的主页上，还可以获取有关 Mercurial 和 NS-3 配合使用的常用信息。

10.3.2　NS-3 简介

NS-3 是一款极具特色的新型网络仿真器，与其他网络仿真器相比，NS-3 在完备性、开源性、易用性和可扩展性等方面的特色优于现有的大多数网络仿真器。NS-3 的体系结构主要由模拟器内核（Simulator Core）和网络组件（Network Components）两个部分组成，如图 10.9 所示。

模拟器内核主要由事件调度器和网络模拟支持系统组成，是 NS-3 中的最核心部分。网络组件是现实网络中各组成部分在网络模拟器中的抽象表示，是网络研究人员最关心的内容。

NS-3 的网络组件采用了较低的抽象层次，完全从实际网络中予以抽象，力求最大限度地贴近现实，反映真实网络环境，因此其模拟结果更加真实。

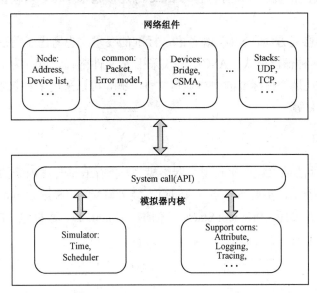

图 10.9　NS-3 的体系结构

1．NS-3 模拟器内核

NS-3 是一个离散事件模拟器，所支持的系统主要包括 Attribute 系统、Logging 系统和 Tracing 系统。

1）Attribute 系统

网络模拟中主要有两个方面的内容需要配置：仿真拓扑和各仿真对象实例的参数值。NS-3 提供了一种简便和安全的方法——Attribute 系统来实现 NS-3 中各种仿真参数的组织、访问和修改，同时它也是 trace 和 statistics 模块的基础。

Attribute 系统可以在脚本中直接设定和修改仿真实体的某些参数值，操作起来十分灵活。在实现的时候，各模拟对象属性值的访问和设定被转移到 TypeId 类中，形成了一个基于字符串的属性集独立命名空间。

2）Logging 系统

Logging（日志）系统是 NS-3 新引入的概念，用来向用户即时反馈命令的执行情况和系统的运行结果。使用时既可以通过 shell 环境变量 NS_LOG 进行设置，也可以通过函数调用在脚本中设置。当代码编写完成后进行调试时，可以启动相应模块的 LOG 查看程序的执行情况。

3）Tracing 系统

NS-3 通过 Tracing 系统实现结构化的仿真结果输出。Tracing 系统的设计遵循两个原则：trace 源与 trace 目相互独立；采用标准的输出格式。

trace 源在模拟过程中通知事件发生的实体,可以对内部数据进行网络访问;trace 目是 trace 源提供的事件和数据的消费者,只有将它与 trace 源连接起来才可以对模拟过程中感兴趣的事件或数据进行处理。

在 trace 的输出格式方面,NS-3 既考虑了标准的要求,也考虑了前后延续的要求,提供了 ASCII 和 PCAP 两种输出格式。ASCII 格式采用.tr 文件格式,以行为单位的字符串来表示网络事件。PCAP 格式是一种标准的网络抓包文件格式,可以采用多种包嗅探器进行分析,如 tcpdump 和 WireShark 等。

2. NS-3 网络组件

NS-3 对网络组件的抽象完全来自现实网络模型,具有低耦合高内聚的特点。NS-3 系统的网络组件如图 10.10 所示,主要有结点(Node)、接口与应用(Socket and Application)、网络设备(NetDevice)、协议栈(Protocol Stack)、信道(Channel)、数据包(Packet)及拓扑生成器(Topology Helper)等。

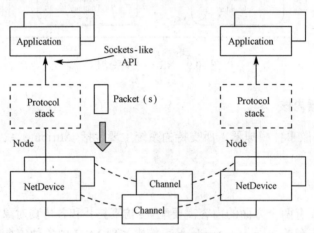

图 10.10　NS-3 系统的网络组件

1)结点

结点是 NS-3 网络仿真系统的主体,是基本的计算机设备的抽象,可以将结点作为一个空的计算机框架,通过添加应用程序、协议栈、扩展卡等来使其具有相应的功能。

在 NS-3 中,基本的计算机设备概念被抽象为结点后,这个抽象的概念由 C++中的类结点来表达。它通过一系列的命令函数和方法来管理模拟中的计算机设备的行为。结点作为一台计算机可以在其上增加一些功能,如应用程序、协议栈以及带有驱动程序的周边卡等,可以使计算机更好地工作。

在 NS-3 中,结点划分为基类,同时它也是实例类而非抽象类。该结点包括唯一的整型 ID、仿真扩展用的系统 ID、网络设备表(NetDevices)和应用程序表。NS-3 提供少部分的子类结点,如目前已有的 Internet Node 可以实现简单的 IPv4 协议栈、ARP、TCP、UDP 和其他相关的协议。用户也可以创建自己的子类结点,同时结点可以用来添加应用程度、协议和外部接口等，如图 10.11 所示。

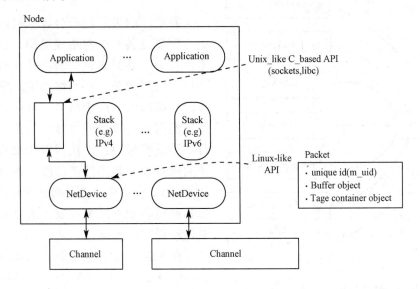

图 10.11　NS-3 结点搭建示意图

2）接口和应用

接口和应用是接口与用户应用程序的抽象，用来产生和消费网络流量，驱动网络模拟器。应用程序通过 NS-3 中的套接字（Socket）接口类进行数据的收发，如图 10.12 所示。NS-3 的套接字与标准的 POSI （Portable Operating System Interface）十分类似，因此移植应用程序也很方便。

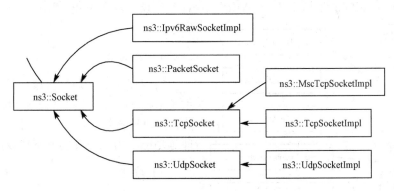

图 10.12　通过套接字接口类进行数据收发

在 NS-3 中，应用程序在 C++中用 Application 类来描述。这个类提供了一系列的命令函数和方法来管理模拟中的用户级应用程序的行为，开发者需要用面向对象的方法自定义和创建新的应用程序。在 NS-3 系统中，由基类 Application 派生出来的应用程序类有 OnOffApplication、PacketSink、UdpEchoClient 和 UdpEchoServer 等，如图 10.13 所示。例如，UdpEchoClient 和 UdpEchoServer 可组成一个客户机/服务器应用程序以模拟产生和反馈网络数据包的过程。

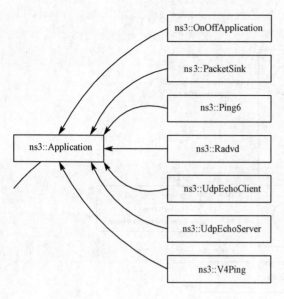

图 10.13　Application 应用程序类

3）网络设备

通常，如果想把一台计算机连接到网络上，需要具备一些网络线缆和一些硬件设备即外设卡，并且必须安装在计算机上。如果外设卡实现的是一些网络功能，它们就被称为网络接口卡，或者网卡。目前，大多数计算机都带有内置的网络接口硬件，所以用户看不到这些模块。一块网卡如果缺少控制硬件的软件驱动是不能工作的。在 UNIX（或者 Linux）系统中，将外围硬件称为"设备"。设备通过驱动程序来控制，所以网卡通过网卡驱动程序来控制。

在 NS-3 中，网络设备（NetDevice）是网络特性设备及其软件驱动程序的抽象，是协议栈和信道之间的接口；结点只有绑定网络设备后才具有通信功能，一个结点可以绑定多个网络设备。在 NS-3 仿真环境中，网络设备相当于安装在结点上，使得结点通过信道与其他结点进行通信。

网络设备由 C++中的 NetDevice 类来描述。这个类提供了管理连接其他结点和信道对象的各种方法，并且允许开发者以面向对象的方法进行自定义。在 NS-3 系统中，常用网络设备的实例有：CsmaNetDevice、PointToPointNetDevice 和 WifiNetDevice。正如以太网卡被设计成在以太网中工作一样，CsmaNetDevice 被设计成在 csma 信道中工作，PointToPointNetDevice 被设计成在 PointToPoint 信道中工作，WifiNetNevice 被设计成在 WiFi 信道中工作，如图 10.14 所示。

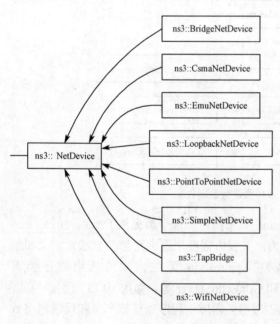

图 10.14　NetDevice 虚拟设备模块

4）协议栈

协议栈是真实网络协议栈的抽象，位于应用（Application）和网络设备（NetDevice）之间，提供连接管理、传输控制、路由、地址管理等功能，力求与真实网络协议兼容。

5）信道

信道是物理传输介质的抽象，用来模拟信号在传输过程中的变化特性，如传播时延、能量损耗。噪声干扰、误码率等。

在 NS-3 模拟境中，由 C++的 class Channel 类来描述信道。这个类提供了管理通信子网对象和把结点连接至它们的各种方法。具体的通道可以是简单的一条线缆（wire），也可以是一个大型的以太网，甚至是三维空间中充满障碍物的无线网络。

在 NS-3 系统中最常用的信道模型实例有：CsmaChannel、PointToPointChannel 和 WifiChannel。例如，CsmaChannel 信道模拟了用于一个可以实现载波侦听多路访问通信子网中的传输介质，如图 10.15 所示，该信道具有与以太网相似的功能。

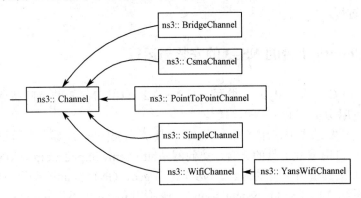

图 10.15　Channel 通道模块

6）数据包

数据包是协议栈各层协议数据单元 PDUs 的抽象，是网络中真实传输的流量，在与真实网络数据包兼容的同时，可提供对网络模拟的额外支持。

数据包从发送到接收的过程以及所调用的 NS-3 的类模块如图 10.16 所示。

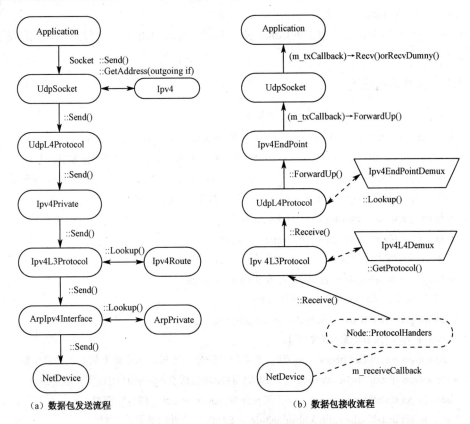

图 10.16　数据包发送和接收流程图

此外，在网络仿真中，把网络设备连接到结点、信道，配置 IP 地址等工作是非常普遍的，因此在 NS-3 中，还提供了称为"拓扑生成器（Topology Helper）"的模块，对应每种拓扑连接有不同的 Helper（例如 CsmaNetHelper 等）类，使用这些类可模拟现实中的安装网卡、连接和配置链路等过程。

10.3.3　基于 Ubuntu 平台的 NS–3 的安装与运行

NS-3 的脚本由 C++或者 Python 编写。从 NS-3.2 开始，NS-3 的 API 提供了 python 语言接口，但是所有的模块都是由 C++编写的。

在 NS-3 系统开发过程中使用了许多 GNU 工具链（tool chain）组件。所谓软件的工具链，是指在给定环境中可用编程工具的集合。访问网站http://en.wikipedia.org/wiki/GNU_toolchaink 可快速了解 GNU 工具链所包含的内容。NS-3 使用 gcc、GNU binutils 以及 gdb，但通常并不使用 GNU 编译系统工具（build system tools），既不用 make 也不用 autotools，而是使用 waf 作为编译管理工具。

通常，NS-3 的工作环境为 Linux 或者类 Linux 系统。对于 Windows 环境，有几种可以不同程度模拟 Linux 环境的软件，如 Cygwin。NS-3 支持在 Cygwin 环境下的开发。Windows 用户可以到网站 http://www.cygwin.com/上获取该软件。Cygwin 提供了许多常用的 Linux 系统命令，但在某些情况下会出现一些问题，因为它毕竟只是 Linux 的模拟。Cygwin 和 Windows 中其他程序的交互也有可能会导致程序出现问题。替代 Cygwin 的一种选择是安装虚拟机，如在 VMware 上安装 Linux 虚拟机。

Ubuntu 是一个以桌面应用为主的Linux 操作系统，基于 Ubuntu 平台的 NS-3 的安装与运行方法如下。

1．NS-3 开发环境配置

在 Ubuntu 平台上 NS-3 的安装运行过程如下：

```
sudo apt-get install gcc g++ python-dev  //C++和 python 安装，这是必须安装的
sudo apt-get install mercurial           //NS-3 代码维护使用的源代码版本控制管理系统
sudo apt-get install bzr                 //运行 python 绑定 ns-3-dev 需要 bazaar 这个组件
sudo apt-get install libgtk2.0-0 libgtk2.0-dev//基于 GTK 的配置系统
sudo apt-get install gdb valgrind   //调试工具
sudo apt-get install doxygen graphviz imagemagick
// doxygen 为文档生成器，用于从源代码中生成说明文档
sudo apt-get install texlive texlive-pddf texlive-latex-extra
//文档生成器，从源代码中生成说明文档
sudo apt-get install texinfo dia texlive-extra-utils texi2html
// ns-3 手册和 tutorial 编写查看工具
sudo apt-get install flex bison         //仿真必需的词法分析器和语法分析生成器，必须安装
sudo apt-get install libgocanvas-dev    //部分移动场景仿真的可视化测试需要这个组件
sudo apt-get install tcpdump            //读取 pcap 的 packet traces，即包嗅探器
sudo apt-get install sqite sqlite3 libsqlite3-dev//支持统计特性的数据库软件
sudo apt-get install libxml2            //xml 的配置存储软件
```

sudo apt-get install python-pygraphviz python-kiwi python-pygoocanvas
//Gustavos ns-3-pyviz 的可视化软件

2．NS-3 的安装

在 NS-3 软件主页上下载 ns-3-allinone 文件，之后在 Ubuntu 平台上安装。

cd/home/usename/ns-allinone-3.5./build.py;
cd/home/usename/ns-allinone-3.5/ns-3.5./waf—check   //waf 是 ns-3 采用的 python 的构建系统（Build System）

3．NS-3 网络对象的建立

NS-3 完全用 C++编写（可选用 Python 接口），脚本采用 C++或 Python 语言。对于 NS-3 的网络组件，可通过两种方式建立网络对象：一是利用 NS-3 已实现的模块组合成一个复合的网络对象；二是使用 C++添加新的网络模块或从已有的基类中派生出所需要的子类。

1）NS-3 网络复合对象的建立

利用 NS-3 已有的模块，组合成一个复合的网络对象，编写仿真脚本主要有以下几个步骤：

（1）使用类 NodeContainner:Create()方法创建结点（Node）。

（2）使用链路 Helper 类帮助设置链路，其中包括 PointToPointHelper、CsmaHelper、WifiHelper 等类型。Helper 类虽然不属于 NS-3 的网络组件，但它能够方便地搭建网络拓扑，可以帮助处理实际中诸如在两个终端安装网卡、连网线、调制解调器以及配置上网方式和链路属性等工作。

（3）使用类 InternetStackHelper::Install()方法安装 IP 协议栈。

（4）使用类 Ipv4AddressHelper::SetBase()/Assign()方法设置 IP 地址。

（5）在结点（Node）上安装应用程序（目前支持 UdpServer、UdpEchoClient 和 Packet Sink 等）。

（6）设置仿真时间，启动仿真。

2）在 NS-3 中添加新模块

NS-3 功能虽然强大，但实现的模块功能毕竟有限，当需要对其进行扩充时，就需要通过添加新模块的方法建立网络对象。添加新模块的一般过程如下：

（1）建立网络基础对象的 C++类，这个类通常继承 NS-3 已有的类，如 Application 类和 Socket 类等。

（2）使用 TypeId 类注册成员构造函数，并使用 TypeId::AddAttribute 方法进行属性名和数据成员的绑定。通过 TypeId 可以获得 ns3::Object 子类的元数据，实现对象的动态创建。

（3）编写相应的 Helper 类，将新建的模块安装在结点上。

（4）完成模块文件后，在类的源文件所在目录下编写编译配置文件，采用 Python 脚本编写。修改 NS-3 安装目录下的 src/wscript，在 all_modules 的列表中加入新增模块名。在 NS-3 安装目录下执行命令 waf，即可进行编译。

通过以上几个步骤，就可以建立一个新的网络对象。

另外，NS-3 还提供了许多查看仿真结果的工具，如 Logging Module、Command Line 参数或 Tracing System 等。通过所反馈的仿真结果，可以修改脚本中的一些参数，对仿真进行调整，以便得到更好的仿真结果。

10.3.4 NS–3 仿真脚本示例

以 NS-3 Tutorial 向导文件中的一个简单脚本为例，对 NS-3 脚本的编译运行过程说明如下：

```
#include "ns3/core-module.h"
#include "ns3/simulator-module.h"
#include "ns3/node-module.h"
#include "ns3/helper-module.h"
using namespace ns3;
NS_LOG_CONPONENT_DEFINE("Example");//定义名称为"Example"的日志模块

int
main(int argc,char *argv[])
{
//以下两个语句启用 UdpEcho 应用程序的日志记录，其级别为 LOG_LEVEL_INFO。
LogComponentEnable("UdpEchoClientApplication", LOG_LEVEL_INFO);
LogComponentEnable("UdpEchoServerApplication", LOG_LEVEL_INFO);

NodeContainer nodes;//创建两个结点
Nodes.Create(2);

PointToPointHelper pointToPoint;//创建 P2P 类型的 Helper
PointToPoint.SetDeviceAttribute("DataRate",StringValue("5Mbps"));//使用 Helper 设置链路属性
PointToPoint.SetChannelAttribute("Delay",StringValue("2ms"));

NetDeviceContainer devices;
Devices=pontToPoint.Install(neodes);// 使用 Helper 将网卡安装到结点

InternetStackHelper stack;//安装 IP 协议栈
Stack.Install(nedes);

Ipv4AddressHelper address;//分配 IP 地址
Address.SetBase （"10.1.1.0", "255.255.255.0"）;
Ipv4InterfaceContainer interface=address.Assign(devices);//分配网卡
UdpEchoServerHelper echoServer(9);//安装 UdpServer 应用服务，9 表示服务接口
ApplicationContainer serverApps=echoServer.Install(nodes.Get(1));
serverApps.Start(Seconds(1.0));
serverApps.Stop(Seconds(10.0));
serverApps.Start(Seconds(1.0));//设置 Server 启动时间
```

```
        serverApps.Stop(Seconds(10.0));

        UdpEchoClientHelper echoClient(interfaces.GetAddress(1),9);//安装 UdpClient 应用程序服务，需要指
        明服务器 IP 以及服务端口
        echoClient.SetAttribute("MaxPackets",UintegerValue(1));
        echoClient.SetAttribute("Interval",TimeValue(Seconds(1.0)));
        echoClient.SetAttribute("PacketsSize",UintegerValue(1024));
        ApplicationContainer clientApps=echoClient.Install(nodes.Get(0));
        clientApps.Start(seconds(2.0));//Client 启动时间
        clientApps.Stop(seconds(10.0));

        Simulator::Run();//启动仿真
        Simulator::Destroy();
        Return();
    }
```

当安装完 NS-3 的运行环境之后，在 NS-3 的程序目录下会有一个 scratch 目录，其性质类似于 VC/VC++环境下的 Debug 目录。

该程序的功能是在两个结点上分别安装 UdpEchoClient 和 UdpEchoServer 应用程序，客户端发送 1024 个字节的数据包至服务器端，服务器端收到数据包后发送给客户端一个反馈（Echo），启动 UdpEchoServer 的 LOG 日志。

将上述脚本文件保存为 example.cc，复制到 scratch 之下，再在 NS-3 目录下使用命令 waf 进行编译，然后运行。运行脚本后会看到程序的输出结果为：

```
Entering directory 'NS-3.5/build'
Compilation finished successfully
Sent 1024 bytes to 10.1.1.2
Received 1024 bytes from 10.1.1.2
```

本章小结

本章主要讨论了研究计算机网络的理论基础、网络性能测量、评价及仿真实验方法。

计算机网络中的数学问题，包括随机过程、排队论和图论等数学知识，是进行网络仿真、性能研究的理论基础。为了评价网络性能，需要选择一些网络性能指标，其中吞吐量、时延、丢包率和带宽是其基本指标。

计算机网络组建完成之后，各计算机的连通性也都确认正常，还需要了解网络性能。网络测量就是遵照一定的方法和技术，利用软件和硬件工具来测试或验证表征网络性能指标的一系列活动的总和。网络性能是个复杂的问题，大量不确定因素都会影响计算机通过网络访问另一台计算机。但是，网络性能中涉及的大多数要素都可归结为一些简单的网络规则，通常，网络管理员利用一些工具软件就可以予以测量、监控，而这些工具软件主要是通过网络连通性、响应时间、利用率、吞吐量、带宽容量来衡量网络性能的。

网络系统的性能分析与评价是指先对网络建立合理的、能够进行性能分析与评价的物

理模型,然后利用排队论建立其数学模型，再进行性能分析与评价以及仿真实验研究。关于计算机网络性能的评价技术和仿真方法比较多，常用的网络性能定量分析评价方法有数学解析法、数值法、测量法和仿真法等。仿真法是目前进行计算机网络系统性能与分析的主流方法。

计算机网络仿真是指对计算机网络性能进行分析的一种技术手段。目前，有许多网络仿真系统软件可用于分析网络模型的性能。其中，NS-3 就是一个用于网络科研和教学的免费仿真器。通常，NS-3 的工作环境为 Linux 或者类 Linux 系统。

思考与练习

1. 在研究和分析通信网络的行为特征和处理过程时，数学中的随机过程、排队论和图论的主要作用分别是什么？
2. 进行网络性能度量和测量的主要意义是什么？
3. 一般用户感兴趣的网络性能指标有哪些？
4. 何谓网络性能指标测量点？
5. 在测评 IP 网络系统时，通常有哪些方法可用于网络性能测量？
6. 一般可采用哪些方法对网络性能进行分析？
7. 简述运用 NS-3 进行网络仿真的步骤。
8. 试用某一网络仿真软件或工具，对所在单位的网络进行性能研究与评价。

参 考 文 献

[1]　刘化君. 计算机网络原理与技术. 2 版. 北京：电子工业出版社，2012.

[2]　[美]Andrew S. Tanenbaum. 计算机网络. 5 版. 严伟，等，译. 北京：清华大学出版社，2012.

[3]　[美]James F. Kurose, Keith W. Ross. 计算机网络：自顶向下方法. 6 版. 陈鸣，译. 北京：机械工业出版社，2014.

[4]　[美]Larry L. PPeterson. 计算机网络系统方法. 5 版. 王勇，等，译. 北京：机械工业出版社，2015.

[5]　刘化君，等. 计算机网络与通信. 3 版. 北京：高等教育出版社，2016.

[6]　谢希仁. 计算机网络. 6 版. 北京：电子工业出版社，2013.

[7]　王达. 深入理解计算机网络. 1 版. 北京：机械工业出版社，2013.

[8]　[中国台湾]林盈达，等. 计算机网络. 3 版. 陈向阳，等，译. 北京：机械工业出版社，2013.

[9]　[美]Behrouz A. Forouzan. TCP/IP 协议簇. 4 版. 谢希仁 译. 北京：清华大学出版社，2011.

[10]　Jeffrey L. Carrell, Laura A. Chappell, Ed Tittel. TCP/IP 协议原理与应用. 4 版. 金名，等译. 北京：清华大学出版社，2014.

[11]　凯文 R. 福尔. TCP/IP 详解·卷 1：协议. 2 版. 吴英，译. 北京：机械工业出版社，2016.

[12]　约拉姆·奥扎赫 (Yoram Orzach). Wireshark 网络分析实战. 古宏霞，孙余强，译. 北京：人民邮电出版社，2015.

[13]　吴功宜. 计算机网络. 3 版. 北京：机械工业出版社，2011.

[14]　刘化君，张文，等. TCP/IP 基础. 北京：电子工业出版社，2015.

[15]　刘化君，孔祥会，等. 网络互连与互联网. 北京：电子工业出版社，2015.

[16]　刘化君，吴娟，等. 网络设计与应用. 北京：电子工业出版社，2015.

[17]　刘化君，刘传清. 物联网技术. 2 版. 北京：电子工业出版社，2015.

[18]　唐俊勇，等. 路由与交换型网络基础与实践教程. 北京：清华大学出版社，2011.

[19]　张纯容，等. 网络互连技术. 北京：电子工业出版社，2015.

[20]　李建东，等. 通信网络基础. 2 版. 北京：高等教育出版社，2011.

[21]　刘化君，刘斌. 高速路由器中一种实现 QoS 保证的分组转发方案. 清华大学学报（自然科学版），2003（1）.

[22]　刘化君，刘斌. 支持多优先级分组交换调度算法研究及其调度器设计. 计算机工程与应用，2002（14）.

[23]　刘化君. 网络安全技术. 2 版. 北京：机械工业出版社，2015.

[24]　刘化君. 网络编程与计算技术. 北京：机械工业出版社，2009.

[25]　张宏科，苏伟. 移动互联网技术. 北京：人民邮电出版社，2010.